"南北极环境综合考察与评估"专项

南极大陆矿产资源
考察与评估

国家海洋局极地专项办公室　编

U0202169

海洋出版社

2016·北京

图书在版编目（CIP）数据

南极大陆矿产资源考察与评估/国家海洋局极地专项办公室编.
—北京：海洋出版社，2016.5
ISBN 978 – 7 – 5027 – 9440 – 8

Ⅰ.①南…　Ⅱ.①国…　Ⅲ.①南极 – 大陆 – 矿产资源 – 资源调查
②南极 – 大陆 – 矿产资源 – 资源评估　Ⅳ.①P617.166.1

中国版本图书馆 CIP 数据核字（2016）第 131650 号

NANJI DALU KUANGCHAN ZIYUAN KAOCHA YU PINGGU

责任编辑：张　荣
责任印制：赵麟苏

海洋出版社　出版发行

http://www.oceanpress.com.cn
北京市海淀区大慧寺路 8 号　邮编：100081
北京朝阳印刷厂有限责任公司印刷　新华书店北京发行所经销
2016 年 6 月第 1 版　2016 年 6 月第 1 次印刷
开本：889mm×1194mm　1/16　印张：23.75
字数：605 千字　定价：150.00 元
发行部：62132549　邮购部：68038093　总编室：62114335

海洋版图书印、装错误可随时退换

极地专项领导小组成员名单

组　　长：陈连增　国家海洋局

副组长：李敬辉　财政部经济建设司

　　　　曲探宙　国家海洋局极地考察办公室

成　　员：姚劲松　财政部经济建设司（2011—2012）

　　　　陈昶学　财政部经济建设司（2013—）

　　　　赵光磊　国家海洋局财务装备司

　　　　杨惠根　中国极地研究中心

　　　　吴　军　国家海洋局极地考察办公室

极地专项领导小组办公室成员名单

专项办主任：曲探宙　国家海洋局极地考察办公室

常务副主任：吴　军　国家海洋局极地考察办公室

副主任：刘顺林　中国极地研究中心（2011—2012）

　　　　李院生　中国极地研究中心（2012—）

　　　　王力然　国家海洋局财务装备司

成　　员：王　勇　国家海洋局极地考察办公室

　　　　赵　萍　国家海洋局极地考察办公室

　　　　金　波　国家海洋局极地考察办公室

　　　　李红蕾　国家海洋局极地考察办公室

　　　　刘科峰　中国极地研究中心

　　　　徐　宁　中国极地研究中心

　　　　陈永祥　中国极地研究中心

极地专项成果集成责任专家组成员名单

组　长：潘增弟　国家海洋局东海分局

成　员：张海生　国家海洋局第二海洋研究所

　　　　余兴光　国家海洋局第三海洋研究所

　　　　乔方利　国家海洋局第一海洋研究所

　　　　石学法　国家海洋局第一海洋研究所

　　　　魏泽勋　国家海洋局第一海洋研究所

　　　　高金耀　国家海洋局第二海洋研究所

　　　　胡红桥　中国极地研究中心

　　　　何剑锋　中国极地研究中心

　　　　徐世杰　国家海洋局极地考察办公室

　　　　孙立广　中国科学技术大学

　　　　赵　越　中国地质科学院地质力学研究所

　　　　庞小平　武汉大学

"南极大陆矿产资源考察与评估" 专题

承担单位：中国地质科学院地质力学研究所
参与单位：中国科学院青藏高原研究所
国家海洋局第一海洋研究所
国家海洋局东海分局
中国地质科学院地质研究所

《南极大陆矿产资源考察与评估》 编写人员名单

编写人员：刘晓春　赵　越　胡健民　安美键　刘小汉
崔迎春　任留东　刘　健　刘晨光　冯　梅
李　淼　曲　玮　陈　虹　王伟（大）
王伟（小）　郑光高　高　亮　韦利杰

序　言

　　"南北极环境综合考察与评估"专项（以下简称极地专项）是 2010 年 9 月 14 日经国务院批准，由财政部支持，国家海洋局负责组织实施，相关部委所属的 36 家单位参与，是我国自开展极地科学考察以来最大的一个专项，是我国极地事业又一个新的里程碑。

　　在 2011 年至 2015 年间，极地专项从国家战略需求出发，整合国内优势科研力量，充分利用"一船五站"（"雪龙"号、长城站、中山站、黄河站、昆仑站、泰山站）极地考察平台，有计划、分步骤地完成了南极周边重点海域、北极重点海域、南极大陆和北极站基周边地区的环境综合考察与评估，无论是在考察航次、考察任务和内容、考察人数、考察时间、考察航程、覆盖范围，还是在获取资料和样品等方面，均创造了我国近 30 年来南、北极考察的新纪录，促进了我国极地科技和事业的跨越式发展。

　　为落实财政部对极地专项的要求，极地专项办制定了包括极地专项"项目管理办法"和"项目经费管理办法"在内的 4 项管理办法和 14 项极地考察相关标准和规程，从制度上加强了组织领导和经费管理，用规范保证了专项实施进度和质量，以考核促进了成果产出。

　　本套极地专项成果集成丛书，涵盖了极地专项中的 3 个项目共 17 个专题的成果集成内容，涉及了南、北极海洋学的基础调查与评估，涉及了南极大陆和北极站基的生态环境考察与评估，涉及了从南极冰川学、大气科学、空间环境科学、天文学以及地质与地球物理学等考察与评估，到南极环境遥感等内容。专家认为，成果集成内容翔实，数据可信，评估可靠。

　　"十三五"期间，极地专项持续滚动实施，必将为贯彻落实习近平主席关于"认识南极、保护南极、利用南极"的重要指示精神，实现李克强总理提出的"推动极地科考向深度和广度进军"的宏伟目标，完成全国海洋工作会议提出的极地工作业务化以及提高极地科学研究水平的任务，做出新的、更大的贡献。

　　希望全体极地人共同努力，推动我国极地事业从极地大国迈向极地强国之列！

1

目　次

第1章 总 论

"南极大陆矿产资源考察与评估"是极地专项"南北极环境综合考察与评估"的二级专题，2012年、2013年、2014年和2015年年度任务书编号分别为CHINARE2012 – 02 – 05、CHINARE2013 – 02 – 05、CHINARE2014 – 02 – 05和CHINARE2015 – 02 – 05，承担单位为中国地质科学院地质力学研究所，参与单位为中国科学院青藏高原研究所、国家海洋局第一海洋研究所、国家海洋局东海分局（2012年）和中国地质科学院地质研究所。

专题的总体目标是：通过对东南极普里兹湾—查尔斯王子山—甘布尔采夫冰下山脉地区的基础地质研究和编图，冰下地质和地球物理调查以及重要矿产资源的考察，查明区域地质背景和构造演化历史，评估我国中山站600 km范围内煤、非金属和其他金属矿产的资源潜力；通过对西南极的南极半岛和南美南部的现场考察和研究，评价南极半岛铜多金属矿产资源的潜力。

我国当前的南极现场考察均需依靠中山站、长城站和昆仑站3个科学考察基地。所以，本专题的考察和研究区域重点放在以中山站为依托的东南极普里兹湾—北查尔斯王子山地区和以长城站为依托的南极半岛—南设得兰群岛地区（图1 – 1）。此外，在专题执行期间，我国开展了北维多利亚地的新站选址工作，为了配合这一工作，本专题也在难言岛开展了初步

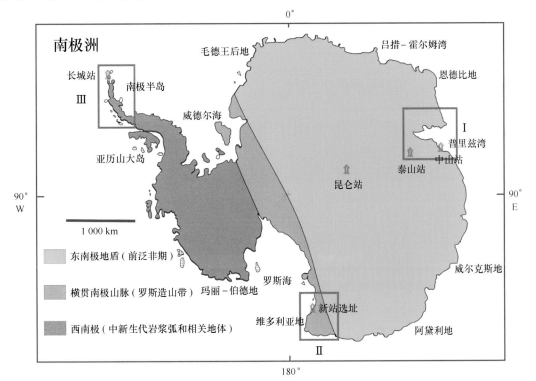

图1 – 1 专题考察和研究的主要范围

I—普里兹湾—北查尔斯王子山地区；II—北维多利亚地区；III—南极半岛—南设得兰群岛地区

调查。专题考察的主要矿种包括北查尔斯王子山的煤矿和南极半岛以铜为主的有色金属矿藏，同时对区域内出露的其他金属和非金属矿产也进行了普查。专题的主要指导思想是在查明区域地质背景和构造演化历史的基础上，对这些重要矿藏进行实地考察和分析，进而评价其资源潜力。

研究团队共 13 人次参加了中国第 29 次、第 30 次、第 31 次南极考察。主要考察内容包括：①普里兹湾—北查尔斯王子山和南极半岛—南设得兰群岛地区基础地质调查与研究；②格罗夫山地区地球物理和地球化学调查与研究；③西南极和北维多利亚地多金属成矿规律与资源潜力分析；④拉斯曼丘陵地区变质岩和花岗岩研究及非金属矿潜力分析。专题的任务分工、工作量分配分别见表附件 2、附件 3。

通过三年半的调查和研究，专题取得如下 5 项重要成果。

（1）南极大陆及相邻海域高精度三维地壳和岩石圈结构的获取

通过南极内陆天然地震观测和海量数据计算首次在国际上获得南极板块大陆及海域的三维地壳和岩石圈地震波速结构及莫霍面形态图，获得三维地壳和岩石圈温度结构及岩石圈厚度图，推测地壳较厚的东南极冰下山脉是泛非期东冈瓦纳（澳大利亚—南极陆块）与印度—南极陆块之间的碰撞缝合带。

（2）东南极古太古代冰下陆块的发现及格罗夫山冰下高地性质的确定

在西福尔丘陵东南侧冰碛物堆积带中发现一些形成于 3.5～3.3 Ga 的浅变质千枚岩砾石，推测在其南部存在一个古太古代冰下陆块；在格罗夫山变质沉积岩冰碛石中获得中元古代、古元古代和太古宙碎屑锆石，推测其物源可能来自于南查尔斯王子山，格罗夫山冰下高地本身只经历了泛非期变质—构造旋回。

（3）东南极雷纳造山带中新元古代（格林维尔期）构造演化模型的建立

重新厘定了普里兹湾—查尔斯王子山地区格林维尔期（约 1 000～900 Ma）构造热事件的时代和性质，揭示印度克拉通与东南极陆块在最终碰撞之前经历了长期（约 360 Ma）的岛弧增生过程，提出格林维尔期造山作用是由弧陆碰撞演化到陆陆碰撞的两阶段碰撞构造演化模型。

（4）南极半岛—南设得兰群岛中新生代大洋俯冲/增生过程的调查研究

我们的初步研究精确地限定了象岛低温高压变质作用发生的时代，发现了从岛弧剥蚀、沉积快速转变到俯冲的地质现象，并首次在南极半岛获得年代学和地球化学数据，为进一步地深入研究打下了良好的基础。

（5）中山站临近区域矿产资源考察的实现及西南极成矿规律的总结

实现对北查尔斯王子山含煤沉积盆地和拉斯曼丘陵含铁层位的现场考察；在格罗夫山发现铷矿化，在普里兹湾和西南极利文斯顿岛分别发现铁矿化和铜矿化转石；编制出南极半岛—南设得兰群岛 1∶500 万金属矿产分布图，分析了该地区多金属矿化点的时空分布规律和矿产资源潜力。

专题提交一级成果集成报告 1 部（约 30 万字），编制完成拉斯曼丘陵 1∶2.5 万地质图、北维多利亚地新站选址区域 1∶2 000 地质图、北维多利亚地 1∶100 万矿产资源分布图和南极半岛—南设得兰群岛 1∶500 万矿产资源分布图，发表相关论文 15 篇，其中国际 SCI 论文 7 篇。

总体上看，本专题圆满完成了合同书和实施方案的设计要求，所有考核内容和考核指标均已达到。特别是在南极现场考察方面，借助于国际合作首次考察了远距中国科考基地的南极半岛、北查尔斯王子山和布朗山，而研究成果也大部发表在国际 SCI 杂志或论文集上，从而扩大了中国南极考察与研究的国际影响。

专题存在的问题主要有两个方面：①南极现场地质考察首先取决于天气条件，对个别地点的考察由于不利于直升机飞行而未能实现或时间缩短；②地质研究的周期较长，对第 31 次南极考察获取样品的测试和研究工作才刚刚开始，所以成果未能包含在本专著中。

本专著是项目组全体成员集体劳动的成果。专著的具体分工是：第 1 章、第 2 章第 2.1 节、第 2.3 节之一、三、第 2.4 节、第 3 章第 3.2 节、第 3.3 节、第 3.4 节、第 4 章第 4.1 节、第 4.3 节、第 4.4 节、第 4.5 节、第 5 章第 5.2 节之二、第 6 章由刘晓春编写，第 2 章第 2.2 节由赵越编写，第 2 章第 2.3 节之二、第 5 章第 5.3 节之二、第 5.4 节之二由崔迎春和刘晨光编写，第 3 章第 3.1 节之一由胡健民和王伟（大）编写，之二由赵越和刘晓春编写，之三由王伟（小）和刘小汉编写，之四由陈虹编写，之五由陈虹和刘健编写，之六由赵越和高亮编写，第 4 章第 4.2 节由王伟（大）、刘晓春、王伟（小）、陈虹和高亮编写，第 5 章第 5.1 节由安美键和冯梅编写、第 5.2 节之一、之三由刘健编写，之四由任留东编写，之五由王伟（小）编写，之六由李淼、任留东、胡健民和刘小汉编写，第 5.3 节之一由陈虹和王伟（大）编写，第 5.4 节之一由郑光高编写；全书由刘晓春统编定稿，部分计算机图件清绘由曲玮完成，排版、校对和参考文献由韦利杰完成。

第2章 考察的意义和目标

2.1 考察背景和意义

随着人类对能源消耗的加剧，地球上易开采的资源和能源已日渐枯竭，极地因此再次成为世界关注的焦点。南极大陆 $1\,400 \times 10^4\ \mathrm{km^2}$ 多的土地和广大的周边海域蕴藏着丰富的矿产资源，目前已经发现的矿种就有 220 种之多（图 2-1），包括煤、石油、天然气、铁、铜、铝、铅、锌、锰、镍、钴、铬、锡、锑、钼、钛、金、银、铂、石墨、金刚以及具有重要战略价值的钍、钚和铀等，其中尤以铁、煤和石油天然气蕴藏量巨大。尽管目前南极矿藏开发成本高，南极矿藏位于厚厚的冰盖下，要掘开冰盖才能获得，但当其他大陆的资源枯竭或者待出现了更先进的开采技术，南极资源的开发就将提到议事日程上来。所以，对南极大陆的矿产资源进行考察和潜力评估十分重要，这项工作将有助于增强我国未来和平利用南极的话语权。

南极大陆主要划分为 3 个成矿区（省）：①南极半岛（安第斯）多金属成矿区，主要为铜、铂、金、银、铬、镍、钴等矿产；②横贯南极山脉煤及多金属成矿区，有煤、铜、铅、

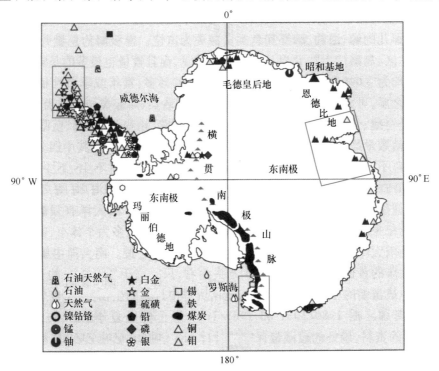

图 2-1　南极大陆矿产资源分布图及专题现场考察区域

锌、金、银、锡等矿产；③东南极铁矿成矿区，除大量铁矿外，尚有铜、铂等有色金属，并发现金伯利岩。现有资料表明，南查尔斯王子山铁矿和横贯南极山脉地区的煤矿规模最大，南极半岛的有色金属矿产也十分丰富，并可能蕴藏有大型铜矿。所以，除南极洲大陆架的石油天然气外，大陆内部矿产资源的初步调查和评估应以铁、铜和煤为主，兼有其他金属和非金属矿藏。

权益和资源始终是国际南极考察竞争的焦点。南极洲是地球上唯一没有常住居民和土著居民的大陆，迄今为止只有18个国家建立的42个永久性科学考察站和百余个夏季临时考察站。在20世纪上半叶，先后有英国、澳大利亚、智利和阿根廷等7个国家对南极提出了领土主权的要求。1959年，由上述7个国家再加上美国和苏联等一共12个国家签订了《南极条约》，这个条约于1961年6月23日开始生效。自从《南极条约》生效以来，各国对南极的主权和领土的要求被暂时搁置，科学考察成为国际南极活动的主导。但是，尽管有《南极条约》的约束，一些南极条约国着眼于本国的长远利益，在高举科学研究和环境保护的大旗下，都心照不宣地在开展一些与南极领土主权和资源有关的调查，特别是以南极的矿产资源和油气资源为主要目标的调查活动一直没有停止。

近年来，国际在极地地区的油气和固体矿产资源的战略争夺明显加剧。2007年，俄罗斯国家杜马副主席、著名的极地科学家奇林加罗夫率考察队乘潜艇在4 261 m深的北极点罗蒙诺索夫洋脊上插上钛金属俄罗斯国旗，此举引起国际社会对极地权益和资源的极大关注，并有多国随后跟进。所以，北极的资源争夺实际上已经开始。在南极大陆，受自然环境的限制，当前对油气和固体矿产资源的考察和评价工作都是很初步的（陈廷愚等，2008）。然而。在国际石油价格和矿产资源价格高企的背景下，国际在南极加强油气和固体矿产资源潜力的调查已经成为必然的趋势。因此，我国开展南极油气能源、矿产资源潜力调查评价及其相关基础地质研究是一项国家战略性工作，需要及早谋划，然后逐步深入开展，以保证我国在南极的资源权益。

尽管我们通过现有资料的收集可以掌握南极大陆的矿产资源状况，但因南极现场考察受到后勤保障条件的制约，我们无法到达所有的现场去实地考察。实际上，我国当前的南极现场考察均需依靠中山站、长城站和昆仑站3个科学考察基地。据此考虑，本专题的考察和研究区域重点在东南极埃默里冰架地区展开，调查范围是中山站周围600 km² 以内的区域，同时兼顾西南极长城站的所在地南极半岛以及南极内陆的甘布尔采夫冰下山脉（图2-1）。同时，随着我国在维多利亚地新科学考察站的勘察和建立，我们也在该区开展了初步调查和研究。主要矿种包括北查尔斯王子山的煤矿和南极半岛以铜为主的有色金属矿藏，同时对区域内出露的其他金属和非金属矿产进行普查。专题的主要指导思想是在查明区域地质背景和构造演化历史的基础上，对这些重要矿藏进行实地考察和成因研究，进而评价其资源潜力。

2.2 我国南极地质与矿产资源考察的简要历史回顾

我国南极地质科学考察的全面开展和系统深入的研究工作始于1984年我国南极长城站的建立。此前，我国的张青松、李华梅、陈廷愚等老一辈研究人员分别在澳大利亚戴维斯站所在地西福尔丘陵和新西兰斯科特站所在地横贯南极山脉的干谷地区进行了考察，并发表了我国南极地质研究的最初论文（张青松，1985；陈廷愚，1986）。

1985年2月，中国在西南极乔治王岛菲尔德斯半岛建立了第一个南极综合性科学考察站——长城站。自此，我国科学家刘小汉、李兆鼐、郑祥身、沈炎彬、李廷栋等对其进行了地质考察并对菲尔德斯半岛地质做了较全面的了解和研究，发表了早期的国际论文（Li，Liu，1991）。通过在乔治王岛菲尔德斯半岛的一系列地质调查建立了本区地层序列，其地层年代为晚白垩世—早渐新世。中新世时期部分地区还存在火山活动。之后中国地质学家郑祥身、王非等在乔治王岛巴顿半岛开展地质考察，证实火山地层的时代主要为古新世—始新世（Wang et al.，2009）。

1989年2月，中国南极中山站建立。我国地质学家李继亮、赵越、刘小汉、任留东、全来喜、王彦斌、姚玉鹏、刘晓春、陈宣华、胡健民、徐刚、张拴宏、刘健等开始对该地区展开了持续深入的考察研究，取得了重要的研究进展和成果。赵越等（Zhao et al.，1991，1992；赵越等，1993）提出了拉斯曼丘陵及邻区500 Ma"泛非事件"的重要性及其地质意义。任留东等（1994）首次报道了南极洲的硅硼镁铝矿，确定了硅硼镁铝矿—柱晶石—电气石硼硅酸盐矿物组合，区域变质岩石的 P－T 演化轨迹为顺时针，对应于泛非期碰撞造山的大地构造背景。全来喜等（1996）识别出特殊的变质矿物如假蓝宝石及早期中压麻粒岩相残余。刘小汉等（1998）通过岩石学、年代学及构造分析对比研究认为拉斯曼丘陵经历了早期1 000 Ma 中压麻粒岩相构造变质事件和晚期500 Ma 泛非期低压麻粒岩相变质事件，前者可能与罗迪尼亚超大陆的聚合有关，而后者则代表冈瓦纳古陆的最终形成。王彦斌等（2008）对拉斯曼丘陵及邻区的各类岩石开展了系统的锆石同位素年龄研究。拉斯曼丘陵及邻区不同岩石单元中由不同方法获得的越来越多的年代学数据都证实了500 Ma"泛非事件"在普里兹湾地区的广泛存在和重要性，赵越等（Zhao et al.，1991，1992，1995；赵越等，1993）揭示的东南极"泛非期"构造热事件的重要性及其地质意义得到国际的共识。

自1998年中国第15次南极考察以来，我国地质学家刘小汉、刘晓春、琚宜太、俞良军、胡健民、方爱民、缪秉魁、黄费新、韦利杰、陈虹、王伟对中山站以南约400 km的格罗夫山展开了持续深入的考察研究。格罗夫山地区属于一个由年轻的早新元古代侵入杂岩构成基底的地体，是普里兹造山带向南极内陆的延伸部分，是典型的寒武纪"泛非期"地质体。早期构造变形阶段，峰期变质作用达到高压麻粒岩相，相当于约40~50 km 的地壳深度。大型低角度韧性剪切带导致麻粒岩相变质岩抬升到中上地壳，同时发育同构造－后构造 A 型紫苏花岗岩和花岗岩，导致麻粒岩地体近等压降温的晚期演化轨迹。格罗夫山地区构造热事件演化过程、特别是高压麻粒岩的产出证明普里兹带是碰撞造山带，且很可能继续向南延伸到甘布尔采夫冰下山脉（Zhao et al.，2000，2003；Kelsey et al.，2008；Liu et al.，2009b）。统一的东冈瓦纳陆块在泛非期之前并不存在，冈瓦纳超大陆的最终形成可能是西冈瓦纳、印度—南极陆块和澳大利亚—南极陆块大致在同一时期汇聚、拼合的结果。

东南极埃默里冰架东缘—普里兹湾沿岸的基岩出露区域主要包括西福尔丘陵、赖于尔群岛、拉斯曼丘陵、蒙罗克尔山和埃默里冰架东缘。2004—2005年中国第21次南极考察期间刘晓春率队开始实施普里兹造山带1:50万地质图编制项目及综合研究，我国对埃默里冰架东缘—普里兹湾沿岸的广大地区开展了全面系统的地质调查和研究。建立了埃默里冰架东缘—西南普里兹湾地区的地质事件序列，识别出广泛的格林维尔期构造热事件，确定了泛非期变质演化轨迹并探讨了普里兹造山带的性质（Liu et al.，2007，2009a）。

2007—2009 年国际极地年期间，我国南极内陆考察队在圆满完成冰穹 A（Dome A）地区建站选址和建成中国南极昆仑站的同时，成功布设 7 台南极内陆天然地震台，并获得数据。这是我国参与国际极地年南极甘布尔采夫冰下山脉省（GAGP）计划的重要组成部分，其中在冰穹 A 和 Eagle 营地设置的台站将作为国际极地年的遗产和我国南极长期观测网建设的一部分保留下来。

在中国南极考察的 30 年间，中国地质学家还出版了《1∶500 万南极洲地质图及其说明书》（陈廷愚等，1995），出版了《南极洲地质发展与冈瓦纳古陆演化》等系统总结南极地质与冈瓦纳古陆演化的专著（陈廷愚等，2008）。

我国对南极大陆的固体地球科学的考察和研究工作虽以基础地质为主，但矿产资源调研也一直是一个重要方面，特别是在 20 世纪 90 年代还设立了专门的项目来开展南极资源的调研工作。然而，限于后勤保障条件的制约，我们实际上从未对具体矿床或矿化点开展实际的现场考察。目前对南极矿产资源的主要认识均来自于国外考察和研究资料的收集，而国外能公开的矿产资料又非常有限，从而妨碍了我们对南极大陆矿产资源真实状况的了解，不利于我国未来对南极矿产资源的开发和利用。

2.3 考察地区概况

2.3.1 南极大陆地质概况

南极是一片广袤的冰雪世界。南极大陆的总面积为 $1\,400 \times 10^4\ km^2$，其中超过 99% 的大陆终年被冰雪覆盖，基岩出露的面积仅占 0.3% 左右。在地质上，南极洲可分为 3 大构造单元，即东南极前寒武纪地盾、横贯南极山脉早古生代罗斯造山带和西南极中新生代活动带（见图 2-2）。

2.3.1.1 东南极地盾

东南极地盾的主体被东南极冰盖所覆盖，基岩主要沿其周边的海岸出露。现有的年代学资料揭示了东南极地盾从太古宙多个古陆核的生成，古元古代造山作用对部分陆核的改造，晚中—早新元古代（格林维尔期）活动带围绕陆核的形成，直至晚新元古代—早古生代（泛非期）东南极地盾拼合的地质演化过程。

东南极地盾的太古宙陆核主要出露在内皮尔山（Napier Mountains）、南查尔斯王子山（southern Prince Charles Mountains）、赖于尔群岛（Rauer Islands）、西福尔丘陵（Vestfold Hills）、格吕讷霍格纳群峰（Grunehogna Peaks）和阿黛利地（Adélie Land）等地，其中部分陆核已被古元古代或早古生代造山作用所改造。

内皮尔杂岩是南极洲最古老的岩石，也是地球上最古老的岩石之一，其内英云闪长质片麻岩中继承岩浆锆石的结晶年龄为（3 930 ±10）Ma（Black et al.，1986）。该杂岩主体经历了 2 900 Ma 的岩浆作用和 2 850~2 840 Ma 的低压变质作用，并在 2 490~2 485 Ma 遭受到区域超高温变质作用的改造（Kelly，Harley，2005）。在南查尔斯王子山，基底英云闪长质-奥长花

7

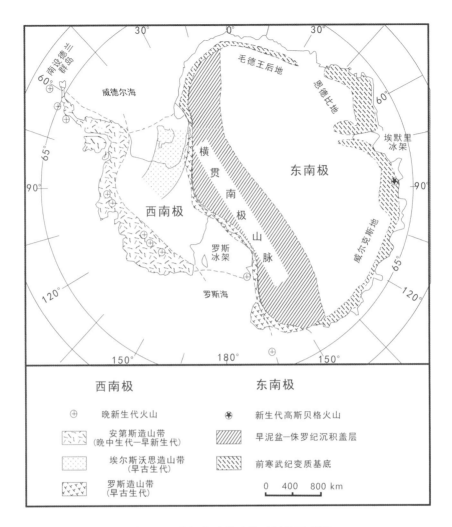

图 2-2 南极大地构造单元划分示意图

据位梦华，1986 年修改

岗质片麻岩的锆石 U-Pb 年龄约为 3 390~3 170 Ma，在约 2 800 Ma 遭受到造山事件的影响（Boger et al.，2001，2006；Mikhalsky et al.，2006a），由副片麻岩中碎屑锆石揭示的 5 套盖层岩系的沉积年龄分别小于约 3 200 Ma、2 800 Ma、2 500 Ma、1 800 Ma 和 970 Ma（Phillips et al.，2006）。赖于尔群岛英云闪长质片麻岩的侵位年龄分别为 3 470~3 270 Ma 和 2 850~2 800 Ma，但在泛非期普遍遭受到高级变质作用的改造（Kinny et al.，1993；Harley et al.，1998）。西福尔丘陵麻粒岩相基底杂岩的形成时代为 2 520~2 480 Ma（Black et al.，1991a；Snape et al.，1997），其后在古—中元古代（2 470~1 241 Ma）有大量的、不同时期的岩墙群侵入（Lanyon et al.，1993；Seitz，1994）。格吕讷霍格纳群峰出露一个中—晚太古代花岗岩体，其侵位年龄为 3 115~2 945 Ma，并经历了约 2 820 Ma 热事件的叠加（Barton et al.，1987）。阿黛利地含有 3 150~3 050 Ma 的片麻岩残留和 2 560~2 450 Ma 的表壳岩系，二者在 2 440 Ma 遭受变质，并与 1 775~1 700 Ma 火山 - 沉积岩一起又经历了 1 710~1 690 Ma 绿片岩 - 角闪岩相变质作用的改造（Fanning et al.，1999）。此外，在登曼冰川被泛非期造山作用改造的英云闪长质片麻岩中也有 3 003 Ma 和 2 889 Ma 的锆石 U-Pb 年龄的报道（Black et al.，1992）。

由此可见，各个陆核基本上记录了不同的地壳演化历史，因此不能将其连接成一个统一的克拉通陆块。根据冈瓦纳超大陆的重建，一般将格吕讷霍格纳群峰的太古宙花岗岩划归于非洲的卡拉哈里（Kalahari）克拉通，将内皮尔杂岩划归于印度的 Dharwar 克拉通，将阿黛利地、登曼冰川以及可能的南查尔斯王子山的太古宙杂岩划归于莫森克拉通，与澳大利亚的 Gawler 克拉通相连，而西福尔丘陵和赖于尔群岛的归属则不明确。

传统认为，晚中—早新元古代造山作用形成了统一的环东南极格林维尔期活动带。然而，详细的年代学研究发现，在环东南极格林维尔期活动带中不同地区变质与侵入杂岩的形成时间并不一致，可以区分出毛德、雷纳（Rayner）和威尔克斯（Wilkes）3个省（Fitzsimons，2000）。毛德省记录的长英质火山和侵入作用发生的时间是 1 140 ~ 1 130 Ma，麻粒岩相变质作用及同构造花岗岩侵位发生在 1 090 ~ 1 030 Ma，而后构造花岗岩侵位于 1 030 ~ 1 000 Ma（Harris et al.，1995；Jacobs et al.，1998，2003；Paulsson，Austrheim，2003）。雷纳杂岩（省）的不同部位分别记录了早期约 1 650 ~ 1 600 Ma 的热事件和 1 500 ~ 1 400 Ma 的长英质岩浆侵入（Black et al.，1987；Kelly et al.，2002），但区域麻粒岩相变质作用以及紫苏花岗岩和花岗岩的大规模侵位均发生在 990 ~ 900 Ma 区间（Young，Black，1991；Manton et al.，1992；Kinny et al.，1997；Boger et al.，2000；Carson et al.，2000）。雷纳杂岩东南侧的费舍尔（Fisher）地体角闪岩相变质年龄与其相似，为 1 020 ~ 925 Ma，但镁铁质—长英质火山和侵入事件的年龄为 1 300 ~ 1 020 Ma（Beliatsky et al.，1994；Kinny et al.，1997；Mikhalsky et al.，1999，2006b）。在威尔克斯省，邦杰丘陵（Bunger Hills）记录了 1 700 ~ 1 500 Ma 的长英质岩浆侵入、1 190 Ma 的麻粒岩相变质和 1 170 ~ 1 150 Ma 的辉绿岩墙侵入（Sheraton et al.，1990，1992），而温德米尔群岛（Windmill Islands）则保留了 1 340 ~ 1 310 Ma 和 1 210 ~ 1 130 Ma 两期高级变质作用及 1 170 ~ 1 130 Ma 的后构造花岗岩和紫苏花岗岩的侵入（Paul et al.，1995；Post et al.，1997）。根据冈瓦纳超大陆的复原及地质事件对比，毛德省与南部非洲的 Namaqua – Natal 造山带相连，雷纳省与印度高止（Ghats）造山带相连，而威尔克斯省与澳大利亚 Albany – Fraser 造山带相连。

在东南极地盾内部，晚新元古代—早古生代（泛非期）构造热事件主要叠加在格林维尔期地体之上，少数叠加在太古宙陆核之上，并在局部有新生洋壳产生。泛非期地质体主要集中在两个区域：其一是北部的吕措—霍尔姆湾、中—西毛德王后地和沙克尔顿岭（Shackleton Range），泛非期构造作用包含两个变质幕，时代分别约为 650 ~ 630 Ma 和 570 ~ 530 Ma（Shiraishi et al.，1999）；其二是东部的普里兹湾和登曼冰川，变质时代约为 550 ~ 500 Ma。根据对冈瓦纳超大陆的复原，吕措—霍尔姆湾—毛德王后地—沙克尔顿岭地区以及印度南部和斯里兰卡位于东非造山带（莫桑比克带）之南。东非造山带本身保留了 900 ~ 500 Ma 期间从莫桑比克洋打开、岛弧增生和弧—陆碰撞，直至陆—陆碰撞和造山带垮塌完整的造山带演化序列（如 Stern，1994；Meert，Van der voo，1997；Meert，2003），所以被认为是东、西冈瓦纳最后拼合的缝合线。相比之下，由于普里兹湾地区位于从前假设的统一东冈瓦纳陆块的内部，所以有关其泛非期构造热事件的性质一直争论较大，这一地区是否与登曼冰川的泛非期变质杂岩相连接，也有不同的看法。目前基本上存在两种认识：其一是碰撞造山的观点（如 Hensen，Zhou，1997；Meert，Van der voo，1997；Fitzsimons，2000，2003；Boger et al.，2001；刘小汉等，2002；Zhao et al.，2003），认为普里兹湾和登曼冰川构成一条普里兹碰撞造山带，代表冈瓦纳超大陆内的第二条缝合线；其二是板内造山的观点（如 Yoshida，1995；Wilson，1997；Tong et al.，2002；Yoshida et al.，2003），认为泛非期事件仅仅叠加在环东南极格林维尔期活动带或局部太古宙结晶基底之上，是东非碰撞造山作用在东冈瓦纳陆块内部的构造响应。有关普里兹湾地区泛非期造山作用的基本特征是本专题的一项重要研究内容，将在第 5 章中有详细的论述，这里不再赘述。

2.3.1.2 横贯南极山脉

横贯南极山脉（Transantarctic Mountains）也是东南极和西南极的分界线，其基底大地构造特征与东南极相似，盖层的演化则与西南极有关（陈廷愚等，1995），所以，在有些学者的大地构造分区中，横贯南极山脉并非作为一个独立的构造单元存在。

横贯南极山脉的基地主要出露在米勒岭（Miller Range），称尼姆洛德群（Nimrod Group），初始地壳由 3 150～3 000 Ma 的岩浆作用产生，地壳固结和变质作用发生在 2 955～2 900 Ma，而后遭受到约 2 500 Ma、1 730～1 720 Ma 和 540～515 Ma 三次造山作用的改造（Goodge，Fanning，2002）。在这一地区，局部产出的奥陶—志留系不整合于寒武系之上，而大规模出露的泥盆—三叠系构成了造山带之上的主要盖层沉积，侏罗纪玄武质火山岩也非常发育。

横贯南极山脉卷入到早古生代造山作用（即罗斯造山作用）的主体岩石是晚新元古—寒武纪沉积岩。在横贯南极山脉中部，对比德莫尔群（Beardmone Group）变质沉积物的研究表明，碎屑锆石中含有约 2 800 Ma、1 900～1 600 Ma、1 400 Ma、1 100～940 Ma 和 825 Ma 的年龄峰值，反映沉积环境由来自相邻古老克拉通物源的被动大陆边缘向来自年轻岩浆物源的活动大陆边缘转变（Goodge et al.，2002）。比德莫尔群中辉长岩的 Sm - Nd 等时线年龄和斯凯尔顿群（Skelton Group）中玄武岩的 Nd 模式年龄分别为 762 Ma 和 800～700 Ma，因而该区存在大陆裂解事件（Borg et al.，1990；Rowell et al.，1993）。但新的锆石 U - Pb 定年证明辉长岩的侵入年龄为 668 Ma，说明镁铁质岩浆记录的裂解时间可能略晚（Goodge et al.，2002）。

罗斯造山带保存了从罗迪尼亚超大陆裂解到活动大陆边缘形成的地质记录。罗迪尼亚超大陆裂解发生于约 825～650 Ma，致使东南极—澳大利亚陆块与劳伦古大陆分离，并形成古太平洋（Goodge，2002）。大洋地壳向活动大陆边缘之下的俯冲作用始于约 560 Ma，导致钙碱性岩浆侵入和同造山陆缘碎屑沉积。主期变质变形作用在横贯南极山脉中部发生于 540～520 Ma，而在北维多利亚地发生于 500～485 Ma，并在造山带的不同部位形成低压高温、中低压、中高压和高压变质杂岩。岛弧岩浆作用贯穿了罗斯造山的全过程，一直持续到 480 Ma，但大规模的侵入活动主要集中在后造山阶段，约 505～490 Ma（Stump et al.，2006）。而后，北维多利亚地的鲍尔斯地体和罗伯逊湾地体相继增生到东南极克拉通边缘，古太平洋岩石圈的进一步俯冲则导致了新的晚古生代（390～360 Ma）岩浆弧的形成（Ricci et al.，1996），泥盆—三叠系作为盖层不整合沉积在罗斯造山带之上。在地理上，罗斯造山带与澳大利亚 Delamerian 造山带相连，共同代表冈瓦纳超大陆的活动大陆边缘。

2.3.1.3 西南极活动带

西南极的基岩主要出露在玛丽·伯德地（Marie Byrd Land）、埃尔斯沃地（Ellsworth Land）和南极半岛（Antarctic Peninsula）。玛丽·伯德地的地层主要是寒武—奥陶系，已遭受到不同程度变质作用和混合岩化作用的改造，局部上覆一套中泥盆—早石炭世浅变质火山岩。此外，在该地还发育大量的古生代和中生代花岗岩。埃尔斯沃地的基岩以寒武—下泥盆世泥质岩、砾岩、石英岩、火山岩和大理岩为主，局部发育上石炭—下二叠统冰碛岩。南极半岛地区是一个中新生代活动带，其内除残留的石炭—三叠纪浅变质弧前盆地沉积或增生杂岩外，主要由中生代基底变质杂岩和侏罗—古近纪碎屑岩和火山岩构成。中侏罗世至古近纪大规模的火山喷发还伴有大量的基性—酸性岩浆侵入，从而形成与南美安第斯山脉不仅连接，而且十分相似的中新生代构造岩浆带。这一时期是古太平洋板块向南极半岛俯冲增生最强烈的一段时期。从新近纪开始，德雷克海峡（Drake Passage）逐渐打开，南极半岛与南美分离。这一时期在西南极普遍发育有碱性玄武岩。

2.3.2　南极大陆矿产资源概况

南极洲遍地都是宝，单就南极矿产资源而言，目前已发现了当前世界所有的已知矿种。据估计，在南极广袤的海域和大陆架之下，石油储量约 $500 \times 10^8 \sim 1\ 000 \times 10^8$ 桶，天然气储量约 $3 \times 10^{12} \sim 5 \times 10^{12}\ m^3$（郭培清，2007）。此外，南极大陆还有世界上最大的煤田，储量约为 $5\ 000 \times 10^8\ t$，位于东南极冰盖之下，煤质很高，许多煤层直接露出地表。不仅如此，在位于南极东南极的南查尔斯王子山，还发现了世界上最大的富铁矿，铁的品位为 32.1%，在一些区域甚至高达 58%，据估计可供世界开发利用 200 年。此外，南极还富有铜、锰、金和银等金属矿产。

目前，根据矿产资源与地质构造的关系，可在南极划分出 3 个南极金属矿化省（图 2 - 3）（Craddock，1989）：东南极铁金属矿化省、南极横断山金属矿化省和安第斯金属矿化省。东南极金属矿化省位于东南极的前寒武地盾杂岩内，它是侏罗纪裂解的冈瓦纳大陆的一部分。在世界的其他地方，前寒武地盾已是铁、金、铬铁矿、镍和铜矿的主要产区。横贯南极山脉金属矿化省主要沿南极横断山脉区域分布。发现的主要矿物与杜费克（Dufek）侵入体有关，该侵入体是中侏罗纪层状镁铁质地质体，含有铂族元素、铬铁矿、镍和钴等元素，而其他已发现的贱金属和贵金属与硅质侵入体相关。安第斯金属矿化省主要分布在西南极，主要为热液和斑岩型的铁矿、贱金属和贵金属矿藏。

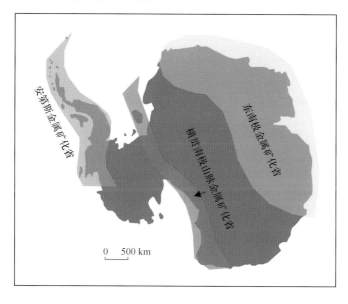

图 2 - 3　南极金属成矿省

据 Craddock，1989 年修改

2.3.3　考察地区地质概况

2.3.3.1　普里兹湾—北查尔斯王子山地区

普里兹湾—查尔斯王子山地区可以划分出 6 个主要构造域（Kamenev et al.，1993；Mikhalsky et al.，2001；Fitzsimons，2003；Harley，2003），从南到北分别是：鲁克地体（Ruker Terrane）、兰伯特地体（Lambert Terrane）、费希尔地体（Fisher Terrane）、雷纳杂岩／普里兹造山带、赖于尔群（Rauer Group）和西福尔陆块（Vestfold Block）（图 2-4）。划分标准主要是依据岩性、结构构造和锆石 U-Pb 同位素年代学资料，而它们之间的构造关系尚不清楚。

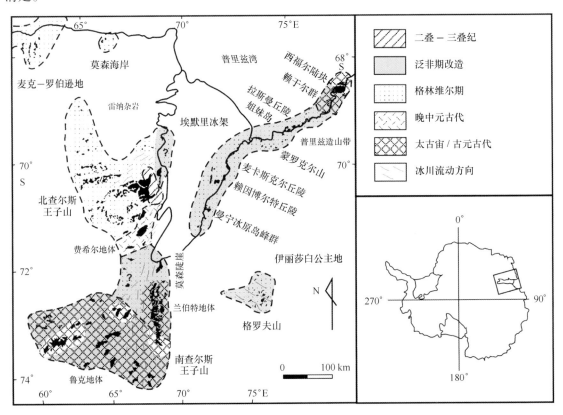

图 2-4　普里兹湾—查尔斯王子山地区地质简图及其在东南极的位置

据 Mikhalsky et al.，2001；Fitzsimons，2003 年修改

位于南查尔斯王子山的鲁克地体主要由太古宙鲁克杂岩组成（也称廷吉杂岩），上覆盖不同时代的变沉积岩系。鲁克杂岩的主要组成岩石是 3 390~3 370 Ma 的英云闪长质-奥长花岗质正片麻岩、3 190~3 350 Ma 的花岗质正片麻岩以及 3 150 Ma 和 2 800 Ma 之后沉积的变质表壳岩（分别称门席斯群和斯蒂尼尔群）（Boger et al.，2006；Phillips et al.，2006；Mikhalsky et al.，2006a，2010）。正片麻岩的 Nd 模式年龄为 3.8~2.7 Ga，代表了大陆地壳的形成时间（Mikhalsky et al.，2006b，2010）。鲁克杂岩经历了 2 800~2 770 Ma 的绿片岩相-角闪岩相变质和变形作用（Boger et al.，2001，2006）。变沉积岩系主要包括鲁克群、兰伯特群和所罗哲斯特沃群，其沉积时代分别在 2 500 Ma、1 800 Ma 和 970 Ma 之后（Phillips et al.，

2006）。该区对变质作用演化的研究非常薄弱，现已识别出三期主要变质事件，但对每期事件并未获得可靠的年代学制约（Mikhalsky et al.，2001）。第一期变质作用发生在太古宙（约2 800 Ma?），主要影响到结晶基底和部分古老盖层，变质程度达高角闪岩相至麻粒岩相；第二期变质作用可能发生在格林维尔期，在区域上从南向北具有递增变质的特征，从低角闪岩相（十字石－蓝晶石带）、高角闪岩相（夕线石－钾长石带）到麻粒岩相；第三期变质作用发生在泛非期，仅局部发育，一般为绿片岩相变质，伴随这期变质作用有约500 Ma的花岗质岩石侵入。

兰伯特地体出露在莫森陡崖（Mawson Escarpment）北部，与鲁克地体以高角度韧性剪切带为界（Boger，Wilson，2005）。兰伯特地体主要包括花岗质－花岗闪长质正片麻岩和变沉积岩，其火成岩原岩的主要形成时间在2 490～2 420 Ma和2 180～2 080 Ma期间，Nd模式年龄为2.9～2.6 Ga（Mikhalsky et al.，2006a，2010；Corvino et al.，2008）。然而，在英云闪长质—奥长花岗质正片麻岩中也得到了3 520 Ga的古老侵位年龄（Boger et al.，2008），尽管对这一年龄结果尚存争议（Corvino et al.，2011）。变沉积岩中最小的碎屑锆石年龄为2 500 Ma，因而推测其沉积时代应在晚太古代到古元古代早期之间（Phillips et al.，2006）。变质作用的时代被确定为2 065 Ma（Mikhalsky et al.，2006a），但变质级别并不清楚。此外，该区还遭受到泛非期变质作用的广泛影响，变质和晚期伟晶岩侵入的时代为550～490 Ma（Boger et al.，2001）。

费希尔地体出露于北查尔斯王子山南段，主要由火山成因的角闪岩相片岩和片麻岩组成，伴有大量的辉长岩－花岗岩深成岩体的侵入。该地体中大量镁铁质－中性岩石（玄武岩、安山岩和辉长岩）的产出独具特色，明显不同于北部的雷纳杂岩。火山岩和深成岩均形成于1 300～1 190 Ma，而在1 050～1 020 Ma期间仍有晚期花岗岩类岩石侵位，低级变质作用主要发生在1 020～925 Ma（Beliatsky et al.，1994；Kinny et al.，1997；Mikhalsky et al.，1999，2001）。所有这些火成岩都具有钙－碱性亲缘性，Nd模式年龄在1.8～1.4 Ga之间（Mikhalsky et al.，1996，2006b），说明它们形成于与俯冲作用有关的活动大陆边缘环境。

雷纳杂岩主要分布于麦克—罗伯逊地的北查尔斯王子山和莫森海岸，主要组成岩石为麻粒岩相变质镁铁质－长英质正片麻岩和少量变沉积岩，伴有大量的紫苏花岗岩和花岗岩侵入体。尽管还无人试图测定正片麻岩的侵位年龄（Carson et al.，2007），但已报道一些约1 290～1 050 Ma的不精确锆石U－Pb年龄（Sheraton et al.，1987；Gongurov et al.，2007；Yoshida，2007）。Halpin等（2012）最近识别出三期紫苏花岗岩体，时代分别是1 145～1 140 Ma、1 080～1 050 Ma和985～960 Ma。所有花岗岩类岩石的Nd模式年龄均介于2.2～1.6 Ga之间（Young et al.，1997；Zhao et al.，1997）。位于内皮尔杂岩（Napier Complex）附近肯普地的雷纳杂岩代表一个被强烈改造的太古代地壳碎片，其新元古代之前的地质历史包括3 650～3 490 Ma和2 780 Ma的长英质岩石侵位，2 500～2 400 Ma的同位素扰动，以及1 650～1 550 Ma的变质作用和岩浆作用（Kelly et al.，2002，2004；Halpin et al.，2005，2007）。区域麻粒岩相变质作用以及紫苏花岗岩和花岗岩的大规模侵位主要发生在990～980 Ma（Young，Black，1991；Manton et al.，1992；Kinny et al.，1997；Boger et al.，2000；Carson et al.，2000），少许约940～900 Ma侵入的花岗伟晶岩脉也有所发现，它们被认为是延迟的格林维尔期后造山作用的产物（Boger et al.，2000；Carson et al.，2000）。该区虽然没有泛非期（550～500 Ma）高级变质作用的叠加，但在某些地点可以观察到这一时期的板内变形和伟晶岩脉侵入（Carson et al. ，2000；Boger et al. ，2002）。此外，在比弗湖附近产出一套二叠—三叠纪沉积岩，称埃默里群，主要由砾岩、砂岩、粉砂岩、泥岩、砂质灰岩夹煤层组成，形成于温暖、干燥气候条件下的大陆盆地（Mikhalsky et al. ，2001）。

位于普里兹湾的赖于尔群是一个复合高级变质地体，包含太古宙英云闪长质正片麻岩和中元古代镁铁质－长英质侵入体，间夹少量表壳副片麻岩。太古宙英云闪长质正片麻岩形成于 3 470 ~ 3 270 Ma 和 2 840 ~ 2 800 Ma 两个时期，Nd 模式年龄为 3.8 ~ 3.5 Ga；中元古代侵入体的侵位年龄为 1 060 ~ 1 000 Ma，Nd 模式年龄为 1.8 ~ 1.7 Ga（Sheraton et al. ，1984；Kinny et al. ，1993；Harley et al. ，1998）。表壳副片麻岩的沉积年龄尚未得到很好的限定，尽管有些学者根据碎屑锆石的年代学数据推测其形成于新元古代（Kelsey et al. ，2008）。泛非期的区域性高级变质发生在 550 ~ 500 Ma（Sims et al. ，1994；Harley et al. ，1998；Kelsey et al. ，2003a）。近年的研究表明，该区发生过超高温（> 1 000℃）变质作用，但该变质作用归属于哪一期次（格林维尔期还是泛非期）尚有不同的认识（Harley，2003；Kelsey et al. ，2003b；Tong，Wilson，2006）。

西福尔地块是一个独特的太古宙/古元古代克拉通碎块，位于赖于尔群岛东北 15 km 处。麻粒岩相正片麻岩为其主要组成岩石，夹有变泥质岩等表壳岩石。地表物质的沉积作用发生在 2 575 ~ 2 520 Ma 期间，而镁铁质－长英质岩石的侵入和两期（或一期延迟的）高级变质和变形作用则发生在很短的时间间隔内，为 2 520 ~ 2 450 Ma（Oliver et al. ，1982；Black et al. ，1991a；Snape，Harley，1996；Snape et al. ，1997；Zulbati，Harley，2007；Clark et al. ，2012）。正片麻岩的 Nd 模式年龄范围从 2.8 ~ 2.4 Ga（Black et al. ，1991a）。西福尔地块随后的元古宙演化过程以不同时期侵入的镁铁质岩墙群为特征（2 480 Ma、2 240 Ma、1 750 Ma 和 1 380 ~ 1 240 Ma；Black et al. ，1991b；Lanyon et al. ，1993）。位于西福尔丘陵西南部的岩脉边缘发生了变形，并局部含有石榴石，可能与格林维尔期或泛非期热事件的叠加有关，估算的 P－T 条件为 550 ~ 650℃、5 ~ 7 kb（Snape et al. ，2001）。

2.3.3.2 北维多利亚地地区

北维多利亚地（Northern Victoria Land）是横贯南极山脉构造带的一个重要组成部分。该地由 3 个构造—变质地体构成（见图 2 - 5），从西南向东北分别为威尔逊（Wilson）、鲍尔斯（Bowers）和罗伯逊湾（Robertson Bay）地体（Bradshaw，Laird，1983）。罗伯逊湾地体为寒武－早奥陶厚层复理石，鲍尔斯地体为大洋火山弧和相关沉积物（Weaver et al. ，1984），在早古生代，二者均经历了低级—很低级变质作用（Buggish，Kleinschmidt，1989）。威尔逊地体由早古生代低至高级变质杂岩组成，并可划分出一条低压高温变质带（Grew et al. ，1984；Talarico et al. ，1992）和一条狭窄而不连续的，含有榴辉岩团块的中—高压变质带（Ricci et al. ，1996，1997），具有火山弧性质的钙碱性岩浆杂岩在寒武—早奥陶纪（530 ~ 480 Ma）大规模侵入到这套变质杂岩中（Armienti et al. ，1990；Tonarini，Rocchi，1994）。在兰特曼岭（Lanterman Range）产出榴辉岩及其伴生的斜长角闪岩是威尔逊地体的一个重要特征。这些岩石大部具有 E 型洋中脊玄武岩（MORB）的特点，来自于亏损的地幔源，Sm－Nd 全岩等时线年龄在 750 ~ 700 Ma 之间，但部分榴辉岩具有富集地幔的性质，说明它们具有不同的来源（Di Vincenzo et al. ，1997）。年代学和 P－T 计算限定的榴辉岩变质演化序列如下：500 Ma 的榴辉岩相阶段为 850℃、大于等于 15 kb；498 Ma 的中压角闪岩相阶段为 630 ~ 750℃、7 ~

10 kb；490～486 Ma 的低压角闪岩相阶段为 500～650℃、3～5 kb（Di Vincenzo et al.，1997；Di Vincenzo，Palmeri，2001）。近年来，Ghiribelli 等（2002）和 Palmeri 等（2003）分别报道在榴辉岩和石榴石 – 多硅白云母片麻岩的石榴石中发现了柯石英假象，而 Palmeri et al.（2007）最新确定含石榴石超镁铁岩的峰期 P – T 条件达到 764～820℃、32～33 kb，表明该区可能发生了超高压变质作用。伴随罗斯造山作用，寒武—早奥陶纪同—后构造花岗岩大规模侵入，而约 560～545 Ma 的花岗质岩石可能是早期俯冲作用的岩浆响应（Rowell et al.，1993；Goodge，2002；Stump et al.，2006）。

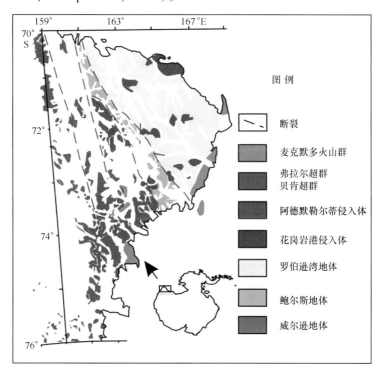

图 2 – 5　北维多利亚地地区地质简图及其在南极的位置

据 Antonini et al.，1999 修改

2.3.3.3　南极半岛—南设得兰群岛地区

南极半岛是西南极活动带中的一个主要地壳块体，它是冈瓦纳超大陆古太平洋边缘上的一个关键性构造单元。按照最新的划分（Vaughan，Storey，2000），南极半岛被分为 3 个构造域，即东部冈瓦纳构造域、中部岩浆弧构造域和西部增生杂岩构造域，三者在晚侏罗—早白垩世碰撞造山事件中汇聚在一起。东部冈瓦纳构造域属于冈瓦纳超大陆边缘的一部分，其以东帕默地（Palmer Land）剪切带与中部构造域相隔，对应于玛丽·伯德地的罗斯地体、智利中南部的东部山系、巴塔哥尼亚（Patagonia）北部的 Pampa de Agnía 和 Tepuel 杂岩以及火地岛的 Cordillera Darwin 杂岩；中部岩浆弧构造域构成了半岛的主体，大致相当于 Leat 等（1995）所划分的南极半岛岩基，主要由中新生代的钙碱性火山岩和晚古生代—中生代的沉积岩（即特里尼蒂半岛群，Trinity Peninsula Group）组成，钙碱性岩浆作用同时形成大量的闪长岩 – 花岗岩岩基，这一单元对应于玛丽·伯德地的阿蒙森（Amundsen）地体以及智利北部的海岸山系；西部增生杂岩构造域主要由亚历山大岛（Alexander Island）的增生杂岩（Sto-

15

rey，Garrett，1985）以及发育于南设得兰群岛和南奥克尼群岛（South Orkney Islands）的斯
科舍变质杂岩（Tanner，1982）构成，对应于智利中南部的西部山系和巴塔哥尼亚北部的
Chonos 变质杂岩，其形成与古太平洋俯冲—增生作用有关。本专题的考察和研究区域主要位
于南极半岛北部—南设得兰群岛（图 2 – 8），涵盖了上述 3 个构造域。

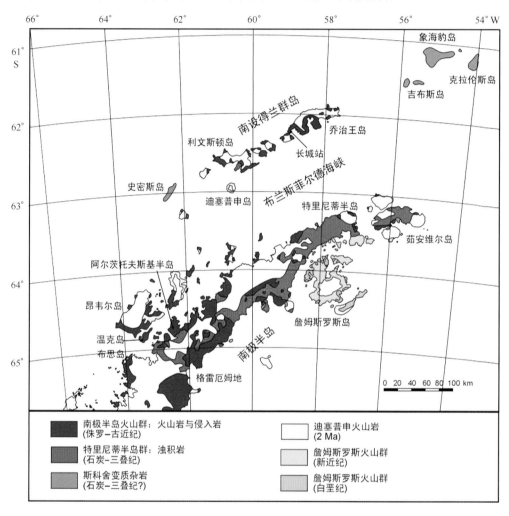

图 2 – 6　南极半岛北部—南设得兰群岛地质简图

　　区内以含有蓝闪石为特征的低温高压变质杂岩主要出露于南设得兰群岛靠海沟一侧的史
密斯岛（Smith Island）、吉布斯岛（Gibbs Island）、象岛（Elephant Island）和克拉伦斯岛
（Clarence Island）（Tyrrell，1945；Smellie，Clarkson，1975；Dalziel，1976；Rivano，Cortés，
1976；Hervé et al.，1983；Trouw et al.，1991，1998，2000；Grunow et al.，1992），是"斯
科舍弧变质杂岩"的组成部分之一（Tanner，1982；Dalziel.，1982，1984）。现有的岩石学、
构造地质学和年代学研究得出以下主要结论：①这些岩石属于俯冲—增生杂岩，主要由洋底
变质玄武岩、蛇纹岩以及缘于岛弧的变质沉积岩组成；②变质分带明显，在象岛从北向南可
区分出绿纤石 – 阳起石相、蓝片岩相和绿帘角闪岩相；③象岛蓝片岩相的峰期变质条件约为
300～350℃、6～7.5 kb，绿帘角闪岩相为 480～520℃、5 kb，史密斯岛蓝片岩则压力最高，
为 300～350℃、8 kb，并均具有顺时针演化的 P – T 轨迹；④同位素定年（包括 K – Ar、
^{40}Ar/^{39}Ar、Rb – Sr 和 Sm – Nd 方法）给出的年龄范围较宽，介于 280～30 Ma 之间（包括南奥

克尼群岛）（Dalziel，1972；Tanner，1982；Hervé et al.，1990，1991；Trouw et al.，1990，1997；Grunow et al.，1992），Trouw 等（1998）推测与俯冲有关的变质作用从东到西有个渐进式的变化：南奥克尼群岛 200～180 Ma，象岛 120～80 Ma，史密斯岛 58～47 Ma。一般认为，这套俯冲—增生杂岩的形成与古太平洋大洋岩石圈在中新生代的向东俯冲有关（如 Saunders et al.，1980；Barker et al.，1991；Hervé et al.，1991；Leat et al.，1995；McCarron，Larter，1998），而现今的俯冲作用只发生在南设得兰群岛的西北一侧。

南极半岛的火山岩曾被统称为南极半岛火山群（Antarctic Peninsula Volcanic Group）（Thomson，Pankhurst，1983），时代从侏罗纪一直延续到新生代（190～10 Ma），一般认为是古太平洋边缘岩浆弧火山作用的产物（Storey，Garrett，1985）。伴生的中酸性侵入体（闪长岩－花岗闪长岩－花岗岩）具有相似的年龄和类似的成因机制（Leat et al.，1995）。然而，在南极半岛格雷厄姆地（Graham Land）东部的塔吉特山丘（Target Hill），奥陶纪（487～484 Ma）、泥盆纪（397～393 Ma）、石炭纪（327～311 Ma）、二叠纪（275～257 Ma）等早期侵入体均已被识别出来（Millar et al.，2002；Riley et al.，2011，2012）。实际上，在格雷厄姆地和帕默地北部，三叠纪（236～200 Ma）的侵入体也较普遍（Leat et al.，1995；Millar et al.，2002；Riley et al.，2012），志留纪（435～422 Ma）岩基在个别地点也有所报道（Millar et al.，2002）。这些早期的侵入体一般多伴有变质事件的发生（Millar et al.，2002；Wendt et al.，2008；Riley et al.，2012），所以可能是冈瓦纳大陆边缘增生造山作用的结果。同位素年代学研究表明，从侏罗纪开始的岩浆活动具有从东向西迁移的特点：侏罗纪岩浆作用主要集中于南极半岛格雷厄姆地东南部和帕默地，早白垩世岩浆作用则占据了南极半岛的整个区域，晚白垩世岩浆作用迁移到格雷厄姆地西部，到新生代则局限于南极半岛西部的离岸岛屿（Leat et al.，1995）。就南设得兰群岛而言，白垩纪岩浆作用主要发生在西南部的利文斯顿岛（Livingston Island）、格林尼治岛（Greenwich Island）、罗伯特岛（Robert Island）和纳尔逊岛（Nelson Island），而到新生代则迁移到东北部的乔治王岛（King George Island）和部分纳尔逊岛（Leat et al.，1995；胡世玲等，1995；郑祥身等，1998；Zheng et al.，2003；Wang et al.，2009；Kraus et al.，2010）。新的地球化学研究表明，并非像前人所认为的那样，所有的中新生代岩浆岩都与岛弧岩浆作用有关，至少在帕默地和格雷厄姆地东南部的侏罗纪（190～155 Ma）岩浆岩可能是冈瓦纳超大陆裂解的产物（Pankhouest et al.，2000；Riley et al.，2001）。

2.4 考察目标

（1）提取中山站—昆仑站一线布设的低温宽频天然地震仪的观测数据，并通过国际合作收集的国外在南极大陆获取的天然地震观测数据，根据自己建立的新方法进行数据处理和计算，获取整个南极大陆的地壳和岩石圈三维结构。

（2）通过对东南极普里兹湾、格罗夫山和北查尔斯王子山的地质和重要矿产资源的考察，查明普里兹湾—北查尔斯王子山地区的区域地质背景和构造演化历史，评估我国中山站 600 km 范围内煤、非金属和其他金属矿产的资源潜力。

（3）通过对西南极的南极半岛—南设得兰群岛地区和南美南部的现场考察以及资料收集，了解南极半岛北部—南设得兰群岛中新生代的大洋俯冲—岛弧增生的构造过程，评价南极半岛—南设得兰群岛地区铜多金属矿产资源的潜力。

第3章 考察主要任务

3.1 考察内容及路线

如前所述，本专题的考察和研究区域主要包括东南极普里兹湾—北查尔斯王子山地区、北维多利亚地新站选址区域和南极半岛—南设得兰群岛地区（图3-1）。其中在第29次南极考察队执行了东南极拉斯曼丘陵1∶2.5万地质填图及矿产资源考察和南极半岛—斯科舍弧—福克兰群岛地质与矿产资源考察；第30次南极考察队执行了东南极格罗夫山地质与矿产资源考察和维多利亚地新站站区1∶2 000地质填图；第31次南极考察队执行了东南极北查尔斯王子山地质与矿产资源考察和南极半岛–南设得兰群岛地质与矿产考察。以下按照队次和区域来详细描述考察的内容、路线及任务完成情况。

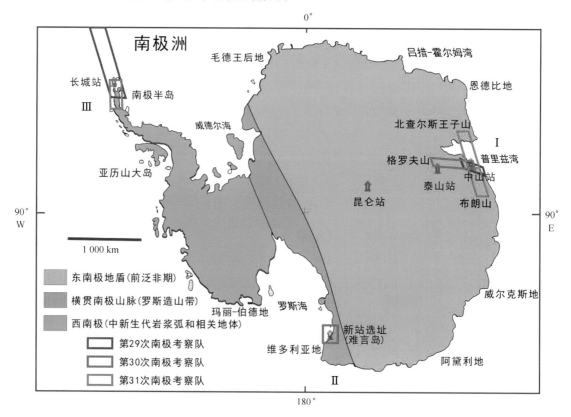

图3-1 专题考察的路线和区域

Ⅰ—普里兹湾—北查尔斯王子山地区；Ⅱ—北维多利亚地地区；Ⅲ—南极半岛—南设得兰群岛地区

3.1.1 第29次队东南极拉斯曼丘陵1:2.5万地质填图及矿产资源考察

3.1.1.1 考察内容

1）拉斯曼丘陵地质矿产调查与编图

①在拉斯曼丘陵地区开展以构造地质学为主的野外地质调查，进行大比例尺地质填图；②广泛采集各种构造要素和构造样品，室内处理各种构造调查数据，建立构造变形演化序列，在此特别强调早期挤压变形和晚期伸展变形这两次重要构造变形事件的地质意义和转换关系，确定主期变形作用的时代；③查明拉斯曼丘陵含硼（柱晶石）、磷、铝硅酸盐（夕线石）等层位的分布，并评价其资源潜力；④结合以前的岩石学和年代学资料，编制完成拉斯曼丘陵地区1:2.5万地质图。

2）埃默里冰架东缘地质与矿产调查

在埃默里冰架东缘某些露头的正片麻岩和紫苏花岗岩中未发现锆石在泛非期生长，所以无法判断现存麻粒岩相矿物组合是格林维尔期的还是泛非期的。这一问题将影响到普里兹造山带的波及范围、泛非期造山作用的性质以及普里兹造山带与北查尔斯王子山格林维尔期地质体的关系等重大问题。所以本次考察将选取未记录泛非期锆石生长的哈姆峰和斯佩德岛以及记录泛非期锆石生长的米斯蒂凯利丘陵3个典型地区进行重点研究，研究内容包括变质变形事件的划分和演化序列、多种方法的同位素定年以及可能的矿产资源寻找等，进而揭示埃默里冰架东部区域的多相变质过程和构造演化。

3）西福尔丘陵基底与岩墙群地质调查

通过对变质基底和变质基性岩墙群的野外地质考察及高精度同位素定年、地球化学示踪和变质作用演化的研究来揭示：①不同方向基性岩墙群的侵入时代和构造环境；②基性岩墙群麻粒岩化的时代和变质过程；③基性岩墙群围岩（结晶基底）的变质响应，进而建立西福尔丘陵西南端太古宙—早古生代（?）地质事件的演化序列。

3.1.1.2 考察路线

2012年11月15日，中国地质科学院地质力学研究所胡健民研究员与王伟博士从北京出发，于16日在澳大利亚弗里曼特尔港登上"雪龙"船，12月1日到达中山站，3月8日返回"雪龙"船。3月23日离船，由珀斯乘飞机经转新加坡，于25日下午回到北京。"雪龙"船4月9日到达上海极地码头，胡健民和王伟专程到上海参加国家海洋局举行的欢迎仪式并将采集样品托运回北京。

这次南极考察过程包括：参加卸货15天，野外工作时间总共62天，其中在野外宿营32天，以中山站为基地进行野外考察工作时间30天（图3-2、图3-3和图3-4）。野外工作间隙，对野外考察资料（包括野外记录、图件、各类岩石样品、同位素测年样、宇宙核素样和矿化点化探分析样等）进行整理。

根据考察计划安排，在后勤保障及天气状况，依次确保以下任务的完成：①保证完成拉斯曼丘陵的地质矿产调查和编图工作；②赖于尔群岛及西福尔丘陵工作区域；③埃默里冰架东缘工作区域。实际野外工作时间如下。

图3-2　东南极拉斯曼丘陵地质考察路线

① 12月1—14日，在中山站参加卸货；

② 2012年12月15日—2013年1月9日、2月20日、23日、25—26日，3月7日，在中山站所在的协和半岛地区填图；

③ 1月10—21日、2月27日—3月1日、6日，在斯托尼斯半岛填图；

④ 1月26—29日，在五岳半岛和九龙半岛填图；

⑤ 2月1—5日，在布洛克尼斯半岛填图；

⑥ 2月14—18日，在牛头半岛填图；

⑦ 2月19日，西福尔丘陵地区采样；

⑧ 2月24日，在熊猫半岛填图。

3.1.1.3　任务完成情况

完成了在拉斯曼丘陵地区1∶2.5万地质填图野外工作，所有地质调查路线的布置严格按照1∶2.5万地质填图精度要求执行，在通行条件较差的地区地质路线适当放宽。由于研究区为麻粒岩相变质岩分布区域，变质变形复杂，所以考察过程中地质点的密度超过了1∶2.5万

图3-3　野外营地及生活状况

图3-4　野外考察期间讨论、采样、记录

地质填图规范要求（图3-5）。基本上查明了拉斯曼丘陵地区岩石地层层序和地质构造格架，采集岩石、地球化学分析、同位素年代学、低温年代学及构造变形定向等样品共计276件。矿产资源调查取得突破，发现了铁矿化和铜矿化，对这些矿化点进行了野外初步评价。同时，对柱晶石出露点进行了普查，并将其标注在地质图上。

图3-5 南极拉斯曼丘陵1:2.5万地质填图完成区域地理地形底图
图中黄色点号为野外地质调查点

在西福尔丘陵地区采集早前寒武纪岩石测年样品，以及磁铁石英岩和其他变质岩岩石样品。然而，由于时间原因，加之进入2月之后拉斯曼丘陵地区天气变化很大，连续3天以上的晴好天气少见。考察队领导决定，在确保完成拉斯曼丘陵地区1:2.5万地质图野外考察工作的前提下，开展埃默里冰架东缘调查，特别是哈姆峰的地质考察。由于埃默里冰架远离中山站150~200 km，气象预报难度大。为了保证安全，考察队领导与中山站张北辰站长多次讨论后指示，埃默里冰架的考察必须在预报有3~4天的连续晴天期间执行。但一直到考察队将要撤离中山站前，没有合适的天气条件前往埃默里冰架东缘考察，经考察队领导批准，最终放弃了埃默里冰架哈姆峰的考察。

3.1.2 第29次队南极半岛—斯科舍弧—福克兰群岛地质与矿产资源考察

3.1.2.1 考察内容

1）南极半岛—斯科舍弧中新生代变质杂岩的组成及俯冲/增生历史

调查南极半岛北部格雷厄姆地、南设得兰群岛和南奥克尼群岛变质杂岩的岩石类型，重点查明不同级别（从蓝片岩相、绿片岩相、角闪岩相到麻粒岩相）变质杂岩的分布特征，特别是争取在南奥克尼群岛、象岛和史密斯岛获取低温高压变质岩样品，进而揭示斯科舍弧的变质演化以及中新生代大洋俯冲—增生的历史。

2）南极半岛—斯科舍弧中新生代岩浆作用及多金属成矿条件

调查南极半岛北部格雷厄姆地、南设得兰群岛、南奥克尼群岛和南乔治亚岛不同时代火山岩及侵入岩的分布、岩石类型和岩石组合特征，研究并获取这些岩石的形成时代和地球化学属性，恢复中新生代岛弧岩浆作用过程。同时，在野外注意观察和寻找与岛弧岩浆作用有关的，以铜为主的多金属矿化点，以了解南极半岛北部多金属成矿作用特征和成矿潜力。

3）南极半岛—斯科舍弧—福克兰群岛沉积岩、沉积盆地特征和油气资源前景

调查南极半岛北部格雷厄姆地、南设得兰群岛、南奥克尼群岛、南乔治亚岛和福克兰群岛晚古生代－中生代弧前盆地、弧后盆地和边缘盆地的地层（沉积岩）分布、层序特征和物质来源，调研南极半岛北部新生代沉积盆地的地质背景和油气资源前景，为资源潜力评估做准备。

3.1.2.2 考察路线

2012 年 12 月 25 日—2013 年 2 月 5 日中国地质科学院地质力学研究所研究员赵越和刘晓春作为中国第 29 次南极考察队长城站的成员先赴斯科舍弧和南极半岛北端参加美国地质学会 125 周年组织南极半岛北端—斯科舍弧综合科学考察，主题是"南极洲和斯科舍弧：大地构造、气候和生命"。考察时间是 2012 年 12 月 28 日—2013 年 1 月 20 日。2013 年 1 月 21—29 日在中国南极长城站进行始新世火山－沉积地层的调查，开展始新世全球热最大构造—气候研究的前期调研。2013 年 1 月 29 日—2 月 5 日经智利彭塔阿雷纳斯—圣地亚哥—阿根廷布宜诺斯艾利斯—法国巴黎返回北京。

野外考察分为两个阶段：第一阶段为 2012 年 12 月 25 日至 2013 年 1 月 20 日，为参加美国地质学会 125 周年组织南极半岛北端－斯科舍弧综合科学考察（图 3－6、图 3－7 和图 3－8）；第二阶段为 2013 年 1 月 21 日开始在中国南极长城站进行始新世火山－沉积地层的调查取样。2013 年 1 月 29 日离开长城站，2 月 5 日返回北京。

第一阶段 12 月 25 日从北京出发抵达智利首都圣地亚哥中国南极考察办事处。27 日同美国考察队一起开展考察工作，共 25 天（图 3－9、图 3－10 和图 3－11）。行程为：2012 年 12 月 27—28 日：在智利首都圣地亚哥集合；2012 年 12 月 29 日从智利首都圣地亚哥出发经蓬塔阿雷纳斯到福克兰群岛/马尔维纳斯群岛斯坦利港，考察石炭纪晚期冰水沉积，采集岩石样品 2 件；30 日福克兰群岛/马尔维纳斯群岛海狮岛考察石炭—二叠纪沉积岩，采集样品 3 件；2012 年 12 月 31 日—2013 年 1 月 1 日：从福克兰群岛/马尔维纳斯群岛航行到南乔治亚岛；2013 年 1 月 2—6 日：南乔治亚岛考察，在 7 个地点登陆，考察白垩纪弧后盆地沉积和经过强烈变形的洋底岩石，共采集岩石样品 15 件；2013 年 1 月 7—9 日：从乔治亚岛航行到南设得兰群岛北部象岛；2013 年 1 月 10—16 日：南设得兰群岛—南极半岛考察，登陆象岛、吉布斯岛、乔治王岛海军湾、欺骗岛、利文斯顿岛，南极半岛希望湾和 65°S 南北的岛屿和小半岛，共在 12 个地点登陆，采集岩石样品 77 件；2013 年 1 月 17—19 日：从南极半岛—南设得兰群岛的利文斯顿岛经史密斯岛北部返回南美南部阿根廷的乌斯怀亚。1 月 20 日利用间隙考察当

地白垩纪弧后盆地沉积，采集岩石样品2件。所有岩石样品从乌斯怀亚乘巴士携带至蓬塔阿雷纳斯。

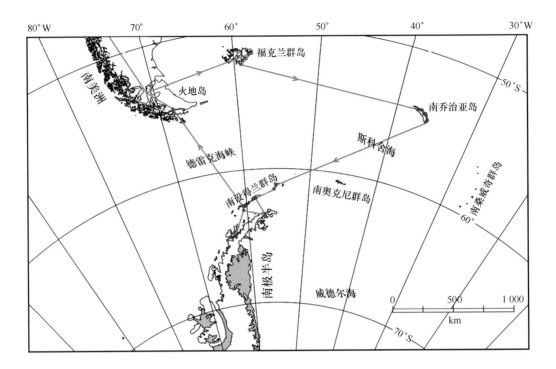

图3-6　2012—2013年南极半岛北端—斯科舍弧—南美南端地质考察路线

图3-7　南乔治亚地质考察路线

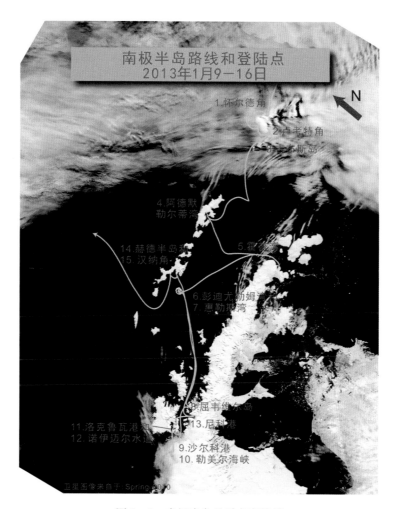

图3-8 南极半岛地质考察路线

图3-9 地质学家们在南极半岛观察沉积构造

图 3 - 10   赵越研究员在乔治王岛测量构造要素

图 3 - 11   刘晓春研究员与美国德州大学奥斯汀分校地质学教授、
前美国基金会南极首席科学家 Ian Dalziel 在野外交流

第二阶段 2013 年 1 月 21 日从阿根廷乌斯怀亚乘大巴抵达智利南部城市彭塔阿雷纳斯后，由于南极长城站地区的天气大雾，航班一直等到 23 日才飞抵菲尔德斯半岛的智利机场。下午到达中国南极长城站。24 日开始在中国南极长城站所在的菲尔德斯半岛开展野外调查和取样。先后在化石山、明月山、瓶子山、盘龙山老俄罗斯站油库地区和乌拉圭站南部对始新世化石山组沉积岩和碧玉滩组和玛瑙滩组玄武岩进行调查取样。28 日结束野外考察。共计取样15 件，圆满完成了长城站地区的考察工作。2013 年 1 月 29 日—2 月 5 日按中国南极考察队的安排经智利彭塔阿瑞纳斯—圣地亚哥—阿根廷布宜诺斯艾利斯—法国巴黎返回北京。

3.1.2.3　任务完成情况

第一阶段考察计划原计划采集岩石样品约 100 kg，实际采集岩石样品 114 件，大约 100 kg，完成了预定任务。主要的岩石样品，特别是我国学者过去未涉及、国际上也有待深入研究的样品，如南乔治亚岛的沉积岩、南设得兰群岛的低温高压变质岩及南极半岛太平洋一侧的火山岩和侵入岩等（图 3－12），我们进行了较为系统的采集，有望取得更为深入的研究进展。如我们登陆的南极半岛地区的布思岛，原来的资料是属于半岛火山岩群，我们登陆调查和取样是闪长岩。对于南极半岛地区的侏罗纪—白垩纪的岩浆岩的系列取样深化了对于我国过去从未涉及的三叠纪—侏罗纪早期的弧前沉积。本阶段考察不仅实地系统观察，纠正了过去的认识偏差，而且采获代表性样品，可结合南乔治亚岛的样品，进一步深入研究，深化国际对这一问题的认识。对国外在南极半岛地区的考察站也进行了了解，收集了第一手资料。丰富了我国南极新站选址的资料。我们还对区域的矿化现象进行的观察，在利文斯顿岛发现了具孔雀石化的闪长岩转石，进一步说明南极半岛可能与安第斯山脉一样具有铜等多金属成矿的潜力。同时，与考察队的带队美国和巴西地质学家建立了联系和合作计划，有望获得象岛和史密斯岛的蓝片岩的关键样品，深入研究。

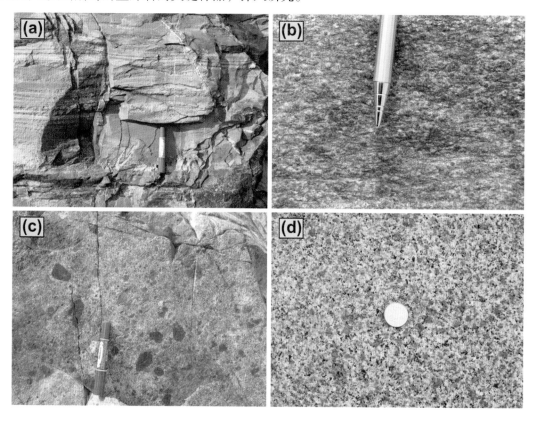

图 3－12　南极半岛—斯科舍弧主要岩石类型

（a）南乔治亚岛沉积岩；（b）象岛低温高压变质岩；（c）南极半岛火山角砾岩；（d）南极半岛花岗闪长岩

第二阶段在中国南极长城站的考察取得了 15 件始新世化石山组和碧玉山组、玛瑙滩组火山岩定向样品 80 kg，完成了长城站地区的考察任务。考察期间与智利站站长进行了交流，双方愿意共同推进对始新世南极半岛和南美环境与构造的研究。

3.1.3 第 30 次队东南极格罗夫山地质与矿产资源考察

3.1.3.1 考察内容

1) 格罗夫山地区冰碛岩特征及冰下地质演化

对格罗夫山地区广泛分布的冰碛岩带进行系统的观察和取样,主要包括阵风悬崖西侧冰碛岩带,哈丁山西堤、东堤冰碛岩带,梅森峰南侧冰碛岩带以及威尔逊山脊东测冰碛岩带,并尽可能寻找与新元古—早古生代板块俯冲/增生作用密切相关的岩石。对获取的岩石类型进行分类和多学科综合研究,确定物质来源,结合地球物理观察资料,判断格罗夫山东南区域的冰下地质特征,为普里兹造山带向南极内陆的可能延伸提供地质证据。

2) 格罗夫山北部未考察区域的基岩地质调查和研究

借助于直升机对格罗夫山最北部的库科峰、伯德冰原岛峰、武科维奇群峰以及周围一些未命名的冰原岛峰进行详细的调查、测量和取样,并开展南北区域的地质对比研究。主要目的是确定格罗夫山北部区域是否真的代表古老的(太古宙)克拉通陆块,还是与南部相似的泛非期变质杂岩。若是古老陆块,其是否遭受到泛非期构造热事件的影响。这一问题对揭示普里兹造山带如何向南极内陆延伸是至关重要的。

3) 格罗夫山地区矿产资源考察与潜力评估

考察的范围包括整个区域的基岩露头和冰碛岩带,查明这一地区是否产出与高级变质杂岩有关的铁矿以及与岩浆岩有关的其他多金属矿产,同时在变质沉积岩中注意寻找类似于拉斯曼丘陵产出的含硼(柱晶石)、磷、铝硅酸盐(夕线石)等非金属矿产。在冰碛岩带中收集多种岩石类型的同时,也注意观察、寻找可能的矿石样品。通过对基岩和冰碛岩的实地考察,再结合地球物理资料,评估格罗夫山地区的矿产资源潜力。

3.1.3.2 考察路线

东南极格罗夫山现场地质考察由中国地质科学院地质力学研究所王伟博士执行,地球物理调查由中国科学院青藏高原研究所赵俊猛、刘红兵和李亚炜执行。具体执行时间从 2014 年 1 月 9 日开始,至 2014 年 2 月 7 日结束,一共历经 29 天。项目执行过程中并没有依靠特殊的技术手段,凭借地质锤,罗盘和 GPS 进行岩石样品采集、产状测量和位置定位,并进行详细的记录和描述。具体考察路线见图 3-13。

1 月 9 日傍晚,车队进入格罗夫山研究区,在布莱克群峰附近停车扎营。在布莱克群峰的南侧基岩露头上进行野外观察并取样。

1 月 10 日下午,考察队到达格罗夫山西南侧的梅尔沃尔德群峰处扎营,在梅尔沃尔德北侧岛峰处进行基岩露头观察与采样,并测得构造面理产状。

1 月 11—12 日,11 日到达梅森群峰南侧扎营,梅森峰南侧有大面积碎石带分布,并且种类较丰富,在该碎石带进行为期两天的冰碛岩转石收集与分类,采集路线从碎石带的西面向东以 S 形路线进行观察收集。

1 月 13 日离开梅森峰营地前往萨哈洛夫岭扎大营。

1 月 14—15 日,前往阵风悬崖中段 2 号碎石带进行冰碛岩转石的收集任务,该碎石带冰

格罗夫山卫星影像

图3-13 格罗夫山野外现场考察路线

碛岩种类较少，采集路线由碎石带的北面向南面进行收集。

1月16—17日，前往阵风悬崖北段的4号碎石带，该碎石带的冰碛岩种类较丰富，且大小差异较大，从东向西逐渐变大趋势。收集路线从碎石带的最南端开始向北呈S形路线搜集冰碛岩样品。

1月18—20日，前往阵风悬崖北段的3号碎石带进行基岩的观察采集和碎石带冰碛岩样品的搜集任务。3号碎石带东面有大面积的基岩出露，因此方便基岩的采集和观察，主要岩石采集位置在山腰岩性分界位置。该处的碎石带岩石种类也较丰富，利于冰碛岩的收集。

1月21日，绕过萨哈洛夫岭前往哈丁山，在金鸡岭东南面峡谷和哈丁山东南侧山脚分别采了基岩样品。

1月22—23日，在哈丁山西侧碎石带进行冰碛岩样品的收集任务，该处虽然冰碛岩数量较多，大小各异，但种类却相对单一，收集路线从鲸鱼峰下向西南方向呈 S 形路线采集转石样品。

1 月 25 日，再次前往阵风悬崖北段的 4 号碎石带进行冰碛岩样品的收集任务，在上次收集的基础上继续在南面碎石带向北采集冰碛岩转石样品。

1 月 26—27 日，前往威尔逊岭区域进行基岩采样和转石收集任务。先在东南角岛峰附近的碎石带采集冰碛岩样品若干，再继续向北，在威尔逊山脊主峰的北面碎石带（该碎石带南北向分布，碎石带分布细长状）收集冰碛岩样品若干。然后继续向北到达威尔逊岭最北面的岛峰，进行基岩的观察和采集任务。

1 月 28 日，前往哈丁山，在金鸡岭附近峡谷对基岩露头进行进一步的观察与采样，并对哈丁山的基岩各岩石类型的分布与接触关系进行划分与素描示意。

1 月 29—31 日，前往阵风悬崖北段的 4 号碎石带，对碎石带北面进行冰碛岩样品的收集与分类。

2 月 1 日，仍然前往哈丁山金鸡岭附近的谷陷处进行基岩的观察与采样，在上次大范围的基岩观察基础上，本次着眼于局部样品的分布与接触关系，重点集中于紫苏花岗岩中的暗色片麻岩包体，以及两者的接触关系。

2 月 2 日，离开萨哈洛夫岭营地前往阵风悬崖南段 1 号碎石带附近扎营。

2 月 3—4 日，前往 1 号碎石带进行冰碛岩样品的收集与分类。1 号碎石带由南面南北向和北面东西向的两条碎石带组成，碎石带内岩石种类丰富，本日的转石收集工作在南面的碎石带进行，收集路线为从南向北的 S 形路线。

2 月 5—6 日，继续在营地附近的 1 号碎石带进行冰碛岩的收集与分类任务，将收集区域移向北面的东西向碎石带，该带岩石类型与南面的碎石带相似。在北面的碎石带转石任务结束之后继续前往碎石带东北方向的阵风悬崖基岩露头处，进行基岩的观察与采样。

2 月 7—9 日，野外工作全部结束，准备撤离格罗夫山地区前往 464 km 处与泰山队会合。

3.1.3.3 任务完成情况

格罗夫山地质考察共观测基岩和冰碛岩典型露头 29 个，采集样品 177 件，约 400 kg，发现陨石 59 件，拍摄野外照片 330 余张，路线近 20 条，总长 200 km 余。岩石种类主要为变质岩和花岗岩，包括片麻岩、片岩、麻粒岩、角闪岩、硅酸盐岩、花岗岩，并收集到格罗夫山研究区罕见的火山岩和沉积岩样品各 1 件。但由于没有直升机的支援，对格罗夫山北部基岩露头的考察未能实施。

在地球物理方面，本次考察在拉斯曼丘陵布设岩基宽频带天然地震仪 3 台，在中山站至格罗夫山途中布设冰基宽频带天然地震仪 2 台，在格罗夫山冰原岛峰布设岩基宽频带天然地震仪 5 台，并在关键控制区布设大地电磁仪 2 台。圆满完成了第 30 次南极考察低温宽频带天然地震仪的布设任务（图 3-14、图 3-15），并且获取了前一次格罗夫山考察队布设的 1 台天然地震仪的数据（图 3-16）。

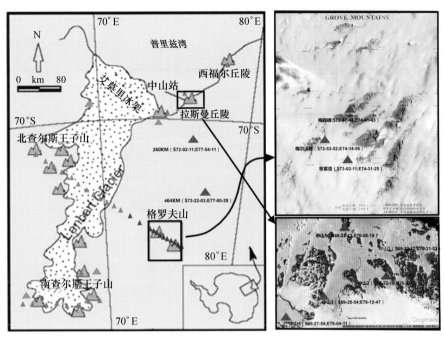

▲ 第30次南极科考地震台站(共10个台站)

图 3-14 格罗夫山宽频带岩基天然地震仪分布设计

图 3-15 考察队员在格罗夫山梅尔沃尔德冰原岛峰群岩基布设宽频带天然地震仪

图 3-16　考察队员在格罗夫山萨哈罗夫山脊采集宽频带天然地震仪的数据

3.1.4　第 30 次队维多利亚地新站站区 1:2 000 地质填图

3.1.4.1　考察内容

根据维多利亚地新站建站规划及各种工程建设需要，大比例尺地质图是开展站区工程地质勘察的基础，因此，本次地质考察的主要任务是在站区及邻近区域完成一幅 1:1 000 比例尺地质图，同时查明站区不同岩石类型与不同地层分布、产状，查明站区冰碛物类型、组成及分布，查明站区断层分布、产状与断层性质，查明断层活动序列与活动性，查明站区劈理产状、分布与发育密度。除此之外，需要查明难言岛不同类型侵入岩的分布范围和彼此接触关系；岛内是否有变质沉积岩产出及其与侵入体的关系；北西向和北东向断裂的规模与性质（脆性断裂还是韧性断裂）。据此初步判断不同地质体对工程建设的影响程度，从而为新站建站规划和建设提供基础地质依据。

3.1.4.2　考察路线

北维多利亚地特拉诺瓦湾难言岛现场考察由中国地质科学院地质力学研究所陈虹执行。由于受到"雪龙"船援助俄罗斯考察船并被海冰围困的影响，原计划共 8 天的维多利亚地地质调查的工作时间压缩。根据考察队新的时间安排，本项目在站区工作时间共计 4 天 86 个小时，并且还包括上岛准备和撤离各 6 小时的时间，所以实际工作时间仅为 74 小时。在 1 月 13 日下午 6 点结束营地建设之后，便开始正式的野外考察工作。现场实施过程也基本按照调整后的实施方案执行。

第一天（13 日 18：00—14 日 02：00）：当天重点对拟选站区范围内沿海岸的基岩区开展

工作，地质路线长度大约为 2 km，路线间隔和点间距为 50 m。并对地形图中出现的坐标误差进行了校正。

第二天（14 日 08：00—15 日 01：00）：对整个主站区拟选范围内基岩和砾石出露特征调查，以及站区西侧冰碛物沉积特征进行地质填图，完成了主体建站区域范围内 1∶2 000 地质填图，地质路线长度约 7 km，路线间隔大约为 50 m，点间距控制在 50 m 范围内，同时在冰碛物堆积区完成 1 条"U"形的穿越路线。

第三天（15 日 09：00—16 日 01：00）：完成拟选站区范围外北部和西部山区的 1∶2.5 万地质填图工作，并圈定了站区内基岩与砾石区的分界线，为站区规划提供地质基础资料。地质路线总长约 6 km，路线间隔和点间距控制在 250 m 范围内。

第四天（16 日 08：00—20：00）：完成主体建站区域范围内加密地质填图，主要完成了两项工作：一项是从地质上分析并圈定了适合建站区的范围；另一项是将站区范围内基岩区主要花岗岩脉体圈定出来（图 3 - 17）。地质路线总长约 5 km，路线间隔达到约 30 m，局部复杂地区点间距达到 20 m，从而使站区范围内的地质填图的精度达到 1∶2 000 的需要。

图 3 - 17 科考队员陈虹在难言岛进行野外地质考察

3.1.4.3 任务完成情况

在有限的实际工作时间内，现场执行人共完成了大约 20 km 的地质路线调查，各类地质点共 163 个，其中重要露头观测点 14 个；并采集各类地质岩石样品 51 件，约 300 kg，拍摄地质照片 130 张，基本完成了拟选站区范围内及附近地区 1∶2 000 地质填图工作任务及室内研究所需要的样品。

3.1.5　第31次队东南极北查尔斯王子山地质与矿产资源考察

3.1.5.1　考察内容

1）北查尔斯王子山格林维尔期地质体的组成、基本特征以及泛非期构造热事件的叠加改造

北查尔斯王子山是我国科学家从未涉足的区域，分布范围广（约300 km×300 km），基岩露头大。考察地点为靠近北部基岩出露面积最大的环比弗湖区域，对其研究也主要集中在基本地质特征方面，主要包括：①北查尔斯王子山格林维尔期麻粒岩地体的区域构造特征、岩石组成、变形特征和变形序列以及变质作用特征和P－T演化，查明该区新元古代紫苏花岗岩和泛非期花岗岩的产出状况，特别是对泛非期变形作用和花岗岩的侵入进行查证，明确该区是否有泛非期变质作用的叠加；②对晚中元古代的基底变质杂岩进行系统的锆石U－Pb同位素定年和地球化学研究，揭示该期大规模基性—酸性岩浆事件的时代、性质与构造环境；③开展埃默里冰架东西两侧变质杂岩的综合对比研究，特别是要查明二者是否属于同一个前格林维尔期变质基底，这对说明普里兹造山带主缝合线的位置以及泛非期造山作用叠加于格林维尔期造山带的原理和机制十分关键。

2）北查尔斯王子山二叠—三叠纪含煤沉积盆地的基本特征和煤炭资源潜力

澳大利亚和俄罗斯地质学家已对北查尔斯王子山的二叠—三叠纪含煤沉积盆地开展了初步的考察工作，将这套岩石统称为埃默里群，其中二叠系分为拉多克（Radok）组、贝恩梅达特（Bainmedart）组和比弗（Beaver）组，三叠系则归于弗拉格斯通岩滩（Flagstone Bench）组，煤层主要产出在二叠系中。我们拟开展的调查和研究工作主要包括：①通过路线地质踏勘和关键地段的精细测量查明二叠—三叠纪含煤沉积盆地的分布范围和沉积层序，并进行岩相古地理和形成环境分析；②通过代表性沉积岩（包括在埃默里冰架以东获得的碎屑岩冰碛漂砾样品）中碎屑锆石的U－Pb定年进行物源分析，进而探索埃默里冰架两侧区域的冰下地质特征；③采集古地磁定向样品并进行测试，探讨南极大陆晚古生代—早中生代古地理及构造重建；④确定主要含煤层位，并详细测量煤层的数目和每一煤层的厚度，从而估算煤炭资源的总量。

3.1.5.2　考察路线

东南极北查尔斯王子山地质与矿产资源考察由中国地质科学院地质力学研究所刘晓春、刘健、陈虹及国家海洋局第一海洋研究所崔迎春执行。此次北查尔斯王子山地质调查主要依托澳大利亚航空网络进行后勤保障，同时中国第31次南极考察队协助运送野外考察物资和样品（图3－18）。现场执行人野外考察时间为2014年12月12日—2015年2月7日，共计58天，具体考察行程和工作情况如下。

12月12—13日，从北京乘机，经悉尼转机到达澳大利亚南极局所在的霍巴特市，并于13日下午参加澳大利亚南极局组织的行前教育培训会议。

12月14—16日，与南极局相关负责人讨论项目合作事宜与野外考察计划，同时等待前往南极凯西站的飞机航班。

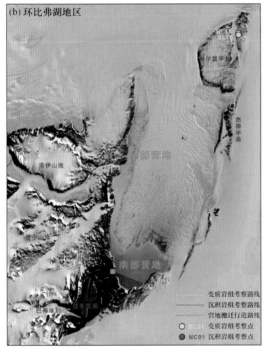 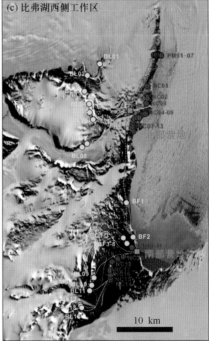

图 3 - 18　北查尔斯王子山地质调查飞行路线（a）与
比弗湖地区野外考察地质点与工作路线（b、c）

12 月 17 日，乘坐航班抵达凯西站。

12 月 18—26 日，在凯西站内等待飞机前往戴维斯站，同时通过网络和电话与戴维斯站相关人员讨论物资准备情况。

12 月 27 日，乘坐巴斯勒飞机抵达戴维斯站。

12 月 28—30 日，与戴维斯考察站相关人员详细讨论野外工作计划，制订飞行计划，并完成野外物资整理和安全培训等工作。

南极大陆矿产资源考察与评估

12月31日至翌年1月3日，完成了戴维斯站附近西福尔丘陵中部地区的地质剖面调查（图3-19）。

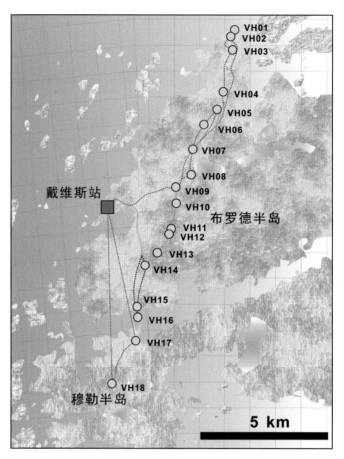

图3-19　西福尔丘陵野外考察地质点与工作路线

1月4日，乘坐"双水獭"固定翼飞机前往戴维斯站以东大约320 km的布朗山（Mount Brown）地区进行野外地质考察（图3-20）。

1月5日，考察组乘坐"小松鼠"直升机，经过3个多小时的飞行，抵达北查尔斯王子山比弗湖地区，并完成了北部营地搭建工作。

1月6—9日，开展北部营地的地质考察，分为变质岩组和沉积岩组（见图3-18）。其中变质岩组对北部洛伊山地（Loewe Massif）地区出露的紫苏花岗岩和片麻岩进行变质变形研究并采样；沉积岩考察组对比弗湖北部的二叠纪—三叠纪沉积地层进行考察，并在二叠纪贝恩美达特组 Grainger 和 Mckinnon 段含煤地层和三叠纪弗拉格斯通岩滩组 Ritchie 段沉积地层进行详细观察和取样。

1月10—11日，从北部营地搬迁至南部营地，10日因暴风雪在营地等待。

1月12—15日，开展南部地区地质考察（见图3-18），变质岩组对拉多克湖西岸开展详细的剖面测量；沉积岩考察组对比弗湖南部地区的贝恩梅达特组 Toploje、Dragons Teeth 和 Glossopteris Gully 段含煤地层观察与采样。

1月16日，受天气和澳方飞行计划调整，完成南部营地区的野外考察后，乘坐直升机返回戴维斯站。

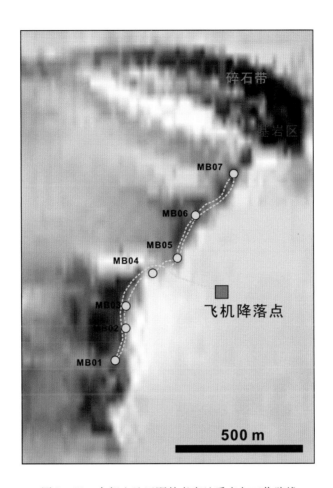

图 3 - 20　布朗山地区野外考察地质点与工作路线

1月17—18日，样品整理。

1月19日，上午进行西福尔丘陵地区南部穆勒半岛地质考察（见图3-19），下午返回戴维斯站整理考察物资和样品，准备返回凯西站。

1月20日，乘坐巴斯勒飞机返回凯西站。

1月21日—2月3日，在凯西站等待返回澳大利亚的飞机，期间对站区附近的温德米尔群岛（Windmill Islands）基岩和大陆边缘的碎石带进行考察（图3-21）。

2月4日，乘坐飞机返回澳大利亚霍巴特。

2月5日，霍巴特等待返回北京的飞机。

2月6—7日，由霍巴特经悉尼乘坐飞机返回北京。

3.1.5.3　任务完成情况

现场执行人利用澳大利亚南极考察航空网，在大约2个月的考察时间内，基本完成了"北查尔斯王子山地质与矿产资源调查"考察计划的工作内容，包括北查尔斯王子山比弗湖地区地质调查和布朗山地质考察任务。在澳大利亚考察站等待飞行期间，本项目还开展了戴维斯站附近西福尔丘陵和凯西站附近温德米尔群岛等地区的野外考察。总计野外工作时间约20天，考察路线总长约300多千米，共采集样品405件，重量约800 kg，拍摄野外照片600余张。

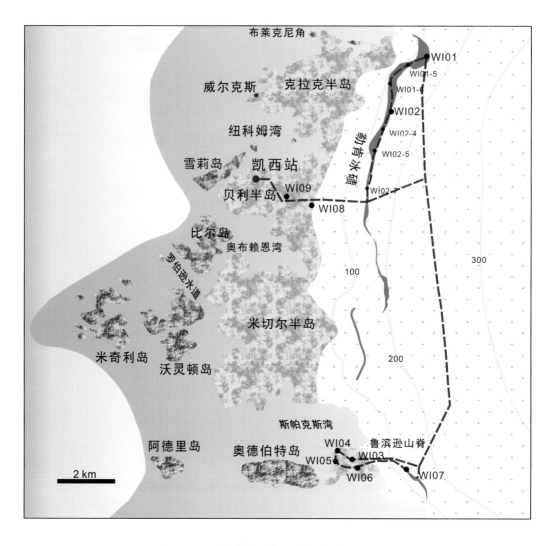

图 3 – 21   温德米尔群岛地质考察点与工作路线

由于北查尔斯王子山地区冰雪和冰碛物覆盖严重，基岩出露地区较少。而且由于该地区气候条件恶劣，适合搭建帐篷位置主要位于靠近比弗湖沿岸地区，离基岩露头位置较远，平均距离大约 10 ~ 15 km，所以本次南极考察能够到达的基岩露头区较少。由于严重的积雪，考察队员每天的步行距离只能在约 25 ~ 30 km（图 3 – 22），所以原计划前往西部和中部的少量露头点，因为没有直升机支援而无法执行。所以，北查尔斯王子山地区的野外调查必须依靠现代交通工具才能完成。

3.1.6   第 31 次队南极半岛—南设得兰群岛地质与矿产资源考察

3.1.6.1   考察内容

1）南设得兰群岛地层对比

调查南设得兰群岛各岛屿的地层出露特征，并且进行详细的地层划分与对比；对南设得兰群岛各岛屿中新生代火山岩的空间分布、岩性组合及层序等开展详细的调查研究。野外具

图3-22 艰难的北查尔斯王子山考察（2015年1月15日）

体工作主要包括记录地层位置、地层产状、地层厚度、岩性特征、岩石层序等，采集新鲜火山岩样品、古生物样品以及地球化学样品，用以准确控制地层年代以及构造演化研究。

2）南设得兰岛 1:25 万地质填图前期调研

通过对南设得兰岛不同基岩出露地区的野外地质考察，结合前人和本次南极考察的成果，调研在南设得兰岛编制 1:25 万地质图的可能性，为未来进一步编制并出版南设兰群岛 1:25 万地质图打下基础。

3.1.6.2 考察路线

南极半岛—南设得兰群岛地质与矿产资源考察由中国地质科学院地质力学研究所赵越研究员、张拴宏研究员和高亮博士执行，刘建民研究员配合。根据极地办统一安排，项目执行组 3 人于 2015 年 1 月 17 日从北京出发，并与其他 3 名不同专业领域的考察队员于 2015 年 1 月 20 日到达南极长城站。

本次野外考察分为以下三个阶段。

第一阶段为 1 月 21 日至 1 月 31 日，赵越、张拴宏、刘建民、高亮 4 人与智利南极研究所科学家合作，共同开展了西南极南设得兰群岛迪塞普申岛（Deception Island）、铜矿半岛、赫德半岛（Hurd Peninsula）、史密斯岛（Smith Island）、汉那角（Hannah Point）、阿德默勒尔蒂湾（Admiralty Bay）、拜尔斯半岛（Byers Peninsula）及南极半岛 General Bernardo O'Higgins 科考站等地开展了野外地质调查（图3-23）。

重点调查路线及地质特征包括：

①南极半岛 General Bernardo O'Higgins 站：岩性以强变形的浅变质长石石英砂岩为主，局部见有中基性岩脉侵入。标定地质点 1 个，采取地质样品 3 件。

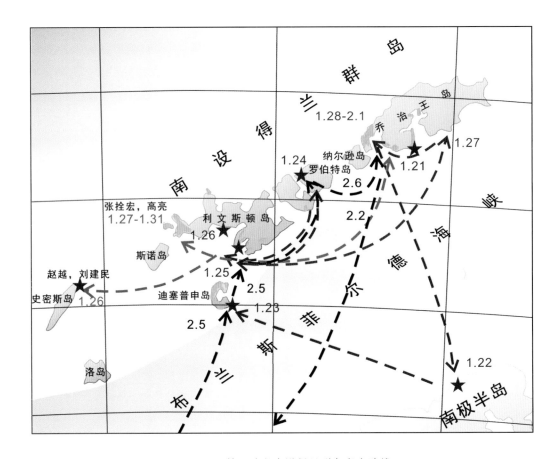

图 3 – 23   第一阶段南设得兰群岛考察路线

②铜矿半岛：以安山岩为主，其次为砾岩及柱状节理极为发育的玄武岩；标定地质点 6 个，采取地质样品 9 件。

③赫德半岛：岩性主要为侏罗纪砂岩及粉砂岩，标定地质点 2 个，采取地质样品 3 件。

④史密斯岛：岩性为浅变质砂岩、粉砂岩及蓝片岩（图 3 – 24），标定地质点 11 个，采取地质样品 11 件。

⑤汉那角：岩性主要为玄武岩及安山质火山角砾岩，标定地质点 3 个，采取地质样品 3 件。

⑥阿德默勒尔蒂湾：岩性以玄武岩为主，标定地质点 1 个，采取地质样品 1 件。

⑦拜尔斯半岛：岩性主要为玄武岩、玄武安山岩、砾岩及流纹岩等，在海滩附近见到大量花岗岩及花岗闪长岩冰川漂砾，其直径可达 1～2 m，与利文斯顿岛地表出露的岩性明显不同。确定这些花岗岩及花岗闪长岩巨砾的来源对于了解该区构造演化及冰川运动学特征具有非常重要的意义。标定地质点 9 个，采取地质样品 13 件。

第二阶段为 2 月 2—6 日，赵越和张拴宏随智利科考船对南极半岛美国帕默（Palmer）站、智利耶尔乔（Yelcho）站及魏地拉（Videla）站附近岛屿开展了野外地质考察（图 3 – 25）。在花岗闪长岩中采集到了较多的闪长质微细粒俘虏体样品，为研究该区岩浆起源及岩浆混合作用提供了重要依据。

重点调查路线及地质特征包括：

①美国帕默站：岩性主要为花岗闪长岩，闪长玢岩脉发育，见有断层及小型韧性剪切带，

图 3 - 24 赵越研究员在南设得兰群岛的史密斯岛考察蓝片岩

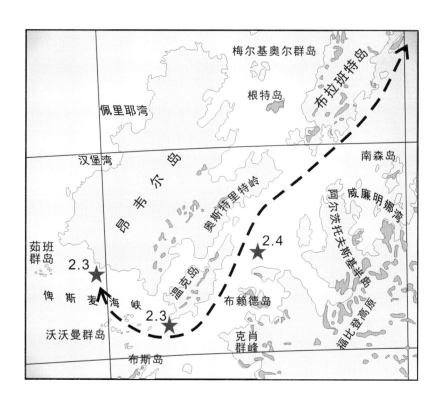

图 3 - 25 第二阶段南极半岛考察路线

部分花岗闪长岩内含俘虏体。标定地质点4个，采取地质样品10件。

②智利耶尔乔站：岩性以花岗闪长岩为主，被闪长玢岩脉侵入。闪长质微细粒俘虏体较为发育。标定地质点4个，采取地质样品10件。

③智利魏地拉站：岩性以花岗闪长岩为主，闪长玢岩脉发育。另外见有紫红色砾岩及浅变质砂岩、粉砂岩及基性火山岩。其中浅变质砂岩、粉砂岩及基性火山岩被花岗闪长岩侵入。

紫红色砾岩中含有花岗闪长岩砾石，表明其沉积发生在花岗闪长岩之后。标定地质点4个，采取地质样品9件。

第三阶段为2月1日至2月27日，刘建民（2月3日出站）、高亮博士对菲尔德斯半岛化石山、好汉坡、长山、霍拉修峰、碧玉山、盘龙山、半三角、西湖等地进行了系统的取样，采集地质样品19件。

重点调查路线及地质特征包括：

①菲尔德斯半岛化石山附近：化石山出露地层属化石山段，主要为火山碎屑岩与火山碎屑沉积岩，夹化石层，共采集手标本6块。

②化石山东侧：以致密块状玄武岩与安山岩为主，未采集手标本。

③长山与好汉坡附近：以致密玄武岩与安山岩为主，共采集手标本8块。

④霍拉修山峰附近：以致密玄武岩为主，未采集手标本。

⑤碧玉山与盘龙山附近：以致密玄武岩以及安山岩为主，采集手标本3块。

⑥半三角附近：以致密玄武岩与火山碎屑岩为主，采集取手标本2块。

⑦西湖附近：以致密玄武岩为主，未采集手标本。

按照极地办统一要求，在基本完成了本次考察任务后，赵越和张拴宏研究员于2月15日返回北京，高亮博士于2月25日离开长城站，并于3月2日返回北京。

3.1.6.3 任务完成情况

本次考察基本了解了西南极南设得兰群岛及长城站周边的地质特征及部分矿化特点，并获取了大量珍贵的野外岩石样品（岩石样品82件，加上古地磁样品共约300 kg），为进一步开展南极半岛火山岩群的时代及其演化过程研究奠定了基础。主要收获包括以下几个方面。

①成功登陆了野外工作及天气条件极其恶劣的史密斯岛并采集到了珍贵的蓝片岩样品，为研究该区构造演化提供了重要的研究对象。

②在南设得兰群岛利文斯顿岛拜尔斯半岛发现了大量的花岗岩－花岗闪长岩冰川漂砾，其直径可达1～2 m，与利文斯顿岛地表出露的岩性明显不同。确定这些花岗岩及花岗闪长岩巨砾的来源对于了解该区构造演化及冰川运动学特征具有非常重要的意义。

③在南极半岛美国帕默站、智利耶尔乔站及魏地拉站附近岛屿上出露的花岗闪长岩中采集到了较多的闪长质微细粒俘虏体样品，为研究该区岩浆起源及岩浆混合作用提供重要依据。

总之，本次科考工作按照原计划实施，并基本上完成了预定计划。但需要说明的是，受自然环境影响，2014—2015年南设得兰群岛的气温较往年偏低很多，雨雪融化较往年偏晚，厚厚的积雪尚未融化，这对地表的地质调查工作带来了极大的影响。同时，大部分时间风大雾浓，给橡皮艇出海安排带来极大困难。截至智利航次结束前，智利方面考察船无法安排前往娄岛（Low Island）等地橡皮艇出海的野外作业，因此，原定对娄岛等的地质考察无法实施，只能根据情况待未来开展进一步工作。

3.2 考察设备

野外地质考察的仪器设备比较简单，均为手持式设备，主要包括手持卫星电话（铱星）、手持对讲机、手持 GPS 仪、自动和手动照相机（佳能/索尼）、地质锤、罗盘、放大镜、测绳以及测距仪（精度 1 m）等。地球物理调查的主要设备是低温甚宽频天然地震仪（台站），使用低温型 CMG–3T 甚宽频探头和低温型 CMG–DM24&CMG–DCM 记录仪，并由太阳能供电（见附件 1）。

实验室仪器设备主要是为获得所采集样品的同位素年代学、地球化学和矿物成分数据而使用的各种分析仪，其中同位素年代学分析设备包括离子探针 SHRIMP Ⅱ 分析仪、离子探针 CAMECA–SIMS 分析仪、激光剥蚀 LA–（MC）–ICP–MS 分析仪和 MM–1200B 质谱仪；地球化学分析设备主要使用 RIX2100 XRF 分析仪和 Elan 6100DRC ICP–MS 分析仪；矿物成分分析设备使用了 JEOL JXA–8230 型波谱电子探针分析仪和 JEOL JXA–8100 型波谱电子探针分析仪（见附件 1）。

3.3 考察人员及分工

本专题由 41 名从事不同专业的科技人员组成，其中中国地质科学院地质力学研究所（课题 1）17 人，中国科学院青藏高原研究所（课题 2）及其他协助单位 10 人，国家海洋局第一海洋研究所（课题 3）5 人，国家海洋局东海分局（课题 4，仅 2012 年）5 人，中国地质科学院地质研究所（课题 5）4 人。人员的专业结构和任务分工见附件 2。

3.4 考察完成的工作量

专题截至 2015 年 6 月 30 日，已完成重要地质露头观测点 578 个，购买偏光显微镜 1 台，购买低温天然地震仪配件 4 台套，布设低温天然地震仪 111 台，完成岩石薄片磨制 1 892 片，主量元素分析 364 件，微量元素分析 295 件，稀土元素分析 259 件，Sr–Nd 同位素分析 40 件，Lu–Hf 同位素分析 358 点，锆石/金红石/榍石 U–Pb 同位素定年 101 件，电子探针分析 2002 点，扫描电镜分析 25 小时，岩矿地球化学快速测试分析 561 件，有机气体分析 10 件，沉积环境分析 100 件，微体古生物（孢粉）分析 130 件，宇宙核素暴露年龄测定 12 件，无污染碎样 194 件，单矿物挑纯 120 件，计算机制图及数据处理 3 170 小时，租用科考船 31 天，租用固定翼/直升机 70 小时，编制拉斯曼丘陵地质图 1 幅，维多利亚地新站选址区域地质图 1 幅，西南极矿产分布图 1 幅，北维多利亚地矿产分布图 1 幅，撰写技术报告 16 份，发表学术论文 15 篇，成果集成报告 1 份。

完成的总实物工作量见表 3–1，其中课题 1、课题 2、课题 3、课题 5 完成的实物工作量分别见表 3–2、表 3–3、表 3–4、表 3–5。总体来看，大部分工作量都已足额或超额完成，但主要涉及岩石地球化学分析的科目（如微量元素分析、稀土元素分析和 Sr–Nd 同位素分析）和电子探针分析因新取样品送样较晚，在实验室安排比较靠后，现正排队等待测试，预计 2016 年上半年会得到结果。

表 3 – 1　2012—2015 年设计和完成实物工作量

科目	总工作量	完成情况	执行率
重要地质露头观测点	约 160 个	578 个	>100%
偏光显微镜	1 台套	1 台套	100%
低温天然地震仪配件购置	4 台套	4 台套	100%
低温天然地震仪布设	11 台	11 台	100%
岩石薄片磨制与观察	1 670 片	1892 片	>100%
主量元素分析	350 件	364 件	>100%
微量元素分析	300 件	295 件	98%
稀土元素分析	284 件	259 件	91%
Sr – Nd 同位素分析	75 件	40 件	53%
Lu – Hf 同位素分析	200 点	358 点	>100%
硼同位素分析	10 件	10 件	100%
Ar – Ar 地质测年	8 件	8 件	100%
锆石/金红石/榍石 U – Pb 定年	92 件	101 件	>100%
电子探针分析	2 066 点	2 002 点	97%
扫描电镜分析	25 小时	25 小时	100%
岩矿地球化学测试	300 件	561 件	>100%
有机气体分析	10 件	10 件	100%
沉积环境分析	100 件	100 件	100%
微体古生物（孢粉）分析	130 件	130 件	100%
宇宙核素暴露定年	12 件	12 件	100%
无污染碎样	165 件	194 件	>100%
单矿物挑纯	80 件	120 件	>100%
计算机数据/图像处理	3 150 小时	3 170 小时	>100%
租用科考船	20 天	31 天	>100%
租用固定翼/直升机	70 小时	70 小时	100%
拉斯曼丘陵地质图	1 张	1 张	100%
维多利亚地新站区地质图	1 张	1 张	100%
西南极矿产分布图	1 张	1 张	100%
北维多利亚地矿产分布图	1 张	1 张	100%
考察与研究（技术）报告	16 份	16 份	100%
学术论文	13 篇	15 篇	115%
成果集成报告	1 份	1 份	100%

说明：因在 2014—2015 年度第 31 次南极考察采集的样品于 2015 年 4 月才运回，所以部分样品的元素、Sr – Nd 同位素和电子探针分析测试工作或已送实验室排队等待测试，或者正在准备之中，从而影响到总工作量的完成进度。

表 3 - 2　课题 1（地质力学研究所）设计和完成的实物工作量

科目	设计的总工作量	课题 1 设计的工作量	课题 1 完成的工作量	执行率
重要地质露头观测点	约 120 个	约 100 个	518 个	>100%
偏光显微镜	1 台套	1 台套	1 台套	100%
低温天然地震仪配件购置	4 台套	4 台套	4 台套	100%
低温天然地震仪布设	11 台	1 台	1 台	100%
岩石薄片磨制与观察	1 670 片	700 片	942 片	>100%
主量元素分析	350 件	40 件	64 件	>100%
微量元素分析	300 件	40 件	35 件	88%
稀土元素分析	284 件	40 件	35 件	88%
Sr - Nd 同位素分析	75 件	30 件	35 件	>100%
Lu - Hf 同位素分析	200 点		258 点	额外完成
硼同位素分析	10 件			
Ar - Ar 地质测年	8 件		6 件	额外完成
锆石/金红石/榍石 U - Pb 定年	92 件	48 件	53 件	>100%
电子探针分析	2 066 点	1 200 点	1 262 点	>100%
扫描电镜分析	25 小时			
岩矿地球化学测试	300 件			
有机气体分析	10 件			
沉积环境分析	100 件			
微体古生物（孢粉）分析	130 件			
宇宙核素暴露定年	12 件	7 件	7 件	100%
无污染碎样	165 件	40 件	64 件	>100%
单矿物挑纯	80 件	50 件	80 件	>100%
计算机数据/图像处理	3 150 小时	1 350 小时	1 350 小时	100%
租用科考船	20 天	20 天	31 天	>100%
租用固定翼/直升机	70 小时	35 小时	35 小时	100%
拉斯曼丘陵地质图	1 张	0.5 张	0.5 张	100%
维多利亚地新站区地质图	1 张	1 张	1 张	100%
西南极矿产分布图	1 张			
北维多利亚地矿产分布图	1 张			
考察与研究（技术）报告	16 份	4 份	4 份	100%
学术论文	13 篇	7 篇	14 篇	>100%
成果集成报告	1 份	0.5 份	0.5 份	100%

说明：（1）微量和稀土元素分析尚有一部分在实验室测试中，预计 2016 年上半年会获得结果；（2）Sm - Nd 同位素分析 18 件样品于 2013 年送到相关实验室，至今还在排队等待测试，但样品已计入到完成的工作量。

表 3-3 课题 2（青藏高原研究所）设计和完成的实物工作量

科目	设计的总工作量	课题 2 设计的工作量	课题 2 完成的工作量	执行率
重要地质露头观测点	约 120 个	约 40 个	40 个	100%
偏光显微镜	1 台套			
低温天然地震仪配件购置	4 台套			
低温天然地震仪布设	11 台	10 台	10 台	100%
岩石薄片磨制与观察	1 670 片	450 片	500 片	>100%
主量元素分析	350 件	230 件	250 件	>100%
微量元素分析	300 件	180 件	230 件	>100%
稀土元素分析	284 件	164 件	174 件	>100%
Sr-Nd 同位素分析	75 件			
Lu-Hf 同位素分析	200 点		100 点	额外完成
硼同位素分析	10 件			
Ar-Ar 地质测年	8 件	5 件	2 件	40%
锆石/金红石/榍石 U-Pb 定年	92 件	20 件	30 件	>100%
电子探针分析	2 066 点		50 点	额外完成
扫描电镜分析	25 小时			
岩矿地球化学测试	300 件	300 件	561 件	>100%
有机气体分析	10 件			
沉积环境分析	100 件	100 件	100 件	100%
微体古生物（孢粉）分析	130 件	130 件	130 件	100%
宇宙核素暴露定年	12 件	5 件	5 件	100%
无污染碎样	165 件	100 件	100 件	100%
单矿物挑纯	80 件		10 件	额外完成
计算机数据/图像处理	3 150 小时	750 小时	750 小时	100%
租用科考船	20 天			
租用固定翼/直升机	70 小时	15 小时	15 小时	100%
拉斯曼丘陵地质图	1 张	0.5 张	0.5 张	100%
维多利亚地新站区地质图	1 张			
西南极矿产分布图	1 张			
北维多利亚地矿产分布图	1 张			
考察与研究（技术）报告	16 份	5 份	5 份	100%
学术论文	13 篇	4 篇	4 篇	未标注
成果集成报告	1 份	0.2 份	0.2 份	100%

说明：（1）由于锆石 U-Pb 定年已解决了变质时代问题，所以 Ar-Ar 定年少做 3 个样品；（2）发表的 4 篇学术论文已注明由极地专项资助，但未标注本专题号。

表 3 - 4　课题 3（第一海洋研究所）设计和完成的实物工作量

科目	设计的总工作量	课题 3设计的工作量	课题 3完成的工作量	执行率
重要地质露头观测点	约 120 个	约 20 个	20 个	100%
偏光显微镜	1 台套			
低温天然地震仪配件购置	4 台套			
低温天然地震仪布设	11 台			
岩石薄片磨制与观察	1 670 片	200 片	50 片	25%
主量元素分析	350 件	50 件	20 件	实验室排队
微量元素分析	300 件	50 件	20 件	实验室排队
稀土元素分析	284 件	50 件	20 件	实验室排队
Sr - Nd 同位素分析	75 件	40 件		实验室排队
Lu - Hf 同位素分析	200 点			
硼同位素分析	10 件			
Ar - Ar 地质测年	8 件	3 件		样品准备中
锆石/金红石/榍石 U - Pb 定年	92 件	6 件		样品准备中
电子探针分析	2 066 点	300 点	200 点	67%
扫描电镜分析	25 小时	25 小时	25 小时	100%
岩矿地球化学测试	300 件			
有机气体分析	10 件	10 件	10 件	100%
沉积环境分析	100 件			
微体古生物（孢粉）分析	130 件			
宇宙核素暴露定年	12 件			
无污染碎样	165 件			
单矿物挑纯	80 件			
计算机数据/图像处理	3 150 小时	850 小时	850 小时	100%
租用科考船	20 天			
租用固定翼/直升机	70 小时	20 小时	20 小时	100%
拉斯曼丘陵地质图	1 张			
维多利亚地新站区地质图	1 张			
西南极矿产分布图	1 张	1 张	1 张	100%
北维多利亚地矿产分布图	1 张	1 张	1 张	100%
考察与研究（技术）报告	16 份	4 份	4 份	100%
学术论文	13 篇	1 篇	1 篇	撰写中
成果集成报告	1 份	0.2 份	0.2 份	100%

　　说明：（1）因为项目执行期间第一海洋研究所只参加了 2014—2015 年度的第 31 次南极考察，2015 年 4 月才运回样品，所以大部分样品的测试工作或已送实验室排队等待测试，或者正在准备之中；（2）有关论文正在撰写之中。

表 3 – 5　课题 5（地质研究所）设计和完成的实物工作量

科目	设计的总工作量	课题 5 设计的工作量	课题 5 完成的工作量	执行率
重要地质露头观测点	约 120 个			
偏光显微镜	1 台套			
低温天然地震仪配件购置	4 台套			
低温天然地震仪布设	11 台			
岩石薄片磨制与观察	1 670 片	320 片	400 片	>100%
主量元素分析	350 件	30 件	30 件	100%
微量元素分析	300 件	30 件	30 件	100%
稀土元素分析	284 件	30 件	30 件	100%
Sr – Nd 同位素分析	75 件	5 件	5 件	100%
Lu – Hf 同位素分析	200 点	200 点		实验室排队
硼同位素分析	10 件	10 件	10 件	100%
Ar – Ar 地质测年	8 件			
锆石/金红石/榍石 U – Pb 定年	92 件	18 件	18 件	100%
电子探针分析	2 066 点	566 点	450 点	80%
扫描电镜分析	25 小时			
岩矿地球化学测试	300 件			
有机气体分析	10 件			
沉积环境分析	100 件			
微体古生物（孢粉）分析	130 件			
宇宙核素暴露定年	12 件			
无污染碎样	165 件	25 件	30 件	>100%
单矿物挑纯	80 件	30 件	30 件	100%
计算机数据/图像处理	3 150 小时	100 小时	120 小时	>100%
租用科考船	20 天			
租用固定翼/直升机	70 小时			
拉斯曼丘陵地质图	1 张			
维多利亚地新站区地质图	1 张			
西南极矿产分布图	1 张			
北维多利亚地矿产分布图	1 张			
考察与研究（技术）报告	16 份	2 份	2 份	100%
学术论文	13 篇	1 篇	1 篇	100%
成果集成报告	1 份	0.1 份	0.1 份	100%

说明：Lu – Hf 同位素分析和部分电子探针分析正在实验室排队等待测试。

第4章 考察主要数据与样品

4.1 样品与数据获取的方式

4.1.1 野外地质矿产考察与样品的获取

传统的地质调查主要包括野外路线地质勘察、地质填图和地质剖面编测。由于在南极基本上没有地形图，所以野外工作要借助于遥感卫星图像。一般情况下，在每一个基岩露头上，通过野外工作填制成地质草图，取得大量的构造要素测量数据和用于各种化学分析的地质样品，然后通过室内的岩矿鉴定获得精确的地质图件，主要矿产一般标示在图上。部分地质样品也取自于冰碛物碎石带。通常情况下，每一地质点均将标明 GPS 坐标，以利于其他学者可以在同一地点取样，进而检验我们的研究成果。

4.1.2 地震台站布设与数据采集处理

一般情况下在上一次南极考察时布设低温宽频地震台站，在下一次南极考察时采集观测数据。如果在一个地点停留时间较长，也可以在一次南极考察时采集到初步数据。此外，由于国内布设的地震台站有限，在南极大陆的绝大部分观测数据均需通过国际合作来获取。室内数据处理和分析方法主要包括：①对台站间连续观测进行互相关分析，获得台站间格林函数；②利用台站间格林函数和天然地震事件波形提取面波（波形和频散）信息；③利用台站接收函数获得台站之下接收函数波形，从接收函数波形中提取 Moho 面深度信息；④利用台站间格林函数、面波和台站接收函数，联合反演区域三维地壳和岩石圈结构；⑤从面波和 S 波观测中提取地壳各向异性信息。

4.1.3 样品鉴定测试与数据的获取

在实验室对样品的分析测试主要包括同位素年代学分析、岩石地球化学分析和矿物成分分析等方面：①通过偏光显微镜鉴别不同的岩石和矿石类型及矿物共生次序，从而选择最具代表性的样品进行分析测试；②使用 X 荧光进行主量元素（包括成矿元素）分析，使用等离子质谱（ICP – MS）进行微量元素（包括成矿元素）和稀土元素分析，根据元素和 Sr – Nd、Lu – Hf 同位素的地球化学示踪确定不同岩石和矿石的成因与环境；③利用锆石/金红石/榍石采用激光烧蚀—电感耦合等离子体质谱（LA – ICP – MS）分析法、离子探针（SHRIMP 或 SIMS）分析法以及 Ar – Ar 定年方法确定不同地质事件以及同一地质事件不同演化阶段的精确年龄；④由电子探针分析确定各种矿物的化学成分及同种矿物在不同演化阶段的化学变化，并通过各种温压测量手段来估算每期变质作用的 P - T 条件及演化轨迹；⑤利用手持式快速矿物分析仪测量土壤和基岩样品粉末：对挑选的基岩样品进行部分分离并碎样处理，对基岩粉末、土壤利用手持式快速矿物分析仪进行测量为进行数据对比，同时进行实验室化探样分析。

4.2　获取的主要样品

专题在执行期间共采集样品 1 005 件，其中在"第 29 次队"东南极拉斯曼丘陵 1∶2.5 万地质填图及矿产资源考察采集样品 276 件（表 4 - 1），在"第 29 次队"南极半岛—斯科舍弧—福克兰群岛地质与矿产资源考察采集样品 114 件（表 4 - 2），在"第 30 次队"东南极格罗夫山地质与矿产资源考察采集样品 177 件（表 4 - 3），在"第 30 次队"维多利亚地新站站区 1∶2 000 地质填图采集样品 51 件（表 4 - 4），在"第 31 次队"东南极北查尔斯王子山地质与矿产资源考察采集样品 405 件（表 4 - 5），在"第 31 次队"南极半岛—南设得兰群岛地质与矿产考察采集样品 82 件（表 4 - 6）。

表 4 - 1　第 29 次南极考察队东南极拉斯曼丘陵考察样品采集一览表

序号	样号	岩性	采样位置	坐标
1	LSM3 - 1	灰褐色石榴黑云斜长片麻岩	拉斯曼丘陵	69°22′27″S, 76°21′48″E
2	LSM5 - 1	基性麻粒岩	拉斯曼丘陵	69°22′31″S, 76°21′52″E
3	LSM7 - 1	斜长角闪岩	拉斯曼丘陵	69°22′22″S, 76°22′04″E
4	LSM11 - 1	长英质浅粒岩	拉斯曼丘陵	69°22′22″S, 76°22′05″E
5	LSM11 - 2	长英质浅粒岩	拉斯曼丘陵	69°22′22″S, 76°22′05″E
6	LSM11 - 3	石榴黑云斜长片麻岩	拉斯曼丘陵	69°22′22″S, 76°22′05″E
7	LSM11 - 4	变石英砂岩	拉斯曼丘陵	69°22′22″S, 76°22′05″E
8	LSM11 - 5	基性麻粒岩	拉斯曼丘陵	69°22′22″S, 76°22′05″E
9	LSM12 - 1	基性麻粒岩	拉斯曼丘陵	69°22′19″S, 76°22′13″E
10	LSM12 - 2	辉石岩包体	拉斯曼丘陵	69°22′19″S, 76°22′13″E
11	LSM12 - 3	橄榄岩包体	拉斯曼丘陵	69°22′19″S, 76°22′13″E
12	LSM12 - 4	基性麻粒岩	拉斯曼丘陵	69°22′19″S, 76°22′13″E
13	LSM14 - 1	石榴黑云母花岗岩	拉斯曼丘陵	69°22′24″S, 76°21′29″E
14	LSM21 - 1	含石榴黑云变砂岩	拉斯曼丘陵	69°22′18″S, 76°22′03″E
15	LSM21 - 2	含石榴黑云变长石石英砂岩	拉斯曼丘陵	69°22′18″S, 76°22′03″E
16	LSM21 - 3	黑云片岩	拉斯曼丘陵	69°22′18″S, 76°22′03″E
17	LSM23 - 1	变长石石英砂岩	拉斯曼丘陵	69°22′16″S, 76°22′12″E
18	LSM24 - 1	黑云斜长角闪岩	拉斯曼丘陵	69°22′16″S, 76°22′13″E
19	LSM24 - 2	基性麻粒岩	拉斯曼丘陵	69°22′15″S, 76°22′09″E
20	LSM31 - 1	黑云斜长角闪岩	拉斯曼丘陵	69°22′11″S, 76°22′04″E
21	LSM5 - 1	辉石 - 柱晶石 - 长石 - 石英 - 石榴石	拉斯曼丘陵	69°22′31″S, 76°21′52″E
22	LSM5 - 2	石榴石 - 柱晶石 - 长石 - 石英 - 辉石	拉斯曼丘陵	69°22′31″S, 76°21′52″E
23	LSM5 - 3	含辉石淡色脉体中的柱晶石	拉斯曼丘陵	69°22′31″S, 76°21′52″E

续表

序号	样号	岩性	采样位置	坐标
24	LSM5 – 4	柱晶石辉石黑云斜长片麻岩	拉斯曼丘陵	69°22′31″S，76°21′52″E
25	LSM5 – 5	辉石夕线构造片岩	拉斯曼丘陵	69°22′31″S，76°21′52″E
26	LSM5 – 6	混合岩化辉石夕线石榴黑云斜长片麻岩	拉斯曼丘陵	69°22′31″S，76°21′52″E
27	LSM33 – 1	黑云钾长花岗岩	拉斯曼丘陵	69°22′33″S，76°22′04″E
28	LSM34 – 1	混合岩化斜方辉石夕线石榴黑云斜长片麻岩	拉斯曼丘陵	69°22′36″S，76°22′23″E
29	LSM34 – 2	浅灰白色黑云母花岗岩	拉斯曼丘陵	69°22′36″S，76°22′23″E
30	LSM36 – 1	浅肉红色中粒黑云钾长花岗岩	拉斯曼丘陵	69°22′30″S，76°22′21″E
31	LSM40 – 1	基性麻粒岩透镜体	拉斯曼丘陵	69°22′27″S，76°22′45″E
32	LSM42 – 1	石榴角闪岩	拉斯曼丘陵	69°22′24″S，76°23′01″E
33	LSM43 – 1	混合岩化含黑云石榴长英质浅粒岩	拉斯曼丘陵	69°22′24″S，76°23′07″E
34	LSM43 – 2	混合岩化含黑云石榴长英质浅粒岩	拉斯曼丘陵	69°22′24″S，76°23′07″E
35	LSM44 – 1	混合岩化含黑云石榴长英质浅粒岩	拉斯曼丘陵	69°22′26″S，76°23′12″E
36	LSM44 – 2	混合岩化含黑云石榴长英质浅粒岩	拉斯曼丘陵	69°22′26″S，76°23′12″E
37	LSM44 – 3	混合岩化含黑云石榴长英质浅粒岩	拉斯曼丘陵	69°22′26″S，76°23′12″E
38	LSM45 – 1	混合岩化含黑云石榴长英质浅粒岩	拉斯曼丘陵	69°22′25″S，76°23′21″E
39	LSM45 – 2	混合岩化含黑云石榴长英质浅粒岩	拉斯曼丘陵	69°22′25″S，76°23′21″E
40	LSM48 – 1	斜方辉石磁铁矿夕线柱晶石石榴黑云斜长片麻岩	拉斯曼丘陵	69°22′49″S，76°23′25″E
41	LSM48 – 2	斜方辉石夕线柱晶石黑云斜长片麻岩	拉斯曼丘陵	69°22′49″S，76°23′25″E
42	LSM66 – 1	磁铁矿 – 夕线石	拉斯曼丘陵	69°22′59″S，76°23′22″E
43	LSM66 – 2	磁铁矿 – 石英	拉斯曼丘陵	69°22′59″S，76°23′22″E
44	LSM68 – 1	石榴黑云斜长片麻岩	拉斯曼丘陵	69°22′49″S，76°23′32″E
45	LSM68 – 2	石榴黑云斜长片麻岩	拉斯曼丘陵	69°22′49″S，76°23′32″E
46	LSM69 – 1	基性麻粒岩	拉斯曼丘陵	69°22′10″S，76°23′30″E
47	LSM69 – 2	石榴黑云斜长片麻岩	拉斯曼丘陵	69°22′10″S，76°23′30″E
48	LSM72 – 1	基性麻粒岩与长英质脉体	拉斯曼丘陵	69°22′22″S，76°23′15″E
49	LSM72 – 2	基性麻粒岩与长英质脉体	拉斯曼丘陵	69°22′22″S，76°23′15″E
50	LSM77 – 1	辉石磁铁矿董青石集合体	拉斯曼丘陵	69°22′37″S，76°22′00″E
51	LSM77 – 2	条带状混合片麻岩	拉斯曼丘陵	69°22′37″S，76°22′00″E
52	LSM79 – 1	变质基性侵入脉	拉斯曼丘陵	69°22′41″S，76°21′55″E
53	LSM84 – 1	榴辉岩转石	拉斯曼丘陵	69°22′55″S，76°23′37″E
54	LSM85 – 1	辉石磁铁矿矿石	拉斯曼丘陵	69°22′56″S，76°23′31″E
55	LSM87 – 1	斜方辉石磁铁矿夕线柱晶石黑云斜长片麻岩	拉斯曼丘陵	69°23′00″S，76°23′35″E
56	LSM87 – 2	斜方辉石磁铁矿夕线柱晶石黑云斜长片麻岩	拉斯曼丘陵	69°23′00″S，76°23′35″E
57	LSM89 – 1	磁铁矿柱晶石绿长石岩	拉斯曼丘陵	69°23′05″S，76°23′40″E
58	LSM89 – 2	绿长石岩	拉斯曼丘陵	69°23′05″S，76°23′40″E
59	LSM98 – 1	孔雀石矿化	拉斯曼丘陵	69°25′03″S，76°06′57″E
60	LSM98 – 2	石榴辉石岩捡块	拉斯曼丘陵	69°25′03″S，76°06′57″E
61	LSM98 – 3	辉石磁铁矿黑云斜长片麻岩	拉斯曼丘陵	69°25′03″S，76°06′57″E
62	LSM99 – 1	混合岩化石榴黑云斜长片麻岩	拉斯曼丘陵	69°25′04″S，76°07′00″E

续表

序号	样号	岩性	采样位置	坐标
63	LSM103-1	玄武岩拣块	拉斯曼丘陵	69°25′15″S, 76°07′07″E
64	LSM103-2	黑云角闪片岩	拉斯曼丘陵	69°25′15″S, 76°07′07″E
65	LSM104-1	宇宙核素	拉斯曼丘陵	69°25′11″S, 76°07′15″E
66	LSM105-1	疑似陨石	拉斯曼丘陵	69°25′11″S, 76°07′15″E
67	LSM105-2	基性糜棱岩拣块	拉斯曼丘陵	69°25′11″S, 76°07′15″E
68	LSM105-3	榴闪岩拣块	拉斯曼丘陵	69°25′11″S, 76°07′15″E
69	LSM109-1	宇宙核素	拉斯曼丘陵	69°25′26″S, 76°07′03″E
70	LSM110-1	碳酸岩脉	拉斯曼丘陵	69°24′57″S, 76°05′56″E
71	LSM110-2	榴闪岩拣块	拉斯曼丘陵	69°24′57″S, 76°05′56″E
72	LSM112-1	含铁石英岩	拉斯曼丘陵	69°25′12″S, 76°05′04″E
73	LSM114-1	石榴斜长角闪岩	拉斯曼丘陵	69°25′19″S, 76°05′32″E
74	LSM115-1	石榴角闪岩拣块	拉斯曼丘陵	69°25′01″S, 76°06′24″E
75	LSM117-1	疑似陨石	拉斯曼丘陵	69°25′26″S, 76°05′29″E
76	LSM117-2	疑似陨石之下岩石	拉斯曼丘陵	69°25′26″S, 76°05′29″E
77	LSM118-1	强剪切变形花岗岩脉	拉斯曼丘陵	69°25′27″S, 76°05′30″E
78	LSM118-2	花岗混合岩	拉斯曼丘陵	69°25′27″S, 76°05′30″E
79	LSM118-3	褐色辉石夕线石榴黑云斜长片麻岩	拉斯曼丘陵	69°25′27″S, 76°05′30″E
80	LSM118-4	灰白的花岗质混合岩	拉斯曼丘陵	69°25′27″S, 76°05′30″E
81	LSM118-5	深灰色块状黑云斜长片麻岩	拉斯曼丘陵	69°25′27″S, 76°05′30″E
82	LSM118-6	赤红色黑云石英片岩	拉斯曼丘陵	69°25′27″S, 76°05′30″E
83	LSM118-7	强剪切变形辉石石榴黑云斜长片麻岩夹黑云石英片岩透镜体	拉斯曼丘陵	69°25′27″S, 76°05′30″E
84	LSM118-8	强剪切变形辉石石榴黑云斜长片麻岩夹黑云石英片岩透镜体	拉斯曼丘陵	69°25′27″S, 76°05′30″E
85	LSM118-9	强剪切变形辉石石榴黑云斜长片麻岩夹黑云石英片岩透镜体	拉斯曼丘陵	69°25′27″S, 76°05′30″E
86	LSM118-10	强剪切变形辉石石榴黑云斜长片麻岩夹黑云石英片岩透镜体	拉斯曼丘陵	69°25′27″S, 76°05′30″E
87	LSM118-11	黑云石英片岩	拉斯曼丘陵	69°25′27″S, 76°05′30″E
88	LSM120-1	灰白色、浅肉红色条带状混合岩化辉石石榴黑云斜长片麻岩	拉斯曼丘陵	69°25′30″S, 76°05′18″E
89	LSM122-1	含石榴黑云斜长片麻岩	拉斯曼丘陵	69°25′33″S, 76°05′06″E
90	LSM123-1	白色细粒黑云辉石钠长浅粒岩	拉斯曼丘陵	69°25′04″S, 76°08′30″E
91	LSM123-2	褐色花岗质伟晶岩穿入的钠长浅粒岩	拉斯曼丘陵	69°25′04″S, 76°08′30″E
92	LSM123-3	褐色花岗质伟晶岩穿入的钠长浅粒岩	拉斯曼丘陵	69°25′04″S, 76°08′30″E
93	LSM123-4	褐色花岗质伟晶岩穿入的钠长浅粒岩	拉斯曼丘陵	69°25′04″S, 76°08′30″E
94	LSM123-5	褐色花岗质伟晶岩穿入的钠长浅粒岩	拉斯曼丘陵	69°25′04″S, 76°08′30″E
95	LSM126-1	深灰色薄层状含辉石黑云斜长片麻岩	拉斯曼丘陵	69°25′32″S, 76°08′07″E
96	LSM127-1	厚层、块状米黄色中细粒含辉石变长石石英砂岩	拉斯曼丘陵	69°25′33″S, 76°08′08″E

续表

序号	样号	岩性	采样位置	坐标
97	LSM127-2	厚层、块状米黄色中细粒含辉石变长石石英砂岩	拉斯曼丘陵	69°25′33″S，76°08′08″E
98	LSM127-3	厚层、块状米黄色中细粒含辉石变长石石英砂岩	拉斯曼丘陵	69°25′33″S，76°08′08″E
99	LSM129-1	灰白色条带状混合岩化含石榴斜方辉石黑云长英质片麻岩	拉斯曼丘陵	69°25′47″S，76°08′15″E
100	LSM131-1	变砂岩	拉斯曼丘陵	69°24′47″S，76°06′46″E
101	LSM131-2	黑云母石英岩	拉斯曼丘陵	69°24′47″S，76°06′46″E
102	LSM134-1	含辉石黑云斜长片麻岩	拉斯曼丘陵	69°24′40″S，76°06′37″E
103	LSM137-1	疑似陨石	拉斯曼丘陵	69°24′44″S，76°06′40″E
104	LSM139-1	眼球状条带状长英质混合岩	拉斯曼丘陵	69°25′56″S，75°59′08″E
105	LSM139-2	石英岩夹层	拉斯曼丘陵	69°25′56″S，75°59′08″E
106	LSM139-3	斜长角闪岩	拉斯曼丘陵	69°25′56″S，75°59′08″E
107	LSM139-4	灰黑色石榴辉石岩	拉斯曼丘陵	69°25′56″S，75°59′08″E
108	LSM139-5	灰白色黑云长英质片麻岩	拉斯曼丘陵	69°25′56″S，75°59′08″E
109	LSM140-1	含铁石英岩	拉斯曼丘陵	69°25′58″S，75°59′18″E
110	LSM141-1	深灰色辉石黑云石英岩	拉斯曼丘陵	69°25′59″S，75°59′21″E
111	LSM141-2	含石榴条带的黑云斜长角闪岩及混合岩浅色体	拉斯曼丘陵	69°25′59″S，75°59′21″E
112	LSM142-1	米黄色变砂岩	拉斯曼丘陵	69°26′00″S，75°59′26″E
113	LSM144-1	假砾岩	拉斯曼丘陵	69°26′12″S，75°59′58″E
114	LSM144-2	钾化混合岩/孔雀石化	拉斯曼丘陵	69°26′12″S，75°59′58″E
115	LSM144-3	含辉石变砂岩/孔雀石化	拉斯曼丘陵	69°26′12″S，75°59′58″E
116	LSM144-4	米黄色辉石变砂岩	拉斯曼丘陵	69°26′12″S，75°59′58″E
117	LSM147-1	黑云角闪斜长片麻岩	拉斯曼丘陵	69°26′10″S，76°00′27″E
118	LSM156-1	夕线片麻岩	拉斯曼丘陵	69°25′21″S，76°06′34″E
119	LSM156-2	灰色混合花岗岩	拉斯曼丘陵	69°25′21″S，76°06′34″E
120	LSM158-1	宇宙核素	拉斯曼丘陵	69°25′34″S，76°06′14″E
121	LSM159-1	花岗质混合岩	拉斯曼丘陵	69°25′36″S，76°06′13″E
122	LSM159-2	花岗质混合岩富淡色体部位	拉斯曼丘陵	69°25′36″S，76°06′13″E
123	LSM160-1	灰色片麻岩	拉斯曼丘陵	69°24′41″S，76°07′00″E
124	LSM160-2	含大柱晶石晶体的灰色片麻岩	拉斯曼丘陵	69°24′41″S，76°07′00″E
125	LSM161-1	疑似陨石	拉斯曼丘陵	69°24′40″S，76°07′03″E
126	LSM162-1	肉红色花岗岩	拉斯曼丘陵	69°24′43″S，76°06′05″E
127	LSM162-2	灰黄色花岗岩	拉斯曼丘陵	69°24′43″S，76°06′05″E
128	LSM162-3	表面有孔雀石化的花岗岩	拉斯曼丘陵	69°24′43″S，76°06′05″E
129	LSM163-1	石榴斜方辉石黑云斜长片麻岩	拉斯曼丘陵	69°24′45″S，76°07′05″E
130	LSM163-2	石榴斜方辉石黑云斜长片麻岩	拉斯曼丘陵	69°24′45″S，76°07′05″E
131	LSM163-3	石榴斜方辉石黑云斜长片麻岩	拉斯曼丘陵	69°24′45″S，76°07′05″E
132	LSM163-4	富石榴夕线石斜方辉石片麻岩	拉斯曼丘陵	69°24′45″S，76°07′05″E
133	LSM167-1	石榴斜长角闪岩	拉斯曼丘陵	69°24′52″S，76°07′19″E
134	LSM168-1	灰白色混合花岗岩	拉斯曼丘陵	69°24′57″S，76°07′28″E

序号	样号	岩性	采样位置	坐标
135	LSM168 - 2	长英质片麻岩	拉斯曼丘陵	69°24′57″S, 76°07′28″E
136	LSM168 - 3	泥质片麻岩	拉斯曼丘陵	69°24′57″S, 76°07′28″E
137	LSM169 - 1	偏长长英质片麻岩	拉斯曼丘陵	69°25′02″S, 76°07′39″E
138	LSM169 2	富钾长石混合花岗岩	拉斯曼丘陵	69°25′02″S, 76°07′39″E
139	LSM170 - 1	灰白色长英质片麻岩	拉斯曼丘陵	69°25′07″S, 76°07′50″E
140	LSM173 - 1	片麻状花岗岩	拉斯曼丘陵	69°24′59″S, 76°07′59″E
141	LSM173 - 2	石榴斜长角闪岩漂砾	拉斯曼丘陵	69°24′59″S, 76°07′59″E
142	LSM173 - 3	混合片麻岩	拉斯曼丘陵	69°24′59″S, 76°07′59″E
143	LSM174 - 1	黄褐色花岗质片麻岩	拉斯曼丘陵	69°25′04″S, 76°07′58″E
144	LSM177 - 1	灰黑色黑云斜长片麻岩	拉斯曼丘陵	69°25′15″S, 76°07′56″E
145	LSM178 - 1	片麻状花岗岩	拉斯曼丘陵	69°25′22″S, 76°07′46″E
146	LSM178 - 2	石榴黑云斜长片麻岩	拉斯曼丘陵	69°25′22″S, 76°07′46″E
147	LSM181 - 1	浅灰白色混合岩化片麻岩	拉斯曼丘陵	69°25′47″S, 75°59′21″E
148	LSM182 - 1	条带状混合片麻岩	拉斯曼丘陵	69°25′52″S, 75°59′04″E
149	LSM182 - 2	含不规则脉体的混合片麻岩	拉斯曼丘陵	69°25′52″S, 75°59′04″E
150	LSM182 - 3	伟晶岩脉	拉斯曼丘陵	69°25′52″S, 75°59′04″E
151	LSM183 - 1	片麻状混合花岗岩	拉斯曼丘陵	69°25′23″S, 76°02′10″E
152	LSM187 - 1	含斜方辉石石榴石片麻岩	拉斯曼丘陵	69°26′05″S, 76°02′08″E
153	LSM187 - 2	灰色富钾长石片麻岩	拉斯曼丘陵	69°26′05″S, 76°02′08″E
154	LSM188 - 2	淡黄色长英质片麻岩	拉斯曼丘陵	69°26′04″S, 76°02′13″E
155	LSM189 - 1	米黄色长英质片麻岩	拉斯曼丘陵	69°26′05″S, 76°02′32″E
156	LSM189 - 2	片麻状富石英砂岩	拉斯曼丘陵	69°26′05″S, 76°02′32″E
157	LSM190 - 1	混合岩化片麻岩	拉斯曼丘陵	69°26′06″S, 76°02′36″E
158	LSM192 - 1	米黄色长英质片麻岩	拉斯曼丘陵	69°26′04″S, 76°01′54″E
159	LSM194 - 1	含眼球状淡色体片麻岩	拉斯曼丘陵	69°26′03″S, 76°01′10″E
160	LSM195 - 1	暗色片麻岩	拉斯曼丘陵	69°25′55″S, 76°00′54″E
161	LSM197 - 1	变石英砂岩	拉斯曼丘陵	69°26′00″S, 76°00′54″E
162	LSM199 - 1	浅灰白色片麻岩	拉斯曼丘陵	69°22′25″S, 76°17′13″E
163	LSM201 - 1	长英质片麻岩中淡色花岗岩	拉斯曼丘陵	69°22′43″S, 76°17′28″E
164	LSM205 - 1	褐灰色富斜方辉石夕线片麻岩	拉斯曼丘陵	69°22′36″S, 76°18′05″E
165	LSM206 - 1	米黄色长英质片麻岩	拉斯曼丘陵	69°22′36″S, 76°17′59″E
166	LSM207 - 1	浅灰白色长英质片麻岩	拉斯曼丘陵	69°22′30″S, 76°17′58″E
167	LSM209 - 1	肉红色钾长花岗岩	拉斯曼丘陵	69°22′28″S, 76°18′16″E
168	LSM215 - 1	灰白色混合花岗岩	拉斯曼丘陵	69°23′21″S, 76°19′37″E
169	LSM215 - 2	灰白色混合花岗岩	拉斯曼丘陵	69°23′21″S, 76°19′37″E
170	LSM217 - 1	浅灰白色混合花岗岩中残留体	拉斯曼丘陵	69°23′26″S, 76°19′45″E
171	LSM217 - 2	浅灰白色混合花岗岩中残留体, 淡色体中含石榴石	拉斯曼丘陵	69°23′26″S, 76°19′45″E
172	LSM217 - 3	浅灰白色混合花岗岩中残留体	拉斯曼丘陵	69°23′26″S, 76°19′45″E
173	LSM217 - 4	均匀花岗岩	拉斯曼丘陵	69°23′26″S, 76°19′45″E

序号	样号	岩性	采样位置	坐标
174	LSM220-1	灰褐色混合片麻岩	拉斯曼丘陵	69°23′26″S，76°20′06″E
175	LSM220-2	均匀淡色花岗岩	拉斯曼丘陵	69°23′26″S，76°20′06″E
176	LSM228-1	米黄色副片麻岩	拉斯曼丘陵	69°23′09″S，76°19′21″E
177	LSM228-2	米黄色淡色花岗岩	拉斯曼丘陵	69°23′09″S，76°19′21″E
178	LSM229-1	浅灰白色混合花岗岩	拉斯曼丘陵	69°23′30″S，76°21′41″E
179	LSM229-2	长英质片麻岩	拉斯曼丘陵	69°23′30″S，76°21′41″E
180	LSM229-3	石榴子石石英岩（转石）	拉斯曼丘陵	69°23′30″S，76°21′41″E
181	LSM231-1	浅灰白色混合花岗岩	拉斯曼丘陵	69°22′30″S，76°17′58″E
182	LSM234-1	灰白色含钛磁铁矿混合花岗岩	拉斯曼丘陵	69°23′55″S，76°22′23″E
183	LSM234-2	褐灰色混合岩化长英质片麻岩	拉斯曼丘陵	69°23′55″S，76°22′23″E
184	LSM235-1	浅米黄色片麻岩	拉斯曼丘陵	69°24′03″S，76°24′37″E
185	LSM235-2	浅灰白色长英质片麻岩	拉斯曼丘陵	69°24′03″S，76°24′37″E
186	LSM238-1	淡色花岗岩，含锡箔状矿物	拉斯曼丘陵	69°24′16″S，76°23′34″E
187	LSM238-2	淡色花岗岩，含锡箔状矿物	拉斯曼丘陵	69°24′16″S，76°23′34″E
188	LSM238-3	基性侵入体残留体	拉斯曼丘陵	69°24′16″S，76°23′34″E
189	LSM253-1	米黄色长英质片麻岩	拉斯曼丘陵	69°23′05″S，76°20′55″E
190	LSM257-1	浅灰白色长英质片麻岩	拉斯曼丘陵	69°23′17″S，76°20′37″E
191	LSM267-1	浅肉红色片麻岩	拉斯曼丘陵	69°23′36″S，76°13′33″E
192	LSM267-2	钾长石石榴钾长伟晶岩脉	拉斯曼丘陵	69°23′36″S，76°13′33″E
193	LSM287-1	浅米黄色混合花岗岩	拉斯曼丘陵	69°24′27″S，76°05′26″E
194	LSM287-2	浅灰白色混合片麻岩	拉斯曼丘陵	69°24′27″S，76°05′26″E
195	LSM288-1	浅米黄色石榴夕线片麻岩	拉斯曼丘陵	69°24′17″S，76°05′06″E
196	LSM295-1	灰白色石榴黑云片麻岩	拉斯曼丘陵	69°23′50″S，76°04′55″E
197	LSM302-1	变砂岩	拉斯曼丘陵	69°26′20″S，76°00′49″E
198	LSM302-2	褐红色薄层石榴辉石变砂岩	拉斯曼丘陵	69°26′20″S，76°00′49″E
199	LSM302-3	灰黄色薄-中层辉石变长石砂岩	拉斯曼丘陵	69°26′20″S，76°00′49″E
200	LSM302-4	褐红色薄-中层黑云石英岩	拉斯曼丘陵	69°26′20″S，76°00′49″E
201	LSM302-5	深灰色辉石变长石石英砂岩	拉斯曼丘陵	69°26′20″S，76°00′49″E
202	LSM302-6	深灰色薄层辉石变砂岩	拉斯曼丘陵	69°26′20″S，76°00′49″E
203	LSM302-7	米黄色变长石砂岩	拉斯曼丘陵	69°26′20″S，76°00′49″E
204	LSM302-8	深灰色辉石长石石英变砂岩	拉斯曼丘陵	69°26′20″S，76°00′49″E
205	LSM302-9	深灰绿色/灰白色条带状黑云辉石夕线长英质混合岩	拉斯曼丘陵	69°26′20″S，76°00′49″E
206	LSM302-10	灰白色/浅灰绿色条带状含辉石长英质混合岩	拉斯曼丘陵	69°26′20″S，76°00′49″E
207	LSM302-11	灰白/米黄色条带状混合岩化辉石夕线柱晶石（？）变砂岩	拉斯曼丘陵	69°26′20″S，76°00′49″E
208	LSM302-12	米黄色辉石变砂岩	拉斯曼丘陵	69°26′20″S，76°00′49″E
209	LSM302-13	灰白色条带状混合岩化厚层状辉石变砂岩	拉斯曼丘陵	69°26′20″S，76°00′49″E
210	LSM302-14	灰白色厚层状中粗粒长英质混合岩	拉斯曼丘陵	69°26′20″S，76°00′49″E
211	LSM302-15	灰白色/浅肉红色条带状辉石夕线石榴混合岩	拉斯曼丘陵	69°26′20″S，76°00′49″E

续表

序号	样号	岩性	采样位置	坐标
212	LSM318 - 2	深灰色辉石石榴夕线董青片麻岩	拉斯曼丘陵	69°23′11″S，76°20′06″E
213	LSM319 - 1	辉石变长石石英砂岩	拉斯曼丘陵	69°23′11″S，76°19′54″E
214	LSM319 - 2	辉石变石英砂岩	拉斯曼丘陵	69°23′11″S，76°19′54″E
215	LSM320 - 1	深灰色石榴黑云石英岩	拉斯曼丘陵	69°23′11″S，76°19′19″E
216	LSM325 - 1	米黄色变砂岩	拉斯曼丘陵	69°23′12″S，76°18′01″E
217	LSM328 - 1	长石石英变砂岩	拉斯曼丘陵	69°23′22″S，76°18′05″E
218	LSM329 - 1	混合岩化石榴黑云变长石石英砂岩	拉斯曼丘陵	69°23′39″S，76°18′14″E
219	LSM332 - 1	灰白色石榴长英质混合花岗岩	拉斯曼丘陵	69°23′29″S，76°19′00″E
220	LSM334 - 1	深灰色黑云变砂岩	拉斯曼丘陵	69°23′23″S，76°19′48″E
221	LSM334 - 2	灰红色变砂岩	拉斯曼丘陵	69°23′23″S，76°19′48″E
222	LSM335 - 1	灰红色变砂岩	拉斯曼丘陵	69°23′19″S，76°20′01″E
223	LSM338 - 1	灰白色浅米黄色混合岩化石榴黑云长英质片麻岩	拉斯曼丘陵	69°24′03″S，76°20′15″E
224	LSM339 - 1	灰白色含石榴黑云斜长片麻岩	拉斯曼丘陵	69°24′15″S，76°20′24″E
225	LSM339 - 2	深灰色凝灰质砂岩漂砾	拉斯曼丘陵	69°24′15″S，76°20′24″E
226	LSM348 - 1	米黄色变砂岩	拉斯曼丘陵	69°24′03″S，76°21′23″E
227	LSM348 - 2	石榴黑云斜长片麻岩	拉斯曼丘陵	69°24′03″S，76°21′23″E
228	LSM350 - 1	米黄色变砂岩	拉斯曼丘陵	69°23′23″S，76°23′21″E
229	LSM354 - 1	米黄色石榴黑云斜长片麻岩	拉斯曼丘陵	69°23′40″S，76°23′50″E
230	LSM355 - 1	灰白色中细粒含石榴黑云斜长片麻岩	拉斯曼丘陵	69°23′46″S，76°24′08″E
231	LSM357 - 1	米黄色含石榴长英质变砂岩	拉斯曼丘陵	69°23′40″S，76°24′29″E
232	LSM358 - 1	深灰色条带状石榴黑云斜长片麻岩	拉斯曼丘陵	69°23′32″S，76°24′39″E
233	LSM360 - 1	褐灰色米黄色石榴长英质变砂岩	拉斯曼丘陵	69°23′54″S，76°23′41″E
234	VF1 - 1	千枚岩冰碛石	西福尔丘陵	68°36′53″S，76°30′22″E
235	VF1 - 1	千枚岩冰碛石	西福尔丘陵	68°36′53″S，76°30′22″E
236	VF1 - 2	千枚岩冰碛石	西福尔丘陵	68°36′53″S，76°30′22″E
237	VF1 - 3	千枚岩冰碛石	西福尔丘陵	68°36′53″S，76°30′22″E
238	VF1 - 4	千枚岩冰碛石	西福尔丘陵	68°36′53″S，76°30′22″E
239	VF1 - 5	千枚岩冰碛石	西福尔丘陵	68°36′53″S，76°30′22″E
240	VF1 - 6	千枚岩冰碛石	西福尔丘陵	68°36′53″S，76°30′22″E
241	VF1 - 7	千枚岩冰碛石	西福尔丘陵	68°36′53″S，76°30′22″E
242	VF1 - 8	千枚岩冰碛石	西福尔丘陵	68°36′53″S，76°30′22″E
243	VF1 - 9	千枚岩冰碛石	西福尔丘陵	68°36′53″S，76°30′22″E
244	VF1 - 10	千枚岩冰碛石	西福尔丘陵	68°36′53″S，76°30′22″E
245	VF1 - 11	千枚岩冰碛石	西福尔丘陵	68°36′53″S，76°30′22″E
246	VF1 - 12	千枚岩冰碛石	西福尔丘陵	68°36′53″S，76°30′22″E
247	VF1 - 13	千枚岩冰碛石	西福尔丘陵	68°36′53″S，76°30′22″E
248	VF1 - 14	千枚岩冰碛石	西福尔丘陵	68°36′53″S，76°30′22″E
249	VF1 - 15	千枚岩冰碛石	西福尔丘陵	68°36′53″S，76°30′22″E
250	VF1 - 16	千枚岩冰碛石	西福尔丘陵	68°36′53″S，76°30′22″E

序号	样号	岩性	采样位置	坐标
251	VF1 – 17	千枚岩冰碛石	西福尔丘陵	68°36′53″S, 76°30′22″E
252	VF1 – 18	千枚岩冰碛石	西福尔丘陵	68°36′53″S, 76°30′22″E
253	VF1 – 19	千枚岩冰碛石	西福尔丘陵	68°36′53″S, 76°30′22″E
254	VF1 – 20	千枚岩冰碛石	西福尔丘陵	68°36′53″S, 76°30′22″E
255	LSM373 – 1	含石墨长英质浅色体脉	拉斯曼丘陵	69°24′25″S, 76°21′46″E
256	LSM373 – 2	含石墨长英质浅色体脉	拉斯曼丘陵	69°24′25″S, 76°21′46″E
257	LSM373 – 3	石榴黑云长英质片麻岩	拉斯曼丘陵	69°24′25″S, 76°21′46″E
258	LSM373 – 4	含石墨长英质浅色体脉	拉斯曼丘陵	69°24′25″S, 76°21′46″E
259	LSM373 – 5	含石墨长英质浅色体脉	拉斯曼丘陵	69°24′25″S, 76°21′46″E
260	LSM373 – 6	含石墨长英质浅色体脉	拉斯曼丘陵	69°24′25″S, 76°21′46″E
261	LSM373 – 7	灰白色伟晶状长英质浅色体脉	拉斯曼丘陵	69°24′25″S, 76°21′46″E
262	LSM373 – 8	含石墨长英质浅色体脉	拉斯曼丘陵	69°24′25″S, 76°21′46″E
263	LSM373 – 9	含石墨长英质浅色体脉	拉斯曼丘陵	69°24′25″S, 76°21′46″E
264	LSM373 – 10	含石墨长英质浅色体脉	拉斯曼丘陵	69°24′25″S, 76°21′46″E
265	LSM373 – 11	含石墨长英质浅色体脉	拉斯曼丘陵	69°24′25″S, 76°21′46″E
266	LSM373 – 12	含石墨长英质浅色体脉	拉斯曼丘陵	69°24′25″S, 76°21′46″E
267	LSM381 – 1	灰白色石榴黑云长英质片麻岩	拉斯曼丘陵	69°22′48″S, 76°23′21″E
268	LSM382 – 1	基性麻粒岩	拉斯曼丘陵	69°22′46″S, 76°23′20″E
269	LSM384 – 1	含石榴变砂岩	拉斯曼丘陵	69°22′35″S, 76°23′41″E
270	LSM384 – 2	肉红色钾长花岗质脉体	拉斯曼丘陵	69°22′35″S, 76°23′41″E
271	LSM389 – 1	含铁石英岩	拉斯曼丘陵	69°24′22″S, 76°06′16″E
272	LSM392 – 1	灰白色辉石长英质片麻岩	拉斯曼丘陵	69°24′03″S, 76°06′48″E
273	LSM392 – 2	灰白色粗粒长英质脉，含柱晶石	拉斯曼丘陵	69°24′03″S, 76°06′48″E
274	LSM394 – 1	灰白色浅色脉体	拉斯曼丘陵	69°24′05″S, 76°06′57″E
275	LSM394 – 2	米黄色变砂岩	拉斯曼丘陵	69°24′05″S, 76°06′57″E
276	LSM401 – 1	柱晶石辉石夕线黑云母晶囊	拉斯曼丘陵	69°24′21″S, 76°07′10″E

表4-2 第29次南极考察队南极半岛—斯科舍弧考察样品采集一览表

序号	样号	岩性	采样位置	坐标
1	FI1229 – 1/1	含砾冰碛岩	福克兰群岛	51°48′42″S, 58°19′53″W
2	FI1229 – 1/2	冰碛岩中的花岗质砾石	福克兰群岛	51°48′42″S, 58°19′53″W
3	FI1230 – 1/1	褐黄色长石砂岩	福克兰群岛	52°25′23″S, 59°04′50″W
4	FI1230 – 2/1	褐黄色长石砂岩	福克兰群岛	52°26′45″S, 59°06′43″W
5	FI1230 – 2/2	青灰色粉砂质泥岩	福克兰群岛	52°26′45″S, 59°06′43″W
6	SGI1302 – 1/1	黑灰色硅灰质泥岩	南乔治亚岛	54°08′29″S, 37°16′56″W
7	SGI1302 – 1/2	砾岩	南乔治亚岛	54°08′27″S, 37°16′54″W
8	SGI1302 – 1/3	均质岩屑砂岩	南乔治亚岛	54°08′24″S, 37°16′50″W
9	SGI1302 – 1/4	粉砂质泥岩	南乔治亚岛	54°08′29″S, 37°16′56″W
10	SGI1303 – 2/1	糜棱岩	南乔治亚岛	54°46′52″S, 35°48′46″W

续表

序号	样号	岩性	采样位置	坐标
11	SGI1303 – 2/2	糜棱岩化闪长岩	南乔治亚岛	54°47′11″S，35°49′34″W
12	SGI1304 – 1/1	中细粒岩屑砂岩	南乔治亚岛	54°09′04″S，36°48′57″W
13	SGI1304 – 1/2	岩屑砂岩	南乔治亚岛	54°09′04″S，36°48′57″W
14	SGI1304 – 1/3	青灰色泥岩	南乔治亚岛	54°09′04″S，36°48′57″W
15	SGI1305 – 1/1	岩屑砂岩	南乔治亚岛	54°17′35″S，36°18′35″W
16	SGI1305 – 1/2	青灰色泥岩	南乔治亚岛	54°17′35″S，36°18′35″W
17	SGI1306 – 1/1	青灰色中细粒岩屑砂岩	南乔治亚岛	54°25′56″S，36°11′01″W
18	SGI1306 – 2/1	中粒闪长岩	南乔治亚岛	54°37′08″S，35°56′05″W
19	SGI1306 – 2/2	中粗粒闪长岩	南乔治亚岛	54°37′08″S，35°56′05″W
20	SGI1306 – 2/3	灰黑色细砂岩	南乔治亚岛	54°37′08″S，35°56′05″W
21	EI1310 – 1/1	斜长角闪岩	象岛	61°16′46″S，55°12′47″W
22	EI1310 – 1/2	石榴角闪斜长片麻岩	象岛	61°16′46″S，55°12′47″W
23	EI1310 – 1/3	石榴二云石英片岩	象岛	61°16′46″S，55°12′47″W
24	EI1310 – 1/4	石榴二云石英片岩	象岛	61°16′46″S，55°12′47″W
25	EI1310 – 1/5	石榴二云斜长片麻岩	象岛	61°16′43″S，55°12′27″W
26	EI1310 – 1/6	斑点状斜长角闪岩	象岛	61°16′43″S，55°12′27″W
27	EI1310 – 1/7	斑点状斜长角闪岩	象岛	61°16′43″S，55°12′27″W
28	EI1310 – 1/8	石榴二云母片岩	象岛	61°16′43″S，55°12′27″W
29	EI1310 – 1/9	石榴绿泥片岩	象岛	61°16′43″S，55°12′27″W
30	EI1310 – 1/10	细粒石榴二云片岩	象岛	61°16′43″S，55°12′27″W
31	EI1310 – 1/11	斜长角闪岩	象岛	61°16′42″S，55°12′28″W
32	EI1310 – 1/12	斑点状斜长角闪岩	象岛	61°16′45″S，55°12′26″W
33	EI1310 – 2/1	石榴二云斜长片麻岩	象岛	61°16′41″S，55°12′37″W
34	EI1310 – 2/2	细粒石榴二云斜长片麻岩	象岛	61°16′41″S，55°12′37″W
35	EI1310 – 2/3	斑点状石榴角闪岩	象岛	61°16′41″S，55°12′37″W
36	EI1310 – 2/4	斑点状石榴角闪岩	象岛	61°16′41″S，55°12′37″W
37	EI1310 – 2/5	石榴白云斜长片麻岩	象岛	61°16′41″S，55°12′37″W
38	EI1310 – 2/6	石榴二云片岩	象岛	61°16′41″S，55°12′37″W
39	EI1310 – 3/1	石榴二云斜长片麻岩	象岛	61°16′51″S，55°12′50″W
40	EI1310 – 3/2	石榴角闪片麻岩	象岛	61°16′51″S，55°12′50″W
41	EI1310 – 4/1	蛇纹岩	象岛	61°28′46″S，55°29′29″W
42	EI1310 – 4/2	辉石岩	象岛	61°28′46″S，55°29′29″W
43	EI1310 – 4/3	石棉辉石岩	象岛	61°28′46″S，55°29′29″W
44	EI1310 – 4/4	灰绿色蛇纹岩	象岛	61°28′46″S，55°29′29″W
45	EI1310 – 4/5	透闪石岩	象岛	61°28′46″S，55°29′29″W
46	EI1310 – 4/6	辉石岩	象岛	61°28′46″S，55°29′29″W
47	KGI1311 – 1/1	基性火山岩	乔治王岛	62°05′27″S，58°24′25″W
48	KGI1311 – 1/2	基性火山岩	乔治王岛	62°05′23″S，58°24′44″W
49	KGI1311 – 1/3	基性火山岩	乔治王岛	62°05′10″S，58°25′06″W

续表

序号	样号	岩性	采样位置	坐标
50	DI1313 – 1/1	火山碎屑沉积岩	迪塞普申岛	62°56′17″S，60°35′41″W
51	DI1313 – 1/2	褐黄色火山角砾岩砾石	迪塞普申岛	62°56′17″S，60°35′41″W
52	DI1313 – 1/3	紫红色熔岩砾石	迪塞普申岛	62°56′17″S，60°35′41″W
53	DI1313 – 1/4	灰黑色气孔状熔岩砾石	迪塞普申岛	62°56′17″S，60°35′41″W
54	DI1313 – 1/5	黑色浮石砾石	迪塞普申岛	62°56′17″S，60°35′41″W
55	DI1313 – 1/6	灰黑色火山角砾岩	迪塞普申岛	62°55′53″S，60°35′48″W
56	DI1313 – 1/7	灰黑色火山熔岩	迪塞普申岛	62°55′53″S，60°35′48″W
57	DI1313 – 2/1	褐黄色火山角砾岩	迪塞普申岛	62°59′10″S，60°32′43″W
58	DI1313 – 2/2	紫红色浮石	迪塞普申岛	62°59′10″S，60°32′43″W
59	AP1312 – 1/1	中粒长石石英砂岩	南极半岛	63°23′55″S，56°59′06″W
60	AP1312 – 1/2	灰黑色泥岩	南极半岛	63°23′55″S，56°59′06″W
61	AP1312 – 1/3	砾岩	南极半岛	63°23′55″S，56°59′06″W
62	AP1312 – 1/4	基性岩脉（煌斑岩?）	南极半岛	63°23′47″S，56°58′44″W
63	AP1312 – 1/5	中粒长石石英砂岩	南极半岛	63°23′13″S，57°01′15″W
64	AP1312 – 1/6	中粗粒长石石英砂岩	南极半岛	63°24′12″S，57°01′16″W
65	AP1314 – 1/1	浅肉红色花岗斑岩	南极半岛	64°40′59″S，62°37′20″W
66	AP1314 – 1/2	具流动构造花岗斑岩	南极半岛	64°40′59″S，62°37′20″W
67	AP1314 – 1/3	岩脉与围岩界线	南极半岛	64°40′59″S，62°37′20″W
68	AP1314 – 1/4	浅肉红色花岗斑岩	南极半岛	64°40′59″S，62°37′20″W
69	AP1314 – 1/5	灰白色安山质火山角砾岩	南极半岛	64°40′59″S，62°37′20″W
70	AP1314 – 1/6	灰绿色安山质火山角砾岩	南极半岛	64°40′59″S，62°37′19″W
71	AP1314 – 1/7	灰绿色安山质火山角砾岩	南极半岛	64°41′02″S，62°37′31″W
72	AP1314 – 1/8	闪长岩脉与隐晶质边界线	南极半岛	64°41′03″S，62°37′32″W
73	AP1314 – 1/9	闪长玢岩脉（煌斑岩脉?）	南极半岛	64°41′03″S，62°37′32″W
74	AP1314 – 1/10	闪长玢岩脉	南极半岛	64°41′02″S，62°37′34″W
75	AP1314 – 1/11	中粒闪长岩捕掳体	南极半岛	64°41′02″S，62°37′34″W
76	AP1314 – 1/12	含角砾安山质熔岩	南极半岛	64°41′04″S，62°37′46″W
77	AP1314 – 2/1	浅肉红色粗粒花岗闪长岩	南极半岛	65°03′54″S，64°02′07″W
78	AP1314 – 2/2	细粒闪长玢岩	南极半岛	65°03′56″S，64°02′09″W
79	AP1314 – 2/3	中粒暗色闪长岩	南极半岛	65°03′57″S，64°01′59″W
80	AP1314 – 2/4	灰白色中粒闪长岩	南极半岛	65°04′02″S，64°01′28″W
81	AP1315 – 1/1	灰白色中粒闪长岩	南极半岛	64°49′43″S，63°29′29″W
82	AP1315 – 1/2	细粒灰绿玢岩	南极半岛	64°49′37″S，63°29′30″W
83	AP1315 – 1/4	灰白色中粒闪长岩	南极半岛	64°49′31″S，63°29′43″W
84	AP1315 – 1/5	闪长玢岩与围岩界线	南极半岛	64°49′31″S，63°29′43″W
85	AP1315 – 2/1	黑云母二长花岗岩	南极半岛	64°50′35″S，62°32′20″W
86	AP1315 – 2/2	闪长（灰绿?）玢岩	南极半岛	64°50′35″S，62°32′20″W
87	AP1315 – 2/3	黑云母二长花岗岩	南极半岛	64°50′41″S，62°31′19″W
88	LI1316 – 1/1	灰绿色中细粒长石石英砂岩	利文斯顿岛	62°42′56″S，60°24′41″W

序号	样号	岩性	采样位置	坐标
89	LI1316－1/2	深灰色泥岩	利文斯顿岛	62°42′56″S，60°24′41″W
90	LI1316－1/3	灰色长石石英砂岩	利文斯顿岛	62°42′42″S，60°24′01″W
91	LI1316－1/4	绿色砂岩（岩脉？）	利文斯顿岛	62°42′42″S，60°24′01″W
92	LI1316 1/5	深灰色长石石英砂岩	利文斯顿岛	62°42′39″S，60°24′27″W
93	LI 1316－2/1	致密状泥岩（熔岩？）	利文斯顿岛	62°38′46″S，60°35′59″W
94	LI 1316－2/2	褐绿色砾岩	利文斯顿岛	62°38′46″S，60°35′59″W
95	LI 1316－2/3	灰色火山熔岩	利文斯顿岛	62°39′03″S，60° 36′16″W
96	LI 1316－2/4	黄绿色火山熔岩	利文斯顿岛	62°39′03″S，60°36′16″W
97	LI 1316－2/5	泥质粉砂岩	利文斯顿岛	62°39′11″S，60°36′25″W
98	U1319－1/1	青灰色粉砂质泥岩	乌斯怀亚	54°48′11″S，68°18′04″W
99	U1319－1/2	青灰色泥岩	乌斯怀亚	54°48′11″S，68°18′04″W
100	GW0124－1/1	玄武质火山岩	长城站	62°12′17″S，58°58′57″W
101	GW0124－2/1	褐绿色砾岩	长城站	62°12′26″S，58°58′38″W
102	GW0124－2/2	砾岩与含砾砂岩界面	长城站	62°12′26″S，58°58′38″W
103	GW0124－2/3	砂砾岩与泥岩互层	长城站	62°12′26″S，58°58′38″W
104	GW0125－1/1	闪长玢岩（？）	长城站	62°12′22″S，58°58′52″W
105	GW0126－1/1	致密状玄武质火山岩	长城站	62°12′39″S，58°59′55″W
106	GW0126－1/2	基性岩脉（？）	长城站	62°12′40″S，58°59′49″W
107	GW0126－2/1	灰色玄武质火山岩	长城站	62°12′53″S，58°59′03″W
108	GW0126－3/1	灰绿色火山岩	长城站	62°11′09″S，58°54′27″W
109	GW0126－3/2	黄绿色含砾泥岩	长城站	62°11′09″S，58°54′27″W
110	GW0127－1/1	玄武岩	长城站	62°13′15″S，58°57′19″W
111	GW0127－2/1	粗晶玄武质火山岩	长城站	62°13′44″S，58°58′16″W
112	GW0127－3/1	青灰色含砾细砂岩	长城站	62°13′37″S，58°57′59″W
113	GW0128－1/1	致密状玄武质火山岩	长城站	62°13′09″S，58°57′43″W
114	GW0128－1/2	黄绿色火山角砾沉积岩	长城站	62°13′09″S，58°57′47″W

表 4－3　第 30 次南极考察队东南极格罗夫山考察样品采集一览表

序号	样号	岩性	采样位置	坐标
1	GR14－1－1	正片麻岩	布莱克群峰	73°02′07″S，74°31′30″E
2	GR14－1－2	麻粒岩	布莱克群峰	73°02′07″S，74°31′30″E
3	GR14－1－3	正片麻岩	布莱克群峰	73°02′07″S，74°31′30″E
4	GR14－2－1	正片麻岩	梅尔沃尔德群峰	72°53′50″S，74°14′15″E
5	GR14－2－2	片麻状花岗岩	梅尔沃尔德群峰	72°53′50″S，74°14′15″E
6	GR14－2－3	麻粒岩	梅尔沃尔德群峰	72°53′50″S，74°14′15″E
7	GR14－3－1	石榴斜长片麻岩	梅森峰南碎石带	72°48′03″S，74°40′59″E
8	GR14－3－2	含石榴斜长片麻岩	梅森峰南碎石带	72°48′03″S，74°40′59″E
9	GR14－3－3	磁铁石英脉	梅森峰南碎石带	72°48′03″S，74°40′59″E
10	GR14－3－4	石榴黑云斜长片麻岩	梅森峰南碎石带	72°48′03″S，74°40′59″E

续表

序号	样号	岩性	采样位置	坐标
11	GR14-3-5	石榴黑云斜长片麻岩	梅森峰南碎石带	72°48′03″S, 74°40′59″E
12	GR14-3-6	麻粒岩类	梅森峰南碎石带	72°48′03″S, 74°40′59″E
13	GR14-3-7	石榴黑云斜长片麻岩	梅森峰南碎石带	72°48′03″S, 74°40′59″E
14	GR14-3-9	含石榴麻粒岩	梅森峰南碎石带	72°48′03″S, 74°40′59″E
15	GR14-3-10	石榴黑云母片岩	梅森峰南碎石带	72°48′03″S, 74°40′59″E
16	GR14-3-11	麻粒岩	梅森峰南碎石带	72°48′03″S, 74°40′59″E
17	GR14-3-13	石榴黑云斜长片麻岩	梅森峰南碎石带	72°48′03″S, 74°40′59″E
18	GR14-3-14	正片麻岩	梅森峰南碎石带	72°48′03″S, 74°40′59″E
19	GR14-3-15	石榴黑云斜长片麻岩	梅森峰南碎石带	72°48′03″S, 74°40′59″E
20	GR14-3-16	含石榴麻粒岩	梅森峰南碎石带	72°48′03″S, 74°40′59″E
21	GR14-3-17	石榴黑云斜长片麻岩	梅森峰南碎石带	72°48′03″S, 74°40′59″E
22	GR14-3-18	石榴石英岩?	梅森峰南碎石带	72°48′03″S, 74°40′59″E
23	GR14-3-19	透辉石岩	梅森峰南碎石带	72°48′03″S, 74°40′59″E
24	GR14-3-20	紫苏花岗岩	梅森峰南碎石带	72°48′03″S, 74°40′59″E
25	GR14-3-21	正片麻岩	梅森峰南碎石带	72°48′03″S, 74°40′59″E
26	GR14-4-1	石榴辉石岩	梅森峰南碎石带	72°47′59″S, 74°40′16″E
27	GR14-4-2	条带状石榴片麻岩	梅森峰南碎石带	72°47′59″S, 74°40′16″E
28	GR14-4-3	方解石钙硅酸盐岩	梅森峰南碎石带	72°47′59″S, 74°40′16″E
29	GR14-4-4	石英闪长岩	梅森峰南碎石带	72°47′59″S, 74°40′16″E
30	GR14-4-5	石榴麻粒岩	梅森峰南碎石带	72°47′59″S, 74°40′16″E
31	GR14-4-6	石榴黑云斜长片麻岩	梅森峰南碎石带	72°47′59″S, 74°40′16″E
32	GR14-4-7	石榴黑云斜长片麻岩	梅森峰南碎石带	72°47′59″S, 74°40′16″E
33	GR14-5-1	黑云石英岩	阵风中段碎石带	72°56′03″S, 75°19′08″E
34	GR14-5-2	淡色含石榴黑云斜长片麻岩	阵风中段碎石带	72°56′03″S, 75°19′08″E
35	GR14-5-3	深色黑云斜长片麻岩	阵风中段碎石带	72°56′03″S, 75°19′08″E
36	GR14-5-4	正片麻岩	阵风中段碎石带	72°56′03″S, 75°19′08″E
37	GR14-5-5	石榴石石英脉	阵风中段碎石带	72°56′03″S, 75°19′08″E
38	GR14-5-6	黑云钾长片麻岩	阵风中段碎石带	72°56′03″S, 75°19′08″E
39	GR14-5-7	黑云角闪石英岩	阵风中段碎石带	72°56′03″S, 75°19′08″E
40	GR14-6-1	条带状钙硅酸盐岩	阵风北段4号碎石带	72°46′43″S, 75°19′16″E
41	GR14-6-2	黑云母磁铁石英岩	阵风北段4号碎石带	72°46′43″S, 75°19′16″E
42	GR14-6-4	角闪石透辉石岩	阵风北段4号碎石带	72°46′43″S, 75°19′16″E
43	GR14-6-6	石英辉石岩	阵风北段4号碎石带	72°46′43″S, 75°19′16″E
44	GR14-6-7	石榴黑云斜长片麻岩	阵风北段4号碎石带	72°46′43″S, 75°19′16″E
45	GR14-6-8	石榴角闪岩（麻粒岩?）	阵风北段4号碎石带	72°46′43″S, 75°19′16″E
46	GR14-6-9	含石榴英透辉石岩	阵风北段4号碎石带	72°46′43″S, 75°19′16″E
47	GR14-6-10	石榴黑云斜长片麻岩	阵风北段4号碎石带	72°46′43″S, 75°19′16″E
48	GR14-6-11	石榴石英岩（淡色体）	阵风北段4号碎石带	72°46′43″S, 75°19′16″E
49	GR14-6-12	石榴黑云斜长片麻岩	阵风北段4号碎石带	72°46′43″S, 75°19′16″E

南极 大陆矿产资源考察与评估

续表

序号	样号	岩性	采样位置	坐标
50	GR14 – 6 – 13	条带状石榴黑云斜长片麻岩（变砂岩）	阵风北段 4 号碎石带	72°46′43″S, 75°19′16″E
51	GR14 – 6 – 14	磁铁石英岩（脉?）	阵风北段 4 号碎石带	72°46′43″S, 75°19′16″E
52	GR14 – 6 – 15	石榴黑云斜长片麻岩	阵风北段 4 号碎石带	72°46′43″S, 75°19′16″E
53	GR14 – 6 – 16	似斑状闪长岩	阵风北段 4 号碎石带	72°46′43″S, 75°19′16″E
54	GR14 – 6 – 17	钾长角闪岩（闪长玢岩?）	阵风北段 4 号碎石带	72°46′43″S, 75°19′16″E
55	GR14 – 6 – 18	石榴斜长角闪岩	阵风北段 4 号碎石带	72°46′43″S, 75°19′16″E
56	GR14 – 7 – 1	麻粒岩	阵风北段 4 号碎石带	72°49′38″S, 75°21′28″E
57	GR14 – 7 – 2	麻粒岩	阵风北段 4 号碎石带	72°49′38″S, 75°21′28″E
58	GR14 – 7 – 3	麻粒岩? 紫苏花岗岩?	阵风北段 4 号碎石带	72°49′38″S, 75°21′28″E
59	GR14 – 7 – 4	石英脉	阵风北段 4 号碎石带	72°49′38″S, 75°21′28″E
60	GR14 – 7 – 5	似斑状钾长花岗岩	阵风北段 4 号碎石带	72°49′38″S, 75°21′28″E
61	GR14 – 7 – 6	石榴黑云母片岩	阵风北段 4 号碎石带	72°49′38″S, 75°21′28″E
62	GR14 – 7 – 7	石榴辉石岩	阵风北段 4 号碎石带	72°49′38″S, 75°21′28″E
63	GR14 – 7 – 8	石榴辉石岩	阵风北段 4 号碎石带	72°49′38″S, 75°21′28″E
64	GR14 – 7 – 9	石榴辉石岩	阵风北段 4 号碎石带	72°49′38″S, 75°21′28″E
65	GR14 – 7 – 10	石榴黑云斜长片麻岩	阵风北段 4 号碎石带	72°49′38″S, 75°21′28″E
66	GR14 – 7 – 11	石榴黑云斜长片麻岩	阵风北段 4 号碎石带	72°49′38″S, 75°21′28″E
67	GR14 – 7 – 12	白眼圈麻粒岩	阵风北段 4 号碎石带	72°49′38″S, 75°21′28″E
68	GR14 – 7 – 13	闪长岩	阵风北段 4 号碎石带	72°49′38″S, 75°21′28″E
69	GR14 – 8 – 1	紫苏花岗岩	哈丁山	72°53′45″S, 75°01′48″E
70	GR14 – 8 – 2	似斑状钾长花岗岩	哈丁山	72°53′45″S, 75°01′48″E
71	GR14 – 8 – 3	中细粒花岗岩	哈丁山	72°53′45″S, 75°01′48″E
72	GR14 – 9 – 1	紫苏花岗岩	哈丁山西面碎石带	72°53′45″S, 75°01′48″E
73	GR14 – 9 – 2	细粒黑云母片麻岩	哈丁山西面碎石带	72°53′45″S, 75°01′48″E
74	GR14 – 9 – 3	透辉石岩	哈丁山西面碎石带	72°53′45″S, 75°01′48″E
75	GR14 – 9 – 4	石英岩	哈丁山西面碎石带	72°53′45″S, 75°01′48″E
76	GR14 – 9 – 5	黑云斜长片麻岩	哈丁山西面碎石带	72°53′45″S, 75°01′48″E
77	GR14 – 9 – 6	麻粒岩	哈丁山西面碎石带	72°53′45″S, 75°01′48″E
78	GR14 – 10 – 1	石榴角闪岩	阵风北段 4 号碎石带	72°46′43″S, 75°19′16″E
79	GR14 – 10 – 2	石榴角闪岩	阵风北段 4 号碎石带	72°46′43″S, 75°19′16″E
80	GR14 – 10 – 3	石榴角闪岩（白眼圈）	阵风北段 4 号碎石带	72°46′43″S, 75°19′16″E
81	GR14 – 10 – 5	石榴角闪岩	阵风北段 4 号碎石带	72°46′43″S, 75°19′16″E
82	GR14 – 10 – 6	石榴斜长角闪岩	阵风北段 4 号碎石带	72°46′43″S, 75°19′16″E
83	GR14 – 10 – 7	褐紫色细粒片麻岩	阵风北段 4 号碎石带	72°46′43″S, 75°19′16″E
84	GR14 – 10 – 8	高压麻粒岩	阵风北段 4 号碎石带	72°46′43″S, 75°19′16″E
85	GR14 – 11 – 1	石榴黑云斜长片麻岩	威尔逊碎石带 1	72°47′34″S, 75°07′12″E
86	GR14 – 11 – 2	黑云母石榴石辉石岩	威尔逊碎石带 1	72°47′34″S, 75°07′12″E
87	GR14 – 11 – 3	石榴细晶岩	威尔逊碎石带 1	72°47′34″S, 75°07′12″E
88	GR14 – 11 – 4	细粒黑云斜长片麻岩 + 石榴石英脉	威尔逊碎石带 1	72°47′34″S, 75°07′12″E

续表

序号	样号	岩性	采样位置	坐标
89	GR14－11－5	黑云母石榴辉石岩	威尔逊碎石带1	72°47′34″S，75°07′12″E
90	GR14－12－1	正片麻岩	威尔逊东北部西碎石带	72°46′32″S，75°00′56″E
91	GR14－12－2	麻粒岩	威尔逊东北部西碎石带	72°46′32″S，75°00′56″E
92	GR14－12－3	正片麻岩	威尔逊东北部西碎石带	72°46′32″S，75°00′56″E
93	GR14－13－2	石榴黑云斜长片麻岩	威尔逊东北部岛峰	72°46′20″S，75°03′20″E
94	GR14－13－3	石榴变粒岩	威尔逊东北部岛峰	72°46′20″S，75°03′20″E
95	GR14－13－4	黑云石榴石英脉	威尔逊东北部岛峰	72°46′20″S，75°03′20″E
96	GR14－13－5	石英石榴辉石岩	威尔逊东北部岛峰	72°46′20″S，75°03′20″E
97	GR14－13－6	黑云母透辉石岩	威尔逊东北部岛峰	72°46′20″S，75°03′20″E
98	GR14－14－1	麻粒岩	哈丁山金鸡岭	72°53′39″S，75°02′03″E
99	GR14－14－2	紫苏花岗岩	哈丁山金鸡岭	72°53′39″S，75°02′03″E
100	GR14－14－3	似斑状钾长花岗岩	哈丁山金鸡岭	72°53′39″S，75°02′03″E
101	GR14－14－4	中粗粒花岗岩	哈丁山金鸡岭	72°53′39″S，75°02′03″E
102	GR14－15－1	石英夕线石榴云母片岩	阵风北段4号碎石带	72°46′43″S，75°19′16″E
103	GR14－15－2	混合岩	阵风北段4号碎石带	72°46′43″S，75°19′16″E
104	GR14－15－3	含夕线石榴混合片麻岩	阵风北段4号碎石带	72°46′43″S，75°19′16″E
105	GR14－15－4	含夕线石榴混合片麻岩	阵风北段4号碎石带	72°46′43″S，75°19′16″E
106	GR14－15－5	石榴角闪岩	阵风北段4号碎石带	72°46′43″S，75°19′16″E
107	GR14－15－6	石榴辉石角闪岩	阵风北段4号碎石带	72°46′43″S，75°19′16″E
108	GR14－15－7	夕线石榴片麻岩	阵风北段4号碎石带	72°46′43″S，75°19′16″E
109	GR14－15－8	麻粒岩	阵风北段4号碎石带	72°46′43″S，75°19′16″E
110	GR14－15－9	紫褐色片麻岩	阵风北段4号碎石带	72°46′43″S，75°19′16″E
111	GR14－15－10	斜长石透辉石岩	阵风北段4号碎石带	72°46′43″S，75°19′16″E
112	GR14－15－11	辉石角闪岩	阵风北段4号碎石带	72°46′43″S，75°19′16″E
113	GR14－15－12	石榴石英脉	阵风北段4号碎石带	72°46′43″S，75°19′16″E
114	GR14－15－13	变橄榄岩?	阵风北段4号碎石带	72°46′43″S，75°19′16″E
115	GR14－15－14	夕线黑云母片麻岩	阵风北段4号碎石带	72°46′43″S，75°19′16″E
116	GR14－16－1	黑云母片岩（片麻岩）	哈丁山金鸡岭	72°53′42″S，75°01′48″E
117	GR14－16－2	伟晶岩	哈丁山金鸡岭	72°53′42″S，75°01′48″E
118	GR14－16－3	黑云斜长片麻岩	哈丁山金鸡岭	72°53′42″S，75°01′48″E
119	GR14－17－1	石榴黑云斜长片麻岩	阵风南段1号碎石带	72°59′36″S，75°12′27″E
120	GR14－17－2	石榴石岩	阵风南段1号碎石带	72°59′36″S，75°12′27″E
121	GR14－17－3	黑云磁铁夕线石英岩	阵风南段1号碎石带	72°59′36″S，75°12′27″E
122	GR14－17－4	石榴黑云片岩	阵风南段1号碎石带	72°59′36″S，75°12′27″E
123	GR14－17－5	石榴黑云片岩	阵风南段1号碎石带	72°59′36″S，75°12′27″E
124	GR14－17－6	角闪岩?	阵风南段1号碎石带	72°59′36″S，75°12′27″E
125	GR14－17－7	白榴岩	阵风南段1号碎石带	72°59′36″S，75°12′27″E
126	GR14－17－8	石榴黑云斜长片麻岩	阵风南段1号碎石带	72°59′36″S，75°12′27″E
127	GR14－17－9	石榴角闪岩（白眼圈）	阵风南段1号碎石带	72°59′36″S，75°12′27″E

续表

序号	样号	岩性	采样位置	坐标
128	GR14 - 17 - 10	钙硅酸盐岩	阵风南段 1 号碎石带	72°59′36″S, 75°12′27″E
129	GR14 - 17 - 11	褐色粉砂岩	阵风南段 1 号碎石带	72°59′36″S, 75°12′27″E
130	GR14 - 17 - 12	紫红色安山岩	阵风南段 1 号碎石带	72°59′36″S, 75°12′27″E
131	GR14 - 17 - 13	石榴辉石岩	阵风南段 1 号碎石带	72°59′36″S, 75°12′27″E
132	GR14 - 17 - 14	石榴麻粒岩	阵风南段 1 号碎石带	72°59′36″S, 75°12′27″E
133	GR14 - 17 - 15	透辉石岩	阵风南段 1 号碎石带	72°59′36″S, 75°12′27″E
134	GR14 - 17 - 16	石榴黑云斜长片麻岩	阵风南段 1 号碎石带	72°59′36″S, 75°12′27″E
135	GR14 - 17 - 17	石榴绿帘石角闪片麻岩	阵风南段 1 号碎石带	72°59′36″S, 75°12′27″E
136	GR14 - 17 - 18	透辉石岩	阵风南段 1 号碎石带	72°59′36″S, 75°12′27″E
137	GR14 - 18 - 1	石榴黑云斜长片麻岩	阵风南段 1 号碎石带	72°59′12″S, 75°12′47″E
138	GR14 - 18 - 2	石榴黑云斜长片麻岩	阵风南段 1 号碎石带	72°59′12″S, 75°12′47″E
139	GR14 - 18 - 3	石榴角闪岩	阵风南段 1 号碎石带	72°59′12″S, 75°12′47″E
140	GR14 - 18 - 4	含石榴变沉积岩?	阵风南段 1 号碎石带	72°59′12″S, 75°12′47″E
141	GR14 - 18 - 5	黑云斜长片麻岩	阵风南段 1 号碎石带	72°59′12″S, 75°12′47″E
142	GR14 - 18 - 6	石榴黑云斜长片麻岩	阵风南段 1 号碎石带	72°59′12″S, 75°12′47″E
143	GR14 - 18 - 7	夕线石榴黑云斜长片麻岩	阵风南段 1 号碎石带	72°59′12″S, 75°12′47″E
144	GR14 - 18 - 8	石榴云母片岩	阵风南段 1 号碎石带	72°59′12″S, 75°12′47″E
145	GR14 - 18 - 9	淡色石榴片麻岩	阵风南段 1 号碎石带	72°59′12″S, 75°12′47″E
146	GR14 - 19 - 1	麻粒岩	阵风南段 1 号碎石带东	72°59′21″S, 75°17′26″E
147	GR14 - 19 - 2	粗粒花岗岩	阵风南段 1 号碎石带东	72°59′21″S, 75°17′26″E
148	GR14 - 19 - 3	淡色黑云斜长片麻岩	阵风南段 1 号碎石带东	72°59′21″S, 75°17′26″E
149	GR14 - 19 - 4	中粒花岗岩（紫苏花岗岩）	阵风南段 1 号碎石带东	72°59′21″S, 75°17′26″E
150	GR14 - 19 - 5	中色黑云斜长片麻岩	阵风南段 1 号碎石带东	72°59′21″S, 75°17′26″E
151	ZS13 - 1 - 1	含石榴浅色片麻岩	拉斯曼丘陵（中山站）	69°22′26″S, 76°21′47″E
152	ZS13 - 1 - 2	深色石榴斜长角闪岩	拉斯曼丘陵（中山站）	69°22′26″S, 76°21′47″E
153	ZS13 - 1 - 3	石榴黑云角闪斜长片麻岩	拉斯曼丘陵（中山站）	69°22′26″S, 76°21′47″E
154	ZS13 - 1 - 4	石榴石黑云角闪斜长片麻岩	拉斯曼丘陵（中山站）	69°22′26″S, 76°21′47″E
155	ZS13 - 1 - 5	石榴浅粒岩	拉斯曼丘陵（中山站）	69°22′26″S, 76°21′47″E
156	ZS13 - 1 - 6	石榴黑云斜长片麻岩	拉斯曼丘陵（中山站）	69°22′26″S, 76°21′47″E
157	ZS13 - 2 - 1	石榴黑云斜长片麻岩	拉斯曼丘陵（中山站）	69°25′07″S, 76°12′46″E
158	ZS13 - 3 - 1	夕线黑云斜长片麻岩	拉斯曼丘陵（中山站）	69°27′51″S, 76°04′01″E
159	ZS13 - 4 - 1	中深色黑云斜长片麻岩	拉斯曼丘陵（中山站）	69°22′14″S, 76°08′26″E
160	ZS13 - 4 - 2	石榴二云斜长片麻岩	拉斯曼丘陵（中山站）	69°22′14″S, 76°08′26″E
161	ZS13 - 4 - 3	中色黑云斜长片麻岩	拉斯曼丘陵（中山站）	69°22′14″S, 76°08′26″E
162	ZS13 - 4 - 4	深色黑云斜长片麻岩	拉斯曼丘陵（中山站）	69°22′14″S, 76°08′26″E
163	ZS13 - 4 - 5	石榴辉石岩	拉斯曼丘陵（中山站）	69°22′14″S, 76°08′26″E
164	ZS13 - 4 - 6	含石榴石英脉	拉斯曼丘陵（中山站）	69°22′14″S, 76°08′26″E
165	ZS13 - 4 - 7	粗粒石榴辉石岩	拉斯曼丘陵（中山站）	69°22′14″S, 76°08′26″E
166	ZS13 - 4 - 8	浅色黑云斜长片麻岩	拉斯曼丘陵（中山站）	69°22′14″S, 76°08′26″E

续表

序号	样号	岩性	采样位置	坐标
167	ZS13 – 5 – 1	含石榴黑云斜长片麻岩	拉斯曼丘陵（中山站）	69°24′04″S, 76°23′18″E
168	ZS14 – 7 – 1	（暗色体）旁石英脉	拉斯曼丘陵（中山站）	69°22′19″S, 76°21′36″E
169	ZS14 – 7 – 2	黑云斜长片麻岩	拉斯曼丘陵（中山站）	69°22′19″S, 76°21′36″E
170	ZS14 – 7 – 3	（暗色体内）石英脉	拉斯曼丘陵（中山站）	69°22′19″S, 76°21′36″E
171	ZS14 – 7 – 4	石榴黑云斜长片麻岩	拉斯曼丘陵（中山站）	69°22′19″S, 76°21′36″E
172	ZS14 – 7 – 5	石榴黑云斜长片麻岩	拉斯曼丘陵（中山站）	69°22′19″S, 76°21′36″E
173	ZS14 – 8 – 1	石榴二云片麻岩	拉斯曼丘陵（中山站）	69°22′28″S, 76°21′44″E
174	ZS14 – 8 – 2	含石榴黑云斜长片麻岩	拉斯曼丘陵（中山站）	69°22′28″S, 76°21′44″E
175	ZS14 – 8 – 3	石榴黑云母片岩（暗色体）	拉斯曼丘陵（中山站）	69°22′28″S, 76°21′44″E
176	ZS14 – 9 – 1	夕线磁铁堇青斜长片麻岩	拉斯曼丘陵（中山站）	69°22′39″S, 76°21′16″E
177	ZS14 – 9 – 2	石榴磁铁堇青片麻岩	拉斯曼丘陵（中山站）	69°22′39″S, 76°21′16″E

表 4 – 4　第 30 次南极考察队维多利亚地难言岛考察样品采集一览表

序号	样号	岩性	采样位置	坐标
1	007/1	斜长花岗岩脉	难言岛	74°54′49″S, 163°43′05″E
2	008/1	花岗闪长岩	难言岛	74°54′49″S, 163°43′07″E
3	011/1	花岗岩	难言岛	74°54′51″S, 163°43′08″E
4	011/2	花岗闪长岩	难言岛	74°54′51″S, 163°43′08″E
5	018/1	片麻岩漂砾	难言岛	74°54′52″S, 163°42′45″E
6	018/2	玄武岩漂砾	难言岛	74°54′52″S, 163°42′45″E
7	019/1	钾长花岗岩	难言岛	74°54′51″S, 163°42′57″E
8	021/1	灰色花岗岩	难言岛	74°54′52″S, 163°43′08″E
9	028/1	玄武岩漂砾	难言岛	74°54′51″S, 163°42′05″E
10	028/2	钾长花岗岩漂砾	难言岛	74°54′51″S, 163°42′05″E
11	029/1	钾长花岗岩漂砾	难言岛	74°54′48″S, 163°42′02″E
12	030/1	闪长岩漂砾	难言岛	74°54′44″S, 163°41′39″E
13	034/1	辉长岩漂砾	难言岛	74°54′35″S, 163°40′27″E
14	034/2	含石榴石片麻岩	难言岛	74°54′35″S, 163°40′27″E
15	048/1	花岗闪长岩	难言岛	74°55′01″S, 163°43′00″E
16	049/1	花岗岩脉	难言岛	74°55′01″S, 163°43′01″E
17	049/2	花岗闪长岩	难言岛	74°55′01″S, 163°43′01″E
18	051/1	花岗闪长岩	难言岛	74°55′03″S, 163°43′02″E
19	053/1	花岗闪长岩	难言岛	74°55′09″S, 163°43′04″E
20	054/1	斑状花岗岩	难言岛	74°55′09″S, 163°42′56″E
21	054/2	细粒花岗岩	难言岛	74°55′09″S, 163°42′56″E
22	055/1	花岗闪长岩	难言岛	74°55′09″S, 163°42′47″E
23	059/1	花岗闪长岩	难言岛	74°55′08″S, 163°42′01″E
24	060/1	花岗闪长岩	难言岛	74°55′12″S, 163°41′49″E
25	061/1	辉绿玢岩	难言岛	74°55′11″S, 163°41′42″E

续表

序号	样号	岩性	采样位置	坐标
26	065/1	玄武岩漂砾	难言岛	74°54′41″S，163°42′48″E
27	073/1	花岗岩	难言岛	74°54′41″S，163°43′30″E
28	074/1	花岗岩	难言岛	74°54′39″S，163°43′33″E
29	075/1	包体	难言岛	74°54′38″S，163°43′34″E
30	076/1	花岗岩	难言岛	74°54′36″S，163°43′36″E
31	076/2	包体	难言岛	74°54′36″S，163°43′36″E
32	123/1	粗玄岩	难言岛	74°54′52″S，163°38′47″E
33	123/2	辉绿岩	难言岛	74°54′52″S，163°38′47″E
34	123/3	花岗岩	难言岛	74°54′52″S，163°38′47″E
35	140/1	花岗闪长岩	难言岛	74°54′51″S，163°43′05″E
36	140/2	花岗岩	难言岛	74°54′51″S，163°43′05″E
37	141/1	似斑状花岗岩	难言岛	74°54′52″S，163°43′03″E
38	142/1	细粒花岗岩	难言岛	74°54′54″S，163°43′06″E
39	160/1	云母石英片岩漂砾	难言岛	74°54′59″S，163°42′11″E
40	160/2	闪长岩漂砾	难言岛	74°54′59″S，163°42′11″E
41	160/3	石英岩漂砾	难言岛	74°54′59″S，163°42′11″E
42	160/4	片麻岩漂砾	难言岛	74°54′59″S，163°42′11″E
43	161/1	5～12目砂样	难言岛	74°54′51″S，163°42′18″E
44	161/2	<12目砂样	难言岛	74°54′51″S，163°42′18″E
45	161/3	>5目砂样	难言岛	74°54′51″S，163°42′18″E
46	162/1	5～12目砂样	难言岛	74°54′50″S，163°42′12″E
47	162/2	<12目砂样	难言岛	74°54′50″S，163°42′12″E
48	162/3	>5目砂样	难言岛	74°54′50″S，163°42′12″E
49	163/1	5～12目砂样	难言岛	74°54′49″S，163°42′57″E
50	163/2	<12目砂样	难言岛	74°54′49″S，163°42′57″E
51	163/3	>5目砂样	难言岛	74°54′49″S，163°42′57″E

表4－5　第31次南极考察队东南极北查尔斯王子山考察样品采集一览表

序号	样号	岩性	采样位置	坐标
1	BL01－1	黄褐色粗粒紫苏花岗岩	北查尔斯王子山	70°31′01″S，68°00′23″E
2	BL01－2	紫苏花岗岩中的假玄武玻璃	北查尔斯王子山	70°31′01″S，68°00′23″E
3	BL02－1	黄褐色粗粒紫苏花岗岩	北查尔斯王子山	70°32′07″S，67°57′10″E
4	BL03－1	黄褐色粗粒紫苏花岗岩	北查尔斯王子山	70°33′39″S，67°56′36″E
5	BL04－1	黄褐色粗粒含石榴紫苏花岗岩	北查尔斯王子山	70°34′38″S，67°57′42″E
6	BL04－2	黄褐色粗粒含石榴紫苏花岗岩	北查尔斯王子山	70°34′38″S，67°57′42″E
7	BL04－3	伟晶岩脉中的细粒含石榴片麻岩	北查尔斯王子山	70°34′38″S，67°57′42″E
8	BL04－4	含石榴伟晶岩脉	北查尔斯王子山	70°34′37″S，67°57′43″E
9	BL05－1	黄褐色粗粒紫苏花岗岩	北查尔斯王子山	70°35′21″S，67°57′47″E
10	BL05－2	黄褐色紫苏花岗质片麻岩	北查尔斯王子山	70°35′21″S，67°57′47″E

序号	样号	岩性	采样位置	坐标
11	BL06 – 1	黄褐色紫苏花岗质片麻岩	北查尔斯王子山	70°36′00″S, 67°58′35″E
12	BL06 – 2	含石榴长英质片麻岩	北查尔斯王子山	70°36′00″S, 67°58′35″E
13	BL07 – 1	黄褐色含石榴花岗质片麻岩	北查尔斯王子山	70°38′24″S, 67°55′51″E
14	BL07 – 2	黄褐色含石榴花岗质片麻岩	北查尔斯王子山	70°38′24″S, 67°55′51″E
15	BL07 – 3	黄褐色含石榴花岗质片麻岩	北查尔斯王子山	70°38′24″S, 67°55′51″E
16	BL08 – 1	黄褐色细粒花岗质片麻岩	北查尔斯王子山	70°38′41″S, 67°54′43″E
17	BL08 – 2	肉红色伟晶岩脉	北查尔斯王子山	70°38′41″S, 67°54′43″E
18	BL08 – 3	绿灰色中粒花岗质片麻岩	北查尔斯王子山	70°38′42″S, 67°54′41″E
19	BL09 – 1	深灰色细粒闪长质片麻岩	北查尔斯王子山	70°50′34″S, 67°58′45″E
20	BL09 – 2	肉红色伟晶岩脉	北查尔斯王子山	70°50′34″S, 67°58′45″E
21	BL09 – 3	细粒镁铁质麻粒岩	北查尔斯王子山	70°50′34″S, 67°58′45″E
22	BL09 – 4	灰白色中粒花岗闪长质片麻岩	北查尔斯王子山	70°50′34″S, 67°58′45″E
23	BL09 – 5	灰白色伟晶岩脉	北查尔斯王子山	70°50′34″S, 67°58′45″E
24	BL10 – 1	灰褐色花岗质片麻岩	北查尔斯王子山	70°51′14″S, 67°58′00″E
25	BL10 – 2	镁铁质麻粒岩	北查尔斯王子山	70°51′14″S, 67°58′00″E
26	BL10 – 3	褐黄色花岗质片麻岩	北查尔斯王子山	70°51′17″S, 67°57′57″E
27	BL10 – 4	灰绿色带状英云闪长质片麻岩	北查尔斯王子山	70°51′21″S, 67°57′52″E
28	BL11 – 1	含石榴长英质片麻岩	北查尔斯王子山	70°51′30″S, 67°57′42″E
29	BL11 – 2	粗粒含石榴长英质片麻岩	北查尔斯王子山	70°51′30″S, 67°57′42″E
30	BL11 – 3	粗粒含石榴长英质片麻岩	北查尔斯王子山	70°51′30″S, 67°57′42″E
31	BL11 – 4	含石榴黑云斜长片麻岩	北查尔斯王子山	70°51′30″S, 67°57′42″E
32	BL12 – 1	带状中粒石榴黑云斜长片麻岩	北查尔斯王子山	70°52′52″S, 67°54′50″E
33	BL12 – 2	带状细粒石榴黑云斜长片麻岩	北查尔斯王子山	70°52′52″S, 67°54′50″E
34	BL12 – 3	带状细粒石榴黑云斜长片麻岩	北查尔斯王子山	70°52′52″S, 67°54′50″E
35	BL12 – 4	含石榴淡色岩	北查尔斯王子山	70°52′52″S, 67°54′50″E
36	BL12 – 5	含石榴伟晶岩脉	北查尔斯王子山	70°52′52″S, 67°54′50″E
37	BL12 – 6	暗色石榴黑云斜长片麻岩	北查尔斯王子山	70°52′52″S, 67°54′50″E
38	BL12 – 7	带状粗粒石榴黑云斜长片麻岩	北查尔斯王子山	70°52′53″S, 67°54′51″E
39	BL13 – 1	黄褐色中细粒花岗质片麻岩	北查尔斯王子山	70°52′53″S, 67°54′52″E
40	BL13 – 2	黑色黑云角闪斜长片麻岩	北查尔斯王子山	70°52′54″S, 67°54′53″E
41	BL13 – 3	黑色黑云角闪斜长片麻岩	北查尔斯王子山	70°52′55″S, 67°54′55″E
42	BL14 – 1	带状中粒石榴黑云斜长片麻岩	北查尔斯王子山	70°52′58″S, 67°55′00″E
43	BL15 – 1	黄白色含石榴长英质片麻岩	北查尔斯王子山	70°21′02″S, 68°52′14″E
44	BL15 – 2	黄白色含石榴长英质片麻岩	北查尔斯王子山	70°21′02″S, 68°52′14″E
45	BL15 – 3	黄白色含石榴长英质片麻岩	北查尔斯王子山	70°21′02″S, 68°52′14″E
46	BL15 – 4	黄白色细粒石榴长英质片麻岩	北查尔斯王子山	70°21′02″S, 68°52′14″E
47	BL15 – 5	褐黄色含石榴长英质片麻岩	北查尔斯王子山	70°21′02″S, 68°52′14″E
48	BL15 – 6	含石榴伟晶岩脉	北查尔斯王子山	70°21′04″S, 68°52′15″E
49	BL15 – 7	基性岩脉	北查尔斯王子山	70°21′03″S, 68°52′14″E

序号	样号	岩性	采样位置	坐标
50	BL16－1	黄褐色细粒花岗质片麻岩	北查尔斯王子山	70°21′04″S, 68°52′15″E
51	BL16－2	黄白色含石榴长英质片麻岩	北查尔斯王子山	70°21′04″S, 68°52′15″E
52	BL17－1	中细粒石榴黑云斜长片麻岩	北查尔斯王子山	70°48′11″S, 68°10′46″E
53	BL17－2	中细粒石榴黑云斜长片麻岩	北查尔斯王子山	70°48′11″S, 68°10′46″E
54	BL17－3	中细粒石榴黑云斜长片麻岩	北查尔斯王子山	70°48′11″S, 68°10′46″E
55	BL17－4	中细粒石榴黑云斜长片麻岩	北查尔斯王子山	70°48′11″S, 68°10′46″E
56	BL17－5	中粒石榴黑云斜长片麻岩	北查尔斯王子山	70°48′11″S, 68°10′46″E
57	BL17－6	中粒石榴黑云斜长片麻岩	北查尔斯王子山	70°48′11″S, 68°10′46″E
58	BL17－7	中细粒石榴黑云斜长片麻岩	北查尔斯王子山	70°48′11″S, 68°10′46″E
59	BL17－8	中粗粒石榴黑云斜长片麻岩	北查尔斯王子山	70°48′11″S, 68°10′46″E
60	BL17－9	中粗粒石榴黑云斜长片麻岩	北查尔斯王子山	70°48′11″S, 68°10′46″E
61	BL17－10	中粗粒石榴黑云斜长片麻岩	北查尔斯王子山	70°48′11″S, 68°10′46″E
62	BL17－11	含石榴黑云斜长片麻岩	北查尔斯王子山	70°48′11″S, 68°10′46″E
63	BL17－12	石榴石岩	北查尔斯王子山	70°48′11″S, 68°10′46″E
64	BL17－13	条带状石榴黑云斜长片麻岩	北查尔斯王子山	70°48′11″S, 68°10′46″E
65	BL17－14	混合岩化石榴黑云斜长片麻岩	北查尔斯王子山	70°48′11″S, 68°10′46″E
66	BL17－15	混合岩化石榴磁铁夕线片麻岩	北查尔斯王子山	70°48′11″S, 68°10′46″E
67	BL17－16	磁铁石榴夕线片麻岩	北查尔斯王子山	70°48′11″S, 68°10′46″E
68	BL17－17	均质二辉麻粒岩	北查尔斯王子山	70°48′11″S, 68°10′46″E
69	BL17－18	非均质二辉麻粒岩	北查尔斯王子山	70°48′11″S, 68°10′46″E
70	BL01－1C	花岗岩	北查尔斯王子山	70°31′01″S, 68°00′23″E
71	BL04－1C	紫苏花岗岩	北查尔斯王子山	70°34′37″S, 67°57′44″E
72	BL04－2C	伟晶岩	北查尔斯王子山	70°34′37″S, 67°57′44″E
73	BL07－1C	片麻岩	北查尔斯王子山	70°38′24″S, 67°55′51″E
74	BL07－2C	漂砾	北查尔斯王子山	70°38′24″S, 67°55′51″E
75	BL08－1C	片麻岩	北查尔斯王子山	70°38′41″S, 67°54′43″E
76	BL09－1C	花岗岩	北查尔斯王子山	70°50′34″S, 67°58′45″E
77	BL09－2C	钾长花岗岩	北查尔斯王子山	70°50′34″S, 67°58′45″E
78	BL09－3C	花岗岩	北查尔斯王子山	70°50′34″S, 67°58′45″E
79	BL10－1C	花岗岩	北查尔斯王子山	70°51′14″S, 67°58′00″E
80	BL10－2C	钾长花岗岩	北查尔斯王子山	70°51′14″S, 67°58′00″E
81	BL10－3C	片麻岩	北查尔斯王子山	70°51′21″S, 67°57′52″E
82	BL11－1C	片麻岩	北查尔斯王子山	70°51′30″S, 67°57′42″E
83	BL12－1C	伟晶岩	北查尔斯王子山	70°52′52″S, 67°54′50″E
84	BL13－1C	片麻岩	北查尔斯王子山	70°52′53″S, 67°54′52″E
85	MB01－1	灰白色条带状花岗质片麻岩	布朗山	68°34′16″S, E86°05′39″E
86	MB01－2	镁铁质麻粒岩	布朗山	68°34′16″S, 86°05′39″E
87	MB01－3	灰白色条带状花岗质片麻岩	布朗山	68°34′15″S, 86°05′42″E
88	MB01－4	黑色中粒闪长质片麻岩	布朗山	68°34′13″S, 86°05′42″E

续表

序号	样号	岩性	采样位置	坐标
89	MB02－1	灰白色条带状花岗质片麻岩	布朗山	68°34′12″S，86°05′43″E
90	MB02－2	镁铁质麻粒岩	布朗山	68°34′12″S，86°05′43″E
91	MB02－3	黑色中粒闪长质片麻岩	布朗山	68°34′12″S，86°05′43″E
92	MB03－1	灰白色条带状花岗质片麻岩	布朗山	68°34′09″S，86°05′43″E
93	MB03－2	伟晶岩脉	布朗山	68°34′09″S，86°05′43″E
94	MB03－3	变质超基性岩	布朗山	68°34′09″S，86°05′43″E
95	MB03－4	石榴黑云斜长片麻岩	布朗山	68°34′06″S，86°05′46″E
96	MB04－1	含石榴伟晶岩	布朗山	68°34′05″S，86°05′53″E
97	MB04－2	暗色石榴黑云斜长片麻岩	布朗山	68°34′05″S，86°05′53″E
98	MB04－3	石榴黑云斜长片麻岩	布朗山	68°34′05″S，86°05′53″E
99	MB04－4	细粒镁铁质麻粒岩	布朗山	68°34′05″S，86°05′53″E
100	MB04－5	石榴黑云斜长片麻岩	布朗山	68°34′05″S，86°05′53″E
101	MB04－6	条带状石榴黑云斜长片麻岩	布朗山	68°34′05″S，86°05′53″E
102	MB04－7	淡色含石榴伟晶岩	布朗山	68°34′05″S，86°05′53″E
103	MB04－8	黑色闪长质片麻岩	布朗山	68°34′05″S，86°05′56″E
104	MB04－9	偏中性麻粒岩	布朗山	68°34′05″S，86°05′56″E
105	MB05－1	镁铁质麻粒岩	布朗山	68°34′03″S，86°06′02″E
106	MB05－2	镁铁质麻粒岩	布朗山	68°33′59″S，86°06′04″E
107	MB05－3	伟晶岩脉	布朗山	68°34′03″S，86°06′02″E
108	MB06－1	灰白色条带状花岗质片麻岩	布朗山	68°33′58″S，86°06′07″E
109	MB07－1	灰白色条带状花岗质片麻岩	布朗山	68°33′52″S，86°06′20″E
110	MB07－2	伟晶岩脉	布朗山	68°33′52″S，86°06′20″E
111	MB02－1C	花岗质片麻岩	布朗山	68°34′12″S，86°05′43″E
112	MB02－2C	地震岩	布朗山	68°34′12″S，86°05′43″E
113	MB03－1C	片麻岩	布朗山	68°34′05″S，86°05′50″E
114	MB07－1C	伟晶岩	布朗山	68°33′52″S，86°06′20″E
115	VH01－1	浅褐黄色细粒花岗质片麻岩	西福尔丘陵	68°31′07″S，78°05′47″E
116	VH01－2	辉绿岩脉	西福尔丘陵	68°31′07″S，78°05′47″E
117	VH02－1	变质辉长岩	西福尔丘陵	68°31′12″S，78°05′40″E
118	VH02－2	中细粒辉长闪长岩	西福尔丘陵	68°31′12″S，78°05′40″E
119	VH03－1	细粒辉绿岩脉	西福尔丘陵	68°31′33″S，78°05′26″E
120	VH03－2	石榴石英岩	西福尔丘陵	68°31′38″S，78°05′23″E
121	VH03－3	粗粒石榴石岩	西福尔丘陵	68°31′38″S，78°05′23″E
122	VH03－4	石榴长英质片麻岩	西福尔丘陵	68°31′38″S，78°05′23″E
123	VH03－5	含石榴长英质片麻岩	西福尔丘陵	68°31′38″S，78°05′23″E
124	VH04－1	细粒辉绿岩脉	西福尔丘陵	68°32′14″S，78°05′04″E
125	VH04－2	浅褐黄色中细粒花岗质片麻岩	西福尔丘陵	68°32′17″S，78°05′02″E
126	VH04－3	褐黄色中粗粒花岗质片麻岩	西福尔丘陵	68°32′17″S，78°05′02″E
127	VH04－4	辉绿岩中的石榴石细脉	西福尔丘陵	68°32′17″S，78°05′02″E

序号	样号	岩性	采样位置	坐标
128	VH04-5	Cu-Fe 矿石	西福尔丘陵	68°33′09″S, 78°04′02″E
129	VH05-1	含紫色细脉辉绿岩	西福尔丘陵	68°32′39″S, 78°04′41″E
130	VH05-2	辉绿岩脉	西福尔丘陵	68°32′39″S, 78°04′41″E
131	VH05-3	褐黄色中粗粒花岗质片麻岩	西福尔丘陵	68°32′39″S, 78°04′41″E
132	VH06-1	含石榴辉绿岩脉	西福尔丘陵	68°32′59″S, 78°03′44″E
133	VH06-2	含石榴辉绿岩脉	西福尔丘陵	68°32′59″S, 78°03′44″E
134	VH06-3	含石榴辉绿岩脉	西福尔丘陵	68°32′59″S, 78°03′44″E
135	VH06-4	含石榴辉绿岩脉	西福尔丘陵	68°32′59″S, 78°03′44″E
136	VH06-5	含石榴辉绿岩脉	西福尔丘陵	68°32′59″S, 78°03′44″E
137	VH06-6	含石榴辉绿岩脉	西福尔丘陵	68°32′59″S, 78°03′44″E
138	VH06-7	细粒均质辉绿岩脉	西福尔丘陵	68°32′59″S, 78°03′44″E
139	VH07-1	细粒辉绿岩脉	西福尔丘陵	68°33′31″S, 78°03′06″E
140	VH07-2	细粒辉绿岩脉	西福尔丘陵	68°33′31″S, 78°03′06″E
141	VH08-1	均质辉绿岩脉	西福尔丘陵	68°34′02″S, 78°02′49″E
142	VH08-2	辉绿岩脉中的剪切带	西福尔丘陵	68°34′02″S, 78°02′49″E
143	VH08-3	条带状角闪斜长片麻岩	西福尔丘陵	68°34′02″S, 78°02′49″E
144	VH08-4	片麻岩中的深熔条带	西福尔丘陵	68°34′02″S, 78°02′49″E
145	VH08-5	石榴黑云片麻岩	西福尔丘陵	68°34′02″S, 78°02′49″E
146	VH09-1	中细粒均质辉绿岩脉	西福尔丘陵	68°34′15″S, 78°01′51″E
147	VH09-2	含石榴变质辉绿岩脉	西福尔丘陵	68°34′15″S, 78°01′51″E
148	VH09-3	辉绿岩脉中裂隙充填石榴石	西福尔丘陵	68°34′15″S, 78°01′51″E
149	VH09-4	条带状长英质片麻岩	西福尔丘陵	68°34′15″S, 78°01′51″E
150	VH09-5	镁铁质麻粒岩	西福尔丘陵	68°34′15″S, 78°01′51″E
151	VH10-1	中细粒辉绿岩脉	西福尔丘陵	68°34′35″S, 78°01′51″E
152	VH10-2	含石榴细脉辉绿岩脉	西福尔丘陵	68°34′35″S, 78°01′51″E
153	VH10-3	含石榴细脉辉绿岩脉	西福尔丘陵	68°34′35″S, 78°01′51″E
154	VH10-4	石榴黑云斜长片麻岩	西福尔丘陵	68°34′38″S, 78°01′49″E
155	VH10-5	含石榴伟晶岩	西福尔丘陵	68°34′52″S, 78°01′45″E
156	VH10 6	片麻岩中的假玄武玻璃	西福尔丘陵	68°34′52″S, 78°01′45″E
157	VH11-1	条带状石榴黑云斜长片麻岩	西福尔丘陵	68°35′10″S, 78°01′24″E
158	VH11-2	石榴石岩	西福尔丘陵	68°35′10″S, 78°01′24″E
159	VH11-3	含石榴伟晶岩	西福尔丘陵	68°35′10″S, 78°01′24″E
160	VH11-4	石榴黑云斜长片麻岩	西福尔丘陵	68°35′12″S, 78°01′20″E
161	VH11-5	中粒斑状辉绿岩脉	西福尔丘陵	68°35′12″S, 78°01′20″E
162	VH11-6	含石榴石细脉辉绿岩脉	西福尔丘陵	68°35′12″S, 78°01′20″E
163	VH11-7	含石榴石细脉辉绿岩脉	西福尔丘陵	68°35′12″S, 78°01′20″E
164	VH11-8	含石榴石细脉辉绿岩脉	西福尔丘陵	68°35′12″S, 78°01′20″E
165	VH12-1	条带状含石榴黑云斜长片麻岩	西福尔丘陵	68°35′19″S, 78°01′18″E
166	VH12-2	含石榴伟晶岩	西福尔丘陵	68°35′19″S, 78°01′18″E

续表

序号	样号	岩性	采样位置	坐标
167	VH12-3	辉绿岩脉与片麻岩边界	西福尔丘陵	68°35′19″S, 78°01′18″E
168	VH12-4	密集斑点状变质辉绿岩脉	西福尔丘陵	68°35′19″S, 78°01′18″E
169	VH12-5	稀疏斑点状变质辉绿岩脉	西福尔丘陵	68°35′19″S, 78°01′18″E
170	VH12-6	稀少斑点状变质辉绿岩脉	西福尔丘陵	68°35′19″S, 78°01′18″E
171	VH12-7	稀疏斑点状变质辉绿岩脉	西福尔丘陵	68°35′19″S, 78°01′18″E
172	VH12-8	密集斑点状变质辉绿岩脉	西福尔丘陵	68°35′19″S, 78°01′18″E
173	VH12-9	辉绿岩脉与片麻岩边界	西福尔丘陵	68°35′19″S, 78°01′18″E
174	VH12-10	黑云斜长片麻岩	西福尔丘陵	68°35′19″S, 78°01′18″E
175	VH12-11	斑点状变质辉绿岩脉支脉	西福尔丘陵	68°35′19″S, 78°01′18″E
176	VH12-12	含石榴石细脉变质辉绿岩脉	西福尔丘陵	68°35′19″S, 78°01′18″E
177	VH12-13	含石榴石细脉变质辉绿岩脉	西福尔丘陵	68°35′19″S, 78°01′18″E
178	VH12-14	辉绿岩脉冷凝边	西福尔丘陵	68°35′19″S, 78°01′18″E
179	VH12-15	具冷凝边辉绿岩脉的中部	西福尔丘陵	68°35′19″S, 78°01′18″E
180	VH13-1	辉绿岩脉	西福尔丘陵	68°35′40″S, 78°00′43″E
181	VH13-2	含石榴石细脉辉绿岩脉	西福尔丘陵	68°35′40″S, 78°00′43″E
182	VH13-3	含石榴石细脉辉绿岩脉	西福尔丘陵	68°35′40″S, 78°00′43″E
183	VH13-4	条带状花岗质片麻岩	西福尔丘陵	68°35′40″S, 78°00′43″E
184	VH14-1	变质辉绿岩脉	西福尔丘陵	68°35′57″S, 77°59′51″E
185	VH14-2	含石榴石细脉辉绿岩脉	西福尔丘陵	68°35′57″S, 77°59′51″E
186	VH14-3	含石榴石细脉辉绿岩脉	西福尔丘陵	68°35′57″S, 77°59′51″E
187	VH14-4	黑云母花岗质片麻岩	西福尔丘陵	68°35′57″S, 77°59′52″E
188	VH14-5	含堇青石伟晶岩/伟晶岩	西福尔丘陵	68°35′57″S, 77°59′52″E
189	VH14-6	含堇青石伟晶岩/伟晶岩	西福尔丘陵	68°35′57″S, 77°59′52″E
190	VH14-7	斑点状和细脉状变质辉绿岩	西福尔丘陵	68°35′57″S, 77°59′52″E
191	VH15-1	均质变质辉绿岩脉	西福尔丘陵	68°36′45″S, 77°59′23″E
192	VH15-2	含石榴石细脉变质辉绿岩脉	西福尔丘陵	68°36′45″S, 77°59′23″E
193	VH15-3	稀少斑点状变质辉绿岩脉	西福尔丘陵	68°36′45″S, 77°59′23″E
194	VH15-4	密集斑点状变质辉绿岩脉	西福尔丘陵	68°36′45″S, 77°59′23″E
195	VH15-5	条带状花岗闪长质片麻岩	西福尔丘陵	68°36′45″S, 77°59′23″E
196	VH15-6	石榴黑云斜长片麻岩	西福尔丘陵	68°36′45″S, 77°59′23″E
197	VH15-7	粗粒石榴黑云斜长片麻岩	西福尔丘陵	68°36′45″S, 77°59′23″E
198	VH15-8	中细粒石榴黑云斜长片麻岩	西福尔丘陵	68°36′43″S, 77°59′26″E
199	VH16-1	含斑点变质辉绿岩脉	西福尔丘陵	68°36′57″S, 77°59′29″E
200	VH16-2	辉绿岩脉中宽石榴石富集条带	西福尔丘陵	68°36′57″S, 77°59′29″E
201	VH16-3	辉绿岩脉中宽石榴石富集条带	西福尔丘陵	68°36′57″S, 77°59′29″E
202	VH16-4	变质辉绿岩脉中的石榴石脉	西福尔丘陵	68°36′57″S, 77°59′29″E
203	VH16-5	密集斑点状变质辉绿岩脉	西福尔丘陵	68°36′57″S, 77°59′29″E
204	VH16-6	辉绿岩脉冷凝边	西福尔丘陵	68°36′57″S, 77°59′29″E
205	VH16-7	含石榴麻粒岩条带	西福尔丘陵	68°36′57″S, 77°59′29″E

续表

序号	样号	岩性	采样位置	坐标
206	VH16-8	中细粒长英质片麻岩	西福尔丘陵	68°36′57″S, 77°59′29″E
207	VH16-9	含石榴黑云斜长片麻岩	西福尔丘陵	68°36′57″S, 77°59′29″E
208	VH16-10	含石榴黑云斜长片麻岩	西福尔丘陵	68°36′57″S, 77°59′29″E
209	VH17-1	绿色变质超基性岩	西福尔丘陵	68°37′24″S, 77°59′10″E
210	VH17-2	灰白色伟晶岩脉	西福尔丘陵	68°37′24″S, 77°59′10″E
211	VH17-3	条带状石榴黑云斜长片麻岩	西福尔丘陵	68°37′24″S, 77°59′10″E
212	VH17-4	辉绿岩脉	西福尔丘陵	68°37′30″S, 77°59′02″E
213	VH17-5	斑点状变质辉绿岩脉	西福尔丘陵	68°37′30″S, 77°59′02″E
214	VH17-6	石榴黑云斜长片麻岩	西福尔丘陵	68°37′30″S, 77°59′02″E
215	VH17-7	粗粒石榴黑云斜长片麻岩	西福尔丘陵	68°37′30″S, 77°59′02″E
216	VH17-8	石榴二辉麻粒岩	西福尔丘陵	68°37′30″S, 77°59′02″E
217	VH17-9	石榴二辉麻粒岩	西福尔丘陵	68°37′30″S, 77°59′02″E
218	VH17-10	石榴二辉麻粒岩（1）	西福尔丘陵	68°37′30″S, 77°59′02″E
219	VH17-10	石榴二辉麻粒岩（2）	西福尔丘陵	68°37′30″S, 77°59′02″E
220	VH18-1	粗粒含石榴变质辉长岩	西福尔丘陵	68°38′18″S, 77°57′50″E
221	VH18-2	中粒含石榴变质辉长岩	西福尔丘陵	68°38′18″S, 77°57′50″E
222	VH18-3	细粒含石榴变质辉绿岩	西福尔丘陵	68°38′18″S, 77°57′50″E
223	VH18-4	石榴黑云斜长片麻岩	西福尔丘陵	68°38′18″S, 77°57′50″E
224	VH18-5	褐黄色花岗质片麻岩	西福尔丘陵	68°38′18″S, 77°57′50″E
225	VH18-6	绿色细粒变质超基性岩	西福尔丘陵	68°38′18″S, 77°57′50″E
226	VH18-7	片麻状变质辉长岩	西福尔丘陵	68°38′32″S, 77°57′43″E
227	VH18-8	肉红色伟晶岩脉	西福尔丘陵	68°38′32″S, 77°57′43″E
228	VH01-1C	糜棱岩	西福尔丘陵	68°31′07″S, 78°05′47″E
229	VH01-2C	糜棱岩	西福尔丘陵	68°31′07″S, 78°05′47″E
230	VH05-1C	辉绿岩	西福尔丘陵	68°32′39″S, 78°04′41″E
231	VH05-2C	糜棱岩	西福尔丘陵	68°32′39″S, 78°04′41″E
232	VH10-1C	糜棱岩	西福尔丘陵	68°34′35″S, 78°01′51″E
233	VH16-1C	片麻岩	西福尔丘陵	68°36′57″S, 77°59′29″E
234	VH18-1C	片麻岩	西福尔丘陵	68°38′18″S, 77°57′50″E
235	WI01-1	橄榄绿色绿帘石岩	温德米尔岛	66°14′43″S, 110°39′28″E
236	WI01-2	中粒花岗闪长岩	温德米尔岛	66°14′45″S, 110°39′23″E
237	WI01-3	条带状长英质片麻岩	温德米尔岛	66°14′50″S, 110°39′11″E
238	WI01-4	条带状长英质片麻岩	温德米尔岛	66°14′53″S, 110°38′55″E
239	WI01-5	条带状黑云斜长片麻岩	温德米尔岛	66°14′52″S, 110°38′35″E
240	WI01-6	石榴董青片麻岩	温德米尔岛	66°15′11″S, 110°37′42″E
241	WI01-7	条带状石榴石英岩	温德米尔岛	66°15′11″S, 110°37′42″E
242	WI02-1	灰白色中粒斑状黑云母花岗岩	温德米尔岛	66°15′44″S, 110°37′41″E
243	WI02-2	肉红色中粗粒黑云钾长花岗岩	温德米尔岛	66°15′44″S, 110°37′41″E
244	WI02-3	磁铁矿化伟晶岩	温德米尔岛	66°15′44″S, 110°37′41″E

续表

序号	样号	岩性	采样位置	坐标
245	WI02－4	条带状中粒花岗质片麻岩	温德米尔岛	66°15′45″S，110°37′40″E
246	WI02－5	均质镁铁质麻粒岩	温德米尔岛	66°16′01″S，110°37′23″E
247	WI02－6	均质二辉麻粒岩	温德米尔岛	66°16′01″S，110°37′23″E
248	WI02－7	灰白色斑状黑云母花岗岩	温德米尔岛	66°16′25″S，110°36′56″E
249	WI02－8	含石榴董青片麻岩	温德米尔岛	66°16′25″S，110°36′56″E
250	WI03－1	黄褐色中粗粒紫苏花岗岩	温德米尔岛	66°22′09″S，110°36′51″E
251	WI03－2	青灰色斑状捕虏体	温德米尔岛	66°22′09″S，110°36′51″E
252	WI04－1	灰白色中粗粒紫苏花岗岩	温德米尔岛	66°22′02″S，110°35′27″E
253	WI04－2	条带状石榴黑云斜长片麻岩	温德米尔岛	66°22′03″S，110°35′00″E
254	WI04－3	含石榴淡色片麻岩	温德米尔岛	66°22′03″S，110°35′00″E
255	WI05－1	灰白色中粗粒紫苏花岗岩	温德米尔岛	66°22′12″S，110°35′06″E
256	WI05－2	青灰色斑状捕虏体	温德米尔岛	66°22′12″S，110°35′06″E
257	WI06－1	黄褐色中粗粒紫苏花岗岩	温德米尔岛	66°22′19″S，110°36′05″E
258	WI06－2	镁铁质麻粒岩捕虏体	温德米尔岛	66°22′19″S，110°36′05″E
259	WI06－3	暗色含石榴片麻岩捕虏体	温德米尔岛	66°22′19″S，110°36′05″E
260	WI06－4	肉红色细粒花岗岩脉	温德米尔岛	66°22′22″S，110°36′15″E
261	WI07－1	条带状石榴石英岩	温德米尔岛	66°22′19″S，110°38′16″E
262	WI07－2	石榴黑云斜长片麻岩	温德米尔岛	66°22′19″S，110°38′16″E
263	WI07－3	条带状细粒黑云斜长片麻岩	温德米尔岛	66°22′26″S，110°38′37″E
264	WI08－1	石榴黑云斜长片麻岩	温德米尔岛	66°17′25″S，110°34′03″E
265	WI08－2	条带状含石榴混合岩	温德米尔岛	66°17′25″S，110°34′03″E
266	WI09－1	条带状含石榴混合岩	温德米尔岛	66°17′17″S，110°32′47″E
267	WI01－1C	砖石	温德米尔群岛	66°14′43″S，110°39′28″E
268	WI03－1C	紫苏花岗岩	温德米尔群岛	66°22′09″S，110°35′50″E
269	WI04－1C	紫苏花岗岩	温德米尔群岛	66°22′04″S，110°36′02″E
270	WI05－1C	片麻状花岗岩	温德米尔群岛	66°22′00″S，110°36′15″E
271	WI06－1C	初糜棱岩	温德米尔群岛	66°22′03″S，110°35′00″E
272	WI06－2C	紫苏花岗岩	温德米尔群岛	66°22′03″S，110°35′00″E
273	WI06－3C	含石榴石淡色花岗岩	温德米尔群岛	66°22′03″S，110°35′00″E
274	WI06－4C	含石榴石片麻岩	温德米尔群岛	66°22′03″S，110°35′00″E
275	WI07－1C	冰碛物	温德米尔群岛	66°22′19″S，110°38′16″E
276	WI07－2C	含黄铁矿角砾岩	温德米尔群岛	66°22′25″S，110°38′36″E
277	SI01－1	灰白色粗粒黑云母花岗岩	Sansom 岛	69°42′37″S，73°44′48″E
278	SI01－2	浅肉红色粗粒黑云母花岗岩	Sansom 岛	69°42′37″S，73°44′48″E
279	NC001L－1	煤层	北查尔斯王子山	70°32′59″S，68°13′39″E
280	NC001L－2	煤层	北查尔斯王子山	70°32′59″S，68°13′39″E
281	NC001L－3	煤层	北查尔斯王子山	70°32′59″S，68°13′39″E
282	NC001L－4	煤层中夹层泥岩（或凝灰岩）	北查尔斯王子山	70°32′59″S，68°13′39″E
283	NC002L	煤层	北查尔斯王子山	70°34′15″S，68°13′52″E

序号	样号	岩性	采样位置	坐标
284	NC003L	煤层	北查尔斯王子山	70°34′47″S, 68°13′32″E
285	NC005L	煤层	北查尔斯王子山	70°35′28″S, 68°11′50″E
286	NC006L－1	粗砂岩	北查尔斯王子山	70°35′35″S, 68°10′51″E
287	NC006L－2	铁质结核	北查尔斯工子山	70°35′35″S, 68°10′51″E
288	NC006L－3	含铁质结核粗砂岩	北查尔斯王子山	70°35′35″S, 68°10′51″E
289	NC006L－4	煤层	北查尔斯王子山	70°35′35″S, 68°10′51″E
290	NC006L－5	粗砂岩	北查尔斯王子山	70°35′35″S, 68°10′51″E
291	NC006L－6	含砾粗砂岩	北查尔斯王子山	70°35′35″S, 68°10′51″E
292	NC007L－1	含砾粗砂岩	北查尔斯王子山	70°37′02″S, 68°10′12″E
293	NC007L－2	铁质结核	北查尔斯王子山	70°37′02″S, 68°10′12″E
294	NC008L－1	中砂岩	北查尔斯王子山	70°36′51″S, 68°10′01″E
295	NC008L－2	铁质结核	北查尔斯王子山	70°36′51″S, 68°10′01″E
296	NC009L－1	细砾岩	北查尔斯王子山	70°36′41″S, 68°10′07″E
297	NC010L－1	中－细岩屑砂岩	北查尔斯王子山	70°36′30″S, 68°10′23″E
298	NC010L－2	粗砂岩	北查尔斯王子山	70°36′30″S, 68°10′23″E
299	NC010L－3	铁质结核	北查尔斯王子山	70°36′30″S, 68°10′23″E
300	NC011L	铁质结核	北查尔斯王子山	70°36′20″S, 68°10′23″E
301	NC012L－1	中－细砂岩	北查尔斯王子山	70°35′47″S, 68°10′48″E
302	NC012L－2	含砾粗砂岩	北查尔斯王子山	70°35′47″S, 68°10′48″E
303	NC013L－1	含砾粗砂岩	北查尔斯王子山	70°35′40″S, 68°11′01″E
304	NC013L－2	黄褐色粗砂岩	北查尔斯王子山	70°35′40″S, 68°11′01″E
305	NC013L－3	煤	北查尔斯王子山	70°35′40″S, 68°11′01″E
306	NC013L－4	煤	北查尔斯王子山	70°35′40″S, 68°11′01″E
307	NC014L－1	煤	北查尔斯王子山	70°50′40″S, 68°03′10″E
308	NC014L－2	粗砂岩	北查尔斯王子山	70°50′40″S, 68°03′10″E
309	NC015L－1	煤	北查尔斯王子山	70°50′35″S, 68°03′16″E
310	NC016L－1	中－细砂岩	北查尔斯王子山	70°50′16″S, 68°02′54″E
311	NC016L－2	煤	北查尔斯王子山	70°50′16″S, 68°02′54″E
312	NC017L－1	硅化木化石	北查尔斯王子山	70°49′57″S, 68°02′56″E
313	NC020L－1	粗砂岩	北查尔斯王子山	70°48′33″S, 68°06′46″E
314	NC020L－2	中细砂岩	北查尔斯王子山	70°48′33″S, 68°06′46″E
315	PM1－1	中－细岩屑砂岩	北查尔斯王子山	70°30′44″S, 68°15′35″E
316	PM1－2	中－细岩屑砂岩	北查尔斯王子山	70°30′44″S, 68°15′35″E
317	PM1－3	中－细岩屑砂岩	北查尔斯王子山	70°30′44″S, 68°15′35″E
318	PM02－1	细岩屑砂岩	北查尔斯王子山	70°30′48″S, 68°15′44″E
319	PM1－1	中－细岩屑砂岩	北查尔斯王子山	70°30′44″S, 68°15′35″E
320	PM1－2	中－细岩屑砂岩	北查尔斯王子山	70°30′44″S, 68°15′35″E
321	PM1－3	中－细岩屑砂岩	北查尔斯王子山	70°30′44″S, 68°15′35″E
322	PM02－1	细岩屑砂岩	北查尔斯王子山	70°30′49″S, 68°15′44″E

续表

序号	样号	岩性	采样位置	坐标
323	PM3 – 1	中 – 细岩屑砂岩	北查尔斯王子山	70°30′51″S, 68°15′48″E
324	PM3 – 2	中 – 细岩屑砂岩	北查尔斯王子山	70°30′51″S, 68°15′48″E
325	PM4 – 1	中 – 细岩屑砂岩	北查尔斯王子山	70°30′51″S, 68°15′52″E
326	PM4 – 2	细岩屑砂岩	北查尔斯王子山	70°30′51″S, 68°15′52″E
327	PM4 – 3	中 – 细岩屑砂岩	北查尔斯王子山	70°30′51″S, 68°15′52″E
328	PM4 – 4	中 – 细岩屑砂岩	北查尔斯王子山	70°30′51″S, 68°15′52″E
329	PM5 – 1	中 – 细岩屑砂岩	北查尔斯王子山	70°30′51″S, 68°15′54″E
330	PM5 – 2	中 – 细岩屑砂岩	北查尔斯王子山	70°30′51″S, 68°15′54″E
331	PM5 – 3	中 – 细岩屑砂岩	北查尔斯王子山	70°30′51″S, 68°15′54″E
332	PM5 – 4	中 – 细岩屑砂岩	北查尔斯王子山	70°30′51″S, 68°15′54″E
333	PM6	中 – 细岩屑砂岩	北查尔斯王子山	70°30′51″S, 68°15′54″E
334	PM7 – 1	中 – 细岩屑砂岩	北查尔斯王子山	70°30′51″S, 68°15′56″E
335	PM7 – 2	中 – 细岩屑砂岩	北查尔斯王子山	70°30′51″S, 68°15′56″E
336	PM7 – 3	中 – 细岩屑砂岩	北查尔斯王子山	70°30′51″S, 68°15′56″E
337	PM7 – 4	中 – 细岩屑砂岩	北查尔斯王子山	70°30′51″S, 68°15′56″E
338	PM7 – 5	中 – 细岩屑砂岩	北查尔斯王子山	70°30′51″S, 68°15′56″E
339	PM8 – 1	煤	北查尔斯王子山	70°48′01″S, 68°10′37″E
340	PM8 – 2	中 – 粗砂岩	北查尔斯王子山	70°48′01″S, 68°10′37″E
341	PM9 – 1	岩屑砂岩	北查尔斯王子山	70°48′01″S, 68°10′45″E
342	PM9 – 2	岩屑细砂岩	北查尔斯王子山	70°48′01″S, 68°10′45″E
343	PM9 – 3	岩屑细砂岩	北查尔斯王子山	70°48′01″S, 68°10′45″E
344	PM9 – 4	岩屑细砂岩	北查尔斯王子山	70°48′01″S, 68°10′45″E
345	PM9 – 5	岩屑细砂岩	北查尔斯王子山	70°48′01″S, 68°10′45″E
346	PM10 – 1	岩屑细砂岩	北查尔斯王子山	70°48′02″S, 68°10′49″E
347	PM10 – 2	岩屑细砂岩	北查尔斯王子山	70°48′02″S, 68°10′49″E
348	PM10 – 3	岩屑细砂岩	北查尔斯王子山	70°48′02″S, 68°10′49″E
349	PM10 – 4	岩屑细砂岩	北查尔斯王子山	70°48′02″S, 68°10′49″E
350	PM10 – 5	岩屑细砂岩	北查尔斯王子山	70°48′02″S, 68°10′49″E
351	PM10 – 6	岩屑细砂岩	北查尔斯王子山	70°48′02″S, 68°10′49″E
352	PM10 – 7	岩屑细砂岩	北查尔斯王子山	70°48′02″S, 68°10′49″E
353	PM10 – 8	岩屑细砂岩	北查尔斯王子山	70°48′02″S, 68°10′49″E
354	PM10 – 9	岩屑细砂岩	北查尔斯王子山	70°48′02″S, 68°10′49″E
355	PM10 – 10	岩屑细砂岩	北查尔斯王子山	70°48′02″S, 68°10′49″E
356	PM10 – 11	岩屑细砂岩	北查尔斯王子山	70°48′02″S, 68°10′49″E
357	PM10 – 12	岩屑细砂岩	北查尔斯王子山	70°48′02″S, 68°10′49″E
358	PM10 – 13	岩屑细砂岩	北查尔斯王子山	70°48′02″S, 68°10′49″E
359	PM10 – 14	岩屑细砂岩	北查尔斯王子山	70°48′02″S, 68°10′49″E
360	PM10 – 15	岩屑细砂岩	北查尔斯王子山	70°48′02″S, 68°10′49″E
361	PM10 – 16	岩屑细砂岩	北查尔斯王子山	70°48′02″S, 68°10′49″E

序号	样号	岩性	采样位置	坐标
362	PM10 – 17	岩屑细砂岩	北查尔斯王子山	70°48′02″S，68°10′49″E
363	PM10 – 18	岩屑细砂岩	北查尔斯王子山	70°48′02″S，68°10′49″E
364	PM10 – 19	岩屑细砂岩	北查尔斯王子山	70°48′02″S，68°10′49″E
365	PM10 – 20	岩屑细砂岩	北查尔斯王子山	70°48′02″S，68°10′49″E
366	PM10 – 21	岩屑细砂岩	北查尔斯王子山	70°48′02″S，68°10′49″E
367	PM10 – 22	岩屑细砂岩	北查尔斯王子山	70°48′02″S，68°10′49″E
368	PM10 – 23	岩屑细砂岩	北查尔斯王子山	70°48′02″S，68°10′49″E
369	PM10 – 24	岩屑细砂岩	北查尔斯王子山	70°48′02″S，68°10′49″E
370	PM10 – 25	岩屑细砂岩	北查尔斯王子山	70°48′02″S，68°10′49″E
371	PM10 – 26	岩屑细砂岩	北查尔斯王子山	70°48′02″S，68°10′49″E
372	PM10 – 27	岩屑细砂岩	北查尔斯王子山	70°48′02″S，68°10′49″E
373	PM10 – 28	岩屑细砂岩	北查尔斯王子山	70°48′02″S，68°10′49″E
374	PM10 – 29	岩屑细砂岩	北查尔斯王子山	70°48′02″S，68°10′49″E
375	PM10 – 30	岩屑细砂岩	北查尔斯王子山	70°48′02″S，68°10′49″E
376	PM11 – 1	煤	北查尔斯王子山	70°48′06″S，68°10′45″E
377	PM11 – 2	岩屑细砂岩	北查尔斯王子山	70°48′06″S，68°10′46″E
378	PM11 – 3	岩屑细砂岩	北查尔斯王子山	70°48′06″S，68°10′45″E
379	PM11 – 4	岩屑细砂岩	北查尔斯王子山	70°48′06″S，68°10′46″E
380	PM11 – 5	岩屑细砂岩	北查尔斯王子山	70°48′06″S，68°10′45″E
381	PM11 – 6	岩屑细砂岩	北查尔斯王子山	70°48′06″S，68°10′46″E
382	PM11 – 7	岩屑细砂岩	北查尔斯王子山	70°48′06″S，68°10′45″E
383	PM11 – 8	岩屑细砂岩	北查尔斯王子山	70°48′06″S，68°10′46″E
384	PM11 – 9	岩屑细砂岩	北查尔斯王子山	70°48′06″S，68°10′45″E
385	PM11 – 10	岩屑细砂岩	北查尔斯王子山	70°48′06″S，68°10′46″E
386	PM11 – 11	岩屑细砂岩	北查尔斯王子山	70°48′06″S，68°10′45″
387	PM11 – 12	土黄色中粗砂岩	北查尔斯王子山	70°48′06″S，68°10′46″E
388	AG01 – 1C	砂岩	北查尔斯王子山	70°37′06″S，68°10′13″E
389	AG01 – 2C	砂岩	北查尔斯王子山	70°37′04″S，68°10′12″E
390	AG02 – 1C	砂岩	北查尔斯王子山	70°37′02″S，68°10′10″E
391	AG03 – 1C	砂岩	北查尔斯王子山	70°36′58″S，68°10′08″E
392	AG04 – 1C	砂岩	北查尔斯王子山	70°35′35″S，68°10′51″E
393	AG04 – 2C	页岩	北查尔斯王子山	70°35′35″S，68°10′51″E
394	AG05 – 1C	砂岩	北查尔斯王子山	70°35′24″S，68°10′32″E
395	BF01	新生代沉积物	北查尔斯王子山	70°43′29″S，68°08′12″E
396	BF02	新生代沉积物	北查尔斯王子山	70°46′56″S，68°09′59″E
397	BF03	新生代沉积物	北查尔斯王子山	70°48′06″S，68°10′23″E
398	BF04	新生代沉积物	北查尔斯王子山	70°47′59″S，68°10′33″E
399	BF05	新生代沉积物	北查尔斯王子山	70°47′58″S，68°10′49″E
400	BF06	新生代沉积物	北查尔斯王子山	70°48′24″S，68°07′34″E
401	BF07	新生代沉积物	北查尔斯王子山	70°47′32″S，68°09′14″E

序号	样号	岩性	采样位置	坐标
402	BF08	新生代沉积物	北查尔斯王子山	70°48′02″S，68°10′07″E
403	BQ01	冰碛物	北查尔斯王子山	70°46′59″S，68°08′04″E
404	BQ02	冰碛物	北查尔斯王子山	70°47′45″S，68°09′39″E
405	BQ03	冰碛物	北查尔斯王子山	70°47′50″S，68°09′46″E

表4-6　第31次南极考察队南极半岛-南设得兰群岛考察样品采集一览表

序号	样号	岩性	采样位置	坐标
1	WA15-01-1	变质石英砂岩	迪罗克群岛	63°19′17″S，57°53′52″W
2	WA15-01-2	变质粉砂岩	迪罗克群岛	63°19′15″S，57°53′44″W
3	WA15-01-3	中基性岩脉	迪罗克群岛	63°19′15″S，57°53′51″W
4	WA15-03-1	玄武安山岩	铜矿半岛	62°22′33″S，59°42′41″W
5	WA15-04-1	辉绿岩	铜矿半岛	62°22′17″S，59°43′06″W
6	WA15-05-1	玄武安山岩	铜矿半岛	62°22′42″S，59°42′13″W
7	WA15-06-1	风化安山岩	铜矿半岛	62°22′41″S，59°42′01″W
8	WA15-07-1	砾岩	铜矿半岛	62°22′42″S，59°42′18″W
9	WA15-08-1	含辉石安山岩	铜矿半岛	62°22′48″S，59°42′11″W
10	WA15-08-2	含辉石安山岩	铜矿半岛	62°22′48″S，59°41′55″W
11	WA15-09-1	石英砂岩	赫德半岛	62°39′44″S，60°23′05″W
12	WA15-10-1	石英砂岩	赫德半岛	62°39′47″S，60°23′38″W
13	WA15-10-2	粉砂质板岩	赫德半岛	62°39′47″S，60°23′38″W
14	WA15-11-1	玄武岩	汉那角	62°38′48″S，60°35′59″W
15	WA15-12-1	玄武安山质火山角砾岩	汉那角	62°39′02″S，60°36′10″W
16	WA15-13-1	安山质火山角砾岩	汉那角	62°39′07″S，60°36′14″W
17	WA15-14-1	玄武安山岩	拜尔斯半岛	62°39′56″S，61°05′59″W
18	WA15-14-2	花岗岩砾石	拜尔斯半岛	62°39′56″S，61°05′59″W
19	WA15-14-3	花岗岩砾石	拜尔斯半岛	62°39′56″S，61°05′59″W
20	WA15-15-1	玄武岩	拜尔斯半岛	62°40′18″S，61°07′11″W
21	WA15-16-1	玄武岩	拜尔斯半岛	62°40′30″S，61°06′42″W
22	WA15-17-1	玄武岩	拜尔斯半岛	62°40′31″S，61°05′52″W
23	WA15-17-2	花岗闪长岩砾石（岩芯）	拜尔斯半岛	62°40′29″S，61°05′52″W
24	WA15-17-3	花岗闪长岩砾石	拜尔斯半岛	62°40′30″S，61°05′45″W
25	WA15-18-1	玄武岩	拜尔斯半岛	62°39′43″S，61°05′20″W
26	WA15-19-1	玄武安山岩	拜尔斯半岛	62°40′10″S，61°08′11″W
27	WA15-20-1	砾岩	拜尔斯半岛	62°40′03″S，61°08′11″W
28	WA15-21-1	凝灰岩	拜尔斯半岛	62°39′39″S，61°06′22″W
29	WA15-22-1	凝灰岩	拜尔斯半岛	62°39′25″S，61°06′51″W
30	WA15-23-1	花岗闪长岩	帕默半岛	64°46′20″S，64°05′14″W
31	WA15-23-2	闪长玢岩脉	帕默半岛	64°46′17″S，64°05′16″W
32	WA15-24-1	闪长玢岩脉	帕默半岛	64°46′11″S，64°05′23″W

续表

序号	样号	岩性	采样位置	坐标
33	WA15-24-2	花岗闪长岩	帕默半岛	64°46′11″S，64°05′23″W
34	WA15-24-3	闪长质俘房体（量少）	帕默半岛	64°46′11″S，64°05′23″W
35	WA15-24-4	接触带绿帘石化蚀变岩	帕默半岛	64°46′11″S，64°05′23″W
36	WA15-24-5	接触带变形花岗闪长岩（小块）	帕默半岛	64°46′11″S，64°05′23″W
37	WA15-25-1	花岗闪长岩	帕默半岛	64°46′16″S，64°05′16″W
38	WA15-26-1	闪长玢岩脉	帕默半岛	64°46′11″S，64°05′22″W
39	WA15-26-2	岩脉边界处变形花岗闪长岩	帕默半岛	64°46′11″S，64°05′22″W
40	WA15-27-1	花岗闪长岩	智利耶尔乔站	64°52′34″S，63°35′02″W
41	WA15-27-2	闪长质微细粒俘房体	智利耶尔乔站	64°52′34″S，63°35′02″W
42	WA15-27-3	闪长质俘房体	智利耶尔乔站	64°52′34″S，63°35′02″W
43	WA15-27-4	闪长玢岩脉	智利耶尔乔站	64°52′34″S，63°35′02″W
44	WA15-27-5	片理化岩脉（火山岩？）	智利耶尔乔站	64°52′34″S，63°35′02″W
45	WA15-28-1	花岗闪长岩	智利耶尔乔站	64°52′35″S，63°35′10″W
46	WA15-28-2	闪长质微细粒俘房体（量少）	智利耶尔乔站	64°52′35″S，63°35′10″W
47	WA15-29-1	花岗闪长岩	智利耶尔乔站	64°52′39″S，63°35′12″W
48	WA15-29-2	闪长质微细粒俘房体	智利耶尔乔站	64°52′39″S，63°35′12″W
49	WA15-30-1	花岗闪长岩与岩脉接触带	智利耶尔乔站	64°52′39″S，63°35′12″W
50	WA15-31-1	花岗闪长岩	智力魏地拉站	64°49′27″S，62°51′25″W
51	WA15-32-1	砂岩（砾岩中夹层）	天堂湾智利站	64°49′31″S，62°51′25″W
52	WA15-32-2	闪长玢岩	天堂湾智利站	64°49′31″S，62°51′25″W
53	WA15-32-3	闪长玢岩（1小块）	天堂湾智利站	64°49′31″S，62°51′25″W
54	WA15-33-1	变粉砂岩	天堂湾智利站	64°49′23″S，62°51′26″W
55	WA15-33-2	变石英砂岩	天堂湾智利站	64°49′23″S，62°51′26″W
56	WA15-33-3	基性火山岩（岩脉？）	天堂湾智利站	64°49′25″S，62°51′27″W
57	WA15-33-4	花岗闪长岩	天堂湾智利站	64°49′25″S，62°51′27″W
58	WA15-34-1	闪长玢岩	天堂湾智利站	64°49′30″S，62°51′20″W
59	WA15-GW	强变形混合岩化板岩（基底？）	长城站	62°13′01″S，58°57′41″W
60	WAS15-1-27-01	玄武岩	海军湾	62°09′32″S，58°27′55″W
61	WAS15-1-27-02	玄武岩	海军湾	62°09′32″S，58°27′55″W
62	XNJ01-1	砂岩	赫德半岛	63°19′30″S，57°53′49″W
63	XNJ01-2	砂岩	赫德半岛	63°19′30″S，57°53′49″W
64	XNJTK01-1	玄武岩	铜矿半岛	62°22′30″S，59°42′56″W
65	XNJTK01-2	玄武岩	铜矿半岛	62°22′35″S，59°42′31″W
66	WAS15-1-26-01	蓝片岩	史密斯岛	62°52′29″S，62°19′13″W
67	WAS15-1-26-01	蓝片岩（构造定向样）	史密斯岛	62°52′29″S，62°19′13″W
68	WAS15-1-26-02	蓝片岩	史密斯岛	62°52′29″S，62°19′13″W
69	WAS15-1-26-02	蓝片岩（构造定向样）	史密斯岛	62°52′29″S，62°19′13″W
70	WAS15-1-26-03	蓝片岩	史密斯岛	62°52′29″S，62°19′13″W
71	WAS15-1-26-04	蓝片岩	史密斯岛	62°52′29″S，62°19′13″W
72	WAS15-1-26-05	蓝片岩	史密斯岛	62°52′29″S，62°19′13″W
73	WAS15-1-26-05	蓝片岩（构造定向样）	史密斯岛	62°52′29″S，62°19′13″W
74	WAS15-1-26-06	蓝片岩	史密斯岛	62°52′29″S，62°19′13″W
75	WAS15-1-26-07	蓝片岩	史密斯岛	62°52′29″S，62°19′13″W

续表

序号	样号	岩性	采样位置	坐标
76	WAS15 – 1 – 26 – 08	蓝片岩	史密斯岛	62°52′29″S, 62°19′13″W
77	WAS15 – 1 – 26 – 08	蓝片岩（构造定向样）	史密斯岛	62°52′29″S, 62°19′13″W
78	WAS15 – 1 – 26 – 09	蓝片岩	史密斯岛	62°52′29″S, 62°19′13″W
79	WAS15 – 1 – 26 – 09	蓝片岩（构造定向样）	史密斯岛	62°52′29″S, 62°19′13″W
80	WAS15 – 1 – 26 – 10	蓝片岩	史密斯岛	62°52′29″S, 62°19′13″W
81	WAS15 – 1 – 26 – 10	蓝片岩（构造定向样）	史密斯岛	62°52′29″S, 62°19′13″W
82	WAS15 – 1 – 26 – 11	蓝片岩	史密斯岛	62°52′29″S, 62°19′13″W

4.3　获取的主要数据

本专题获取的主要数据包括：①低温宽频微地震台站观测数据；②同位素年代学分析数据；③元素和同位素地球化学分析（包括成矿元素分析）数据；④电子探针分析数据；⑤沉积环境分析数据。这些数据经处理后均作为列表体现在第 5 章的研究成果中，这里不再重复列表。值得指出的是，考虑到样品测试和综合研究的周期，本报告中的绝大部分分析测试数据都来自于以前历次南极考察所获取的样品，新采集的样品不仅不能在当年获得测试结果，有时甚至会推迟 1~2 年才能测试和发表。所以，在专题执行期间新获取样品的测试分析和研究只有少部分体现在本报告中，而绝大多数样品是未来开展持续研究的主要对象。

4.4　质量控制与监督管理

本专题南极地质研究团队在中国南极长城站 1984 年建立之后就开始南极地质考察，30年来一直没有间断，具有较好的前期研究基础。通过本专题的实施，我们考察了研究区内的绝大部分露岩区域，并已获得足够的研究样品，为本专题的研究打下了良好的基础。为确保本项调查和研究工作取得高水平成果，本专题还邀请了长期从事南极地质研究工作的有关专家（如李廷栋院士、陈廷愚研究员等）指导工作，对遇到的疑难地质问题进行联合"会诊"，并开展专题讨论会。同时，与国外从事南极研究的地质学家（如英国 Simon Harley 教授、澳大利亚 Ian Fitzsimons 教授等）密切合作，就有关问题共同协商、讨论和解决。

实行专题负责人和课题负责人二级负责制，各学科研究分工合作。专题负责人负责专题的组织、实施和成果管理工作，负责组织专题内部质量监控、日常管理与野外期间的后勤和安全保障等工作，以及专题年度设计审查、成果评审、验收等。专家顾问指导、监督本专题的各项调查与研究工作，并为专题提供咨询和建议。本专题由长期从事南极研究的科研集体组成，专业结构合理，团结合作，人员精干，业务水平高，可以保证专题的顺利实施和获得高水平的研究成果。

地震观测数据一方面来自于从国外购买的低温宽频地震仪，所获取的数据已得到国际同行的认可和交换；另一方面直接来自于国外地震台站，这是目前覆盖南极大陆最好的地震观测数据。在数据处理方面，我们使用了自主开发并在国际核心杂志发表，已得到国际同行认可的方法，获得的结果可靠。

我国目前地质学研究领域的主要仪器设备已处于国际先进水平，包括锆石／独居石／金红石／榍石 U – Pb 分析、Lu – Hf 和 Sm – Nd 同位素分析、$^{40}Ar/^{39}Ar$ 同位素分析、元素地球化学分析以及电子探针分析等，其标样均来自于国外，可以保证获得达到国际水准的高精度分析数据。因此，本专题除部分宇宙核素暴露年龄的测试外，其他所有测试分析工作均在国内具有较高标准的实验室完成。专题组主要成员均能熟练操作这些仪器设备，并与相关单位建立了长期的合作关系。此外，借助于国际合作，我们也在国外实验室完成了部分分析测试工作（如宇宙核素暴露年龄测定）。

4.5　数据的总体评价

本专题所获得的各种测试分析数据均来自于国内顶尖实验室，如锆石／金红石／榍石的 U – Pb 定年主要有北京离子探针中心（SHRIMP Ⅱ）、中国科学院地质与地球物理研究所离子探针实验室（CAMECA – SIMS）和中国地质大学（武汉）成矿作用与成矿过程国家重点实验室［LA –（MC）– ICP – MS］完成；Ar – Ar 同位素定年和 Sr – Nd 同位素分析在中国地质科学院地质研究所同位素实验室完成；主量、微量和稀土元素分析在国家地质实验测试中心完成；电子探针分析在北京大学和中国地质科学院矿产资源研究所电子探针实验室完成等。大部分的分析数据已通过国际同行专家的评审而在国际 SCI 杂志上发表。因此，本专题所获得的测试分析数据都是高精度的，均可在国际上发表。

第5章　主要分析与研究成果

5.1　南极大陆深部结构研究

5.1.1　南极中山站—昆仑站沿线地壳结构

5.1.1.1　引言

在中生代伴随着岗瓦纳大陆的裂解，东南极与非洲、印度和澳大利亚等大陆相继分开；但是除了兰伯特裂谷曾在古生代晚期发生了扩张活动（Harrowfield et al. ，2005；Phillips et al. ，2009）外，整个东南极大陆内部多数区域在显生宙鲜有构造活动。对南极大陆地壳的研究有助于人们深入认识岗瓦纳大陆的形成和裂解等地球演化基础问题。由于南极大陆99%以上区域被数千米厚的冰雪所覆盖（Fretwell et al. ，2013），这些冰雪阻碍了人们对冰层覆盖之下岩石进行直接分析，此时地球物理学方法就成了对南极内陆进行固体地球科学研究的最重要手段。由于南极内陆自然条件极为恶劣，地面工作难度大、代价高，因此人们对南极内陆尤其是东南极内陆的探测研究甚少，甚至在2007年以前对位于东南极核心区域的甘伯采夫山脉及周边从来没有进行过地震学探测研究，使得人们对其深部结构没有任何可靠信息，因此对南极甘布尔采夫山脉地区实施的国际综合探测计划（AGAP，2007—2010）就理所当然地成了第四个国际极地年（2007/2008年）间对南极大陆研究的重点工作。

第四个国际极地年开始的AGAP综合探测工作中，在东南极实施的GAMSEIS（2007—2010年）天然地震探测计划是对东南极内陆的最大规模的深部探测工作。在该计划中，在甘伯采夫山脉及周边部署低温甚宽频天然地震观测台，并进行为期数年的观测；然后利用记录的天然地震观测数据对深部结构进行反演研究。中国方面执行的从中山站至昆仑站（或称Dome A）间部署天然地震观测台进行深部结构探测的工作是GAMSEIS计划的一部分，也是国际极地年期间我国PANDA计划及后续极地专项研究的一部分。从2007/2008年开始至2013年，中国方面相继在中山站—昆仑站之间安装了8个地震台站（见图5-1），获得了宝贵的南极内陆天然地震观测数据。

地壳底界面（也称Moho不连续面）是100多年前由Mohorovičić等（1909）在研究天然地震观测时发现的，地壳厚度是反映一个地区地壳性质和大地构造环境的最基本的参数。在国际极地年之前，国外利用各种方法对南极大陆边缘部分区域的地壳厚度进行了研究（Baranov，Morelli，2013）。在各种探测地壳厚度的方法中，从天然地震观测中提取台站接收函数（Langston，1979）方法简单，且接收函数与速度间断面具有直接的关系，因此接收函数分析

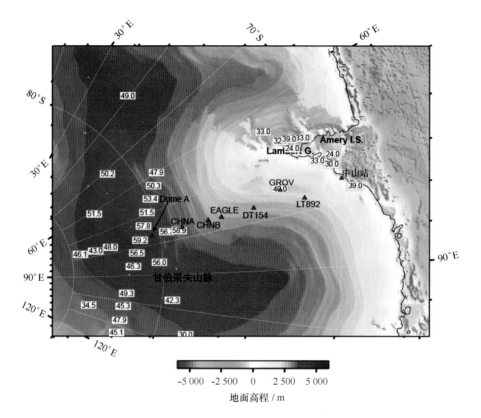

图 5 - 1 地震台站地理位置图

图中蓝色三角为中国地震台站。方框内标注的数字为已发表地壳厚度值，
该数值来自于 An 等（2013）所列部分参考文献

已经被广泛应用于对地壳和上地幔间断面的研究当中，也被应用到对南极大陆一些地区地壳厚度的研究（Winberry，Anandakrishnan，2004；Bayer et al.，2009）。

　　按照中美之间天然地震合作研究协议，中国方面负责对中美在东南极部署的所有台站记录的远震面波群速度的分析（An et al.，2013），而美国方面负责对这些台站接收函数的分析工作。在获得多数 GAMSEIS 台站观测数据后，美国方面很快对观测质量好的台站进行了接收函数分析并获取了相关台站下的地壳厚度分布（Hansen et al.，2009，2010），图 5 - 1 中在甘伯采夫山脉及其周边区域的方框内所标注的数值即所得到的地壳厚度值。但由于中国在南极内陆部署的地震台站工作时间较短且部分台站数据质量较差，美国方面一直没有对中国地震台站的接收函数进行分析。

　　中国方面执行的天然地震探测的区域是从南极最高点（昆仑站，或称 Dome A）到兰伯特裂谷（图 5 - 1 中兰伯特冰川区域）的边缘区域。在整个东南极克拉通中，兰伯特裂谷曾在古生代晚期发生扩张活动，因此该区域在南极大陆研究中具有典型的代表性，但多数区域的地壳结构信息仍是空白。本文将对中国在中山站至昆仑站之间安装的地震台站接收函数进行分析，并介绍所获得的地壳厚度分布。

5.1.1.2　数据及分析方法

1）数据

本文对沿中山站—昆仑站之间的中国地震台站进行了 S 波接收函数分析，并获得了沿线地壳厚度分布。这里所使用数据来自于从第四个国际极地年（2007/2008 年）开始到 2013 年之间由中国内陆科考队沿中山站—昆仑站一线安装的 8 个低温甚宽频地震台站，台站分布见图 5 - 1。所有台站均使用了低温型 CMG - 3T 甚宽频探头和低温型 CMG - DM24&CMG - DCM 记录仪，并由太阳能供电。除中山站外，其余 7 个地震台站均安装在冰面上，且昆仑站和靠近昆仑站的台站处于极夜时间较长且极低温的环境，观测条件相对恶劣，台站故障率高。由于中国方面没有采取太阳能供电之外的其他特殊方法保障极夜供电，使得这些台站每年有效数据量较少，甚至不足 1 个月。图 5 - 2 显示了各个台站在整个部署期间的工作时间段，其中的 ZHSH 为中山站地震台。由于多数台站观测数据较少，且多数位置从未有天然地震观测，更凸显这些数据的宝贵。另外，由于 GROV 台安装后，中国科考队在当年返程时提取了数据，但该期间没有记录到有效的地震事件波形。之后至 2013 年初中国科考队未再到该区域，故未提取后期数据，所以本文只介绍除 GROV 台之外的其他 7 个台站的接收函数分析结果。

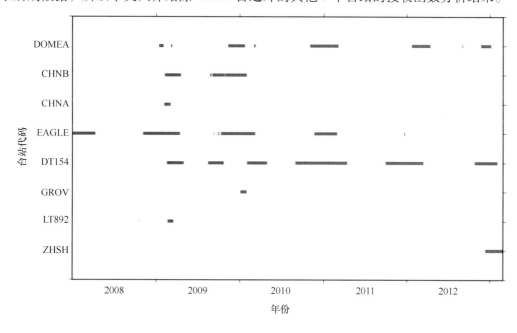

图 5 - 2　台站工作甘特图

2）接收函数分析方法

接收函数是利用地震记录三分量提取到的反映接收点下方深部结构的波形（Langston，1979）。虽然 P 波接收函数是获取高精度地壳厚度的最佳方法，但由于所有东南极内陆地震台都安装在厚约 1 ~ 3 km 的冰层之上，冰层的多次波与 P 波在 Moho 的转换波（Pms 或 Ps）重叠降低了利用 P 波接收函数获取地壳厚度的可靠性。相对而言，S 波在 Moho 的转换波（Smp 或 Sp）在 S 波接收函数中却能很容易被识别，这主要是因为 Sp 转换波先于直达 S 波到达台站，而所有冰层多次波却晚于直达 S 波到达台站。所以对于冰上地震台站，利用 S 波接收函数所获得的地壳结构比 P 波接收函数更加可靠（Hansen et al.，2009）。因此，本文将利用 S 波接收函数方法获取中山站至昆仑站沿线区域的地壳厚度分布。

我们首先从所有连续地震观测记录中挑选并截取了震中距在 55°—85°S 之间、震级大于 5.5 级的地震事件波形，从中选取了 142 个信噪比高的地震事件波形（震中分布如图 5 - 3 所示）。然后对选取的地震数据进行从垂直—南北—东西（ZNE）坐标系统到垂直—径向—切向（ZRT）的坐标系统的旋转。最后利用时间域迭代法（Ligorria，Ammon，1999）求取了径向分量对垂直分量的反卷积，即 S 波接收函数。为了使 S 波接收函数看起来与常规的 P 波接收函数更相似，我们将 S 波接收函数的时间轴和振幅轴都进行了颠倒，使得 S 波的转换震相振幅和延迟时间均为正。图 5 - 4 显示了 EAGLE 和 DOMEA 两个台站的 S 波接收函数。图 5 - 4a 或图 5 - 4b 子图中的接收函数按后方位角（back - azimuth）顺序进行排列，图顶部显示了该台站所有接收函数的叠加。无论是单个接收函数还是叠加之后的接收函数都显示出明显的在 Moho 界面转换波 Sp 震相。

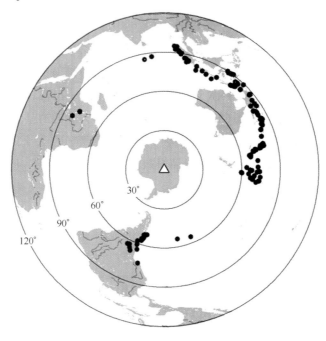

图 5 - 3　震中分布图

黑点所示

为了提高信噪比，对于每个地震台站，我们在反演地壳厚度过程中使用了把所有接收函数叠加在一起后的接收函数。按照从低纬度（中山站）到高纬度（昆仑站）的顺序，各地震台叠加后的接收函数显示在图 5 - 5 中。图中横轴表示 Sp 震相相对于直达 S 波的延迟时间，左侧纵轴标注了台站名，右侧纵轴标注表示叠加所使用的 S 波接收函数条数。对于每个台，右侧标注使用接收函数条数越大，表明接收函数叠加越可靠；反之数字越小，可靠性越差。从图 5 - 5 可以看出，从中山站（ZHSH）到 EAGLE 台的 Sp 震相延迟时间是逐渐增加的，然后从 EAGLE 台到 CHNA 台的 Sp 震相延迟时间又逐渐减少，最后到昆仑站（DOMEA）Sp 延迟时间重新增加。由此可以判断地壳厚度从中山站到 EAGLE 逐渐增厚然后减薄，到昆仑站又重新增厚。

　　3）地壳厚度反演方法

　　我们采用了 Hansen 等（2009）使用的利用枚举法通过拟合面波频散和 Sp 延迟时间共同确定地壳厚度的反演思过程路。在这个反演过程中，地壳厚度和平均地壳横波速度为未知量，故需要对所有可能的地壳厚度和平均地壳横波速度进行正演计算，获得一个 Sp 延迟时间和台站下方的瑞雷波群速度频散，然后把这两者计算值与相应观测值进行对比，并求出拟合误差。把对面波频散曲线和 Sp 延迟时间拟合误差较小的模型选为可接受模型，所有可接受模型的地

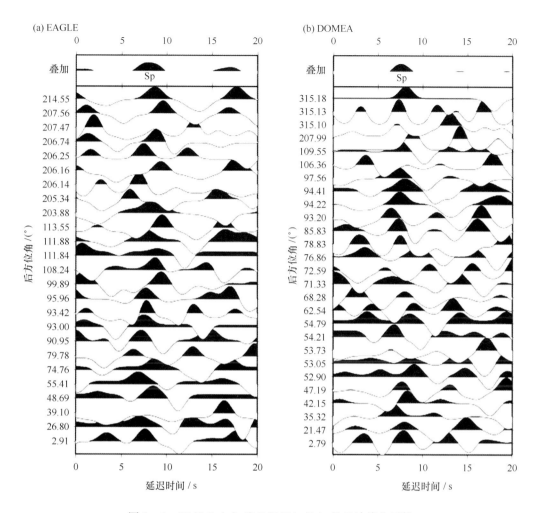

图 5 - 4　EAGLE（a）和 DOMEA（b）的 S 波接收函数

壳厚度平均值即为最终地壳厚度值。在正演计算中，所有模型均包含 4 层：冰层，厚度相等的上下地壳和上地幔。除中山站地震台（ZHSH）外，其他台站下方的冰层厚度值取自于 Bedmap2 模型（Fretwell et al.，2013），该模型包含了第四个国际极地年以来的尤其是昆仑站及周边区域国际联合工作的最新冰盖探测成果。冰层厚度在模拟过程中固定不变，Moho 深度在 30 km 和 65 km 之间以 1 km 间隔变化。与 Hansen 等（2010）一样，本文把冰层和上地幔的横波速度分别固定为 1.9 km/s 和 4.5 km/s；上下地壳的横波速度均在 3.4 km/s 和 3.9 km/s 之间以 0.05 km/s 间隔变化；所有模型中冰层、地壳和地幔的泊松比都被分别固定为 0.33、0.25 和 0.28。

　　由于以上计算需要同时拟合面波频散曲线和 Sp 延迟时间，所以这个反演实际是一个多目标反演问题（An，Assumpcão，2004）。在多目标反演中，对任何一个观测的拟合达到最优的模型往往都被认为是好的模型。为此，与 Hansen 等（2009）采用的先后对两种观测误差分别给定可接受拟合误差的选取原则不同，本文选用了把两种观测拟合误差的加权和作为评估模型优劣的原则。在对一种观测拟合良好的情况下，使用拟合误差加权和既有利于保留对其他观测拟合较差的模型，也有利于抛弃那些对其他观测拟合极差的模型。另外，使用拟合误差加权和有利于抛弃那些对单个观测拟合误差可接受，但又都不最优的模型。图 5 - 6 显示了所有可能模型（黑圈）对 DOMEA 台的面波频散（横轴）和 Sp 延迟时间（纵轴）的拟合情况。

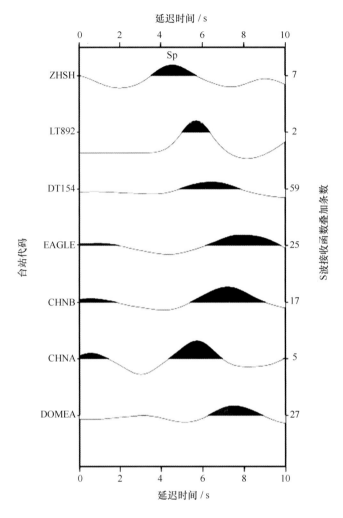

图 5 - 5　各台叠加后的 S 波接收函数

其中红点显示了利用两种拟合误差的加权和选取的可接受模型，可见这些模型同时具有较小的面波拟合误差和（或）Sp 延迟时间拟合误差。其中观测 Sp 延迟时间来自于本文的 S 波接收函数，周期从 10 ~ 200 s 之间的瑞雷波群速度来自于南极大陆面波层析成像（An et al.，2013）（图 5 - 7）。

5.1.1.3　地壳结构和 Moho 的变化

对每个台站的可接受模型（图 5 - 6 中红点所示）进行平均得到了反映该台下方的平均横波速度剖面和地壳厚度。图 5 - 8 显示了中山站到昆仑站之间 7 个台站下方的平均横波速度剖面，图 5 - 9 和表 5 - 1 显示了各台下的地壳厚度。除了中山站台（ZHSH）外，表 5 - 1 所列其他台站下冰厚来自于 Bedmap2。图 5 - 8 和表 5 - 1 显示，大陆边缘的中山站下的地壳厚度最薄，约 38 km。昆仑站（DOMEA）的地壳厚度最厚，达到 62 km。从中山站到 CHNB 台，地壳厚度逐渐增加至 58 km，随后又于 CHNA 台站下方减薄至 47 km。这个变化趋势说明了从中山站至 CHNB 之间构造相对稳定，而 CHNA 附近与低纬度区域构造变化较大。从冰下地形（图 5 - 9）变化来看，中山站至 CHNB 之间的似乎位于一个地貌单元，而 CHNA 却处于另一个地貌单元。故这里的地壳厚度应该是可靠的，且地壳厚度的变化明显反映了构造的变化。

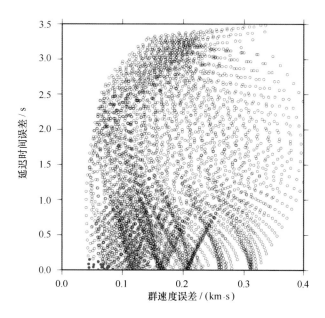

图 5-6 DOMEA 台所有可能模型对面波群速度频散曲线和 Sp 延迟时间的拟合误差
图中红点为可接受模型

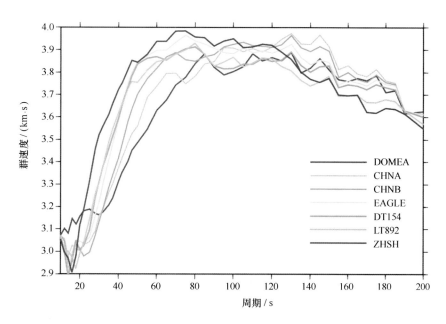

图 5-7 各台站下方瑞雷面波群速度频散曲线

表 5-1 中山站到昆仑站中国地震台下地壳的厚度

台站名	纬度（S）	经度（E）	高程（m）	冰厚（m）	地壳厚度（km）
ZHSH	-69.374 7	76.372 7	26	0	38.3
LT892	-71.670 8	77.767 0	2 230	1 807	45.7
DT154	-74.582 4	77.025 7	2 718	1 805	49.3
EAGLE	-76.415 4	77.044 8	2 833	2 864	58.4

台站名	纬度（S）	经度（E）	高程（m）	冰厚（m）	地壳厚度（km）
CHNB	−77.174 4	76.976 0	2 960	2 808	57.5
CHNA	−78.677 0	77.013 0	3 530	1 528	46.8
DOMEA	−80.422 0	77.104 7	4 091	2 446	61.6

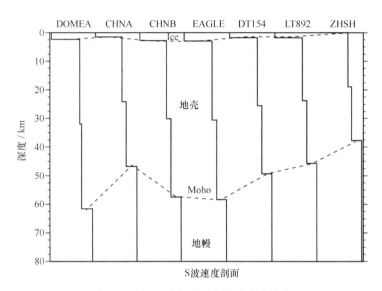

图 5 - 8　各地震台下地壳横波速度分布

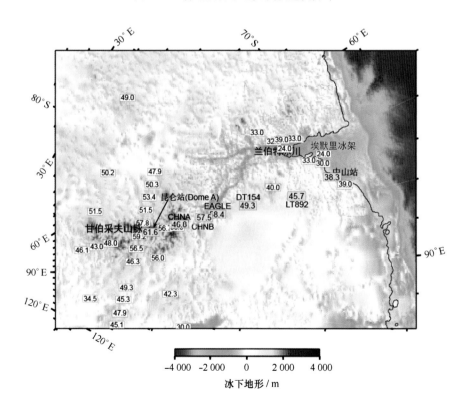

图 5 - 9　中国地震台下地壳厚度（黄色填充黑框中数字）

黑框黄色背景内标注的是中国地震台站下地壳厚度

昆仑站（Dome A）是南极冰层地形最高点，也是南极大陆地壳最厚的地方（An et al., 2013）。这里得到的 Dome A 之下的地壳厚度为 62 km。东南极基本为稳定的克拉通，但昆仑站之下地壳厚度远远超过其他大陆克拉通的地壳厚度，却与青藏高原或安第斯山等碰撞俯冲造山带的地壳厚度基本接近，故此可推测，昆仑站之下的地壳应该是俯冲或碰撞所形成的。但由于现今东南极为在显生宙长时间稳定，故昆仑站之下地壳形成之后未经明显改造，古老的造山带地壳根才得以保留至今。

在距昆仑站约 200 km 的 CHNA 下的地壳厚度（46.8 km）却明显比昆仑站下地壳偏薄，同时也比 30 km 之外的美国地震台 P124（参见图 5 - 1 中 CHNA 附近标注地壳厚度为 57.5 km 的位置）明显偏薄。这有可能由于 CHNA 台有效数据较少，其结果可靠性偏低。但如果昆仑站及甘伯采夫山脉是碰撞造山的话，那么昆仑站附近区域的地壳结构侧向变化应该较大，数十千米之外区域的地壳出现明显变化是可能的，即 CHNA 下地壳薄也是合理的。另外，CHNA 和 CHNB 之间存在一个明显的沟谷基岩地形。一般来说，沟谷地貌暗示着其下面或其附近地壳结构与周围可能不同，这从一个侧面也支持 CHNA 地壳与周围明显不同。如果 CHNA 地壳明显偏薄的话，这可以说明甘伯采夫山脉地壳侧向变化较大，即其形成时的所遭受的构造作用较复杂。

从图 5 - 8 和表 5 - 1 还可以看出，地壳厚度的横向变化趋势与各台站下方的冰层厚度有较好的对应关系：地壳最薄的中山站的冰层厚度几乎为零；地壳最厚的昆仑站下方的冰层厚度厚达 2 km；而其间的 CHNA 具有较薄的地壳厚度，其冰层厚度也相对较薄。冰层厚度的变化直接对应了冰下地形或基岩表面形态的变化；而在其他大陆，基岩表面形态（即常说的地形地貌）的变化直接与地壳结构和构造有关。因此，在冰层覆盖地区，地壳厚度与冰层厚度的相关性体现了基岩地形地貌与地壳构造间的相关性。

5.1.1.4　小结

第四个国际极地年开始后，国际上在东南极实施了大规模的利用天然地震观测对深部结构的探测工作。中国方面执行的从中山站至昆仑站（或称 Dome A）间部署天然地震观测台进行深部结构探测的工作是国际联合工作的一部分，也是国际极地年期间我国 PANDA 计划以及后续极地专项研究的一部分。从 2007/2008 年开始至 2013 年，中国方面相继在中山站 - 昆仑站之间安装了 8 个低温甚宽频地震台站。这里对其中 7 个天然地震台数据的分析，获得了从甘伯采夫山脉最高点（Dome A）至中山站的地壳厚度分布。

随着纬度的升高，地壳厚度由大陆边缘的中山站下的约 38 km 逐渐增加至 CHNB 台下的 58 km，随后又于 CHNA 台站下方减薄至 47 km，然后又快速增大到昆仑站（Dome A）下的 62 km。这个变化说明了从中山站至 CHNB 之间构造相对均匀。昆仑站（Dome A）不但是从中山站到昆仑站间地壳最厚的地方，也是南极大陆地壳最厚的地方，甚至是各克拉通地区地壳最厚的地区。地壳构造和地壳厚度的变化总能在地貌变化上有一定的反映，中山站至昆仑站之间地壳厚度的变化与冰下地貌变化存在明显的相关性，这从一个侧面说明了地壳厚度是可靠的，且地壳厚度的变化明显反映了构造的变化。

东南极为稳定的克拉通，但本文得到的 Dome A 之下的地壳厚度（62 km）比其他大陆克拉通的地壳厚度厚，与青藏高原或安第斯山等碰撞俯冲造山带的地壳厚度基本接近，故此可推测，昆仑站之下的地壳应该是俯冲或碰撞所形成的，且古老的造山带地壳根保留至今。在距昆仑站约 200 km 的 CHNA 下的地壳厚度却明显比昆仑站下地壳偏薄,同时也比 30 km 之外的美国地震台 P124 明显薄。这可能说明了甘伯采夫山脉地壳侧向变化较大,即其形成时所遭受的构造作用较复杂。

5.1.2 南极大陆三维地壳和岩石圈结构

5.1.2.1 通用模型空间分辨率定量评估新方法

在大范围或包含极地等高纬度地区的层析成像中,利用常规经纬度进行模型网格划分会导致网格大小明显不同,从而使模型参数即使在相同数据覆盖情况下也会有不同的分辨率。为此项目组开发了基于不规则形状的等面积网格层析成像方法。图 5 - 10 是层析成像等面积网格及一条地震射线路径的实例。

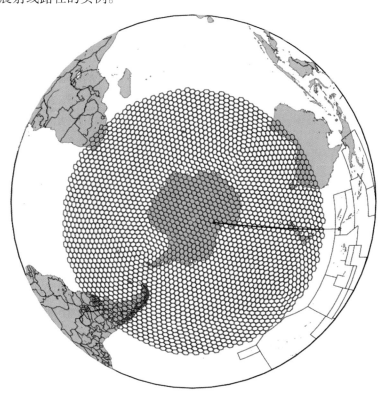

图 5 - 10　等面积网格层析成像及射线追踪实例

此外,在层析成像研究中,除了反演获得模型结构之外,一个必不可少的环节是进行模型空间分辨率的评估。然而模型分辨率的评估却是比模型结构反演本身更为复杂困难的过程,甚至在某些情况下是无法实现的。以往基于经纬度网格的层析成像大多通过棋盘格测试来定性评估模型分辨率。而这种方式对于新开发的等面积网格层析成像并不适用。为此,这里提出了一个新的进行空间分辨率定量评估的简便方法。

空间分辨率矩阵 $\Re$ 可以用公式(5 - 1)定义(Backus, Gilbert, 1968; Barmin et al., 2001; Ritsema et al., 2004; Nolet, 2008)。前人在求解该方程时主要通过矩阵运算来推导出分辨率矩阵,这种方式需要较大的内存,且计算效率极低,甚至会超过计算极限。这里不通过矩阵运算,而直接通过随机理论模型(**m**)及经正反演后所得的解(**m**)来反演一个分辨率矩阵。我们称这个新的基于很多随机模型反演出来的分辨率矩阵$\mathfrak{R}$为统计分辨率矩阵或反演分辨率矩阵。

$$\mathbf{\underline{m}} = \mathfrak{R}m \qquad (5-1)$$

公式（5-1）说明某个参数的解（$\underline{m}_i$）等于模型中相邻参数理论值（m_j）的加权平均，而所有权重构成了分辨率矩阵。距离某个参数m_i时空距离（$L_{i,j}$）越远的参数m_j对$\underline{m}_i$的贡献越小。因此分辨率矩阵每一行（$r_{i,j}$，$j=1$，m）可以用高斯函数来近似（e.g.，Nolet，2008；Fichtner，Trampert，2011）。这时我们可以表示每个分辨率矩阵的元素为：

$$r_{i,j} = a_i e^{\frac{(x_j-x_i)^2}{2w_i^2}} = a_i e^{\frac{l_{i,j}^2}{2w_i^2}} \qquad (5-2)$$

在上面公式（5-2）中，w表示高斯函数的宽度。如果一个高斯形状类似于棋盘格检测版中的一个格子，那么高斯函数的宽度就相当于棋盘格宽度的一半，即可以直接被认为是分辨率长度。

把公式（5-2）代入公式（5-1）中，我们可以得到下面的公式：

$$\underline{m}_i = f(w_i, \mathbf{m}) \qquad (5-3)$$

如果给定一个理论模型$\mathbf{m}$，那么就可以利用这个模型计算理论观测数据；利用理论观测数据就可以反演获得一个对应的解$\mathbf{\underline{m}}$。对于公式（5-3），在这种情况下将只有一个参数即高斯函数宽度w_i为未知。因此利用公式（5-3）可以直接获得最终高斯函数宽度w_i，即参数$\underline{m}_i$的分辨率长度。由于这个解依赖于所给定的理论模型，为此我们随机给出具有统计意义的一定数量的随机模型及其解，那么就可以最终反演得到稳定可靠的空间分辨率长度解。

该模型分辨率定量评估方法的详细介绍可参考文章（An，2012；冯梅，安美建，2013）。利用部分100 s周期的南极瑞雷波观测路径，我们给出了300组随机理论模型并获得了二维统计分辨率矩阵，如图5-11所示。该分辨率长度分布与地震数据的覆盖情况具有很好的相关性，即数据覆盖好的地方分辨率高（分辨率长度短），这表明我们新开发的分辨率定量评估方法应用效果良好。

5.1.2.2 南极板块地壳和上地幔三维波速模型

在针对南极板块的地震层析成像研究中，总共分析了120个地震台站的数据，台站位置见图5-12（三角所示）。包括所有南极大陆的公开数据、东南极内陆所有（尤其是国际极地年GAMSEIS项目）未公开数据以及国外合作人争取到的最新POLENET数据等。所使用的数据实现了目前为止对南极大陆的最佳数据覆盖。由于东南极GAMSEIS计划已经结束，在可预见的一段时间内，其他研究所使用的数据难以超过我们的数据分布。利用我们已有的技术（Feng，An，2010）和上述专门为南极研究开发的新技术反演获得了整个南极板块300 km以上地壳和上地幔横波速度结构（An et al.，2015）。该横波模型在南极大陆具有1°的横向分辨率。

在TAMSEIS和GAMSEIS项目中，多数地震台站按照线状排列，在此重点对穿过这些台站的两个波速垂直切片进行介绍，见图5-13。其中剖面AA′主要穿过了部分海洋区域，西南极，南极点以及中国中山站至昆仑站沿线所在的东南极区域。该剖面显示在80~150 km深度，东南极之下的S波速明显高于其他地区，表明包括甘伯采夫山在内的东南极可能具有更厚的岩石圈。

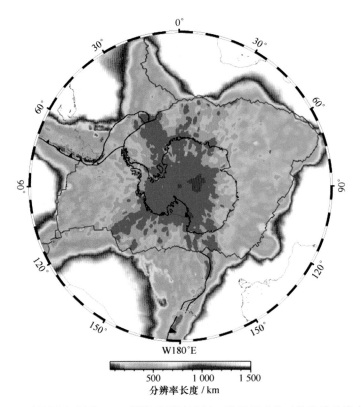

图 5 - 11　利用南极板块 100 s 周期瑞雷波进行二维层析成像时的统计分辨率长度

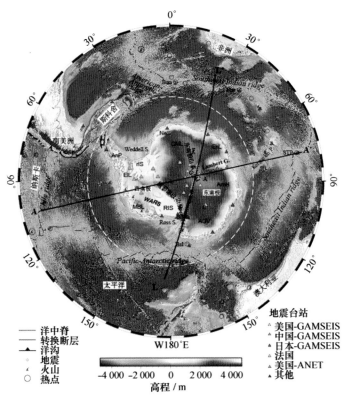

图 5 - 12　南极地形和地震台站分布图

AA'和 LL'是下面将要显示的波速剖面位置

5.1.2.3 南极大陆地壳厚度模型

地壳和上地幔波速模型中最重要的信息应该是壳幔界面，即 Moho 界面。在南极大陆各种研究中，接收函数方法是一种简便获得台站下方可靠 Moho 位置的方法。图 5－13 中带误差棒的点显示了公开发表的可靠性较高的利用接收函数得到的 Moho 界面的位置，其中包括了西南极 ANUBIS 项目台站（Winberry，Anandakrishnan，2004），穿过横贯南极山脉的 TAM-SEIS 项目台站（Hansen et al.，2009；Finotello et al.，2011）和最新的 GAMSEIS 项目台站（Hansen et al.，2010；冯梅等，2014）。值得一提的是接收函数方法只能获得台站下方离散点的地壳厚度值。

另外 Moho 面既是壳幔分界面，也是一个波速突变面。对于 P 波波速而言，这个面以上的地壳波速一般小于等于 7.2 km/s，下面的上地幔波速一般大于 7.2 km/s；而 7.2 km/s 的 P 波速度一般对应于 4.2 km/s 左右的 S 波速度。因此在我们的三维横波速度模型中，可以认为 S 波波速约等于 4.2 km/s 的等速面大致反映了 Moho 界面的位置。根据这种思路，把 S 波波速 4.2 km/s 的等速面用虚线显示在了图 5－13 的波速剖面中。图 5－13 中各剖面显示：在大多数区域 4.2 km/s 的等速面与前人通过接收函数确定的 Moho 界面（带误差棒的点）位置很接近。表明利用三维横波速度等速面提取的地壳厚度值的方式是比较可靠的。

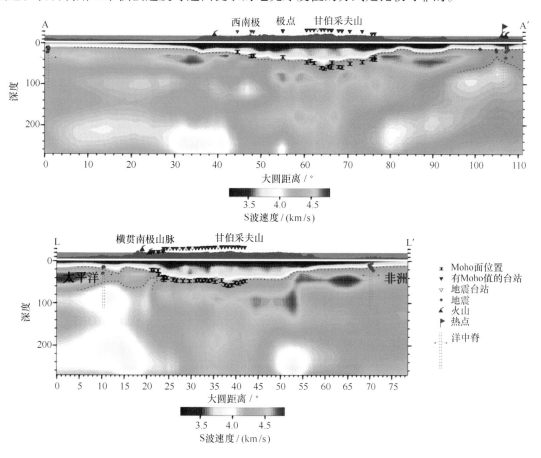

图 5－13 两个典型横波速度剖面

剖面位置见图 5－12。剖面 AA'穿过了西南极、南极点、甘伯采夫山脉、大洋、火山和热点等所有主要类型构造单元，也穿过了昆仑站并穿过靠近中山站的区域。图中带误差棒的点表示了前人从接收函数分析获得的 Moho 位置（Winberry, Anandakrishnan, 2004; Hansen et al., 2009; Hansen et al., 2010; Finotello et al., 2011）。虚线代表了 S 波波速为 4.2 km/s 的等速面位置。

基于上述分析，根据 Moho 界面处可能的剪切波速值和波速随深度变化梯度，我们从三维剪切波速模型中提取了 Moho 界面深度位置，制作了南极板块地壳厚度图，见图 5-14。该地壳厚度图的优势在于它是连续而不是离散分布的，实现了对南极大陆的完整覆盖，弥补了以往接收函数研究的空白。

地壳厚度研究中，除了地震学观测外，重力资料也常用于给出地壳厚度分布。为对比起见，这里显示了一个近期利用重力资料获得的南极大陆地壳厚度图（von Frese et al., 2009）（图 5-15a）。众所周知，由于地壳与地幔密度的明显差异，重力异常与地壳厚度存在非常明显的相关性，但该相关性可以反映两个不同地区的地壳厚度相对变化，但难以给出某个地区精确的地壳厚度值。如果想获得可靠的地壳厚度结果，在重力资料反演过程中需要加入一定的地震学观测约束。在 von Frese 等（2009）利用重力计算地壳厚度（图 5-15a）的过程中，作者使用了 2009 年之前（即第四个国际极地年 2007/2008 年之前工作）发表的地震学地壳厚度约束。2007 年之前在东南极的地震观测极少，而主要集中在西南极和横贯南极山脉。此后一些更高精度的重力资料也相继公开，图 5-15b 是一个更新的布格重力异常图。

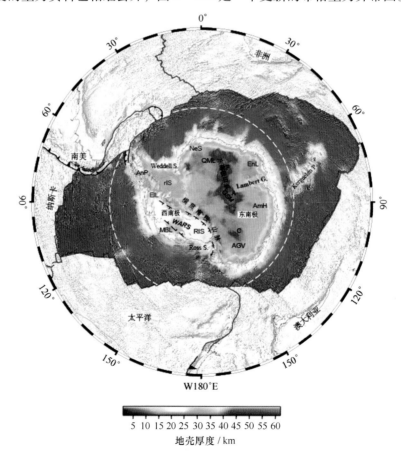

图 5-14 南极板块地壳厚度图

对比图 5 - 14 和图 5 - 15 可以发现，我们最新的模型不但给出了更加准确的地壳厚度值、而且也给出了地壳厚度横向变化的更多细节。

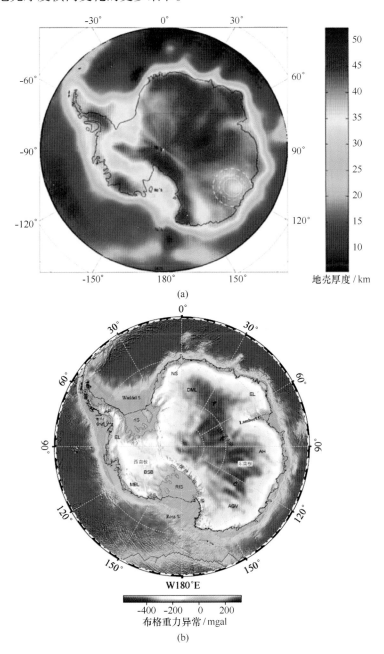

(a)

(b)

图 5 - 15 从重力获得的南极地壳厚度图（von Frese et al.，2009）（a）和
较新的南极板块布格重力布格异常图（Pail et al.，2010）（b）

①我们的结果远比 von Frese 等（2009）的模型更加准确和精确。这是由于 von Frese 等（2009）只使用了 2009 年之前较少的地震学结果作为约束。比如南极半岛中 70°S 附近，von Frese 模型（图 5 - 15a）给出了 45 km 左右的地壳厚度，这显然与南极半岛多数区域为大陆裂谷环境不匹配。我们的模型（图 5 - 14）给出了该地区小于 40 km 的更为合理的地壳厚度值。

②我们的模型给出的地壳厚度横向变化细节更多。对比我们的模型厚度分布与最新高精

度布格重力异常图,可以发现我们的地壳厚度分布形态(图5-14)与最新重力异常分布形态(图5-15b)非常相似;而 von Frese 等(2009)利用原有重力得到的地壳厚度模型(图5-15a)的变化与最新重力异常形态(图5-15b)相差较大。

5.1.2.4 南极板块上地幔三维温度场模型

利用波速结构与上地幔波速间非线性反演技术(An, Shi, 2006;2007)和我们利用三维波速结构反演了上地幔温度场。然后根据上地幔温度和地表温度作为边界条件,计算了地壳温度(An, Shi, 2006;2007)。两个典型温度剖面显示在图5-16中。图中红线表示首次达到1300℃绝热等温温度的位置,该位置可被当做岩石圈底界面。从该图可以看出,甘伯采夫山所在的东南极岩石圈厚度近200 km,比西南极裂谷盆地的岩石圈厚度厚了近100 km。

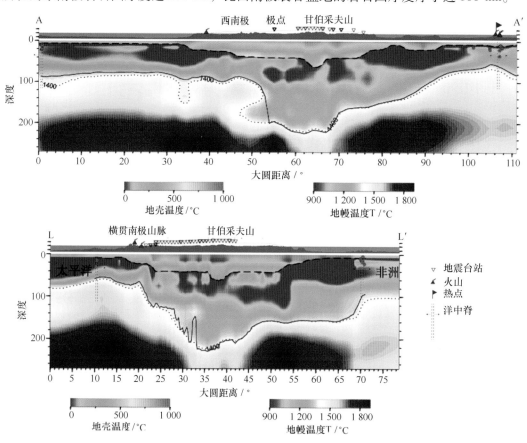

图5-16 两个典型温度剖面
剖面位置见图5-12

红线表示首次达到1300℃绝热等温温度的位置,这个位置可被当做岩石圈底界面。
紫色和深绿色虚线或虚线是用大洋岩石圈冷却模型估计的岩石圈底边界。

5.1.2.5 南极板块岩石圈厚度图

岩石圈是地球上部相对于软流圈而言的坚硬的岩石圈层。岩石圈的具体定义是:Moho之下温度随深度的增加而逐渐升高,当温度达到地幔矿物熔融温度(约1300℃)绝热等温温度的深度时,即认为是岩石圈底边界(Jaupart, Mareschal, 1999;Artemieva, Mooney,

2001）。因此，对岩石圈底边界进行估算的最佳物理量是温度。基于这个定义，我们从上述三维温度模型中提取了岩石圈底边界深度位置，制作了南极板块岩石圈厚度图（图5-17）。

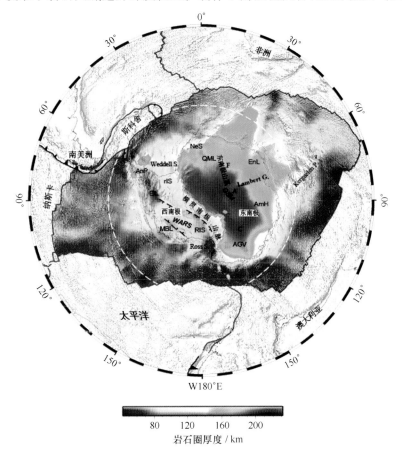

图5-17 南极板块岩石圈厚度

东南极的中心区域甘伯采夫山脉（Gamburtsev Mountains）为地形较高的高原。整个东南极面积广阔且被冰雪覆盖，难以实施野外工作，因此人们对东南极大地构造类型长期以来处于争议之中。一种认为甘伯采夫山脉是克拉通；另一种认为可能是火山成因。图5-17显示了东南极多数地区岩石圈厚度大于150 km，在以南极地形最高点Dome A（我国昆仑站）为中心的区域岩石圈厚度可达200 km以上。从全球其他大陆来看，典型的克拉通岩石圈厚度一般大于150 km（Artemieva，Mooney，2001；2002），比如包括Slave克拉通的North American Provinces（>1 Ga）岩石圈厚度可达约250 km（van der Lee，2001），Siberian地台（Priestley，Debayle，2003）和澳大利亚的太古代地壳区域（Simons，van der Hilst，2002）的岩石圈厚度约约200~250 km。图5-17所显示的整个东南极大部分地区具有较厚的岩石圈，说明整个东南极为一个长时期稳定的克拉通。

5.1.2.6 小结

本项研究提取了在中山站—昆仑站沿线布设的低温宽频天然地震仪观测数据，通过国际合作获得了南极大陆其他地区天然地震观测数据，对这些数据进行了分析和计算。开发了适合极地层析成像研究的空间分辨率分析技术，获得了南极板块三维地壳和上地幔波速结构，据此提取了南极大陆 Moho 底界面形态（地壳厚度）图。利用三维波速结构反演计算了南极板块地壳和上地幔三维温度场，据此提取了南极板块岩石圈底界面（岩石圈厚度）图。

5.2 普里兹湾—北查尔斯王子山地区前寒武纪构造演化及矿产资源潜力分析

5.2.1 普里兹湾东北部太古宙冰下地质演化

5.2.1.1 引言

南极大陆是由东南极地盾和西南极中新生代活动带两大构造单元以及介于二者之间的早古生代形成基底的横贯南极山脉组成。传统的观点认为，东南极地盾是由太古代陆核和围绕陆核发育的元古代褶皱带组成（Tingey，1981；Black et al.，1987；Stüwe et al.，1989；Tingey，1991），大多数岩石经历了麻粒岩相至角闪岩相的变质。但是，通过对普里兹湾拉斯曼丘陵地区研究后识别出这个地区存在强烈的约 500 Ma 构造热事件，并提出泛非构造热事件是促使冈瓦纳最终拼合的构造运动（Zhao et al.，1992，1995；Hensen，Zhou，1995；Carson et al.，1996；Fitzsimons，1997）的认识后，人们对东南极地盾的传统观点发生了改变。

在东南极获得的岩石同位素年龄多数为格林威尔期 1 000 Ma 前后和泛非期 500 Ma 前后，制约少量太古宙—古元古代变质岩。南极洲面积 $1 400 \times 10^4 \text{ km}^2$，目前对南极地质演化的认识仅仅是通过对大约 2% 的裸露的南极基岩的地质研究中获得的。这远不足以认识南极大陆构造格架和地质演化的历史。南极大陆冰盖大规模的冰川运动，导致了一种特殊的地质作用过程，即冰川对南极大陆基岩所实施的强烈的刨蚀，随之进行的冰碛物的长距离搬运作用。因此也造成大量的冰下基岩以冰碛物的形式搬运并堆积到冰川的前缘，形成壮观的冰碛物堆积堤。分析这些冰碛物中的砾石成分和可能的来源，可以帮助我们对冰碛物的源区成分及其成因进行有效地示踪，是一个直接获取南极大陆冰下地质信息途径。

本节重点对采集的沉积岩冰川漂砾进行锆石 LA – ICP – MS U – Pb 年龄研究，确定其母岩形成时代及其物源区演化特征等。该项工作对进一步认识南极大陆构造演化历史具有重要的科学意义，同时也是研究占南极面积 98% 的冰下地质的探索方法。

5.2.1.2 区域地质背景

东南极普里兹湾—查尔斯王子山地区主要由 4 个太古宙克拉通地块、1 个格林维尔高级变质地体和 1 个泛非高级变质带组成（图 5 – 18）。4 个太古宙克拉通地体为普里兹湾的西福尔丘陵、赖于尔群和南查尔斯王子山的兰伯特地体、鲁克地体，每个地块具有各自不同前寒武纪演化历史（Harley，2003）。格林维尔期地体主要出露于北查尔斯王子山，泛非期高级变质带（即普里兹造山带）主要出露在普里兹沿岸，主要包括普里兹湾和埃默里冰架东缘，向南延伸至格罗夫山，随后隐没于南极冰下。

西福尔丘陵是普里兹湾地区出露最大的连续地块，该区在太古宙末（2 500 Ma）形成并

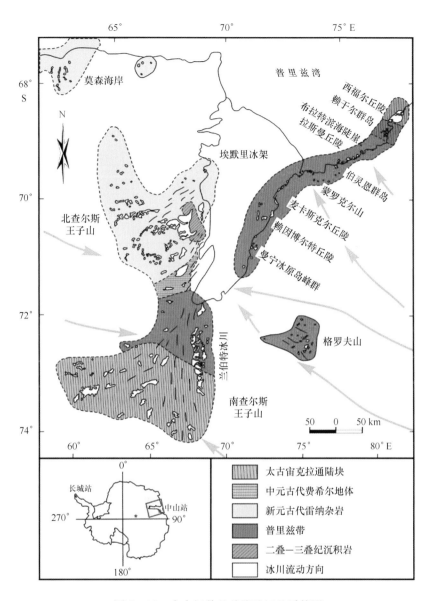

图 5 - 18 东南极普里兹湾地区地质简图

据 Mikhalsky et al. , 2001 和 Fitzsimons, 2003 修改

经历了麻粒岩相高级变质作用（Black et al. , 1991a）。基底杂岩主要分为 3 个岩石单元（Snape et al. , 2001）（图 5 - 19）：其一为切尔诺克副片麻岩（Chelnok Paragneiss），形成时代早于 2 526 Ma，主要由含石榴石泥质岩和半泥质岩组成，含少量砂屑岩、石英岩、钙硅酸盐岩和条带状含铁建造；其二为莫塞尔正片麻岩（Mossel Gneiss），形成时代为 2 526 ~ 2 501 Ma，主要由层状长英质正片麻岩组成，含石香肠状变质辉石岩、辉长岩和少量含假蓝宝石麻粒岩夹层；其三为克鲁克德湖正片麻岩（Crooked Lake Gneiss），形成时代为 2 501 ~ 2 475 Ma，主要由弱变形的中粗粒超镁铁质、辉长质、英云闪长质、花岗闪长质和花岗质正片麻岩组成，明显侵入于前两个岩石单元中，一般含有大量的同源和非同源捕虏体。其后在早 - 中元古代经历了挤压与拉张交替进行的地质演化历史，形成大量脆性 - 韧性剪切变形，并伴随有多期基性岩墙群的侵入（Lanyon et al. , 1993；Seitz, 1994）。大量的不同成分、不同时期侵入的岩墙群是西福尔丘陵不同于东南极其他太古宙陆块的另一个重要特征。最老的未变形岩墙为

石英粗玄岩残余，侵入时代为 2 477 Ma（Black et al.，1991a）。岩墙群的主体为拉斑玄武质成分的辉绿岩，侵入时代介于 2 240～1 241 Ma 之间。此外，少量碱性和超镁铁质煌斑岩岩墙局部产出，它们一般呈卵形，有时呈岩管状，形成时代为中元古代。

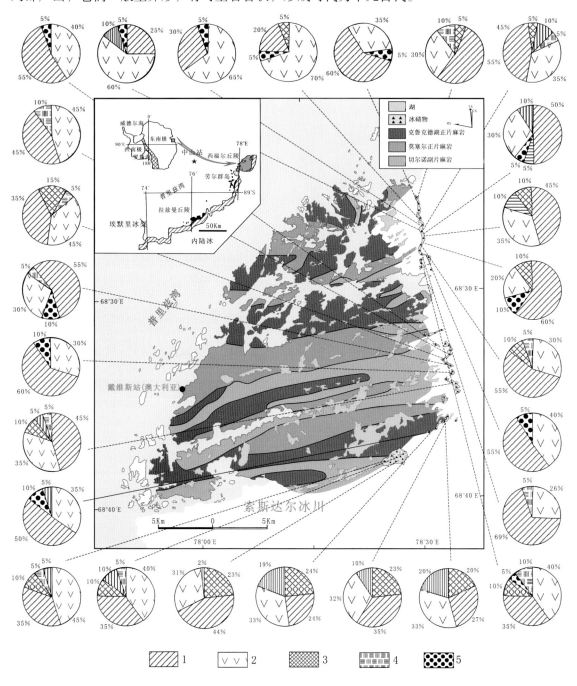

图 5-19　东南极西福尔丘陵地质简图及其东南侧冰碛岩（物）砾石成分比例图

1—片麻岩；2—基性岩；3—石英岩；4—片岩；5—砂岩

与西福尔丘陵南侧仅相邻 15 km 的赖于尔群岛，主要由 1 000 Ma 花岗质正片麻岩和具中太古代成分的复合正片麻岩组成（Kinny et al.，1993；Harley et al.，1998），侵位年龄分别为 3 470～3 270 Ma 和 2 850～2 800 Ma，但在泛非期普遍遭受到高级变质作用的改造（Kinny et al.，1993；Harley et al.，1998）。其东北部出露以层状杂岩为代表的太古宙复合片麻岩，并被后期已经强烈变形的大量镁铁质岩墙切穿，西部和南部出露中元古代花岗质正片麻岩和新元古代变沉积岩及正片麻岩（Harley，Christy，1995；Harley et al.，1998）。值得注意的是赖于尔群在泛非期发生了区域性高级变质作用（Harley et al.，1998）。

南查尔斯王子山主要由太古宙英云闪长质－奥长花岗质片麻岩结晶基底和各种盖层火山－沉积岩系组成。最老的花岗质片麻岩中的锆石 U－Pb 年龄有两组，分别约为 3 390～3 370 Ma 和 3 190～3 170 Ma，而 Nd 模式年龄达 3 800～3 340 Ma，在约 2 800 Ma 遭受到造山事件的影响（Boger et al.，2001，2006）。基底之上的盖层沉积岩系在不同的部位分别含有约 3 200 Ma、2 800 Ma、2 500 Ma、2 100 Ma、1 900～1 800 Ma 和 1 170～970 Ma 的碎屑锆石（Phillips et al.，2006）。

格林维尔地体主要出露于北查尔斯王子山，以区域麻粒岩相变质作用伴随大规模的紫苏花岗质和花岗质岩浆侵入为特征，时代约为 990～980 Ma（Manton et al.，1992；Kinny et al.，1997；Boger et al.，2000；Carson et al.，2000；Liu et al.，2007a）。此外还受到早古生代（泛非期）构造作用的影响（Carson et al.，2000；Boger et al.，2002）。

泛非期高级变质带（即普里兹造山带）主要出露在普里兹沿岸，主要包括普里兹湾和埃默里冰架东缘，向南延伸 400 km 至格罗夫山，随后被冰雪覆盖。该地区高级变质岩主要由镁铁质－长英质复合正片麻岩和混合质副片麻岩构成，二者分别曾被称为基底和盖层岩系（Fitzsimons，Harley，1991；Dirks，Wilson，1995）。基底正片麻岩的侵位时代为 1 170～1 020 Ma（Wang et al.，2003；Liu et al.，2007a），盖层岩系的沉积时代有中元古代（Carson et al.，1996）和新元古代（Zhao et al.，1995）两种不同的认识。格罗夫山主体为遭受过泛非期麻粒岩相变质作用的正片麻岩，包含少量副变质沉积岩、钙质硅酸岩和镁铁质麻粒岩。正片麻岩和镁铁质麻粒岩的原岩就位年龄均限制在 920～910 Ma（Zhao et al.，2000；Liu et al.，2007b）。该区发育大量的泛非期紫苏花岗岩和大致顺片麻理侵入的粗粒花岗岩，并有后期细粒花岗岩脉的侵入（刘小汉等，2002）。此外，泛非高级变质作用也叠加在赖于尔群和南查尔斯王子山北侧的莫森陡崖两个太古宙结晶基底之上（Kinny et al.，1993；Harley et al.，1998；Kelsey et al.，2003a；Boger et al.，2001）。

5.2.1.3 样品和研究方法

1）研究方法及样品产出与采集特征

东南极西福尔丘陵的东南缘冰碛堤呈近南北向展布，长约 20 km，宽约 0.3～0.7 km，根据冰川流动方向（O'Brien et al.，2007；图 5－1）这些冰碛物来自西福尔丘陵东南侧，它们是冰川向前移动过程中，刨蚀基岩面所卷入的岩石碎块在冰川消融以后堆积下来的。砾石成分统计在野外进行，一般在出露的冰碛岩中选定 2 m² 进行统计，统计砾石颗粒一般在 100～150 颗以上，按照其所占总数的百分比编制不同观测点砾石成分含量的变化图（图 5－19）。图 5－19 中仅表示具有代表性的砾石组合的百分比含量。

在冰碛岩砾石成分精细的统计基础上，对零星分布于其中的沉积岩和浅变质岩碎块进行了取样。冰碛物成分非常复杂，其主要成分为：长英质片麻岩、基性岩、石英岩、浅变质沉积岩（片岩类）、沉积岩（砂岩类）等。上述类型的岩石均具有混杂堆积，分选很差的特征

（图 5 - 19 和图 5 - 20）。

在埃默里冰架西南缘的北查尔斯王子山出露二叠系—三叠系的沙砾岩、粉砂岩、泥岩和少量的煤（Fielding，Webb，1995）。但是，根据冰川流动方向等资料（O'Brien et al.，2007；图 5 - 18），碎石带中沉积岩出露情况以及其周围冰川漂砾的构成情况，表明西福尔丘陵东南侧的这些沉积岩和浅变质岩砾石是从西福尔丘陵东南侧冰川下面搬运而来。

2）样品描述与测年方法

分别采自冰碛物中的 8 个沉积岩样品：VHA03、VHA15 - 1、VHA20、VHA27 - 1、VHA28、VHA28 - 1、VHB32 - 1 和 VHB36 - 1。如图 5 - 19 所示，这些样品岩石学特征、在冰碛物中所占百分比及采集点 GPS 坐标位置见表 5 - 1。锆石由标准的重矿物分离方法挑出。在双目镜下挑选后将锆石单矿物粘在双面胶上，然后用无色透明的环氧树脂固定，待环氧树脂充分固化后抛光至锆石露出一个平面，用于阴极发光（CL）及 LA - ICP - MS 分析，阴极发光图像是在阴极发光是在西北大学大陆动力学实验室的透射电镜下完成。样品中所选的锆石颗粒均在 1 000 粒以上，锆石颜色及形态较为复杂，形态为棱角状 - 次浑圆状为主；粒度在 0.02 ~ 1.3 mm 之间。阴极发光图像显示该样品锆石较为复杂，既有振荡环带发育的锆石，也有弱分带的锆石（图 5 - 20）。

表 5 - 2 样品岩石学特征、冰碛物中所占百分比及采集点 GPS 坐标位置

序号	样品号	样品名称	样品岩石学特征	样品在冰碛物中所占颗粒含量%	经纬度
1	VHA03	浅褐红色石英粗砂岩	粒状结构，块状构造。石英含量95%左右，岩屑主要由铁钛氧化物组成，占5%，镶嵌式胶结	5	68°27′04″S 78°30′51″E
2	VHA15 - 1	浅灰色中粒长石石英砂岩	粒状结构，块状构造。石英含量75%，长石含量15%，岩屑主要由白云母、黑云母、绿帘石和铁钛氧化物组成，占10%，镶嵌式胶结	12	68°27′13″S 78°30′42″E
3	VHA20	灰褐色石英粗砂岩	粒状结构，块状构造。石英含量95%左右，岩屑由少量白云母和铁钛氧化物组成，镶嵌式胶结	10	68°27′20″S 78°30′50″E
4	VHA27 - 1	灰绿色中粒长石石英砂岩	粒状结构，块状构造。石英含量85%，长石含量10%，岩屑主要由少量的黑云母和铁钛氧化物组成，镶嵌式胶结	8	68°28′21″S 78°31′05″E
5	VHA28	灰绿色中 - 粗粒长石石英砂岩	粒状结构，块状构造。石英含量85%，长石含量10%，岩屑主要由少量角闪石组成，镶嵌式胶结	5	68°29′00″S 78°30′56″E
6	VHA28 - 1	浅灰绿色粗粒长石石英砂岩	粒状结构，块状构造。石英含量80%，长石含量15%，岩屑主要由少量角闪石组成，镶嵌式胶结	5	68°29′00″S 78°30′56″E
7	VHB32 - 1	灰白色粗粒石英砂岩	粒状变晶结构，块状构造。由石英组成，镶嵌式胶结	5	68°35′04″S 78°34′55″E
8	VHB36 - 1	浅褐色细粒石英砂岩	粒状结构，块状构造。石英含量98%左右，岩屑为少量白云母组成，镶嵌式胶结	5	68°32′35″S 78°31′46″E

图 5-20 东南极西福尔丘陵东南侧冰碛物及其中沉积岩砾石照片

a、b 和 c 为分布在冰川前缘的冰碛物，呈带状展布；d、e、f、g、h 和 i 为石英砂岩砾石

近年来由于激光和 ICP – MS 仪器的改进及对抑制 U – Pb 元素分馏方法研究的进展，使得 LA – ICP – MS 锆石 U – Pb 微区原位单点定年结果与 SHRIMP Ⅱ 测试结果比较的研究成果，并成为目前快速、低成本的高精度锆石定年技术（袁洪林等，2003）。本文对采集于东南极西福尔丘陵附近冰碛物中的沉积岩砾石的碎屑锆石进行了锆石 LA – ICP – MS 的 U – Pb 测年。另外，根据碎屑锆石的年龄范围，对大于 1 000 Ma 的样品，由于含大量放射性成因 Pb，因而采用 $^{207}Pb/^{206}Pb$ 表面年龄（Sircombe，Freeman，1999）。碎屑锆石 U – Pb 年龄频率峰值统计是基于 $^{206}Pb/^{238}U$ 和 $^{207}Pb/^{235}U$ 表面年龄谐和性大于等于 90%，计算误差 10 Ma，在误差范围内相同年龄个数 n 大于等于 3 的统计结果（Gehrels et al.，2006）。

锆石的原位 U – Pb 年龄测定是在中国地质大学（武汉）地质过程与矿产资源国家重点实验室的激光剥蚀电感耦合等离子体质谱（LA – ICP – MS）仪上完成。激光剥蚀系统为德国 MicroLas 公司生产的 GeoLas2005。测试时激光束斑直径根据锆石 30 μm，剥蚀深度为 20 ~ 40 μm，激光脉冲为 10 Hz，能量为 34 ~ 40 MJ，电感耦合等离子体质谱（LA – ICP – MS）仪为 Agilent7 500 a，测试中锆石 U – Pb 年龄测定利用标准锆石 GJ21（600 Ma）和 91500STD（1 064 Ma）作外标进行校正，每隔 5 个样品分析点测一次标准，保证标准和样品的仪器条件完全一致。在 20 次锆石的分析前后各测 2 次 NIST610，以 SiO_2 含量为内标测定锆石中 U、Th 和 Pb 的含量，锆石的微量元素含量计算和同位素数据处理和年龄计算采用 GLITTER 程序，普通铅校正采用 Anderson（2002）的方法，年龄计算使用 ISOPLOT3.23 版程序（Ludwig，2003）完成，详细的分析步骤和数据处理方法见参考文献（袁洪林等，2003；Gao et al.，2002）。

5.2.1.4 同位素测年结果

对上述 8 件沉积岩砾石样品，每件样品分析 60 颗锆石，其锆石的阴极发光图像见图 5 – 21，LA – ICP – MS U – Pb 年龄数据见表 5 – 3。上述样品的 U – Pb 锆石表面年龄主要集中在 2 410 ~ 2 600 Ma 与 3 340 ~ 3 500 Ma 之间（图 5 – 22 和图 5 – 23）。

1）样品 VHA03

样品 VHA03 中大多数数据点沿谐和线或其附近分布，部分数据点存在明显铅丢失。碎屑锆石的 Th/U 比值为 0.23 ~ 1.42，其阴极发光图像中具有较为清楚的振荡环带特征，表明其为典型的岩浆成因锆石。除了 8 颗碎屑锆石外，其余 52 颗碎屑锆石的 $^{206}Pb/^{238}U$ 和 $^{207}Pb/^{235}U$ 表面年龄谐和性大于等于 90%。其 $^{207}Pb/^{206}Pb$ 表面年龄集中在 2 476 ~ 3 033 Ma 之间，其中，有 10 颗碎屑锆石 $^{207}Pb/^{206}Pb$ 表面年龄集中，分布在 2 498 ~ 2 511 Ma 之间，它们的 $^{207}Pb/^{206}Pb$ 加权平均年龄为（2 502 ± 12）Ma（2σ；MSWD = 0.07），该加权平均年龄代表了该年龄段的峰值年龄。

2）样品 VHA15 – 1

样品 VHA15 – 1 中碎屑锆石的 Th/U 比值为 0.01 ~ 1.48，其阴极发光图像中具有较为清楚的振荡环带特征，部分锆石具有内核，表明其为典型的岩浆成因锆石。除了 29 颗碎屑锆石，其余 31 颗碎屑锆石的 $^{206}Pb/^{238}U$ 和 $^{207}Pb/^{235}U$ 表面年龄谐和性大于等于 90%。其中有两颗碎屑锆石 $^{207}Pb/^{206}Pb$ 表面年龄集中在 2 524 ~ 2 506 Ma 之间，其余的 29 颗碎屑锆石 $^{207}Pb/^{206}Pb$ 表面年龄集中在 3 339 ~ 3 487 Ma 之间，其中有 8 颗碎屑锆石的 $^{207}Pb/^{206}Pb$ 表面年龄集中在

表 5-3 西福尔丘陵冰碛物中沉积岩样品的 LA-ICP-MSU-Pb 锆石同位素分析结果

样号	Th (ppm)	U (ppm)	Th/U	^{206}Pb (ppm)	同位素比值						年龄(Ma)					
					^{207}Pb*/^{235}U	误差(1σ)	^{206}Pb*/^{238}U	误差(1σ)	^{207}Pb*/^{206}Pb*	误差(1σ)	^{207}Pb/^{206}Pb	误差(1σ)	^{207}Pb/^{235}U	误差(1σ)	^{206}Pb/^{238}U	误差(1σ)
VHA03																
01	323.8	541.8	0.60	374.4	11.528 7	0.096 7	0.488 3	0.004 1	0.170 8	0.001 1	2 565	10	2 567	8	2 563	18
02	231.6	293.7	0.79	210.5	11.640 0	0.105 0	0.488 3	0.004 1	0.172 3	0.001 2	2 580	12	2 576	8	2 563	18
03	236.1	384.9	0.61	334.0	18.687 7	0.259 4	0.597 9	0.008 3	0.225 8	0.001 5	3 033	10	3 026	13	3 021	34
04	386.5	584.7	0.66	398.0	11.357 8	0.082 1	0.480 6	0.003 6	0.170 8	0.001 1	2 565	11	2 553	7	2 530	16
05	468.7	757.1	0.62	456.2	10.306 1	0.129 2	0.418 5	0.004 9	0.177 7	0.001 4	2 632	18	2 463	12	2 254	22
06	432.8	361.0	1.20	274.4	11.620 6	0.096 3	0.485 8	0.003 8	0.172 7	0.001 3	2 584	13	2 574	8	2 553	17
07	532.7	489.9	1.09	364.4	11.474 6	0.100 2	0.488 4	0.004 2	0.169 8	0.001 2	2 567	12	2 563	8	2 564	18
08	113.3	139.1	0.81	101.9	12.344 5	0.159 6	0.503 5	0.006 0	0.177 3	0.001 7	2 628	16	2 631	12	2 629	26
09	49.2	125.0	0.39	79.9	11.196 5	0.135 6	0.482 0	0.005 4	0.168 2	0.001 8	2 540	18	2 540	11	2 536	24
10	206.4	315.2	0.65	213.3	10.976 4	0.144 5	0.478 0	0.005 8	0.166 2	0.001 8	2 519	19	2 521	12	2 518	25
11	372.6	520.2	0.72	354.1	10.885 5	0.134 2	0.476 7	0.004 7	0.165 3	0.001 8	2 511	17	2 513	11	2 513	21
12	585.3	413.5	1.42	320.1	10.680 7	0.138 5	0.471 7	0.004 3	0.163 9	0.001 9	2 498	20	2 496	12	2 491	19
13	117.3	249.5	0.47	163.0	11.099 7	0.158 6	0.479 5	0.005 2	0.167 8	0.002 0	2 536	25	2 532	13	2 524	23
14	174.6	356.3	0.49	232.4	10.759 5	0.175 5	0.471 8	0.006 9	0.165 2	0.002 1	2 510	21	2 503	15	2 491	30
15	402.8	531.8	0.76	360.1	10.465 4	0.141 7	0.466 6	0.006 0	0.162 5	0.001 7	2 483	17	2 477	13	2 468	26
16	159.6	439.7	0.36	282.0	11.188 6	0.133 0	0.479 8	0.004 9	0.168 9	0.001 7	2 547	17	2 539	11	2 526	22
17	111.3	478.9	0.23	295.4	11.136 3	0.113 5	0.478 5	0.004 5	0.168 4	0.001 3	2 542	13	2 535	10	2 521	20
18	590.1	864.9	0.68	606.6	11.585 8	0.100 9	0.486 9	0.003 9	0.172 1	0.001 2	2 589	11	2 572	8	2 557	17
19	60.7	158.2	0.38	113.4	13.683 2	0.112 1	0.526 6	0.003 5	0.187 9	0.001 4	2 724	7	2 728	8	2 727	15
20	575.0	1 121.7	0.51	618.0	9.505 4	0.073 9	0.400 4	0.002 7	0.171 6	0.001 2	2 574	11	2 388	7	2 171	13
21	224.8	198.4	1.13	150.7	11.160 4	0.118 0	0.480 7	0.004 4	0.168 2	0.001 6	2 539	16	2 537	10	2 530	19

续表

样号	Th (ppm)	U (ppm)	Th/U	206Pb (ppm)	同位素比值						年龄（Ma）					
					207Pb*/235U	误差 (1σ)	206Pb*/238U	误差 (1σ)	207Pb*/206Pb*	误差 (1σ)	207Pb/206Pb	误差 (1σ)	207Pb/235U	误差 (1σ)	206Pb/238U	误差 (1σ)
22	271.5	739.6	0.37	449.3	10.612 5	0.117 0	0.447 8	0.004 1	0.171 5	0.001 6	2 572	11	2 490	10	2 385	18
23	319.7	504.0	0.63	352.1	11.327 4	0.154 7	0.484 9	0.005 7	0.169 0	0.002 0	2 550	19	2 550	13	2 549	25
24	207.5	448.2	0.46	275.9	10.710 4	0.137 5	0.448 0	0.004 2	0.173 0	0.002 2	2 587	22	2 498	12	2 387	19
25	448.9	464.0	0.97	329.9	10.702 4	0.140 2	0.472 6	0.004 0	0.163 7	0.002 0	2 494	20	2 498	12	2 495	17
26	204.1	267.7	0.76	183.2	10.653 2	0.156 5	0.472 0	0.004 9	0.163 2	0.002 1	2 500	21	2 493	14	2 492	21
27	76.3	151.0	0.51	105.4	12.428 3	0.198 1	0.505 3	0.006 0	0.177 8	0.002 1	2 632	21	2 637	15	2 636	26
28	199.9	430.8	0.46	279.9	10.817 6	0.095 4	0.476 7	0.003 1	0.164 1	0.001 4	2 498	14	2 508	8	2 513	13
29	23.6	50.1	0.47	34.0	11.717 5	0.143 9	0.493 3	0.003 9	0.172 0	0.002 1	2 589	20	2 582	11	2 585	17
30	342.8	979.1	0.35	617.4	10.520 8	0.105 6	0.471 4	0.004 8	0.161 5	0.001 2	2 471	11	2 482	9	2 490	21
31	152.2	185.6	0.82	132.7	11.146 2	0.115 0	0.476 8	0.004 2	0.169 1	0.001 6	2 550	16	2 535	10	2 514	18
32	199.0	256.0	0.78	178.2	11.131 8	0.094 3	0.481 5	0.003 5	0.167 1	0.001 3	2 529	13	2 534	8	2 534	15
33	105.6	143.4	0.74	97.6	10.827 9	0.129 7	0.475 9	0.004 6	0.164 3	0.001 6	2 502	17	2 508	11	2 510	20
34	133.1	243.8	0.55	161.9	11.026 7	0.129 5	0.479 0	0.004 4	0.166 1	0.001 7	2 520	17	2 525	11	2 523	19
35	268.7	515.4	0.52	332.2	10.787 1	0.121 7	0.474 2	0.003 8	0.164 0	0.001 8	2 498	19	2 505	10	2 502	17
36	141.5	231.4	0.61	154.1	10.890 4	0.170 9	0.476 6	0.006 8	0.165 1	0.002 4	2 508	25	2 514	15	2 512	30
37	276.2	227.4	1.21	166.5	10.540 2	0.150 7	0.462 3	0.004 5	0.164 5	0.002 4	2 502	25	2 483	13	2 450	20
38	664.6	860.5	0.77	596.9	11.561 2	0.133 2	0.470 5	0.004 6	0.177 3	0.002 2	2 628	21	2 570	11	2 486	20
39	314.7	408.3	0.77	285.4	10.963 7	0.139 9	0.476 5	0.005 3	0.166 1	0.001 8	2 520	17	2 520	12	2 512	23
40	637.5	806.6	0.79	410.2	8.151 8	0.220 6	0.360 5	0.006 8	0.162 7	0.002 3	2 484	24	2 248	24	1 984	32
41	399.6	832.8	0.48	437.1	9.083 4	0.171 2	0.405 2	0.005 9	0.161 6	0.001 7	2 473	18	2 346	17	2 193	27
42	187.3	284.7	0.66	192.0	11.172 2	0.098 1	0.477 7	0.003 9	0.169 0	0.001 3	2 550	12	2 538	8	2 517	17
43	323.6	375.9	0.86	261.5	10.533 9	0.083 9	0.470 1	0.003 4	0.162 1	0.001 1	2 477	17	2 483	7	2 484	15
44	117.7	212.7	0.55	141.4	11.015 3	0.109 7	0.479 0	0.003 8	0.166 1	0.001 3	2 520	13	2 524	9	2 523	16

续表

样号	Th (ppm)	U (ppm)	Th/U	206Pb (ppm)	同位素比值						年龄（Ma）					
					207Pb*/235U	误差 (1σ)	206Pb*/238U	误差 (1σ)	207Pb*/206Pb*	误差 (1σ)	207Pb/206Pb	误差 (1σ)	207Pb/235U	误差 (1σ)	206Pb/238U	误差 (1σ)
45	38.5	70.8	0.54	48.4	11.515 9	0.165 7	0.488 5	0.006 7	0.171 0	0.002 6	2 569	26	2 566	13	2 564	29
46	129.1	216.5	0.60	144.5	10.717 4	0.116 5	0.472 2	0.004 3	0.164 1	0.001 7	2 499	16	2 499	10	2 493	19
47	284.3	410.2	0.69	285.6	11.107 0	0.118 4	0.480 8	0.003 8	0.167 0	0.001 7	2 528	18	2 532	10	2 531	17
48	90.7	91.3	0.99	69.1	11.443 5	0.169 4	0.488 1	0.004 7	0.169 5	0.002 4	2 554	24	2 560	14	2 563	21
49	74.8	110.0	0.68	73.7	11.047 6	0.158 8	0.478 9	0.005 1	0.166 8	0.002 2	2 526	22	2 527	13	2 523	22
50	460.0	604.9	0.76	414.7	10.512 6	0.134 1	0.469 2	0.004 7	0.161 9	0.001 9	2 476	19	2 481	12	2 480	21
51	227.7	309.5	0.74	208.6	10.692 8	0.125 4	0.472 7	0.003 9	0.163 4	0.001 8	2 491	18	2 497	11	2 495	17
52	574.4	510.3	1.13	363.8	10.393 5	0.132 9	0.465 9	0.004 5	0.161 1	0.001 8	2 478	19	2 470	12	2 466	20
53	251.0	520.6	0.48	328.3	10.663 2	0.135 2	0.464 8	0.003 6	0.165 6	0.002 0	2 514	53	2 494	12	2 461	16
54	81.6	82.8	0.99	59.9	11.030 1	0.188 0	0.478 7	0.005 5	0.166 7	0.002 6	2 524	26	2 526	16	2 522	24
55	73.8	154.1	0.48	100.8	11.338 6	0.175 7	0.484 6	0.004 8	0.169 0	0.002 4	2 548	24	2 551	14	2 547	21
56	83.2	180.6	0.46	120.6	11.763 9	0.178 8	0.492 8	0.004 9	0.172 4	0.002 3	2 581	22	2 586	14	2 583	21
57	104.7	202.0	0.52	133.1	11.142 5	0.141 1	0.480 5	0.004 5	0.167 6	0.002 0	2 600	20	2 535	12	2 530	19
58	124.4	328.0	0.38	210.0	11.039 1	0.147 9	0.478 5	0.005 1	0.166 7	0.001 7	2 525	18	2 526	12	2 521	22
59	184.2	301.0	0.61	204.0	11.143 5	0.114 9	0.480 1	0.003 9	0.167 8	0.001 5	2 536	15	2 535	10	2 528	17
60	47.1	115.7	0.41	76.2	11.397 8	0.159 1	0.484 4	0.004 8	0.170 4	0.002 3	2 561	22	2 556	13	2 547	21
VHA15 – 1																
01	81.1	96.9	0.84	113.7	28.490 4	0.646 7	0.702 6	0.008 2	0.293 0	0.006 5	3 435	34	3 436	22	3 430	31
02	24.9	641.9	0.04	383.0	17.672 4	0.607 4	0.474 5	0.013 0	0.268 0	0.005 2	3 294	30	2 972	33	2 503	57
03	28.4	685.9	0.04	434.5	15.931 5	0.314 5	0.461 7	0.004 5	0.249 2	0.004 6	3 179	30	2 873	19	2 447	20
04	115.8	396.1	0.29	396.7	27.446 4	0.648 7	0.682 8	0.010 3	0.290 1	0.005 5	3 418	29	3 400	23	3 355	39
05	138.0	330.6	0.42	321.0	25.478 0	0.639 3	0.654 3	0.010 3	0.281 0	0.005 7	3 369	31	3 327	25	3 245	40

续表

样号	Th (ppm)	U (ppm)	Th/U	206Pb (ppm)	同位素比值						年龄 (Ma)					
					$^{207}Pb^*/^{235}U$	误差 (1σ)	$^{206}Pb^*/^{238}U$	误差 (1σ)	$^{207}Pb^*/^{206}Pb^*$	误差 (1σ)	$^{207}Pb/^{206}Pb$	误差 (1σ)	$^{207}Pb/^{235}U$	误差 (1σ)	$^{206}Pb/^{238}U$	误差 (1σ)
06	181.1	365.7	0.50	291.0	19.754 0	0.488 9	0.536 9	0.007 1	0.265 9	0.006 0	3 283	35	3 079	24	2 770	30
07	72.9	139.9	0.52	128.3	22.534 5	0.541 0	0.593 3	0.007 3	0.274 0	0.005 9	3 329	34	3 207	23	3 003	30
08	3.4	229.7	0.01	176.7	23.984 6	0.907 0	0.612 3	0.018 3	0.281 9	0.006 0	3 374	33	3 268	37	3 079	73
09	301.2	249.9	1.21	269.2	24.616 0	0.512 0	0.619 5	0.007 8	0.286 5	0.005 6	3 399	30	3 293	20	3 108	31
10	593.0	1 165.4	0.51	469.5	8.396 3	0.235 7	0.232 8	0.002 8	0.258 9	0.006 0	3 240	37	2 275	25	1 349	15
11	76.7	96.6	0.79	103.8	26.274 4	0.668 2	0.666 0	0.012 1	0.284 3	0.006 6	3 387	36	3 357	25	3 291	47
12	120.6	199.5	0.60	199.6	23.950 6	0.560 7	0.625 8	0.008 6	0.275 8	0.006 7	3 339	38	3 266	23	3 133	34
13	49.5	530.1	0.09	474.9	23.937 5	0.576 2	0.600 6	0.007 5	0.286 3	0.006 8	3 397	37	3 266	23	3 032	30
14	66.3	1 194.6	0.06	464.0	8.246 4	0.211 3	0.279 0	0.003 7	0.212 3	0.004 8	2 924	36	2 258	23	1 586	19
15	135.8	215.9	0.63	183.8	20.783 0	0.533 5	0.522 5	0.007 3	0.285 8	0.006 2	3 395	34	3 129	25	2 710	31
16	83.8	507.3	0.17	304.7	14.896 1	0.350 5	0.414 9	0.006 2	0.258 5	0.004 9	3 238	34	2 809	22	2 237	28
17	180.0	166.1	1.08	198.7	28.207 2	0.579 8	0.687 0	0.007 1	0.296 3	0.005 8	3 451	31	3 426	20	3 371	27
18	349.3	747.9	0.47	526.8	11.316 7	0.243 3	0.490 8	0.004 6	0.166 5	0.003 4	2 524	34	2 550	20	2 574	20
19	11.4	94.3	0.12	99.2	30.014 3	0.776 6	0.717 9	0.009 0	0.302 3	0.007 5	3 482	38	3 487	25	3 488	34
20	150.0	718.6	0.21	453.2	15.852 2	0.490 2	0.431 7	0.010 8	0.265 4	0.005 4	3 279	32	2 868	30	2 314	49
21	47.7	128.4	0.37	139.2	29.216 5	0.548 4	0.712 0	0.007 4	0.296 7	0.005 5	3 453	28	3 461	18	3 466	28
22	51.6	232.7	0.22	168.9	19.339 2	0.496 4	0.479 5	0.007 9	0.290 3	0.005 5	3 420	30	3 059	25	2 525	34
23	43.4	294.1	0.15	240.4	21.765 9	0.510 5	0.536 8	0.008 8	0.292 8	0.006 5	3 432	34	3 173	23	2 770	37
24	181.9	160.6	1.13	199.8	29.725 9	0.791 6	0.713 4	0.010 2	0.300 4	0.007 6	3 472	39	3 478	26	3 471	38
26	16.7	473.6	0.04	479.5	29.379 8	0.542 0	0.712 6	0.007 3	0.297 2	0.005 4	3 457	28	3 466	18	3 468	27
27	56.4	65.0	0.87	77.1	28.646 1	0.551 1	0.706 9	0.007 7	0.293 2	0.005 8	3 435	30	3 441	19	3 447	29
28	61.2	91.6	0.67	108.3	30.399 9	0.599 9	0.723 9	0.007 9	0.303 4	0.005 9	3 487	30	3 500	19	3 511	30

续表

样号	Th (ppm)	U (ppm)	Th/U	206Pb (ppm)	同位素比值						年龄 (Ma)					
					207Pb*/235U	误差(1σ)	206Pb*/238U	误差(1σ)	207Pb*/206Pb*	误差(1σ)	207Pb/206Pb	误差(1σ)	207Pb/235U	误差(1σ)	206Pb/238U	误差(1σ)
29	56.0	687.1	0.08	468.1	17.185 8	0.401 3	0.477 8	0.006 8	0.259 4	0.005 1	3 243	31	2 945	22	2 518	30
30	39.6	624.0	0.06	368.7	15.287 8	0.455 1	0.422 1	0.008 4	0.260 9	0.005 6	3 254	35	2 833	28	2 270	38
31	162.4	628.6	0.26	452.4	17.418 5	0.394 6	0.479 7	0.005 6	0.262 2	0.005 5	3 261	33	2 958	22	2 526	24
32	407.2	851.2	0.48	411.1	12.177 5	0.534 8	0.330 8	0.012 9	0.265 3	0.005 3	3 280	31	2 618	41	1 842	63
33	299.5	202.0	1.48	257.1	27.648 1	0.582 1	0.677 5	0.009 1	0.294 6	0.005 6	3 442	29	3 407	21	3 335	35
34	198.3	500.8	0.40	378.4	16.980 2	0.591 1	0.441 9	0.008 8	0.277 0	0.007 0	3 346	44	2 934	33	2 359	39
35	215.7	1 109.0	0.19	481.5	9.051 6	0.277 0	0.278 7	0.003 2	0.233 2	0.006 0	3 074	41	2 343	28	1 585	16
36	216.7	614.1	0.35	449.3	17.739 9	0.483 8	0.363 6	0.005 1	0.351 7	0.009 0	3 715	39	2 976	26	1 999	24
37	95.0	104.9	0.91	112.0	25.305 1	0.668 4	0.632 7	0.012 3	0.288 8	0.006 5	3 413	35	3 320	26	3 160	49
38	134.5	989.8	0.14	479.7	11.356 2	0.268 2	0.363 1	0.005 2	0.224 5	0.004 3	3 013	30	2 553	22	1 997	24
39	56.0	63.7	0.88	70.2	25.971 0	0.584 5	0.659 3	0.008 9	0.284 3	0.006 0	3 387	33	3 345	22	3 264	35
40	46.9	97.5	0.48	91.0	23.315 8	0.565 0	0.626 4	0.011 6	0.268 9	0.005 4	3 300	31	3 240	24	3 135	46
41	22.8	579.4	0.04	356.1	15.335 7	0.325 8	0.449 1	0.005 3	0.245 8	0.004 6	3 158	30	2 836	20	2 391	24
42	201.7	290.6	0.69	311.6	25.911 0	0.537 1	0.651 0	0.007 2	0.287 0	0.005 7	3 402	31	3 343	20	3 232	28
43	112.9	122.6	0.92	147.9	28.688 1	0.687 3	0.705 5	0.007 8	0.293 7	0.006 9	3 439	31	3 443	24	3 442	29
44	52.8	544.1	0.10	371.5	17.530 3	0.434 6	0.480 9	0.007 2	0.262 2	0.005 3	3 261	32	2 964	24	2 531	31
45	183.7	195.8	0.94	208.7	24.575 6	0.549 4	0.615 2	0.009 8	0.288 3	0.005 7	3 408	31	3 292	22	3 091	39
46	104.6	112.0	0.93	122.1	25.258 8	0.604 2	0.614 9	0.009 7	0.295 8	0.005 9	3 450	31	3 318	23	3 090	39
47	57.4	63.7	0.90	74.2	27.510 2	0.558 7	0.683 9	0.007 7	0.289 9	0.005 8	3 417	30	3 402	20	3 359	30
48	22.3	65.2	0.34	67.0	27.065 3	0.633 0	0.672 4	0.009 7	0.289 9	0.006 5	3 417	34	3 386	23	3 315	37
49	122.2	652.1	0.19	488.1	18.336 3	0.390 2	0.488 3	0.005 3	0.270 0	0.005 9	3 306	34	3 008	20	2 563	23
50	212.0	373.4	0.57	266.3	10.988 1	0.215 9	0.479 7	0.004 9	0.164 8	0.003 3	2 506	33	2 522	18	2 526	22

续表

样号	Th (ppm)	U (ppm)	Th/U	206Pb (ppm)	同位素比值						年龄 (Ma)					
					207Pb*/235U	误差 (1σ)	206Pb*/238U	误差 (1σ)	207Pb*/206Pb*	误差 (1σ)	207Pb/206Pb	误差 (1σ)	207Pb/235U	误差 (1σ)	206Pb/238U	误差 (1σ)
51	211.6	740.8	0.29	486.1	14.879 5	0.509 7	0.363 0	0.005 0	0.291 9	0.007 5	3 428	40	2 808	33	1 997	24
52	15.1	193.5	0.08	185.9	25.966 6	0.513 4	0.663 7	0.008 7	0.282 1	0.005 2	3 375	28	3 345	19	3 282	34
53	356.9	759.3	0.47	427.0	12.383 0	0.331 0	0.350 5	0.006 3	0.253 6	0.004 8	3 209	31	2 634	25	1 937	30
54	118.6	101.1	1.17	124.4	27.992 4	0.636 2	0.680 4	0.009 3	0.297 3	0.006 5	3 456	34	3 419	22	3 346	36
55	18.9	490.6	0.04	360.1	18.559 4	0.389 1	0.512 7	0.005 7	0.261 4	0.005 4	3 255	33	3 019	20	2 668	24
56	114.9	187.0	0.61	178.4	22.536 2	0.441 9	0.585 7	0.006 7	0.278 1	0.005 3	3 352	30	3 207	19	2 972	27
57	218.1	238.1	0.92	294.0	29.041 4	0.541 6	0.708 8	0.007 4	0.295 9	0.005 4	3 449	28	3 455	18	3 454	28
58	45.0	86.1	0.52	82.5	23.860 5	0.557 7	0.597 2	0.010 6	0.289 1	0.006 1	3 413	33	3 263	23	3 019	43
59	22.4	373.1	0.06	340.4	25.712 7	0.530 7	0.652 4	0.008 7	0.284 2	0.004 9	3 386	26	3 336	20	3 238	34
60	126.8	330.4	0.38	332.0	25.865 5	0.476 6	0.648 8	0.005 9	0.287 9	0.005 1	3 406	23	3 341	18	3 223	23
VHA20																
01	85.5	121.6	0.70	74.3	9.605 0	0.174 3	0.431 1	0.005 8	0.161 1	0.002 3	2 478	24	2 398	17	2 311	26
02	999.9	2 706.7	0.37	572.6	3.344 9	0.041 7	0.153 3	0.001 2	0.157 8	0.001 9	2 432	20	1 492	10	919	7
03	409.2	768.9	0.53	516.9	11.312 1	0.123 6	0.489 3	0.003 4	0.167 3	0.001 8	2 531	19	2 549	10	2 568	15
04	159.1	328.4	0.48	229.3	13.281 4	0.203 5	0.516 5	0.006 3	0.186 1	0.002 1	2 709	13	2 700	14	2 685	27
05	78.6	119.8	0.66	74.8	10.413 4	0.189 2	0.448 5	0.006 5	0.168 4	0.002 5	2 543	24	2 472	17	2 389	29
06	190.2	316.1	0.60	209.1	11.960 0	0.184 3	0.472 6	0.005 1	0.183 3	0.002 3	2 682	21	2 601	14	2 495	23
07	138.5	203.8	0.68	138.4	10.959 9	0.151 4	0.483 1	0.003 6	0.164 3	0.002 2	2 502	23	2 520	13	2 541	16
08	145.9	250.4	0.58	172.9	12.680 7	0.155 7	0.496 7	0.003 8	0.184 9	0.002 2	2 697	20	2 656	12	2 600	16
09	113.3	145.6	0.78	116.3	14.797 5	0.180 9	0.548 8	0.004 6	0.195 2	0.002 1	2 786	18	2 802	12	2 820	19
10	336.5	644.4	0.52	394.5	10.667 3	0.139 4	0.465 8	0.005 6	0.165 7	0.001 4	2 517	14	2 495	12	2 465	25
11	285.4	609.9	0.47	393.2	10.883 8	0.087 0	0.480 6	0.003 0	0.163 8	0.001 3	2 495	13	2 513	7	2 530	13

续表

样号	Th (ppm)	U (ppm)	Th/U	206Pb (ppm)	同位素比值						年龄 (Ma)					
					207Pb*/235U	误差 (1σ)	206Pb*/238U	误差 (1σ)	207Pb*/206Pb*	误差 (1σ)	207Pb/206Pb	误差 (1σ)	207Pb/235U	误差 (1σ)	206Pb/238U	误差 (1σ)
12	62.2	98.9	0.63	65.8	10.6118	0.1283	0.4865	0.0048	0.1579	0.0016	2433	17	2490	11	2556	21
13	1405	2661.4	0.53	443.0	2.6377	0.0234	0.1249	0.0010	0.1527	0.0010	2376	11	1311	7	759	6
14	1217	1428.4	0.85	582.2	6.2471	0.0426	0.2780	0.0018	0.1626	0.0009	2483	11	2011	6	1581	9
15	525.5	1050.4	0.50	661.1	10.4640	0.0655	0.4690	0.0028	0.1614	0.0009	2472	10	2477	6	2479	12
16	203.3	355.3	0.57	214.2	10.2774	0.0957	0.4458	0.0035	0.1668	0.0011	2526	11	2460	9	2377	15
17	274.6	549.0	0.50	359.9	11.1178	0.0846	0.4898	0.0036	0.1644	0.0011	2502	11	2533	7	2570	15
18	51.7	117.4	0.44	75.3	10.8513	0.1099	0.4878	0.0034	0.1613	0.0017	2469	18	2510	9	2561	15
19	32.9	104.6	0.31	69.4	12.8416	0.1496	0.5178	0.0047	0.1797	0.0017	2650	15	2668	11	2690	20
20	256.8	618.0	0.42	372.1	10.1988	0.0786	0.4617	0.0029	0.1599	0.0012	2455	18	2453	7	2447	13
21	172.0	356.6	0.48	214.3	10.3275	0.1120	0.4553	0.0035	0.1642	0.0017	2499	18	2465	10	2419	15
22	220.6	183.4	1.20	127.2	10.2401	0.1124	0.4562	0.0034	0.1625	0.0018	2483	20	2457	10	2423	15
23	184.0	379.5	0.48	265.7	13.7625	0.1652	0.5168	0.0036	0.1926	0.0023	2765	20	2734	11	2685	15
24	167.9	326.3	0.51	207.5	10.7038	0.1441	0.4741	0.0036	0.1632	0.0022	2500	28	2498	13	2501	16
25	384.7	816.9	0.47	508.8	10.6192	0.1407	0.4705	0.0035	0.1631	0.0022	2488	23	2490	12	2486	15
26	126.5	230.0	0.55	173.6	15.0946	0.1979	0.5483	0.0044	0.1990	0.0026	2818	20	2821	12	2818	18
27	101.3	453.4	0.22	245.5	9.8271	0.1208	0.4372	0.0037	0.1625	0.0019	2483	20	2419	11	2338	17
28	203.6	392.3	0.52	250.6	10.8955	0.1271	0.4775	0.0036	0.1650	0.0019	2507	20	2514	11	2516	16
29	562.4	1139.3	0.49	559.8	8.0988	0.0900	0.3727	0.0026	0.1571	0.0018	2425	19	2242	10	2042	12
30	96.4	110.4	0.87	75.0	10.5549	0.1566	0.4774	0.0041	0.1601	0.0024	2457	25	2485	14	2516	18
31	98.8	127.0	0.78	82.7	10.2786	0.1504	0.4671	0.0036	0.1591	0.0023	2447	25	2460	14	2472	16
32	164.2	290.2	0.57	184.9	10.6753	0.1399	0.4764	0.0045	0.1620	0.0018	2477	19	2495	12	2512	20
33	184.7	320.7	0.58	199.7	10.0378	0.1101	0.4612	0.0035	0.1575	0.0016	2429	17	2438	10	2445	15

续表

样号	Th (ppm)	U (ppm)	Th/U	206Pb (ppm)	同位素比值						年龄 (Ma)					
					207Pb*/235U	误差 (1σ)	206Pb*/238U	误差 (1σ)	207Pb*/206Pb*	误差 (1σ)	207Pb/206Pb	误差 (1σ)	207Pb/235U	误差 (1σ)	206Pb/238U	误差 (1σ)
34	243.1	410.6	0.59	266.4	10.427 3	0.090 1	0.482 4	0.003 1	0.156 4	0.001 3	2 418	15	2 473	8	2 538	14
35	264.2	248.6	1.06	180.0	10.496 8	0.101 8	0.487 3	0.003 3	0.155 9	0.001 5	2 413	17	2 480	9	2 559	14
36	48.7	67.7	0.72	46.0	10.953 9	0.133 0	0.487 7	0.003 9	0.162 7	0.001 9	2 484	21	2 519	11	2 561	17
37	434.6	555.0	0.78	370.8	10.405 5	0.085 8	0.483 6	0.003 5	0.155 7	0.001 1	2 409	11	2 472	8	2 543	15
38	117.4	176.9	0.66	117.3	10.764 5	0.088 4	0.483 5	0.003 3	0.161 1	0.001 3	2 478	13	2 503	8	2 542	14
39	168.3	228.9	0.74	154.7	10.691 8	0.095 3	0.485 4	0.003 7	0.159 3	0.001 4	2 450	15	2 497	8	2 551	16
40	87.2	246.1	0.35	150.0	10.524 0	0.093 3	0.484 8	0.003 6	0.156 8	0.001 1	2 422	13	2 482	8	2 548	16
41	110.1	152.6	0.72	101.4	10.846 0	0.152 6	0.483 6	0.006 2	0.162 0	0.001 4	2 477	14	2 510	13	2543	27
42	100.2	147.1	0.68	94.6	10.122 4	0.098 3	0.469 0	0.003 6	0.156 0	0.001 4	2 413	15	2 446	9	2 479	16
43	522.1	475.2	1.10	337.2	11.691 4	0.151 1	0.476 0	0.005 0	0.177 3	0.001 3	2 627	12	2 580	12	2 510	22
44	223.9	306.5	0.73	191.2	10.053 2	0.105 6	0.454 8	0.004 0	0.159 8	0.001 2	2 453	12	2 440	10	2 417	18
45	189.1	228.1	0.83	133.3	9.640 4	0.126 0	0.418 2	0.005 1	0.166 8	0.001 4	2 526	9	2 401	12	2 252	23
46	211.7	235.5	0.90	153.2	10.427 6	0.137 3	0.454 5	0.005 4	0.166 0	0.001 3	2 518	13	2 474	12	2 415	24
47	371.4	634.2	0.59	333.3	8.884 6	0.077 7	0.397 2	0.003 3	0.162 0	0.001 1	2 477	17	2 326	8	2 156	15
48	30.4	58.9	0.52	37.7	11.116 6	0.147 8	0.481 1	0.004 3	0.167 6	0.002 0	2 600	20	2 533	12	2 532	19
49	525.3	627.8	0.84	470.8	13.370 0	0.108 5	0.520 4	0.003 6	0.186 2	0.001 3	2 708	11	2 706	8	2 701	15
50	176.3	249.1	0.71	165.1	10.986 9	0.103 9	0.478 7	0.003 1	0.166 3	0.001 6	2 521	16	2 522	9	2 521	13
51	202.4	222.6	0.91	138.2	9.966 9	0.140 0	0.446 1	0.005 6	0.161 9	0.001 6	2 476	17	2 432	13	2 378	25
52	164.9	293.9	0.56	221.7	15.053 4	0.218 3	0.548 7	0.006 4	0.198 6	0.002 4	2 817	19	2 819	14	2 820	27
53	65.7	116.4	0.56	81.0	12.822 2	0.407 5	0.507 6	0.009 2	0.182 7	0.004 7	2 677	43	2 667	30	2 647	39
54	1 047	1 176.2	0.89	738.5	10.146 7	0.152 6	0.441 9	0.005 2	0.166 2	0.002 0	2 519	20	2 448	14	2 359	23
55	331.3	413.6	0.80	252.4	9.982 0	0.135 4	0.431 4	0.003 7	0.167 5	0.002 3	2 532	23	2 433	13	2 312	17

续表

样号	Th (ppm)	U (ppm)	Th/U	206Pb (ppm)	同位素比值						年龄（Ma）					
					207Pb*/235U	误差(1σ)	206Pb*/238U	误差(1σ)	207Pb*/206Pb*	误差(1σ)	207Pb/206Pb	误差(1σ)	207Pb/235U	误差(1σ)	206Pb/238U	误差(1σ)
56	385.0	863.5	0.45	526.7	10.652 6	0.121 4	0.466 0	0.003 4	0.165 4	0.001 8	2 522	20	2 493	11	2 466	15
57	340.6	529.2	0.64	211.5	6.947 3	0.109 1	0.298 6	0.003 8	0.1682	0.001 8	2 539	18	2 105	14	1 684	19
58	106.4	376.3	0.28	214.8	11.317 9	0.162 4	0.451 8	0.005 5	0.181 2	0.001 8	2 664	17	2 550	13	2 403	24
59	110.1	236.8	0.47	146.0	11.326 3	0.147 5	0.475 1	0.005 0	0.172 4	0.001 6	2 581	16	2 550	12	2 506	22
60	94.6	90.8	1.04	65.7	11.151 0	0.117 0	0.487 6	0.003 5	0.165 7	0.001 8	2 515	17	2 536	10	2 560	15
VHA27–1																
01	47.8	158.2	0.30	153.6	25.787 9	0.635 3	0.633 9	0.006 9	0.293 1	0.007 1	3 434	38	3 339	24	3 165	27
02	188.2	188.6	1.00	199.5	26.713 7	0.605 3	0.657 0	0.007 9	0.293 1	0.006 4	3 434	34	3 373	22	3 256	31
03	161.8	228.6	0.71	250.9	27.601 8	0.584 6	0.674 3	0.008 0	0.295 0	0.005 9	3 444	31	3 405	21	3 323	31
04	129.8	320.5	0.40	277.4	22.501 9	0.502 3	0.562 6	0.007 4	0.288 2	0.005 9	3 409	32	3 206	22	2 877	31
05	65.0	162.1	0.40	168.2	27.707 8	0.621 4	0.673 0	0.007 1	0.296 7	0.006 7	3 453	35	3 409	22	3 317	27
06	44.5	101.4	0.44	110.0	28.429 5	0.746 1	0.692 4	0.008 9	0.296 0	0.007 7	3 449	46	3 434	26	3 392	34
07	133.0	264.3	0.50	217.3	21.513 6	0.557 1	0.530 4	0.007 6	0.291 9	0.007 2	3 428	38	3 162	25	2 743	32
08	318.3	716.7	0.44	355.0	11.224 8	0.265 9	0.335 2	0.004 5	0.241 1	0.005 3	3 127	35	2 542	22	1 864	22
09	139.9	291.2	0.48	265.2	23.993 1	0.561 0	0.594 3	0.007 2	0.290 6	0.006 3	3 421	34	3 268	23	3 007	29
10	183.0	340.9	0.54	275.4	21.055 6	0.468 2	0.524 2	0.005 5	0.289 5	0.006 4	3 417	34	3 141	22	2 717	23
11	52.2	194.6	0.27	187.1	26.908 3	0.688 7	0.668 2	0.008 3	0.290 5	0.007 1	3 420	37	3 380	25	3 299	32
12	145.7	234.0	0.62	256.7	28.877 8	0.781 0	0.706 3	0.007 9	0.294 8	0.007 9	3 444	41	3 449	27	3 444	30
13	298.3	577.4	0.52	255.0	9.623 4	0.311 3	0.300 2	0.004 6	0.230 0	0.006 3	3 054	43	2 399	30	1 693	23
14	143.5	687.8	0.21	368.1	13.133 6	0.325 8	0.380 9	0.003 9	0.248 5	0.005 9	3 176	37	2 689	23	2 080	18
15	329.3	466.3	0.71	412.2	22.192 2	0.517 3	0.565 4	0.006 1	0.283 1	0.006 1	3 380	34	3 192	23	2 889	28
16	77.1	172.8	0.45	152.9	23.430 4	0.548 1	0.581 0	0.006 5	0.291 2	0.006 5	3 424	35	3 245	23	2 953	32

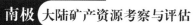

南极 大陆矿产资源考察与评估

续表

样号	Th (ppm)	U (ppm)	Th/U	206Pb (ppm)	同位素比值						年龄（Ma）					
					$^{207}Pb^*/^{235}U$	误差(1σ)	$^{206}Pb^*/^{238}U$	误差(1σ)	$^{207}Pb^*/^{206}Pb^*$	误差(1σ)	$^{207}Pb/^{206}Pb$	误差(1σ)	$^{207}Pb/^{235}U$	误差(1σ)	$^{206}Pb/^{238}U$	误差(1σ)
17	63.8	201.6	0.32	179.6	23.874 2	0.622 6	0.620 3	0.010 4	0.277 8	0.006 1	3 351	34	3 263	25	3 111	41
18	84.5	83.5	1.01	100.5	28.374 2	0.814 0	0.704 0	0.009 1	0.291 5	0.008 5	3 426	45	3 432	28	3 436	34
19	157.3	275.1	0.57	282.0	25.863 8	0.668 0	0.646 3	0.007 7	0.289 0	0.007 2	3 413	39	3 341	25	3 214	30
20	158.5	260.0	0.61	272.8	26.634 9	0.617 7	0.665 5	0.008 2	0.289 5	0.006 5	3 417	35	3 370	23	3 289	32
21	37.0	163.4	0.23	143.6	23.924 4	0.567 3	0.602 9	0.008 9	0.287 1	0.006 3	3 402	34	3 265	23	3 042	36
22	66.3	242.2	0.27	227.5	25.724 4	0.576 4	0.647 4	0.008 7	0.287 5	0.005 9	3 406	32	3 336	22	3 218	34
23	73.8	247.6	0.30	220.3	24.306 5	0.516 1	0.612 8	0.006 8	0.286 9	0.005 7	3 401	31	3 281	21	3 081	27
24	105.9	404.7	0.26	271.5	18.333 5	0.423 4	0.477 2	0.006 7	0.278 1	0.005 6	3 354	31	3 007	22	2 515	29
25	85.7	280.6	0.31	250.5	23.152 0	0.591 8	0.576 5	0.009 2	0.280 0	0.006 6	3 363	37	3 233	25	2 934	38
26	58.9	194.2	0.30	190.7	25.944 6	0.510 3	0.614 4	0.006 4	0.285 3	0.005 7	3 392	31	3 344	19	3 088	25
27	188.2	466.7	0.40	342.4	17.524 6	0.410 7	0.425 8	0.006 8	0.268 4	0.004 6	3 298	27	2 964	23	2 287	31
28	120.7	207.7	0.58	233.4	28.286 2	0.393 9	0.617 4	0.005 3	0.289 7	0.003 8	3 416	21	3 429	14	3 099	21
29	382.3	747.2	0.51	329.6	9.495 7	0.430 6	0.251 3	0.007 6	0.227 6	0.004 5	3 036	65	2 387	42	1 445	39
30	87.1	164.8	0.53	173.4	26.448 4	0.284 4	0.541 7	0.004 2	0.287 7	0.002 6	3 405	14	3 363	11	2 790	18
31	74.7	246.5	0.30	221.5	23.420 5	0.264 5	0.496 7	0.004 8	0.285 3	0.003 1	3 392	17	3 245	11	2 600	21
32	106.2	222.6	0.48	236.3	27.072 0	0.349 3	0.586 8	0.004 9	0.287 8	0.003 6	3 406	19	3 386	13	2 976	20
33	556.2	643.9	0.86	412.4	14.777 7	0.323 7	0.366 7	0.006 1	0.257 6	0.003 6	3 232	22	2 801	21	2 014	29
34	1 101.5	1 483.7	0.74	428.9	3.991 5	0.070 9	0.175 1	0.001 8	0.150 7	0.002 7	2 354	30	1 632	14	1 040	10
35	281.9	569.0	0.50	424.5	18.762 1	0.407 0	0.470 9	0.006 5	0.270 3	0.005 2	3 309	30	3 030	21	2 488	29
36	275.8	378.1	0.73	394.3	25.601 0	0.560 3	0.622 4	0.007 0	0.287 1	0.006 4	3 402	34	3 331	21	3 120	28
37	489.7	1 299.2	0.38	390.9	5.879 2	0.129 5	0.214 0	0.002 3	0.197 0	0.004 5	2 802	37	1 958	19	1 250	12
38	259.2	397.3	0.65	356.2	21.935 5	0.432 0	0.561 7	0.005 6	0.280 2	0.005 7	3 364	32	3 181	19	2 874	23

续表

样号	Th (ppm)	U (ppm)	Th/U	206Pb (ppm)	同位素比值						年龄 (Ma)					
					207Pb*/235U	误差 (1σ)	206Pb*/238U	误差 (1σ)	207Pb*/206Pb*	误差 (1σ)	207Pb/206Pb	误差 (1σ)	207Pb/235U	误差 (1σ)	206Pb/238U	误差 (1σ)
39	75.7	135.4	0.56	148.4	28.155 7	0.574 0	0.694 6	0.008 0	0.291 1	0.006 0	3 423	32	3 425	20	3 400	30
40	484.2	497.0	0.97	535.1	25.381 9	0.504 8	0.643 0	0.006 8	0.283 4	0.005 6	3 383	31	3 323	19	3 201	27
41	214.1	304.7	0.70	315.2	24.711 0	0.535 8	0.645 4	0.006 8	0.275 1	0.006 1	3 335	35	3 297	21	3 210	26
42	216.4	300.6	0.72	293.6	24.057 7	0.570 5	0.610 3	0.006 2	0.283 2	0.006 9	3 381	38	3 271	23	3 071	25
43	188.3	276.5	0.68	285.7	25.495 0	0.630 8	0.656 5	0.007 9	0.279 0	0.006 8	3 358	38	3 327	24	3 254	31
44	110.2	323.9	0.34	274.8	22.160 3	0.512 7	0.573 0	0.006 9	0.278 0	0.006 3	3 354	36	3 191	22	2 920	28
45	142.3	226.4	0.63	249.0	27.272 2	0.597 5	0.687 6	0.006 7	0.285 1	0.006 4	3 391	29	3 393	21	3 373	26
46	225.4	559.7	0.40	431.6	18.319 7	0.450 2	0.510 4	0.005 6	0.257 7	0.006 2	3 232	38	3 007	24	2 658	24
47	509.1	907.3	0.56	480.2	11.616 3	0.307 6	0.348 7	0.003 9	0.239 2	0.006 3	3 117	42	2 574	25	1 928	19
48	93.7	250.9	0.37	239.6	24.791 9	0.741 5	0.637 1	0.007 6	0.279 8	0.008 6	3 362	48	3 300	29	3 178	30
49	54.2	164.4	0.33	157.8	25.180 9	0.779 5	0.639 7	0.008 9	0.282 6	0.008 6	3 377	48	3 315	30	3 188	35
50	359.6	656.8	0.55	428.9	15.282 5	0.389 7	0.419 1	0.004 3	0.261 8	0.006 9	3 258	41	2 833	24	2 256	20
51	169.4	296.0	0.57	269.8	23.609 0	0.601 8	0.597 4	0.009 6	0.283 8	0.006 7	3 384	37	3 252	25	3 019	39
52	47.9	582.7	0.08	366.8	16.756 3	0.391 0	0.448 8	0.006 1	0.267 7	0.006 0	3 294	35	2 921	22	2 390	27
53	155.4	198.4	0.78	218.8	27.026 1	0.600 2	0.679 6	0.007 8	0.285 1	0.006 3	3 391	29	3 384	22	3 343	30
54	653.5	911.0	0.72	409.2	9.577 3	0.283 8	0.295 1	0.005 6	0.231 7	0.005 5	3 064	37	2 395	27	1 667	28
55	85.4	176.2	0.48	173.9	27.793 7	0.719 5	0.676 7	0.010 7	0.294 4	0.007 0	3 443	37	3 412	25	3 332	41
56	187.0	219.3	0.85	259.1	29.919 7	0.660 9	0.723 0	0.009 0	0.297 2	0.006 9	3 457	36	3 484	22	3 507	33
57	941.8	2 156.4	0.44	561.3	4.368 8	0.116 0	0.191 0	0.003 1	0.163 9	0.003 4	2 498	35	1 706	22	1 127	17
58	110.7	263.2	0.42	253.2	26.117 7	0.510 7	0.638 2	0.006 4	0.294 1	0.005 7	3 439	30	3 351	19	3 182	25
59	144.8	178.7	0.81	210.0	30.127 7	0.601 0	0.722 6	0.008 0	0.300 2	0.005 9	3 471	31	3 491	20	3 506	30
60	74.2	381.0	0.19	306.5	22.717 8	0.530 5	0.580 6	0.008 7	0.281 3	0.005 4	3 370	30	3 215	23	2 951	35

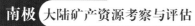

续表

样号	Th (ppm)	U (ppm)	Th/U	206Pb (ppm)	同位素比值						年龄 (Ma)					
					207Pb*/235U	误差(1σ)	206Pb*/238U	误差(1σ)	207Pb*/206Pb*	误差(1σ)	207Pb/206Pb	误差(1σ)	207Pb/235U	误差(1σ)	206Pb/238U	误差(1σ)
VHA28																
01	88.6	223.8	0.40	147.5	11.501 9	0.130 3	0.489 3	0.003 4	0.170 2	0.001 9	2 561	23	2 565	11	2 568	15
02	258.7	420.7	0.61	284.3	11.247 0	0.119 7	0.480 4	0.003 2	0.169 5	0.001 7	2 554	17	2 544	10	2 529	14
03	120.0	324.1	0.37	210.2	11.403 9	0.127 1	0.486 2	0.003 4	0.169 9	0.001 8	2 567	19	2 557	10	2 554	15
04	166.2	385.8	0.43	226.8	10.039 9	0.117 3	0.430 9	0.003 4	0.168 7	0.001 8	2 546	19	2 438	11	2 310	15
05	76.4	167.3	0.46	104.7	10.762 2	0.135 4	0.462 9	0.003 4	0.168 4	0.002 1	2 543	21	2 503	12	2 452	15
06	159.2	760.3	0.21	394.1	9.505 8	0.128 0	0.417 4	0.003 7	0.164 8	0.002 0	2 506	19	2 388	12	2 248	17
07	86.9	236.7	0.37	152.3	11.198 8	0.140 8	0.486 5	0.003 9	0.166 7	0.002 0	2 524	19	2 540	12	2 556	17
08	76.7	125.2	0.61	76.7	9.993 3	0.139 9	0.439 7	0.003 9	0.164 6	0.002 2	2 506	23	2 434	13	2 349	18
09	327.9	551.3	0.59	376.2	11.372 5	0.110 4	0.490 4	0.003 3	0.167 8	0.001 6	2 536	17	2 554	9	2 572	14
10	241.9	423.9	0.57	282.9	11.174 2	0.103 0	0.485 4	0.003 4	0.166 6	0.001 4	2 524	15	2 538	9	2 551	15
11	128.0	355.4	0.36	227.7	11.185 4	0.090 4	0.483 2	0.003 0	0.167 5	0.001 3	2 532	13	2 539	8	2 541	13
12	124.7	306.0	0.41	197.9	11.271 5	0.105 8	0.486 9	0.003 7	0.167 4	0.001 3	2 532	13	2 546	9	2 557	16
13	45.3	76.1	0.60	44.3	9.522 4	0.150 3	0.425 5	0.004 7	0.161 8	0.002 1	2 476	21	2 390	15	2 286	21
14	62.7	101.2	0.62	59.3	9.350 8	0.139 0	0.420 3	0.003 5	0.161 1	0.002 5	2 478	26	2 373	14	2 262	16
15	101.1	277.7	0.36	176.3	11.349 0	0.103 0	0.487 5	0.004 4	0.168 4	0.001 0	2 543	11	2 552	8	2 560	19
16	163.8	416.5	0.39	273.1	11.560 0	0.081 1	0.497 5	0.002 9	0.167 9	0.001 0	2 539	12	2 569	7	2 603	12
17	154.7	431.8	0.36	277.1	11.536 3	0.078 3	0.492 0	0.003 0	0.169 5	0.001 0	2 554	11	2 568	6	2 579	13
18	100.9	243.9	0.41	155.9	11.259 4	0.100 2	0.486 6	0.003 5	0.167 2	0.001 2	2 529	13	2 545	8	2 556	15
19	135.5	393.8	0.34	248.1	11.457 0	0.092 4	0.486 4	0.003 5	0.170 2	0.001 1	2 561	10	2 561	8	2 555	15
20	183.1	640.7	0.29	325.3	9.108 6	0.064 5	0.405 1	0.002 5	0.162 6	0.001 1	2 482	12	2 349	6	2 192	11
21	314.0	995.7	0.32	570.7	10.360 1	0.080 3	0.444 8	0.003 1	0.168 4	0.001 0	2 542	10	2 467	7	2 372	14

续表

样号	Th (ppm)	U (ppm)	Th/U	206Pb (ppm)	同位素比值						年龄（Ma）					
					207Pb*/235U	误差（1σ）	206Pb*/238U	误差（1σ）	207Pb*/206Pb*	误差（1σ）	207Pb/206Pb	误差（1σ）	207Pb/235U	误差（1σ）	206Pb/238U	误差（1σ）
22	98.9	214.9	0.46	139.1	11.320 2	0.086 7	0.486 8	0.003 4	0.168 3	0.001 2	2 543	12	2 550	7	2 557	15
23	162.8	338.8	0.48	221.8	11.330 9	0.091 5	0.486 5	0.003 3	0.168 6	0.001 1	2 544	11	2 551	8	2 555	14
24	160.6	432.1	0.37	241.8	9.802 8	0.123 7	0.430 4	0.005 2	0.164 9	0.001 1	2 506	12	2 416	12	2 307	24
25	119.9	210.4	0.57	122.1	9.504 0	0.117 7	0.427 5	0.004 4	0.161 1	0.001 5	2 478	16	2 388	11	2 294	20
26	166.8	584.0	0.29	345.7	10.591 2	0.072 1	0.459 5	0.002 8	0.166 9	0.001 1	2 528	12	2 488	6	2 437	12
27	208.2	363.2	0.57	242.1	11.370 6	0.083 5	0.486 7	0.003 1	0.169 1	0.001 1	2 550	11	2 554	7	2 556	13
28	193.9	522.2	0.37	287.8	9.979 7	0.162 1	0.429 6	0.006 6	0.168 1	0.001 1	2 539	11	2 433	15	2 304	30
29	74.2	191.3	0.39	121.8	11.483 1	0.107 5	0.487 0	0.003 9	0.170 6	0.001 3	2 565	12	2 563	9	2 558	17
30	240.5	469.7	0.51	304.4	11.356 6	0.073 0	0.480 7	0.002 9	0.170 9	0.001 1	2 566	5	2 553	6	2 530	12
31	119.6	199.1	0.60	132.9	11.635 5	0.087 2	0.486 7	0.003 1	0.173 0	0.001 4	2 587	13	2 576	7	2 556	13
32	79.1	206.4	0.38	129.5	11.611 3	0.119 0	0.482 4	0.004 5	0.174 1	0.001 3	2 598	12	2 574	10	2 538	20
33	102.1	264.9	0.39	167.2	11.450 1	0.104 8	0.480 5	0.004 0	0.172 3	0.001 2	2 580	12	2 561	9	2 529	17
34	189.8	481.0	0.39	299.0	11.511 2	0.111 2	0.478 6	0.004 1	0.173 8	0.001 1	2 595	11	2 565	9	2 521	18
35	82.3	343.8	0.24	208.3	11.756 8	0.164 8	0.487 1	0.006 8	0.174 6	0.001 4	2 602	14	2 585	13	2 558	29
36	123.9	223.7	0.55	148.6	11.859 3	0.100 5	0.487 2	0.003 3	0.175 9	0.001 3	2 617	13	2 593	8	2 559	14
37	129.1	240.4	0.54	154.9	11.351 6	0.088 2	0.475 5	0.003 1	0.172 6	0.001 2	2 583	11	2 552	7	2 508	13
38	75.9	189.3	0.40	118.7	11.294 0	0.117 4	0.474 6	0.003 9	0.172 2	0.001 6	2 589	15	2 548	10	2 504	17
39	48.0	93.9	0.51	59.3	10.844 9	0.119 1	0.468 1	0.003 3	0.167 7	0.001 8	2 534	19	2 510	10	2 475	15
40	280.1	447.6	0.63	300.9	11.485 1	0.117 8	0.487 1	0.003 6	0.170 7	0.001 7	2 565	17	2 563	10	2 558	15
41	46.3	73.1	0.63	46.1	10.200 9	0.147 0	0.457 5	0.004 3	0.161 6	0.002 2	2 472	22	2 453	13	2 428	19
42	127.8	312.5	0.41	199.8	11.244 7	0.146 0	0.486 3	0.003 6	0.167 4	0.002 0	2 532	21	2 544	12	2 555	16
43	177.1	266.7	0.66	182.3	11.174 2	0.150 8	0.489 3	0.003 5	0.165 5	0.002 3	2 513	17	2 538	13	2 567	15

续表

样号	Th (ppm)	U (ppm)	Th/U	206Pb (ppm)	同位素比值						年龄(Ma)					
					$^{207}Pb^*/^{235}U$	误差 (1σ)	$^{206}Pb^*/^{238}U$	误差 (1σ)	$^{207}Pb^*/^{206}Pb^*$	误差 (1σ)	$^{207}Pb/^{206}Pb$	误差 (1σ)	$^{207}Pb/^{235}U$	误差 (1σ)	$^{206}Pb/^{238}U$	误差 (1σ)
44	142.4	256.9	0.55	170.6	11.016 8	0.131 2	0.490 5	0.003 6	0.162 7	0.001 9	2 484	21	2 525	11	2 573	16
45	123.7	266.7	0.46	173.5	11.100 0	0.121 0	0.487 9	0.003 4	0.164 8	0.001 7	2 505	18	2 532	10	2 562	15
46	93.8	250.0	0.38	161.2	11.238 2	0.114 1	0.494 3	0.003 4	0.164 7	0.001 6	2 506	16	2 543	9	2 589	15
47	159.8	280.9	0.57	186.1	11.023 8	0.099 0	0.486 1	0.003 2	0.164 2	0.001 5	2 500	15	2 525	8	2 554	14
48	245.6	409.2	0.60	267.5	11.080 1	0.107 2	0.485 6	0.004 1	0.165 2	0.001 2	2 510	12	2 530	9	2 552	18
49	209.3	398.7	0.52	267.6	11.392 0	0.081 9	0.499 3	0.003 2	0.165 2	0.001 1	2 510	11	2 556	7	2 611	14
50	86.9	239.6	0.36	157.0	11.547 7	0.108 4	0.498 0	0.003 5	0.167 9	0.001 4	2 537	13	2 568	9	2 605	15
51	184.2	378.4	0.49	250.2	11.255 0	0.079 1	0.489 5	0.003 3	0.166 5	0.001 0	2 524	44	2 544	7	2 569	14
52	89.7	239.9	0.37	155.2	11.364 8	0.084 9	0.489 7	0.003 0	0.168 1	0.001 2	2 539	12	2 554	7	2 569	13
53	89.0	165.3	0.54	113.3	11.609 7	0.089 6	0.497 7	0.003 1	0.168 9	0.001 2	2 547	12	2 573	7	2 604	13
54	77.5	198.5	0.39	132.1	11.685 9	0.089 0	0.496 9	0.003 0	0.170 3	0.001 3	2 561	12	2 580	7	2 600	13
55	85.2	233.3	0.37	151.6	11.346 5	0.090 7	0.485 7	0.003 1	0.169 1	0.001 2	2 550	12	2 552	7	2 552	13
56	72.9	193.8	0.38	126.4	11.380 6	0.089 0	0.486 9	0.003 1	0.169 2	0.001 2	2 550	12	2 555	7	2 557	14
57	77.4	186.3	0.42	124.3	11.480 2	0.095 0	0.492 0	0.003 2	0.168 9	0.001 3	2 547	-19	2 563	8	2 579	14
58	79.5	196.6	0.40	128.7	11.179 1	0.080 9	0.482 2	0.003 1	0.167 8	0.001 2	2 536	12	2 538	7	2 537	14
59	135.8	375.1	0.36	253.2	11.505 8	0.076 1	0.499 4	0.003 0	0.166 7	0.001 1	2 525	10	2 565	6	2 611	13
60	87.2	218.2	0.40	144.7	11.196 5	0.080 2	0.487 3	0.003 1	0.166 3	0.001 1	2 521	11	2 540	7	2 559	13
VHA28-1																
01	65.0	174.1	0.37	110.1	10.620 1	0.096 6	0.467 8	0.003 6	0.164 1	0.001 3	2 498	19	2 490	8	2 474	16
02	186.8	403.6	0.46	249.3	10.323 6	0.120 4	0.450 2	0.004 6	0.165 7	0.001 3	2 514	13	2 464	11	2 396	20
03	42.8	59.9	0.71	41.5	10.726 2	0.112 7	0.478 3	0.003 5	0.162 2	0.001 7	2 480	17	2 500	10	2 520	15
04	40.4	68.3	0.59	46.0	10.604 7	0.136 0	0.481 5	0.003 6	0.159 1	0.001 9	2 446	19	2 489	12	2 534	16

续表

样号	Th (ppm)	U (ppm)	Th/U	206Pb (ppm)	同位素比值						年龄(Ma)					
					207Pb*/235U	误差(1σ)	206Pb*/238U	误差(1σ)	207Pb*/206Pb*	误差(1σ)	207Pb/206Pb	误差(1σ)	207Pb/235U	误差(1σ)	206Pb/238U	误差(1σ)
05	87.1	241.4	0.36	159.4	11.479 3	0.083 2	0.494 8	0.003 2	0.167 6	0.001 1	2 600	11	2 563	7	2 591	14
06	190.8	398.5	0.48	265.6	11.352 0	0.086 8	0.490 3	0.003 5	0.167 2	0.001 1	2 531	10	2 552	7	2 572	15
07	192.9	420.4	0.46	271.4	10.731 0	0.079 6	0.471 6	0.002 9	0.164 3	0.001 1	2 502	6	2 500	7	2 490	13
08	48.0	79.0	0.61	53.7	10.876 7	0.140 7	0.486 2	0.005 0	0.161 8	0.001 8	2 476	19	2 513	12	2 554	22
09	168.7	306.2	0.55	209.2	11.211 0	0.085 2	0.489 4	0.003 3	0.165 6	0.001 2	2 513	12	2 541	7	2 568	14
10	55.4	135.8	0.41	81.7	10.026 1	0.117 8	0.443 2	0.004 7	0.163 7	0.001 5	2 494	15	2 437	11	2 365	21
11	76.6	150.2	0.51	93.7	10.309 4	0.118 8	0.455 9	0.004 3	0.163 6	0.001 5	2 494	16	2 463	11	2 421	19
12	61.4	417.0	0.15	238.9	9.970 5	0.078 7	0.449 6	0.003 2	0.160 4	0.001 0	2 461	11	2 432	7	2 393	14
13	76.2	193.4	0.39	117.8	10.322 9	0.114 4	0.449 0	0.004 6	0.166 5	0.001 2	2 524	13	2 464	10	2 391	20
14	159.3	481.0	0.33	313.8	11.185 3	0.092 0	0.487 3	0.003 4	0.166 1	0.001 2	2 520	12	2 539	8	2 559	15
15	79.1	217.5	0.36	141.2	11.212 2	0.122 1	0.480 0	0.004 3	0.169 1	0.001 5	2 550	16	2 541	10	2 527	19
16	53.4	148.5	0.36	97.7	11.328 5	0.137 4	0.491 9	0.004 3	0.166 7	0.001 8	2 524	18	2 551	11	2 579	19
17	213.3	416.4	0.51	286.6	11.499 3	0.140 9	0.493 9	0.004 1	0.168 4	0.001 9	2 542	19	2 565	11	2 588	18
18	111.7	295.4	0.38	192.4	11.209 0	0.147 7	0.481 1	0.003 7	0.168 6	0.002 2	2 544	22	2 541	12	2 532	16
19	48.4	207.0	0.23	117.8	9.703 7	0.134 0	0.434 3	0.003 3	0.161 7	0.002 2	2 473	23	2 407	13	2 325	15
20	204.4	396.4	0.52	267.8	11.240 8	0.142 1	0.482 8	0.003 7	0.168 4	0.002 0	2 543	20	2 543	12	2 539	16
21	87.2	221.8	0.39	148.1	11.430 7	0.142 6	0.493 3	0.004 1	0.167 6	0.002 0	2 600	20	2 559	12	2 585	17
22	143.2	315.5	0.45	208.2	11.176 6	0.141 5	0.478 6	0.003 8	0.168 9	0.002 0	2 547	19	2 538	12	2 521	16
23	76.1	218.0	0.35	134.1	10.457 5	0.176 9	0.462 3	0.005 8	0.163 7	0.002 3	2 495	23	2 476	16	2 450	26
24	114.3	347.6	0.33	225.5	11.061 1	0.165 5	0.486 2	0.004 1	0.164 5	0.002 3	2 502	23	2 528	14	2 554	18
25	119.9	291.6	0.41	190.8	10.839 9	0.157 9	0.475 8	0.003 6	0.164 8	0.002 4	2 505	24	2 509	14	2 509	16
26	104.0	279.5	0.37	182.7	11.170 4	0.154 1	0.481 5	0.004 0	0.167 8	0.002 2	2 536	22	2 537	13	2 534	17

续表

样号	Th (ppm)	U (ppm)	Th/U	206Pb (ppm)	同位素比值						年龄 (Ma)					
					$^{207}Pb^*/^{235}U$	误差 (1σ)	$^{206}Pb^*/^{238}U$	误差 (1σ)	$^{207}Pb^*/^{206}Pb^*$	误差 (1σ)	$^{207}Pb/^{206}Pb$	误差 (1σ)	$^{207}Pb/^{235}U$	误差 (1σ)	$^{206}Pb/^{238}U$	误差 (1σ)
27	8.6	36.1	0.24	23.3	11.636 1	0.219 2	0.491 6	0.006 2	0.171 8	0.002 9	2 576	28	2 576	18	2 577	27
28	235.1	466.3	0.50	297.7	10.593 5	0.149 1	0.453 9	0.004 4	0.168 9	0.002 1	2 547	22	2 488	13	2 413	19
29	107.4	221.2	0.49	148.9	11.451 3	0.186 1	0.482 4	0.005 0	0.171 7	0.002 4	2 576	24	2 561	15	2 538	22
30	121.8	415.8	0.29	251.3	11.471 4	0.221 9	0.485 2	0.007 2	0.171 1	0.002 4	2 568	24	2 562	18	2 550	31
31	108.1	297.6	0.36	195.9	11.492 6	0.174 9	0.487 5	0.004 2	0.170 5	0.002 4	2 565	23	2 564	14	2 560	18
32	249.4	474.8	0.53	320.5	11.306 3	0.144 7	0.480 5	0.003 8	0.170 3	0.002 1	2 561	20	2 549	12	2 530	16
33	139.4	394.5	0.35	255.8	11.330 7	0.130 6	0.484 5	0.003 8	0.169 3	0.001 8	2 550	18	2 551	11	2 547	16
34	101.6	168.0	0.60	110.7	10.817 1	0.121 5	0.467 3	0.003 7	0.167 6	0.001 8	2 600	18	2 508	10	2 472	16
35	109.6	227.2	0.48	154.4	11.510 5	0.107 2	0.495 4	0.003 6	0.168 3	0.001 5	2 540	15	2 565	9	2 594	16
36	92.0	1 189.9	0.08	660.8	10.087 6	0.070 2	0.449 0	0.002 8	0.162 6	0.001 0	2 483	11	2 443	6	2 391	12
37	137.9	394.1	0.35	253.2	11.490 9	0.129 6	0.494 3	0.004 7	0.168 1	0.001 2	2 539	12	2 564	11	2 589	20
38	114.0	315.4	0.36	200.6	11.156 9	0.116 1	0.481 4	0.003 9	0.167 7	0.001 4	2 600	15	2 536	10	2 533	17
39	207.9	468.1	0.44	303.2	11.049 8	0.111 0	0.479 7	0.003 6	0.166 6	0.001 5	2 524	15	2 527	9	2 526	16
40	209.0	425.6	0.49	277.8	10.961 0	0.120 2	0.476 9	0.003 6	0.166 3	0.001 7	2 520	18	2 520	10	2 514	16
41	138.9	274.5	0.51	182.6	11.132 2	0.144 8	0.482 7	0.003 8	0.166 8	0.002 0	2 526	20	2 534	12	2 539	17
42	83.3	225.6	0.37	147.4	11.314 1	0.159 9	0.486 2	0.004 3	0.168 3	0.002 2	2 543	22	2 549	13	2 554	18
43	149.2	391.5	0.38	248.2	10.960 3	0.155 8	0.475 0	0.004 6	0.166 9	0.002 1	2 527	22	2 520	13	2 506	20
44	84.9	224.6	0.38	144.8	11.082 8	0.154 5	0.477 4	0.004 7	0.167 9	0.002 0	2 537	20	2 530	13	2 516	21
45	141.6	477.7	0.30	280.3	10.119 1	0.114 2	0.442 7	0.003 1	0.165 3	0.001 8	2 511	18	2 446	10	2 363	14
46	75.8	298.3	0.25	187.5	11.006 1	0.123 6	0.479 8	0.003 5	0.165 8	0.001 8	2 517	19	2 524	10	2 526	15
47	68.0	285.9	0.24	179.3	11.219 7	0.199 7	0.484 9	0.006 5	0.167 1	0.002 0	2 529	21	2 542	17	2 549	28
48	125.7	361.2	0.35	233.5	11.259 4	0.142 9	0.482 7	0.004 2	0.168 7	0.002 0	2 546	20	2 545	12	2 539	18

续表

样号	Th (ppm)	U (ppm)	Th/U	206Pb (ppm)	同位素比值						年龄(Ma)					
					207Pb*/235U	误差(1σ)	206Pb*/238U	误差(1σ)	207Pb*/206Pb*	误差(1σ)	207Pb/206Pb	误差(1σ)	207Pb/235U	误差(1σ)	206Pb/238U	误差(1σ)
49	92.8	236.7	0.39	155.9	11.313 3	0.152 1	0.486 8	0.004 7	0.168 2	0.002 1	2 540	20	2 549	13	2 557	20
50	83.6	219.6	0.38	146.0	11.208 2	0.130 6	0.489 4	0.003 6	0.165 6	0.001 9	2 514	53	2 541	11	2 568	15
51	129.4	153.5	0.84	95.2	9.890 9	0.133 3	0.432 6	0.003 6	0.165 4	0.002 1	2 522	16	2 425	12	2 317	16
52	67.7	187.4	0.36	115.7	10.268 3	0.120 2	0.458 7	0.003 8	0.161 9	0.001 8	2 476	19	2 459	11	2 434	17
53	72.5	197.1	0.37	123.8	10.823 6	0.151 7	0.467 5	0.005 1	0.167 5	0.001 9	2 533	20	2 508	13	2 471	23
54	128.7	247.5	0.52	164.5	10.950 3	0.146 3	0.476 7	0.004 3	0.166 0	0.002 0	2 518	20	2 519	12	2 513	19
55	143.9	348.6	0.41	201.6	9.435 6	0.122 0	0.420 3	0.003 3	0.162 4	0.002 1	2 481	22	2 381	12	2 262	15
56	36.1	57.9	0.62	36.4	9.969 0	0.204 0	0.439 2	0.005 3	0.164 2	0.003 0	2 499	32	2 432	19	2 347	24
57	190.9	645.6	0.30	418.1	11.304 6	0.142 3	0.487 1	0.005 2	0.167 9	0.001 6	2 537	17	2 549	12	2 558	22
58	62.3	148.4	0.42	88.1	9.627 7	0.115 3	0.430 0	0.003 9	0.162 1	0.001 8	2 477	19	2 400	11	2 306	18
59	67.1	186.9	0.36	120.4	11.012 8	0.107 6	0.475 9	0.003 8	0.167 6	0.001 6	2 600	16	2 524	9	2 509	17
60	56.7	145.0	0.39	95.4	10.732 2	0.120 0	0.484 0	0.004 1	0.160 3	0.001 4	2 461	9	2 500	10	2 544	18
VHB32-1																
01	643.7	844.7	0.76	450.0	0.240 11	0.002 14	11.444 39	0.106 46	0.342 54	0.002 83	3 121	14	2 560	9	1 899	14
02	105.2	263.2	0.40	268.8	0.276 34	0.003 36	26.599 13	0.300 20	0.692 53	0.007 19	3 342	19	3 369	11	3 392	27
03	177.0	790.2	0.22	401.2	0.252 80	0.001 99	12.711 12	0.146 08	0.361 15	0.003 17	3 202	13	2 658	11	1 988	15
04	200.1	1 695.9	0.12	337.3	0.155 47	0.001 75	3.521 97	0.077 53	0.162 31	0.002 32	2 407	20	1 532	17	970	13
05	1 356.3	1 596.0	0.85	458.6	0.177 74	0.002 86	5.051 23	0.149 05	0.202 73	0.003 62	2 632	27	1 828	25	1 190	19
06	529.6	1 862.7	0.28	312.8	0.136 64	0.002 34	2.510 98	0.086 16	0.131 45	0.002 77	2 185	30	1 275	25	796	16
07	742.8	1 095.4	0.68	393.0	0.206 64	0.002 11	6.804 18	0.090 41	0.237 01	0.001 87	2 879	17	2 086	12	1 371	10
08	968.7	1 230.9	0.79	583.7	0.224 53	0.001 58	9.464 20	0.084 92	0.303 41	0.002 48	3 013	11	2 384	8	1 708	12
09	141.3	1 199.1	0.12	453.5	0.210 99	0.002 77	8.021 95	0.176 83	0.272 32	0.003 32	2 913	21	2 233	20	1 553	17

续表

样号	Th (ppm)	U (ppm)	Th/U	206Pb (ppm)	同位素比值						年龄（Ma）					
					207Pb*/235U	误差(1σ)	206Pb*/238U	误差(1σ)	207Pb*/206Pb*	误差(1σ)	207Pb/206Pb	误差(1σ)	207Pb/235U	误差(1σ)	206Pb/238U	误差(1σ)
10	618.9	1 377.1	0.45	461.7	0.187 02	0.002 55	6.093 90	0.155 94	0.232 09	0.003 36	2 716	22	1 989	22	1 345	18
11	72.8	1 582.5	0.05	385.8	0.154 46	0.001 37	4.070 97	0.042 51	0.189 29	0.001 64	2 396	15	1 649	9	1 118	9
12	126.8	388.8	0.33	215.3	0.236 14	0.002 91	12.787 71	0.379 70	0.387 55	0.010 09	3 094	19	2 664	28	2 111	47
13	544.6	1 027.7	0.53	458.6	0.199 01	0.002 64	7.623 83	0.191 36	0.273 54	0.004 20	2 818	21	2 188	23	1 559	21
14	769.6	2 664.6	0.29	355.7	0.107 72	0.002 51	1.860 68	0.115 89	0.121 41	0.005 65	1 761	43	1 067	41	739	32
15	278.0	1 648.4	0.17	370.6	0.145 51	0.001 46	3.490 45	0.059 34	0.172 29	0.002 00	2 294	17	1 525	13	1 025	11
16	177.6	2 105.5	0.08	521.3	0.143 88	0.001 13	3.973 62	0.053 69	0.198 94	0.002 30	2 276	14	1 629	11	1 170	12
17	923.2	1 054.7	0.88	426.0	0.199 43	0.001 68	7.273 20	0.142 90	0.262 32	0.004 05	2 821	13	2 146	18	1 502	21
18	149.0	227.9	0.65	127.5	0.247 34	0.002 82	12.074 22	0.194 42	0.352 55	0.004 62	3 168	19	2 610	15	1 947	22
19	769.4	1 037.7	0.74	406.8	0.188 88	0.001 47	6.847 41	0.065 95	0.262 23	0.001 70	2 732	13	2 092	9	1 501	9
20	901.6	1 283.6	0.70	368.7	0.168 39	0.003 70	4.765 54	0.215 66	0.201 38	0.004 96	2 543	42	1 779	38	1 183	27
21	828.8	1 162.9	0.71	384.7	0.197 31	0.002 16	6.138 33	0.126 87	0.224 34	0.003 40	2 806	17	1 996	18	1 305	18
22	1 432.8	2 399.7	0.60	446.2	0.141 41	0.001 76	2.643 47	0.037 97	0.134 91	0.001 03	2 256	16	1 313	11	816	6
23	664.7	1 097.6	0.61	339.5	0.186 78	0.001 46	5.601 13	0.053 25	0.216 67	0.001 75	2 714	13	1 916	8	1 264	9
24	736.8	990.1	0.74	558.1	0.230 09	0.001 78	12.003 28	0.218 68	0.375 77	0.005 70	3 053	12	2 605	17	2 056	27
25	327.9	272.2	1.20	282.5	0.272 60	0.002 02	22.620 85	0.223 29	0.598 61	0.004 62	3 321	11	3 211	10	3 024	19
26	1 392.8	1 223.6	1.14	494.6	0.201 94	0.001 98	7.009 92	0.102 51	0.250 19	0.002 57	2 842	16	2 113	13	1 439	13
27	1 587.5	1 576.5	1.01	522.3	0.161 05	0.001 40	4.751 21	0.047 07	0.212 81	0.001 44	2 478	14	1 776	8	1 244	8
28	767.7	870.8	0.88	517.5	0.248 23	0.002 52	13.169 74	0.371 51	0.381 13	0.007 94	3 174	17	2 692	27	2 082	37
29	1 418.5	1 466.1	0.97	567.1	0.190 40	0.003 46	7.125 30	0.319 08	0.262 65	0.006 69	2 745	29	2 127	40	1 503	34
30	89.7	207.5	0.43	149.9	0.177 41	0.001 77	12.727 66	0.127 02	0.518 38	0.003 87	2 629	22	2 660	9	2 692	16
31	1 988.5	1 795.5	1.11	412.6	0.157 59	0.004 87	3.929 02	0.282 04	0.167 09	0.006 00	2 431	52	1 620	58	996	33

续表

样号	Th (ppm)	U (ppm)	Th/U	206Pb (ppm)	同位素比值						年龄(Ma)					
					207Pb*/235U	误差(1σ)	206Pb*/238U	误差(1σ)	207Pb*/206Pb*	误差(1σ)	207Pb/206Pb	误差(1σ)	207Pb/235U	误差(1σ)	206Pb/238U	误差(1σ)
32	1 853.9	1 487.6	1.25	691.0	0.223 14	0.140 02	8.713 82	0.001 69	0.281 63	0.003 61	3 003	12	2 309	15	1 600	18
33	1 028.8	2 462.0	0.42	387.7	0.109 48	0.035 63	1.840 28	0.001 67	0.121 15	0.000 97	1 790	28	1 060	13	737	6
34	165.4	1 505.4	0.11	443.4	0.190 59	0.065 08	5.744 32	0.001 69	0.217 79	0.001 50	2 747	15	1 938	10	1 270	8
35	1 163.6	1 391.6	0.84	439.0	0.164 26	0.047 09	4.723 69	0.001 40	0.208 11	0.001 35	2 500	14	1 771	8	1 219	7
36	638.0	923.9	0.69	480.2	0.234 00	0.106 80	10.964 46	0.001 67	0.339 32	0.002 61	3 079	11	2 520	9	1 883	13
37	2 028.1	1 913.3	1.06	802.7	0.191 85	0.140 89	7.240 58	0.001 59	0.272 33	0.004 05	2 758	14	2 142	17	1 553	21
38	1 405.5	1 438.5	0.98	737.7	0.225 61	0.138 31	10.267 31	0.001 48	0.328 62	0.003 50	3 021	10	2 459	12	1 832	17
39	157.6	1 005.8	0.16	395.2	0.214 70	0.125 41	8.294 56	0.001 94	0.278 53	0.002 53	2 943	19	2 264	14	1 584	13
40	412.0	1 126.1	0.37	413.1	0.200 26	0.155 63	7.243 53	0.001 63	0.260 82	0.004 72	2 828	13	2 142	19	1 494	24
41	1 168.4	1 802.2	0.65	413.1	0.159 34	0.179 94	3.864 28	0.002 76	0.171 69	0.005 69	2 450	29	1 606	38	1 021	31
42	495.6	1 759.9	0.28	401.9	0.148 22	0.039 44	3.498 02	0.001 34	0.170 39	0.001 35	2 326	16	1 527	9	1 014	7
43	621.6	779.0	0.80	477.3	0.247 64	0.155 93	13.211 60	0.001 99	0.384 31	0.003 28	3 169	13	2 695	11	2 096	15
44	279.8	156.3	1.79	206.2	0.274 54	0.349 70	26.481 96	0.003 66	0.695 98	0.006 59	3 332	21	3 365	13	3 405	25
45	1 420.7	1 349.2	1.05	448.3	0.155 66	0.106 92	4.504 74	0.002 63	0.207 50	0.002 84	2 409	29	1 732	20	1 216	15
46	684.6	1 044.3	0.66	490.5	0.229 88	0.184 67	9.696 43	0.004 13	0.303 09	0.003 03	3 051	29	2 406	18	1 707	15
47	77.8	126.1	0.62	136.9	0.282 18	0.625 58	27.160 42	0.006 67	0.693 16	0.009 71	3 375	38	3 389	23	3 395	37
48	1 618.1	1 513.2	1.07	467.0	0.154 41	0.102 85	4.103 12	0.003 96	0.190 70	0.002 01	2 395	44	1 655	20	1 125	11
49	212.0	2 551.0	0.08	427.2	0.108 09	0.055 04	2.068 64	0.002 75	0.137 26	0.001 88	1 769	46	1 138	18	829	11
50	312.7	612.5	0.51	455.1	0.273 00	0.407 51	18.342 64	0.006 16	0.483 36	0.005 68	3 323	35	3 008	21	2 542	25
51	739.0	867.8	0.85	485.2	0.252 11	0.383 77	12.499 57	0.005 36	0.355 20	0.007 23	3 198	34	2 643	29	1 959	34
52	187.7	814.0	0.23	451.4	0.254 00	0.270 93	13.408 65	0.005 10	0.380 42	0.004 13	3 210	27	2 709	19	2 078	19
53	1 346	1 855.3	0.73	545.1	0.153 68	0.092 51	4.191 38	0.003 19	0.196 59	0.002 25	2 387	41	1 672	18	1 157	12

续表

样号	Th (ppm)	U (ppm)	Th/U	206Pb (ppm)	同位素比值						年龄（Ma）					
					207Pb*/235U	误差 (1σ)	206Pb*/238U	误差 (1σ)	207Pb*/206Pb*	误差 (1σ)	207Pb/206Pb	误差 (1σ)	207Pb/235U	误差 (1σ)	206Pb/238U	误差 (1σ)
54	175.6	645.6	0.27	304.4	11.289 68	0.443 29	0.338 01	0.008 43	0.238 25	0.005 91	3 108	40	2 547	37	1 877	41
55	967.7	1 053.7	0.92	410.4	6.445 47	0.232 11	0.240 80	0.004 80	0.192 02	0.005 22	2 761	45	2 038	32	1 391	25
56	543.3	1 078.2	0.50	508.1	9.922 20	0.219 29	0.313 84	0.003 51	0.228 27	0.004 70	3 040	33	2 428	20	1 760	17
57	632.6	788.0	0.80	430.4	11.240 87	0.219 62	0.339 77	0.002 94	0.238 98	0.004 57	3 113	31	2 543	18	1 886	14
58	1 099.8	1 711.2	0.64	410.3	3.192 29	0.064 94	0.157 56	0.001 44	0.146 27	0.002 82	2 303	33	1 455	16	943	8
59	1 467.9	1 684.3	0.87	388.0	2.449 75	0.051 64	0.149 40	0.001 38	0.118 30	0.002 31	1 931	35	1 257	15	898	8
60	498.1	953.5	0.52	415.7	9.590 93	0.238 37	0.294 85	0.004 55	0.234 78	0.004 69	3 085	32	2 396	23	1 666	23
VHB36 – 1																
01	347.6	369.7	0.94	277.4	11.200 40	0.107 37	0.485 54	0.003 86	0.166 20	0.001 41	2 519	47	2 540	9	2 551	17
02	631.4	715.6	0.88	478.9	10.717 98	0.096 26	0.465 55	0.003 85	0.165 84	0.001 14	2 516	11	2 499	8	2 464	17
03	132.2	195.0	0.68	139.6	10.983 31	0.120 94	0.476 23	0.004 17	0.166 23	0.001 59	2 520	15	2 522	10	2 511	18
04	103.5	633.6	0.16	447.2	13.311 26	0.146 72	0.520 59	0.005 66	0.184 30	0.001 61	2 692	15	2 702	10	2 702	24
05	121.4	546.2	0.22	374.1	13.082 98	0.188 69	0.516 97	0.006 51	0.182 21	0.001 61	2 673	15	2 686	14	2 686	28
06	116.1	186.6	0.62	131.1	10.974 81	0.132 87	0.476 44	0.004 96	0.166 09	0.001 49	2 520	48	2 521	11	2 512	22
07	445.1	520.1	0.86	372.7	11.012 93	0.144 12	0.479 34	0.005 75	0.165 63	0.001 37	2 514	14	2 524	12	2 524	25
08	365.2	341.8	1.07	318.3	15.529 35	0.187 56	0.555 83	0.006 40	0.201 70	0.001 60	2 840	13	2 848	12	2 849	27
09	379.5	651.7	0.58	430.7	9.944 92	0.138 04	0.457 59	0.005 88	0.156 92	0.001 34	2 433	15	2 430	13	2 429	26
10	182.2	305.2	0.60	212.6	10.624 87	0.146 90	0.476 21	0.005 59	0.161 10	0.001 47	2 478	15	2 491	13	2 511	24
11	223.8	328.6	0.68	223.3	9.875 25	0.183 04	0.456 94	0.007 80	0.156 26	0.001 56	2 417	17	2 423	17	2 426	35
12	88.4	129.0	0.69	89.7	10.299 36	0.156 47	0.467 41	0.005 92	0.159 42	0.001 77	2 450	18	2 462	14	2 472	26
13	252.1	298.9	0.84	212.7	10.240 10	0.153 25	0.456 87	0.005 21	0.162 44	0.002 30	2 481	24	2 457	14	2 426	23
14	395.4	511.1	0.77	398.9	12.625 33	0.183 62	0.508 58	0.006 24	0.179 72	0.001 58	2 650	15	2 652	14	2 651	27
15	392.4	686.0	0.57	450.1	10.145 09	0.107 28	0.462 12	0.004 22	0.159 07	0.001 30	2 446	15	2 448	10	2 449	19

续表

样号	Th (ppm)	U (ppm)	Th/U	206Pb (ppm)	同位素比值						年龄（Ma）					
					207Pb*/235U	误差(1σ)	206Pb*/238U	误差(1σ)	207Pb*/206Pb*	误差(1σ)	207Pb/206Pb	误差(1σ)	207Pb/235U	误差(1σ)	206Pb/238U	误差(1σ)
16	317.1	701.8	0.45	485.5	0.161 01	0.001 19	10.817 73	0.115 87	0.486 72	0.004 56	2 466	13	2 508	10	2 556	20
17	70.9	148.6	0.48	107.0	0.175 79	0.002 14	12.124 61	0.187 65	0.500 13	0.006 19	2 613	20	2 614	15	2 614	27
18	222.6	221.7	1.00	162.6	0.164 44	0.002 05	11.062 07	0.159 64	0.487 33	0.004 12	2 502	22	2 528	13	2 559	18
19	389.6	526.0	0.74	391.4	0.165 12	0.001 34	11.197 64	0.109 85	0.491 91	0.004 28	2 509	15	2 540	9	2 579	18
20	287.0	239.8	1.20	156.0	0.173 64	0.002 61	9.742 65	0.170 48	0.406 48	0.004 29	2 594	25	2 411	16	2 199	20
21	168.6	424.0	0.40	279.8	0.168 81	0.002 31	10.868 92	0.147 81	0.466 70	0.004 36	2 546	22	2 512	13	2 469	19
22	414.3	217.1	1.91	147.4	0.166 23	0.002 96	10.669 11	0.239 55	0.464 19	0.005 70	2 520	25	2 495	21	2 458	25
23	234.9	438.3	0.54	302.0	0.169 53	0.001 60	11.277 01	0.134 80	0.482 19	0.004 48	2 553	15	2 546	11	2 537	19
24	380.2	400.7	0.95	299.5	0.168 77	0.001 83	11.205 59	0.131 40	0.481 66	0.004 31	2 545	19	2 540	11	2 535	19
25	107.5	210.3	0.51	148.4	0.173 88	0.002 52	11.883 20	0.210 75	0.495 58	0.006 22	2 595	24	2 595	17	2 595	27
26	114.4	183.8	0.62	127.2	0.167 13	0.002 96	10.994 72	0.198 66	0.477 72	0.005 27	2 529	30	2 523	17	2 517	23
27	812.1	876.3	0.93	347.0	0.171 16	0.001 89	6.684 26	0.133 89	0.282 44	0.004 69	2 569	19	2 071	18	1 604	24
28	244.0	354.6	0.69	255.2	0.169 55	0.001 82	11.371 91	0.137 71	0.485 87	0.004 27	2 553	18	2 554	11	2 553	19
29	292.1	541.3	0.54	385.8	0.172 88	0.002 63	11.821 04	0.185 97	0.495 93	0.006 34	2 587	25	2 590	15	2 596	27
30	447.7	640.9	0.70	458.8	0.166 30	0.001 30	11.020 81	0.110 58	0.479 91	0.004 37	2 521	45	2 525	9	2 527	19
31	275.6	501.9	0.55	485.2	0.248 54	0.001 80	21.926 11	0.210 81	0.638 13	0.005 48	3 176	11	3 180	9	3 182	22
32	232.6	404.6	0.57	284.6	0.171 23	0.001 29	11.523 08	0.101 72	0.487 04	0.003 72	2 569	13	2 566	8	2 558	16
33	673.0	591.0	1.14	465.9	0.169 16	0.001 29	11.445 80	0.118 65	0.489 21	0.004 48	2 549	13	2 560	10	2 567	19
34	141.8	128.3	1.11	91.2	0.162 86	0.002 49	9.935 79	0.150 00	0.441 82	0.004 58	2 487	25	2 429	14	2 359	20
35	114.1	220.9	0.52	189.0	0.215 92	0.001 80	17.331 88	0.179 29	0.580 65	0.005 64	2 950	14	2 953	10	2 951	23
36	321.7	299.8	1.07	234.4	0.162 92	0.001 40	10.873 54	0.096 33	0.482 66	0.003 39	2 487	15	2 512	8	2 539	15
37	162.5	706.7	0.23	428.4	0.157 52	0.001 50	10.011 04	0.143 29	0.458 64	0.005 22	2 429	21	2 436	13	2 434	23
38	339.5	451.9	0.75	330.2	0.162 79	0.001 18	10.937 14	0.093 38	0.485 22	0.003 52	2 485	13	2 518	8	2 550	15

续表

样号	Th (ppm)	U (ppm)	Th/U	206Pb (ppm)	同位素比值						年龄 (Ma)					
					207Pb*/235U	误差 (1σ)	206Pb*/238U	误差 (1σ)	207Pb*/206Pb*	误差 (1σ)	207Pb/206Pb	误差 (1σ)	207Pb/235U	误差 (1σ)	206Pb/238U	误差 (1σ)
39	91.3	183.7	0.50	121.4	0.159 90	0.001 64	10.291 02	0.116 15	0.465 44	0.004 22	2 455	17	2 461	10	2 464	19
40	310.4	353.6	0.88	269.1	0.163 20	0.001 22	10.988 09	0.096 27	0.486 38	0.003 88	2 500	13	2 522	8	2 555	17
41	134.8	158.6	0.85	118.1	0.165 90	0.001 66	11.075 50	0.124 43	0.482 34	0.003 90	2 516	50	2 530	10	2 537	17
42	68.2	202.2	0.34	133.0	0.164 27	0.001 56	10.808 09	0.113 96	0.475 43	0.003 85	2 502	16	2 507	10	2 507	17
43	929.5	661.3	1.41	413.5	0.164 79	0.001 60	10.595 19	0.130 29	0.464 69	0.005 39	2 505	11	2 488	11	2 460	24
44	370.9	298.2	1.24	208.3	0.164 37	0.002 31	10.679 89	0.139 92	0.469 54	0.004 63	2 501	23	2 496	12	2 482	20
45	370.7	390.8	0.95	289.9	0.160 65	0.001 27	10.525 90	0.124 00	0.472 91	0.004 77	2 463	13	2 482	11	2 496	21
46	153.5	172.7	0.89	126.3	0.167 48	0.001 70	11.099 44	0.156 37	0.478 54	0.005 34	2 532	17	2 532	13	2 521	23
47	140.5	237.4	0.59	168.2	0.174 10	0.001 72	11.536 40	0.133 68	0.478 33	0.003 97	2 597	16	2 568	11	2 520	17
48	182.0	735.5	0.25	466.3	0.156 12	0.001 07	10.464 41	0.110 28	0.483 97	0.004 59	2 414	12	2 477	10	2 545	20
49	440.2	448.3	0.98	334.2	0.162 84	0.001 45	10.835 73	0.135 36	0.480 56	0.005 55	2 487	16	2 509	12	2 530	24
50	98.3	171.5	0.57	124.1	0.160 95	0.001 79	10.977 58	0.152 43	0.492 50	0.005 78	2 466	19	2 521	13	2 581	25
51	80.8	97.2	0.83	73.9	0.158 98	0.001 98	10.780 40	0.139 04	0.489 79	0.004 54	2 456	21	2 504	12	2 570	20
52	257.1	285.3	0.90	199.2	0.155 32	0.002 89	9.800 72	0.218 37	0.455 25	0.006 74	2 405	32	2 416	21	2 419	30
53	311.4	514.0	0.61	361.5	0.162 60	0.001 42	10.641 61	0.123 73	0.471 48	0.004 39	2 483	15	2 492	11	2 490	19
54	329.0	247.7	1.33	222.4	0.182 91	0.001 43	13.141 53	0.119 62	0.517 96	0.003 93	2 679	13	2 690	9	2 691	17
55	261.0	269.6	0.97	193.2	0.167 41	0.001 54	10.258 26	0.122 31	0.441 87	0.004 92	2 532	15	2 458	11	2 359	22
56	149.6	206.2	0.73	151.1	0.169 80	0.001 85	11.323 25	0.134 33	0.480 87	0.003 99	2 567	17	2 550	11	2 531	17
57	246.2	273.5	0.90	181.8	0.163 80	0.001 99	10.130 74	0.177 36	0.445 83	0.006 39	2 495	20	2 447	16	2 377	28
58	264.7	595.7	0.44	416.7	0.169 33	0.001 51	11.401 42	0.107 62	0.485 88	0.003 68	2 551	15	2 557	9	2 553	16
59	422.2	511.4	0.83	340.0	0.168 52	0.002 37	10.410 70	0.142 20	0.446 69	0.005 79	2 543	23	2 472	13	2 381	26
60	423.1	612.1	0.69	443.2	0.167 78	0.001 29	11.188 65	0.091 79	0.481 59	0.003 35	2 535	13	2 539	8	2 534	15

注：表内年龄值为 1σ 绝对误差，其余为 1σ 相对误差；206Pb 表示总体铅含量，206Pb* 表示放射性成因206Pb。另外，普通铅的校正方法见 Andersen（2002）。

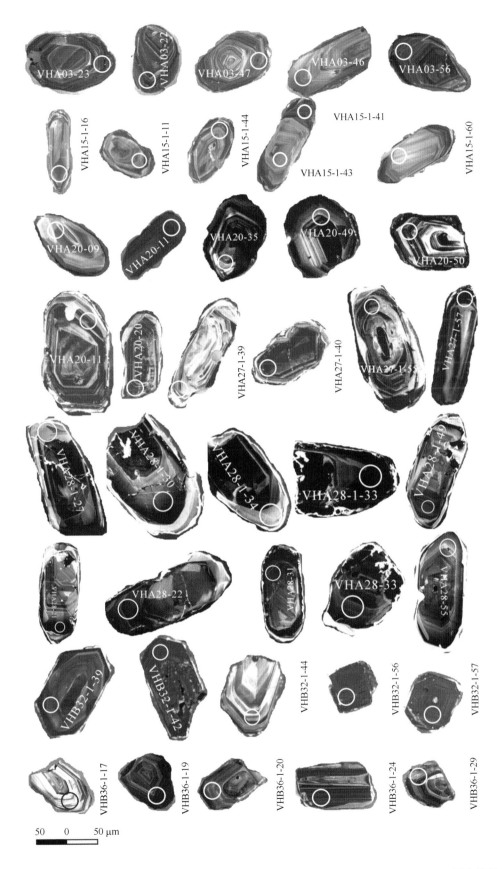

图 5-21 沉积岩砾石样品中碎屑锆石的阴极发光图像（CL）及 LA-ICP-MS U-Pb 测点位置

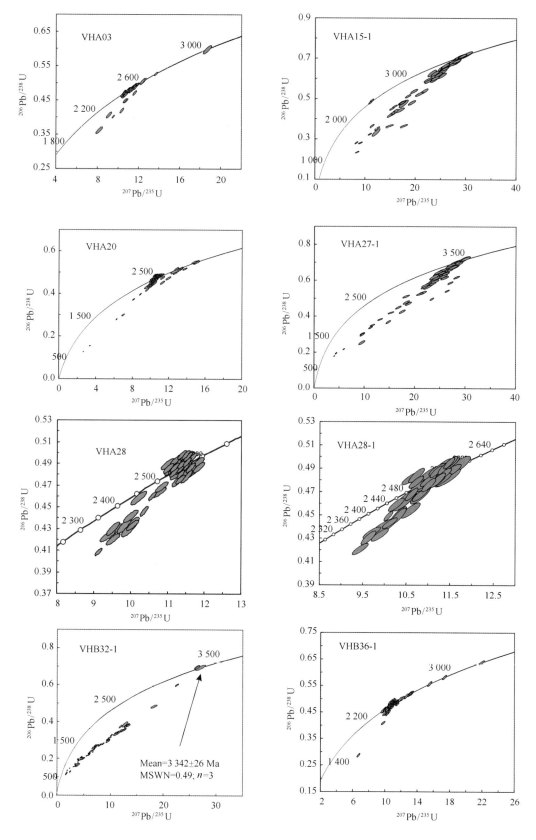

图 5-22 西福尔丘陵东南侧冰碛物中沉积岩碎屑锆石 LA-ICP-MS U-Pb 年龄谐和图

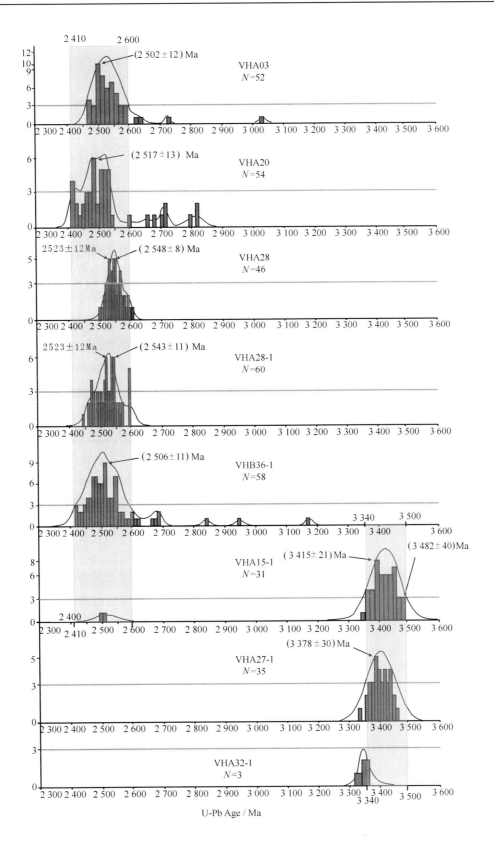

图 5 – 23　西福尔丘陵东南侧冰碛物中沉积岩 LA – ICP – MS U – Pb 年龄频率分布图

碎屑锆石 U – Pb 年龄频率峰值统计是基于计算误差 10 Ma，在误差范围内相同年龄个数 $n \geqslant 3$ 的统计结果

（Gehrels et al.，2006）。N 值代表碎屑锆石 $^{206}Pb/^{238}U$ 和 $^{207}Pb/^{235}U$ 表面年龄谐和性 $\geqslant 90\%$ 的颗粒数

3 402 ~ 3 418 Ma，加权平均年龄为（3 415 ± 21）Ma（2σ；MSWD = 0.27），其加权平均年龄代表了该年龄段的峰值年龄。另外，有一组碎屑锆石 $^{207}Pb/^{206}Pb$ 表面年龄集中在 3 472 ~ 3 487 Ma 之间中，其加权平均年龄为（3 482 ± 40）Ma（2σ；MSWD = 0.049；$n = 3$），它们是该样品中年龄最老的一组碎屑锆石 U – Pb 年龄频率值。

3）样品 VHA20

样品 VHA20 中碎屑锆石的 Th/U 比值为 0.23 ~ 1.25，其阴极发光图像中具有较为清楚的振荡环带特征，表明其为典型的岩浆成因锆石。除了 6 颗碎屑锆石外，其余 54 颗碎屑锆石的 $^{206}Pb/^{238}U$ 和 $^{207}Pb/^{235}U$ 表面年龄谐和性大于等于 90%。其 $^{207}Pb/^{206}Pb$ 表面年龄集中在 2 413 ~ 2 818 Ma 之间，其中有 6 颗碎屑锆石的 $^{207}Pb/^{206}Pb$ 表面年龄集中在 2 515 ~ 2 522 Ma，加权平均年龄为（2 517 ± 13）Ma（2σ；MSWD = 0.069），其加权平均年龄代表了该年龄段的峰值年龄。

4）样品 VHA27 – 1

样品 VHA27 – 1 中碎屑锆石的 Th/U 比值为 0.19 ~ 1.01，其阴极发光图像中具有较为清楚的振荡环带特征，部分锆石具有内核，表明其为典型的岩浆成因锆石。除了 25 颗碎屑锆石外，其余 35 颗碎屑锆石的 $^{206}Pb/^{238}U$ 和 $^{207}Pb/^{235}U$ 表面年龄谐和性大于等于 90%。其 $^{207}Pb/^{206}Pb$ 表面年龄集中在 3 335 ~ 3 471 Ma 之间，其中有 5 颗碎屑锆石的 $^{207}Pb/^{206}Pb$ 表面年龄集中在 3 370 ~ 3 383 Ma，加权平均年龄为（3 378 ± 30）Ma（2σ；MSWD = 0.027），其加权平均年龄代表了该年龄段的峰值年龄。

5）样品 VHA28

样品 VHA28 中碎屑锆石的 Th/U 比值为 0.08 ~ 0.84，其阴极发光图像中具有较为清楚的振荡环带特征，部分锆石具有内核，表明其为典型的岩浆成因锆石。除了 14 颗碎屑锆石外，其余 46 颗碎屑锆石的 $^{206}Pb/^{238}U$ 和 $^{207}Pb/^{235}U$ 表面年龄谐和性大于等于 90%。其 $^{207}Pb/^{206}Pb$ 表面年龄集中在 2 484 ~ 2 617 Ma 之间，存在两组峰值，其中一组有 5 颗碎屑锆石的 $^{207}Pb/^{206}Pb$ 表面年龄集中在 2 521 ~ 2 525 Ma 之间，加权平均年龄为（2 523 ± 12）Ma（2σ；MSWD = 0.002 2），另外一组有 10 颗碎屑锆石的 $^{207}Pb/^{206}Pb$ 表面年龄集中在 2 543 ~ 2 554 Ma 之间，加权平均年龄为（2 548 ± 8）Ma（2σ；MSWD = 0.118），其加权平均年龄分别代表了它们年龄段的峰值年龄。

6）样品 VHA28 – 1

样品 VHA28 – 1 中碎屑锆石的 Th/U 比值为 0.08 ~ 0.84，其阴极发光图像中具有较为清楚的振荡环带特征，部分锆石具有内核，表明其为典型的岩浆成因锆石。60 颗碎屑锆石的 $^{206}Pb/^{238}U$ 和 $^{207}Pb/^{235}U$ 表面年龄集中在 2 461 ~ 2 600 Ma 之间，它们的谐和性大于等于 90%。其中一组有 6 颗碎屑锆石的 $^{207}Pb/^{206}Pb$ 表面年龄集中在 2 522 ~ 2 529 Ma 之间，加权平均年龄为（2 523 ± 12）Ma（2σ；MSWD = 0.018），另外一组有 12 颗碎屑锆石的 $^{207}Pb/^{206}Pb$ 表面年龄集中在 2 537 ~ 2 550 Ma 之间，加权平均年龄为（2 543 ± 11）Ma（2σ；MSWD = 0.051），其加权平均年龄分别代表了它们年龄段的峰值年龄。

7）样品 VHB32 – 1

样品 VHB32 – 1 中碎屑锆石的 Th/U 比值为 0.05 ~ 1.79，其阴极发光图像中具有较为清楚的振荡环带特征，部分锆石振荡环带较弱，表明其为典型的岩浆成因锆石。除了3颗碎屑锆石VHA32-1-02、44和47的^{206}Pb/^{238}U和^{207}Pb/^{235}U表面年龄谐和性大于等于90%，其^{207}Pb/^{206}Pb表面年龄集中在3 332~3 375 Ma之间，加权平均年龄为（3 342±26）Ma（2σ；MSWD=0.49）以外，其余的数据点存在明显铅丢失，分布在不一致曲线附近，但是在不一致曲线与谐和曲线的下交点处，未有相应的碎屑锆石数据点。

8）样品VHB36-1

样品VHB36-1中碎屑锆石的Th/U比值为0.22~1.91，其阴极发光图像中具有较为清楚的振荡环带特征，部分锆石具有内核，表明其为典型的岩浆成因锆石。除了2颗碎屑锆石外，其余58颗碎屑锆石的^{206}Pb/^{238}U和^{207}Pb/^{235}U表面年龄谐和性大于等于90%。其^{207}Pb/^{206}Pb表面年龄集中在2 405~3 176 Ma之间，其中有9颗碎屑锆石的^{207}Pb/^{206}Pb表面年龄集中在2 500~2 519 Ma，加权平均年龄为（2 506±11）Ma（2σ；MSWD=0.108），其加权平均年龄代表了该年龄段的峰值年龄。

5.2.1.5 冰下地质演化

西福尔丘陵东南缘冰碛物中采集的沉积岩砾石的样品VHA03、VHA20、VHA28、VHA28-1和VHB36-1的碎屑锆石LA-ICP-MS U-Pb年龄频率图中显示这些样品主要的年龄频率峰值范围与西福尔丘陵莫塞尔正片麻岩的形成时代为2 526~2 501 Ma、克鲁克德湖正片麻岩的形成时代为2 501~2 475 Ma在误差范围内一致，这表明在西福尔丘陵东南侧冰盖下存在以与莫塞尔正片麻岩和克鲁克德湖正片麻岩形成时代相同的地质体为母岩区的沉积岩区，而且沉积岩形成时期物源较为单一。另外，样品VHA28、VHA28-1和VHB32-1还告诉我们在西福尔丘陵东南侧可能存在新太古代（2 500~2 600 Ma）的地质体为其提供碎屑来源，只是目前被冰雪覆盖，尚未被人们认知。从这些沉积岩样品碎屑锆石U-Pb年龄的集中分布判断，这些沉积岩的沉积区可能离物源区较近，碎屑物质主要来源于附近岩体，未发现其他时代的岩体提供碎屑物质。

值得注意的是我们获取的样品VHA15-1、VHA27-1和VHB32-1中的碎屑锆石LA-ICP-MS U-Pb表面年龄主要集中在3 340~3 500 Ma之间，年龄频率峰值VHA15-1和VHA27-1在误差范围内一致以外，VHB32-1的年龄频率峰值明显小于前两个样品。在南查尔斯王子山出露最老的花岗质片麻岩中的锆石U-Pb年龄有两组，分别约为3.3 Ga和约3.1 Ga，其锆石U-Pb年龄明显小于西福尔丘陵冰碛物中的浅变质沉积岩的锆石U-Pb年龄。另外，古冰川流向数据表明这些古太古代碎屑来自于西福尔丘陵的东南侧（图5-19），不可能来自于南查尔斯王子山地区。由此，来自于西福尔丘陵东南侧的这些古太古代碎屑锆石年龄组（约3.3~3.5 Ga）是东南极普里兹湾—查尔斯王子山地区出现最为古老的岩石锆石U-Pb年龄。

从冰碛物中所获得的变质沉积岩和沉积岩砾石样品中出现的大量约3.5~2.5 Ga的原生锆石年龄及缺乏约1 000 Ma和约500 Ma年龄信息暗示在西福尔丘陵东侧存在一个年龄约可达3.3~3.5 Ga的古太古宙陆块。在西福尔丘陵东侧存人类了解甚少太古代的克罗恩克拉通（Crohn Craton，Boger，2011），如果这些古太古代碎屑锆石是来源于该克拉通，则表明该克拉通中除了存在中—晚太古代地质体处；还处在古太古代的地质体，但是，这种推测还有待于进一步的调查研究。目前在赖于尔群的太古代成分的复合正片麻岩（侵位年龄分别约为3.4～3.2 Ga 和约 2.8 Ga；Kinny et al.，1993；Harley et al.，1998）中发现了大量太古宙的锆石，有可能来自其东南侧冰盖下的太古宙古老陆块，特别是最近在其中发现的大量新元古代碎屑锆石（Zhao et al.，2003；Kelsey et al.，2007），说明赖于尔群的复合正片麻岩有可能是来自于一个古老太古宙陆块和新元古代晚期弧前杂岩的复合体，其沉积时代可以新到新元古代晚期（Kelsey et al.，2007）。另外，Veevers 等（2008a，b）和 Veevers，Saeed（2008）对东南极普里兹湾—查尔斯王子山等地区发育碎屑岩和冰碛物中沉积岩中碎屑锆石做了大量的工作。但是其 U－Pb 锆石年龄主要集中在泛非期约 500 Ma 左右和格林威尔期约 1 000 Ma 左右。而古太古界（约3.3～3.5 Ga）的峰值年龄表面其物源来自于西福尔丘陵东南侧的古太古宙陆块（图5－24）。

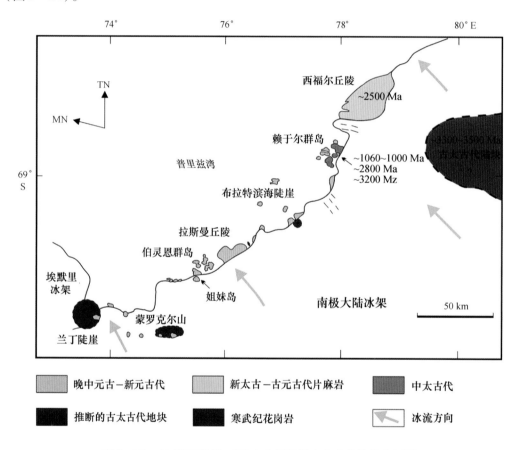

图 5－24　东南极西福尔丘陵东南侧推测古太古代块体位置图

5.2.1.6　小结

东南极西福尔丘陵东南侧分布少量与该地区高级片麻岩的基岩显著不同的沉积岩和变质片岩类砾石。根据冰川流动方向可以推测它们来自西福尔丘陵的东南侧的冰盖之下。对其中8 个具有代表性的沉积岩砾石样品进行了碎屑锆石 LA－ICP－MS U－Pb 年龄测试，其 U－Pb 表面年龄峰值主要集中在约 2.4～2.6 Ga 和约 3.3～3.5 Ga 之间，缺乏约 1 000 Ma 和约 500 Ma 变质年龄，这些信息不仅暗示在西福尔丘陵东南侧存在一个古太古代陆块，而且说明该碎屑岩形成于物源区相对较为单一的地区。

5.2.2　普里兹湾—查尔斯王子山地区格林维尔期和泛非期构造热事件与超大陆重建

5.2.2.1　引言

普里兹湾—查尔斯王子山地区出露了大面积的结晶基底，从兰伯特冰川一直延伸到埃默里冰架，长约600 km（见图2-6）。该区岩石记录了多期构造热事件，时间从太古宙一直延续到寒武纪（Tingey，1991；Mikhalsky et al.，2001a；Harley，2003）。因此，这一地区可能是揭示东南极大陆乃至冈瓦纳超大陆地质演化的一个理想地区。

早期的研究认为，普里兹湾和北查尔斯王子山组成了一个统一的格林维尔期（1 000～900 Ma）地体，即雷纳杂岩，不同于南查尔斯王子山的太古宙克拉通陆块（Tingey，1981，1982，1991）。随后在普里兹湾地区识别出了550～500 Ma 的高级变质作用，从而将泛非期地质体（即普里兹造山带）从雷纳杂岩中分离出来（Zhao et al.，1991，1992，1995；Hensen，Zhou，1995；Carson et al.，1996；Fitzsimons，1997）。然而，最新的研究结果又证明，格林维尔期构造热事件在埃默里冰架东缘和普里兹湾地区可能广泛存在（Wang et al.，2008；Liu et al.，2009a）。另一方面，泛非期构造热事件不仅强烈的叠加在普里兹造山带上，而且还影响了查尔斯王子山的大部分地质体（Boger et al.，2001，2002；Phillips et al.，2007a；Corvino et al.，2008）。这一叠加作用模糊了每期构造热事件性质，因而导致了对罗迪尼亚和冈瓦纳超大陆重建模式上的差别（Pisarevsky et al.，2003；Yoshida et al.，2003）。

本节的目的是通过普里兹湾—查尔斯王子山地区已有的岩石学和年代学资料，重新厘定格林维尔期和泛非期构造热事件的性质，并探讨这两期构造热事件在超大陆演化中的意义。我们注意到，有些评述性文章已从广义的角度论述普里兹湾—查尔斯王子山地区的地质概况（如Fitzsimons，2000a，2003；Harley，2003；Yoshida et al.，2003；Boger，2011），但我们的研究主要集中在这一地区格林维尔期和泛非期构造热事件的性质及意义。

5.2.2.2　格林维尔期构造热事件

格林维尔期构造热事件在雷纳杂岩中占主导地位。在麦克—罗伯逊地，区域麻粒岩相变质、变形作用和大量紫苏花岗岩-花岗岩的侵位均发生在约1 000～970 Ma，随后的变形作用和小规模岩浆活动发生在约940～900 Ma（Young，Black，1991；Manton et al.，1992；Kinny et al.，1997；Boger et al.，2000；Carson et al.，2000；Dunkley et al.，2002；Halpin et al.，2007a，2012）。目前尚不清楚该区高级变质事件是连续的还是幕式的（Carson et al.，2000），尽管一些学者支持它是一次延迟的变质演化过程，时间超过100 Ma（Boger et al.，2000；Halpin et al.，2007a）。相比之下，肯普地的麻粒岩相变质、挤压与随后的伸展变形以及同构造伟晶岩的侵位都发生在940～900 Ma（Grew et al.，1988；Kelly et al.，2002；Halpin et al.，2007b），1 000～970 Ma 的变形、变质和紫苏花岗岩侵位尚未发现。格林维尔期构造热事件也发育在兰伯特地体及其邻近的克莱门斯山地，该区变质岩与同构造花岗质和伟晶质岩脉的U-Pb锆石年龄为930～900 Ma（Corvino et al.，2005，2008；Mikhalsky et al.，2010），但独居石（U+Th）-Pb 的年龄范围更宽，为1 000～900 Ma（Phillips et al.，2009）。此外，费希尔地体也记录了格林维尔期变质事件，时代为 1 020 ~ 940 Ma（Mikhalsky et al.，1999，2001a）。

尽管普里兹湾的岩石经历了泛非期的强烈改造，但在姐妹岛石榴二辉麻粒岩中已获得了（988±12）Ma 的石榴石 – 全岩 Sm – Nd 等时线年龄（Hensen，Zhou，1995），指示了格林维尔期高级变质事件的存在。随后在赖于尔群和伯灵恩群岛的一些变泥质岩中又报道了一些锆石 U – Pb 或独居石（U + Th）– Pb 年龄，为 1 030 ~ 820 Ma（Kinny，1998；Kelsey et al.，2007；Wang et al.，2007），表明在普里兹湾至少有一部分盖层岩系可能也经历了格林维尔期的变质作用。进一步的研究工作对埃默里冰架东缘—普里兹湾的长英质正片麻岩和镁铁质麻粒岩进行了精细的 SHRIMP 锆石 U – Pb 定年，结果表明，格林维尔期构造热事件在普里兹造山带的基底中广泛存在（Liu et al.，2007a，2009a；Wang et al.，2008；Grew et al.，2012）。尽管由于后期一次或多次 Pb 丢失事件的影响，所获得的表面年龄略有分散，但从变质锆石中仍可以区分出两期年龄组，分别为 1 060 ~ 970 Ma 和 930 ~ 900 Ma（Liu et al.，2009a）。特别是在蒙罗克尔山两个正片麻岩样品中观察到 930 ~ 900 Ma 的锆石边生长在大于 970 Ma 锆石的区域上，暗示普里兹造山带中可能发生了两幕或两个阶段的格林维尔期变质作用。实际上，第二期变质作用的时间与伯灵恩群岛变泥质岩的独居石（U + Th）– Pb 年龄（915±10）Ma 至（901±11）Ma（Kelsey et al.，2007）近于一致，也与早期在赖因博尔特丘陵报道的 896 Ma 的同变质伟晶岩锆石 U – Pb 年龄（Grew，Manton，1981）基本相当。

许多文章中都曾提到，西福尔陆块西南部的镁铁质岩脉局部发生了角闪岩相重结晶和变形作用（Collerson，Sheraton，1986a，1986b；Kuehner，Green，1991；Passchier et al.，1991），一般认为这一中低级变质事件与赖于尔群中的泛非期麻粒岩相变质作用有关（Zulbati，Harley，2007）。然而，我们最近的岩相学观察表明，镁铁质岩脉普遍经历了不均一的麻粒岩相变质作用，而非局部的角闪岩化。由 SHRIMP 锆石 U – Pb 方法对 5 个经历过麻粒岩相变质的镁铁质岩脉进行了定年，其中变质锆石的年龄集中在（990±12）Ma 至（938±9）Ma（见第 4 章），这与近期在同一地区副片麻岩中获得的（966±41）Ma 的锆石下交点年龄基本一致（Clark et al.，2012）。结合在西福尔陆块最东部的一个镁铁质岩脉中获得的锆石 U – Pb 重设年龄（1 025±56）Ma（Black et al.，1991b），我们推测格林维尔期构造热事件可能已叠加在整个西福尔陆块之上。

岩石学研究表明雷纳杂岩具有两种不同的变质样式（图 5 – 25a）。在麦克—罗伯逊地发生于 1 000 ~ 970 Ma 的变质作用属于中低压型，峰期变质 P – T 条件为 5 ~ 7 kb、800 ~ 900℃，并具有近等压冷却的演化轨迹（Clarke et al.，1989；Thost，Henson，1992；Fitzsimons，Harley，1992；1994；Hand et al.，1994；Scrimgeour，Hand，1997；Stephenson，Cook，1997；Boger，White，2003；Halpin et al.，2007a）。通过杰蒂半岛和邻近地区的研究，有些学者还推断出一个后期变质幕，峰期变质条件为 5 ~ 6 kb、700℃，并具有顺时针 P – T 演化轨迹，但变质时代尚不清楚，或在 940 Ma 之后或在 500 Ma（Hand et al.，1994；Scrimgeour，Hand，1997）。与此相比，在肯普地发生于 940 ~ 900 Ma 的变质作用属于中高压型，其峰期变质条件为 8 ~ 10 kb、850 ~ 990℃，随后经历了近等温降压或降压冷却的演化轨迹（Ellis，1983；Kelly et al.，2000；Kelly，Harley，2004；Halpin et al.，2007b）。在兰伯特地体北部，格林维尔期变质峰期的温压条件为 5 ~ 7 kb、750 ~ 810℃（Phillips et al.，2009；Corvino et al.，2011），而费希尔地体的变质条件只达到角闪岩相（Mikhalsky et al.，1999，2001a）。总而言之，肯

普地和麦克—罗伯逊地格林维尔期构造热事件的变质程度从西北到东南是降低的，而到兰伯特地体的最南端又有所增高。

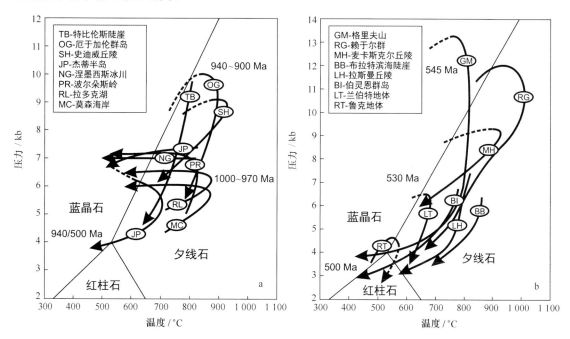

图 5-25　（a）雷纳杂岩中不同地点格林维尔期变质作用的 P-T 轨迹；
（b）普里兹湾—查尔斯王子山地区不同地点泛非期变质作用的 P-T 轨迹

埃默里冰架东缘—普里兹湾地区格林维尔期变质作用的 P-T 演化过程很难恢复。唯一有年龄限定的 P-T 数据来自于姐妹岛的石榴二辉麻粒岩，估算出的峰期变质 P-T 条件为 10 kb、980℃（Thost et al., 1991），是大于 970 Ma 变质幕的反映（Hensen, Zhou, 1995）。在拉斯曼丘陵变泥质岩和正片麻岩中也曾获得类似的结果（9.0~9.5 kb、850~870℃），可能也是这期变质幕的反映（Ren et al., 1992；Tong, Liu, 1997），但岩石并未直接定年。这期变质幕还伴有 970~955 Ma 的紫苏花岗岩和花岗岩侵位（Wang et al., 2008；Liu et al., 2009a；Grew et al., 2012），这与麦克–罗伯逊地的雷纳杂岩可以对比。埃默里冰架东缘—普里兹湾地区 930~900 Ma 变质作用的性质虽不清楚，但在赖因博尔特丘陵两个正片麻岩样品中 925 Ma 的锆石区域含有斜方辉石包裹体（Liu et al., 2009a），也指示了麻粒岩相变质条件。与大于 970 Ma 的早期变质幕相似，这一晚期变质幕同样伴有同造山到后造山花岗岩和伟晶岩的侵位。格罗夫山 920~910 Ma 的大规模双峰式岩浆作用可能与这期变质幕有关（Liu et al., 2007b），尽管在该区尚未发现这一时期的变质作用。

5.2.2.3　泛非期构造热事件

泛非期（550~500 Ma）构造热事件在 20 世纪 80 年代早期就已在普里兹湾沿岸地区识别出来（Tingey, 1981；Sheraton et al., 1984）。随后，不同学者对该区不同类型的岩石进行了多种方法的同位素年代学研究，从而揭示出一个区域高级变质作用，并伴有挤压—伸展变形及花岗岩类岩石的侵位（Zhao et al., 1991, 1992, 1995, 1997b；赵越等，1993；Kinny et al., 1993；Hensen, Zhou, 1995；Carson et al., 1996；Zhang et al., 1996；Fitzsimons,

1997；Harley et al.，1998；Kelsey et al.，2003a）。进一步的研究表明，泛非期构造热事件影响了内陆广大的地区，包括埃默里冰架东缘（Ziemann et al.，2005；Liu et al.，2007a，2009a）、格罗夫山（Mikhalsky et al.，2001b；Liu et al.，2003，2006，2007b）、兰伯特地体（Mikhalsky et al.，2001b；Liu et al.，2003，2006，2007b）、鲁克地体（Phillips et al.，2007a，2009），甚至也包括北查尔斯王子山的雷纳杂岩（Boger et al.，2002）。特别是在格罗夫山地区，泛非期变质事件已被证明只经历了单相变质旋回（Liu et al.，2007b，2009b）。此外，西福尔陆块似乎并未逃脱泛非期构造作用的改造。在西福尔陆块西南部麻粒岩相变质镁铁质岩脉及其伴生的镁铁质麻粒岩中所获得的矿物 – 全岩 Sm – Nd 等时线年龄（重设年龄?）范围从 （670 ±7）Ma 到 （589 ±22）Ma，而角闪石和黑云母的 $^{40}Ar/^{39}Ar$ 年龄集中在 （526 ± 4）Ma 和 （509 ±3）Ma 之间（我们未发表资料）。这些年龄结果与 Collerson，Sheraton（1986a，1986b）报道的约 620 ~500 Ma 的白云母和黑云母 Rb – Sr 年龄相吻合。

基于各种不同的地质温压计，对普里兹湾地区不同地点的峰期变质及随后的减压退变条件进行了估算，结果为：布拉特滨海陡崖从 6 kb、860℃ 到 4 ~5 kb、740℃（Fitzsimons，1996），拉斯曼丘陵从 7 kb、800℃ 到 4 ~5 kb、750℃ 再到 3.5 kb、650℃（Carson et al.，1997），伯灵恩群岛从 6 kb、760℃ 到小于 3 kb、450℃（Motoyoshi et al.，1991）（图 5 – 25b）。因此，人们普遍相信，泛非期区域变质作用只达到了中低压麻粒岩相条件，随后经历了近等温降压的演化过程。然而，Liu 等（2007a）的研究结果显示，埃默里冰架东缘麦卡斯克尔丘陵的麻粒岩相变质作用发生在 9.0 ~9.5 kb、880 ~950℃ 条件下，随后的减压退变条件为 6.6 ~7.2 kb、700 ~750℃。锆石 U – Pb 和矿物 – 全岩 Sm – Nd 等时线年龄数据表明麻粒岩相变质峰期矿物组合形成于泛非期，特别是新元古代早期形成的副片麻岩中变质成因碎屑锆石颗粒重新生长有泛非期锆石边，为变质时代的确定提供了可靠的证据。在赖因博尔特丘陵含夕线石伟晶岩中也获得了类似的，具有年代学约束的 P – T 结果，为 8 ~10 kb、850 ~950℃（Ziemann et al.，2005）。近来，在格罗夫山冰碛岩中发现了泛非期高压麻粒岩冰川漂砾（胡健民等，2008；Liu et al.，2009b），推断其峰期变质条件为 11.8 ~14.0 kb、770 ~840℃，随后经历了近 6 kb 的近等温减压过程。实际上，赖于尔群的变质作用达到了 9.5 ~12 kb、950 ~1 050℃ 的超高温条件，而后减压至大于 7 kb、大于 800 ~850℃（Harley，Fitzsimons，1991；Harley，1998；Kelsey et al.，2003b；Tong，Wilson，2006）。虽然对赖于尔群的峰期变质时带尚存争议（如 Tong，Wilson，2006），但由微结构控制的原位独居石化学定年结果支持超高温变质事件发生在泛非期（Kelsey et al.，2003a，2007）。

相对于普里兹湾地区，查尔斯王子山地区的泛非期变质作用仅局部发育，且变质程度较低。兰伯特地体中的岩石经历了泛非期的透入性变形和高角闪岩相变质作用，估算出的峰期 P – T 条件为 6 ~7 kb、630 ~700℃，并伴有顺时针的减压退变 P – T 轨迹（Boger，Wilson，2005；Phillips et al.，2009）。在鲁克地体中，泛非期变质作用广泛发育于新元古代的盖层（Sodruzhestvo 群）之中，并伴有褶皱变形；但在太古宙基底（鲁克杂岩）中，泛非期变质作用仅局限在高应变区内。变质作用的 P – T 演化以增温、增压为特征，从小于 3.5 kb、450 ~500℃ 变化到变质峰期的 4.0 ~5.2 kb、565 ~640℃（Phillips et al.，2007a，2007b），与低角闪岩相矿物组合的稳定区域相吻合。在更北部的雷纳杂岩中，仅在个别糜棱岩带和伟晶岩保存有泛非期构造作用的证据（Manton et al.，1992；Boger et al.，2002）。这一事件形成了绿片岩相 – 角闪岩相矿物组合，变质条件为 （7.6 ±4）kb、（524 ±20）℃（Fitzsimons，Thost，

1992；Boger et al.，2002）。总体上看，普里兹湾—查尔斯王子山地区泛非期构造热事件的变质程度由西向东逐渐增高，从鲁克地体的低角闪岩相到兰伯特地体的高角闪岩相，再到普里兹造山带的麻粒岩相。相应的变质峰期压力也随之增加，最高的压力出现在最东部的格罗夫山和赖于尔群。

根据在深熔成因的淡色片麻岩中获得的 536～527 Ma 的锆石和独居石 U - Pb 年龄（Fitzsimons，1997），正、副片麻岩中 517～490 Ma 的石榴石 - 全岩 Sm - Nd 等时线年龄（Hensen，Zhou，1995），以及花岗岩中 516～514 Ma 的锆石 U - Pb 年龄（Carson et al.，1996），人们普遍相信普里兹湾地区的泛非期峰期变质作用发生在约 530 Ma（Fitzsimons，2003；Harley，2003；Zhao et al.，2003）。从埃默里冰架东缘、赖于尔群、兰伯特地体和鲁克地体中获得的新的锆石和独居石 U - Pb 年代学数据支持这一假设（Ziemann et al.，2005；Mikhalsky et al.，2006a；Kelsey et al.，2007；Liu et al.，2007a，2009a；Boger et al.，2008；Corvino et al.，2008；Phillips et al.，2009）。然而，格罗夫山地区镁铁质麻粒岩中锆石的生长年龄集中在 549～545 Ma，这与紫苏花岗岩的侵位年龄（547±1）Ma 相同（Liu et al.，2006，2007b）。SHRIMP 锆石 U - Pb 定年并结合锆石中矿物包裹体矿物组合的确定进一步揭示，格罗夫山地区的高压麻粒岩相变质作用发生于 545 Ma，随后的减压退变反应发生在 530 Ma（Liu et al.，2009b）。实际上，更早的变质年龄在多个地区均有所发现，如赖于尔群变泥质岩中包裹在石榴石里的独居石（Kelsey et al.，2007）以及埃默里冰架东缘正片麻岩（Liu et al.，2009a）和格罗夫山高压麻粒岩冰川漂砾（Liu et al.，2009b）中的变质锆石均有 580～570 Ma 的年龄记录。上述岩石学和年代学资料表明，普里兹湾—查尔斯王子山地区的不同区域可能形成于不同的地热梯度环境，但普里兹造山带似乎在中下地壳深度普遍经历了约 530 Ma 的中压麻粒岩相变质幕。此外，赖于尔群中的超高温变质演化可能一直持续到约 510 Ma（Kelsey et al.，2003a；Harley，Kelly，2007）。547～497 Ma 的紫苏花岗岩和花岗岩大规模侵入到普里兹造山带中（Tingey，1991；Zhao et al.，1992；Carson et al.，1996；Liu et al.，2006，2009a；李淼等，2007），它们代表同造山—后造山岩浆作用。

5.2.2.4 格林维尔期造山作用及印度—南极陆块的形成

长英质正片麻岩和镁铁质麻粒岩的 U - Pb 锆石定年结果表明，埃默里冰架东缘—普里兹湾地区基底岩石的形成时间大于 360 Ma，并具有 1 380 Ma、1 280～1 210 Ma、1 180～1 170 Ma、1 140～1 120 Ma 和 1 060～1 020 Ma 五个岩浆幕（Liu et al.，2009a）。虽然缺少精确的年龄数据，但雷纳杂岩似乎在 1 290～1 050 Ma 共享了类似的岩浆作用事件（Sheraton et al.，1987；Halpin et al.，2012）。微量元素地球化学资料表明，中元古代晚期的长英质火成岩大多具有 I 型花岗岩的特性，推测其形成于活动大陆边缘或岩浆弧环境（Sheraton et al.，1996；Stephenson，2000；Mikhalsky et al.，2001a）。费希尔地体代表更初始的火山岛弧，形成时间相似，为 1 300～1 020 Ma（Beliatsky et al.，1994；Mikhalsky et al.，1996，1999，2001a；Kinny et al.，1997）。值得注意的是，在查尔斯王子山中部的冰原岛峰群、曼宁冰原岛峰群和赖因博尔特丘陵中均为获得大于 1 080 Ma 的岩浆作用年龄（Corvino et al.，2005；Corvino，Henjes - Kunst，2007；Maslov et al.，2007；Liu et al.，2009a），这可能意味着一个更年轻的岛弧出现在费希尔岛弧的东南侧。如果这一假设成立，那么在内皮尔杂岩和兰伯特地体之间应该存在 3 个岛弧（图 5 - 26），而不是像一些学者认为的 2 个岛弧（Corvino et al.，2011；

Grew et al.，2012）。由此可见，雷纳造山作用可能在大陆碰撞之前沿大陆或大洋岛弧经历了长期的岩浆增生。

变质作用的 P－T 条件和 P－T 轨迹受构造环境和构造过程的制约，所以变质作用过程中温压条件的时空变化是了解造山带地球动力学演化的关键。具有近等温减压过程的顺时针 P－T 轨迹通常反映的是地壳加厚随之伴有伸展垮塌，因此归因于碰撞造山作用；相比之下，麻粒岩地体中的具有近等压冷却过程的逆时针 P－T 轨迹常与幔源岩浆的大规模侵入和底侵作用有关，这一过程可能产生在岛弧或碰撞后的伸展环境中（如 England，Thompson，1984；Harley，1989）。根据不同的变质作用 P－T 轨迹以及野外地质关系和构造地质学资料（Fitzsimons，Thost，1992；Kelly et al.，2000），可以推测位于肯普地代表内皮尔克拉通边缘的岩石在雷纳造山作用期间可能被埋在雷纳大陆岛弧之下。然而，如前所述，肯普地地壳加厚的开始时间比麦克—罗伯逊地延迟约 50 Ma。参照 Kelly 等（2002）和 Halpin 等（2007a）的模式，我们提出两种可能的方案来解释这种不一致性。其一，陆—陆碰撞主要发生在 1 000～970 Ma，峰期变质之后大量紫苏花岗岩的迅速侵位导致了周围麻粒岩发生了近等压冷却，940～900 Ma 时期的进一步汇聚以及随后的伸展导致了内皮尔克拉通边缘被埋藏在深处，随后发生的造山带剥露使岩石记录了近等温减压的 P－T 轨迹。晚期构造幕可能影响到整个雷纳造山带，从而造成这一时期广泛的变质、变形和伟晶岩的侵位。其二，内皮尔克拉通和雷纳大陆岛弧在约 940 Ma 之前被大洋或弧后盆地分隔，若干个岛弧先在 1 000～970 Ma 与东南极大陆的一个块体发生碰撞，随后在 940～900 Ma 伴随大洋或弧后盆地的闭合，两个陆块最终拼合在一起（见图 5－26）。在两种可能的方案中，中低级变质的费希尔地体都代表一个在造山作用过程中就位于浅部的岛弧残片。

普里兹湾—查尔斯王子山地区格林维尔期构造热事件与印度东高止构造带（Eastern Ghats Belt）的构造热事件具有可比性（图 5－27）。东高止构造带由几个具有不同的地质历史的高级变质地体组成（Dobmeier，Raith，2003），其内发生了多期岩浆和变质事件，但麻粒岩相变质作用和紫苏花岗岩－花岗岩的侵位主要发生在 1 000～920 Ma（Paul et al.，1990；Shaw et al.，1997；Mezger，Cosca，1999；Simmat，Raith，2008；Bose et al.，2011）。特别是中央混合岩带（东高止山带的主体部分）中正片麻岩和副片麻岩的 Nd 模式年龄介于 2.2～1.8 Ga 之间（Rickers et al.，2001），几乎与雷纳杂岩的 Nd 模式年龄完全一致。这就支持了雷纳杂岩—东高止构造带最初是一个统一的格林维尔期造山带，而内皮尔杂岩属于从印度克拉通分离出来的克拉通块体（Yoshida，1995a；Mezger，Cosca，1999；Kelly et al.，2002）。西福尔陆块尽管保留了不同的地壳历史，但也被认为是印度克拉通的一部分（Fitzsimons，2003；Stein et al.，2004；Boger，2011；Clark et al.，2012），并且也参与了雷纳造山作用过程。

在另一方向，根据兰伯特地体与鲁克地体在泛非期发生拼合的假设，大多数地质学家相信在格林维尔期印度克拉通只与兰伯特微大陆发生了碰撞（如 Boger et al.，2001；Boger，2011；Corvino et al.，2011；Grew et al.，2012）。然而，兰伯特微大陆似乎太小，很难形成巨大的雷纳碰撞造山带。如果假设泛非期缝合线位于普里兹湾—查尔斯王子山地区的东南方向（Fitzsimons，2003；Zhao et al.，2003；Kelsey et al.，2008；Liu et al.，2009a），那么一个更大的，包括东南极中部的鲁克地体的克拉通可能参与了与印度的碰撞。无论是哪种情形，约 1 000～900 Ma 的雷纳造山作用都卷入了俯冲—增生—碰撞过程，类似于现代板块构造运动过程。这一汇聚造山过程导致了印度—南极陆块的拼合。尽管争议仍然存在（Li et al.，2008），

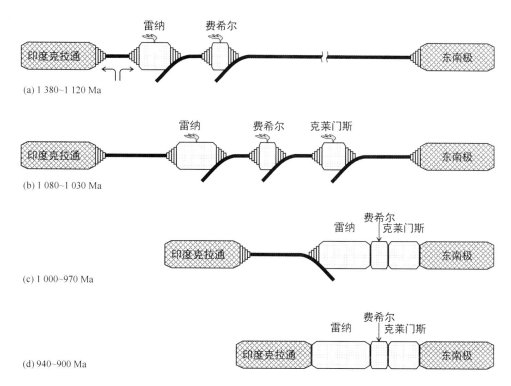

图 5 - 26　印度克拉通与东南极（兰伯特地体或鲁克克拉通）之间构造演化卡通图

据 Liu et al.，2014a

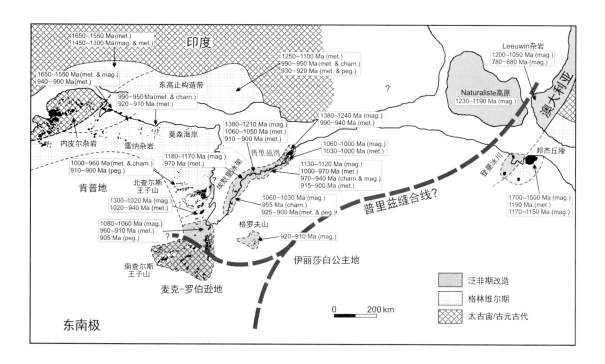

图 5 - 27　冈瓦纳超大陆裂解前印度、南极和澳大利亚陆块的位置以及格林维尔期年代学数据统计

据 Liu et al.，2009a 修改

但在目前优选的罗迪尼亚超大陆重建模型中，印度—南极陆块不属于罗迪尼亚超大陆一部分（Torsvik et al., 2001；Powell, Pisarevsky, 2002；Pisarevsky et al., 2003；Kröner, Cordani, 2003），来自于印度克拉通新的古地磁资料（Malone et al., 2008；Gregory et al., 2009）也支持上述假设。

5.2.2.5　泛非期造山作用及冈瓦纳超大陆的重建

在冈瓦纳超大陆拼合过程中泛非期普里兹造山带的性质和作用仍是一个争议的问题。一些学者认为它是一条由印度—南极陆块和澳大利亚—南极陆块碰撞而形成的板块缝合带（如Hensen, Zhou, 1997；Fitzsimons, 2000a, b, 2003；Boger et al., 2001；Harley, 2003；Meert, 2003；Zhao et al., 2003；Boger, Miller, 2004；Collins, Pisarevsky, 2005；Liu et al., 2006, 2007a, b, 2009a, b；Kelsey et al., 2008）。支持这一观点的主要证据包括：①造山带具有近等温减压的P-T演化轨迹并伴有同时期的挤压变形和随后的伸展变形，这与碰撞造山作用及其随后伴生的加厚地壳的伸展垮塌过程一致；②普里兹造山带两侧的地质体时代不一致；③新元古代时期印度和澳大利亚陆块的古地磁极移曲线不同。相反，另一些学者倾向于认为它是一个板内造山带，其形成与东、西冈瓦纳陆块的碰撞或沿冈瓦纳超大陆的太平洋边缘发生的汇聚造山过程有关（如Yoshida, 1995a；Wilson et al., 1997；Yoshida et al., 2003；Phillips et al., 2006, 2007a, b；Wilson et al., 2007；Yoshida, 2007）。这一假设的主要论据是在普里兹造山带中尚缺少与板块俯冲、碰撞作用相关的岩石，如蛇绿岩套、岛弧增生杂岩和高压变质岩（如蓝片岩或榴辉岩）。格罗夫山地区具有近等温降压P-T演化轨迹的高压麻粒岩冰川漂砾的发现表明，普里兹造山带内的一些岩石（或地体）在泛非期造山作用过程中曾至少被埋藏到约40~50 km的深处，并随后发生了约20 km厚的剥蚀。这一过程通常发生在汇聚板块边缘的碰撞过程中，随后伴有造山带的伸展垮塌而逐渐剥露。实际上，世界各地的高压麻粒岩地体大多出现在大陆碰撞带（Brown, 2006），虽然也有人认为它们偶尔会由克拉通内变形作用形成（Scrimgeour, Close, 1999）。因此，与大陆成因的榴辉岩相似，高压麻粒岩同样被认为是与板块俯冲—碰撞密切相关的岩石，它们形成于构造加厚地壳的深处（O'Brien, Rötzler, 2003；Brown, 2006）。

泛非期变质作用叠加在格林维尔期变质基底之上曾被作为普里兹造山带板内成因的重要证据（如Yoshida et al., 2003；Yoshida, 2007），然而，普里兹造山带内格林维尔期变质先驱仅局部存在也被当做反驳这一模型的主要依据（如Zhao et al., 2003；Liu et al., 2007a, b）。新的年代学资料表明，格林维尔期高级构造热事件在普里兹造山带中是广泛分布的（Kelsey et al., 2007；Wang et al., 2008；Liu et al., 2009a），其岩浆和变质演化历史可以与雷纳杂岩和东高止构造带相对比，这似乎支持了普里兹造山带的板内成因模型。然而，变质基底的改造与板内造山作用并无必然的联系，在大陆碰撞带中大陆边缘的基底常被叠加改造。因此，我们推断，现今出露的普里兹造山带可能是由印度—南极陆块的东南大陆边缘发展而来。普里兹造山带中缺少俯冲—增生杂岩可能是因为这个侵蚀程度很深的造山带已将杂岩全部剥蚀掉，或是因为远离现今普里兹造山带的区域已全部被冰雪覆盖而无法找到。

如前所述，普里兹造山带向南极内陆的延伸仍是未知的（Fitzsimons, 2003）。Boger等（2001）提出缝合线横切了南查尔斯王子山的莫森陡崖，这一结论是基于泛非期之前兰伯特地体和鲁克地体具有完全不同的地质历史。特别是鲁克地体中没有发现1 000~900 Ma造山作用的证据，说明在这时期它远离了雷纳造山带。许多学者都赞同这一假设（如 Meert，2003；Boger，Miller，2004；Boger，Wilson，2005；Collins，Pisarevsky，2005；Boger，2011；Corvino et al.，2011；Grew et al.，2012）。然而，Phillips 等（2006，2007a，b）根据兰伯特地体和鲁克地体变沉积岩中碎屑锆石的定年结果，提出自太古宙以来南查尔斯王子山的所有岩石构成了一个年龄跨度较大的大陆块。该观点与 Mikhalsky 等（2006a，b，2010）的意见相似，后者认为兰伯特地体在太古宙 - 元古宙交界时期增生在鲁克杂岩之上。若如此，泛非期缝合线应位于普里兹湾—查尔斯王子山地区的东南方向（图 5 - 27 和图 5 - 28），而且可能进一步向南延伸到甘布尔采夫冰下山脉（Gamburtsev Subglacial Mountains）（Fitzsimons，2003；Zhao et al.，2003；Kelsey et al.，2008；Liu et al.，2009a）。这一方案与地温梯度和变质级向东增高的区域性变化相吻合，但似乎与查尔斯王子山内部近于东—西走向的构造线相矛盾。因此，如 Phillips 等（2009）所建议的那样，查尔斯王子山地区的泛非期构造热事件可能仅仅是普里兹碰撞造山作用在克拉通陆内的构造响应。鲁克地体中 1 000 ~ 900 Ma 构造热事件的缺失表明其作为一个克拉通块体并未受到该事件的影响，但不能将其作为未参与与印度克拉通碰撞的证据。也有可能，这里存在两条泛非期缝合带，它们分割了印度、鲁克和莫森克拉通。根据在长英质正片麻岩钻孔中获得的 1 230 ~ 1 190 Ma 的原岩侵位年龄（Halpin et al.，2008），推断泛非期缝合线可能进一步向东北延伸到澳大利亚以西的 Naturaliste 海底高原东侧，从而支持登曼冰川（Denman Glacier）和西澳大利亚西部 Leeuwin 杂岩可能是普里兹造山带向东北的延续部分（Carson et al.，1996；Fitzsimons，2000a，b，2003；Collins 2003）。然而，考虑到西福尔陆块东南部可能存在一个太古宙早期（约 3 500 ~ 3 340 Ma）陆块（Zhao et al.，2007；刘健等，2011a），另一种可能性也不能排除，即缝合线穿过了赖于尔群岛和西福尔丘陵并且延伸到印度东部和西藏地区。

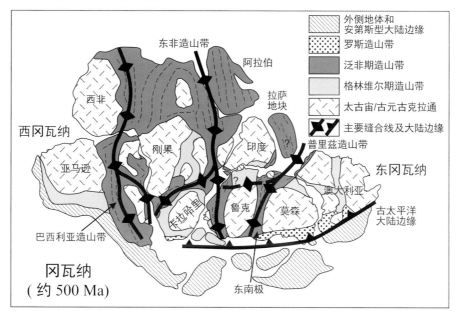

图 5 - 28　冈瓦纳超大陆重建模型示意
据 Fitzsimons，2000a；Zhao et al.，2003；Tohver et al.，2006 修改

传统模型认为冈瓦纳超大陆的汇聚是通过东、西冈瓦纳陆块在泛非期碰撞拼合而成的

（如 Stern，1994），东冈瓦纳陆块内部碰撞型普里兹造山带的确立对这一传统模型提出了挑战。现在人们已普遍认可，东冈瓦纳陆块直到寒武纪才最终形成，以前并不存在（如 Fitzsimons，2003；Harley，2003；Meert，2003；Zhao et al.，2003）。格罗夫山地区高压麻粒岩冰川漂砾的年代学资料表明，普里兹碰撞造山作用的时间可能持续了约 80 Ma，即碰撞开始于约 570 Ma；约在 545 Ma 俯冲岩石被埋藏到较大深度并发生高压变质作用；在约 530 Ma 岩石被抬升到中下地壳深度并经历中压麻粒岩相变质和部分熔融作用；在约 510～490 Ma 造山带垮塌并伴有大量的岩浆侵入（Liu et al.，2009b）。这一时间间隔与分割刚果（Congo）和喀拉哈里（Kalahari）克拉通之间的达马拉—赞比亚（Damara - Zambezi）构造带的造山作用时间（560～510 Ma）相一致（Jung et al.，2000；Hargrove et al.，2003；Johnson et al.，2005）。实际上，已有的年代学资料表明，尽管东非和巴西利亚（Brasiliano）造山带自 800 Ma 以来经历了多期增生和碰撞，但高级和/或高压变质作用的发生时间已被证明一直持续到 550～520 Ma（如 Ring et al.，2002；Jacobs et al.，2003；Schmitt et al.，2004；Da Silva et al.，2005；Fitzsimons，Hulscher，2005；Santosh et al.，2006；Romer et al.，2009）。这说明，普里兹造山带的形成时间与冈瓦纳超大陆内巴西利亚/泛非期造山体系的晚期碰撞阶段大致吻合。因此，冈瓦纳超大陆的最终拼合可能是若干个克拉通块体大致在同一时期相碰撞来完成的。

5.2.2.6　小结

本节通过对普里兹湾—查尔斯王子山地区格林维尔期和泛非期构造热事件性质的重新厘定得出如下基本认识。

①格林维尔期构造热事件广泛发育于雷纳杂岩和普里兹造山带中，并包括两幕变质作用，时代分别约为 1 000～970 Ma 和 940～900 Ma。在北查尔斯王子山和莫森海岸，早期变质幕的峰期条件记录了中低压麻粒岩相变质，并具有近等压冷却的演化轨迹；而肯普地的晚期变质幕达到了相对较高的 P - T 条件，随后伴有近等温减压或降压冷却的演化轨迹。变质历史和岩浆历史的相似性表明，雷纳杂岩和印度东高止构造带从前是一个统一的雷纳造山带，其造山过程可能经历了沿大陆/大洋岛弧长期的（1 380～1 020 Ma）岩浆增生以及印度克拉通与东南极鲁克克拉通之间延迟的或两阶段的碰撞，最终形成了独立于罗迪尼亚超大陆之外的印度—南极陆块。

②泛非期构造热事件在查尔斯王子山仅局部发育，且属于中低级变质，但是在普里兹造山带则是透入性的，并发生了高级变质。这一构造热事件记录的峰期区域变质时代约为 530 Ma，而早期高压阶段的变质时代约为 545 Ma。从格罗夫山高压麻粒岩冰川漂砾中推导出的变质条件为 11.8～14.0 kb、770～840℃，而后伴有 6 kb 的近等温减压，表明岩石曾被埋藏 40～50 km，随后被剥露了 20 km，表明普里兹造山带形成于碰撞造山构造背景。泛非期构造热事件主要叠加在印度—南极陆块的东南缘，表明其与澳大利亚—南极陆块间主缝合线的位置应位于现今出露的普里兹造山带的东南方向。显然，普里兹造山带中的新的地质资料支持冈瓦纳超大陆的最后拼合发生在寒武纪。

5.2.3　埃默里冰架东缘格林维尔期和泛非期构造变形过程

5.2.3.1　引言

传统上认为，东南极北查尔斯王子山（Northern Prince Charles Mountains）和普里兹湾（Prydz Bay）地区出露的高级变质岩和侵入岩是构成环东南极格林维尔期活动带的重要组成部分（Tingey，1982；Manton et al.，1992；Kinny et al.，1997；Boger et al.，2000）。然而，1992 年我国地质学家对普里兹湾拉斯曼丘陵地区研究后，识别出该地区存在强烈的 550 Ma 构造热事件，并提出泛非构造热事件是促使冈瓦纳最终拼合的构造运动（Zhao et al.，1991，1992；赵越等，1993）。这项研究成果发表后，使早期建立的环东南极格林维尔期活动带解体。历经 10 余年的研究和探索，在东南极内部建立起了普里兹造山带（Fitzsimons，2003；Harley，2003；Zhao et al.，2003）。近年来，特别是在格罗夫山地区首次发现高压麻粒岩，该研究为确认普里兹构造带为碰撞造山带提供了岩石学证据（胡健民等，2008；Liu et al.，2009b），并且为冈瓦纳大陆重建提供了重要证据。另外，我国地质学家在 2007 年完成的普里兹带 1∶50 万中比例尺地质填图工作中，对上述地区的构造变形过程有了较深入的认识（胡健民等，2008）。然而，由于受考察条件和后勤保障的限制，连接普里兹湾和格罗夫山的埃默里冰架东缘一直是国内外考察和研究的薄弱地区，我国在以前的多次考察中也未涉足埃默里冰架东缘的主要露头。埃默里冰架东缘在大地构造部位上属于普里兹造山带的西缘，其西部为北查尔斯王子山格林维尔地体（即雷纳杂岩），南部又与南查尔斯王子山太古宙变质杂岩相接，构造位置关键。另外，普里兹湾、埃默里冰架东缘和格罗夫山 3 个地区在物质组成、变形特征和年代学结构上均存在着明显的差异（胡健民等，2008；Liu et al.，2006，2007a，b，2009a）。因此，在埃默里冰架东缘开展详细的调查和研究对查明泛非造山带的结构、延展方向和演化历史等方面具有重要意义。为此，中国第 21 次和第 24 次南极考察队对这一地区开展了野外地质调查。

本节在中国第 24 次南极考察队对赖因博尔特丘陵（Reinbolt Hills）和詹宁斯岬（Jennings Promontory）的野外地质构造调查基础上，结合室内初步研究和前人资料等，分析了上述地区的基本构造演化特征，进一步通过区域对比探讨普里兹造山带西部构造边界等关系到普里兹造山带界线划分和延伸等重要构造问题。

5.2.3.2　区域地质构造概况

1）埃默里冰架东缘地质演化特征

埃默里冰架东缘的基岩出露区域主要包括蒙罗克尔山脉（Munro Kerr Mountains）、兰丁陡崖（Landing Bluff）、斯塔特勒丘陵（Statler Hills）、麦卡斯克尔丘陵（McKaskle Hills）、米斯蒂凯利丘陵（Mistichelli Hills）、詹宁斯岬（Jennings Promontory）、林顿—史密斯冰原岛峰群（Linton–Smith Nunataks）、赖因博尔特丘陵（Reinbolt Hills）和曼宁冰原岛峰群（Manning Nunataks）（图 5–29）。主要岩性包括高级变质岩石和大量侵入于其中的紫苏花岗岩和花岗岩体。变质岩以含斜方辉石的正片麻岩和镁铁质麻粒岩为主，同时夹有少量副片麻岩和钙硅酸盐岩。我国学者在野外调查的基础上，对取自于埃默里冰架东缘不同类型的岩石进行了系统的锆石 U–Pb 定年（Liu et al.，2007a，2009a），基本上揭示了本地区地质事件的演化序列。正片麻岩和镁铁质麻粒岩构成了埃默里冰架东缘的主体岩石，其原岩都是在中元古代侵位的，岩浆侵入活动的持续时间长达约 360 Ma，并存在约 1 380 Ma、1 210~1 170 Ma、1 120 Ma 和 1 060~1 020 Ma 等几个岩浆活动的高峰期。这些岩石基本上都经历了格林维尔期变质作用的影响，并且格林维尔期变质作用可以划分为大于 970 Ma 和 930~900 Ma 两个期次，早期变质作用伴有赖因博尔特紫苏花岗岩的侵位（Liu et al.，2009a，2009b，2014）。副片麻岩中含有格林维尔期的变质碎屑锆石，有可能说明其原岩的沉积作用发生在新元古代。除蒙罗克尔山脉和赖因博尔特丘陵外，其他地区出露的岩石均遭受到泛非期变质作用的叠加，时代约为 535~530 Ma，对麦卡斯克尔丘陵镁铁质麻粒岩和副片麻岩的矿物–全岩 Sm–Nd 定年也揭示了泛非期的冷却年龄。詹宁斯岬紫苏花岗岩和兰丁花岗岩的侵位时代均约为 500 Ma，代表泛非期构造后花岗质岩石（Liu et al.，2009a）。

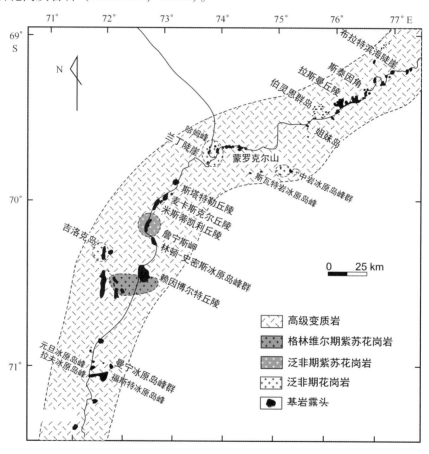

图 5–29　埃默里冰架东缘—西南普里兹湾地区地质简图

据 Mikhalsky et al.，2001；Liu et al.，2009a 修改

2）北查尔斯王子山地区构造变形特征

普里兹带中的所有结晶基底和盖层岩系都曾被卷入泛非期的造山作用（刘晓春等，2007），格林维尔期的构造变形特征被泛非期构造叠加改造。为了更加清晰地了解格林维尔期和泛非期的构造变形样式特征，我们以埃默里冰架东缘赖因博尔特丘陵以西的北查尔斯王子山格林维尔期雷纳杂岩为主要了解对象。该杂岩体主要由高级镁铁质–长英质正片麻岩和副

片麻岩夹钙硅酸盐岩组成，并有大量紫苏花岗岩和花岗岩侵位。前人对该地区构造变形研究（Hofmann，1991；Hand et al.，1994；Boger et al.，2000，2002），认为其主要经历了以下 5 期构造变形。①D1 - 2 期构造变形发生在约 1 000 ~ 990 Ma。其主要变形特征为：S—N 向构造挤压和峰期变质作用下形成了东西向区域性变形面理 S1 和 NEN 走向且平缓的拉伸线理 L1。随着持续 S—N 向构造挤压和近水平剪切作用下，面理 S1 沿着早期 NEN 走向的拉伸线理 L1 发生共轴平卧褶皱。②D3 期构造变形发生在 990 ~ 910 Ma，该时期 S - N 向挤压应力更加集中，使得早期形成褶皱在此发生轴面近直立的褶皱和韧性剪切带形成。③D4 期发生在约 900 Ma，主要是在（954 ± 38）Ma 沿 NE—SW 向低角度侵入伟晶岩脉在该时期发生糜棱岩化和假玄武玻璃形成，在拉多克湖（Radok Lake）地区发育低角度逆冲断层等。④在 545 ~ 517 Ma 期间，该地区侵入不连续长英质岩脉，并发生了糜棱岩化和超糜棱岩化构造变形。⑤在 308 ~ 119 Ma 期间，该地区发现了沿张裂隙贯入的石英、绿帘石和方解石细脉，局部发生脆性破裂等。

3）普里兹湾地区构造变形特征

前人对普里兹湾地区的构造演化进行了详细的分析，分别划分出多期变形叠加（Dirks，Wilson，1995；刘小汉等，2002；Zhao et al.，2003；胡健民等，2008）。主要构造变形过程为：①D1 期构造变形形成区域性变形面理，但由于 D2 期构造变形的强烈叠加以及同构造期混合岩化深熔脉体对先前以片麻理为代表的变形面理的强烈改造，使得除 D1 期形成的片麻理之外的其他构造行迹很难鉴别；②D2 期构造变形发生在 530 ~ 500 Ma，主要构造变形特征是形成了宽缓的低角度韧性剪切带并伴随着区域性混合岩化花岗质脉体的侵入；③D3 期构造变形是 D2 期构造变形的延续，发生在 510 ~ 497 Ma，主要为长英质片麻岩在近地表处发生张性破裂，形成复杂的角砾状岩块，深熔花岗质岩浆沿其裂隙贯入；④D4 期可能是在晚中生代到新生代时期形成了近直立的 NE—NNE 向密集破劈理和高角度正断层。

5.2.3.3 埃默里冰架东缘构造变形序列及变形特征

赖因博尔特丘陵地区由于冰雪和松散堆积物覆盖严重，出露的露头非常有限（图 5 - 30），詹宁斯岬地区则主要由紫苏花岗岩体所占据（图 5 - 31）。通过对该地区构造变形特征和地质构造要素的详尽的观测，取得了对该地区构造变形序列及其特征等方面的一些认识。

1）詹宁斯岬构造变形特征

詹宁斯岬与其西南方向的赖因博尔特丘陵仅相距 35 km。主要是由灰褐色粗 - 巨粒紫苏花岗岩组成，岩石风化面为红褐色，新鲜面为棕褐 - 灰褐色，巨粒斑状结构，块状构造，保存较好部位基本上看不到任何变形。岩石的最主要特征是钾长石巨晶的大量产出，其含量可达 30% ~ 70%，个体一般为 3 ~ 10 cm 大小，最大者可达 15 cm，非定向分布。侵位年龄为（500 ± 4）Ma（Liu et al.，2009a）。

紫苏花岗岩中可见少量变质岩包体，岩性为长英质正片麻岩和镁铁质麻粒岩，大小一般从 20 cm 到 3 m 不等，最大者宽 80 m，长超过 100 m。包体内部保留着早期的紧闭不对称无根褶皱等构造面理。紫苏花岗岩体中发育后期侵入的花岗岩脉，脉体宽度一般为 0.5 ~ 3 m，产状比较平缓，倾角不超过 20°，局部可见脉岩沿 "Z" 字形追踪张裂隙贯入和 NE—NNN 向陡立的密集破劈理（图 5 - 32）。

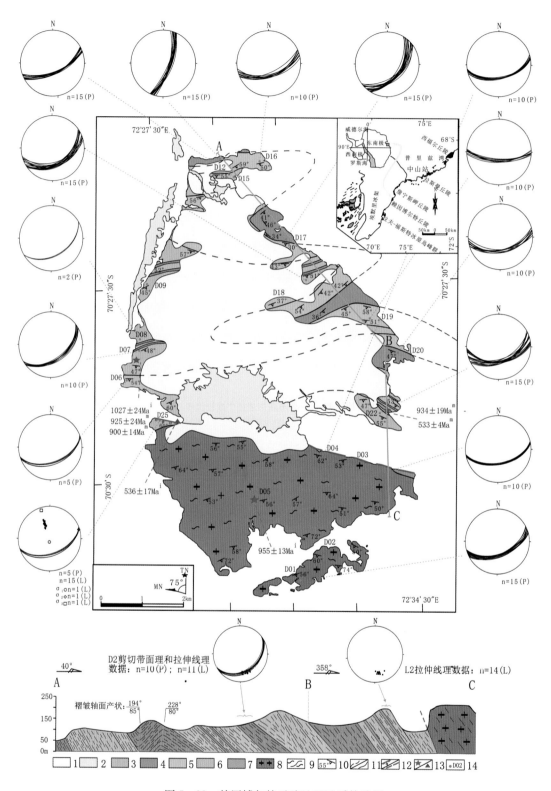

图 5-30 赖因博尔特丘陵地区地质构造图

1—冰雪及松散细碎屑覆盖物；2—松散冰碛物；3—副片麻岩；4—含石榴石长英质正片麻岩；5—长英质正片麻岩；
6—铁镁质片麻岩；7—铁镁质麻粒岩；8—紫苏花岗岩；9—糜棱岩；10—片理产状；11—推测界线及接触界线；
12—正断层和推测断层；13—★为 U-Pb 锆石年龄（Liu et al.，2009a），▲为（U+Th）-Pb 独居石年龄（Zie-
mann et al.，2005），年龄值上标 i 代表侵位年龄，m 代表变质年龄；14—构造要素观测点及其点号

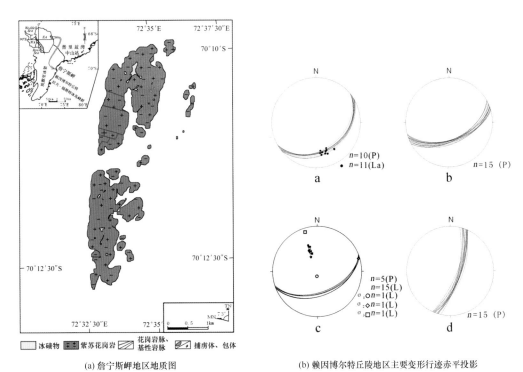

(a) 詹宁斯岬地区地质图　　　　　　(b) 赖因博尔特丘陵地区主要变形行迹赤平投影

图5-31　詹宁斯岬地区地质图及赖因博尔特丘陵区主要变形行迹的赤平投影

a—赖因博尔特丘陵地区韧性剪切面理与拉伸线理；b—紫苏花岗岩体中糜棱面理；c—断层面及其上发育擦痕赤平投影，σ_1，σ_2，σ_3 分别代表最大主要应力至最小主压应力方向；d—NNE向密集破劈理。注：下半球投影

图5-32　詹宁斯岬地区主要变形行迹

a—紫苏花岗岩体中的铁镁质片麻岩捕房体；b—岩体中发育的NE—NNE向密集破劈理；

c—紫苏花岗岩体中发育追踪张及沿其贯入的基性岩脉；d—紫苏花岗岩体中沿低角度侵入的花岗岩脉

2）赖因博尔特丘陵构造变形特征

赖因博尔特丘陵地区主体构造线方向为近 EW 向，主要由北部的正片麻岩、副片麻岩、镁铁质麻粒岩、局部夹伟晶岩脉和中南部的紫苏花岗岩等组成。其中，铁镁质正片麻岩的原岩的侵位年龄为（1 027±24）Ma，变质年龄分别为（925±24）Ma 和（900±14）Ma；铁镁质麻粒岩变质年龄分别为（934±19）Ma 和（533±4）Ma；紫苏花岗岩侵位年龄为（955±13）Ma（Liu et al.，2009a）。另外，同变质伟晶岩脉的侵位年龄为 896 Ma（Grew，Manton，1981）和含夕线石伟晶岩脉的侵位年龄为（536±17）Ma（Ziemann et al.，2005）。

正片麻岩总体以近 EW 向似层状或块状产出，透入性的片麻理倾角介于 50°～60°之间，局部为 30°～40°，片麻理赤平投影图如图 5-30 所示。正片麻岩可细分为铁镁质片麻岩、长英质正片麻岩和含石榴石长英质正片麻岩。铁镁质正片麻岩，多呈黄褐色块状，局部由于风化强烈，片状面理清晰。片麻理主要由斜方辉石、黑云母、斜长石、钾长石、石英、Fe-Ti 氧化物和尖晶石等定向排列构成。长英质正片麻岩，呈灰白色条带状和似层状，与铁镁质正片麻岩多呈不等厚互层状分布。片麻理主要由，石英、斜长石、钾长石、白云母和电气石等浅色矿物构成。含石榴石长英质片麻岩，呈灰白色似层状，局部为条带状。片麻理的面理上可见有除了上述浅色矿物以外的分布较多的石榴石。由于强烈的变质改造作用，岩石之间原始的接触关系均已平行化。铁镁质和长英质正片麻岩主要分布在该丘陵西北侧，含石榴石长英质正片麻岩在西北侧主要呈脉状分布。在东侧，它们之间分布较复杂，多呈带状分布，其中在东北侧出露主要由含石榴石长英质正片麻岩的面理构成的轴面近直立，枢纽产状 100°∠45°～110°∠50°之间的直立倾伏向斜和背斜转折端。另外，在上述正片麻岩的面理上发育各种紧闭的不对称剪切褶皱和低角度拉伸线理（图 5-30、图 5-31、图 5-32）。

副片麻岩主要分布于赖因博尔特丘陵西侧，为一套灰白色的变质泥岩，局部见粗粒斑状结构含夕线石伟晶岩脉沿近东西向片麻理侵入，其不连续分布，长约数十米，宽度约 1 m，其与副片麻岩均遭受了脆性破裂。副片麻岩的透入性面理主要由石榴石、夕线石、黑云母、斜长石、钾长石和石英等浅色矿物定向排列构成。主要分布在紫苏花岗岩体的西北角。其与北侧的正片麻岩呈近东西向正断层接触，断层面产状 165°～154°∠55°～60°之间。镁铁质麻粒岩主要是角闪二辉麻粒岩，主要分布在该地区中东部，而且大小悬殊。多数麻粒岩的露头宽度介于 1～15 m 之间，长约 3～50 m，最大的一个麻粒岩露头出露宽度超过 150 m，长度约 1 km。较小的麻粒岩包体多呈不规则的团块状、透镜状或条带状产于正片麻岩中。

紫苏花岗岩呈褐黄色，中粗粒斑状结构，片麻状构造，面理总体呈 EW 向展布，倾角介于 50°～60°之间，局部为 60°～70°。岩体中可见钾长石斑晶大致呈定向排列。岩体内部可见小型糜棱岩化带，宽度多数为 5～150 cm，长度 20～80 m，间隔不确定，总体呈东西向分布。在这些糜棱岩带中，有时可见动力熔融形成的假玄武玻璃。局部还发育 NE—NNE 向陡立的破劈理（图 5-33）。

3）赖因博尔特丘陵构造变形序列

赖因博尔特地区主体构造线方向为近 EW 向，根据变质与变形作用的关系研究，可以鉴别出 4 期构造变形行迹。区域性片麻理是 D1 期的峰期变质作用同期发生的构造变形产物，其后的 D2 期变形很可能都是在区域性韧性剪切过程中相续发生的一系列褶皱变形过程；D3 期可能是构造抬升近地表发生脆性破裂及酸性岩脉贯入过程；D4 期变形可能是与兰伯特裂谷同构造期形成的 NE—NNE 向密集破劈理。

D1 期构造变形形成了区域性变形面理，即各种变质岩石的片麻理。但是由于后来 D2 期麻粒岩相构造变形的叠加，致使与早期变质作用相关的构造变形很不显著，甚至很难鉴别出来（图 5 - 33a）。

尽管受岩石露头的限制，赖因博尔特丘陵地区高角度韧性剪切带仍然出露在一些露头上，这期变形构造形迹在区域上具有普遍性。通过对该地区详细的地质构造填图和构造要素的观测，表明 D2 期为高角度韧性剪切变形带。该剪切带所包含的构造形迹主要为：由各种正片麻岩形成了近 EW 向复杂的高角度韧性剪切褶皱，轴面近直立（图 5 - 30 中剖面图），以及面理上各种紧闭的不对称剪切褶皱和低角度拉伸线理（图 5 - 33b 和图 5 - 33c）。根据不对称褶皱可确定剪切运动方向是从 SE—SEE 向 NW—NWW。

D3 期为 NEE - SEE 方向的高角度正断层形成和詹宁斯岬紫苏花岗岩侵入时期。赖因博尔特丘陵地区西侧直接可以观察到断面平直，延伸稳定，断层面与紫苏花岗岩体的糜棱面理及长英质片麻岩片麻理方向斜交。在其东侧存在数十米深的近 EW 向的陡壁，由于冰雪覆盖太深而无法观测到相应的构造要素。另外，埃默里冰架总体呈 NE—NEE 方向，以及该地区西侧发育巨大 NE 向的冰碛堤，表明冰川流动方向与东侧陡壁几乎成直角，因此，东侧陡壁并非是冰川的扒蚀作用形成冰蚀豁口，而是典型的断层陡壁。通过东侧断层面发育的阶步和反阶步可判断该断层属于正断层，根据断层面上测得擦痕，计算出该正断层主应力方位及断层滑移矢量，三个主应力轴 σ_1、σ_2 和 σ_3 分别为 185.2°∠81.2°、73.2°∠3.3° 和 342.6°∠9.7°。

D4 期为研究区紫苏花岗岩体中形成陡立的共轭节理和密集的破劈理带（图 5 - 33e 和图 5 - 33f）。通过对破劈理统计测量结果表明，这些劈理倾角较陡，倾角在 75°~85° 之间，走向为 NE—NNE 向，劈理面平直，一般与地貌上的陡壁产状一致，没有充填物。

5.2.3.4　变形时代

基于上述前人对北查尔斯王子山地区格林维尔期和普里兹带的构造变形过程分析和在埃默里冰架东缘年代学资料，研究区内 4 期的构造变形时代确定如下。

D1 期构造变形属于大于 970 Ma 格林维尔期变质作用，这期变质作用伴随着紫苏花岗岩的侵入，可能相当于北查尔斯王子山的 D1 - 2 期构造变形过程。但是由于后期强烈构造变形叠加，除了近 EW 向片麻理和糜棱面理之外，其他构造行迹很难鉴别。

D2 期变形时代应该发生在麻粒岩相变质作用稍晚阶段，即 930~900 Ma 前后。该阶段是赖因博尔特地区的各种正片麻岩在麻粒岩相变质作用下形成了近 EW 向轴面近直立的褶皱和韧性剪切带以及面理上各种紧闭的不对称剪切褶皱和低角度拉伸线理形成时期。紫苏花岗岩中糜棱岩带和假玄武玻璃形成时代很可能是与北查尔斯王子山地区糜棱岩和假玄武玻璃同时代产物。该期变形过程可能相当于北查尔斯王子山地区的 D3 - 4 期变形过程。

赖因博尔特地区的副片麻岩中侵入的含夕线石伟晶岩年龄为（536 ±17）Ma（Ziemann et al.，2005）。由于高角度正断层从此通过，在断层面擦痕计算出的主压应力轴 $\sigma_1 = 185.2°$ ∠81.2°，表明该时期 σ_1 是在近垂直的应力状态下，发生垂向隆升过程中形成的高角度正断层过程。赖因博尔特丘陵地区的高角度正断层的形成过程，赖因博尔特丘陵与拉斯曼丘陵地区是否同在 510~497 Ma 期间被抬升至地表的过程中发生脆性破裂，詹宁斯岬的花岗岩体及其中低角度侵入的花岗岩脉，是否是沿着普里兹造山带 D2 期低角度韧性剪切变形带抬升至

图 5 - 33　赖因博尔特丘陵地区主要变形行迹

a—D1 期变形形成的区域性片麻理 S1；b—D2 期变形形成不对称流变褶皱，S2 为不对称流变褶皱轴面；

c—韧性剪切变形带中拉伸线理 La；d—D3 期近东西向张性断层破裂带，

S3 为张性破裂面理；e—断层面上阶步和擦痕；f—D4 期 NE 向密集的破劈理 S4

地表尚需进一步研究。

D4 期发育的 NE—NNE 向密集破劈理和詹宁斯岬地区紫苏花岗岩体中的 NE 向的追踪张及其发育的 NE—NNE 向密集破劈理等，可能是晚中生代—新生代北查尔斯王子山与东南侧的格罗夫山地区垂向差异抬升过程中造成的垂向剪切作用形成的（胡健民等，2008）。

5.2.3.5　对普利兹造山带延展方向的制约

通过对埃默里冰架东缘赖因博尔特地区构造变形过程研究，该地区最主要的韧性剪切变形过程，特别是 D2 期高角度韧性褶皱带的形成过程，似乎可与北查尔斯王子山的 D3 - 4 期变形过程很好的对比。赖因博尔特丘陵正片麻岩和紫苏花岗岩中基本上未记录泛非期变质事件（Liu et al.，2009a）。我们认为很可能是北查尔斯王子山的雷纳杂岩东延部分。然而，在其北侧仅相距 35 km 的詹宁斯岬的紫苏花岗岩的侵位年龄为（500 ±4）Ma。如果我们再联系到赖因博尔特丘陵东侧铁镁质麻粒岩仅有的一个下交点年龄（533 ±4）Ma（Liu et al.，2009a）和分布在张性破裂带内的含夕线石伟晶岩脉的年龄（536 ±17）Ma（Ziemann et al.，2005）等岩浆热事件。这应该是赖因博尔特丘陵地区的正片麻岩和紫苏花岗岩在泛非期造山作用过程中拼合到普里兹构造带后，在 530~500 Ma 期间，普里兹造山带被抬升至中地壳深度经历了中低压变质作用和部分熔融后，发生垮塌并伴有大规模岩浆侵入的构造热事件相一致的构造作用过程（刘晓春，2009）。因此，雷纳杂岩东部边界应该在赖因博尔特丘陵东北侧与詹宁斯岬之间近 S—N 向的构造带，它是在泛非期造山作用过程中格林维尔期的雷纳杂岩与泛非期普里兹造山带拼合的西部构造边界。至于赖因博尔特丘陵内部泛非期构造热事件应该是其与在普里兹造山带发生拼合过程中发生的构造热事件的响应，几乎与赖因博尔特丘陵相同时期，北查尔斯王子山同样有长英质岩脉侵入的构造热事件的响应（Boger et al.，2002）。另外，蒙罗克尔山脉和赖因博尔特丘陵地区同样没有经历泛非期高级变质作用（Liu et al.，2009a），前者是否也是北查尔斯王子山格林维尔期雷纳杂岩的东延部分，尚需进一步的调查研究。

普里兹造山带西部边界究竟向哪延伸的？兰伯特地体中正片麻岩和花岗岩脉中获得的继承锆石年龄为从 2 800 Ma、2 200 Ma、2 120 Ma、1 800 Ma 一直到 1 600 Ma，而变质作用和晚期伟晶岩侵入的时代为 550~490 Ma（Boger et al.，2001）。泛非期变质作用只达到了中低压角闪岩相（Boger et al.，2009）。部分学者认为该区属于普里兹带的一个组成部分（Boger et al.，2001），但尚存争议（Fitzsimons，2003），且其构造走向也与普里兹带近垂直，很可能不是普里兹造山带的组成部分，而是泛非期构造事件的陆内响应。在埃默里冰架东缘的曼宁冰原岛峰群的正片麻岩中除了存在格林维尔期的（1 042 ±34）Ma 的变质年龄外，还存在泛非期的（534 ±7）Ma 的变质年龄（Liu et al.，2009a），但是目前还不清楚该地区构造变形样式及（534 ±7）Ma 时期的变质作用是否达到了相对高温高压的麻粒岩相等，是否是泛非期中高级变质作用的响应？因此，上述地区能否归属到普里兹带中，是值得商榷的。在赖因博尔特丘陵和詹宁斯岬之间存在 NW—SE 向的泛非期构造带的西部边界的推断如果正确，那么普里兹造山带西部边界可能是从两者之间近 S—N 向延伸，通过格罗夫山，进一步向南延伸，并且经过甘布尔采夫冰下山脉（Gamburtsev Sub - glacial Mountains）（Fitzsimons，2003；Zhao et al.，2003；Liu et al.，2009a）至横贯南极山脉。

5.2.3.6 小结

对赖因博尔特丘陵地区的构造变形过程分析表明，该地区发育 4 期主要构造变形。D1 期主要是区域性近 EW 向片麻理形成阶段，其变形时代为大于 970 Ma；D2 期是在正片麻岩形成了近 EW 向轴面陡立韧性剪切褶皱，以及剪切面理上发育的各种紧闭不对称褶皱和低角度拉伸线理，其变形时代为新元古代早期。D3 期变形发生在寒武纪早期，以构造抬升至地表过程中产生的近 EW 向高角度正断层为代表，同时在詹宁斯岬地区伴随着紫苏花岗岩侵入；D4 期变形为赖因博尔特丘陵和詹宁斯岬地区 NE—NNE 向密集破劈理形成阶段，其形成时代可能为晚中生代 - 新生代。赖因博尔特丘陵地区 D1 - 2 期构造变形与北查尔斯王子山地区构造变形过程类似，应该属于雷纳杂岩的东延部分。在其以北存在早寒武纪（泛非期）的詹宁斯岬紫苏花岗岩体，结合前人资料，推测在两地区之间存在近 S—N 向的普里兹造山带西部构造边界。据此认为普里兹造山带很可能不通过兰伯特地体，而是向南延伸经过格罗夫山并且通过甘布尔采夫冰下山脉。

5.2.4 拉斯曼丘陵格林维尔期和泛非期变质—岩浆作用及夕线石成因

5.2.4.1 拉斯曼丘陵及邻区格林维尔期和泛非期变质—岩浆作用

对在南极考察中采得的东南极普里兹带花岗岩、花岗质片麻岩、黑云斜长片麻岩等重点样品进行了全岩常量、微量和稀土元素的分析，并从一些代表性岩石中选取锆石，通过 LA－ICP－MS 及 SHRIMP 年龄测定，测定了岩石的形成年龄和变质作用时代。

通过对岩相观察和锆石显微结构（阴极发光照相和背散射成分）的观察和分析，合理推测普里兹带大多数地区锆石具有早期的核部年龄 1 195～1 056 Ma 和 1 066～1 000 Ma，前者代表岩浆的早期侵位，后者可能与稍后的混合岩作用有关，边缘年龄 948～843 Ma 则系相关的变质作用改造所致。有的部位可具有泛非期锆石变质边，而同时具有典型的泛非期锆石变质核部年龄、边缘年龄主要限于拉斯曼丘陵。

1）格林维尔期构造—岩浆—变质作用

普里兹带在泛非期之前身大多经受了 1 000 Ma 前的格林维尔期构造—岩浆—变质作用，即普里兹带杂岩最主要的岩浆活动（以侵入为主，可能包括少量的火山作用）发生在 1.0 Ga 附近，不论高角闪岩相的片麻岩，还是极低级变质的火山岩，锆石均可出现与锆石核部 Th/U 比值有所不同的边缘，说明边缘的形成不是简单的变质作用所致，更可能是岩浆自身结晶的变化所致。泛非期多处发生了叠加改造，包括 550～500 Ma 高级变质作用和部分岩浆活动的叠加，这种叠加本身即说明泛非期的活动是对早期构造的重新活化，而不是新的洋壳或缝合带。

位于拉斯曼丘陵以西约 60 km 的哈姆峰（Hamm Peak）透镜中心黑云斜长片麻岩（样品 R1228－19；图 5－34），暗色，见不规则浅色体，具有麻粒岩相组合 2px－Pl－Qtz－Ap－Mgt±Bt±FeS$_2$，其中的锆石脏、干净者均有，半自形－他形，灰色、黑色边，多数是灰（黑）核部、白色边，少数相反，黑边是铀（钍）化所致。生长边可呈自形，蚀变（白）边沿先存晶体轮廓或裂隙改造，使早期锆石呈浑圆状。较老的 4 个较好谐和度的核部平均年龄为（1 135＋30）Ma，最老的谐和年龄（分析点 9.1）为（1 143±23）Ma，最小的谐和年龄（分析点 8.1）为（986.5±23.2）Ma，持续 146 Ma 或 265 Ma，可能与后期事件对早期锆石的改造有关。16 个点的 $^{207}Pb/^{206}Pb$ 年龄为（1 032±36）Ma（$^{206}Pb/^{238}U$ 年龄平均为（1 091±27）Ma 似乎更靠近重心）；4 个边较接近重心的 $^{206}Pb/^{238}U$ 平均年龄（1 001±180）Ma，最小至（分析点 1.1）（878.1±14.2）Ma，可能反映了变质时代。未识别出泛非期的构造－热事件。

拉斯曼丘陵中山站东侧的卧龙滩浅色含榴花岗片麻岩（样品 WLO；图 5－35）锆石半自形－他形者多，少见自形，振荡环少量保留。有溶蚀、常见黑边，亮边极少。继承锆石（分析点 3c）（1 402±61）Ma；早期锆石核（1 173±30）Ma，可能反映了原岩的形成时代；晚期锆石核（8.1，12.2，2c，5c，6cc，9c，11c）（994±61）Ma；6 个锆石边的年龄（913±43）Ma；最年轻的核（分析点 4c）谐和年龄（554±14）Ma。片麻理、粒状矿物定向，可能

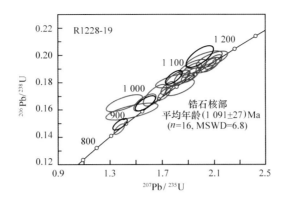

图 5-34 哈姆峰黑云斜长片麻岩锆石谐和年龄图

与泛非期构造的重置有关，但总体而言，该岩石很少显示泛非事件的影响。

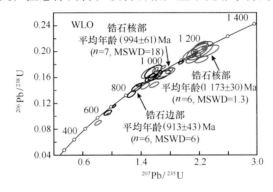

图 5-35 中山站东侧中山片麻岩锆石谐和年龄图

位于拉斯曼丘陵西部的斯图尔内斯半岛（Stornes Paninsula）的 Blundell 钾长花岗片麻岩（样品 R21200；图 5-36 和图 5-37）富钾长石，具有矿物组合 Pl-Kfs-Bt-Qtz，其中的黑云母微弱脱水，仅有深熔作用的初步显示。锆石自形，可有黑边，少溶蚀，亮边极少。核部年龄自（$1\,077 \pm 26$）Ma（分析点 2.1）至（928 ± 23）Ma（分析点 9.1），均值（981 ± 65）Ma，持续 150 Ma；黑边自（947 ± 23）Ma（分析点 7.2）至（835 ± 20）Ma（分析点 5.2），持续 112 Ma；弃掉最小点（5.2），均值（937 ± 20）Ma。该岩石（钾长花岗岩）侵位于约 1 000 Ma前，似乎没有经历格林维尔期的麻粒岩相变质作用，其中发生的深熔作用即使发生在泛非期，其本质程度似乎远没有达到麻粒岩相，反映了泛非期变质作用的非均一性。

位于拉斯曼丘陵西部的斯图尔内斯半岛的 Tassie Tarn 石英岩宏观上呈巨大的包体包裹于 Blundell 钾长花岗片麻岩之中。Grew 等（2012）根据最小碎屑锆石的 $^{206}Pb/^{238}U$ 年龄（$1\,023 \pm 19$）Ma（平均值），由此限定其沉积时代不老于该数值。事实上，该样品中最年轻的谐和锆石 $^{207}Pb/^{206}Pb$ 年龄为（$1\,019 \pm 13$）Ma（-4% dis.）（分析点 52.1），沉积作用时代应该小于此年龄；但是，Blundell orthogneiss 最大的 $^{207}Pb/^{206}Pb$ 谐和年龄为（$1\,033 \pm 13$）Ma（分析点 3.1）至（$1\,004 \pm 18$）Ma（分析点 8.1），沉积时代应老于此年龄。由此，出现了矛盾。通过野外、镜下分析，可能把石英岩中的一些与深熔或岩浆作用有关的锆石当做了碎屑锆石，使得对石英岩的年龄判断过于年轻化。

2）泛非期变质作用和花岗岩

从野外及岩相关系看，麻粒岩相变质［样品 R127-5，石榴黑云斜长片麻岩，（523 ± 7）Ma；

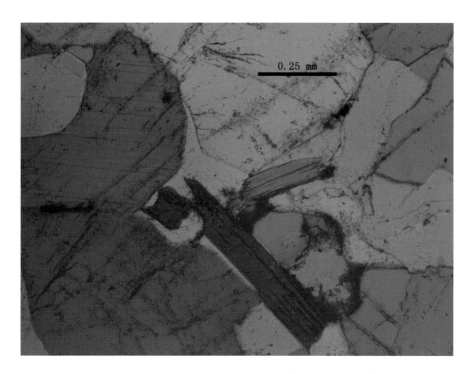

图 5 - 36　斯图尔内斯半岛 Blundell 钾长花岗片麻岩深熔作用

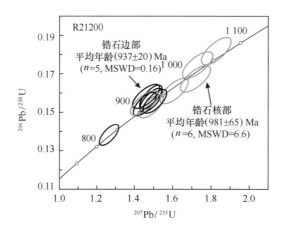

图 5 - 37　斯图尔内斯半岛 Blundell 钾长花岗片麻岩锆石谐和年龄图

图 5 - 38〕最早，其次为天鹅岭花岗岩（样品 TO，花岗岩，544 Ma，本研究；图 5 - 39 和图 5 - 40），而后是进步花岗岩 535 Ma（本研究）或 515 Ma（Carson et al.，1996），Dalkoy 岛花岗岩（519 ±2）Ma，李淼等，2010），最晚形成兰丁花岗岩（500 Ma）、蒙罗克尔山花岗岩（497 Ma）和阿曼达花岗岩（498 Ma，李淼等，2010）。说明：①进步花岗岩的年龄取 535 Ma（本研究）或更合适，515 Ma（Carson et al.，1996）的数据似乎过于年轻，与野外产状不符；②记录麻粒岩相变质的锆石结晶（523 ±7）Ma 晚于其后的天鹅岭花岗岩（544 Ma），反过来表明，麻粒岩相变质虽然较早发生，而记录变质时代的锆石的形成确较晚，甚至晚于其后的花岗岩，进一步引申，所谓变质锆石的形成仍与花岗岩活动有着某种联系？当然，不排除年龄测定有较大的误差，造成现在的排序。

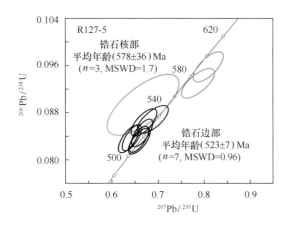

图5-38 米洛半岛北端双峰山石榴黑云斜长片麻岩锆石谐和年龄图

图5-39 米洛半岛北端天鹅岭花岗岩

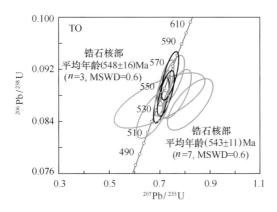

图5-40 米洛半岛北端天鹅岭花岗岩锆石谐和年龄图

3）拉斯曼丘陵及邻区变质、深熔和花岗岩序列

东南极普里兹带岩浆作用与高级变质、深熔作用的相互关系如下：

早期锆石的核： 1 195~1 056 Ma；　　　　　岩浆的早期侵位

晚期锆石的核： 1 066~1 000 Ma；　　　　　混合岩浅色体注入

晚期灰、白边： 948~843 Ma；　　　　　　混合岩伴随的流体改造

泛非期核、边： 548~523 Ma；　　　　　　后期叠加、重新活化

对于格林维尔期事件：混合岩化→高级变质作用→花岗岩侵入；而泛非期事件表现为：（局部）强烈剪切、变形及麻粒岩相变质→深熔作用→正长花岗岩。

无论表壳岩还是正片麻岩，主要的变质作用发生在格林维尔期；新元古代晚期－早古生代初期的泛非期构造在空间上应是非均一性发生，尤其是沿一些强烈变形或剪切带较明显，也说明泛非期构造主要表现为对早期构造的置换或重置，应是陆内的再活化，而不大可能是陆间碰撞所致。拉斯曼丘陵常见的正长花岗岩的形成与泛非期表壳岩的变质、深熔及进一步花岗岩化有关。

5.2.4.2　拉斯曼丘陵夕线片麻岩类的原岩恢复问题

一般认为，含夕线石尤其富含夕线石的片岩－片麻岩的原岩是富泥质或黏土的富铝沉积岩，形成于稳定的（被动）大陆边缘或盆地环境。如果变质作用发生于封闭体系，变质矿物之间基本达到平衡的话，这种变质岩－原岩的对应关系是完全正确的。但是，在对南极拉斯曼丘陵高级区夕线石片麻岩变质结构和组分活动研究中，作者意识到上面提到的前提条件即封闭体系的假设可能难于成立，进而认识到夕线片岩－片麻岩的原岩未必一定是泥质或黏土岩，从而对这类变质岩的原岩恢复问题及变质作用过程中地球化学组分变化的规律进行了相应的探讨。

1）区域地质概况

拉斯曼丘陵位于东南极的普里兹湾，我国南极中山站即位于其中的米洛半岛（图5－41）。在大地构造上，拉斯曼丘陵位于冈瓦纳古陆的泛非构造带，大约550 Ma前的泛非构造运动在此表现得十分强烈（Zhao et al.，1992；Zhao et al.，1995；Ren et al.，1992；Dirks et al.，1993；Carson et al.，1995；Liu et al.，1995）。区内出露一套高角闪岩相－麻粒岩相的高级变质岩系（Ren et al.，1992；Carson et al.，1995；Stüwe，Powell，1989）。

可以识别出两种较主要的岩石组合：①镁铁质－长英质正片麻岩；②变沉积岩序列，岩石组合；③组成拉斯曼丘陵的主体。

一般认为，岩石组合①即正片麻岩类代表了本区的基底部分（Carson et al.，1995），这类岩石组合主要由长英质片麻岩和镁铁质岩组成，镁铁质岩石一般占出露岩石的10%~20%。正片麻岩为浅棕色，中粒，由石英、长石、黑云母和/或有或无的辉石组成，可见奥长花岗质片麻岩；镁铁质岩石矿物组成主要为角闪石和斜方辉石，以及含量可变的单斜辉石、黑云母、斜长石和少量石英组成，并常常被长英质浅色体所切割。变沉积岩序列②构成了拉斯曼丘陵的主体，主要表现为含石墨的夕线榴、长英质片麻岩以及极少量的钙硅酸盐岩，与传统意义上的孔兹岩系基本相当（任留东，1997），主要为含夕线石和董青石的各种黑云斜长片麻岩和长石石英片麻岩，间夹少量的长英质和镁铁质的正片麻岩，含夕线石和/或董青石

的各种片麻岩的原岩由一般认为相当于泥质岩、泥质砂岩和砂岩，这些岩石形成所谓的盖层序列，并沉积于镁铁质基底之上（Carson et al.，1995）。此外，产出少量的花岗岩体和伟晶岩脉。

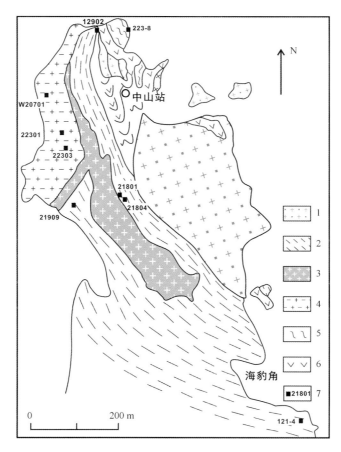

图5-41 拉斯曼丘陵米洛半岛岩性图

1—浅色含榴花岗片麻岩；2—（含）夕线长英质片麻岩；3—正长花岗岩；
4—含夕线榴混合片麻岩；5—条带状长英质片麻岩；6—角闪辉石麻粒岩；7—（部分）样品位置

2）岩石学

限于篇幅，这里仅对（含）夕线石片麻岩类进行描述。根据夕线石以及暗色-不透明矿物含量的多少可把区内有关岩类划分为如下3种类型（图5-42）。

（1）含夕线黑云斜长片麻岩

夕线石含量1%~2%，甚至更少至微量，夕线石含量较少的岩石显示花岗变晶结构，主要有石英、斜长石、钾长石和含量多变的石榴子石、黑云母，无堇青石。

（2）夕线石片（麻）岩

岩石呈白色，以夕线石和石英为主，有时含相当数量的长石，可有极微量的磁铁矿。

（3）含尖晶堇青夕线片麻岩类

夕线石含量较多的片麻岩一般特征是片理透入性较差，层厚变化大，矿物组合及矿物含量变化大。常见的矿物有夕线石、钾长石、斜长石、石英、黑云母、堇青石、石墨、尖晶石、磁铁矿、钛铁矿、磷灰石、独居石和锆石，有时见石榴子石巨晶，局部夹有富硫化物石英岩层。局部有硼硅酸盐矿物的聚集（硅硼镁铝矿－柱晶石－电气石）（任留东，赵越，1992）。

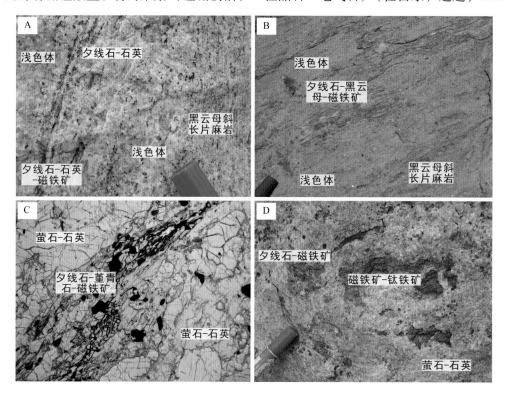

图 5 – 42　夕线片麻岩与黑云斜长片麻岩的关系

A—在夕线石（Sil）基础上形成浅色体（leucosome），黑云斜长片麻岩；B—沿特定的裂隙面分布 Sil – Bt – Mt 组合及浅色体；C—黑云斜长片麻岩中的 Sil – Crd – Mt 和 Fl – Qtz ± Bt 两种矿物组合域；D—深熔之后的 Sil – Mt 和 Mt – Ilm 残留体

3）区域变质作用特征

由于后期强烈的变形、变质作用改造，早期变质作用（M_1）仅保存在晚期变形弱的部位，早期矿物组合为 Bt + Pl + KfS + Qtz，早期石榴子石少见，且仅出现于黑云斜长片麻岩中。

晚期变质作用（M_2）的初期形成定向的针状夕线石（fibrolite）（任留东等，2001），主要矿物组合为 fibrolite + Bt + Qtz + Opq ± Ky，Bt + Pl + Qtz，第二期变质（M_2）的初期变质阶段形成柱状夕线石、石榴子石和斜方辉石。

在拉斯曼丘陵，与夕线石片麻岩 S_2 片理形成有关的变形具非透入性，片理在岩石中的分布很不均匀，一般来说，黑云斜长片麻岩内表现为片麻理，矿物有一定的分异和定向，而夕线石片麻岩中片理较为明显。两种岩石的矿物组合明显不同，这种差别不仅在露头尺度，即使在薄片范围内亦可出现，从而在同一手标本甚至同一薄片范围内，形成变质组合截然不同的两种域：一边为黑云斜长片麻岩，变质矿物组合为 Bt + Pl ± Grt ± KfS + Qtz ± Sil + Opq；另一边为夕线石片麻岩，形成定向排列的矿物组合：Sil + Qtz + Pl ± Mt，这一部分可发展成为浅色的第二类富夕线石片（麻）岩，有时可演化成富镁铁而贫硅即有大量暗色及不透明矿物组合：Sil – Spl（Hcy）– Crd ± Crn – Mt – Ilm – Ap – Mna – Zrn，而石英和长石却极少出现，即第三类的含尖晶石董青石夕线片麻岩类。两种组合之间呈现出明确的切割关系：富铝（镁）而贫硅的矿物以团状、透镜状，甚至长条状切割黑云斜长片麻岩。在空间上，随着这些矿物组合的减少，夕线片麻岩逐渐过渡为黑云斜长片麻岩。

4）夕线片麻岩类的原岩

对拉斯曼丘陵各种夕线片麻岩进行了岩石化学分析（表5-4），其中常量元素由核工业部第三研究所 X 荧光光谱（XRF）方法测得，微量元素（包括稀土元素）由核工业部第三研究所和中国地质科学院测试所完成（ICP-MS），并若按等化学变质作用的前提进行原岩恢复（表5-5）。

表5-4　拉斯曼丘陵各种夕线片麻岩的代表性岩石化学分析数据　　　　（wt%）

岩性 样品号	富夕线长 石片麻岩		含夕线黑云 斜长片麻岩				含尖晶堇青 夕线片麻岩				
	223-15	204-3	W20701	21804	121-4	12902	126-1	22301	21801	22303	21909
SiO_2	36.59	76.63	73.22	67.31	55.02	77.70	61.55	33.90	37.78	36.99	28.26
TiO_2	0.04	0.76	0.18	0.73	1.31	0.55	1.21	2.70	3.15	4.79	1.78
Al_2O_3	62.36	16.74	13.66	15.00	22.46	5.47	12.42	36.19	18.59	12.90	26.13
Fe_2O_3	0.27	0.33	0	1.53	1.14	0.67	9.64	4.13	5.73	2.39	13.97
FeO	0.40	1.15	1.42	4.06	3.59	6.47	11.49	13.20	14.73	20.47	19.40
MnO	0.04	0.05	0.01	0.12	0.04	0.03	0.11	0.16	0.16	0.08	0.15
MgO	0.34	0.20	0.34	1.29	2.22	5.53	2.02	5.87	10.36	10.80	6.62
CaO	0.03	2.10	1.01	2.63	4.88	0.99	0.83	0.55	0.78	1.04	0.80
Na_2O	0.65	1.68	2.37	2.70	5.95	0.10	0.75	1.89	1.57	2.36	1.92
K_2O	0.01	0.58	6.07	4.63	2.46	2.77	0.08	0.60	6.68	7.42	0.14
P_2O_5	0.02	0.04	0.08	0.12	0.11	0.18	0.03	0.11	0.03	0..07	0.03
LOI	0.02	0.52	1.33	0.19	0.28	0.19	0.11	0.11	0.90	0.13	0.12
TOT	100.78	100.78	99.69	100.31	99.45	100.00	100.34	99.41	100.46	99.45	99.31
MF/∑	0.011	0.025	0.020	0.077	0.084	0.132	0.244	0.263	0.343	0.388	0.423
Al/ACNK	0.989	0.793	0.591	0.601	0.628	0.586	0.882	0.923	0.673	0.544	0.901
Ba	17.3	90.8	605.4	913	599	107	11.3	1 703	462	543	6 906
Co	<1	2.51	8.03	11.0	9.36	9.08	27.1	43.1	66.6	77.3	90.1
Cr	41.4	53.6	14.92	45.3	67.4	83.5	138	398	262	115	232
Cu	6.91	8.45	23.64	25.0	14.9	15.5	<2	46.7	24.2	29.2	9.55
Ga	94.7	21.8	<5.00	9.49	23.9	11.2	123	57.7	78.0	63.0	190
Ni	<4	<4	<4.00	16.0	30.5	36.0	44.8	89.4	123	94.2	96.3
Pb	<12	9.97	49.44	36.0	20.5	<12	30.7	20.3	10.2	44.0	17.4
Sr	3.38	53.8	107	125	539	4.26	2.23	49.2	11.7	15.8	5.43
Th	<3	<3	45	90.8	4.04	58.4	34.9	284	42.8	10.1	6.86
V	32.8	41.5	15.25	63.6	182	149	285	374	507	388	352
Zn	1292	738	30.42	622	34.8	73.0	236	343	656	512	953
Total	1 508.5	1 027.4	908.1	1 957.2	1 525.3	558.94	935.03	3 408.4	2 243.5	1 891.6	8 858.6
Ba/Sr	5.12	1.69	5.66	7.30	1.11	25.12	5.07	34.62	39.49	34.37	1 272
Cr/Ni	10.35	13.4	3.73	2.83	2.22	2.32	0.31	4.45	2.13	1.22	2.41
La	0.43	5.45	42.47	104.4	22.66	74.27	33.91	289.6	102.6	15.35	3.71

续表

岩性\样品号	富夕线长石片麻岩		含夕线黑云斜长片麻岩				含尖晶堇青夕线片麻岩				
	223-15	204-3	W20701	21804	121-4	12902	126-1	22301	21801	22303	21909
Ce	1.05	10.78	89.75	218.4	42.82	167.3	71.32	618.5	208.5	36.78	8.85
Pr	0.12	1.52	12.29	25.75	5.47	19.80	8.26	69.00	23.54	5.11	0.93
Nd	0.39	4.93	41.58	100.7	20.42	76.33	33.75	282.3	95.07	21.60	3.22
Sm	0.11	1.24	8.81	16.40	4.06	14.62	6.57	53.44	16.20	5.51	0.61
Eu	0.01	0.60	1.08	2.92	2.44	1.20	0.62	1.68	1.48	0.27	0.04
Gd	0.13	0.36	7.80	9.00	2.75	9.47	4.23	31.14	9.24	6.65	0.53
Tb	0.03	0.30	0.85	1.53	0.49	1.47	0.50	4.62	1.13	1.02	0.08
Dy	0.23	0.45	5.21	7.76	2.32	8.34	2.70	18.45	4.38	6.03	0.39
Ho	0.08	0.10	0.72	1.60	0.38	1.51	0.45	3.27	0.56	1.01	0.11
Er	0.23	0.25	1.07	4.78	1.03	4.13	0.75	8.64	1.43	1.97	0.25
Tm	0.06	0.10	<0.10	0.69	0.14	0.54	0.10	1.20	0.21	0.25	0.05
Yb	0.58	0.35		4.87	0.80	3.25	0.34	7.03	1.40	1.48	0.52
Lu	0.12	0.10	<0.10	0.65	0.12	0.48	0.10	1.02	0.22	0.20	0.11
L/H	1.43	9.16	11.13	13.78	9.11	11.59	15.71	17.04	13.78	4.47	8.33
Total	5.00	35.69	223.34	513.23	115.01	394.3	179.31	1406.93	479.74	107.7	27.73
Eu/Eu*	0.26	2.12	?	2.13	0.29	0.34	0.12	0.67	0.14	0.21	

注：$MF/\Sigma = (MgO + <FeO> + MnO + TiO_2)/(SiO_2 + Al_2O_3 + K_2O + Na_2O + CaO + MgO + <FeO> + MnO + TiO_2)$；$Al/ACNK = Al_2O_3/(Al_2O_3 + K_2O + Na_2O + CaO)$。

表5-5 拉斯曼丘陵部分夕线片麻岩原岩恢复情况

岩石名称\方法	桑隆康判别法	AF图解	$(Al_2O_3 + TiO_2) - (SiO_2 + K_2O) - \Sigma$	$SiO_2 - Fe/(Ca + Mg)$	$SiO_2 - Al/(K + Na + Ca + Mg)$
21804 含夕线石榴黑云斜长片麻岩	（花岗岩-流纹岩）	杂砂岩	泥质砂岩	杂砂岩	杂砂岩
121-4 含夕线黑云斜长片麻岩	（安山岩-安山质火山碎屑岩）	杂砂岩	（强分异黏土）	杂砂岩	黏土质杂砂岩
12902 含夕线石榴黑云石英片麻岩	长石砂岩	杂砂岩	石英质砂岩	亚杂砂岩	亚杂砂岩
W20701 含夕线榴混合花岗片麻岩	长石砂岩	酸性岩或长石砂岩	长石砂岩	杂砂岩	杂砂岩
126-1 含堇青尖晶夕线片麻岩	（杂砂岩黏土岩类）	（水云母黏土）	（复矿物 粉砂岩）	（杂砂岩、黏土）	（水云母黏土）
22301 夕线榴堇青斜长片麻岩	（橄榄岩-苦橄岩）	（蒙脱石黏土岩）		（铝土矿）	
21801 含堇青尖晶夕线黑云片岩	（霓霞岩-霞石岩）	（蒙脱石黏土岩）		（铝土矿）	

续表

方法 岩石名称	桑隆康 判别法	AF 图解	$(Al_2O_3 + TiO_2) -$ $(SiO_2 + K_2O) - \Sigma$	$SiO_2 - Fe/$ $(Ca + Mg)$	$SiO_2 - Al/(K$ $+ Na + Ca + Mg)$
22303 含夕线董 青石榴黑云片岩	（霓霞岩－ 霞石岩）	（超基性沉凝灰岩）	（分异黏土）	（铝土矿）	
21909 含尖晶董 青夕线磁铁岩	（霓霞岩－ 霞石岩）	（蛭石黏土）		（铝土矿）	
223－15 夕线石岩	（黏土岩）	（黏土岩）	（强分异黏土）	（铝土矿）	（铝土矿）
204－3 夕线斜长 片麻岩	（蒙脱石 黏土岩）	（长石砂岩－ 泥灰岩）		（亚杂砂岩）	（亚杂砂岩）

注：小括号内的岩石类型为可能性不大的恢复结果。

第一类岩石含夕线黑云斜长片麻岩采用不同方法所进行的原岩恢复结果较为接近，如W20701 的长石砂岩、21804 杂砂岩、121－4 成分非常接近黏土质杂砂岩或页岩以及12902 亚杂砂岩或石英质砂岩，其稀土元素和微量元素的特征也与相应的沉积岩（王仁民等，1987）一致。关于该类岩石的原岩，由于夕线石含量低、变形改造轻微，基本可采用等化学原则恢复原岩。

第二、第三类岩石在不同的恢复图解中给出的原岩类型差异较大，或在一些图解中没有所对应的沉积岩类型，如含夕线榴董青片麻岩（样品 22301），以桑隆康（1983）的判别法为橄榄岩－苦橄岩类，AF 图解为蒙脱石黏土，$Si - Fe/(Mg + Ca)$ 图解为铝土矿，而在 $(Al_2O_3 + TiO_2) - (SiO_2 + K_2O) -$ 其余组分图解和 $Si - Al/(K + Na + Ca + Mg)$ 图解中则没有可对应的沉积岩。实际上，该岩石的常量元素组成与多种类型的泥质岩和黏土岩（王仁民等，1987）相比，没有一种沉积岩可与之相匹配，在 $Th - Al_2O_3$ 图解上也大大超出砂－页岩范围，微量元素总体特征更是如此，没有一种岩浆岩或沉积岩的微量元素可与之相当（任留东，1997）。其野外产状上沿走向较快速的变化也反映了构造改造的强烈影响，与之相对应，可出现大量的浅色体甚至伟晶岩脉，反映了岩石组分的明显迁移，这时岩石的化学体系是开放的，仍采用等化学图解恢复原岩只能得出错误的结论。

这些变质岩原岩的恢复，主要靠追索的办法，即野外沿走向与何种岩石较为接近，当然，最好能找到其相互转变的部位。如样品 22301 无论从野外还是薄片尺度均与黑云斜长片麻岩逐渐过渡，反映了该夕线董青片麻岩经由黑云斜长片麻岩改造而成。黑云斜长片麻岩的原岩可以是火成岩、杂砂岩或页岩。含夕线黑云斜长片麻岩（第一类岩石）可能反映了变形变质改造的初级阶段，随着改造程度的加大，这种岩石可能转化成富夕线石片（麻）岩（第二类岩石）或含尖晶董青夕线片麻岩类（第三类岩石）。

一般认为，在合适的温压条件下，夕线石等铝硅酸盐矿物的产生往往说明沉积岩原岩中有较高的 Al_2O_3 含量。根据本区岩石化学分析数据，含夕线石的片麻岩 Al_2O_3 含量可低到 5.4%（样品 12902）。区内有多种浅色片麻岩（变沉积岩和变火成岩），尽管其 Al_2O_3 含量远远高于此值，却未出现夕线石或蓝晶石。特别值得指出的是双峰山富黑云斜长片麻岩（样品 223－8；表5－6），其化学成分与样品 121－4 非常相似，Al_2O_3 高达 22.95%，本区的变质峰期条件为 4.5 kb，750 ~ 800℃（Ren et al.，1992；Carson et al.，1995；Stüwe，Powell，1989），达到低压麻粒岩相，表明已达到麻粒岩相，夕线石却没有出现。除 Al_2O_3 外，是否还有其他组分影响夕线石的形成？对比化学成分非常相近的样品 121 - 4（含夕线石）和 223 - 8（无夕线石），前者贫 Ca 而富 K、Na，似乎是 Ca 含量不足，形成长石较少，Al_2O_3 有富余，出现夕线石。但成分接近的另一组 21804（含夕线石）和 129 - 2（无夕线石），前者富 Ca、K、Na，即 CaO 组分含量与上一组正相反，对比这两组岩石及其他产出夕线石岩石的变形特征发现，含夕线石岩石的变形均较强烈，或者说，它们可由一些变质岩经特定的变形变质改造而成，从本区的情况看，富夕线石片（麻）岩和含尖晶董青夕线片麻岩类可以派生于除大理岩或钙硅酸盐岩外的一切变质岩。

表 5 - 6　拉斯曼丘陵两种黑云斜长片麻岩全岩化学分析数据　　　　（%）

组成	SiO₂	TiO₂	Al₂O₃	Fe₂O₃	FeO	MnO	MgO	CaO	Na₂O	K₂O	P₂O₅	LOI	TOT
131 - 14 含辉石黑云斜长片麻岩	67.55	1.02	12.34	2.03	5.57	0.12	3.12	3.52	2.45	1.79	0.12	0.16	99.79
223 - 8 富黑云斜长片麻岩	54.3	1.02	22.95	0.22	5.24	0.06	2.22	9.17	3.1	1.27	0.19	0.1	99.84

下面讨论本区夕线片麻岩类及有关岩石的可能原岩和成岩环境。

拉斯曼丘陵西侧 Bolingen 群岛含辉石黑云斜长片麻岩（样品 131 - 14），在各种原岩恢复图解中均为杂砂岩（任留东，1997），常量元素与东澳古生代大洋岛弧杂砂岩的较酸性端元（Mk46）组成比较相近，稀土元素特征则与大陆岛弧杂砂岩（Bhatia，1985）完全一致。

南极拉斯曼丘陵及其邻区的高级变质岩的原岩类型主要为双峰式火山岩（王彦斌，2002）、杂砂岩 - 页岩韵律层（复理石）和少量的亚杂砂岩和石英质砂岩夹层，整体上反映了较为动荡的环境（任留东，1997）。

在中山站以北部双峰山产出浅 - 暗条带状互层（条带宽度 10 ~ 30 cm）的含黑云斜长片麻岩和富黑云斜长片麻岩，成分层与片麻理相互平行，前者的 SiO_2 含量为 70wt%，Al_2O_3 13.16%，常量元素组成比东澳早古生代大陆岛弧杂砂岩（Mk59）的〈FeO〉、MgO、P_2O_5 略高，K_2O 偏低，反映了更为活动的环境，稀土元素特征接近于大陆岛弧杂砂岩，只是稀土总量略高，铈负异常较不明显（Eu/Eu * = 0.90）（Bhatia，1985）。后者即富黑云斜长片麻岩（无夕线石）SiO_2 = 54.30% 和 Al_2O_3 = 22.95%，其常量、微量和稀土元素特征与科罗拉多 Wet 山区 Dakota 群页岩（D - 2）（Cullers，1995）很相近，同时本区样品显示较高的 MgO、〈FeO〉、CaO 以及 Co、Cr、Ni、Sc，说明本区的沉积环境比 Dakota 群（海洋三角洲）更为动荡，成熟度较低。综合一些有关图解显示条带状黑云斜长片麻岩的原岩基本为杂砂岩 - 页岩，形成于大陆岛弧环境（任留东，1997）。

由此可见，拉斯曼丘陵及其邻区的（含）夕线片麻岩类的原岩可以是杂砂岩、亚杂砂岩、石英砂岩和页岩等。黏土岩或页岩之类的富铝沉积岩与夕线片麻岩并没有直接对应关系。夕线石出现的决定性因素是特定温压条件下的变形变质改造过程，而不是原岩成分。

5）夕线石片麻岩的一些地球化学性质

通过各种夕线片麻岩组成元素含量之间的相关性分析得知，对于常量元素，可分为两组：

SiO_2，CaO，Na_2O 和 MgO，〈FeO〉，MnO，Al_2O_3，TiO_2，其中每组内部组分之间正相关，而组间负相关；同样，微量元素亦可划分出两组：Sr 和 Co，Cr，Ni，V，Ga，Ba，Zn，Th，组间元素负相关。

考虑到夕线片麻岩类岩石的矿物组成特征，SiO_2、Na_2O、CaO 组分组受石英及斜长石的影响，夕线石含量较高时斜长石的含量往往减少；MgO、〈FeO〉、MnO、Al_2O_3、TiO_2 组则与堇青石、黑云母、夕线石和石榴子石有关。微量元素 Sr 与其他金属元素的负相关性可能也与斜长石有关。

对于夕线石含量较高的第二、第三类片麻岩，除矿物组成和结构较为不同外，两者的化学组分特征差异也很明显：第二类富浅色组分，而第三类富暗色组分。

通过相对封闭体系变质岩原岩恢复分析（任留东，1997），区内多数片麻岩的原岩类型为杂砂岩。为了解夕线片麻岩与杂砂岩的关系，把两者的成分进行对比（图5-43），其中所参照的样品131-14 为较典型的变杂砂岩。

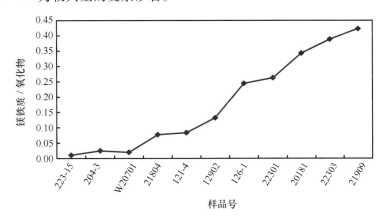

图5-43 夕线片麻岩的 $MgO + 〈FeO〉 + MnO + TiO_2$ vs

$(SiO_2 + Al_2O_3 + K_2O + Na_2O + CaO)$ 比值图解

第二类夕线片麻岩呈浅色岩石，主要由夕线石和斜长石组成，稀土含量低（表5-4，图5-44），而第三类夕线片麻岩相对暗色，堇青石和其他副矿物较多，石英稀少，稀土总量高，轻重稀土分馏强烈，并具明显的负铕异常。以石榴堇青夕线片麻岩（22301）为例，具有极高的 Al_2O_3（36.19%）而低的 SiO_2（33.90%），微量元素显示高 Ba（1 703 ppm）、Th（284 ppm）、Cr（398 ppm）和 V（374 ppm），富含稀土（$\sum REE = 1 389.89$ ppm，为区内各种变质岩中含量最高者），轻重稀土分馏强烈：LREE/HREE = 17.04，极明显的负铕异常，Eu/Eu * = 0.12（区内最低值）。该岩石与黑云斜长片麻岩在露头和薄片范围内均可呈渐变过渡，不难看出，该岩石很大程度上是黑云斜长片麻岩经组分迁移之后的残留体。这与游振东和王方正（1988）所提出的变质岩区富铝岩石不一定说明原岩富铝，而是部分熔融过程中难熔成分 Al 相对富集的结果的认识基本一致。

与杂砂岩相比，含夕线片麻岩类（第一类）的常量元素 SiO_2 含量基本相当，K_2O 普遍增加，其他组分含量则变化较大，说明这些岩石与杂砂岩有一定差别。微量元素的变化更为明显（图5-45A 和图5-45B），即该类变质岩的原岩不仅仅是杂砂岩或与所参照的杂砂岩有一定差异。

第二、第三类片麻岩（以下简称为富夕线石片麻岩类）多派生于黑云斜长片麻岩，其原岩基本为杂砂岩（任留东，1997），但是，富夕线石片麻岩类的常量元素与杂砂岩的差别则较为显著，甚至出现了分异趋势：与杂砂岩相比，这些岩石的 SiO_2、CaO、Na_2O、P_2O_5 普遍降低，第三类富夕线石片麻岩的 Al_2O_3、MgO、FeO、TiO_2 相对增加，稀土元素总量、轻重稀土分馏程度增大，铕负异常更加明显，更加偏离其原岩成分特征。夕线石片麻岩的变质作用已经不是等化学过程，基本上属于开放体系。

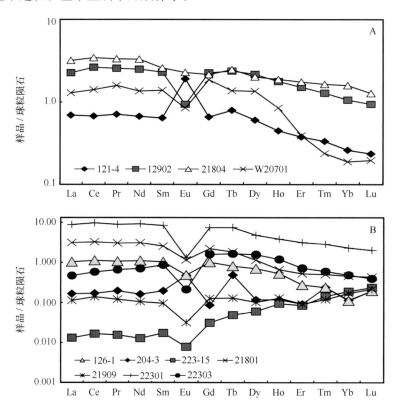

图 5 – 44　含夕线石片麻岩与（变）杂砂岩的稀土元素比较（A）及富夕线石及夕线董青片麻岩与（变）杂砂岩的稀土元素比较（B）

尽管原岩中 Al_2O_3 的含量不是控制夕线石能否出现的决定性因素，但是夕线石化过程往往是 Al_2O_3 含量指数 $Al_2O_3/(Al_2O_3 + CaO + K_2O + Na_2O)$ 逐渐增大的过程（图 5 – 46）：第一类片麻岩的 Al_2O_3 含量指数最低，第二、第三类的较高，即夕线石化过程中 Al_2O_3 发生相对富集。

因此，含夕线石的岩石未必富铝，其原岩也未必富铝；富铝的岩石未必出现夕线石。

拉斯曼丘陵夕线片麻岩较集中的部位可能副片麻岩比例确实较大，但是，也不排除强烈变形变质改造使部分正片麻岩形成夕线片麻岩的可能。不过，有一点应该明确，这些夕线片麻岩的绝大部分并不能直接恢复成变泥质岩或黏土岩、铝土矿之类，"变泥质岩、黏土岩类"在很大程度上是已有岩石经强烈变形变质改造后，在等化学变质的假设前提之下"人工"恢复出来的岩石类型。

夕线片麻岩是孔兹岩系中最具标志性的岩石，按通常的等化学原则可被恢复为黏土或页岩，属于富铝的沉积建造，形成于稳定的克拉通盆地环境。本文则认为，原岩建造固然重要，

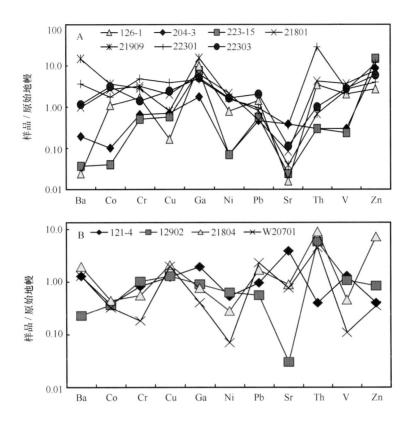

图 5 - 45　含夕线石片麻岩与（变）杂砂岩微量元素的比较（A）及
富夕线石及夕线董青片麻岩与（变）杂砂岩微量元素的比较（B）

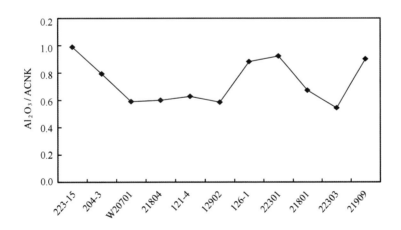

图 5 - 46　夕线片麻岩的 $Al_2O_3/(SiO_2 + Al_2O_3 + K_2O + Na_2O + CaO)$ 比值变化

但决定性的因素在于变形 - 变质环境，其原岩建造完全有可能是活动构造背景下的沉积。从而对变质岩原岩建造及其形成环境得出完全不同的结论。

另外，关于夕线石化过程的非等化学性，对于以相关岩石全岩为基础的同位素年龄问题（Sheraton et al.，1984）（如 Sm - Nd、Rb - Sr 全岩定年）以及利用元素地球化学性质（如微量 - 稀土元素组成，尤其铕异常参数 Eu/Eu＊）确定原岩环境以及是否太古代沉积的识别方法（McLennan，Taylor，1991）都需要重新认识。

6）关于夕线片麻岩的成因

一般认为，含夕线石变质岩的原岩相当于泥质岩、页岩等富铝岩石。贺义兴等（2001）认为，高铝物质有利于夕线石的生成，而非高铝岩石，如浅粒岩和变粒岩等，也可以产出夕线石，关键是存在一个适合夕线石生成的温度（>700℃）压力环境（>5 kb）；游振东和王方正（1988）也认为，某些变质岩区的富铝岩石不一定说明原岩富铝；Collins，Davis（1996）甚至提出，形成夕线石片麻岩的原岩是辉长岩。这些认识，都否定了夕线石片麻岩与泥质岩、页岩甚至黏土岩原岩的简单对应关系。

夕线石化过程中岩石成分发生了改造，尤其是去碱金属、碱土金属作用甚至去硅作用（Kerrick，1990）。夕线石的形成与应力作用及深熔作用（刘树文等，1999）密切相关。也有人认为，夕线石可直接形成于熔体结晶（Nabelek，1997）。万渝生等（2003）通过对河北平山湾子群夕线石英集合体及相关的深熔脉体的地球化学特征对比，指出与钾长浅粒岩的深熔作用有关，根据其提供的夕线石英集合体及对应的深熔浅色体 Nd 同位素组成特征的一致性，夕线石与浅色脉体应是同一过程的结果。

从野外和镜下观察得知，拉斯曼丘陵夕线石的出现必然伴随着长英质片麻岩强烈的变形改造，而且，夕线石的形成标志着深熔作用的开始，夕线石产于浅色脉体迁移的通道上；从矿物成分和成分相关性分析得知，黑云母和长石尤其斜长石的分解和相关组分的迁移可能起着重要作用；结合黑云斜长片麻岩–夕线石–浅色体的空间和结构关系，夕线石很可能是长英质深熔物质迁移过程中的滞留物，碱（土）金属，有时伴随硅组分较易迁移；而铝、铁组分相对惰性，难于长距离移动，沉淀形成夕线石，偶尔有刚玉形成；金属氧化物有磁铁矿、钛铁矿和赤铁矿，这种过程即表明夕线石片麻岩的形成同时也是片麻岩化学组分发生调整的过程。

7）小结

①拉斯曼丘陵及其邻区的（含）夕线片麻岩类的原岩可以是杂砂岩、亚杂砂岩、石英砂岩、泥质岩或页岩等。黏土岩或页岩之类的富铝沉积岩与富夕线片麻岩并没有直接对应关系。没有一种现存的泥质岩其化学组成可以与富夕线片麻岩直接对应。

②原岩中 Al_2O_3 的含量不是控制夕线石能否出现的决定性因素，含夕线石的岩石未必富铝，反之亦然，岩石富铝也可以不出现夕线石；富铝的岩石所派生于之的源岩未必富铝，但是夕线石化过程往往是 Al_2O_3 相对增加的过程。

③根据转化关系和成分对比，拉斯曼丘陵夕线石片麻岩所派生于之的源岩主要为黑云斜长片麻岩，夕线石出现的决定性因素是特定温压条件下的变形变质改造过程，而不是原岩成分。夕线石片麻岩在很大程度上是黑云斜长片麻岩经长英质组分迁移过程和之后的滞留–残留体。

④夕线石化过程中岩石组分发生了改造，夕线石片麻岩的变质作用已经不是等化学过程，基本上属于开放体系。

5.2.4.3 拉斯曼丘陵长英质高级片麻岩中夕线石的形成与深熔作用的关系

1）引言

夕线石是中–高级长英质片麻岩中一种很常见又非常重要的变质矿物。在变质带厘定中的夕线石带，变质温压条件限定中的 Al_2SiO_5 三相变化及三相点的位置（Holdaway，1971），都是变质地质学研究中常常面临的问题。结晶形态上，夕线石可分为毛发状夕线石（fibro-lite）和柱状夕线石（prismatic sillimanite）两种类型，一般认为前者代表刚开始进入夕线石带，后者出现的温度稍高。夕线石的形成过程也很复杂，牵涉到中—高温变形—变质、深熔作用甚至岩浆作用等不同的过程，在讨论这些地质过程时，人们往往把注意力放在石榴子石、长石和石英等矿物上，仅把夕线石当做一般变质 – 深熔过程中的反应物对待，而对夕线石形成的复杂性重视不够。

通常认为，夕线片麻岩属于孔兹岩系的重要组成部分，其原岩为富铝黏土或泥质岩、页岩类（如卢良兆等，1996）。碱金属的淋滤作用对夕线石的形成非常重要（Vernon，1979；Vernon et al.，1987）；周喜文（2001）注意到了一定温度下应力和流体在夕线石形成过程中的作用，强调了应力促使组分迁移、残留组分形成夕线石。

南极拉斯曼丘陵高级变质杂岩内的多种岩石中可形成夕线石 ± 石英组合。通过野外追索、室内镜下观察和化学分析，夕线石片麻岩的原岩可能是砂岩、杂砂岩甚至长英质火山岩。电英岩亦可转化形成夕线石（任留东等，2007）。根据 Collins，Davis（1992）的报道，夕线片麻岩的原岩甚至可以是花岗闪长岩、辉长岩。花岗岩有时可局部转化为夕线石（Musumeci，2002），即非泥质岩亦可形成夕线石，夕线石未必对应富铝的原岩。夕线石的出现造成了局部富铝的环境，并由此控制着一些矿物（组合）的形成，如斜长石、石榴子石、尖晶石、董青石等。我们认为，泥质岩等富铝岩石仅仅是有利于夕线石的形成，至于夕线石能否出现，除了岩石成分和温压条件的可能控制外，一些其他因素如变形改造等，对于夕线石的形成通常也很重要，即含夕线石的片（麻）岩往往经过了强烈的变形 – 变质和深熔作用的改造。夕线石的形成方式可能有很多，但本文主要讨论区域变质过程中夕线石的形成及其与深熔作用的关系。

2）区域地质概况

在大地构造上，我国南极中山站及其周围的拉斯曼丘陵位于冈瓦纳古陆的泛非构造带，约 550 Ma 的泛非构造运动表现得十分强烈，出露一套麻粒岩相变质岩系（Zhao et al.，1992；Ren et al.，1992；Dirks et al.，1993；Carson et al.，1995），主要产出含石墨的夕线石榴片麻岩、长英质片麻岩以及极少量的钙硅酸盐岩，与传统意义上的孔兹岩系相当，间夹辉石黑云斜长片麻岩、黑云斜长片麻岩和少量的花岗质片麻岩、（角闪）二辉麻粒岩等，峰期变质之后深熔作用强烈发育，并形成相当数量的伟晶岩脉、混合岩和含榴花岗岩，局部为正长花岗斑岩、二长花岗岩。

3）岩石学、岩相学和矿物反应结构

在拉斯曼丘陵的长英质高级片麻岩中，含夕线片麻岩类分布较为普遍，含夕线片麻岩及夕线石集合体一般呈透镜状（而不是简单的层状）与其他岩石互层产出。

较富黑云母的斜长片麻岩中易出现夕线石。夕线石含量较多的片麻岩一般层厚变化大，从数厘米到数米，矿物组合及矿物含量变化亦大，从微量到近乎纯的夕线石岩。夕线石主要呈柱状，仅有少量的毛发状夕线石。常见的矿物有夕线石、钾长石、斜长石（An$_{34-40}$）、石英、黑云母、董青石、石墨、尖晶石、磁铁矿、钛铁矿、赤铁矿，副矿物有锆石、刚玉、假蓝宝石、磷灰石、独居石、磷钇矿和若干磷酸盐矿物（Ren et al.，2003；Grew et al.，

2007）等。

通过详细的野外观察和室内显微结构分析，我们注意到，与夕线片麻岩 S_2 片理形成有关的变形具非透入性，岩石中片理的分布很不均匀，明显分为两部分（图 5 - 47A；图 5 - 48A 和图 5 - 48B），其中的一部分为黑云斜长片麻岩，矿物分布相对均匀，组成片麻理的矿物大致定向排列，矿物组合为 Bt + Pl ± Grt ± KfS ± Opx + Qtz + Op + Ap ［矿物缩写采用 Kretz（1983）的方案，下同］，副矿物为锆石、磷灰石和少量的独居石，不透明矿物为磁铁矿 - 钛铁矿，系相对封闭体系下的组分结晶而成。

另一部分为较富夕线石部分，片理较为明显，其中 Sil ± Op 定向排列（图5 - 48B、图5 - 48C 和图5 - 48D），往往伴随石英，Crd + Spl ± Crn 则呈静态重结晶（图 5 - 48A 和图 5 - 48E），组合中可含一些富铝、镁而贫硅的矿物，如刚玉、假蓝宝石（图 5 - 48F），而长石尤其钾长石极少出现，一般不出现斜方辉石。不透明矿物有时含量较高，以磁铁矿为主（图 5 - 47B；图 5 - 48A 和图 5 - 48F），常可见赤铁矿和钛铁矿，有时则几乎缺失；副矿物较少，多为独居石和磷钇矿，少见磷灰石。

岩石中这两部分矿物组合的明显差别不仅在露头尺度（图 5 - 47C），即使在薄片范围内亦可出现［图 5 - 48 （B、C、D）］，从而在同一手标本或薄片范围内，形成变质组合截然不同的两种域：一边为黑云斜长片麻岩；另一边为夕线片麻岩。两种组合之间呈现出明确的切割关系：富铝（镁）而贫硅的矿物（多为暗色或不透明矿物）以团状、透镜状（图 5 - 47D）、甚至长条状切割无或少夕线石组合部分。在露头规模上，随着这些矿物数量的减少，逐渐过渡为黑云斜长片麻岩（图 5 - 47E）。

早期的毛发状夕线石和偶见的夕线石球（nodule）或扁豆体主要由 Sil + Qtz 组成，一般无长石，其边缘常生长黑云母（图 5 - 47F）。石榴子石中可包裹毛发状夕线石（图 5 - 48A），在夕线石透镜之后依次出现黑云母、石榴子石（图 5 - 47F），夕线石之后形成石榴子石（图 5 - 47G）和董青石；夕线石向董青石转化，可切割片麻理，并沿微细裂隙产出（图 5 - 47H）。

斜长片麻岩中的夕线石出现于裂隙中，夕线石集合体两侧的矿物颗粒通常不能联通（图 5 - 48C），偶尔两侧的斜长石、石英颗粒可相连，夕线石集合体向两端尖灭且夕线石柱状体多平直，少弯曲。夕线石片麻岩中的不透明金属氧化物、石榴子石和黑云母集中于局部条带，含夕线石与无夕线石岩石之间多呈逐渐过渡（图 5 - 47A）。Sil + Grt + Mag + Crd 透镜及随后的伟晶岩可呈雁列状排列（图 5 - 47D）。

区内伟晶岩（Peg）较为发育。含榴伟晶岩脉中可有 Sil ± Op 细脉（沿片麻理方向），或者包裹早期不定向的夕线石、尖晶石，并在夕线石之后形成浅色体（图 5 - 47E）。浅色体中的斜长石呈半自形、自形。夕线石之后形成伟晶岩或夕线石与伟晶岩相伴（图 5 - 47B），表明夕线石可能为伟晶岩的前期产物；夕线石之后出现石榴子石和伟晶岩（图 5 - 47G）。伟晶岩中少磷灰石。

夕线石之后或周围易形成石榴子石，董青石则更晚。夕线石与不透明金属氧化物（Sil - Op）之后形成含董青石 - 长英质脉（图 5 - 47C），夕线石 - 黑云母片麻岩中可以分离出含金属氧化物的长英质脉体（图 5 - 47A）。

富含镁铁（钛）氧化物岩石（即所谓的富镁铁变泥质岩）可与花岗质片麻岩直接接触，多呈不规则或不均匀的团块状，这些富含镁铁（钛）氧化物的岩石，可分为两种类型，富含

图 5 – 47　夕线石的野外产出状态

A—黑云斜长片麻岩与含夕线石浅色体、伟晶岩相间排列；B—夕线石 – 金属氧化物团块及其周围的含石榴子石伟晶岩；C—夕线石沿裂隙面集中分布，并被含堇青石浅色体切割；D—夕线石 – 金属氧化物透镜体与伟晶岩呈雁列状排列；E—黑云斜长片麻岩被含夕线石浅色体切割；F—夕线石透镜围以黑云母 – 石榴子石边缘，附近为富磷灰石石榴堇青片麻岩；G—黑云斜长片麻岩被浅色体切割，后者包裹夕线石 – 石榴子石透镜；H—黑云斜长片麻岩中的夕线堇青条带及浅色体

钛铁氧化物和较富镁的片麻岩。前者可较厚，除铁钛氧化物外，还可有一定的夕线石、石榴子石，而堇青石往往含量较低，常伴以一定量的伟晶岩团块（图 5 – 47B），由黑云（石英）斜长片麻岩转化而来。该岩类中较少甚至无石榴子石，可依次出现夕线石、金属氧化物、石榴子石和伟晶岩，与富黑云母片麻理、伟晶岩或浅色体关系密切。而在富镁的片麻岩可含黑云母 – 堇青石，有时见硼柱晶石（图 5 – 48G）。局部见硼硅酸盐矿物的聚集（硅硼镁铝矿 – 硼柱晶石 – 电气石），偶见相伴富硫化物石英岩层。

值得注意的是，电英岩（电气石 – 石英岩）中也有夕线石的形成，并可形成 Sil + Trn + Gdd + PrS + Kfs 组合。一方面说明夕线石的出现与钾长石有关，另一方面，虽然电气石也属于富铝矿物，但夕线石的形成与富铝泥质岩没有关系。有的电英岩中还可形成夕线石 – 硅硼镁铝矿 – 硼柱晶石 – 钾长石组合（图 5 –48G），并有如下形成演化顺序（其中的"→"表示时间顺序，但未必有直接的成因联系）：

$$Trn + Pl + Bt ± Qtz→Sil + Op + Rt + Crn→Prs→Crd→Dsp + Bt + Trn \qquad (5-1)$$

晚期退变质阶段可能有少量的夕线石，该类夕线石与退变黑云母密切相关，如晚期磁铁矿周围可出现的夕线石 – 黑云母反应边（图 5 – 48H）。

4）夕线石形成机制讨论

下面将讨论夕线石形成过程中组分的来源及有关组成的分异、夕线石的出现与变形—变质—深熔作用的关系，进而探讨其成生过程中水活度的可能变化等。

（1）组分来源

形成夕线石的岩石前期矿物组合主要为云母和长石、石英。从成分上看，夕线石较富铝，云母和长石的分解均有利于夕线石的形成，或者说，夕线石是"云母＋长石"分解的产物。南极拉斯曼丘陵较富黑云母的斜长片麻岩中易出现夕线石与此相一致。石英对夕线石的出现亦有影响，云母片岩中须有较多的石英，方可形成夕线石；若只有长石，尤其钾长石时，往往形成刚玉。

（2）夕线石的形成与变形的关系

夕线石（Sil 或 Fib）"条带"多沿先前裂隙形成，裂隙常与片理一致，偶尔切割片理，该裂隙则成为变质反应和矿物就位的界面，基本控制了其他矿物的生长，且两侧矿物不贯通，是岩石内或岩石间差异运动较为明显的位置，露头尺度上则有着相当量的剪切位移。夕线石集合体及随后的伟晶岩呈雁列状排列（图 5 – 48D）表明体系处于挤压→引张的转换时期。

流体可促进岩石的破裂。刘正宏等（2007）认为，流体存在对岩石流变特征、破裂作用和石英条带形成起着重要的作用。岩石中夕线石的形成则可能与同时发生的剪切变形有关。孔兹岩带往往伴随着大尺度剪切带的存在。

应变过程中，体系的整体温度还不够高，由于成分、流体种类和含量的影响，基本在一些大而厚的层状岩石单元之间、成分接近低共熔的岩石优先软化或破裂，沿裂隙发生了明显的组分溶解，随后进一步的活动形成夕线石：

$$Bt + Qtz→Sil ± Qtz→Grt + KfS + Melt （fluid – absent partial melting） \qquad (5-2)$$

夕线石是首先形成的矿物，其位置可能代表变形前锋的位置，这里发生了启动或初始破裂变形，并伴随强烈的流体活动或迁移。

在非破裂性片麻理岩石（如含榴钾长片麻岩）内，中、低压/高温条件下 Bt – Pl – Qtz 片

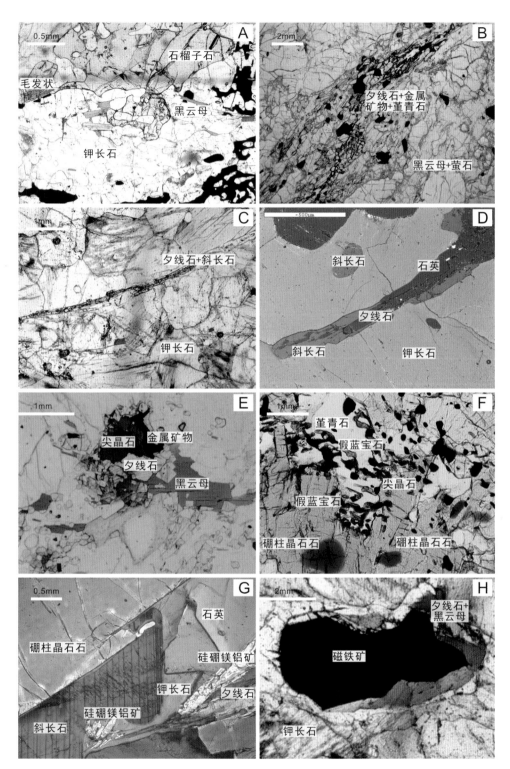

图 5 - 48 长英质片麻岩中与夕线石有关的显微结构

A—毛发状细夕线石被石榴子石包裹, 附近富金属氧化物 – 尖晶石组合; B—片麻岩中两种域, 强片麻理化部分富夕线石; C—夕线石 – 斜长石沿裂隙产出, 两侧矿物颗粒不联通; D—夕线石 – 斜长石 – 石英片麻理, 背散射图像; E—夕线石 – 金属氧化物及之后的黑云母; F—含夕线石片麻岩中次第出现的假蓝宝石 + 尖晶石、硼柱晶石及董青石; G—夕线石转化为硅硼镁铝矿和硼柱晶石, 之后形成钾长石, 正交光; H—磁铁矿周围的黑云母 – 夕线石退变边。除注明者外均为单偏光

麻岩进变质发展的结果往往是形成 Grt + KfS + Qtz ± Opx，很多高级片麻岩中并没有夕线石，而只是出现 Bt，Grt，Kfs，Pl，Qtz；从野外、室内的观察对比来看，无夕线石的原因并非岩石铝含量不高（任留东等，2007），很可能在于这里属弱应变域，所以无法发生反应式（5 - 1），仅出现类似下面的反应：

$$Bt + Pl + Qtz \rightarrow Grt + KfS + Pl（Melt）+ Op \tag{5 - 3}$$

注意，该反应中除 H_2O、MgO 外，其他组分迁移的可能性不大。从反面说明，夕线石的形成需要变形错动，并伴随流体的活动如渗透，而且，夕线石只是反应过程的中间产物而不是简单的反应物。

含夕线石岩石往往剪切应变较强烈。对于夕线石的形成，岩石的变形是必要的（可引起组分的差异活动），另一方面，对于夕线石的结晶过程，从其空间排列（可无定向）上看，应力没有对夕线石的结晶发生直接作用。在有裂隙的情况下夕线石发育，所对应的应是（半）开放状态，随着变质或结晶过程的逐步发展，裂隙趋于愈合，夕线石不再形成。因此，破裂性裂隙的率先出现是夕线石形成的必要条件，夕线石与变形密切相关，但未必简单沿着裂隙结晶。花岗岩中的剪切变形（角闪岩相变质），有时亦可形成夕线石（Musumeci，2002）。至于长英质片麻岩中存在两种变质域的组合，富夕线石部分对应于片理化组合，其他部分对应非片理化组合，则可能与应变分解造成的强应变带和弱应变域相一致。

（3）与深熔作用的关系

当区域变质作用进一步发展，温度升高到 700℃ 左右，不需要外来物质的参与，使固态岩石发生选择性重熔（溶），其中具有低共熔点的长石和石英首先开始熔（溶）化，成为液相，这种作用称为深熔作用或重熔作用（anatexis）。

对于混合岩，有人分为变质成因和深熔成因两种类型，并强调深熔混合岩中有夕线石（Yardley，1978；McLellan，1983），说明夕线石与深熔密不可分。

一般认为，深熔混合岩的形成需要消耗夕线石：

$$Pl + KfS + Sil \rightarrow Qtz + H_2O + Melt \tag{5 - 4}$$
$$Bt + Pl + Sil + Qtz \rightarrow Grt + Melt \tag{5 - 5}$$
$$Bt + Sil + H_2O \rightarrow Crd + Melt \tag{5 - 6}$$
$$Bt + KfS + Sil + H_2O \rightarrow Melt \tag{5 - 7}$$

其中，夕线石与黑云母、石英一样，均被当做一般反应物处理，其结果，生成过铝质熔体。Pichavant 等（1988）指出，细夕线石（Fib）可能是一种早期岩浆相，更有人认为夕线石形成于熔体结晶（Nabelek，1997），但尚无 Fib 或 Sil 自伟晶岩结晶的岩相证据。

根据流体的有无，深熔作用可分为有流体和无流体深熔作用，前者有水熔融易形成接近低共熔成分的熔体，结晶出现斜长石、钾长石，较少形成夕线石；后者即脱水熔融作用，形成石榴子石、紫苏辉石、（中）条纹长石、钾长石、斜长石、堇青石。脱水熔融实验中往往有钾长石，可有夕线石：

$$MS ± Bt + Pl + Qtz \rightarrow Sil + KfS + Bt + Melt \tag{5 - 8}$$

实际上，夕线石形成的本身就是一个复杂的过程。Patiño Douce，Harris（1998）对喜马拉雅结晶岩系的变泥质岩进行了实验，其结果表明，脱水熔融实验，式（5 - 7）中先是黑云母（H_2O、K）分解，介质趋于碱性，Sil（Fib）对应超临界流体，几乎所有先存矿物被溶蚀：

$$Fl + Bt + Qtz \rightarrow Fib + Qtz \pm Ap + Mnz \qquad (5-9)$$

由于结构上产物（Fib）缺少相应可替代的反应物，Atherton（1965）认为不存在递进变质，而是由原岩直接转化形成变质岩；Chinner（1966）则解释为 Fib 系准稳定，即越过反应线的产物。Wintsch，Andrews（1988）把伟晶岩中的夕线石解释为应力作用下长石（Fl）的压溶现象：

$$2Fl + 2H^+ \rightarrow Sil + 5SiO_2 \text{（aq）} + 2K^+ + H_2O \qquad (5-10)$$

同样，未见到夕线石交代早期蓝晶石或红柱石的证据（Pattison，1992）。Kerrick（1990）认为，细夕线石直接结晶于渗透流体。Mclelland 等（2002）则提出夕线石 – 石英脉和椭球体的形成是晚期的水热流体活动造成的。也有人提出，碱土金属的淋滤可能是细夕线石形成的一种机制（Ahmad，Wilson，1982；Vernon et al.，1987）。Mclelland 等（2002）提到结晶花岗岩表层的局部酸性流体形成了夕线石 – 石英脉或球体。

南极拉斯曼丘陵属麻粒岩相变质环境，在前期变质事件或早期变质阶段的基础上变形 – 变质改造形成夕线石，即先存变质岩经再造转化为夕线石，既不属于压溶，亦不属于熔融。伴随强烈应变的深熔或可称动力熔融作用。在片麻理基础上的叠加改造形成夕线石、云母、（斜）长石和/或石英等。与夕线石最密切的矿物（石英或不透明金属氧化物除外）的形成顺序为：夕线石→石榴子石→长石→董青石（Sil→Grt→Pl→Kfs→Crd）。

这种结晶顺序又伴随着先存矿物的分解和不同组分的差异性迁移。在含榴伟晶岩脉中有夕线石的形成，夕线石既可包裹于单个矿物如长石中，亦可以 Sil ± Op 细脉形式产于浅色体或伟晶脉体之中（图 5 – 48E），夕线石应为伟晶岩的前期产物。

Anderson 等（1988）认为在长英质岩石的中 – 高级变质时的超临界流体中具有 Al – Alk 络合物或 Al（OH）n 的络合物。Morgan，London（1989）实验提到，碱性流体中硼（B）的介入可增大 Al、Si 的溶解度，形成碱性硼酸络阴离子团（alkali borate oxyanions，Al + B + Alk）。隆升（降压）和冷却或者外界环境的突然改变（除温压改变外，尚可有流体分压的突然降低等），可导致流体的不混溶（unmixing of H_2O – rich CO_2 – rich fluids）。

在麻粒岩相变质的环境中，由于较高的温度，在合适的局部空间，并具有合适的岩石成分时，可发生部分熔融，这种熔融强烈吸收体系中本来就不多的流体挥发分 H_2O、B、Cl、F，因为流体挥发分优先进入熔体（Thompson，1983；Vilzeuf，Holloway，1988），结果使残留岩石中的流体更富碳质，造成了夕线石中流体包裹体较贫水而富碳（卢良兆等，2000）。从而导致原先含有的挥发组分 H_2O 等逸出、沿着剪切或破裂面等裂隙部位迁移至深熔部位，用以维持溶浆迁移的络合物等纷纷离解，Alk + B ± Si 继续迁移，而原来溶液或熔体中的大部分 Al、Si 组分则残留、沉淀下来形成组合 Fib（Sil）+ Qtz；由于挥发组分、液态组分直至固态组分的可迁移速度和距离逐步减小，挥发组分的快速逸失导致剩余组分浓度的突然增加，组分快速结晶形成类似于科马提岩鬣刺结构的毛发状夕线石和石英。络合物中还应有 Mg、Fe、Ti 或其他暗色组分，随着络合物的进一步分解，开始形成石榴子石等其他变质矿物，消耗掉部分的暗色组分；若无石榴子石，则出现磁铁矿或钛铁矿等不透明矿物。一些硼硅酸盐、磷酸盐矿物（图 5 – 47F，2G；Ren et al.，2003）组合的出现通常与夕线片麻岩密切相关也支持这种推论，而且，电气石本身有很高的铝含量，同样可形成夕线石。当然，这些特殊挥发组分的存在可能仅是一个特例，作为最一般的情况，很可能是与之相当的挥发组分起着同样的作用。

因此，在有深熔作用发生的地质过程中，大量夕线石的形成往往标志着深熔作用的开始。夕线石的形成反映了一定温度条件下［可能处于湿固相线与无水熔融（干体系）脱水熔融之间］流体－挥发的降低。中－低温变质时难以发生深熔作用，没有挥发组分的突然降低，难以形成夕线石。

随着深熔作用的逐步发展，夕线石处于准稳定状态，可向石榴子石和长石转化（此时夕线石仍能保持稳定）（图5-47E和图5-48A）；当夕线石向董青石转化时，夕线石趋于分解，甚至消失（图5-47H）。因此，一旦深熔作用发展完善，夕线石不再形成或趋于消失。可以这样认为，当体系将要转化为某种新的状态时，开始时的快速动荡、剧变阶段形成的非平衡过程导致夕线石的出现，随后的逐步稳态调整出现趋于平衡的组合。决定深熔作用的主要因素是温压、成分和流体，而控制夕线石出现的主要因素则是变形、成分、流体和温压条件。

晚期磁铁矿周围的 Sil + Bt 反应边可能也是组分分离（分凝）的结果，因为深熔作用的发生可以是多幕次的。

5）夕线石形成过程中的组分分异

Ahmad，Wilson（1982）认为，碱（土）金属的淋滤是夕线石形成的一种可能机制。而在等化学基本前提下所形成夕线石的量超出了云母分解/碱（土）金属淋滤所能提供的量，且 Fib/Qtz 比值与应变量正相关。只能说明实际过程为非等化学，且与变形密切相关。交代作用是体积替换而不是质量代换也与此一致（Collins，1997）。

夕线石的形成源于碱性组分（促使铝呈 Al^{IV} 配位）的快速淋滤，此外，还有一个碱土金属与硅铝组分分离的过程。例如在夕线董青片麻岩中，造岩矿物的形成顺序大致如下（括弧内为牵涉到的主要阳离子或挥发组分，含量多者在前）：

$$Fib - Sil \rightarrow Spl + Op（Fe、Al）\rightarrow Crd（Mg、Fe、Al）\rightarrow Pl（Na、Al、Ca）\rightarrow Bt$$

$$(5-11)$$

或进一步表示为（各阶段的主要矿物及相关的主要组分）：

$$Sil \rightarrow Op \rightarrow Grt \rightarrow Crd \rightarrow Bt + Kfs + Qtz \rightarrow Bt + Trn + Qtz$$

$$Al - Si \quad Fe - Ti \quad Fe - Al - Mg \quad Al - Mg - FE \quad Mg \sim Al - Fe、K_2O、$$

$$H_2O、F - Cl \quad H_2O、F - Cl、B \qquad (5-12)$$

综合各种片麻岩：

$$Sil + Op + Trn \rightarrow Pl + Kfs \rightarrow Spl + Spr \rightarrow Bt + Pl \rightarrow Gdd + Prs \rightarrow KfS + Trn + Qtz \rightarrow Crd \pm Qtz \rightarrow Bt?$$

$$Al \quad FE \quad Na - Ca \quad Mg ----------------- Mg \quad K$$

惰性组分　碱土金属　　　　　　　　　　　碱土金属　　碱金属组分

$$(5-13)$$

各阶段矿物（包括不透明矿物）实际上是碱（土）金属淋滤过程中的阶段产物，初期释放的流体中 $Fe + Ti + Ca + Na + K + Mg + K \pm Si \pm Al$ 组分均可外迁，形成 Sil + Qtz 组合，此时体系虽然富铝，但 SiO_2 仍很高，除夕线石外尚可出现石英；若迁移能力减弱，$Fe + Ti \pm Mg$ 开始滞留，形成钛铁矿＋磁铁矿＋赤铁矿±尖晶石±刚玉，残余组分富 Al_2O_3，在 Al_2O_3 与其他阳离子组分如 Mg、Fe、Ca、Na、K 分离、迁移过程中，由于 SiO_2 的淋滤，体系缺乏足够的络阴离子，导致阳离子之间的分离，逐步形成刚玉、尖晶石、假蓝宝石，之后各种离子团汇聚，才出现其他的镁铁质矿物（董青石、黑云母）和长英质矿物（钾长石+斜长石+石英）等。实际上不只是碱（土）金属，多种阳离子组分亦发生了淋滤，只不过各阶段淋滤程度有所变化而已。

Kriegsman，Hensen（1998）提出了熔融泥质岩中硅不足的条件：随着黑云母的不断脱水熔融，泥质岩中石英逐渐减少。促使变泥质岩中降低 SiO_2、Al_2O_3 升高有几种可能的机制，首先，在低 - 中级变质条件下的脱水反应形成的流体一般可使石英溶解，并在脉中沉淀（如 Sawyer，Robin，1986）。从而中级（~500~650℃）片岩所含 SiO_2 量比当初的页岩要低，这一点已有人报道（如 Waters，Whales，1984；Wickham，1987）；其次，角闪岩相部分熔融时一般使得泥质岩中白云母+石英分解（如 Wickham，1987；Johannes，Holtz，1996），也降低了岩石中 SiO_2 的含量，Montel et al.（1986）曾以此机制解释变泥质岩中贫 Zn 尖晶石的稳定原因。低温时的溶解物质主要是石英，温度越高，其他组分的溶解量也越大。升温时逐渐介入云母（升温脱水反应）或长石（升温 &/or 应变）。片（麻）岩中的浅色脉体初期为 Qtz ± Fsp，随着变质程度的升高，浅色体中其他组分如 Al、Na、Ca、K 越来越多（Montel et al.，1986）。Na，Ca 组分主要源于斜长石和云母的分解，K 来自云母或钾长石的分解，从而浅色体组成逐渐变化。浅色体进而演化为深熔熔体。

高级变质作用向深熔作用转化过程时，长英质片麻岩中与变形相伴的流体活动使得 SiO_2 发生强烈淋滤。固相残留物主要为 Op - Sil，化学上以残留组分（FeO，Fe_2O_3，Al_2O_3）为主，野外及镜下观察由黑云（石英）斜长片麻岩转化而来。根据出现的矿物组成流体 - 挥发组分主要为 H_2O + P + B + F. 剩余组分中 SiO_2 活度降低，最终导致组分的分异，发生了长英质组分和镁铁质组分的分凝：长英质组分形成长石、石英和/或夕线石，分凝出的镁铁质组分较富 Mg、Fe，但贫 Si、Ca，当镁铁质组分达到一定的富集程度时即形成董青石（任留东等，2001）。而且，几乎所有的常量元素的氧化物组分都可以分别富集（集中），如：SiO_2 - 石英、Al_2O_3 - 夕线石（刚玉）、Fe_2O_3 + FeO + TiO_2 - 赤铁矿 + 磁铁矿 + 铁矿、MgO（FeO）- 董青石 + 斜方辉石和 Na_2O（CaO）- 斜长石。

组分分凝使得夕线片麻岩中 Grt、Kfs、KfS + Pl、Op、Crd 常常分别聚集，即不在同一个区域内平衡共存。而且，即使长英质矿物之间亦可分离，因为在夕线石化过程中，一方面金属阳离子淋滤、迁移，另一方面消耗铝组分（Al_2O_3），所以，夕线石化的同时不容易形成长石，进一步的分凝甚至可使细脉、伟晶岩脉中钾长石与斜长石 - 石英之间发生分异。其中较早阶段出现的 Sil + Qtz 组合实际上是氧化物分离的一部分，Sil、Op、（Grt）、Crd 的先后出现恰恰反映了组分的逐步残留过程，并形成复杂的矿物演化阶段：

$$Sil + Zrn \rightarrow Pl（Kfs）\rightarrow Op + Crn + Spl + Spr \rightarrow Prs \rightarrow Crd + Fl + Qtz \qquad (5-14)$$

在高温条件下，尖晶石（$MgAl_2O_4$）与 Al_2O_3 形成一范围宽阔的固溶体，尖晶石与磁铁矿共溶，降温时，先后形成尖晶石和刚玉（庞震，2008），而 Grew 等（2007）认为夕线石可能比刚玉还要晚，本区的岩相证据似乎不支持这一点。最后与少量长石 - 石英相伴的常见结构是蠕英石（myrmekite）。

南极拉斯曼丘陵长英质片麻岩高级变质中矿物组合的变化也可从 MgO 等组分的外迁程度来理解。随着 MgO、Na_2O、K_2O、CaO 丢失程度的减小，依次出现 Sil→Grt→Opx，即初期形成夕线石时 MgO 等组分丢失最为严重，斜方辉石时 MgO 组分基本保留。本区有 Sil→Grt→Crd 和 Sil→Prs→Crd，以及 Opx→Crd 的转化，但是无 Sil→Opx 的转化或 Sil + Opx 共生（夕线石中有斜方辉石包裹体的情况除外）。

MgO、Na_2O、K_2O、CaO 的丢失导致 $Al_2O_3 + Fe_2O_3 + FeO + TiO_2$ 的相对增加，MgO 等组分的迁移或丢失基本中止后（MgO 等开始富集），有些岩石中可在夕线石的基础上形成硅硼镁铝矿、硼柱晶石等富镁（铝）矿物（图 5-48G），表明体系内有一定的挥发分（B、F、H_2O），结晶形成富硼硅酸盐矿物（Ren et al.，1992），硼柱晶石可进一步转化为堇青石等（图 5-48F）。有人提出堇青石转化为夕线石的反应（Pattison，1992），至少在拉斯曼丘陵并不成立。

随着变形-变质作用的进行，夕线石为长英质-镁铁质组分分异过程中长英质组分迁移初期的残留，不透明钛铁氧化物为镁铁质组分迁移初期残留，堇青石则为镁铁质组分迁移晚期残留。石榴子石-长英质组合为体系基本封闭情况下的结晶。磁铁矿周围的晚期反应边表明分异出的组分基本停留在附近，后期又重新结晶。

6）夕线石形成与水活度的可能联系

根据前面的讨论，夕线石的形成很可能与变形前锋有关，那里有强烈的流体活动或组分迁移能力。后期各阶段变质矿物（包括深熔作用）的次第叠加说明其后岩石逐渐减压，即体系逐渐抬升，岩石层次逐步相对向上，远离夕线石最初形成的位置。这种矿物顺序和位置的差异或时空变化还可通过岩石的"水化"和"干化"来描述：

$$Sil + Op \rightarrow Bt + Pl \rightarrow Grt + KfS \pm Opx \rightarrow Bt \pm Pl \qquad (5-15)$$

构造分异　第一次水化　干化（峰期）　　第二次水化（退变）

或者：

$$Sil + Op \rightarrow Bt + Pl \rightarrow Crd + Spl \rightarrow \quad Bt \pm Pl \pm Dsp \qquad (5-16)$$

构造分异　第一次水化　干化　　　　第二次水化（退变）

其中夕线石的形成实际上相当于一种脱水过程，但是又没有明显的升温或大量新生矿物组合的形成，主要表现为初期水-长英质组分局部分异的产物，或可称为应变脱水或称构造失水。分异形成夕线石之后，峰期变质之前或多或少的有一个水复原即黑云母结晶的水化过程，形成富黑云母的边缘（图 5-47F）甚至团块。当然，这一次水化是构造调整过程中的局部富水，与早期的"干化"脱水形成夕线石、钛铁氧化物和少量早期石榴子石可能基本同时，但空间位置不同，野外形成含夕线石透镜与黑云斜长片麻岩的相间排列。

峰期变质则是典型的升温、脱水"干化"过程，形成石榴子石、斜方辉石或堇青石等矿物，其后再次发生退变质水化阶段，包括降温阶段深熔熔体结晶所释放出的部分水形成，导致水分压的增大。

夕线石形成后仍有多种变化。在峰期组合石榴子石、堇青石等矿物中夕线石可继续稳定存在，而外部的夕线石尤其细夕线石在强烈的深熔作用中趋于分解而消失，转化为斜长石或钾长石。先前与夕线石有关的裂隙基本愈合，体系趋于封闭，组分的活动由相对开放系统中的渗透式改为封闭体系中的扩散式迁移，在降温过程中残留的各种组分尤其是挥发组分基本停留在附近，又可重新结晶，如在夕线石之上附生黑云母等。当然，夕线石矿物自身亦可发生相应的变化，如晶内 Hem + Ilm + Mag + Qtz 出溶条纹的形成（任留东等，2008）。

总之，该区含夕线石的岩石经历了变形、变质和流体活动的复杂变化，大致顺序为：变形→夕线石化→挥发恢复→峰期变质→整体抬升和深熔作用→挥发恢复。

7）小结

根据前面的论述，大致获得如下初步认识：

①南极拉斯曼丘陵夕线片麻岩中常见有明显不同的两种变质矿物组合：一种含夕线石组合和一种无夕线石组合。两种组合的矿物组成、结构均有所不同。

②对于夕线石的形成，岩石的变形尤其是破裂性裂隙的率先出现是必要的。随着深熔的逐步发展，裂隙趋于愈合，组分分离减弱，夕线石不再形成；在非破裂性片麻理岩石中，中－低压／高温条件下黑云斜长片麻岩进变质发展的结果往往是形成 Grt + Qtz ± Opx 组合，由此造成了不同的两种域的变质组合，富夕线石部分对应于片理化组合、其他部分对应非片理化组合，这两种域与应变分解造成的强应变带和弱应变域相一致。

③尽管在形成石榴子石的过程中夕线石属于反应物，实际上，夕线石仅是反应链上的一部分，而不简单是早期反应物。

夕线石的形成不是简单的固相之间反应或早期矿物的分解、脱挥发分的结果，而是一定程度上开放体系中组分差异迁移造成的。长英质片麻岩中夕线石的形成实际上是碱土金属迁出（淋滤）的过程，与变形相伴的流体活动使得 SiO_2 发生强烈淋滤，残留组分中 SiO_2 活度大为降低，并使长英质组分和镁铁质组分分凝，主要组分大都可以单独富集（集中）、形成复杂的矿物演化和分布。

这种演化也可从 MgO 等碱（土）金属组分的外迁程度来理解。随着碱（土）金属丢失程度的减小，依次出现 Sil→Grt→Opx→Crd，或者说，夕线石为长英质－镁铁质组分分异过程中碱（土）金属组分迁移初期残留，不透明钛铁氧化物为镁铁质组分迁移初期残留，董青石则为镁铁质组分迁移晚期残留；石榴子石－长英质组合为体系基本封闭情况下的结晶。

④夕线石的形成往往标志着深熔作用的开始，夕线石具有深熔作用的指示意义；一旦深熔作用发展完善，夕线石呈准稳定状态或趋于消失。或者说，当体系将要转化为某种新的状态时，开始时的快速动荡、剧变阶段所造成的非平衡过程导致夕线石的出现，随后的组分逐步调整形成趋于平衡的矿物组合。总之，拉斯曼丘陵与夕线石有关的长英质岩石经历了复杂的变形、变质和流体活动变化。

5.2.5 格罗夫山冰下高地泛非期地质演化

5.2.5.1 格罗夫山区域地质概况及存在的问题

格罗夫山位于我国南极中山站以南约 400 km，由 76 个大小不等的冰原岛峰组成，基岩出露面积约 3 200 km²，是东南极内陆极少数基岩出露区域之一。在地质位置上，格罗夫山西南 200 km 为南查尔斯王子山太古宙陆块，西北 300 km 为北查尔斯王子山格林维尔期地质体（即雷纳杂岩），向北 400 km 则为主要以雷纳杂岩为基底的普里兹泛非期造山带。因此，格罗夫山的大地构造属性如何将会对普里兹造山带在内陆的延展方向和构造演化过程提供重要的制约。

从基岩露头的研究结果来看，格罗夫山地区主要组成岩石为高级变质岩类（80%）和花岗岩类（20%）（图 5 - 49）。变质岩以浅色和暗色长英质片麻岩为主，夹有少量镁铁质麻粒岩，变沉积岩和钙硅酸盐岩，这些岩石构成了格罗夫山地区的前泛非期基地。这些正片麻岩的锆石定年结果集中于 920 ~ 910 Ma，与镁铁质麻粒岩原岩的形成年代（907 Ma）一致（Liu et al., 2007b)。因此，格罗夫山地区早新元古代的岩浆作用具有双峰式特点，推测该期岩浆作用可能是格林威尔期造山作用结束的标志。通过对正片麻岩和镁铁质麻粒岩中锆石变质边的同位素年代学分析，测得这些早新元古代的原岩均经历了549~529 Ma的麻粒岩相变质作用，主期变质条件733~850℃、6.5 kb (Liu et al., 2003)。这一变质年龄和P-T条件与格罗夫山地区广泛分布的紫苏花岗岩（约547 Ma）侵位时代和P-T条件一致 (Liu et al., 2006)。因此，与普里兹湾-埃默里冰架东缘遭受到格林维尔和泛非两期高级变质作用叠加的多相变质地体不同，格罗夫山仅在泛非期经历了单相变质-构造旋回，是一个典型的泛非期变质地体（刘晓春等，2013）。

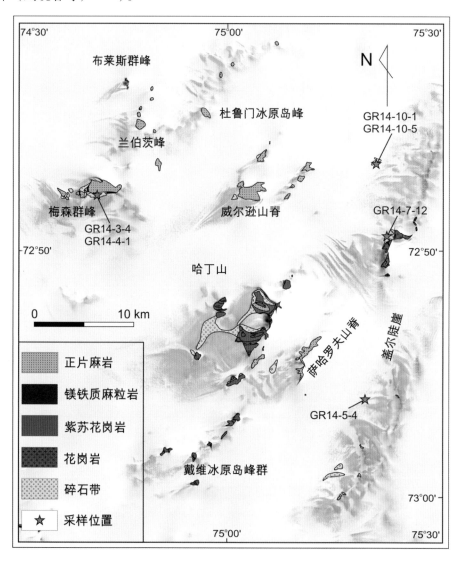

图 5-49　格罗夫山区域地质简图和样品采样位置

此外，从格罗夫山阵风悬崖还曾获得镁铁质高压麻粒岩的冰碛石样品，研究表明该样品的峰期变质年龄约为545 Ma，变质峰期条件为780~910℃、6.6~9.6 kb，且经历了一个降温减压的顺时针演化轨迹 (Liu et al., 2009b)，从而为普里兹造山带的碰撞造山成因提供了新的依据。除紫苏花岗岩之外，还有侵入时间略年轻的紫苏花岗岩脉（约533 Ma）和花岗岩脉（约526 Ma和约503 Ma）(Liu et al., 2006)。紫苏花岗岩在岩石成因上被认为是格罗夫山地壳在晚泛非期造山作用过程中底侵的富集幔源玄武岩部分熔融的产物，晚期分异结晶形成了后期的紫苏花岗岩脉。而早期和晚期的花岗岩则分别与分异结晶作用和玄武质源岩的高度部分熔融有关。

　　尽管对格罗夫山地区核心区域的出露基岩已经有了较深入的研究，但还有很多问题值得进一步发掘和探索。想要更全面掌握格罗夫山的地质特征还需要开展进一步的工作，因为格罗夫山的大部分区域仍隐匿在巨厚的冰盖之下，欲探知格罗夫山的冰下地质面貌，需另寻突破口。在这些基岩冰原岛峰附近蓝冰之上广泛分布的冰碛石就是突破口之一。在地貌上，格罗夫山是一个约 200 km × 300 km 大小的冰下高地，其南侧以一个深冰谷与甘布尔采夫冰下山脉相隔，而东侧为一个巨大的冰下盆地（图 5 - 50）。考虑到冰川流动的方向（NW 280°—300°），推测这些冰碛石应该是近原地堆积的。这些冰碛石可能携带了更大范围的冰盖之下的地质信息，对揭示格罗夫山的冰下地质以及与周边普里兹造山带其他地体的关系起着至关重要的作用。鉴于此，我们在中国第 30 次南极考察（第 6 次格罗夫山综合考察）过程中，对多条碎石带及附近基岩进行了系统取样，并获得了变质沉积岩冰碛石碎屑锆石的初步定年结果。

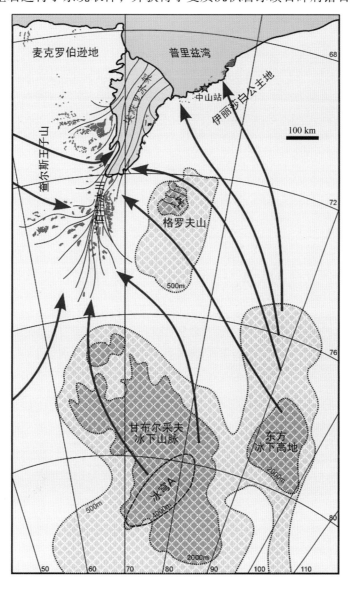

图 5 - 50　埃默里冰架—冰穹 A 冰下—冰上地貌简图及现今冰流方向

5.2.5.2　格罗夫山基岩与冰碛石的野外基本特征

第6次格罗夫山综合考察的野外考察区域主要包括布莱克冰原岛峰群、梅尔沃尔德冰原岛峰群、梅森群峰、威尔逊山脊、哈丁山和盖尔陡崖（阵风悬崖），其基本地质特征分述如下。

布莱克冰原岛峰群（图5-51）：布莱克岛峰群的出露面积并不大，不足1 km²，主体岩性为片麻岩，主要矿物组成为钾长石，石英，斜长石与少量暗色矿物黑云母和金属矿物磁铁矿，矿物颗粒中粗粒，矿物定向不明显，片麻岩石英含量较高，局部可达石英岩。片麻岩被后期的长英质伟晶岩侵入，还发育黑云石英角闪岩脉。

图5-51　布莱克岛峰基岩

左图为正片麻岩中的石英角闪岩脉体；右图为正片麻岩与后期侵入的伟晶岩脉体

梅尔沃尔德冰原岛峰群（图5-53）：该岛峰主要出露岩石岩性为黑云二长片麻岩，局部磁铁矿含量较高，后期被钾长花岗岩侵入，侵入方位为顺片麻理。片麻岩无明显形变，石英有轻微定向，与片麻理一致。片麻岩局部含少量石榴石及磁铁矿，也发育黑云石英角闪石岩脉，测得产状，面理142°∠21°。

图5-52　梅尔沃尔德野外基岩

左图为正片麻岩与石英角闪岩侵入体；右图为含磁铁矿的二长片麻岩

梅森群峰及梅森峰碎石带（图5-53）：梅森峰的主体岩性为片麻岩，梅森峰的西侧和南侧均有碎石带分布。碎石带的岩石类型较多，主要为石榴石黑云斜长片麻岩，石榴石麻粒岩，混合片麻岩，二长花岗岩，钾长花岗岩，角闪岩，石英石榴石脉岩，角闪石正长岩和钙硅酸盐岩（石榴辉石岩和方解石岩）等。

图5-53 梅森峰碎石带

威尔逊山脊（图5-54）：威尔逊山脊周边也分布规模不一的碎石带威尔逊东面碎石带规模并不大，长度100 m左右，宽度15 m，岩石类型有片麻岩，花岗岩以及细晶岩和钙硅酸盐岩。威尔逊山脊北面的碎石带规模较大，400 m×20 m，其中分布的岩石多为近源，通过之后的基岩观察发现碎石带内的石榴石片岩和钙硅酸盐岩都来自威尔逊山脊东北角的岛峰。该岛峰主要岩石类型为副片麻岩（石榴石黑云母片岩）和钙硅酸盐岩（石榴辉石岩），分层明显，产状近水平，沉积物来源为陆源的可能性大，具体还有待进一步分析确定。

图5-54 威尔逊岭东南角岛峰的基岩露头

左图为石榴石黑云母片岩与钙硅酸盐岩相间分布的接触关系；右图为钙硅酸盐岩内的分层

哈丁山（图5-55）：哈丁山为格罗夫山研究区出露面积最大的岛峰，同时在哈丁山西侧也分布大规模的碎石带。哈丁山主体岩性为紫苏花岗岩和似斑状钾长花岗岩，两者界限明显，钾长花岗岩应为紫苏花岗岩之后侵入，同时两者都被后期磁铁长英质伟晶岩侵入。紫苏花岗岩主要矿物组成为长石、石英、角闪石，并且还含有大小不一的深色片麻岩包体。推测这些片麻岩包体与紫苏花岗岩的成因有密切关系。哈丁山西侧碎石带冰碛岩数量虽然很多，但种类相对较少，主要以片麻岩和花岗岩为主，且基本不含石榴石，还有少量钙硅酸盐岩（石榴辉石岩和透辉石岩），因此推测冰碛岩的源区可能为近源。

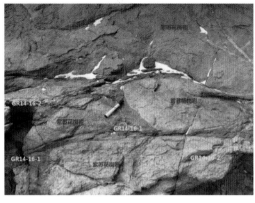

图 5 – 55 哈丁山金鸡岭基岩露头

左图为紫苏花岗岩与暗色片麻岩以及伟晶岩之间的接触关系；右图为紫苏花岗岩中的深色片麻岩包体

阵风悬崖南段 1 号碎石带（图 5 – 56）：碎石带由北部东西向和南部南北向的两个碎石带组成，碎石带的主要岩石类型有正片麻岩，片麻状花岗岩，角闪岩，石榴石麻粒岩（发育白眼圈），副片麻岩（夕线石石榴石黑云斜长片麻岩），石英岩，钙硅酸盐岩，石榴石黑云母片岩，石榴石富集的石榴石岩（可能为脉体），还发现有罕见的粉砂岩和安山质火山岩。

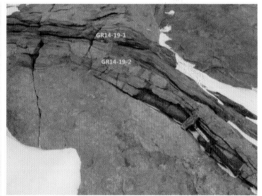

图 5 – 56 阵风悬崖 1 号碎石带

左图为碎石带的钙硅酸盐岩；右图为碎石带东面的基岩露头，深色黑云斜长片麻岩与紫苏花岗岩之间的侵入接触关系

阵风悬崖中段 2 号碎石带：该碎石带冰碛岩种类较少，主要为片麻岩与花岗岩，少数石英岩，片麻岩多数不含石榴石，仅少数淡色黑云斜长片麻岩含少量石榴石。

阵风悬崖北段 3 号碎石带（图 5 – 57）：该碎石带东面紧挨基岩，基岩主体岩性为片麻岩（主要矿物为石英，长石和角闪石），结晶颗粒呈层状递变，发育褶皱形变明显，露头可见后期的石英脉发育，且石英脉与片麻岩为同期变形，两者产状一致，片麻岩面理产状 315°∠27°手标本上观察石英可能已经变质为石英岩。片麻岩被后期钾长花岗岩侵入，两者侵入接触关系明确。3 号碎石带的冰碛岩类型主要有（石榴石）云母片岩、（石榴石）辉石岩、石榴黑云斜长片麻岩、斜长角闪岩以及钾长花岗岩和闪长岩（两者长石斑晶粗大，可达 2 cm × 0.5 cm）。

阵风悬崖北段 4 号碎石带（图 5 – 58）：阵风悬崖 4 号碎石带位于阵风悬崖北段的西侧，碎石带较长，目测长 300 m，宽 100 m。该碎石带岩石种类较多，主要岩石类型有（石榴石）

图 5-57 阵风悬崖 3 号碎石带基岩露头

左图出露的片麻岩与钾长花岗岩呈明显的侵入接触关系；右图为片麻岩中的石英脉

片麻岩，夕线石石榴石云母片岩石榴石麻粒岩，钾长花岗岩（钾长石斑晶粗大，可达 2 cm×0.6 cm），（石榴石）斜长角闪岩，石英岩（石榴石辉石石英岩、黑云母磁铁石英岩），角闪辉石岩，闪长岩（斜长石斑晶粗大，可达 1.5 cm×0.5 cm）。

图 5-58 阵风悬崖 4 号碎石带冰碛岩

左图为细粒片麻岩转石；右图为石榴石麻粒岩转石

5.2.5.3 格罗夫山基岩岩相学和变质变形特征

1）主要岩性岩相学特征

格罗夫山地区的基岩主要岩性见表 5-7。

灰黑色厚层长英质麻粒岩，主要由暗色矿物（紫苏辉石 15%、角闪石 10%、黑云母 5%~10%）和浅色粒状矿物（斜长石 30%、条纹长石 20%、石英 20%）组成，以及副矿物锆石、磷灰石和磁铁矿等。鳞片粒状变晶结构，片麻状或弱片麻状构造。

浅褐红色-灰色厚层至块状紫苏花岗岩：主要矿物为斜长石 30%~50%、钾长石 5%~30%、石英 15%~30% 和紫苏辉石小于 5%、黑云母 1%，含有少量的单斜辉石和角闪石，副矿物为磁铁矿、磷灰石和锆石。中粒粒状变晶结构，多呈均一块状构造，有时可见弱的片麻状构造。钾长石多为正条纹长石，其中斜长石呈白色乳滴状定向分布，似有出溶形成。有的斜长石晶体中有蠕虫状石英颗粒，构成蠕英结构。紫苏辉石多为不规则粒状，具浅灰绿色至粉红色的多色性，平行消光，有时在晶体边部出现细粒的磁铁矿和黑云母以及角闪石的反应边，它们是紫苏辉石退化变质的产物。斜长石、紫苏辉石和透辉石之间常呈120°交角的三连点结构，表明它们是平衡共生的。

紫苏花岗岩的粒度较粗、岩性比较均一、一般不显片麻状构造等使的岩浆岩的侵入特征更为明显，形成时间可能比长英质麻粒岩要晚。紫苏花岗岩和长英质麻粒岩的主要区别在于粒度、黑云母含量和片麻状构造等。

表5-7 格罗夫山岩性一览表

原岩	岩石种类	产状特征
变质表壳岩	暗色的长英质麻粒岩	厚层至块状，区域性低角度片麻理
	镁铁质麻粒岩（斜长角闪麻粒岩、角闪二辉麻粒岩、黑云角闪二辉麻粒岩） 变超镁铁质岩（角闪辉石岩、斜长辉石岩、石榴辉石岩） 斜长角闪岩（斜长角闪片麻岩） （泥质）片麻岩（石榴黑云董青斜长片麻岩、夕线石榴黑云斜长片麻岩、含尖晶石黑云斜长片麻岩），含磁铁矿（及含夕线石或紫苏辉石）石英岩	透镜状或似层状包体产出在大面积分布的变质深成岩－花岗质片麻岩和花岗岩中 镁铁质表壳岩和含磁铁石英岩一同产出，有时与石榴黑云斜长片麻岩互层，具火山－沉积建造特征
变质深成岩	紫苏花岗岩 花岗质片麻岩（灰白－浅红条纹条带状花岗片麻岩、暗灰条纹条带花岗闪长片麻岩）	厚层至块状，区域性低角度片麻理
岩浆岩	浅黄－红色钾长花岗岩 二长花岗岩	岩体、岩株和网脉状侵入于麻粒岩和片麻岩中。岩体一般平行于围岩的片麻理，局部低角度截切，多夹早期麻粒岩和片麻岩捕房体
	花岗闪长岩、伟晶岩、花岗细晶岩	小岩体、岩脉，多以高角度切截围岩的面理构造

灰白色厚层至块状花岗质片麻岩属二长石或钾长石片麻岩，主要矿物为钾长石，局部见微斜长石，斜长石和石英，少量黑云母或角闪石和不透明氧化物，石榴石罕见，仅在一个薄片中见到二粒石榴石并且内有包体。具中－粗粒变晶结构，块状－弱片麻状构造。

黑色镁铁质麻粒岩以斜长角闪麻粒岩为主，少量角闪二辉麻粒岩和黑云角闪二辉麻粒岩，主要矿物为紫苏辉石15%～40%、角闪石15%～65%、斜长石20%、单斜辉石、黑云母及石英等，副矿物主要有磁铁矿、磷灰石和锆石。细－中细粒粒状柱状变晶结构，块状构造或弱片麻状构造，有时矿物分布不均匀而呈条带状构造。岩石中矿物之间主要是呈120°交角的平衡共生结构，保留峰期变质作用矿物组合。也可见紫苏辉石有角闪石的反应边。少量样品中含有石榴石，显示出至少三期变质作用矿物组合。斜长角闪岩以角闪石和斜长石为主，粒状柱状变晶结构，块状构造。威尔逊岭北部的石榴石单斜辉石岩呈1～2 m厚的薄层产出于花岗质片麻岩中，主要矿物有石榴石、单斜辉石、方柱石，部分薄片中可见细粒斜长石，极少量硅灰石和萤石，以及方柱石转变为黝帘石＋方解石的局部退变反映现象。

泥质片麻岩以石榴黑云斜长片麻岩为主，包括紫苏－堇青－石榴石－黑云片麻岩，黑色，块状构造。斑状变晶结构，变斑晶为石榴石和堇青石，基质为柱状粒状鳞片变晶结构，堇青石、黑云母、钾长石、斜长石、石英紫苏辉石和尖晶石，以及副矿物锆石和磷灰石等。石榴石：15%，多被拉长，可能受应力作用的结果，大者达 3.5 ～（4×1.7）mm，一般为 1.5 mm，内有包体为石英和黑云母；堇青石：15%，柱状和粒状并有两个粒度级别，大者为 1.5 mm 与石榴石组成变斑晶，内有包体黑云母，小者 0.75 mm，局部富集成条带，干涉色为一级深灰，以包体锆石周围的特征的柠檬黄色多色晕、表面较粗糙和聚片双晶（聚片双晶不如斜长石整齐，常不能贯穿整个颗粒而自行尖灭）发育区别于石英和长石；黑云母：20%，片状，定向排列，构成片麻理，基质中的板片状的黑云母明显不同于石榴石内的小圆片状的黑云母，同时基质黑云母内还有包体石英；紫苏辉石：2%，细粒，不规则粒状，明显的多色性，粉红—淡蓝，由于退变常被黑云母包围。尖晶石：1%，细粒，不规则蠕虫状，残留在堇青石上，深绿色，为铁镁尖晶石，尖晶石中有包体黑云母且面上有磁铁矿条带。在手标本上的石英的缎带状结构表明岩石经历了高级变质作用。岩石的矿物组合也显示了原岩为沉积岩而非火山岩。

浅黄色－肉红色块状中－粗晶二长花岗岩主要矿物包括钾长石（正长石、微斜长石或条纹长石）、斜长石、石英、黑云母，角闪石也普遍可见。

细粒花岗闪长质或花岗质岩脉主要矿物有黑云母、角闪石、斜长石、条纹长石和石英，局部可见热接触镶边。

长英质伟晶岩：钾长石、石英及少量斜长石、黑云母等矿物。

根据野外构造关系，可看出各岩性的可能的生成顺序为：镁铁质麻粒岩，长英质麻粒岩和花岗质片麻岩，二长花岗岩，花岗闪长质细晶岩和伟晶岩。

2）构造与变形特征

调查过的 53 座岛峰的长英质麻粒岩和花岗质片麻岩显示较平缓的区域性片麻理，仅局部地段见有强烈韧性变形带。片麻理由麻粒岩和片麻岩中的造岩矿物定向排列形成，普遍清晰稳定，但其中部分镁铁质麻粒岩条带和透镜体的褶皱说明其经历过强烈的"顺层"剪切作用。同一后构造花岗岩体中的片麻理则相对比较微弱。

强变形带发现于萨哈罗夫岭北端，梅森峰西侧，兰伯特峰北部，暴风悬崖南端等地。变形带厚度一般几十米至百米规模，与围岩呈渐变过渡关系。剪切作用使得原片麻理成同斜、紧闭褶皱，局部可见被置换了的早期褶皱构造。剪切带普遍显示较明显的混合岩化现象，与围岩不同。重熔成分为长英质粗－伟晶岩脉，多顺褶皱层理侵入，局部斜切或者网状脉，显示同构造较高温度及流体参与的重熔作用。

由于测区各孤立岛峰相距较远，构造形迹难以对比连接，因此无法准确恢复格罗夫山地区南部的区域性方向，仅能根据间断的构造形迹推测区域性几何学样式和运动学方向。

格罗夫山地区的韧性变形过程可分解为 3 期。在哈丁山南岭等地可见到早期变形（D_1）形迹，表现为镁铁质麻粒岩透镜体或黑云母片麻岩内部残留的矿物组构。由黑云母、细粒斜长石等矿物定向排列构成残留面理（S_1）和线理构造（L_1）。有时在石英大颗粒中可见到这类残留的早期矿物组合，由于后期变形的改造而使其组构方向不具备区域稳定性。这期变形可能属于碰撞造山早期挤压阶段的记录。

第二期变形作用（D_2）表现为区域性低角度平缓面理改造（S_2），是测区最显著的变形事件。梅尔沃德峰一带基性麻粒岩脉典型的垂向缩短现象指示了强烈的共轴压编作用。这期变形普遍未见到明显的线理改造（L_2），可能与板底垫托有关。

第三期变形（D_3）表现为局部强韧性变形带，紧闭同斜褶皱的镁铁质麻粒岩条带及花岗质变质围岩显示高角度面理（S_3）和线理构造（L_3），亦可见 S - C 构造，不对称微褶皱等现象。在同一强变形带中，S_3 和 L_3 运动学方向相对稳定，但区域范围则十分复杂。由于强变形带边界与区域围岩呈渐变过渡状态，变质矿物组合也大体一致，说明 D_2 与 D_3 变形作用的温压条件相似，时间上也相连续，可能仅仅由于边界条件的变化，变形机制在局部地段由纯剪切转变为简单剪切。本期变形应当属于造山后期伸展阶段的产物。

大部分岛峰的北西西侧多发育与山脊宏观走向平行的断裂构造，断面近直立或高角度倾向北西西，断面上可见擦痕阶步，显示上盘（北西盘）下滑的正断层特征。多数断层走向平直，暴风悬崖一带呈雁行排列。尽管各岛峰互不相连，但结合冰面地形起伏，可看出它们是一组北北东走向的阶梯状或箕状正断 - 掀斜组合，形成区域性盆岭构造地貌。这组晚期区域性脆性正断裂构造应当与中、新生代夭亡的兰伯特裂谷活动有关。

3）变质作用

格罗夫山地区深变质杂岩代表性矿物组合（表5-8），以及镁铁质麻粒岩和变泥质片麻岩中的变质反映结构显示多为单一的区域性麻粒岩相变质作用。含石榴石片麻岩中的石榴石-斜方辉石温度计显示变质峰期温度为（780±50）℃，压力为 5.5～6.8 kb（Liu et al.，2001）。镁铁质麻粒岩的详细工作则显示了近等温降压（ITD）的顺时针 P - T - t 演化轨迹，包括3个阶段。M_1：以石榴石变斑晶以及其中的包体单斜辉石＋斜长石＋石英组合为代表，变质作用温压条件为 800℃、9.3 kb；M_2：以围绕在石榴石周围的表现为后成冠状体的斜长石及斜方辉石＋单斜辉石＋角闪石（棕色）＋钛铁矿组合，797～811℃、6.38～6.4 kb；M_3：以围绕辉石的角闪石（绿色）为代表，形成的温度更低，仅 650℃。其中包在石榴石变斑晶里的单斜辉石还出溶了细粒状石榴石和条纹状紫苏辉石，可能代表了更早期的等压降温变质作用（Yu et al.，2001）。另外，无论是石榴石包体的单斜辉石还是外围的单斜辉石都发育显著的出溶条纹-斜方辉石，如南极的内皮尔杂岩麻粒岩的 Cpx、Opx 发育显著的出溶结构，指示变质温度大于 980℃（Harley et al.，1987；Frost，Chacko，1989）。

表5-8 格罗夫山地区不同变质岩的典型矿物组合

岩石类型	矿物组合
长英质麻粒岩	紫苏辉石＋角闪石＋黑云母＋斜长石＋石英±钾长石
紫苏花岗岩	紫苏辉石＋黑云母＋钾长石＋（暗色）斜长石＋角闪石＋（暗色）石英
花岗质片麻岩	黑云母＋钾长石＋斜长石＋石英±角闪石±石榴石
镁铁质麻粒岩	紫苏辉石＋单斜辉石＋角闪石＋黑云母＋斜长石±石榴石±石英
变超镁铁质岩	单斜辉石＋角闪石＋斜长石＋方柱石±石榴石±硅灰石±萤石
变泥质岩	石榴石＋董青石＋黑云母＋尖晶石±斜长石±石英±紫苏辉石±夕线石

4）变质年代学

对格罗夫山梅尔沃德峰代表性的花岗质片麻岩样品的 20 粒锆石进行了离子探针

（SHRIMP）U－Pb 年龄分析。所测锆石普遍具有核－幔结构。多数锆石的核部年龄比较分散，介于 870～953 Ma 之间，应当反映不同继承锆石的结晶年龄。而各锆石生长环的年龄则一致集中于（529±14）Ma，无疑代表麻粒岩相变质作用的峰期年龄。同一后构造二长花岗岩的锆石 SHRIMP 年龄集中于（534±5）Ma，而细粒花岗闪长质岩脉的锆石 SHRIMP 年龄为（501±7）Ma。此外，花岗闪长岩的黑云母^{40}Ar/^{39}Ar 年龄则为 498.2 Ma（Zhao et al.，2000），反映了短期内快速冷却的历史。这些年代学数据清楚地显示了格罗夫山地区麻粒岩相变质峰期的年龄属于泛非构造热事件，说明格罗夫山应当是东南极泛非活动带的一个组成部分。

格罗夫山的变质峰期年龄与拉斯曼丘陵的峰期年龄不谋而合，而且在北查尔斯王子山东部地区也发现了泛非期的记录。尽管在该区麻粒岩相深变质杂岩的 SHRIMP 锆石 U－Pb 年龄集中于 1 Ga，但也获得少数 500～550 Ma 的花岗岩、伟晶岩锆石和独居石 U－Pb 年龄（Manton et al.，1992）。虽然最近 Boger（2000）获得锆石 U－Pb 法的 530 Ma 的年龄可能解释为由于部分 Pb 丢失所致，但毕竟揭示了该区可能存在着泛非构造热事件记录。此外，不少岩类的石榴石－全岩的 Sm－Nd 年龄显示 800 Ma 和 630～550 Ma 两组，后者更集中于比弗湖东部的杰蒂半岛一带（Boger et al.，2000）。

最近，Boger 等（2001）在南查尔斯王子山的南莫森悬崖（Southern Mawson Escarpment）（73°30′S，68°30′E）又发现了泛非期构造热事件的年代记录。在该区兰伯特地体（Lambert Terrane）的含石榴石黑云母花岗质片麻岩中的 SHRIMP 锆石 U－Pb 年龄集中于 550～490 Ma。这一发现将南查尔斯王子山南部的太古界麻粒岩区和北查尔斯王子山的中—新元古界片麻岩区截然分成南北两部分。预示着普里兹湾区（含拉斯曼丘陵区）的泛非构造带向南经过格罗夫山后继续向南西穿越南查尔斯王子山。这一雄伟的泛非期造山带将原本认为属于东冈瓦纳古陆核心的东南极地盾一分为二。

5.2.5.4 格罗夫山冰碛石特征及冰下地质演化

1）格罗夫山碎石带的分布和冰碛石分类

格罗夫地区碎石带的几个主要分布位置为阵风悬崖西侧，哈丁山的西堤和东堤，梅森峰南侧以及威尔逊山脊东侧。本次考察过程中对这几个冰碛石带均进行了详细的采样和记录。岩石种类主要为变质岩和花岗岩，详细分类如下。

（1）变质岩类

正片麻岩：在几个主要碎石带均有分布，样品手标本和镜下特点与格罗夫山的正片麻岩相似，推测来源就是格罗夫山岛峰的基岩露头，为原地堆积的产物（图 5－59a 和图 5－59b）。

钙硅酸盐岩：在几个碎石带中均有发现，主要岩石类型为石榴石辉石岩或透辉石岩（图 5－59c 和图 5－59d）。在威尔逊山脊的基岩上有类似的钙硅酸盐岩出露，有可能也是原地堆积形成。

副片麻岩：多出现于梅森群峰南侧和阵风悬崖西侧的碎石带，在哈丁山西提和威尔逊山脊东侧的碎石带较为少见。副片麻岩多为（夕线石）石榴石黑云斜长片麻岩（图 5－59e 和图 5－59f）。

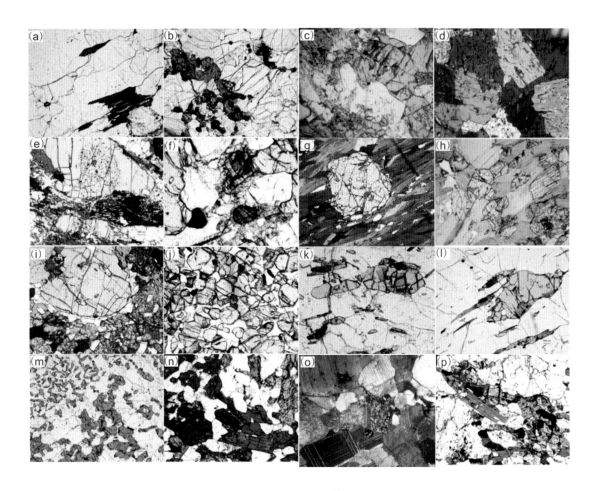

图 5-59　冰碛石显微镜下照片

（a）正片麻岩；（b）含角闪石的正片麻岩；（c）该硅酸盐岩（石榴辉石岩）；（d）透辉石岩；（e）含夕线石石榴石黑云斜长片麻岩；（f）蓝晶石石榴石石英岩；（g）石榴石黑云母片岩；（h）辉石黑云母片岩；（i）辉石石榴石麻粒岩（镁铁质高压麻粒岩）；（j）石榴石二辉麻粒岩；（k）蓝晶石石榴石石英岩；（l）含石榴石夕线石石英岩；（m）石榴石斜长角闪岩；（n）斜长角闪岩；（o）含角闪石二长花岗岩；（p）紫苏花岗岩

　　麻粒岩：主要镁铁质麻粒岩，可分为石榴石单斜辉石麻粒岩（即高压麻粒岩）和石榴石二辉麻粒岩两种，镜下可见不同程度的退变反应。高压麻粒岩在各碎石带中均有分布，主要分布于梅森南侧和阵风西侧碎石带（图 5-59i 和图 5-59j）。

　　云母片岩：主要有石榴石石英云母片岩和辉石云母片岩两种，在碎石带不多见，主要分布于阵风悬崖西侧碎石带（图 5-59g 和图 5-59h）。

　　石英岩：分为磁铁石英岩，含石榴石夕线石石英岩，石榴石蓝晶石石英岩三种。主要分布于梅森峰南侧碎石带和阵风西侧碎石带中（图 5-59k 和图 5-59l）。

　　斜长角闪岩：含或不含石榴石，在为几个碎石带中不常见的岩石，主要分布于阵风悬崖西侧碎石带（图 5-59m 和图 5-59n）。

　　（2）侵入岩类

　　钾长花岗岩：似斑状结构，钾长石可见不同程度的定向，矿物组成、结构构造与哈丁山的基岩相似，在几个主要碎石带中分布较广，推测这些岩石来自格罗夫基岩，为原地堆积产物。

二长花岗岩：似斑状结构，矿物无定向，含或不含角闪石。可能来自格罗夫山基岩露头（图 5 – 59o）。

紫苏花岗岩：含紫苏辉石和角闪石，有不同程度的矿物定向，与哈丁山的基岩相似，在碎石带中较为常见，推测为原地堆积的产物（图 5 – 59p）。

（3）火山岩

为安山岩，仅在阵风悬崖西侧发现一块，紫红色，有气孔构造，被后期方解石充填。基质矿物肉眼无法识别。

（4）沉积岩类

为细砂 – 粉砂岩，仅在阵风悬崖西侧发现一块，灰褐色，质地均匀，以长英质矿物为主，未见沉积构造。

2）研究样品及分析方法

（1）样品描述

本文的 6 个样品均采自格罗夫山的碎石带中，其中 4 个为高压麻粒岩，2 个为正片麻岩。高压麻粒岩样品中，GR14 – 4 – 1 采自梅森群峰南侧的碎石带，GR14 – 10 – 1 和 GR14 – 10 – 5 采自盖尔陡崖北段碎石带，GR14 – 7 – 12 采自盖尔陡崖中段碎石带。两个正片麻岩样品 GR14 – 3 – 4 和 GR14 – 5 – 4 分别采自梅森峰南侧碎石带和盖尔陡崖南段碎石带。6 个样品均进行了详细的岩相学观察和锆石同位素年代学测试。

3 个高压麻粒岩样品（G14 – 4 – 1，GR14 – 10 – 1 和 GR14 – 10 – 5）矿物组成相似，仅在矿物含量上有些许差别。主要矿物为石榴石、单斜辉石、角闪石、斜长石和石英，有个别样品（GR14 – 10 – 1）还含有少量黑云母（图 5 – 60A、B 和 C）。副矿物有锆石、钛铁矿和磷灰石，其中金红石和方解石仅在样品 GR14 – 4 – 1 可见，以包体矿物形式赋存于石榴石中。石榴石中的其他矿物包体主要为斜长石、石英和钛铁矿，石榴石周围多被角闪石、单斜辉石、斜长石和钛铁矿所围绕，而未见与单斜辉石直接接触。与前 3 个高压麻粒岩样品矿物组成上稍有不同，样品 GR14 – 7 – 12 的主要矿物组成为石榴石、单斜辉石、紫苏辉石、角闪石、斜长石和石英。副矿物为金红石、磷灰石、钛铁矿和锆石。石榴石仅少量以残晶形式存在于岩石中，周围被角闪石、单斜辉石、紫苏辉石和斜长石包围，而未见其与紫苏辉石及单斜辉石直接接触（图 5 – 60D），在手标本上表现为白眼圈结构。紫苏辉石与单斜辉石、角闪石和斜长石平衡共生。根据以上矿物特征和接触关系，可以将矿物分为两期：早期矿物组合为石榴石 + 单斜辉石 + 角闪石 + 斜长石 + 石英，晚期矿物组合为单斜辉石 + 紫苏辉石 + 角闪石 + 斜长石。

正片麻岩 GR14 – 3 – 4 主要组成矿物为石榴石、黑云母、斜长石、钾长石和石英，副矿物为磷灰石和锆石（图 5 – 60E）。其中黑云母等暗色矿物具良好的定向性。石榴石内发育裂隙，中心部位可见石英和黑云母包体矿物。长石和石英颗粒结晶较暗色矿物粗大，且沿片理方向有拉长变形。正片麻岩 GR14 – 5 – 4 主要组成矿物为单斜辉石、角闪石、条纹长石、斜长石和石英，副矿物为磷灰石和锆石，暗色矿物可见良好定向（图 5 – 60F）。单斜辉石和角闪石裂隙发育，沿着裂隙有后期次生蚀变。条纹长石为正条纹长石，与斜长石接触部分可见蠕英结构发育，浅色矿物未见明显的形变（图 5 – 60F）。

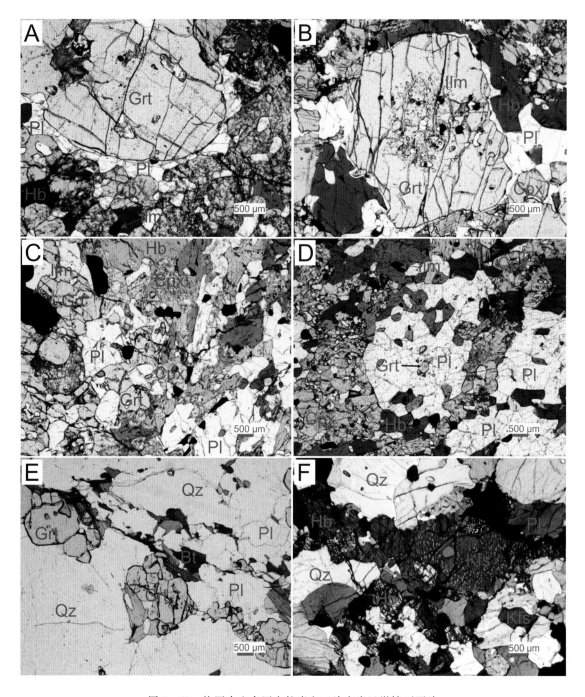

图 5-60　格罗夫山高压麻粒岩和正片麻岩显微镜下照片

A—高压麻粒岩样品 GR14-4-1，石榴石被角闪石、斜长石、单斜辉石及钛铁矿包围，未见与单斜辉石直接接触；B—高压麻粒岩样品 G14-10-1，石榴石被角闪石、斜长石、单斜辉石及钛铁矿包围，石榴石中心部位包体矿物发育，主要为石英、斜长石和钛铁矿；C—高压麻粒岩样品 GR14-10-5，石榴石与单斜辉石、角闪石、斜长石平衡共生，其中单斜辉石局部已被角闪石替代；D—高压麻粒岩样品 GR14-7-12，石榴石大多数已在退变质过程中分解，残留的少量石榴石被紫苏辉石、单斜辉石、角闪石、斜长石及少量钛铁矿所围绕。未见石榴石与紫苏辉石、单斜辉石有直接接触；E—正片麻岩样品 GR14-3-4，少量石榴石与黑云母共生，两者具良好定向；F—正片麻岩样品 GR14-5-4，少量角闪石零星分布于斜长石和石英颗粒间，可见良好的定向

（2）分析方法

样品中锆石均在双目镜下选取，一般选择透明、无裂隙的锆石并制成环氧树脂靶，然后经抛光近二分之一的锆石达到锆石中心部位，再由电子探针上进行锆石阴极发光观察并拍摄，最后在以上基础之下选择合适的锆石及相应部位进行锆石的 U－Pb 年龄测定。锆石的阴极发光照相在北京锆年领航科技责任有限公司电子探针实验室采用扫描电镜完成，加速电压为15 kV。锆石的微量和 U－Pb 定年在中国地质大学（武汉）地质过程与矿产资源国家重点实验室通过 LA－ICP－MS 同时测定完成。激光剥蚀系统为 GeoLas 2005，ICP－MS 为 Agilent 7500a。激光剥蚀过程中载气为氦气，而氩气作为补偿气以调节灵敏度，在进入 ICP 之前两种气体通过一个 T 型接头混合。少量 N_2 被加入到等离子体中心气流（Ar＋He）中，用以提高仪器的灵敏度、降低检出限以及改善分析精密度。每个时间分辨分析数据中大约包括了 50 s 左右的样品信号段和 20～30 s 左右的空白信号段。对分析数据的离线处理（包括对样品和空白信号的选择、仪器灵敏度漂移校正、元素含量及 U－Th－Pb 同位素比值和年龄计算）采用软件 ICPMSDataCal 完成。锆石微量元素含量利用多个 USGS 参考玻璃（BCR－2G，BIR－1G）作为多外标、Si 作内标的方法进行定量计算。这些 USGS 玻璃中元素含量的推荐值据 GeoReM 数据库（http：//georem. mpch－mainz. gwdg. de/）。U－Pb 同位素定年中采用锆石标准 91500 作外标进行同位素分馏校正，每 6 个样品分析点之间间隔 2 个 91500。锆石标准 91500 的 U－Th－Pb 同位素比值推荐值据。锆石样品的 U－Pb 年龄谐和图绘制和年龄权重平均计算均采用 Isoplot/Ex_ ver3 完成。

3）碎屑锆石 U－Pb 定年结果及微量元素特征

（1）高压麻粒岩定年结果

样品 GR14－4－1 中的锆石为透明浅粉色，半自形－次圆粒状，颗粒大小（长轴方向）为 0.03～0.1 mm。阴极发光图像显示这些锆石大部分都是变质新生锆石，仅少数锆石核部还保留有模糊的振荡环带（图 5－61A）。锆石定年共获得了 58 个年龄数据，其中 32 个分析点来自锆石核部，其余 26 个来自边部或变质新生锆石。锆石核部较之边部具有更高的 Th 和 U 含量，核部 Th 含量为 6 ppm～330 ppm，U 含量为 197 ppm～1 517 ppm，Th/U 值为 0.01～0.28。锆石边部的 Th 含量为 4 ppm～161 ppm，U 含量为 84 ppm～1 258 ppm，Th/U 值为 0.04～0.25（表 5－9）。58 个分析点的 $^{206}Pb/^{238}U$ 年龄值均在 551～516 Ma 之间，除去 4 个离群年龄其余分析点的加权平均值为（548±1）Ma（MSWD＝0.12），与不一致线的交点年龄完全一致（图 5－62A）。从年龄结果来看，锆石边部和核部的年龄基本一致。

样品 GR14－10－1 中的锆石以浅粉色、圆粒状为主，颗粒大小为 0.05～0.08 mm。阴极发光图像显示大多数锆石都是均匀无环带发育的变质新生锆石，仅一小部分保留有暗色的继承核（图 5－61B）。在该样品的锆石中共获得 19 个年龄数据，其中 6 个来自核部，13 个来自增生边。锆石核部 Th（2 ppm～129 ppm）含量较低，U（193 ppm～842 ppm）含量中等，锆石边部的 Th（1 ppm～53 ppm）、U（60 ppm～169 ppm）含量都较低。除个别分析点外，核部和边部 Th/U 值均小于 0.1（表 5－9）。核部分析点的 $^{207}Pb/^{206}Pb$ 年龄值在 2 633～2 502 Ma 之间，边部分析点的 $^{206}Pb/^{238}U$ 年龄值在 556～539 Ma 之间，剔除一个离群年龄，剩余 12 个年龄加权平均值为（555±5）Ma（MSWD＝0.03），与交点年龄（552±6）Ma（MSWD＝0.31）在误差范围内一致（图 5－62B）。

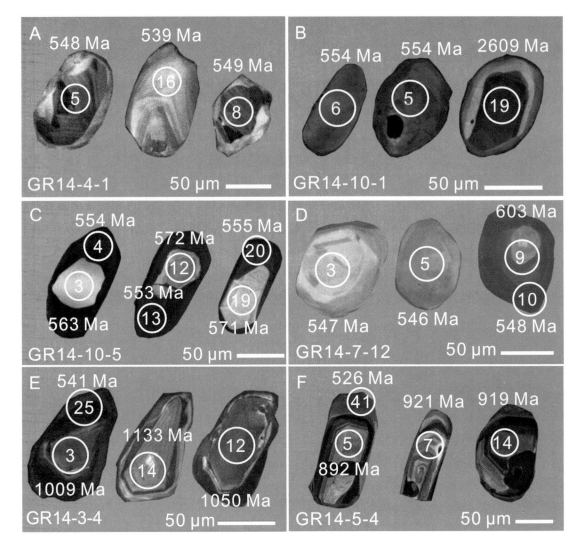

图5-61　格罗夫山高压麻粒岩和正片麻岩中锆石的阴极发光图像

图中白圈为激光束斑大小（直径32 μm），圈内为分析点号，圈外为对应的锆石^{206}Pb/^{238}U 年龄

样品 GR14-10-5 中的锆石为浅粉色、半自形-次圆粒状，颗粒大小为 0.03~0.1 mm。锆石普遍都发育核-边结构，由一个均质无环带的亮核和一个暗色增生边组成（图 5-61C）。从该样品的锆石中共获得了 32 个年龄数据，其中 20 个来自核部，12 个来自边部。边部分析点与核部相比具有更高的 Th、U 含量，边部分别为 12 ppm ~ 68 ppm 和 606 ppm ~ 2 219 ppm，而核部为 2 ppm ~ 38 ppm 和 16 ppm ~ 1 188 ppm。除来自亮核的个别分析点外，都具有较低的 Th/U 值（<0.1）（表 5-9）。核部分析点的 ^{206}Pb/^{238}U 年龄范围在 701 ~ 549 Ma 之间，剔除 4 个离群年龄和一个误差较大的年龄后获得的加权平均值为（570±4）Ma（MSWD = 0.51）（图 5-62C）。边部分析点的 ^{206}Pb/^{238}U 年龄值在 563 ~ 547 Ma 之间，剔除两个离群年龄后给出的加权平均值为（554±3）Ma（MSWD = 0.08）。锆石核部和边部的加权平均值在误差范围内与各自的交点年龄完全一致（图 5-62C）。

样品 GR14-7-12 中的锆石以浅粉色、圆粒状为主，颗粒大小为 0.05 ~ 0.1 mm。阴极发光图像显示大部分锆石为变质新生锆石，发光性强弱不一，仅少数锆石可见核-边结构，由

表5-9 格罗夫山高压麻粒岩和正片麻岩中锆石的 LA-ICP-MS U-Pb 同位素分析

分析点号	Th (ppm)	U (ppm)	Th/U	同位素比值						年龄（Ma）						协和度	分析点位
				207Pb/206Pb	±σ	207Pb/235U	±σ	206Pb/238U	±σ	207Pb/206Pb	±σ	207Pb/235U	±σ	206Pb/238U	±σ		
样品 GR14-4-1（高压麻粒岩,采自梅森群峰碎石带）																	
2	34	281	0.12	0.063 7	0.001 6	0.782 0	0.020 5	0.088 7	0.000 7	731	56	587	12	548	4	93%	变质核
3	39	402	0.10	0.060 4	0.001 4	0.741 6	0.017 5	0.088 9	0.000 8	620	82	563	10	549	5	97%	变质核
4	42	489	0.09	0.059 4	0.001 3	0.728 5	0.018 1	0.088 5	0.000 9	589	14	556	11	546	5	98%	变质核
5	55	523	0.11	0.058 7	0.001 0	0.719 8	0.013 2	0.088 7	0.000 7	554	37	551	8	548	4	99%	变质核
6	30	400	0.07	0.059 5	0.001 1	0.728 7	0.013 9	0.088 6	0.000 6	587	41	556	8	547	3	98%	变质核
7	32	320	0.10	0.057 4	0.001 3	0.705 6	0.016 6	0.088 8	0.000 6	506	48	542	10	548	4	98%	变质核
8	59	528	0.11	0.057 0	0.001 2	0.712 0	0.015 6	0.089 3	0.000 6	517	42	546	9	551	4	98%	变质核
10	44	405	0.11	0.059 3	0.001 3	0.728 5	0.017 5	0.088 9	0.001 2	589	48	556	10	549	7	98%	变质核
11	20	280	0.07	0.059 8	0.001 3	0.732 0	0.015 5	0.088 7	0.000 6	598	46	558	9	548	3	98%	变质核
12	69	475	0.15	0.058 4	0.001 2	0.715 1	0.014 2	0.088 6	0.000 6	543	44	548	8	547	4	99%	变质核
20	93	338	0.28	0.057 8	0.001 4	0.714 4	0.017 3	0.089 1	0.000 8	524	49	547	10	550	5	99%	变质核
23	6	558	0.01	0.057 8	0.001 3	0.715 9	0.017 3	0.089 2	0.001 0	524	50	548	10	551	6	99%	变质核
24	43	411	0.11	0.056 3	0.003 2	0.685 1	0.035 4	0.088 2	0.001 1	461	126	530	21	545	6	97%	变质核
25	330	1 517	0.22	0.059 6	0.001 3	0.736 9	0.016 8	0.088 9	0.000 7	591	48	561	10	549	4	97%	变质核
29	60	341	0.18	0.058 0	0.002 0	0.713 0	0.024 2	0.089 0	0.001 2	528	81	547	14	550	7	99%	变质核
30	159	814	0.19	0.055 6	0.001 4	0.680 1	0.016 5	0.088 4	0.000 9	439	53	527	10	546	5	96%	变质核
32	42	421	0.10	0.055 7	0.001 6	0.687 5	0.021 1	0.088 8	0.001 3	439	63	531	13	549	8	96%	变质核
34	43	263	0.16	0.058 9	0.001 6	0.718 1	0.019 5	0.088 5	0.000 8	565	66	550	12	545	5	99%	变质核
36	24	197	0.12	0.070 1	0.005 2	0.861 2	0.063 9	0.089 1	0.002 0	931	152	631	35	550	12	86%	变质核
40	184	1299	0.14	0.057 4	0.001 6	0.709 2	0.026 9	0.088 5	0.001 8	506	55	544	16	547	11	99%	变质核
41	17	200	0.09	0.057 6	0.002 5	0.702 3	0.028 9	0.088 8	0.001 1	517	96	540	17	548	6	98%	变质核

续表

分析点号	Th (ppm)	U (ppm)	Th/U	同位素比值						年龄（Ma）						协和度	分析点位
				$^{207}Pb/^{206}Pb$	±σ	$^{207}Pb/^{235}U$	±σ	$^{206}Pb/^{238}U$	±σ	$^{207}Pb/^{206}Pb$	±σ	$^{207}Pb/^{235}U$	±σ	$^{206}Pb/^{238}U$	±σ		
42	50	491	0.10	0.058 5	0.001 6	0.684 4	0.018 1	0.084 3	0.000 6	550	53	529	11	522	4	98%	变质核
44	42	216	0.19	0.057 8	0.001 7	0.709 8	0.020 2	0.088 8	0.000 8	524	63	545	12	548	5	99%	变质核
46	46	485	0.09	0.056 6	0.001 2	0.698 5	0.014 4	0.088 9	0.000 6	476	44	538	9	549	4	97%	变质核
47	26	497	0.05	0.058 7	0.001 4	0.719 1	0.019 0	0.088 3	0.001 1	554	54	550	11	546	6	99%	变质核
48	34	475	0.07	0.059 7	0.001 5	0.737 7	0.021 4	0.088 7	0.001 1	591	28	561	13	548	7	97%	变质核
49	15	425	0.04	0.058 0	0.001 4	0.714 7	0.017 9	0.088 9	0.001 0	532	54	548	11	549	6	99%	变质核
51	68	645	0.11	0.057 2	0.001 1	0.706 6	0.015 4	0.088 7	0.000 9	498	44	543	9	548	5	99%	变质核
53	17	273	0.06	0.057 1	0.002 1	0.705 8	0.025 9	0.088 7	0.001 2	494	81	542	15	548	7	98%	变质核
54	53	548	0.10	0.061 4	0.001 9	0.713 0	0.021 8	0.083 4	0.000 8	652	67	547	13	516	5	94%	变质核
55	40	381	0.10	0.059 4	0.001 6	0.730 9	0.019 4	0.088 6	0.000 9	583	59	557	11	547	5	98%	变质核
57	52	543	0.10	0.059 9	0.001 6	0.698 3	0.018 1	0.084 0	0.000 7	611	57	538	11	520	4	96%	变质核
1	21	350	0.06	0.056 7	0.001 4	0.696 1	0.017 5	0.088 7	0.000 8	480	49	536	10	548	5	97%	均质锆石
9	16	259	0.06	0.057 2	0.001 3	0.698 7	0.015 9	0.088 4	0.000 6	498	45	538	10	546	3	98%	均质锆石
13	4	111	0.03	0.060 3	0.002 0	0.734 6	0.024 1	0.088 6	0.000 9	613	73	559	14	547	5	97%	均质锆石
14	8	137	0.06	0.055 2	0.002 4	0.671 5	0.028 3	0.088 2	0.000 9	420	98	522	17	545	5	95%	均质锆石
15	20	93	0.21	0.060 1	0.002 8	0.726 5	0.034 6	0.087 9	0.001 3	606	102	555	20	543	8	97%	均质锆石
16	19	178	0.10	0.057 7	0.002 5	0.695 4	0.029 2	0.088 2	0.001 2	498	96	536	17	545	7	98%	均质锆石
17	26	206	0.13	0.058 3	0.003 2	0.706 7	0.037 6	0.087 9	0.001 1	543	120	543	22	543	6	99%	均质锆石
18	161	1258	0.13	0.059 9	0.001 8	0.736 6	0.026 1	0.088 8	0.001 1	611	32	560	15	545	6	97%	均质锆石
19	33	326	0.10	0.061 7	0.001 8	0.758 4	0.023 0	0.088 8	0.001 0	665	56	573	13	549	6	95%	均质锆石
22	26	164	0.16	0.061 4	0.002 1	0.749 7	0.025 6	0.088 2	0.000 8	654	68	568	15	545	5	95%	均质锆石
26	10	164	0.06	0.060 4	0.002 0	0.739 2	0.024 0	0.088 6	0.000 9	617	72	562	14	547	5	97%	均质锆石

分析点号	Th (ppm)	U (ppm)	Th/U	同位素比值						年龄 (Ma)						协和度	分析点位
				207Pb/206Pb	±σ	207Pb/235U	±σ	206Pb/238U	±σ	207Pb/206Pb	±σ	207Pb/235U	±σ	206Pb/238U	±σ		
27	61	775	0.08	0.057 0	0.001 5	0.703 3	0.018 5	0.088 9	0.000 7	500	59	541	11	549	4	98%	均质锆石
28	19	84	0.22	0.057 4	0.002 9	0.693 2	0.034 3	0.088 4	0.001 2	506	111	535	21	546	7	97%	均质锆石
33	42	586	0.07	0.056 6	0.001 3	0.696 5	0.017 1	0.088 7	0.001 0	476	47	537	10	548	6	97%	均质锆石
35	18	151	0.12	0.057 0	0.002 1	0.694 7	0.025 3	0.088 4	0.001 1	494	81	536	15	546	6	98%	均质锆石
37	26	107	0.25	0.056 9	0.002 3	0.698 3	0.028 3	0.088 6	0.000 9	487	91	538	17	547	6	98%	均质锆石
38	33	155	0.21	0.053 4	0.001 8	0.655 5	0.022 0	0.088 9	0.000 9	346	44	512	14	549	5	93%	均质锆石
50	17	112	0.15	0.059 8	0.002 5	0.720 9	0.028 3	0.088 5	0.001 1	598	89	551	17	546	6	99%	均质锆石
52	14	99	0.15	0.056 6	0.003 2	0.699 5	0.040 9	0.088 6	0.001 2	476	124	539	24	547	7	98%	均质锆石
56	22	86	0.25	0.066 4	0.005 0	0.790 3	0.055 6	0.086 4	0.001 4	820	158	591	32	535	8	89%	均质锆石
58	22	255	0.09	0.056 2	0.001 7	0.691 4	0.020 9	0.088 7	0.000 8	461	69	534	13	548	5	97%	均质锆石
21	36	156	0.23	0.059 5	0.002 0	0.722 8	0.024 3	0.088 1	0.000 9	583	74	552	14	544	5	98%	变质边
31	15	108	0.14	0.065 0	0.003 1	0.789 9	0.035 2	0.089 0	0.001 2	774	99	591	20	550	7	92%	变质边
39	62	623	0.10	0.057 3	0.001 3	0.704 4	0.016 5	0.088 5	0.000 8	506	52	541	10	547	5	98%	变质边
43	16	143	0.11	0.057 6	0.002 8	0.700 5	0.032 9	0.088 4	0.001 2	517	77	539	20	546	7	98%	变质边
45	36	180	0.20	0.059 0	0.002 7	0.719 1	0.031 3	0.088 5	0.001 2	569	100	550	19	547	7	99%	变质边
样品 GR14-10-1（高压麻粒岩，采自盖尔陡崖碎石带）																	
4	53	452	0.12	0.174 3	0.001 0	10.567 8	0.071 3	0.434 3	0.001 9	2 600	10	2 486	6	2 325	8	93%	核部
14	2	193	0.01	0.164 4	0.003 0	9.695 5	0.183 5	0.426 4	0.003 5	2 502	31	2 406	17	2 290	16	95%	核部
15	2	250	0.01	0.164 6	0.002 7	9.834 0	0.171 1	0.431 4	0.003 2	2 506	28	2 419	16	2 312	14	95%	核部
17	100	842	0.12	0.177 6	0.002 5	11.197 6	0.164 1	0.455 8	0.002 4	2 627	24	2 540	14	2 421	11	95%	核部
18	129	758	0.17	0.177 9	0.002 6	11.253 8	0.168 3	0.456 6	0.002 5	2 633	24	2 544	14	2 424	11	95%	核部
19	52	496	0.11	0.175 1	0.002 8	9.885 1	0.165 5	0.406 7	0.002 6	2 609	26	2 424	15	2 200	12	90%	核部

续表

分析点号	Th (ppm)	U (ppm)	Th/U	同位素比值						年龄 (Ma)						协和度	分析点位
				$\frac{207Pb}{206Pb}$	±σ	$\frac{207Pb}{235U}$	±σ	$\frac{206Pb}{238U}$	±σ	$\frac{207Pb}{206Pb}$	±σ	$\frac{207Pb}{235U}$	±σ	$\frac{206Pb}{238U}$	±σ		
1	30	60	0.50	0.061 6	0.003 5	0.737 8	0.037 7	0.089 6	0.001 3	661	88	561	22	553	8	98%	变质边
2	17	72	0.23	0.064 0	0.003 8	0.781 7	0.048 7	0.089 1	0.002 2	743	127	586	28	550	13	93%	变质边
3	3	182	0.02	0.059 1	0.002 1	0.733 7	0.026 1	0.089 5	0.001 1	572	78	559	15	553	7	98%	变质边
5	1	85	0.02	0.061 3	0.003 0	0.758 1	0.034 8	0.089 8	0.001 3	733	103	573	20	554	8	96%	变质边
6	3	42	0.08	0.070 4	0.004 7	0.856 3	0.057 6	0.089 7	0.001 8	940	137	628	32	554	10	87%	变质边
7	3	44	0.07	0.062 4	0.003 8	0.756 8	0.043 8	0.089 9	0.001 5	687	131	572	25	555	9	96%	变质边
8	3	53	0.06	0.057 7	0.003 1	0.713 7	0.038 8	0.089 9	0.001 6	520	120	547	23	555	10	98%	变质边
9	3	46	0.07	0.066 7	0.003 4	0.827 0	0.043 8	0.090 1	0.001 4	831	106	612	24	556	8	90%	变质边
10	1	68	0.02	0.063 2	0.002 8	0.780 0	0.037 4	0.090 1	0.001 4	717	96	585	21	556	9	94%	变质边
11	2	82	0.03	0.062 0	0.003 5	0.768 5	0.044 1	0.089 8	0.001 6	672	119	579	25	554	10	95%	变质边
12	5	90	0.06	0.066 4	0.003 5	0.817 0	0.041 7	0.090 0	0.001 2	820	110	606	23	556	7	91%	变质边
13	42	81	0.52	0.059 6	0.003 2	0.704 1	0.035 7	0.087 2	0.001 4	587	119	541	21	539	8	99%	变质边
16	6	169	0.04	0.056 2	0.002 3	0.699 9	0.029 4	0.089 9	0.001 2	461	89	539	18	555	7	96%	变质边
样品 GR14-10-5 (高压麻粒岩，采自盖尔陡崖碎石带)																	
2	34	579	0.06	0.059 6	0.001 8	0.808 4	0.024 9	0.097 8	0.000 9	591	66	602	14	602	5	99%	变质核
3	2	13	0.13	0.133 1	0.022 0	1.360 2	0.168 5	0.091 3	0.005 7	2 139	293	872	73	563	34	56%	变质核
5	2	16	0.10	0.100 4	0.021 5	1.285 9	0.170 2	0.114 9	0.011 5	1 631	408	839	76	701	67	82%	变质核
6	8	38	0.20	0.069 3	0.007 2	1.027 4	0.104 3	0.110 9	0.003 1	906	216	718	52	678	18	94%	变质核
11	13	1 188	0.01	0.060 9	0.001 6	0.784 8	0.021 2	0.093 2	0.000 8	635	59	588	12	575	5	97%	变质核
12	2	97	0.02	0.061 0	0.003 1	0.767 7	0.037 4	0.092 8	0.001 3	639	111	578	21	572	7	98%	变质核
14	2	97	0.02	0.059 8	0.002 6	0.756 3	0.032 9	0.092 7	0.001 2	594	94	572	19	571	7	99%	变质核
15	11	249	0.04	0.082 1	0.002 2	1.032 6	0.027 1	0.090 9	0.000 7	1 248	53	720	14	561	4	75%	变质核

续表

分析点号	Th (ppm)	U (ppm)	Th/U	同位素比值						年龄（Ma）						协和度	分析点位
				$^{207}Pb/^{206}Pb$	±σ	$^{207}Pb/^{235}U$	±σ	$^{206}Pb/^{238}U$	±σ	$^{207}Pb/^{206}Pb$	±σ	$^{207}Pb/^{235}U$	±σ	$^{206}Pb/^{238}U$	±σ		
18	17	134	0.12	0.058 1	0.002 7	0.738 2	0.033 1	0.092 5	0.001 4	600	100	561	19	571	8	98%	变质核
19	8	87	0.10	0.066 7	0.003 0	0.841 8	0.037 0	0.092 6	0.001 6	828	87	620	20	571	9	91%	变质核
21	39	338	0.11	0.064 1	0.002 3	0.814 0	0.027 1	0.091 9	0.001 4	746	78	605	15	567	8	93%	变质核
22	2	84	0.02	0.058 1	0.003 0	0.740 1	0.040 6	0.091 9	0.001 3	532	113	562	24	567	7	99%	变质核
23	3	180	0.01	0.088 5	0.003 4	1.143 3	0.039 7	0.093 4	0.001 1	1 392	74	774	19	576	6	70%	变质核
24	17	340	0.05	0.067 7	0.001 8	0.841 7	0.024 5	0.088 8	0.001 0	861	58	620	14	549	6	87%	变质核
25	23	229	0.10	0.061 4	0.002 2	0.785 4	0.031 0	0.091 5	0.001 6	654	78	589	18	564	10	95%	变质核
26	1	83	0.02	0.059 0	0.002 5	0.745 9	0.030 6	0.092 3	0.001 2	569	91	566	18	569	7	99%	变质核
27	20	226	0.09	0.058 1	0.002 1	0.746 3	0.026 5	0.092 9	0.001 3	600	80	566	15	572	8	98%	变质核
28	2	92	0.02	0.065 1	0.002 6	0.822 1	0.032 5	0.092 3	0.001 3	776	79	609	18	569	8	93%	变质核
30	26	155	0.17	0.060 0	0.002 5	0.769 8	0.034 6	0.093 0	0.001 6	611	95	580	20	573	9	98%	变质核
31	2	109	0.01	0.150 1	0.010 5	1.922 1	0.141 6	0.092 0	0.002 4	2 347	114	1 089	49	567	14	37%	变质核
1	47	2 219	0.02	0.060 9	0.001 1	0.748 8	0.017 0	0.088 6	0.001 1	635	41	568	10	547	7	96%	变质边
4	48	1 494	0.03	0.066 2	0.001 2	0.822 3	0.014 9	0.089 7	0.000 5	813	37	609	8	554	3	90%	变质边
7	45	875	0.05	0.087 3	0.002 0	1.078 0	0.025 8	0.089 3	0.000 8	1 366	43	743	13	551	5	70%	变质边
8	55	1 002	0.05	0.071 9	0.001 7	0.901 4	0.025 6	0.089 7	0.000 9	983	16	652	14	553	5	83%	变质边
9	41	1 033	0.04	0.058 7	0.001 2	0.739 5	0.016 6	0.091 2	0.000 9	567	51	562	10	563	6	99%	变质边
10	45	1 398	0.03	0.058 7	0.001 2	0.728 5	0.015 9	0.089 8	0.000 9	567	38	556	9	554	5	99%	变质边
13	23	1 322	0.02	0.066 8	0.001 5	0.828 3	0.018 1	0.089 6	0.000 7	831	46	613	10	553	4	89%	变质边
16	50	868	0.06	0.058 4	0.001 2	0.724 9	0.015 2	0.089 4	0.000 8	546	43	554	9	552	5	99%	变质边
17	41	606	0.07	0.066 1	0.001 9	0.829 5	0.028 6	0.089 5	0.001 1	811	60	613	16	553	6	89%	变质边
20	12	961	0.01	0.074 2	0.001 5	0.929 6	0.020 5	0.089 9	0.000 8	1 056	42	667	11	555	5	81%	变质边

续表

分析点号	Th (ppm)	U (ppm)	Th/U	同位素比值						年龄（Ma）						协和度	分析点位
				$^{207}Pb/^{206}Pb$	±σ	$^{207}Pb/^{235}U$	±σ	$^{206}Pb/^{238}U$	±σ	$^{207}Pb/^{206}Pb$	±σ	$^{207}Pb/^{235}U$	±σ	$^{206}Pb/^{238}U$	±σ		
29	68	1 202	0.06	0.062 8	0.000 10	0.786 7	0.012 3	0.090 1	0.000 9	702	-1	589	7	556	6	94%	变质边
32	33	1 332	0.02	0.061 0	0.000 11	0.765 3	0.017 9	0.089 8	0.001 4	643	34	577	10	554	8	95%	变质边
样品 GR14-7-12（高压麻粒岩，采自盖尔嵯崖碎石带）																	
9	30	251	0.12	0.056 8	0.000 16	0.766 6	0.021 4	0.098 1	0.000 9	483	63	578	12	603	5	95%	变质核
19	7	57	0.12	0.063 1	0.000 34	0.771 7	0.038 9	0.089 2	0.001 6	722	113	581	22	551	9	94%	变质核
1	9	66	0.13	0.059 1	0.000 32	0.702 9	0.037 7	0.088 0	0.001 3	572	116	541	22	544	8	99%	均质锆石
2	4	108	0.03	0.054 9	0.000 24	0.663 7	0.029 8	0.087 8	0.001 0	406	98	517	18	542	6	95%	均质锆石
3	2	17	0.12	0.115 9	0.010 7	1.242 1	0.090 3	0.088 6	0.002 6	1 895	166	820	41	547	15	60%	均质锆石
4	3	20	0.15	0.088 3	0.009 8	1.035 3	0.113 4	0.088 1	0.002 7	1 389	215	722	57	545	16	72%	均质锆石
5	9	68	0.13	0.058 4	0.002 7	0.706 9	0.032 8	0.088 3	0.001 1	543	102	543	19	546	7	99%	均质锆石
6	11	256	0.04	0.059 0	0.001 6	0.760 3	0.021 3	0.093 3	0.000 9	569	64	574	12	575	5	99%	均质锆石
7	6	69	0.09	0.057 6	0.002 5	0.713 1	0.029 6	0.091 1	0.001 2	522	96	547	18	566	7	96%	均质锆石
8	8	75	0.10	0.058 8	0.002 7	0.713 2	0.033 2	0.088 4	0.001 2	561	100	547	20	546	7	99%	均质锆石
11	7	73	0.09	0.058 2	0.002 5	0.745 5	0.032 8	0.093 3	0.001 3	600	94	566	19	575	8	98%	均质锆石
12	3	87	0.03	0.063 9	0.002 7	0.800 4	0.032 7	0.091 7	0.001 0	737	89	597	18	566	6	94%	均质锆石
13	3	112	0.02	0.063 5	0.002 7	0.806 2	0.033 0	0.092 7	0.001 2	724	89	600	19	571	7	95%	均质锆石
14	7	72	0.10	0.056 8	0.002 7	0.705 1	0.031 5	0.092 7	0.001 3	487	99	542	19	573	7	94%	均质锆石
15	6	64	0.09	0.061 3	0.003 1	0.760 7	0.035 5	0.092 5	0.001 3	650	107	574	20	571	8	99%	均质锆石
16	9	95	0.09	0.056 1	0.002 3	0.694 0	0.027 1	0.090 8	0.001 1	457	93	535	16	560	7	95%	均质锆石
17	5	81	0.06	0.058 3	0.002 9	0.704 0	0.034 5	0.088 7	0.001 1	539	111	542	21	548	7	98%	均质锆石
10	106	815	0.13	0.085 7	0.002 0	1.053 0	0.024 6	0.088 7	0.000 7	1 331	44	730	12	548	4	71%	变质边
18	7	420	0.02	0.057 1	0.001 3	0.707 0	0.015 8	0.089 4	0.000 8	498	45	543	9	552	5	98%	变质边

续表

分析点号	Th (ppm)	U (ppm)	Th/U	同位素比值						年龄（Ma）						协和度	分析点位
				207Pb/206Pb	±σ	207Pb/235U	±σ	206Pb/238U	±σ	207Pb/206Pb	±σ	207Pb/235U	±σ	206Pb/238U	±σ		
20	5	326	0.02	0.0586	0.0014	0.7155	0.0169	0.0882	0.0006	554	54	548	10	545	4	99%	变质边
样品 GR14-3-4（正片麻岩，采自梅森群峰石带）																	
1	31	92	0.34	0.0737	0.0034	1.5787	0.0685	0.1560	0.0024	1033	93	962	27	935	14	97%	岩浆核
2	252	341	0.74	0.0724	0.0022	1.7779	0.0536	0.1768	0.0017	998	29	1037	20	1049	9	98%	岩浆核
3	151	291	0.52	0.0728	0.0016	1.7081	0.0382	0.1691	0.0016	1009	43	1012	14	1007	9	99%	岩浆核
4	178	304	0.59	0.0714	0.0023	1.6874	0.0507	0.1705	0.0017	970	67	1004	19	1015	9	98%	岩浆核
5	62	552	0.11	0.0587	0.0023	0.8444	0.0326	0.1037	0.0012	554	87	622	18	636	7	97%	岩浆核
6	255	332	0.77	0.0750	0.0020	1.7484	0.0477	0.1677	0.0015	1133	53	1027	18	999	8	97%	岩浆核
7	98	173	0.57	0.0737	0.0021	1.7540	0.0501	0.1717	0.0016	1031	64	1029	18	1021	9	99%	岩浆核
8	100	196	0.51	0.0755	0.0033	1.8411	0.0800	0.1758	0.0022	1083	88	1060	29	1044	12	98%	岩浆核
9	228	364	0.63	0.0739	0.0022	1.8518	0.0552	0.1810	0.0023	1039	61	1064	20	1073	12	99%	岩浆核
10	249	439	0.57	0.0716	0.0019	1.6464	0.0445	0.1655	0.0016	976	54	988	17	987	9	99%	岩浆核
11	212	288	0.73	0.0755	0.0018	1.9121	0.0464	0.1825	0.0018	1081	48	1085	16	1081	8	99%	岩浆核
12	211	299	0.71	0.0743	0.0017	1.8599	0.0410	0.1808	0.0014	1050	42	1067	15	1071	8	99%	岩浆核
13	357	411	0.87	0.0750	0.0018	1.7647	0.0410	0.1699	0.0014	1133	47	1033	15	1012	8	97%	岩浆核
14	259	248	1.04	0.0750	0.0023	1.8379	0.0548	0.1771	0.0017	1133	61	1059	20	1051	9	99%	岩浆核
15	89	150	0.59	0.0707	0.0024	1.6210	0.0600	0.1653	0.0024	950	69	978	23	986	13	95%	岩浆核
16	138	196	0.70	0.0757	0.0027	1.6696	0.0599	0.1596	0.0019	1087	75	997	23	954	11	96%	岩浆核
17	133	222	0.60	0.0760	0.0019	1.7899	0.0471	0.1697	0.0017	1096	51	1042	17	1011	9	99%	岩浆核
18	268	384	0.70	0.0727	0.0015	1.6640	0.0343	0.1652	0.0012	1006	46	995	13	986	7	99%	岩浆核
19	24	395	0.06	0.0613	0.0016	0.8992	0.0236	0.1060	0.0009	650	57	651	13	649	5	99%	岩浆核
20	83	257	0.32	0.0743	0.0026	1.4777	0.0476	0.1440	0.0016	1050	64	921	20	867	9	93%	岩浆核

续表

分析点号	Th (ppm)	U (ppm)	Th/U	$\frac{^{207}Pb}{^{206}Pb}$	±σ	$\frac{^{207}Pb}{^{235}U}$	±σ	$\frac{^{206}Pb}{^{238}U}$	±σ	$\frac{^{207}Pb}{^{206}Pb}$	±σ	$\frac{^{207}Pb}{^{235}U}$	±σ	$\frac{^{206}Pb}{^{238}U}$	±σ	协和度	分析点位
				同位素比值						年龄（Ma）							
21	105	155	0.68	0.075 5	0.002 2	1.839 0	0.051 5	0.177 0	0.001 7	1 081	60	1 060	18	1 050	10	99%	岩浆核
22	188	317	0.59	0.075 2	0.001 7	1.696 5	0.041 0	0.162 3	0.001 7	1 076	46	1 007	15	969	9	96%	岩浆核
23	161	397	0.41	0.070 9	0.001 9	1.575 2	0.040 5	0.160 6	0.001 9	954	54	960	16	960	10	99%	岩浆核
24	255	383	0.67	0.074 6	0.001 9	1.710 8	0.042 7	0.164 9	0.001 5	1 059	50	1 013	16	984	8	97%	岩浆核
28	237	390	0.61	0.076 1	0.002 4	1.840 0	0.059 4	0.173 0	0.001 4	1 098	63	1 060	21	1 033	8	97%	岩浆核
25	54	771	0.07	0.062 1	0.001 8	0.755 1	0.023 8	0.087 6	0.001 5	676	63	571	14	541	9	94%	变质边
26	17	883	0.02	0.059 3	0.001 4	0.719 0	0.016 9	0.087 1	0.000 7	589	50	550	10	539	4	97%	变质边
27	21	1 289	0.02	0.059 5	0.001 1	0.734 5	0.015 1	0.088 9	0.001 1	587	44	559	9	549	7	98%	变质边
29	29	812	0.04	0.061 3	0.001 3	0.753 6	0.018 2	0.088 4	0.001 2	650	44	570	11	546	7	95%	变质边
30	31	877	0.03	0.057 8	0.001 3	0.695 7	0.015 9	0.086 7	0.000 6	524	47	536	10	536	4	99%	变质边
31	23	884	0.03	0.059 9	0.001 4	0.736 1	0.017 0	0.088 4	0.000 7	611	50	560	10	546	4	97%	变质边
32	34	716	0.05	0.061 7	0.002 0	0.753 7	0.028 6	0.088 0	0.002 0	661	70	570	17	544	12	95%	变质边
33	25	720	0.04	0.057 3	0.001 4	0.677 2	0.016 5	0.085 3	0.000 8	502	58	525	10	527	4	99%	变质边
34	27	642	0.04	0.057 3	0.001 4	0.683 2	0.016 7	0.086 0	0.000 7	506	58	529	10	532	4	99%	变质边
35	19	749	0.02	0.057 3	0.001 3	0.674 8	0.015 7	0.084 8	0.000 7	506	50	523	10	524	4	99%	变质边
36	38	722	0.05	0.056 1	0.001 2	0.671 1	0.013 9	0.086 2	0.000 7	457	46	521	8	533	4	97%	变质边
37	26	983	0.03	0.056 1	0.001 2	0.650 6	0.013 4	0.083 6	0.000 6	457	46	509	8	517	3	98%	变质边
38	42	639	0.07	0.058 7	0.001 3	0.707 2	0.015 0	0.086 8	0.000 7	567	51	543	9	537	4	98%	变质边
39	17	667	0.02	0.056 3	0.001 3	0.663 9	0.015 3	0.084 9	0.000 7	465	55	517	9	526	4	98%	变质边
40	40	813	0.05	0.055 7	0.001 5	0.684 7	0.018 9	0.088 2	0.000 9	443	55	530	11	545	5	97%	变质边
样品 GR14-5-4（正片麻岩，采自盖尔哈尔崖碎石带）																	
1	916	6 065	0.15	0.064 9	0.001 0	0.881 8	0.014 8	0.098 0	0.000 9	772	32	642	8	603	5	93%	岩浆核

续表

分析点号	Th (ppm)	U (ppm)	Th/U	同位素比值						年龄（Ma）						协和度	分析点位
				$^{207}Pb/^{206}Pb$	$\pm\sigma$	$^{207}Pb/^{235}U$	$\pm\sigma$	$^{206}Pb/^{238}U$	$\pm\sigma$	$^{207}Pb/^{206}Pb$	$\pm\sigma$	$^{207}Pb/^{235}U$	$\pm\sigma$	$^{206}Pb/^{238}U$	$\pm\sigma$		
2	555	2 539	0.22	0.065 1	0.001 2	0.949 9	0.017 3	0.105 1	0.000 7	789	38	678	9	644	4	94%	岩浆核
3	136	254	0.54	0.067 7	0.001 5	1.356 6	0.029 9	0.145 1	0.001 2	861	46	870	13	874	7	99%	岩浆核
4	146	446	0.33	0.069 5	0.001 5	1.276 9	0.026 9	0.132 6	0.001 0	922	44	835	12	803	5	95%	岩浆核
5	173	231	0.75	0.067 1	0.001 7	1.371 5	0.036 6	0.148 5	0.001 9	843	54	877	16	892	10	98%	岩浆核
6	282	351	0.80	0.068 2	0.001 8	1.302 6	0.032 2	0.138 2	0.001 6	876	54	847	14	835	9	98%	岩浆核
7	78	137	0.57	0.066 9	0.002 1	1.419 5	0.042 9	0.153 6	0.001 5	835	65	897	18	921	8	97%	岩浆核
8	389	591	0.66	0.079 8	0.012 9	1.134 6	0.104 4	0.109 0	0.002 9	1 194	324	770	50	667	17	85%	岩浆核
9	76	93	0.82	0.069 4	0.002 6	1.409 0	0.050 3	0.148 5	0.001 9	922	78	893	21	892	11	99%	岩浆核
10	63	87	0.73	0.069 7	0.002 8	1.465 1	0.056 2	0.152 7	0.001 9	918	81	916	23	916	11	99%	岩浆核
11	68	96	0.70	0.069 8	0.002 1	1.476 5	0.044 6	0.152 8	0.001 6	924	62	921	18	917	9	99%	岩浆核
12	138	180	0.76	0.068 8	0.002 3	1.319 8	0.042 0	0.139 3	0.001 4	900	72	854	18	841	8	98%	岩浆核
13	107	139	0.77	0.068 3	0.002 0	1.447 8	0.042 8	0.153 0	0.001 5	877	60	909	18	918	8	99%	岩浆核
14	283	324	0.87	0.067 7	0.001 6	1.441 5	0.037 1	0.153 3	0.001 7	859	50	906	15	919	10	98%	岩浆核
15	545	994	0.55	0.067 5	0.001 3	1.423 7	0.029 6	0.151 6	0.001 4	854	41	899	12	910	8	98%	岩浆核
16	253	479	0.53	0.067 5	0.001 5	1.356 2	0.029 7	0.144 8	0.001 1	854	46	870	13	872	6	99%	岩浆核
17	269	297	0.91	0.068 8	0.001 7	1.443 7	0.034 9	0.151 9	0.001 8	894	50	907	14	912	10	99%	岩浆核
18	95	127	0.75	0.071 6	0.002 1	1.519 4	0.043 8	0.153 6	0.001 6	974	55	938	18	921	9	98%	岩浆核
19	152	404	0.38	0.066 6	0.002 2	1.397 8	0.043 0	0.151 0	0.001 5	828	63	888	18	909	9	97%	岩浆核
20	36	65	0.54	0.071 7	0.002 9	1.494 8	0.058 9	0.151 4	0.001 9	977	81	928	24	909	11	97%	岩浆核
21	587	715	0.82	0.065 0	0.001 1	1.320 1	0.022 7	0.146 3	0.001 2	776	35	855	10	880	7	97%	岩浆核
22	214	434	0.49	0.067 1	0.001 6	1.430 0	0.034 9	0.153 5	0.001 5	839	56	902	15	921	8	97%	岩浆核
23	161	158	1.02	0.067 2	0.002 0	1.375 5	0.040 9	0.148 0	0.001 6	843	58	879	17	890	9	98%	岩浆核
24	317	622	0.51	0.065 3	0.001 3	1.376 3	0.028 2	0.151 7	0.001 3	785	43	879	12	911	7	96%	岩浆核
26	473	472	1.00	0.064 8	0.001 3	1.314 6	0.025 9	0.146 3	0.001 2	769	42	852	11	880	6	96%	岩浆核
27	243	323	0.75	0.066 9	0.002 7	1.106 8	0.047 0	0.119 1	0.002 0	835	83	757	23	725	11	95%	岩浆核

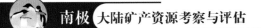

续表

分析点号	Th (ppm)	U (ppm)	Th/U	同位素比值						年龄 (Ma)						协和度	分析点位
				$^{207}Pb/^{206}Pb$	±σ	$^{207}Pb/^{235}U$	±σ	$^{206}Pb/^{238}U$	±σ	$^{207}Pb/^{206}Pb$	±σ	$^{207}Pb/^{235}U$	±σ	$^{206}Pb/^{238}U$	±σ		
28	543	591	0.92	0.065 7	0.001 3	1.406 5	0.027 8	0.153 8	0.001 1	798	42	892	12	922	6	96%	岩浆核
29	395	766	0.52	0.062 2	0.001 3	1.059 3	0.022 3	0.122 4	0.000 9	680	46	733	11	745	5	98%	岩浆核
30	120	183	0.66	0.066 7	0.001 9	1.343 0	0.035 9	0.145 3	0.001 3	828	59	865	16	875	7	98%	岩浆核
31	200	266	0.75	0.063 5	0.001 8	1.114 4	0.030 8	0.126 1	0.001 0	726	59	760	15	765	6	99%	岩浆核
32	139	152	0.91	0.066 9	0.002 1	1.408 5	0.043 0	0.151 4	0.001 4	835	65	893	18	909	8	98%	岩浆核
33	295	410	0.72	0.068 6	0.001 6	1.472 7	0.035 0	0.153 8	0.001 6	887	46	919	14	922	9	99%	岩浆核
34	61	109	0.56	0.067 4	0.002 1	1.442 9	0.045 3	0.154 5	0.001 7	850	69	907	19	926	9	97%	岩浆核
35	171	304	0.56	0.066 1	0.001 4	1.352 4	0.029 1	0.147 2	0.001 3	811	45	869	13	885	7	98%	岩浆核
36	60	124	0.48	0.066 1	0.002 1	1.399 2	0.049 3	0.153 6	0.003 1	809	66	889	21	921	18	96%	岩浆核
37	32	62	0.52	0.074 1	0.003 9	1.430 8	0.076 2	0.139 6	0.002 3	1 043	73	902	32	842	13	93%	岩浆核
38	148	239	0.62	0.064 6	0.001 6	1.191 4	0.029 1	0.133 1	0.001 2	761	50	797	13	805	7	98%	岩浆核
25	750	4 682	0.16	0.062 0	0.001 1	0.743 8	0.014 8	0.086 4	0.001 0	672	44	565	9	534	6	94%	变质边
39	174	683	0.25	0.059 3	0.001 7	0.711 9	0.023 0	0.085 7	0.001 6	598	29	546	14	530	9	97%	变质边
40	172	206	0.84	0.060 1	0.002 0	0.673 1	0.021 9	0.081 4	0.000 9	606	38	523	13	504	5	96%	变质边
41	169	251	0.67	0.064 4	0.001 8	0.766 6	0.022 1	0.086 2	0.001 1	754	59	578	13	533	7	91%	变质边
42	150	192	0.78	0.058 4	0.002 0	0.692 0	0.023 0	0.086 0	0.000 8	543	69	534	14	532	5	99%	变质边
43	243	224	1.08	0.067 5	0.003 9	0.804 0	0.045 6	0.086 7	0.002 6	854	120	599	26	536	15	88%	变质边
44	192	369	0.52	0.056 2	0.001 5	0.670 0	0.017 9	0.086 0	0.000 7	461	27	521	11	532	4	97%	变质边
45	191	237	0.81	0.056 7	0.001 7	0.675 7	0.019 7	0.086 2	0.000 9	480	65	524	12	533	5	98%	变质边
46	187	624	0.30	0.061 3	0.002 2	0.728 4	0.028 9	0.085 5	0.002 0	648	77	556	17	529	12	95%	变质边
47	210	274	0.77	0.059 0	0.003 5	0.693 5	0.040 7	0.085 0	0.002 4	565	134	535	24	526	14	98%	变质边
48	151	180	0.84	0.061 9	0.002 0	0.734 9	0.025 9	0.086 2	0.001 2	733	76	559	15	533	7	95%	变质边
49	162	164	0.99	0.061 3	0.004 5	0.694 7	0.052 8	0.081 1	0.001 7	650	358	536	32	503	10	93%	变质边
50	151	365	0.41	0.062 0	0.002 6	0.735 5	0.041 1	0.085 7	0.003 1	672	86	560	24	530	18	94%	变质边

发光性较强的核部和灰色的边部组成（图5-61D）。在该样品锆石中共获得20个年龄数据，其中2个来自亮核，3个来自暗色增生边，其余15个来自均质的变质新生锆石。这些分析点基本都具有较低的Th（3 ppm～106 ppm）和U（17 ppm～815 ppm）含量以及较低的Th/U值（<0.15）（表5-9）。来自核部的2个分析点 $^{206}Pb/^{238}U$ 年龄分别为（603±5）Ma和（551±9）Ma。前者（点10）核部还保留有模糊的振荡环带，可能是继承核在变质过程未完全重结晶，导致年龄值偏大。来自边部的3个分析点 $^{206}Pb/^{238}U$ 年龄分别为（548±4）Ma，（552±5）Ma和（545±4）Ma。来自均质变质锆石的分析点 $^{206}Pb/^{238}U$ 年龄范围在575～542 Ma之间。从定年结果来看，这些变质年龄可分为两组：第一组年龄范围为575～560 Ma，对应的加权平均值为（570±5）Ma（$n=8$，MSWD=0.62）。第二组年龄范围为552～542 Ma，其加权平均值为（547±4）Ma（$n=11$，MSWD=0.27）（图5-62D）。这两组加权平均值与各自的交点年龄完全一致。然而，在锆石阴极发光图像中，这两组年龄所在的锆石并没有显著差别。

（2）正片麻岩定年结果

样品GR14-3-4中的锆石为浅粉色，半自形-次圆粒状，颗粒大小为0.07～0.2 mm。阴极发光图像显示锆石普遍发育核-边结构，核部可见振荡环带，但多数环带已模糊不清或不可见，可能是受后期变质过程中重结晶作用的影响。锆石的暗色增生边较窄，仅少数可用于定年（图5-61E）。锆石核部较之边部具有更高的Th含量（分别为23 ppm～357 ppm和17 ppm～54 ppm）和相对低的U含量（分别为92 ppm～552 ppm和639 ppm～1 289 ppm），核部的Th/U比值均大于0.1，而边部具有较低的Th/U值（<0.1）（表5-9）。在锆石中共获得40个年龄数据，其中25个来自核部，15个来自边部。核部除分析点5和19外，其他 $^{206}Pb/^{238}U$ 年龄值都在1 133～960 Ma之间，其不一致线上交点年龄为（1 061±40）Ma（MSWD=0.75）（图5-63A）。两个较年轻的年龄（636±7）Ma和（649±5）Ma可能是后期变质重结晶影响的结果。锆石增生边的 $^{206}Pb/^{238}U$ 年龄在549～517 Ma之间，其不一致线交点年龄为（533±5）Ma（MSWD=0.96）（图5-63A）。

样品GR14-5-4中的锆石为粉色，自形柱状，颗粒大小为0.05～0.3 mm。阴极发光图像显示锆石均发育核-边结构，核部多发育清楚的振荡环带，边部发光性较弱，以灰色为主（图5-61F）。锆石核部分析点相对边部具有更高的Th和U含量，核部Th、U含量分别为32 ppm～916 ppm和62 ppm～6 065 ppm，边部分别为150 ppm～210 ppm和164 ppm～683 ppm。个别分析点具有异常高的U含量（点1，2，25），核部和边部都具有较高的Th/U值（>0.1）（表5-9）。在锆石中共获得50个年龄数据，其中37个分析点来自核部，13个分析点来自边部。锆石核部的 $^{206}Pb/^{238}U$ 年龄值在926～603 Ma之间，其中大部分年龄集中于926～909 Ma（加权平均年龄为（917±4）Ma，MSWD=0.45，$n=17$），892～603 Ma的偏小年龄点可能是核部在变质过程中经历了不同程度重结晶作用的结果。锆石边部的 $^{206}Pb/^{238}U$ 年龄值范围为536～503 Ma，剔除两个离群年龄后加权平均值为（532±4）Ma（MSWD=0.057），该结果与其交点年龄完全一致（图5-63B）。

（3）微量元素特征

4个高压麻粒岩样品的变质锆石稀土元素特征相似，都具有较低的HREE（重稀土）含量和平坦的HREE配分曲线，未见明显的Eu负异常（表5-10，图5-62），表明这些锆石结晶的同时伴随着石榴石的生长（Gebauer et al.，1997；Rubatto，2002）。个别分析点

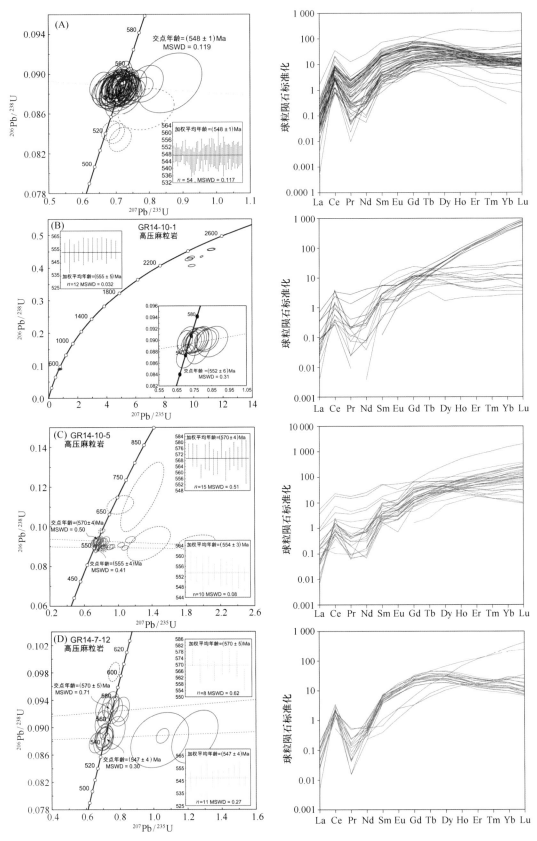

图 5-62　格罗夫山高压麻粒岩中锆石的 U-Pb 年龄谐和图（左）及
对应的球粒陨石标准化的锆石稀土元素配分图（右）

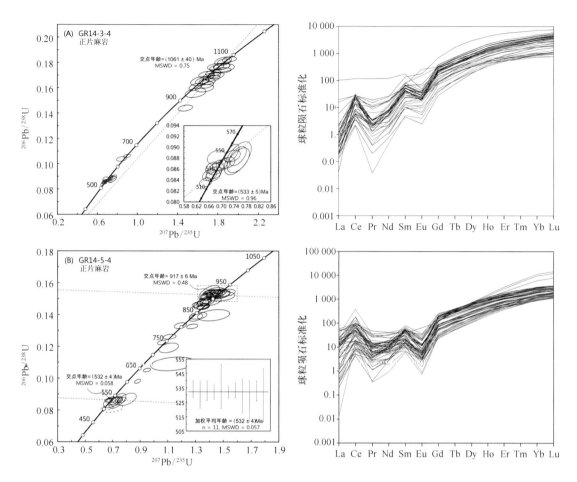

图 5 - 63 格罗夫山正片麻岩中锆石的 U - Pb 年龄谐和图 （左） 及
对应的球粒陨石标准化的锆石稀土元素配分图 （右）

（GR14 - 7 - 12 的点 9 和 10） 的 HREE 配分曲线有轻微上扬，应该是分析的变质锆石中混有残留的继承核所致，该结果与偏高的年龄结果相一致。样品 GR14 - 10 - 1 的锆石核部稀土元素特征与边部不同，具有较高的 HREE 含量和陡立的 HREE 配分曲线 （图 5 - 62B）。两个正片麻岩样品的锆石核部的稀土元素总量较高，尤其是 HREE 较富集，并具有明显的 Eu 负异常 （图 5 - 63A 和图 5 - 63B），为典型的岩浆锆石稀土元素特征 （Rubatto，2002；Hoskin，Schaltegger，2003）。锆石边部和核部稀土配分曲线特征相似，但边部的 HREE 含量要低于核部。对于样品 GR14 - 3 - 4 而言，锆石边部富集 HREE 的特征可能是由于该样品中的石榴石含量较低，吸收 HREE 的能力有限，因而在变质锆石生长过程中仍有大量 HREE 富集于锆石中；而样品 GR14 - 5 - 4 中不含石榴石，所以变质锆石边部也富集 HREE。

表 5 – 10 格罗夫山高压麻粒岩和正片麻岩中锆石的 LA – ICP – MS 稀土元素分析

分析点	La (ppm)	Ce (ppm)	Pr (ppm)	Nd (ppm)	Sm (ppm)	Eu (ppm)	Gd (ppm)	Tb (ppm)	Dy (ppm)	Ho (ppm)	Er (ppm)	Tm (ppm)	Yb (ppm)	Lu (ppm)
样品 GR14 – 4 – 1（高压麻粒岩，采自梅森群峰碎石带）														
1	0.012	1.87	0.041	0.21	0.73	0.52	4.03	0.90	6.47	1.33	3.56	0.49	3.27	0.54
2	bd *	5.15	0.14	1.92	2.89	2.19	10.5	2.10	11.8	1.78	3.46	0.41	2.52	0.27
3	0.011	5.59	0.19	3.18	4.26	2.51	13.3	2.29	13.1	2.12	4.18	0.43	2.26	0.30
4	0.009	6.27	0.16	3.29	5.85	3.25	18.7	3.40	18.7	3.12	6.26	0.69	3.99	0.48
5	0.016	6.70	0.067	1.79	3.18	2.13	11.6	2.22	13.4	2.24	4.48	0.62	3.97	0.50
6	bd	3.98	0.14	2.92	4.11	1.93	8.90	1.54	7.69	1.31	2.70	0.28	1.96	0.24
7	0.023	4.66	0.12	2.06	3.02	1.71	8.86	1.51	8.36	1.21	2.46	0.27	1.42	0.17
8	0.13	7.05	0.30	4.29	5.36	2.99	16.1	2.78	15.6	2.48	4.68	0.48	2.30	0.34
9	0.024	1.45	0.063	0.77	1.48	1.01	4.68	1.05	7.22	1.57	4.05	0.57	3.62	0.54
10	0.003	5.10	0.23	3.55	4.96	2.60	12.6	2.24	11.8	2.03	3.46	0.39	2.52	0.30
11	bd	4.07	0.054	1.30	2.35	1.42	7.40	1.46	8.51	1.60	3.25	0.35	2.12	0.27
12	0.026	6.73	0.22	2.60	3.93	2.55	12.0	2.26	14.6	2.53	5.80	0.84	4.77	0.78
13	0.010	0.67	0.007	0.13	0.40	0.22	1.74	0.45	3.76	0.83	2.47	0.28	2.14	0.29
14	bd	0.92	0.035	0.26	0.71	0.34	3.27	0.69	5.62	1.17	2.97	0.37	2.39	0.36
15	0.031	2.06	0.008	0.13	0.65	0.24	2.52	0.68	4.81	1.19	2.97	0.42	2.80	0.52
16	0.019	2.03	0.028	0.32	0.54	0.40	3.02	0.69	6.17	1.35	4.09	0.44	3.26	0.53
17	0.060	2.61	0.005	0.28	0.72	0.53	4.08	0.98	7.13	1.58	3.96	0.49	3.24	0.55
18	0.065	16.2	0.29	4.41	7.82	4.58	20.7	3.18	16.4	2.51	4.51	0.39	2.36	0.34
19	0.055	1.99	0.038	0.82	1.00	0.48	4.03	0.92	6.37	1.24	2.75	0.33	1.94	0.30
20	0.006	1.04	0.003	0.62	1.17	0.86	5.23	1.12	5.86	0.98	1.79	0.15	0.89	0.12
21	0.021	2.95	0.043	0.77	1.52	1.04	6.24	1.42	9.10	1.78	4.40	0.58	3.54	0.51
22	bd	2.28	bd	0.68	0.97	0.57	4.42	0.99	7.38	1.60	4.31	0.58	3.57	0.56
23	0.006	0.67	0.030	0.38	1.99	1.09	9.20	1.84	11.5	2.26	5.26	0.67	4.13	0.82
24	0.11	6.46	0.19	2.55	4.14	2.50	11.4	1.98	12.0	1.79	3.91	0.53	2.95	0.36
25	0.50	28.2	1.55	15.0	14.1	6.79	32.5	4.88	25.1	3.37	5.57	0.57	2.91	0.34
26	bd	2.85	0.078	0.80	1.80	1.17	6.24	1.21	7.55	1.34	2.91	0.34	2.12	0.25
27	bd	4.81	0.096	1.25	2.70	1.57	19.8	6.45	60.4	16.6	46.7	6.09	38.3	6.43
28	bd	2.57	0.027	0.17	0.64	0.53	3.60	0.76	5.37	1.16	2.91	0.38	2.61	0.38
29	0.071	4.97	0.23	2.97	3.22	2.16	8.92	1.53	8.22	1.26	2.70	0.27	1.44	0.25
30	0.043	11.6	0.33	2.97	4.16	2.26	11.7	1.88	9.62	1.35	2.39	0.25	1.51	0.18
31	bd	1.94	0.006	0.28	0.40	0.36	2.03	0.49	3.57	0.73	1.96	0.27	1.81	0.27
32	0.004	0.57	bd	0.22	0.25	0.19	1.94	0.61	4.81	1.23	3.44	0.43	3.33	0.53
33	0.069	2.51	0.14	2.27	2.64	1.42	8.79	1.79	11.5	2.24	5.23	0.61	3.97	0.49
34	0.008	0.75	bd	bd	0.45	0.27	2.59	0.56	3.60	0.86	2.74	0.47	3.11	0.63
35	0.007	2.11	0.040	0.062	0.34	0.30	1.94	0.60	4.45	1.16	2.98	0.43	2.97	0.43
36	0.069	3.14	0.092	1.84	1.94	1.21	6.68	1.40	10.1	2.08	5.93	0.64	4.75	0.82
37	0.039	0.62	0.022	0.050	0.46	0.31	1.86	0.36	1.49	0.23	0.49	0.043	0.22	0.025

分析点	La (ppm)	Ce (ppm)	Pr (ppm)	Nd (ppm)	Sm (ppm)	Eu (ppm)	Gd (ppm)	Tb (ppm)	Dy (ppm)	Ho (ppm)	Er (ppm)	Tm (ppm)	Yb (ppm)	Lu (ppm)
38	bd	3.03	0.033	0.36	1.15	0.70	5.25	1.22	9.98	2.38	5.84	0.78	4.92	0.85
39	0.044	7.86	0.26	4.36	5.48	3.72	17.0	3.00	17.7	2.63	5.96	0.56	3.27	0.47
40	0.13	17.3	0.41	5.13	7.14	4.23	20.4	3.46	17.1	2.53	4.49	0.47	2.74	0.31
41	0.013	1.88	0.023	0.38	0.75	0.51	2.89	0.75	5.11	1.06	2.66	0.31	2.39	0.32
42	0.031	6.62	0.15	2.26	3.85	2.27	14.0	2.81	18.5	3.76	9.24	1.37	9.89	1.56
43	0.009	2.48	0.064	1.04	0.80	0.26	2.88	0.69	6.88	1.98	7.22	1.22	10.7	2.10
44	0.014	1.05	0.022	0.21	0.89	0.69	3.47	0.63	2.74	0.39	0.59	0.063	0.34	0.063
45	bd	0.93	bd	bd	0.40	0.23	1.33	0.23	1.01	0.10	0.27	0.020	0.060	bd
46	0.001	4.82	0.28	3.92	4.45	2.48	10.2	1.74	9.28	1.52	3.37	0.41	2.53	0.35
47	bd	0.70	0.014	0.033	0.29	0.51	3.38	0.84	6.37	1.42	3.69	0.50	3.13	0.45
48	bd	0.95	0.011	0.19	0.86	0.68	4.36	1.30	10.4	2.80	8.16	1.17	8.73	1.54
49	0.025	0.97	bd	0.38	0.53	0.55	3.17	0.85	7.31	1.77	5.05	0.78	6.00	1.04
50	bd	2.34	0.007	0.12	0.34	0.15	1.38	0.31	2.69	0.58	1.60	0.22	1.78	0.30
51	0.091	7.93	0.28	4.03	6.39	3.52	18.2	3.19	16.2	2.71	5.22	0.53	3.50	0.39
52	0.012	2.15	0.025	0.19	0.16	0.20	1.30	0.38	2.83	0.61	1.90	0.28	1.82	0.41
53	0.034	1.07	0.001	0.20	0.52	0.38	3.30	0.70	4.29	0.90	2.06	0.35	3.00	0.54
54	0.031	6.95	0.11	2.54	4.27	3.13	16.1	2.77	16.5	2.90	5.77	0.66	3.66	0.42
55	0.091	5.92	0.28	4.31	4.28	2.45	11.1	1.92	10.5	1.67	3.48	0.47	2.49	0.33
56	0.012	2.60	0.014	0.16	0.75	0.45	2.80	0.77	4.51	0.94	2.24	0.28	1.84	0.30
57	0.050	6.65	0.17	3.00	3.76	2.66	13.2	2.21	12.5	1.95	4.02	0.42	2.63	0.32
58	0.014	2.25	bd	0.33	0.86	0.65	4.91	1.08	8.51	2.03	5.58	0.79	5.79	0.96

样品 GR14-10-1（高压麻粒岩，采自盖尔陡崖碎石带）

分析点	La (ppm)	Ce (ppm)	Pr (ppm)	Nd (ppm)	Sm (ppm)	Eu (ppm)	Gd (ppm)	Tb (ppm)	Dy (ppm)	Ho (ppm)	Er (ppm)	Tm (ppm)	Yb (ppm)	Lu (ppm)
1	0.007	3.25	0.003	0.32	0.37	0.33	2.20	0.53	4.53	1.14	3.95	0.60	5.11	0.85
2	bd	2.87	0.022	0.57	0.54	0.54	3.01	0.57	3.94	1.03	2.47	0.48	1.96	0.31
3	0.001	1.17	bd	0.34	1.55	1.21	6.21	0.99	4.59	0.76	1.83	0.29	1.79	0.17
4	0.10	1.94	0.16	1.54	1.09	0.42	3.51	1.23	15.3	6.89	37.0	9.76	117	29.6
5	0.004	0.30	0.028	0.17	0.58	0.42	2.73	0.54	2.50	0.35	0.81	0.12	0.75	0.12
6	0.021	0.27	0.009	0.039	0.28	0.12	1.56	0.42	2.71	0.65	1.74	0.31	2.62	0.42
7	bd	0.46	0.013	0.14	0.55	0.42	2.91	0.55	3.34	0.73	2.16	0.37	2.76	0.39
8	bd	0.25	0.015	0.045	0.55	0.33	2.88	0.63	3.98	0.69	1.46	0.27	2.12	0.30
9	0.026	0.45	0.022	0.023	0.10	0.069	0.51	0.16	0.55	0.15	0.49	0.078	0.57	0.088
10	0.026	0.22	bd	bd	0.34	0.18	1.37	0.28	2.06	0.40	0.88	0.15	1.17	0.15
11	0.008	0.50	bd	0.002	0.25	0.34	2.45	0.39	2.21	0.38	0.98	0.13	1.00	0.16
12	bd	0.83	0.024	0.18	0.33	0.14	0.93	0.24	1.91	0.50	1.53	0.28	2.10	0.30
13	0.011	3.01	0.026	0.15	0.41	0.40	2.98	0.80	6.34	1.68	5.20	0.85	6.78	1.21
14	0.018	0.32	0.003	0.050	0.084	0.19	1.73	0.76	11.3	5.30	30.5	8.25	104	26.7
15	0.027	0.22	0.001	bd	0.023	0.080	1.14	0.60	8.43	4.22	22.4	6.24	75.0	18.4
16	0.009	1.25	0.009	0.24	1.02	0.70	4.10	0.92	6.76	1.62	4.60	0.70	5.24	0.78

分析点	La (ppm)	Ce (ppm)	Pr (ppm)	Nd (ppm)	Sm (ppm)	Eu (ppm)	Gd (ppm)	Tb (ppm)	Dy (ppm)	Ho (ppm)	Er (ppm)	Tm (ppm)	Yb (ppm)	Lu (ppm)
17	0.21	2.78	0.34	2.52	1.06	0.42	2.57	0.80	11.6	5.73	31.8	8.87	105	25.1
18	0.043	0.76	0.027	0.24	0.39	0.12	2.10	0.87	11.8	5.33	27.1	7.15	81.3	19.3
19	0.11	1.03	0.049	0.34	bd	0.18	1.03	0.54	8.99	4.56	28.8	7.69	91.3	23.2

样品 GR14-10-5（高压麻粒岩，采自盖尔陡崖碎石带）

分析点	La (ppm)	Ce (ppm)	Pr (ppm)	Nd (ppm)	Sm (ppm)	Eu (ppm)	Gd (ppm)	Tb (ppm)	Dy (ppm)	Ho (ppm)	Er (ppm)	Tm (ppm)	Yb (ppm)	Lu (ppm)
1	0.002	1.68	0.14	0.54	0.86	0.47	3.74	1.35	16.1	5.58	24.4	5.40	52.1	10.7
2	0.24	1.87	0.22	1.34	0.54	0.42	3.21	0.97	11.6	4.18	16.4	2.95	29.3	5.10
3	0.034	0.15	bd	0.26	bd	0.32	1.20	0.47	4.12	1.30	4.50	0.71	6.71	1.00
4	0.23	3.26	0.43	3.10	2.82	0.62	8.72	2.21	18.5	5.11	18.2	3.16	25.9	4.67
5	0.060	0.084	0.012	bd	0.038	bd	0.43	0.12	2.62	0.89	3.71	0.78	5.88	1.06
6	bd	0.66	bd	0.096	0.48	0.33	3.81	1.16	12.9	4.68	20.8	4.45	40.3	7.92
7	1.68	18.4	2.15	15.0	10.4	2.39	16.3	3.16	22.4	5.45	17.0	2.86	22.7	4.07
8	0.094	0.94	0.057	0.42	0.38	0.24	2.46	0.78	8.01	2.55	10.6	1.90	15.2	2.48
9	0.018	0.47	bd	bd	0.33	0.052	1.85	0.66	8.19	3.13	13.5	2.94	27.6	5.82
10	bd	0.62	0.025	0.040	0.30	0.15	1.97	0.78	8.85	2.79	10.7	2.02	16.2	2.95
11	0.047	0.60	0.025	0.30	0.63	0.22	2.71	0.90	9.08	2.52	8.89	1.65	12.5	2.29
12	bd	0.33	bd	0.37	1.68	0.97	9.78	2.24	13.9	2.41	5.47	0.64	4.32	0.52
13	0.011	1.26	0.055	0.50	0.87	0.36	3.28	1.11	9.17	2.30	8.62	1.48	11.6	1.97
14	0.049	0.50	0.039	0.24	0.70	0.64	7.23	1.89	14.3	2.99	7.72	0.99	7.04	1.05
15	0.31	6.17	0.56	4.07	3.45	2.02	10.2	2.72	19.1	4.56	14.5	2.63	22.9	4.49
16	bd	0.72	0.011	0.097	0.57	0.21	3.17	1.19	15.8	5.94	26.7	5.18	44.5	8.21
17	0.003	2.01	0.007	0.77	1.83	0.97	17.6	7.21	91.0	36.4	158	33.7	316	63.3
18	bd	0.47	0.009	0.050	0.42	0.23	3.22	1.12	12.5	4.42	18.5	3.70	31.8	6.54
19	bd	0.36	bd	0.29	1.54	0.60	8.55	2.00	13.7	2.00	4.06	0.49	2.68	0.32
20	0.059	1.27	0.062	0.71	0.69	0.38	3.85	1.07	8.27	1.99	6.27	1.12	9.85	1.69
21	0.011	0.31	0.012	0.080	0.25	0.17	1.79	0.56	7.05	2.52	10.6	1.98	18.3	3.09
22	0.005	0.52	bd	0.16	1.05	0.66	6.66	1.97	13.9	2.71	7.06	0.91	6.99	1.05
23	bd	0.84	0.051	0.43	1.98	0.77	12.6	4.12	32.2	7.85	21.3	2.85	20.5	3.16
24	0.013	1.08	0.079	0.44	0.73	0.65	6.10	1.92	15.8	4.17	12.4	1.80	13.7	2.16
25	0.015	0.50	bd	0.11	0.35	0.41	4.29	1.37	14.7	5.52	23.4	4.93	44.5	8.78
26	0.046	0.45	0.008	0.056	0.71	0.37	4.54	1.41	9.78	1.72	3.74	0.48	2.40	0.30
27	0.016	0.76	bd	0.11	0.51	0.33	6.13	2.32	28.0	10.0	39.9	8.13	67.0	12.2
28	0.066	0.61	0.056	0.45	1.32	0.69	8.39	2.10	14.7	2.42	4.82	0.48	3.05	0.34
29	1.10	14.8	1.80	11.4	9.55	3.97	17.0	3.10	21.7	4.85	14.6	2.27	17.1	2.88
30	0.015	0.40	0.028	bd	0.44	0.28	3.20	0.97	12.9	4.70	19.6	4.15	39.3	7.68
31	0.064	1.28	0.047	0.51	1.52	0.37	7.25	1.66	12.2	3.32	10.3	1.79	16.8	3.83
32	0.018	0.72	0.036	0.19	0.45	0.16	2.41	0.92	10.0	3.39	13.1	2.42	20.5	3.51

样品 GR14-7-12（高压麻粒岩，采自盖尔陡崖碎石带）

分析点	La (ppm)	Ce (ppm)	Pr (ppm)	Nd (ppm)	Sm (ppm)	Eu (ppm)	Gd (ppm)	Tb (ppm)	Dy (ppm)	Ho (ppm)	Er (ppm)	Tm (ppm)	Yb (ppm)	Lu (ppm)
1	0.055	1.90	0.006	0.20	1.03	0.71	4.89	1.08	8.12	1.36	3.08	0.39	2.53	0.25

续表

分析点	La (ppm)	Ce (ppm)	Pr (ppm)	Nd (ppm)	Sm (ppm)	Eu (ppm)	Gd (ppm)	Tb (ppm)	Dy (ppm)	Ho (ppm)	Er (ppm)	Tm (ppm)	Yb (ppm)	Lu (ppm)
2	0.014	1.22	0.017	0.24	1.45	1.05	8.43	2.18	13.9	2.38	5.15	0.67	3.97	0.45
3	bd	0.51	bd	0.14	0.077	0.088	0.87	0.30	3.38	1.04	3.88	0.75	5.48	0.83
4	bd	0.44	0.015	0.17	0.21	0.19	0.87	0.38	4.35	1.23	4.78	0.65	6.23	0.81
5	0.008	1.25	0.008	0.24	0.73	0.55	4.54	1.04	7.04	1.17	3.28	0.59	5.16	1.12
6	0.002	2.54	0.030	0.33	0.82	0.77	4.93	1.06	8.29	1.72	3.66	0.60	3.57	0.45
7	0.024	1.48	bd	0.33	1.04	0.80	6.00	1.31	8.24	1.43	3.11	0.42	2.54	0.32
8	bd	1.66	0.021	0.60	1.33	1.18	6.36	1.53	10.6	1.80	3.63	0.50	2.76	0.35
9	0.038	1.85	0.006	0.58	1.15	0.88	8.00	2.19	22.2	6.82	26.0	5.21	45.1	7.91
10	0.056	1.53	0.067	0.33	0.13	0.18	1.72	0.78	9.86	4.81	23.9	5.60	59.1	13.6
11	bd	1.62	0.031	0.29	0.88	0.74	5.55	1.28	7.47	1.15	2.91	0.36	2.11	0.25
12	bd	0.97	bd	0.22	1.21	0.80	6.91	2.12	15.1	2.75	5.94	0.78	4.97	0.58
13	0.014	0.98	bd	0.18	0.97	0.71	6.24	1.61	11.4	2.06	4.60	0.59	3.94	0.43
14	0.035	1.93	0.011	0.32	0.91	0.60	3.84	0.86	6.13	1.16	2.31	0.30	1.78	0.22
15	bd	1.37	0.002	0.27	1.00	0.80	6.10	1.16	8.05	1.47	3.04	0.44	2.69	0.31
16	0.027	1.78	0.028	0.45	1.37	1.33	7.89	1.02	10.4	1.77	3.58	0.45	2.67	0.29
17	0.034	1.20	0.005	0.29	1.32	0.85	5.91	1.43	9.57	1.66	3.28	0.46	3.11	0.30
18	0.037	2.85	0.019	0.36	1.28	0.90	7.70	1.83	11.8	2.18	5.33	0.67	3.88	0.40
19	0.008	1.68	0.060	0.39	1.17	0.85	5.77	1.41	9.53	1.93	5.21	0.70	4.75	0.61
20	bd	2.23	0.002	0.12	0.73	0.59	3.67	0.86	5.91	1.19	2.68	0.35	2.08	0.23

样品 GR14 - 3 - 4（正片麻岩，采自梅森群峰碎石带）

分析点	La (ppm)	Ce (ppm)	Pr (ppm)	Nd (ppm)	Sm (ppm)	Eu (ppm)	Gd (ppm)	Tb (ppm)	Dy (ppm)	Ho (ppm)	Er (ppm)	Tm (ppm)	Yb (ppm)	Lu (ppm)
1	0.056	3.15	0.048	0.70	1.99	0.40	12.3	4.64	61.0	23.9	108	21.6	195	37.6
2	0.40	21.4	0.39	4.36	9.75	1.95	59.8	21.4	266	103	437	85.0	733	134
3	0.14	16.0	0.28	3.19	6.58	1.74	53.2	19.4	236	92.0	399	78.3	686	128
4	1.85	20.5	1.30	9.71	11.9	2.34	57.2	18.8	210	79.3	325	62.9	540	98.2
5	0.11	3.05	bd	0.60	1.99	0.49	17.7	6.68	99.6	38.2	159	33.0	291	53.7
6	0.38	16.0	0.24	4.45	7.62	1.70	63.0	21.6	267	105	445	86.6	742	137
7	0.10	4.50	0.26	4.12	9.60	2.52	72.7	24.8	291	112	470	90.9	753	140
8	0.066	6.69	0.25	2.97	8.18	1.38	54.3	19.5	242	91.4	401	75.1	651	122
9	0.63	23.6	1.04	10.4	12.3	2.60	83.5	29.6	357	138	583	114	957	179
10	0.36	19.7	0.24	4.22	7.38	1.32	59.1	21.4	254	101	439	88.3	770	143
11	0.71	15.6	0.39	4.69	8.59	1.49	57.6	20.4	249	96.7	411	79.6	684	127
12	0.21	21.8	0.40	4.63	12.8	5.16	85.0	31.2	373	134	554	106	905	160
13	0.12	21.9	0.29	5.09	10.4	2.06	73.6	25.3	305	114	499	95.0	803	145
14	4.77	22.5	1.82	14.7	26.0	13.0	175	79.9	956	307	1 163	206	1 528	246
15	0.065	6.83	0.21	2.98	5.61	1.39	35.1	11.4	145	56.4	241	48.6	419	79.8
16	31.7	92.9	14.0	72.1	33.5	3.47	79.9	21.6	224	84.4	353	68.9	577	109
17	0.069	10.8	0.16	3.41	7.98	1.52	50.5	18.1	226	89.1	384	74.5	639	120
18	0.013	21.8	0.16	3.21	10.4	1.55	68.2	25.3	307	117	499	97.2	826	152

分析点	La (ppm)	Ce (ppm)	Pr (ppm)	Nd (ppm)	Sm (ppm)	Eu (ppm)	Gd (ppm)	Tb (ppm)	Dy (ppm)	Ho (ppm)	Er (ppm)	Tm (ppm)	Yb (ppm)	Lu (ppm)
19	0.056	1.84	0.024	0.46	0.88	0.18	7.08	3.40	58.1	26.3	115	22.9	195	35.7
20	0.065	10.7	0.43	3.91	8.31	1.36	44.1	14.6	175	69.9	312	64.5	596	115
21	5.95	21.8	2.27	15.6	10.0	2.03	44.3	15.4	176	66.5	284	56.4	490	93.2
22	0.058	12.5	0.33	6.43	13.2	2.58	86.3	29.8	354	136	570	108	911	168
23	0.34	12.1	0.40	4.79	6.83	2.96	49.4	19.2	228	84.2	369	74.5	667	127
24	0.17	17.9	0.40	7.24	15.5	3.04	100	34.4	422	159	665	124	1 054	193
25	0.16	5.90	0.25	1.87	4.65	1.63	30.1	12.4	163	57.7	237	43.9	375	63.0
26	0.24	2.71	0.16	1.36	1.73	0.71	10.1	4.86	77.0	35.8	181	39.9	351	65.1
27	0.20	4.75	0.30	1.72	3.20	1.36	19.2	8.47	109	36.2	137	24.9	186	30.9
28	0.31	26.0	0.27	5.05	12.1	2.48	95.2	33.4	411	157	665	125	1 058	194
29	0.74	15.0	1.45	11.0	12.5	4.55	44.5	13.2	148	54.7	240	49.1	426	75.9
30	0.58	10.6	1.24	10.9	15.8	11.3	80.2	25.9	257	78.1	284	49.1	378	59.4
31	0.29	5.68	0.46	2.74	4.34	2.22	22.1	8.95	103	34.8	139	26.2	216	36.1
32	0.49	6.97	0.77	4.62	5.65	1.86	24.4	9.30	102	38.0	177	38.9	379	68.1
33	0.055	3.75	0.13	1.78	4.52	2.92	40.3	14.3	151	46.8	161	28.5	217	33.1
34	0.15	4.60	0.051	1.39	2.40	0.84	21.9	9.20	100	31.4	112	19.9	154	25.3
35	0.045	3.12	0.072	1.08	1.98	0.83	21.3	9.08	110	35.9	128	22.1	164	25.3
36	0.29	5.01	0.31	2.54	4.58	1.49	27.9	11.9	130	40.7	146	26.5	208	33.4
37	0.24	4.65	0.23	1.22	3.04	1.72	21.5	10.2	118	36.7	137	24.9	194	31.0
38	0.10	4.40	0.10	1.14	2.62	1.21	22.5	9.31	100	31.7	116	22.3	181	30.8
39	0.037	1.67	0.005	0.28	0.99	0.29	9.44	4.82	69.0	28.8	131	27.2	236	42.1
40	0.043	3.90	0.30	3.28	13.9	19.2	81.7	29.0	300	90.6	347	68.1	545	88.1

样品 GR14-5-4（正片麻岩，采自盖尔陡崖碎石带）

分析点	La (ppm)	Ce (ppm)	Pr (ppm)	Nd (ppm)	Sm (ppm)	Eu (ppm)	Gd (ppm)	Tb (ppm)	Dy (ppm)	Ho (ppm)	Er (ppm)	Tm (ppm)	Yb (ppm)	Lu (ppm)
1	5.10	83.3	3.39	14.7	6.00	0.24	31.0	16.2	226	98.7	577	170	1961	393
2	3.22	54.6	1.47	10.3	7.94	0.49	32.6	13.7	194	81.2	428	115	1 272	251
3	0.37	15.1	0.19	2.01	3.17	0.25	18.1	6.41	84.7	33.2	151	32.3	300	54.8
4	3.66	53.2	1.20	6.09	2.90	0.16	12.6	4.50	62.1	25.9	129	29.9	288	54.5
5	1.87	65.3	0.59	6.12	7.05	0.96	33.2	11.3	136	50.3	215	44.6	416	73.9
6	6.52	34.4	1.81	9.57	5.91	0.85	33.3	11.4	131	52.6	231	48.9	448	85
7	0.095	7.20	0.13	2.01	3.33	0.48	18.6	6.35	77.1	29.8	129	27.8	257	48.3
8	16.8	37.2	1.30	7.57	8.20	0.81	44.1	15.0	184	69.5	305	64.9	563	97.1
9	4.02	150	1.59	9.79	10.0	1.51	37.8	13.7	147	51.9	219	44.1	399	71.1
10	6.77	106	1.73	9.21	5.83	0.90	22.8	7.11	78.9	29.2	125	25.4	232	45.6
11	0.063	4.12	0.36	5.45	8.66	1.41	41.2	13.2	149	53.3	226	45.5	402	75.3
12	3.83	14.9	1.19	8.94	9.65	2.44	48.7	15.4	174	63.2	259	53.0	482	94.2
13	0.22	6.90	0.59	8.63	13.5	1.75	60.2	19.3	214	75.3	319	62.5	545	100
14	13.8	76.7	3.78	18.7	9.96	0.47	49.1	14.6	173	63.4	287	61.5	528	95
15	17.9	76.7	5.76	24.6	10.9	0.94	33.7	13.7	173	67.1	295	67.9	614	112

续表

分析点	La (ppm)	Ce (ppm)	Pr (ppm)	Nd (ppm)	Sm (ppm)	Eu (ppm)	Gd (ppm)	Tb (ppm)	Dy (ppm)	Ho (ppm)	Er (ppm)	Tm (ppm)	Yb (ppm)	Lu (ppm)
16	3.07	50.2	1.03	7.63	4.71	0.89	38.4	12.9	153	60.5	273	59.2	541	98.7
17	0.54	14.8	0.53	5.03	12.2	1.36	53.2	18.8	223	78.2	342	69.9	632	109
18	1.05	7.83	0.50	4.27	7.09	0.99	32.9	11.1	130	47.7	208	42.6	387	74.2
19	7.07	146	0.80	5.11	3.61	0.23	19.2	6.63	83.7	35.6	160	32.7	303	57.1
20	0.37	4.46	0.14	1.63	2.93	0.41	15.1	5.27	61.9	22.6	99.2	20.2	184	35.7
21	1.99	64.0	0.77	7.30	10.4	0.58	47.0	18.0	228	88.5	386	79.9	695	122
22	3.51	70.2	0.62	5.21	4.34	0.47	22.5	7.98	103	39.1	171	35.8	326	61.1
23	0.24	6.30	0.45	6.87	11.0	1.63	51.3	17.8	194	70.7	277	53.6	470	83.8
24	3.91	41.7	1.48	11.8	3.85	0.43	24.9	6.94	99	39.1	177	40.6	383	73.2
25	8.17	76.0	4.31	24.0	7.44	4.72	29.4	15.8	235	109	666	198	2 308	467
26	3.15	35.0	0.46	6.28	9.32	0.65	49	17.1	215	86.7	367	78.0	644	116
27	4.13	26.3	1.32	6.53	9.75	0.84	46.8	16.6	203	77.0	339	68.5	589	110
28	14.5	65.9	3.15	19.8	9.72	0.64	46.8	16.8	203	76.3	328	64.0	545	95.3
29	4.62	41.1	1.64	5.84	5.34	0.32	34.1	9.7	122	45.8	216	48.8	453	89.1
30	1.05	27.2	0.34	3.18	2.43	0.36	14.3	5.48	58.7	24.3	103	22.6	211	41.9
31	5.04	14.0	1.28	11.4	15.5	2.62	65.8	17.7	197	66.2	264	54.6	482	99.5
32	0.12	5.62	0.42	6.12	9.73	2.09	44.2	14.3	160	57.6	238	47.2	425	82.4
33	0.42	40.9	0.70	3.76	9.67	0.00	39.5	15.6	190	71.5	327	71.1	666	116
34	1.77	12.4	0.78	3.54	2.94	0.21	15.3	5.04	64.7	26.0	120	26.1	231	44.6
35	6.18	37.3	1.39	8.14	4.23	0.35	14.8	5.6	78	30.2	147	33.7	307	59.7
36	0.14	10.3	0.24	2.07	4.26	0.39	21.4	7.34	91.3	34.9	150	31.3	288	56.5
37	0.096	3.57	0.047	1.75	2.74	0.42	13.8	4.87	60.9	22.6	102	21.3	198	39.0
38	1.08	23.2	0.79	4.57	4.17	0.28	20.8	7.71	95.4	36.8	167	36.1	329	62.2
39	1.45	11.3	0.62	4.15	1.87	0.27	7.90	3.56	45.6	20.9	111	29.0	307	64.6
40	7.34	28.0	2.24	9.41	2.71	0.00	7.4	3.21	41.5	19.8	86.5	23.1	225	43.2
41	5.94	41.7	1.35	3.70	1.99	0.28	7.48	2.97	41.8	17.7	96.8	24.3	245	46.9
42	1.09	24.6	0.26	1.11	1.29	0.21	5.76	2.43	33.5	14.6	76.7	19.4	194	38.0
43	9.70	297	3.93	14.5	3.61	0.52	8.49	4.02	49.4	21.2	101	25.0	250	45.5
44	2.33	15.3	0.73	3.03	1.37	0.11	6.21	2.65	36.8	16.1	85.5	21.9	225	44.6
45	0.004	12.9	0.04	0.54	1.20	0.052	7.25	2.96	42.5	19.4	102	24.7	258	52.1
46	0.53	12.7	0.34	1.93	2.13	0.062	8.71	3.47	53.7	22.8	119	30.3	311	62.5
47	2.54	79.6	0.92	3.83	3.17	0.15	9.56	3.69	52.6	21.8	110	27.1	271	52.5
48	0.31	16.5	0.30	1.81	1.83	0.16	6.71	2.51	34.3	14.5	75.9	18.8	190	37.0
49	5.67	63.5	1.15	4.81	2.21	0.20	7.43	2.98	41.0	17.4	88.2	21.2	214	40.7
50	3.58	79.7	1.07	5.23	3.93	0.33	12.3	4.93	62.4	25.7	124	29.6	299	58.8

注：为 bd 含量低于检出限。

4）格罗夫山冰下地质演化

（1）高压麻粒岩和正片麻岩的原岩

格罗夫山地区碎石带中冰碛石的岩石类型众多，主要有正片麻岩、副片麻岩、基性麻粒岩、紫苏花岗岩和花岗岩。这些冰碛石大小和数量各异，其中高压麻粒岩未见于基岩露头。从地貌上分析，格罗夫山为一个面积约 200 km×300 km 的冰下高地，而遥感影像与实地观测表明该地区的冰川流动方向为 NW280°～300°，因此碎石带中的冰碛岩除一部分来自于格罗夫山基岩露头之外，大部分可能来自于其东南侧的冰下高地。近期的研究表明该地区碎石带中的沙砾、岩屑年代学图谱与基岩冰原岛峰中的定年结果相似（Hu et al.，2015），所以我们推测格罗夫山各碎石带中的冰碛石主要是原地（格罗夫山冰原岛峰）或近原地（格罗夫山冰下高地）堆积的产物（Liu et al.，2009b）。

从冰碛石中收集的 4 个高压麻粒岩样品中，仅在样品 GR14 - 10 - 1 的锆石核部获得了 2 633～2 502 Ma 的继承年龄，Liu 等（2009b）也在盖尔陡崖南段碎石带的高压麻粒岩锆石中获得了（2 582±9）Ma 的上交点年龄，表明这些高压麻粒岩的原岩经历了约 2 600 Ma 的构造热事件。在相邻区域，目前仅在内皮尔杂岩、西福尔丘陵、兰伯特地体和鲁克地体中记录有约 2.6～2.5 Ga 的构造热事件，高压麻粒岩的原岩或许与这些地体存在一定的联系。然而，Liu 等（2009b）获得的高压麻粒岩的 Nd 模式年龄（1.67 Ga 和 2.56～2.77 Ga）与格罗夫山基岩中正片麻岩的 Nd 模式年龄（1.65～1.76 Ga 和 2.27～2.46 Ga；Liu et al.，2007a）基本一致。此外，Veevers 等（2011）在碎屑锆石研究中发现甘布尔采夫冰下山脉和沃斯托克冰下高地的基岩中包含了以下几个峰期年龄：0.5～0.7 Ga、0.9～1.3 Ga、1.4～1.7 Ga、1.9～2.1 Ga、2.2～2.3 Ga、2.6～2.8 Ga 和 3.15～3.35 Ga。因此这些高压麻粒岩的原岩也可能来自于格罗夫山冰下高地或更遥远的南极内陆。

两个正片麻岩样品中的锆石均保留了原始的振荡环带，尽管因受后期变质重结晶影响，部分环带模糊或被破坏，但微量特征表明这些锆石均为岩浆成因。从年龄结果上对比，两个正片麻岩原岩差异较大。样品 GR14 - 3 - 4 的原岩形成于（1 061±40）Ma，而普里兹湾 - 埃默里冰架东缘的基岩普遍记录了 1 100～1 000 Ma 的岩浆事件，表明两者在原岩上可能有着一定的联系。如上所述，0.9～1.3 Ga 的年龄在甘布尔采夫冰下山脉和沃斯托克冰下高地的基岩中也有记录（Veevers et al.，2011），因此并不能排除该片麻岩原岩来自格罗夫山及南侧冰下高地的可能性。样品 GR14 - 5 - 4 的原岩年龄为（917±4）Ma，该年龄与格罗夫山基岩中的正片麻岩和基性麻粒岩的原岩形成时代一致，因此正片麻岩 GR14 - 5 - 4 无疑来自于格罗夫山基岩露头或冰下高地。

（2）泛非期变质事件

在 4 个高压麻粒岩样品的锆石中均获得了约 555～547 Ma 的变质年龄，而在样品 GR14 - 10 - 5 和 GR14 - 7 - 12 中还获得了约 570 Ma 的变质年龄。Liu 等（2009b）在格罗夫山盖尔陡崖南段收集的高压麻粒岩（样品 EPI - 16）的锆石中也获得了相似的两阶段变质年龄（571±13）Ma 和（542±6）Ma。早期变质年龄（约 570 Ma）被认为是高压变质事件的进变质年龄（Liu et al.，2009b）。相似的变质年龄在普里兹造山带的其他地区也曾被发现，如 Kelsey 等（2007）在赖于尔群变泥质岩的独居石中获得了（574±16）Ma 的变质年龄，Liu 等（2009a）在埃默里冰架东缘正片麻岩的锆石中也获得了（582±11）Ma 的变质年龄。Liu

等（2009b）将545～542 Ma的变质年龄定为高压麻粒岩的峰期变质年龄，该年龄与我们获得的定年结果（约555～547 Ma）在误差范围内一致。锆石微量元素特征表明两期变质作用过程中都伴随着石榴石的生长，因此我们认为约555～545 Ma的变质年龄应该代表了高压变质作用的峰期变质年龄。

在两个正片麻岩样品的锆石边部获得的变质年龄分别为（533±5）Ma和（532±4）Ma，该年龄与Liu等（2009b）获得的高压麻粒岩退变质时间（约530 Ma）一致，因此在正片麻岩中获得的变质年龄应代表中压麻粒岩相变质重结晶时间。本次研究的6个样品中均未发现明确的格林维尔期变质事件（约1 000～900 Ma）的记录，我们在格罗夫山碎石带中收集的副片麻岩中的碎屑锆石定年数据（尚未发表）中也没有明确的格林维尔期期变质事件的记录。因此，我们推测整个格罗夫山冰下高地可能并没有受到格林维尔期构造热事件的影响，与埃默里冰架东缘－普里兹湾地区的多相变质带不同。所以，与格罗夫山基岩露头一样（Liu et al.，2007a，2009b；刘晓春等，2013），整个格罗夫山冰下高地可能也只经历了泛非期的单相变质构造旋回。

（3）构造意义和启示

虽然对于普里兹造山带的构造性质及其在冈瓦纳大陆汇聚过程中所扮演的角色仍存在不少争议，但对格罗夫山地区碎石带中高压麻粒岩的研究为其提供了碰撞造山成因的重要依据。先前的高压麻粒岩仅发现于盖尔陡崖南段的碎石带中，本次研究在梅森峰南侧碎石带、盖尔陡崖北段和中段碎石带中均发现有高压麻粒岩的存在。高压麻粒岩在格罗夫山的广泛分布表明，格罗夫山冰下高地中可能有相当一部分岩石（如果不是全部的话）经历了泛非期的高压变质作用。结合前人的温压计算结果（Liu et al.，2009b），可以推知格罗夫山冰下高地中至少有一部分曾经被埋藏至40～50 km的深度，并随后折返至约20 m的深度，该过程起始于约570 Ma，在约555～545 Ma时到达峰期变质阶段（高压麻粒岩相），并在约530 Ma时折返至中下地壳（中压麻粒岩相），这与一般的大陆碰撞带的构造过程相一致。

东南极大陆的吕措—霍尔姆湾—毛德皇后地—沙克尔顿山脊构造带被认为是东非造山带向南极大陆的延伸部分，代表了东、西冈瓦纳陆块在泛非期拼合的缝合线（Fitzsimons，2000；Harley，2003，Boger，2011）。但毛德皇后地的造山作用与吕措—霍尔姆湾有所区别。在造山时间上，前者碰撞和伸展的时间分别在580～540 Ma和530～490 Ma之间（Jacobs et al.，2003a，b），后者造山时间稍显年轻（约530 Ma）。普里兹造山带的板块碰撞观点认为该造山带为冈瓦纳大陆内的碰撞缝合线，为印度陆块和东南极陆块碰撞拼合的结果。格罗夫山地区高压麻粒岩的年代学研究表明，普里兹造山带的高压变质时间要比之前认为的约530 Ma要早，碰撞时间应该在555～545 Ma前后，而伸展时间应该在530～500 Ma之间。由此可见，普里兹造山带的泛非期造山作用与毛德皇后地的造山作用时间基本一致。由于高压麻粒岩和正片麻岩原岩的可能源区更倾向于格罗夫山南部的冰下高地一带，而格罗夫山地区的岩石在区域上比查尔斯王子山和埃默里冰架东缘—普里兹湾的大多数岩石具有更早的变质年龄和更高的P－T条件（Liu et al.，2007a，2009b），因此推测普里兹造山带的缝合线应该位于格罗夫山南侧的冰盖之下。

5）小结

①在格罗夫山发现多种类型的冰碛石，包括变质岩、侵入岩和稀少的火山岩、沉积岩，

其中收集到的含石榴石高压麻粒岩、二辉麻粒岩以及各种含石榴石副片麻岩将为格罗夫山冰下高地的地质演化提供重要的信息。

②从地貌上推测格罗夫山地区的冰碛石应该为原地—近原地堆积，年代学数据表明这些冰碛石的普遍有泛非期的变质作用记录，但并没有明显的格林维尔期的变质事件的记录。因此，这些变沉积岩的构造演化特点与格罗夫山一致，都只经历了泛非期单相变质 – 构造旋回，也验证了冰碛石为近原地堆积的结果。

③本次研究确认了高压麻粒岩在格罗夫山地区不同碎石带中分布的广泛性，表明其可能普遍存在于格罗夫山冰下高地之中。高压麻粒岩经历了约 570 Ma 进变质、约 555 ~ 545 Ma 峰期变质和约 530 Ma 退变质两个阶段，反映一个完整的碰撞造山演化旋回。

5.2.6 普里兹湾—北查尔斯王子山地区的矿产资源及潜力分析

从 20 世纪 70 年代中期开始，由于世界经济的高速发展引发的能源危机，使得人类在南极的活动逐渐从纯科学的研究转向资源开发和利用的研究。尽管受到自然条件、交通和开发技术条件的局限及环境问题等的困扰，目前在南极洲还很难开展矿产资源的勘探与开发活动，但是随着人类对南极资源的深入认识和技术水平的进一步提高，随着全球性其他资源的逐渐耗尽，在未来对南极洲进行资源的开发和利用将最终成为一个选择（Temminghoff et al., 2007）。

在地质上南极可能是蕴含许多矿产资源但却是最少被勘探的大陆。Willan 等（1990）推测，由于在与南极毗邻的其他冈瓦纳大陆中发现有许多矿产资源，南极大陆同样也蕴藏有相应的矿产资源。南极矿产资源分为东南极、横贯南极山脉和西南极 3 个区域。已发现的矿产资源主要有煤、铂、铀、铁、锰、铜、镍等，目前确定有 2 个具有经济潜力的矿石，即东南极南查尔斯王子山的条带状铁矿和横贯南极山脉杜费克杂岩（Dufek Complex）中的铂金。

普里兹湾—北查尔斯王子山地区的矿产资源主要包括北查尔斯王子山埃默里群中的煤矿、北查尔斯王子山中生代的金伯利岩、拉斯曼丘陵前寒武纪以铝硅酸盐（夕线石）、硼和磷为主的非金属矿产、拉斯曼丘陵及邻区的铁矿化以及本项研究在格罗夫山发现的铷矿化。本节通过现有资料收集和野外实地考察，对这些矿产的主要地质和成矿特征进行了总结。在此基础上，对这些非金属和金属矿产的资源潜力进行了初步分析和评估。

5.2.6.1 北查尔斯王子山埃默里群煤系地层及煤炭资源潜力

1）北查尔斯王子山煤层

北查尔斯王子山煤层主要产在环比弗湖（Beaver Lake）区域，沉积环境是在冲积平原中的浅水沼泽之中被砂质快速充填。北查尔斯王子山和横断南极山脉中二叠纪砂岩沉积中的煤厚度超过 500 m。尽管单独的 6 m 厚的煤层也有发现，但小于 4 m 厚的煤层通常呈透镜状，水平延伸也很有限。

北查尔斯王子山的二叠—三叠纪沉积岩围绕比弗湖滨分布，出露范围约为南北长 50 km、东西宽 30 km，沉积物充填了比弗湖的南北走向的裂谷地堑并包含了一个超过 450 m 深的年轻的凹陷。这些沉积岩在西侧沿埃默里断层毗邻前寒武纪变质基底（图 5 – 64），且不整合覆盖在元古代紫苏花岗岩和麻粒岩相 – 角闪岩相的长英质、镁铁质变质岩之上（Tingey，

1982）。埃默里群露头在比弗湖边被几个断层切割，落差达800 m，伴随断层活动有石英脉侵入。地层倾角小于10°。前寒武纪变质基底与二叠纪—三叠纪沉积地层都被白垩纪（约120 Ma）的碱性镁铁质岩脉和超镁铁质岩株侵入（McKelvey, Stephenson, 1990；Walker, Mond, 1991；Mikhalsky et al., 1993；Andronikov, Egorov, 1993）。在普里兹湾地区相当于埃默里群的岩层上覆超过100 m厚的早白垩世河流沉积和新生界大陆架沉积（Turner, Padley, 1991；Turner, 1991）。在比弗湖的大部分区域的埃默里群不整合上覆50m厚半固结的中新世—更新世冰川沉积物（McKelvey, Stephenson, 1990；Adamson, Darragh, 1991；McKelvey et al., 2001；Stilwell et al., 2002；Whitehead et al., 2003）。

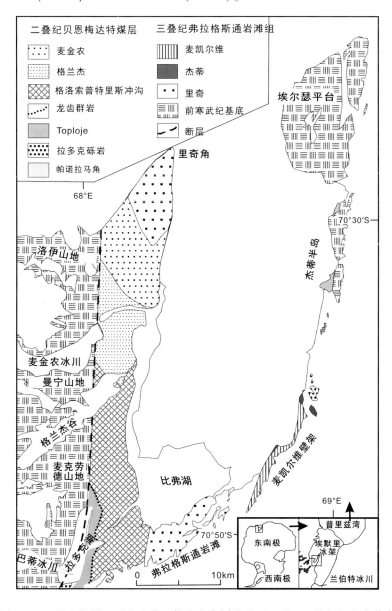

图 5−64　北查尔斯王子山比弗—拉多克湖周边地区二叠—三叠纪沉积岩分布
（修改自 Fielding, 1995；Holdgate et al., 2005）

Mond（1972）最早把这些沉积岩统一归到埃默里群。埃默里群的总厚度超过3 000 m，包括从底到顶3个非海相地层单元：拉多克（Radok）砾岩、贝恩梅达特（Bainmedart）煤层和弗拉格斯通岩滩（Flagstone Bench）组组成（图5-64），详细的地层描述和沉积环境见文献（Mond，1972；Ravich et al.，1977；Mckelvey，Stephenson，1990；Aleksasshin，Laiba，1993；Webb，Fielding，1993；McLoughlin，Drinnan，1997a，1997b）。埃默里群是南极地区除南极横断山脉以外最重要的古生代-中生代沉积层序。由于在低级多样性植物群中缺少可靠的生物地层标志，某些层序的时代还不够精确。

（1）拉多克砾岩

拉多克砾岩出露在拉多克湖（Radok Lake）的南边和东边湖滨以及杰蒂半岛（Jetty Peninsula）北部，露头显示拉多克砾岩与变质基底的接触界限是不连续、被错断的，但基本是不整合覆盖在前寒武纪长英质麻粒岩变质基底之上。拉多克砾岩组合至少厚400 m，包括砾岩、泥质砂岩、粉砂岩和少量薄层含碳的粉砂岩和煤层（Fielding，Webb，1995），上覆以长英质砂岩为主的晚二叠世贝恩梅达特煤层（图5-65）。Mckelvey，Stephenson（1990）把拉多克湖东部出露的三角洲分流沉积（22 m厚）称为帕诺拉马角岩层（Panorama Point Beds），以区别在冲积扇沉积环境下沉积的拉多克砾岩组合。帕诺拉马角岩层代表早—中二叠纪拉多克砾岩的亚相，而拉多克砾岩是东南极查尔斯王子山最老的沉积单元，这一单元记录了在兰伯特裂谷发育的早期在泛滥水流沉积体系下形成的碎屑沉积。在早期沼泽和河流滞留水环境下，成岩作用过程通常包括了菱铁矿的沉淀。

图5-65 拉多克湖东北显示底部拉多克砾岩与上覆贝恩梅达特煤层的接触关系

（镜头南东向，露头高85~90 m）

拉多克砾岩组合包括灰绿色、红褐色或粉红色砾岩和含少量砂岩粉砂岩和页岩的碎石。红褐色碎石带的底部为60 m，具有不规则层理和局部风化表面。所有的岩石类型相互叠置形成2~8 m厚的旋回。细砾和达到20 cm的中砾和1.5 m的巨砾变质岩的砾岩相互交错分布，被包裹在以基本未分选的粗粒石英长石和沉积碎屑物为主要成分的基质中。砂岩是不成熟的杂砂岩，主要矿物包含钾长石、不同含量石英和少量云母。分选更好一些的杂砂岩更富含石英，被石英次生加大边、方解石和透明的泥质矿物胶结（Mckelvey，Stephenson，1990）。缺少镁铁质矿物和长石，石榴石很少。砾岩组合层厚 220 m，向上粒度变细。上部包括中粒砂岩和细砾互层。

交错层理和不成熟沉积组分特点表现出近源区迅速的河流沉积特征。结构、岩相和古洋流信息表明在断层作用的一个时期内，局部源区为从前寒武纪结晶源区到最接近的西部。软弱沉积特征包括有交错层理的褶皱和倒转（Mckelvey，Stephenson，1990）。浅水沉积过程中产生了层流、片流和沉积重力流等流动相，湿地中产生有机沉积物堆积。拉多克砾岩组合在岩相上有明显的横向变化，指示古流向的沉积物是从南或西南向北或东北方向搬运沉积。

拉多克砾岩组合的沉积特征表明其形成于围绕山麓的冲积扇环境，形成时期是在与兰伯特地堑形成的初始阶段有关发生剧烈的断层作用时期（McKeley，Stephenson，1990；Fielding，Webb，1995；Mikhalsky et al.，2001）。

拉多克砾岩组合是区域上最老的沉积岩，该砾岩组合的中上部分包含早二叠纪裸子植物化石（如圆舌羊齿）（Kemp，1969）。孢子和花粉组合信息支持拉多克砾岩组合的沉积时代为早 – 中二叠纪（Kemp，1973；Ravich，1974；Dibner，1978；Lindström，McLoughlin，2007），但也有人认为拉多克砾岩组合属于中上二叠纪（Fielding，Webb，1995）。

（2）贝恩梅达特煤层

这一单元出露在比弗湖的西边，在露头上显示不整合/假整合在拉多克砾岩组合（或帕诺拉马角岩层）之上（Fielding，Webb，1995）。贝恩梅达特煤层沉积大概包含了 100 多条煤层，单一的煤层大部分在 0.2 ~ 1.5 m 厚，一般煤层厚度超过 0.7 m，个别煤层厚度甚至达到 3 ~ 8 m。煤层达到具有基本连续的厚度并延长到几千米，煤层的总厚度达到 80 m。贝恩梅达特煤层包含 6 个次级单元（图 5 – 66），从下到上分别为 Dart Fields 砾岩段（约 3 m 厚）、Toploje 段（约 300 m 厚），龙齿群岩（Dragons Teeth）段（15 ~ 25 m 厚），格洛索普特里斯冲沟（Glossopteris Gully）段（约 880 m 厚），格兰杰（Grainger）段（约 350 m 厚）和麦金农（McKinnon）段（约 550 m 厚）。Dart Fields 砾岩的基底地层包括 3 m 厚的砾岩（Mckelvey，Stephenson，1990）。在不同单元中可以识别出不同厚度和频次的煤层（McLoughlin，Drinnan，1997a）。厚的煤层以格洛索普特里斯冲沟段的煤层（＞2 m）为代表，在煤层的顶部局部可见条带状碎屑岩脉贯穿其中（图 5 – 67），麦金农段中的煤层甚至可以达到 10 ~ 11 m（图 5 – 68）。在格洛索普特里斯冲沟段的上部层位普遍可见薄层的细粒碎屑黏土层。在 Toploje 段顶部的单一煤层上部含有大量硅化作用（图 5 – 69）。硅化作用被认为是与上覆龙齿群岩湖泊沉积的初期，与异常的被硅质充填的水体有关（McLoughlin，Drinnan，1997a；Rigby et al.，2001）。

贝恩梅达特煤层是由向北或北东向流动的山谷冲积形成的低弯度河流沉积与低能泛滥盆地和森林泥潭沉积在时空上交替演变沉积形成的（Fielding，Webb，1996；McLoughlin，Drinnan，1997a）。在贝恩梅达特煤层的下部层位有向上变细，即从砂岩到煤层的旋回为 9 ~ 10 m 厚。在 Toploje 段的上部发现有中—晚二叠纪的孢粉组合，其他段中大量的舌羊齿型植物大化石和孢子花粉组合也确定时代为二叠纪（McLoughlin et al.，1997）。由于在距离比弗湖以南 250 km 处的南查尔斯王子山的赖米尔山（Mount Rymill）的冰碛岩的漂砾中也发现了典型的二叠纪舌羊齿属和脊椎木属化石（Ruker，1963；White，1962），有可能暗示贝恩梅达特煤层分布在兰伯特地堑冰盖之下的大部分地区。

贝恩梅达特煤层沉积具有韵律性（周期性）分布特征，每一韵律从砂岩、砂泥岩、泥质

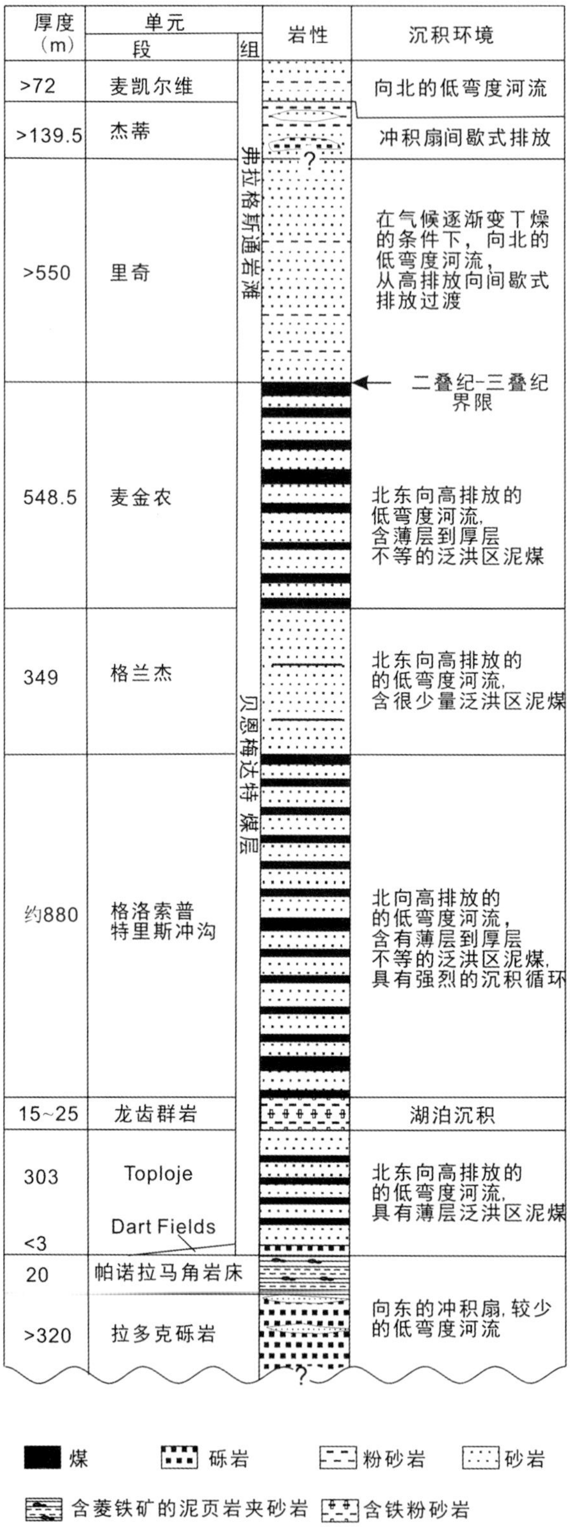

厚度	单元		岩性	沉积环境
(m)	段	组		
>72	麦凯尔维			向北的低弯度河流
>139.5	杰蒂			冲积扇间歇式排放
>550	里奇	弗拉格斯通岩滩		在气候逐渐变干燥的条件下，向北的低弯度河流，从高排放向间歇式排放过渡
548.5	麦金农			← 二叠纪-三叠纪界限 北东向高排放的低弯度河流，含薄层到厚层不等的泛洪区泥煤
349	格兰杰	贝弗梅达特煤层		北东向高排放的的低弯度河流，含很少量泛洪区泥煤
约880	格洛索普特里斯冲沟			北向高排放的的低弯度河流，含有薄层到厚层不等的泛洪区泥煤，具有强烈的沉积循环
15~25	龙齿群岩			湖泊沉积
303	Toploje			北东向高排放的的低弯度河流，具有薄层泛洪区泥煤
<3	Dart Fields			
20	帕诺拉马角岩床			
>320	拉多克砾岩			向东的冲积扇,较少的低弯度河流

■ 煤　　▦ 砾岩　　▤ 粉砂岩　　▦ 砂岩

▨ 含菱铁矿的泥页岩夹砂岩　　▦ 含铁粉砂岩

? 不确定接触界限

图 5-66 埃默里群的地层和沉积环境

修改自 Lindström，McLoughlin，2007

板岩、泥岩到煤层。多数韵律是不对称的，包括 3 个层，对称的韵律有 4~5 个层。每个韵律的最下层最厚（1~46 m），由粗粒的长石石英砂岩或杂砂岩组成，局部包含砾石透镜体和岩

图 5 – 67　拉多克湖东部格洛索普特里斯段中 2.2 m 厚的煤层

图 5 – 68　比弗湖西北部麦金农段中 11 m 厚煤层的风化断面

层，并常含有铁质结核（图 5 – 70），区域上从南向北，地层上从下向上铁质结核有增多的趋势；中间层（0.5 ~ 10 m），包括更细粒级的岩石，砂岩、泥质板岩；最上层是煤层（0.1 ~ 8 m），含煤粉砂岩到泥岩，其根部常有冲刷结构。整个沉积有 1 800 m（Mond，1972）或 1 500 m厚（Aleksasshin，Laiba，1993），在成分上是不均匀的。3 个韵律成分的间断在数量上是不同的，局部缺失这种间断。最上部的含煤成分是最多变的一层。

　　Aleksasshin，Laiba（1993）将贝恩梅达特煤层沉积细分为下部贝恩梅达特组和上部比弗组，厚度分别为 570 m 和 980 m。这两个组在韵律成分的比例和厚度上有所不同。比弗组包括少量薄层粉砂岩和泥岩层，构成厚的不含煤间断（达到 170 m），在有的层中不含钙质层和磨圆良好的石英颗粒。上下两个组的孢子组合也不同，贝恩梅达特组以单囊孢子为主，比弗

图 5 - 69　拉多克湖东部 Toploje 段最上部出露的硅化木

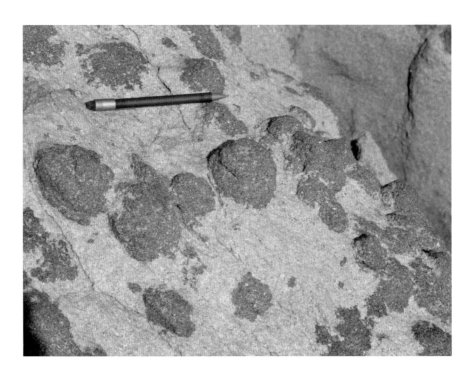

图 5 - 70　比弗湖西北部麦金农段沉积旋回底部粗砂岩中的铁质结核

组以单沟孢子为主。两个组的孢子组合与印度、澳大利亚和非洲的上二叠冈瓦纳组合对应（Dibner，1976）。在整个地层中有大量叶子和茎的印记。植物的微古化石先后被 White（1969）、Balme，Playford（1967）和 Kemp（1969）所描述，给出了沉积物的时代为晚二叠世。贝恩梅达特煤层沉积的下部（贝恩梅达特组）包含了舌羊齿 Glossopteris communis Feistm. 等典型的上二叠纪冈瓦纳群的特征（Mond，1972）。在本样品中的生长环带指示了明显的低—

中等季节性气候变化（Weaver et al.，1997）。Fielding，Webb（1995）把贝恩梅达特煤层沉积归为高能冲积体系，沉积物形成在一个窄的走廊式盆地中，代表了残余地堑或半地堑。

里奇、麦金农和格兰杰段的镜质体反射率相似，在上部 1 500 m 的截面上没有梯度变化；相反，在下部 1 500 m 的截面上从格洛索普特里斯冲沟段、龙齿群岩段、Toploje 段到拉多克砾岩明显逐渐升高（图 5 - 71），渐变梯度为 0.313 Ro max/km，是上部的 2 倍（Holdgate et al.，2005）。澳大利亚二叠纪成煤盆地的镜质体反射率渐变梯度是 0.4 ~ 0.5 Ro max/km（Holdgate et al.，2005），说明埃默里群具有比澳大利亚成煤盆地更浅的埋深历史。基于埃默里群南部露头中磷灰石裂变径迹分析（Arne，1994）估计三叠纪之后的剥蚀厚度为 3 ~ 4 km。但是，如果覆盖厚度是均匀的，这个剥蚀厚度对应的镜质体反射率应该更高，这就有 3 种可能性：①露头北部的三叠纪之后的沉积相对较薄（1 km）；②在比弗湖的南部存在更高的热流；③在狭窄的裂谷区域有较大的压缩。白垩纪的岩脉和局部焦化的煤层也反映了更高的热流影响了拉多克湖地区的成熟度历史。

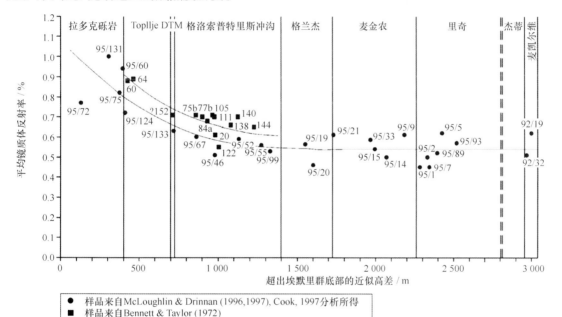

图 5 - 71 埃默里群中不同组段的煤和碳质页岩的镜质体反射率变化（Holdgate et al.，2005）

贝恩梅达特煤层具有均一的构造，通常有含黄铁矿、白铁矿的层位，近底部有钙质的或含铁的矿物质。煤层大多呈黑色，为碎屑结构，层状结构。按照成煤的主要成分可以把煤层分为 4 种：①泥质的，主要由镜煤（57% ~ 75%）、丝煤（16% ~ 40%）和微壳煤（3% ~ 9%）组成；②镜煤质的，主要由镜煤（81% ~ 87%）、丝煤（6% ~ 12%）和微壳煤（1% ~ 7%）组成；③丝煤质的，主要由丝煤（40% ~ 60%）、镜煤（32% ~ 46%）和微壳煤（3% ~ 14%）组成；④混合类型，主要由大致相等的不同的显微煤岩类型组成（Kameneva，Mikhalsky，1985）。煤为长焰煤到气高挥分含沥青品质。有些地方被基性岩脉贯穿，并被强烈烘烤。煤的参数为：湿度 3% ~ 6%，挥发性成分 29% ~ 54%，固定碳 28% ~ 52%，灰分 15% ~ 30%（Bennett，Taylor，1972；Kameneva，Mikhalsky，1985）。煤含 C 73% ~ 83%，O 10% ~ 21%，H 4.2% ~ 5.7%，N 1.8% ~ 2.2%，S 0.6% ~ 1.2%，比能 27 ~ 34 MJ/kg（Bennett，Taylor，1972；Aleksasshin，Laiba，1993）。

Holdgate（1995）分析了贝恩梅达特煤层露头样品的灰分和痕量元素，并分析一系列样品的煤素质、显微煤岩类型成分和镜质体反射率。该煤在品质上属于次烟煤－高挥发分烟煤，煤的成熟度在兰伯特地堑的南部露头明显提高，该露头是最老的连续出露的地层，一些地层被晚期镁铁质岩脉和超镁铁质岩石侵位。煤灰大多是硅质和铝质成分，表明煤灰的成分主要是石英和黏土矿物。氧化硅和氧化铝的比值由下向上的地层中逐渐升高。煤的显微组分包含比较高的壳质煤素质（主要是孢壁煤素质），大大高于典型的冈瓦纳煤。更大程度上的风化作用在泛滥盆地或含腐殖土的泥潭环境下，二叠纪末随着气候的逐渐变干燥，优先保留了孢粉素并提高了氧化硅含量。煤素质的成分与产于毗邻印度半岛 Godavari 盆地的煤在时代和等级上相近，而不是与传统认识上的在冈瓦纳裂解之前与兰伯特地堑相连接的 Mahanadi 盆地相近。岩石学特征表明或者之前的解释——在南极和印度之间古生代盆地平面是错误的，或者说这些盆地的构造环境和二叠纪之后的埋藏历史相对其构造位置来说是完全独立的。每一成矿的泥煤矿层主要是木质和富含树叶的植物碎片，来自低多样性的以舌羊齿和裸子植物为主的森林泥潭植物群落组成。

2）弗拉格斯通岩滩组

弗拉格斯通岩滩组出露在比弗湖的东部和南部，由砾质长石砂岩和更细粒岩石组成（图5－72）。弗拉格斯通岩滩组厚 550 m，整合覆盖在中—晚二叠纪贝恩梅达特煤层之上。岩性包括韵律性出现的粗粒浅灰色石英长石砂岩和极少量长石砂岩，多色细粒砂岩，粉砂岩和包含垂直和交错槽线构造的泥岩，可见零星的团状透镜层。有些地方有棱角状长英质火成岩残留构成碎屑物质，蚀变的火山灰成为基质（Argutin，1989）。砂岩偶尔包含石榴石、钛铁矿、锆石、磷灰石、独居石、电气石、金红石、十字石和钒钾铀矿以及其他含铀矿物（Argutin，1989）。含铁的物质在一些长石砂岩中比较集中。

图 5－72　比弗湖西北部弗拉格斯通岩滩组中里奇段的沉积砂岩

弗拉格斯通岩滩组从下到上可分为 3 个单元：里奇（Ritchie）段（约 550 m 厚）、杰蒂

（Jetty）段（约 140 m 厚）和麦凯尔维（McKelvey）段（72 m 厚）（McLoughlin, Drinnan, 1997b）。贝恩梅达特煤层与弗拉格斯通岩滩组的接触界限上的煤层突然中断，可能表明在二叠—三叠纪间气候发生剧变而变得更干燥（McLoughlin et al., 1997）。在里奇段中仍然保留有沉积旋回，但沉积旋回的厚度平均约 5.6 m，比下伏的煤层沉积要薄。里奇段厚度超过 550 m，主要由中粗粒含长石的碎屑岩组成，下部层位含有薄层含碳的粉砂岩，上部层位则是杂色的含铁的粉砂岩（McLoughlin, Drinnan, 1997b；McLoughlin et al., 1997），显示水槽和水平交错层理。许多岩层中包含葡萄状铁结核和含铁薄层。里奇段的沉积环境是从北西到南东向沉积的冲积平原上的辫状河沉积环境（McLoughlin, Drinnan, 1997b）。

Traube（1991）最早在弗拉格斯通岩滩组的中部识别出一套 70 m 厚的岩层（杰蒂段），包含了滑塌岩块（外来块体）和砾岩以及特别粗的岩屑角砾岩，标志该地区经历了重要的构造活动。杰蒂段中的 60 m 的层位由淡红色砂岩、砾石，同样位置的层位还发现了具有泥裂的古土壤组成（Webb, Fielding, 1993）。杰蒂段是一套典型的红色河床沉积，由向上变细的砾岩、薄的不连续的砂岩和大量被铁染的泥岩组成。

麦凯尔维段由厚层砂岩夹薄层碳质粉砂岩组成，包裹了硅化木化石。孢粉和微植物化石组合的信息表明麦凯尔维段的时代为早三叠世诺利阶（Foster et al., 1994；Cantrill, Drinnan, 1994；Cantrill et al., 1995；McLoughlin et al., 1997）。里奇段是在气候越来越干旱的环境影响下，其沉积模式显示轴向向北的河流沉积。杰蒂段在沉积阶段聚积了大量的古土壤，并显示了幕式的向东的冲积扇沉积特征。到了麦凯尔维段又回到高能低弯度轴向河流沉积体系。

里奇段的沉积发生在由连续的湿润的条件向季节性干燥条件转变的过程中。沉积过程的主要通道是破裂口/洪积扇和泛滥盆地。弗拉格斯通岩滩组在大陆环境下沉积，在辫状河中波动的排放条件下沿轴向（在西北和东北之间）流动的广阔通道沉积的（McLoughlin, Drinnan, 1997b）。局部特征表现为河湖滑坡、杰蒂组中向东的古流向的高能冲击相（Traube, 1991）。

杰蒂半岛中埃默里群沉积岩中最上部的年龄最初被认为是三叠纪（Ravich et al., 1977），后来通过巨型植物群叶化石的发现被证实（Webb, Fielding, 1993）。透明的新月多肋粉属和单脊周囊孢属相的首次出现说明弗拉格斯通岩滩组与下伏贝恩梅达特煤层沉积跨越了二叠－三叠纪（McLoughlin et al., 1997）。界限的标志特征是舌羊齿类和科达目类裸子植物的灭绝，尤其是大量裸子植物和孢粉型蕨类植物群的减少。最早的三叠纪大型植物区系和孢粉植物群是以盾子类繁殖器官和孢粉型植物为主（McLoughlin et al., 1997）。最上部的麦凯尔维段包括了晚三叠世巨型植物群叉叶松和二叉羊齿（Webb, Fielding, 1993），以及标志着晚三叠世的孢粉植物群微生物区系（Foster et al., 1994）。弗拉格斯通岩滩组包含的巨型植物群包括广泛分布在冈瓦纳大陆的三叠纪岩石中的物种（Webb, Fielding, 1993；Cantrill et al., 1995）。

3）帕诺拉马角岩层及其中的菱铁矿

Mckelvey, Stephenson（1990）把北查尔斯王子山二叠纪沉积岩中的三角洲分流沉积（22 m 厚）称为帕诺拉马角岩层（图 5 - 73），以区别在冲积扇沉积环境下沉积的拉多克砾岩组合。帕诺拉马角岩层代表早—中二叠纪拉多克砾岩的亚相，拉多克砾岩是北查尔斯王子山最老的沉积单元，这一单元记录了在兰伯特裂谷发育的早期在泛滥水流沉积体系下形成的碎屑沉积。在早期沼泽和河流滞留水环境下，成岩作用过程通常包括了菱铁矿的沉淀。

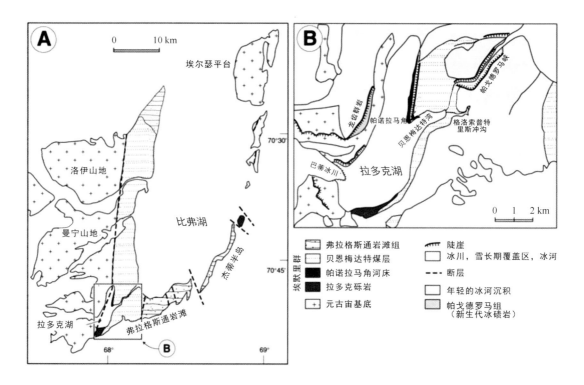

图 5-73　北查尔斯王子山埃默里群地质图（A）和拉多克砾岩及帕诺拉马角岩层的位置（B）

据 Krajiewski et al.，2010

帕诺拉马角岩层出露在拉多克湖湖滨的东北部，由中粒砂岩夹沙砾岩和暗色泥页岩组成，包括三组向上变粗的沉积序列，在泥页岩层中有 3 个不同层位的菱铁矿结核（图 5-74）。细粒沉积物中还包含有碳化的植物碎屑和孢粉类型，代表被沼泽和湿地围绕着的浅滞留水环境下的三角洲前缘沉积（Krajiewski et al.，2010）。下部和中部的沉积旋回基本完整地保留下来，而上部的沉积旋回被构成上覆贝恩梅达特煤层沉积的杂砂岩的侵蚀表面切割，表明微细的同沉积构造由于与裂谷有关的正断层活动而进行了调整（Fielding，Webb 1995）。

Krajiewski 等（2010）从下部到上部沉积旋回穿过帕诺拉马角岩层做剖面，分别在不同位置采集 40 个菱铁矿结核和寄主岩做化学分析。帕诺拉马角岩层的碎屑岩包括泥岩和砂砾岩，沉积岩的细粒部分由不同含砂量的泥页岩组成，包括周期性出现的砂岩和粉砂岩。泥页岩中有的层位富含包括舌羊齿的植物碎屑，层间的粉砂岩和砂岩显示水平波纹交错层理和交错层理，这一岩层是在冲积扇环境下的远端位置、在温暖的停滞水体中沉积的（湖和池塘）。沉积岩的粗粒部分为一套厚的显示交错层理的砂岩，砂岩的侵蚀底部为砾岩。主要包括石英、长石、长英质麻粒岩和主要来自周边元古代基底的长英质片麻岩。砂岩的组分和分选程度变化较大，反映兰伯特地堑中近源和远源两种不同类型成分的沉积。这一岩层主要是插入河道间的分流河道沉积，以短期泥潭和滞留水沉积为主。

帕诺拉马角岩层有两种类型的菱铁矿：一种是贯穿了整个沉积序列的以侵染状胶结物出现的菱铁矿；另一种是以结核的形式出现在细粒沉积物的周期性岩层中（Krajiewski et al.，2010）。这也是埃默里群中最早出现的碳酸盐沉积成岩作用。菱铁矿结核明显集中分布在水平岩层中（图 5-75 和图 5-76），形状呈球形、次球形、圆柱形、扁平形等。尽管形状不同，但所有结核都表现出紧凑的内部结构，围绕结核体发生分层变形，具有结核形成早期的同生

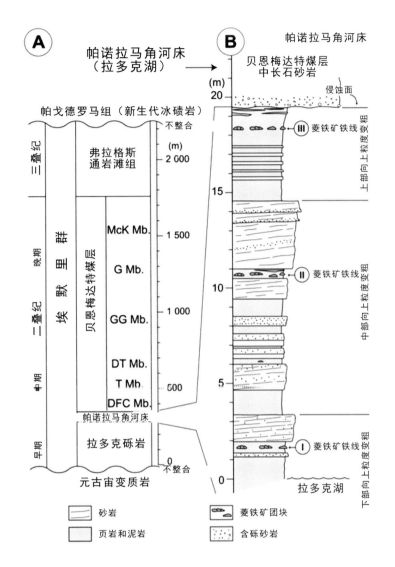

图5-74 埃默里群组合单元和帕诺拉马角岩层沉积旋回

构造（Krajiewski et al.，2010）。

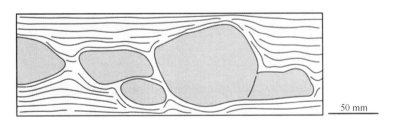

图5-75 水平分布的菱铁矿结核，围绕结核显示层压变形

（Krajiewski et al.，2010）

以侵染状胶结物出现的菱铁矿由贫铁的菱铁矿组成（$FeCO_3$的摩尔百分数小于90%），具有较高的镁和稀土微量元素，并具有负 $\delta^{13}C_{VPDB}$ 值（ $-4.5‰ \sim 1.5‰$）。以结核出现的菱铁矿主要是富铁的菱铁矿组成（$FeCO_3$的摩尔百分数大于90%），具有正 $\delta^{13}C_{VPDB}$ 值（ $+1‰ \sim +$

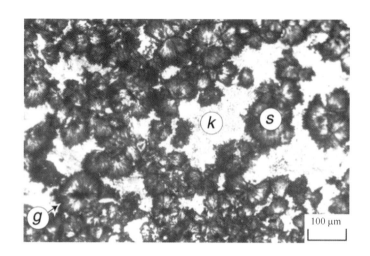

图 5 - 76　TLM 显微镜下照片显示具有针铁矿表层的菱铁矿球状集合体，被高岭石胶结

s—菱铁矿；k—高岭石；g—针铁矿

（Krajiewski et al.，2010）

8‰）。两种菱铁矿在 O（$\delta^{18}O_{VPDB}$ 在 $-20‰ \sim -15‰$ 之间）和 Sr（$^{87}Sr/^{86}Sr$ 在 $0.727\ 1 \sim 0.728\ 1$）同位素组成上没有明显差别（Krajiewski et al.，2010）。菱铁矿胶结物和菱铁矿结核分别是在近地表和地表之下次氧化或缺氧环境下通过有机质降解形成的。在帕诺拉马角岩层中普遍存在的菱铁矿表明兰伯特地堑在早二叠纪形成发展的早期阶段，处于淡水环境下被植被覆盖。菱铁矿结核在贝恩梅达特煤层中的 Dragons Teeth 段中更为普遍，发生在水平的富含植物碎屑的湖相沉积中（Fielding，Webb，1996）。

4）古环境分析

在世界范围内二叠—三叠纪大陆盆地的一般特征是含煤体系被红层沉积替代（Frakes，1979），表明气候向干热条件转变。之后气候变得更潮湿，尽管在东南极不像其他大陆有明显证据。杰蒂段中具有泥裂的红层之后经历了含生物的沉积物沉积，尽管植物化石反映了该沉积环境是与含水有限的环境有关（Cantrill et al.，1995）。多数研究者认为在晚古生代 - 早中生代期间一个线状洼地或地堑控制了沉积物的运动，穿过了现今的比弗湖地区、埃默里冰架和普里兹湾进入陆缘沉积古盆地，之后在冈瓦纳古陆裂解时遭到断陷（Cantrill et al.，1995；Fielding，Webb，1996）。杰蒂段向东的古流向可能反映了中三叠纪构造作用遍布整个冈瓦纳大陆（Veevers，1993；Cantrill et al.，1995）。薄的碱性镁铁质 - 中性岩脉切穿了二叠纪拉多克砾岩和贝恩梅达特煤层沉积，但并没有侵入到三叠纪弗拉格斯通岩滩组之中。考虑到具有早三叠世（约 240 Ma）K - Ar 年龄的闪长斑岩岩脉切穿了杰蒂半岛的元古代变质岩（Hofmann，1991），碱性岩脉侵位时代在古生代 - 中生代交界之时，可能形成在由碱性到钙碱性岩浆活动的构造转折期。砂岩中零星发现有作为碎屑物质的火山岩支持这一认识。考虑到这一地区最早的与裂谷有关的岩浆活动发生在 320 Ma 之前（Mikhalsky，Sheraton，1993），因此，结合早期的沉积学研究，可以认为埃默里群的沉积受到地堑填充的构造控制，而不是水平的沉积覆盖。

北查尔斯王子山的二叠—三叠纪的界限以含煤和不含煤的地层为特征，与二叠纪典型的舌羊齿属植物群系的消失时间一致。大约 32% 的典型的二叠纪孢子和花粉最后一次出现在最上部的煤层。从最晚的二叠纪到最早的的三叠纪地层 24 个样品的沉积速率约为 9.6 万年，持续了 32 万年（Lindström，McLoughlin，2007）。结果到二叠纪末只有 27% 的典型的二叠纪孢子和花粉出现在最底部的麦金农段到印度阶，生物的多样性下降至不到 10%。对照冈瓦纳孢粉学和岩石学资料表明，在二叠纪已经发生强烈的全球性的变暖，高纬度的冈瓦纳地区如查尔斯王子山受这一影响要晚于北部和西部地区（Lindström，McLoughlin，2007）。二叠纪末的转折以不同方式影响了冈瓦纳大陆的不同地区，最终导致冈瓦纳南部大陆从更温和的、次湿的气候到半干燥的更少季节性气候过渡（Lindström，McLoughlin，2007）。

在二叠纪末贝恩梅达特煤层组合的最上部的麦金农段由大约 530 m 厚的砂岩、粉砂岩、页岩和煤组成。这套沉积岩是在北—北东向的低弯度河流冲积环境下形成的（McLoughlin，Drinnan，1997a）。麦金农段在岩相上与贝恩梅达特煤层组合类似，但其中下部的煤层更厚、更丰富，上部 100 m 内的煤层变薄（McLoughlin，Drinnan，1997a），并且贝恩梅达特煤层组合从下到上的煤中氧化硅与氧化铝的比值是升高的，也表明二叠纪末风化作用增强，气候变得干燥（Holdgate et al.，2005）。

从煤层沉积的最上单元麦金农段到弗拉格斯通岩滩组的最下单元里奇段，除了煤层消失，砂岩与粉砂岩的相对比例提高之外，还有一个明显的变化就是沉积物搬运的方向从麦金农段的北或北东向为主变为里奇段的北西向到北北东向。煤层沉积下部组段发育良好的沉积旋回（从下到上变细即砂岩 – 粉砂岩 – 煤）平均为 9～10 m（Fielding，Webb，1996），但在上部麦金农段沉积旋回不明显也不规则；但到了里奇段沉积旋回变得比之前的贝恩梅达特沉积旋回更薄（平均为 5.6 m）（McLoughlin，Drinnan，1997b；Holdgate et al.，2005）。这些从二叠纪—三叠纪过渡期间发生的变化被认为是沉积环境从大规模的低弯度辫状河、曲流河和干的森林泥潭沉积环境转变为中型的具有间歇式排放的低弯度辫状河河流沉积（McLoughlin，Drinnan，1997a，1997b）。类似的二叠纪—三叠纪过渡期间沉积模式在冈瓦纳盆地中也有出现，如印度的 Raniganj 盆地（Sarkar et al.，2003）和 Godavari 盆地（Tewari，1999）。

东南极北查尔斯王子山出露一套完整的二叠 – 三叠纪沉积岩。在晚古生代 – 早中生代查尔斯王子山处于冈瓦纳古陆东南部的中心位置。周边被南极其他陆块以及澳大利亚、印度、马达加斯加和非洲环绕。东南极作为冈瓦纳的中心，在二叠纪之前其中心位置（即甘布尔采夫冰下山脉（Gamburtsev Subglacial Mountains）曾经是一个高原，这个高原是辐射到围绕东南极非洲印度和澳大利亚部分地区的凹陷盆地的沉积物源（图 5 – 77）（Tewari，Veevers，1993；Sen，1996；Veevers et al.，1996；Veevers，2000；Veevers，Saeed，2008）。

在石炭 – 早二叠世本区被巨厚的冰盖所覆盖（Scotese，1997；Zeigler et al.，1997；Scotese et al.，1999），但是在北查尔斯王子山的拉多克砾岩中并未发现与普遍出露的生物成因的菱铁矿和碳化的植物残留共生的冰川沉积物，表明东南极的冰盖并不像之前想象的那样大，或者是在兰伯特地堑的河流体系形成之前就消亡了（Krzysztof et al.，2010）。

5）煤炭资源潜力分析

北查尔斯王子山二叠—三叠纪含煤沉积盆地（埃默里群）的沉积岩出露面积达 30 km × 50 km。已有资料表明埃默里群中贝恩梅达特煤层的单层厚度可达 8 m，总厚度达到 80 m（Mikhalsky et al.，2001）。由于在南查尔斯王子山已发现了二叠纪冰川漂砾，我们在埃默里冰架东缘的调查中也发现了来源于上游的类似沉积岩转石，所以我们推测二叠—三叠纪沉积

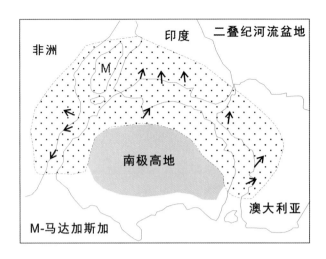

图 5 – 77　早中生代冈瓦纳古陆的重建

二叠纪河流盆地及流向据 Veevers et al. , 1996

盆地的分布范围远比目前出露得广阔。类似的二叠—三叠纪含煤沉积盆地在南极大陆周边的其他陆块如印度、澳大利亚和非洲都有相当规模的煤矿，所以我们认为，至少在兰伯特地堑范围内的冰盖之下可能赋存了较大规模的煤系地层，因而具有较好的煤炭资源前景。因此，对北查尔斯王子山二叠—三叠纪沉积盆地的调查和研究可以为评估我国中山站附近的煤炭资源潜力提供有价值的信息，为南极地质科学的发展以及我国未来对南极的和平利用作出贡献。

5.2.6.2　北查尔斯王子山的金伯利岩

1）金伯利岩概述

金伯利岩岩浆是自然界起源最深的岩浆，它来自 150 ~ 200 km 的地幔，保存了大量的深部地质信息，是研究地球内部的重要窗口。通过研究金伯利岩及其所携带的捕房体可以探知地球深达 200 km 范围内的岩石类型、矿物组成、地球化学特征、温度及应力状态等信息。而金伯利岩作为具有商业价值的钻石的主要来源，来自地球深部的地幔物质，是大陆深部地幔低程度部分熔融出的岩浆结晶产物，主要出露于太古代到早元古代的古老克拉通地区，其形成与罗迪尼亚或冈瓦纳超大陆的裂解有关，记载了全球构造体制的重大转换阶段。世界上较大的克拉通都有金伯利岩分布，如南非、西伯利亚、南美、加拿大、澳大利亚、印度、俄罗斯欧洲部分和我国华北克拉通等地都有含矿的金伯利岩，它们一般呈岩筒、岩管或岩脉成群出现。

出露含矿金伯利岩的克拉通，具有以下特征：①发育有岩石圈根或加厚的岩石圈，一般可深达 200 km 左右；②这些克拉通稳定固结的时间早，多数在太古代时期，例如南非 Kaapvaal 和 Zimbabwe 克拉通形成稳定于 2.7 Ga 前；③岩石圈的地温低，一般小于 40 mW/m^2，符合正常的地盾地温和低的地表热流值；④岩石圈地幔的氧逸度偏低。由于金刚石稳定于高压和较低温的条件，因此如果该地区岩石圈厚度不够大或氧逸度高，其中的单质 C 不能形成金刚石，只能以石墨的状态保存，如果构造运动频繁岩浆活动强烈，则岩石圈地温增高，也不利于金刚石在金伯利岩中的保存，它们会转变为石墨或被燃烧形成 CO_2 逃逸。如此苛刻的构造环境，是造成金伯利岩和金刚石分布十分稀少的主要原因。

金伯利岩是少量硅强烈不饱和的地幔来源的侵入岩，侵入到地壳尤其是较老的稳定克拉通之中。它们富含微量元素，低硅、高镁、富含挥发分，表明熔融成分是在含水和 CO_2 的条件下形成的，接近于碳酸盐 – 橄榄岩固相线（Girnis，2005；Gudfinnsson，2005；Brey et al.，2008）。少量具科学价值和商业价值的钻石是地幔在深部（ > 150 km）部分熔融形成的，一些金伯利岩（也就是那些运输包含钻石在内的稀有过渡带和下地幔矿物相）是在地球上获得的最深来源的物质。金伯利岩侵位的时代可从古元古代一直延续到新生代，在除了南极之外的其他大陆都有发现（Mitchell，1995；Jelsma et al.，2009）。

2）北查尔斯王子山金伯利岩的发现

2013 年科学家们（Yaxley et al.，2013）首次在北查尔斯王子山地区梅雷迪斯山（Mount Meredith）东南坡发现了 3 个时代为白垩纪的金伯利岩（图 5 – 78 和图 5 – 79）。按照岩石和矿物学分类，这 3 个样品属于 I 型金伯利岩。它们呈斑状，含有最大为几毫米的圆自形橄榄石斑晶，在一些细粒基质中可见极少的金云母粗晶。橄榄石的边缘和裂缝中被蛇纹石取代，但所有样品保留了新鲜的橄榄石。多数橄榄石是圆自形的，粒径最大达 200 μm；另一些达到 2 mm，形状不规则，有时包含金云母、斜方辉石、富 Cr 透辉石、单斜辉石、钙钛矿和 Cr 尖晶石（图 5 – 80）。橄榄石斑晶的主量微量元素有很大差别，Fo = 74 ~ 91，NiO 含量 0.02% ~ 0.45%，CaO 含量 0.1% ~ 0.5%。在有些情况下，它们被解释为岩石圈物质的捕获晶而不是斑晶。例如，一个大的橄榄石晶体有港湾状再吸收的 Fo90.5 核和 Fo88 薄边（见图 5 – 80d）。核包含了富 Cr 和富 Na 的单斜辉石，低 Al 和 Ca 的斜方辉石，在成分上类似于上地幔橄榄岩相。金云母粗晶达到几毫米长，形状为不规则状到扁平状。金云母的 Mg# 在 87.3 ~ 93.4 之间。

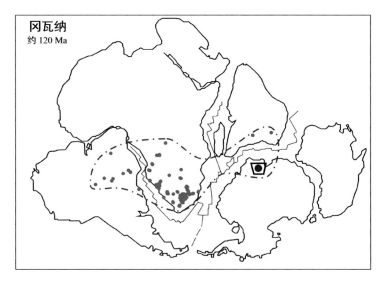

图 5 – 78　冈瓦纳大陆在 120 Ma 的重建（Yaxley et al.，2013）

红点为东南极白垩纪金伯利岩的发现点；绿点为其他地区白垩纪金伯利岩发现点

细粒的基质主要由方解石、橄榄石、金云母、镁铬铁矿、钛磁铁矿、钙钛矿和磷灰石组成。尖晶石为环礁状构造，自形的核部为镁铬铁矿，具有成分分带特征，周围被同心的硅酸盐物质包围，这些物质又被磁铁矿包围。在其他金伯利岩中有相似的环状尖晶石（Mitchell，1986）。钙钛矿的晶体达 100 μm，呈完全的八面体形状（见图 5 – 80c）。它们形成在基

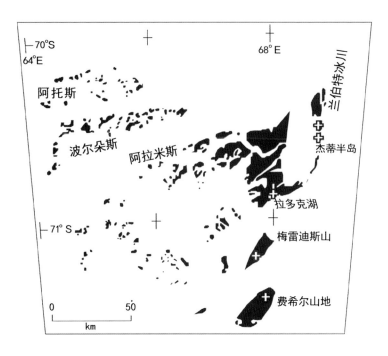

图 5 - 79　北查尔斯王子山金伯利岩发现位置（Yaxley et al. ，2013）

红十字为北查尔斯王子山金伯利岩发现点；

蓝十字为周边相关的碱性镁铁 – 超镁铁质岩及碳酸盐岩位置

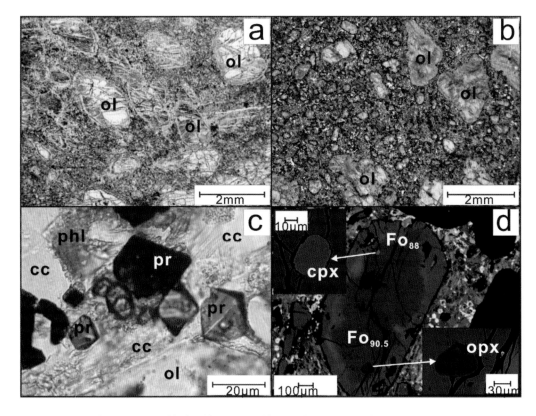

图 5 - 80　北查尔斯王子山金伯利岩样品的显微镜下照片（a—77081；b—77063；c—77082，显示斑状结构、橄榄石定向排列）和背散射电子图像（d—77082，自形橄榄石晶体包裹高钙单斜辉石和低钙的斜方辉石）（Yaxley et al. ，2013）

质中，也包含一些橄榄石边。大量他形的方解石填隙在其他基质相矿物中，构成岩石矿物成分的10%～12%。捕获晶和斑晶橄榄石以及金云母粗晶点缀在包含钙钛矿、尖晶石、磷灰石和碳酸盐的基质中，这是金伯利岩特有的特征（Mitchell，1995；Woolley，1996）。值得注意的是，单斜辉石既不作为斑晶也不在基质中，这些样品以前被划归于超镁铁质煌斑岩，与南查尔斯王子山其他地区的类似样品相同（Andronikov，Egorov，1993，2001；Andronikov et al.，1998；Foley et al.，2002）。

3个金伯利岩岩石为超基性岩，$SiO_2 = 29.2\% \sim 32.1\%$、高$MgO = 19.1\% \sim 27.3\%$、$CaO = 10.9\% \sim 28.8\%$、$CaO/Al_2O_3 = 2.7\% \sim 2.9\%$、$CO_2 = 5.3\% \sim 9.0\%$，低$Al_2O_3 = 3.8\% \sim 6.5\%$，反映橄榄石和方解石的矿物组合。$K_2O$（$1.3\% \sim 2.8\%$）和$P_2O_5$（$0.59\% \sim 0.89\%$）含量范围较大表明金云母和磷灰石的含量变化。$Na_2O$的含量很低（$< 0.15\%$）。在$SiO_2/MgO$与$MgO/CaO$的图解中，样品落在金伯利岩的区域（图5 - 81）。比弗湖附近的中生代超基性煌斑岩有更高的SiO_2/MgO比值（$\geqslant 2$），且多数落在在金伯利岩区域之外。

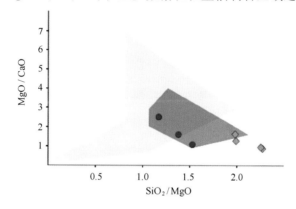

图5 - 81　全岩SiO_2/MgO - MgO/CaO图解（底图据Mitchell，1986）

红点为3个金伯利岩样品；蓝色方块为比弗湖附近超基性岩（Foley et al.，2002）

深灰色为普通金伯利岩区域；浅灰色为特殊金伯利岩区域

不相容痕量元素比较高（通常大于100×原始地幔值或更高）。稀土元素与其他地区的金伯利岩相似强烈富集轻稀土（$La/Yb = 74 \sim 136$）。K、Pb、Zr、Hf、Ti相对于不相容痕量元素La、Ce、Sm、Eu、Gd亏损。所有不相容痕量元素的原始地幔标准化图解中与世界其他地区的金伯利岩很相近（图5 - 82）。

金伯利岩中钙钛矿的LA - ICP - MS U - Pb定年结果分别为（113 ± 13）Ma（样品77063）、（125 ± 8）Ma（样品77081）、（121 ± 13）Ma（样品77082）。假定这些岩石是同时代的，得出平均年龄为（122 ± 6）Ma，与金云母的Rb - Sr年龄（117 ± 1）Ma（样品77063）一致。基于这些年龄数据可以认为从冰碛物中的漂砾得到的样品77081和77082在年代上与样品77063是一致的。但是从同一个金伯利岩岩筒中来源的样品不太可能有给出不同的Sr、Nd、Hf、Pb初始的同位素比值，钙钛矿的Sr同位素信息（0.70539 ± 12）与样品77063全岩$^{87}Sr/^{86}Sr$（0.7054 ± 1）比值一致。这些放射性同位素特征在I类和南非的过渡类型的金伯利岩之间。

同时代的超镁铁质、碱性、碳酸盐质和似金伯利岩质的岩石在南查尔斯王子山其他地区，如毗邻兰伯特裂谷的埃尔瑟平台（Else Platform）、拉多克湖、费舍尔山地（Fischer Massif）

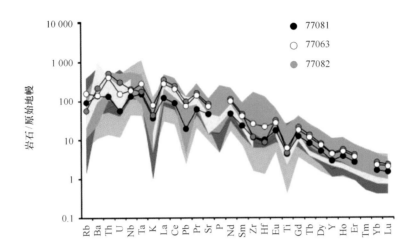

图 5 - 82 3 个金伯利岩样品与其他地区金伯利岩的微量元素标准化图解对比
粉色—非洲；黄色—加拿大；灰色—格陵兰；蓝色—印度；绿色—西伯利亚

等地区都有发现（Andronikov，Egorov，1993，2001；Belyatski et al.，2008）。这些岩石被称为超镁铁质煌斑岩、橄榄岩、超基性似长石岩、粗面玄武岩和碳酸盐 – 金伯利岩。特别是Egorov 等（1993）在北查尔斯王子山费舍尔山地发现的第一个金伯利岩脉，被认定时代为早白垩纪。但这个岩脉中的样品与最新发现的样品不同，不含有橄榄石粗晶（包含幔源的单斜辉石和斜方辉石的）、石榴石捕获晶、钛铁矿和钙钛矿。但是存在球状同成因的方解石碳酸盐岩异离体。此外，岩脉在成分上投在金伯利岩之外，具有低 MgO（17%）和 Ni（480 ppm），反映了低橄榄岩的模式。Yaxley 等（2013）认为这个岩脉并不是真正的金伯利岩，更近似于向富方解石成分和磷灰石 + 磁铁矿 + 橄榄石成分分异的碳酸盐岩岩浆。

发现金伯利岩的位置与其他南查尔斯王子山超基性岩的分布关系可以确定出一个沿兰伯特裂谷边缘延伸 150 km 的南北向线状带。有意义的是超镁铁质煌斑岩分布在区域的北部，主要围绕在比弗湖，而金伯利岩和碳酸盐岩 – 金伯利岩分布在南部（Belyatsky et al.，2008）。这可能反映了兰伯特裂谷的退变发展，相对南部的金伯利岩，北部的超镁铁质煌斑岩代表裂谷越老越向北延伸，越来越强的岩石圈基底的剥蚀导致熔融发生在冰下岩石圈更浅的部位。同样的模式发生在 Ailik Bay 裂谷和东非裂谷系中西部分支的活动裂谷。

金伯利岩和有关碱性侵入岩分布在几乎所有主要的冈瓦纳大陆中（非洲、印度、南美和澳大利亚），之前在南极没有报道。金伯利岩侵入体的侵位时代跨度很大，从中元古代、早古生代、中生代和新生代（Jelsma et al.，2009）。在中新生代主要的侵位时间在 240 Ma、145 Ma、120 Ma、85 Ma 和 73 Ma。120 Ma 的侵位事件广泛分布在冈瓦纳大陆中，东南极发现的 120 Ma 的金伯利岩进一步延伸了这一广阔的白垩纪金伯利岩省。

随着早期的洋底扩张形成的古印度洋，在 120 Ma 印度和南极—澳大利亚已经开始分离（Powell et al.，1988）。现今出现金伯利岩边缘的地堑是一个 700 km 长的大陆薄地壳，或者是一个在与印度和南极—澳大利亚的裂解有关的早期伸展过程中，在 120 Ma 发生活化的夭折了的转换拉伸盆地（Phillips，Laeufer，2009；Boger，Wilson，2003），或者是与印度和南极之间的石炭—二叠纪的陆内裂谷有关的一个构造调节带，这个带在中生代大陆离散的过程中被重新活化（Harrowfield et al.，2005）。无论是哪一种情况，北查尔斯王子山的金伯利岩（和周边同时代的碱性岩）最有可能是在古印度洋打开过程中，与兰伯特地堑有关的之前存在的岩石圈的不连续面重新活化而产生的岩浆作用的产物。Kent（1991）报道了印度 Bengal 湾外围（Damodar 河谷）109～116 Ma 的 II 型金伯利岩（orangeite），同样与白垩纪金伯利岩省有关。Jelsma 等（2009）指出，金伯利岩侵位的时间间隔集中，与板块的重组如超大陆的裂解相一致。这样，同构成首次确认的真正的南极金伯利岩矿点一样，北查尔斯王子山金伯利岩的位置与金伯利岩的分布模式一致，是主要的岩石圈结构在大陆规模的构造事件中重新活化形成的，有可能标志着大陆裂谷带活化的开始，也就是说，类似其他与裂谷有关的大陆地幔来源的岩浆，如碳酸盐岩、超镁铁质煌斑岩和钾霞橄黄长岩。南极的金伯利岩与之前报道的超镁铁质煌斑岩和北查尔斯王子山其他镁铁 – 超镁铁质岩碱性火山岩都反映了白垩纪大规模有地幔参与的构造作用。

　　3）金刚石资源潜力分析

　　金刚石的成因有多种类型，如金伯利岩型、超高压变质型和陨石撞击型等，但具有商业价值的金刚石除俄罗斯珀匹盖陨石坑外，多与金伯利岩有关。白垩纪是全球范围内金伯利岩的最重要形成时期，在冈瓦纳大陆主要出露在非洲、南美洲和印度。东南极查尔斯王子山中白垩纪金伯利岩和相关超镁铁质碱性岩的产出说明它们可能是冈瓦纳大陆白垩纪金伯利岩省的一部分。所以，在冰盖之下兰伯特地堑影响范围内，仍可能有其他金伯利岩的存在，并有可能形成金刚石矿床。

5.2.6.3　拉斯曼丘陵铝硅酸盐（夕线石）、硼、磷等非金属矿产

　　1）拉斯曼丘陵夕线石的形成机制及成矿潜力分析

　　如前所述，南极拉斯曼丘陵及其邻区的（含）夕线片麻岩类的原岩可以是杂砂岩、亚杂砂岩、石英砂岩、泥质岩或页岩等。黏土岩或页岩之类的富铝沉积岩与富夕线片麻岩并没有直接对应关系。没有一种泥质岩的化学组成可以与富夕线片麻岩相对应。研究区内夕线石片麻岩的形成主要与黑云斜长片麻岩有关，影响夕线石出现的决定性因素是特定温压条件下的变形变质改造过程，而不是原岩成分。夕线石片麻岩在很大程度上是黑云斜长片麻岩经长英质组分迁移之后的滞留 – 残留体。夕线石化过程中岩石组分发生了改造，相关变质作用已经明显偏离等化学过程，基本上属于开放体系。原岩中 Al_2O_3 的含量也不能控制夕线石的出现与否，含夕线石的岩石未必富铝，反之亦然，岩石富铝也可以不出现夕线石；但是夕线石化过程往往是 Al_2O_3 相对增加的过程，这些认识对于夕线石片麻岩的成岩环境的确定和原岩建造的重建都具有重要意义。

　　南极拉斯曼丘陵高级长英质片麻岩的夕线片麻岩中可有两类结构和变质矿物组合均有所不同的两种域：一种含夕线石部分对应于片理组合；另一种对应无夕线石的非片理化组合。岩石的变形尤其是破裂性裂隙的率先出现对于富夕线石部分的形成是必要的。在非破裂性片麻理岩石域中，中—低压/高温条件下黑云斜长片麻岩进变质发展的结果往往是形成 Grt + Qtz ± Opx 组合。这两种不同的变质域的组合与应变分解造成的强应变带和弱应变域相一致。而且，夕线石的形成不是简单的变质早期矿物固相反应的结果，而是反应链上的一部分。其出现是由开放体系中组分的差异迁移造成的，这种差异迁移实际上是碱土金属迁出（淋滤）的过程，与变形相伴的流体活动使得 SiO_2 发生强烈淋滤，残留组分中 SiO_2 活度大为降低，并使长

英质组分和镁铁质组分分凝，主要组分大都可以单独富集（集中）、形成复杂的矿物演化和分布。这种演化还可从 MgO 等碱（土）金属组分的外迁程度差异来理解。随着碱（土）金属丢失程度的减小，依次出现夕线石、石榴子石、斜方辉石和董青石，或者说，不同的变质或分异阶段形成不同的矿物（组合）：变形—变质起始阶段，碱（土）金属组分迁移初期残留形成夕线石，之后为镁（铁）质组分迁移，初期残留不透明钛铁氧化物，晚期残留组分形成董青石。石榴子石 - 长英质组合为体系基本封闭情况下的结晶。此外，夕线石的形成往往标志着深熔作用的开始，一旦深熔作用发展完善，夕线石呈准稳定状态或趋于消失。拉斯曼丘陵与夕线石有关的长英质岩石经历了复杂的变形、变质和流体活动变化。

夕线石的形成与深熔作用或混合岩化作用密切相关。由于熔体的活动使得体系中除 Al_2O_3、FeO、TiO_2 外的其他组分沿构造裂隙发生明显的迁移，残留组分结晶则形成夕线石，并常伴有不透明金属氧化物如磁铁矿、钛铁矿等的存在；体系中硅含量较高时可出现夕线石 - 石英球。熔体迁移趋于集中时形成花岗岩岩体。因此，夕线石的形成需要半封闭，甚至开放体系下的熔体出现，即使岩石成分合适，单纯的封闭体系下的变质作用也难以形成夕线石，夕线石是一种特殊的变质矿物，其出现表明了长英质岩石中深熔作用或混合岩化作用，特别是花岗岩体的存在。

拉斯曼丘陵地区以副变质岩为主，所以含夕线石片麻岩的分布非常广泛。但从野外产状来看（图 5 - 83），夕线石较为集中的部位主要在东部米洛半岛的海豹角（Seal Cove）向北至紫金山一线和熊猫岛（Sigdoy Island）西部，斯图尔内斯半岛片麻峰东坡呈 NE 延伸的一套富含硼硅酸盐 - 磷酸盐矿物组合的副片麻岩系中，其中的夕线石含量较高，品位达 15% ~ 50%。结合夕线石的形成机制分析，若在以变碎屑岩为主的副片麻岩中同时发生强烈的剪切变形及中高级变质作用，较容易出现夕线石的矿化现象。

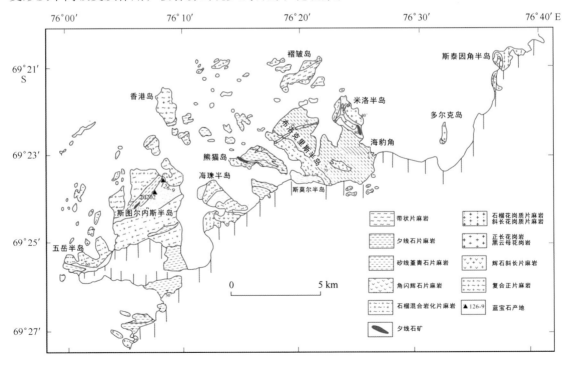

图 5 - 83　拉斯曼丘陵主要夕线石矿化点分布

2）拉斯曼丘陵富硼、富磷建造形成机制及成矿潜力分析

（1）拉斯曼丘陵富硼、磷建造的组成和分布特征

含硼硅酸盐矿物组合的岩石呈薄层状、透镜状与含榴长英质片麻岩互层产出（图5 - 84）。3种硼硅酸盐矿物常同时出现，但是其相对含量变化较大：硼柱晶石（任留东，赵越，2004）最为丰富，甚至可以形成硼柱晶石岩；硅硼镁铝矿一般微量，个别部位含量较高，形成富含硅硼镁铝矿的薄层和透镜；在电气石 - 石英岩薄层中可含较多的电气石，有时可见电气石 - 石英球产出。在夕线堇青片麻岩中亦可有少量产出。

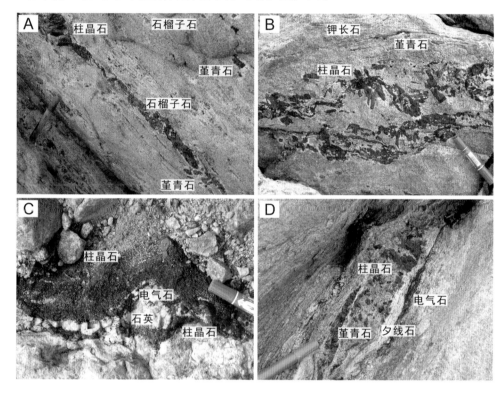

图5 - 84　硼硅酸盐矿物组合的野外产出状态
Crd—堇青石；Grt—石榴石；Kfs—钾长石；Prs—柱晶石；Qtz—石英；Sil—夕线石；Trn—电气石

硅硼镁铝石第一个完整的标本出产自斯里兰卡，后来非洲马达加斯加及世界其他大陆陆续报道，我国佳木斯地块和云开地块亦有发现。硅硼镁铝石具有独特的蓝绿色彩、光泽及反射多彩偏振光的特性，非常稀有而异常珍贵。

原岩恢复表明（任留东等，2004），含硼岩石层位所对应的原岩多为杂砂岩等碎屑岩以及少量的火山（沉积）岩。

含磷层分为含氟磷镁石和磷灰石两种类型，含氟磷镁石的岩石产于副变质成因的条带状堇青石 - 柱晶石片麻岩褶皱的核部，岩石中片麻理微弱。主要矿物组成有斜长石、氟磷镁石、磷灰石和不透明金属氧化物 [含量达15%（体积）]，如磁铁矿、钛铁矿和赤铁矿等，以及少量的黑云母、石英、钾长石、堇青石，另有独居石、磷钇矿、刚玉、尖晶石和微量的硫化物。氟磷镁石颗粒可呈它型、半自形甚至自形晶，一般粒度0.5 ~ 2 mm，最大可达2.5 mm，一些颗粒具板状习性，厚度小于0.1 mm。氟磷镁石通常含有细粒包裹体。

含磷灰石的岩石局部可形成集中富集的磷灰石透镜（图5 - 85），含磷矿品位较高，处于

副片麻岩之中。

图 5 – 85　磷酸盐矿物（磷灰石，褐色者）的野外产出状态

（2）拉斯曼丘陵富硼、磷建造的化学成分

Grew 等（2013）对拉斯曼丘陵的变质沉积岩进行了系统的化学成分分析（表 5 – 11，图 5 – 86）。其中一般的正常变泥质岩并未显示出 B、P 的富集，含硼硅酸盐矿物片麻岩的 B 含量达 676 ppm ~ 11 120 ppm（相当于 0.22% ~ 3.58% 的 B_2O_3），电气石石英岩的 B 含量为 4 640 ppm ~ 19 700 ppm（相当于 1.49% ~ 6.34% B_2O_3），含磷变泥质岩和石英岩的 P_2O_5 含量达 0.62% ~ 1.4%。我们对有关硼硅酸盐矿物和磷酸盐矿物进行了电子探针分析，结果见表 5 – 12、表 5 – 13 和表 5 – 14。

（3）拉斯曼丘陵富硼、磷建造的富集机制

一般变质岩中硼的含量比其原岩沉积岩或岩浆岩中的硼含量要低，这是由于变质作用过程中，矿物中赋存的硼会逐渐释出（Moran et al.，1992；Kawakami，Ikeda，2003）。随着变质程度的加深，硼的释放愈加明显。一般麻粒岩相变质岩石亏损硼，其中硼的含量很少超过 5 ppm。

本区部分片麻岩中硼硅酸盐矿物含量很高，换算成 B_2O_3 可达约 n%（wt）的浓度，远远高于一般沉积岩或岩浆岩中的含量。对于如此高的硼浓度，Grew 等（2006）认为是原岩成分继承而来，即一种特殊的富硼岩石如蒸发盐岩类等。区内长英质片麻岩的原岩恢复（任留东等，2004）表明，变质岩的原岩主要为杂砂岩类以及少量的火山（沉积）岩，即相对活动环境下的沉积，似乎没有蒸发盐形成的机制，最近他们又提出可能属于泥火山成因（Grew et al.，2013）。考虑到碎屑岩通常都有电气石，但含量难以达到形成硼柱晶石岩所需的量，那么，本区岩石在变质 – 深熔作用时应有一个硼的再富集过程，而这与变质级别增高时硼含量的变化趋势恰好相反。对此，我们认为一种可能的解释是：大部分沉积岩在变质时硼组分趋于减少，一般的长英质片麻岩中没有电气石或其他硼硅酸盐矿物与此一致，低 – 中级变质时可由云母释放出 B 形成粗粒电气石（Kawakami，Ikeda，2003），高温麻粒岩相变质时电气石不再稳定（Grew et al.，1996；Grew，2002），逸出的硼组分经深熔形成的熔体或衍生的流体溶液迁移，并在局部层位集中；与浅色体/淡色花岗岩相比，B 富集于暗色体和残留体中（Acosta – Vigil et al.，2001），或形成电气石 – 石英团块或电气石脉，进一步改造或重结晶形成各种硼硅酸盐矿物，也就是说，对硼组分而言，局部体系不封闭，在更大尺度和范围内则基本封闭。当然，这需要更详细的地球化学包括同位素数据的分析研究来证实。

表 5-11 拉斯曼丘陵变质沉积岩代表性样品的化学成分

样品	010901A	011702F	122601K	010301A	120603F	011401A	122303S	121002A	123001L	120902I	121103B	121602A	121801A
地点	Lake Ferris	Allison	Stormes	Stormes	Donovan	Donovan	Stormes	Tumble	Thala	Wilcock	Stormes	Stuwe	Stuwe
岩石类型	变泥质岩	含磷变泥质岩	黑云母片麻岩	黑云母片麻岩	富钠淡色片麻岩	富钾淡色片麻岩	富钙淡色片麻岩	石英岩	电气石石英岩	含硼硅酸盐片麻岩	含硼硅酸盐片麻岩	富铁片麻岩	贫硅片麻岩
SiO_2 (%)	66.14	74.97	59.13	70.83	78.33	79.63	45.57	70.66	64.16	69.24	74.87	24.52	39.30
TiO_2 (%)	1.14	0.65	1.20	0.88	0.76	0.63	0.45	0.82	1.33	1.14	0.94	1.34	1.05
B_2O_3 (%)	0.00	0.00	0.00	0.04	0.03	0.00	0.02	0.00	3.36	1.04	2.29	0.95	0.18
Al_2O_3 (%)	18.40	7.02	19.99	14.82	11.71	4.45	30.50	5.62	17.55	24.56	14.18	20.79	25.58
Fe_2O_3 (%)	6.99	4.99	4.65	2.34	2.24	6.32	5.78	10.13	-	1.09	1.23	28.23	10.18
MgO (%)	1.76	3.04	2.74	2.96	0.29	4.25	0.15	2.51	5.21	1.46	3.06	8.24	10.79
MnO (%)	0.128	0.040	0.016	0.005	0.004	0.010	0.017	0.030	-	0.002	0.002	0.069	0.090
FeO (%)	2.71	3.36	0.11	1.01	0.00	0.74	0.00	6.72	2.78	0.43	0.34	11.53	7.38
CaO (%)	0.23	1.52	3.94	0.95	2.59	0.10	16.97	0.73	0.72	0.24	0.09	1.69	0.13
Na_2O (%)	0.32	0.29	5.11	2.54	3.30	0.21	0.84	0.11	0.70	0.36	0.16	0.79	0.14
K_2O (%)	1.57	1.52	2.71	3.74	0.51	2.25	0.06	0.89	0.06	0.18	0.07	0.11	3.04
P_2O_5 (%)	0.042	1.074	0.075	0.077	0.017	0.074	0.123	0.618	0.103	0.016	0.024	0.224	0.011
Total (%)	100.40	98.97	100.58	101.66	100.25	100.06	100.88	99.73	97.84	100.09	97.41	99.71	99.86
Li (ppm)	20	17	52	17	18	36	0.8	12	15	45	6	120	28
Be (ppm)	2	0.3	3	2	0.9	0.9	2	0.3	0.4	6	0.5	2	71
B (ppm)	2	-	5	115	92	7	54	11	10 448	3 225	7 100	2 957	570
F (ppm)	567	2 392	4 157	2 299	77	5 644	371	2 877	4 099	1 517	1 126	-	4 179
Cl (ppm)	534	1 762	329	930	262	1 756	436	646	154	240	5	368	1 016

表 5 – 12　拉斯曼丘陵变质沉积岩中硼硅酸盐矿物的化学成分　　　　　　　　（%）

样品	20202	127 – 13			127 – 2			127 – 01
SiO_2	21.23	21.08	20.88	20.96	20.906	30.68	21.07	21.39
TiO_2	0.012	0.006	0.005	0.002	0.01	0.211	0.022	0.005
Al_2O_3	51.05	51.12	50.99	50.66	51.10	41.39	51.04	51.53
Cr_2O_3	0.002	0.197	0.177	0.208	0.055	0.031	0.091	0.151
MgO	11.53	11.80	11.69	11.62	10.90	13.56	10.98	11.81
CaO	0.008	0.004	0.01	0.011	0.006	0.041	0.006	0.022
MnO	0	0.01	0.03	0.002	0.009	0.032	0.007	0.012
FeO	4.59	3.59	3.66	3.54	5.44	9.35	5.50	3.47
Na_2O	0	0.003	0.002	0	0	0.09	0.003	0.003
K_2O	0.001	0	0.002	0	0.004	0.006	0.003	0
P_2O_5	0.087	0.059	0.06	0.041	0.189	0.058	0.254	0.221
$Calc – B_2O_3 *$	12.30	12.21	12.10	12.14	12.11	4.00	12.21	12.39
F	0	0.005	0.004	0	0.005	0.001	0.001	0.005
Cl	0.002	0	0	0	0	0.006	0.001	0.005
总量	100.8	100.1	99.6	99.2	100.7	99.43	101.2	101.0

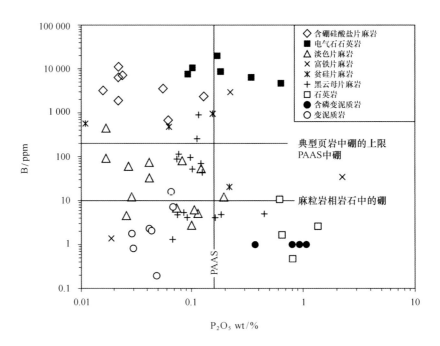

图 5 – 86　拉斯曼丘陵变质沉积岩中的 B（ppm）– P_2O_5（wt%）投影图

PAAS – 澳大利亚太古宙后期平均页岩

据 Grew et al.，2013

表 5 - 13 拉斯曼丘陵变质沉积岩中磷灰石的化学成分 （%）

位置	Area 1	Area 1	Area 2	Area 2	Area 2	Area 4	Area 7
Calc - H	0.05	0.07	0.06	0.08	0.02	0.01	0.00
F	2.44	2.36	2.72	2.47	2.76	3.53	3.08
Cl	2.03	2.09	1.49	1.84	1.56	0.27	1.09
Mg	0.60	0.49	0.36	0.50	0.33	0.13	0.20
P	40.52	40.78	40.77	40.51	40.74	41.37	40.87
S	0.14	0.09	0.18	0.22	0.07	0.09	0.06
Sr	0.01	0.00	0.02	0.00	0.00	0.03	0.00
Ca	50.90	50.81	51.80	51.46	51.72	53.65	52.58
Na	0.29	0.28	0.31	0.23	0.20	0.13	0.14
Ti	0.00	0.00	0.01	0.00	0.00	0.01	0.01
Mn	0.22	0.32	0.19	0.15	0.18	0.08	0.14
Fe	1.63	1.82	1.09	1.39	1.45	0.67	1.17
Al	0.00	0.00	0.00	0.00	0.00	0.00	0.00
La	0.02	0.00	0.00	0.00	0.05	0.04	0.00
Ce	0.25	0.27	0.13	0.15	0.15	0.05	0.11
Nd	0.23	0.24	0.04	0.23	0.10	0.13	0.13
Tm	0.00	0.09	0.00	0.00	0.00	0.00	0.00
Yb	0.00	0.00	0.08	0.01	0.00	0.04	0.00
Y	0.36	0.29	0.44	0.31	0.27	0.25	0.23
Si	0.00	0.00	0.01	0.02	0.05	0.00	0.05
U	0.00	0.00	0.00	0.00	0.00	0.00	0.00
总量	98.22	98.54	98.22	98.12	98.13	98.94	98.34

表 5 - 14 拉斯曼丘陵变质沉积岩中氟磷镁石的化学成分 （%）

位置	Area 1	Area 2 a	Area 2 b	Area 3	Area 4	Area 7
Calc - H	0.45	0.58	0.53	0.44	0.49	0.53
F	10.38	10.09	10.19	10.40	10.29	10.23
Mg	45.72	45.98	45.65	45.71	45.76	46.03
P	41.90	41.70	41.86	41.79	41.98	41.72
Sr	0.00	0.00	0.00	0.00	0.00	0.00
Ca	0.18	0.14	0.15	0.18	0.18	0.16
Ti	0.94	0.96	1.00	0.78	0.95	0.93
Mn	0.11	0.13	0.10	0.11	0.15	0.13
Fe	4.69	4.55	4.66	4.66	4.41	4.50
Al	0.02	0.01	0.01	0.00	0.00	0.01
Si	0.08	0.09	0.08	0.07	0.07	0.08
Y	0.00	0.00	0.00	0.03	0.02	0.03
总量	100.12	99.98	99.94	99.78	99.97	100.05

对于硼柱晶石和硅硼镁铝矿而言，前者先形成，后者晚出现，而不是相反，电气石多次出现；没有发现两种以上的硼硅酸盐矿物能够同时形成，即硼硅酸盐矿物之间可共存但不共生。

硼硅酸盐矿物各种产状成分的变化不大，与岩石关系不是很密切，主要受流体挥发分控制，与硼硅酸盐矿物结晶有关的挥发分有 B、F、Cl、P、OH 等，不同挥发分之间有聚合，也有分离。不同的硼硅酸盐矿物形成的介质条件有所差异，根据分析，电气石形成于富钙的弱酸性溶液，硼柱晶石的形成条件应为含少量氟的偏碱性介质环境，SiO_2 少见；而硅硼镁铝矿与石英的共生应为近中 - 酸性溶液介质；电气石为酸性环境。只有硼柱晶石经过 B、F 的富集之后才形成，这种富集可能是由变质 - 深熔作用时造成的，其他如硅硼镁铝矿、硼柱晶石、电气石实乃在硼柱晶石的基础上变化改造的产物，即使挥发分 B、F 的迁移也不明显，保持近封闭体系，或者说，对硼硅酸盐矿物自身的演化而言，分两个阶段，前期富集和后期改造阶段。

除电气石可伴随大量石英外，硼柱晶石及硅硼镁铝矿形成时很少有石英的出现，表明硼硅酸盐矿物的大量形成过程中 SiO_2 活度受到抑制，从而 B_2O_3 和 Al_2O_3 活动相对加强。拉斯曼丘陵深熔作用按时间顺序及深熔产物的性质，可识别出两种类型：第一次深熔作用主要形成含榴花岗质脉体，其后的冷却作用（降温 ± 降压抬升作用）导致退变质矿物如黑云母、电气石脉的出现；第二次升温叠加：硼柱晶石对应于这次升温作用的初期阶段，之后形成硅硼镁铝矿、斜方辉石和董青石等矿物以及正长花岗岩、富钾长石脉体等，最后又有退变质影响如电气石、黑云母，甚至绿泥石的形成，说明温压路径不是简单的顺时针环。硼柱晶石和硅硼镁铝矿很可能代表了深熔作用之后的另一次升温过程。

（4）拉斯曼丘陵硼矿和磷矿的成矿潜力

图 5 - 87 展示了拉斯曼丘陵主要的硼硅酸盐矿物、磷酸盐矿物组合的分布情况。可以看出，这两类特殊矿物组合的出现与花岗片麻岩中表壳岩的集中产出有关，尤其是广泛电英岩的大量出现、伴随后期的中 - 高级变质作用的条件下，可形成这些矿物组合。火山活动的出现也有利于其形成。

5.2.6.4　拉斯曼丘陵及邻区的铁矿化

拉斯曼丘陵地区铁矿化的层位主要是含磁铁矿泥质 - 长英质片麻岩岩组（图 5 - 88），另外，在拉斯曼丘陵和西福尔丘陵发现了富铁矿矿石转石，在西福尔丘陵发现了条带状磁铁石英岩矿石转石。

1）含磁铁矿泥质 - 长英质片麻岩岩组铁矿化特征

矿化岩石主要为深灰色、灰褐色条带状混合岩化石榴磁铁夕线石片麻岩、磁铁夕线董青片麻岩、磁铁夕线二长片麻岩等。矿化岩石主要矿物为石榴子石、黑云母、斜长石、钾长石、夕线石、董青石及石英，具条带状构造、片麻状构造。磁铁矿常常呈自形条带状集合体与石英、夕线石等一起富集成带，局部形成富铁矿矿石结核（图 5 - 89 和图 5 - 90）。该类矿化主要分布在西南高地、俄罗斯大坡一带，形成走向北西向的褶皱核部。因此，局部矿化可能与褶皱变形加厚有关。对相对均匀的含磁铁矿（董青）夕线石片麻岩和不均匀的铁矿石进行了全岩化学成分分析（表 5 - 15），结果表明，其全 Fe_2O_3 含量的范围为 16% ~ 52%。对铁矿石

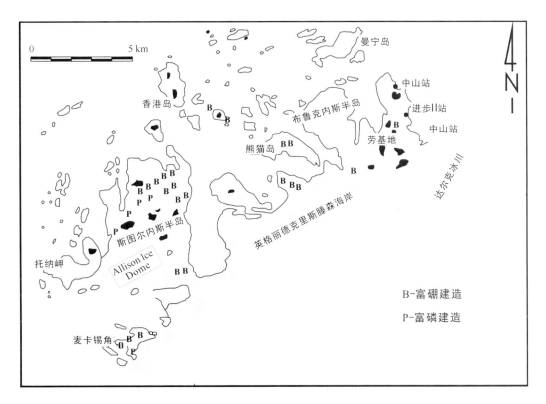

图 5 - 87 拉斯曼丘陵富硼、磷建造的分布

而言,其开采品位一般需大于 25%,但若是磁铁矿,可以低至 10%。所以,该铁矿化层位也具有经济价值。

2)西福尔丘陵磁铁石英岩铁矿化特征

在西福尔丘陵地区的冰碛砾石中,发现条带状石英磁铁矿矿石。矿石主要有石英和磁铁矿组成,少量白云母、透闪石等。石英与磁铁矿 + 赤铁矿常常相间富集,形成强烈的条带状构造。显微镜下观察,石英条带内的颗粒明显具重结晶六边形结构,但条带边缘平直,磁铁矿 + 赤铁矿条带也呈平直边界,磁铁矿与赤铁矿呈不规则粒状集合体。

样品 VF1 - 35 中金属矿物以磁铁矿为主,其次为赤铁矿(图 5 - 91)。磁铁矿主要呈粒状集合体嵌布于脉石矿物粒间或裂隙,粒度粗细不均,以粗粒为主。赤铁矿主要呈细粒状产出,有时沿磁铁矿解理或裂隙交代产出。脉石矿物主要为石英,其次为很少量绿泥石。

样品 VF1 - 36 中金属矿物以磁铁矿为主,其次为很少量赤铁矿(图 5 - 92)。磁铁矿主要呈粗粒状集合体嵌布于脉石矿物粒间或裂隙,有时呈微细粒浸染于脉石矿物中产出。赤铁矿主要沿磁铁矿解理或裂隙交代产出。脉石矿物主要为石英,其次为很少量绿泥石。

表 5 - 15 拉斯曼丘陵铁矿化样品的化学成分

（%）

序号	样号	岩性	SiO₂	TiO₂	Al₂O₃	TFe₂O₃	MnO	MgO	CaO	Na₂O	K₂O	P₂O₅	LOI	Total
1	063 - 6	磁铁夕线堇青石片麻岩	37.63	1.82	30.00	23.39	0.11	4.21	0.29	0.13	0.23	0.20	0.54	98.01
2	064 - 3	磁铁夕线二长片麻岩	56.04	1.24	20.84	15.98	0.07	3.00	0.06	0.18	0.88	0.02	0.34	98.31
3	064 - 10	含石榴磁铁堇青夕线片麻岩	36.07	4.04	33.97	16.83	0.10	5.65	0.11	0.15	1.61	0.03	0.42	98.56
4	ZS14 - 9 - 1/1	铁矿石	17.16	1.22	33.77	43.40	0.27	1.99	0.35	0.38	0.67	0.06	0.64	99.91
5	ZS14 - 9 - 1/2	不均匀铁矿石	24.58	2.75	18.22	52.18	0.18	0.88	0.20	<0.01	0.06	0.13	0.74	99.93
6	ZS14 - 9 - 1/3	条带状铁矿石	16.17	1.77	32.36	45.47	0.16	2.08	0.26	0.04	0.26	0.23	0.62	99.42
7	ZS14 - 9 - 1/4	磁铁石榴石英岩	51.01	0.58	21.06	21.46	0.26	3.27	0.46	<0.01	0.08	0.06	0.78	99.03
8	ZS14 - 9 - 2	不均匀铁矿石	48.89	1.65	24.37	20.70	0.21	2.91	0.42	0.11	0.43	0.02	0.27	99.98

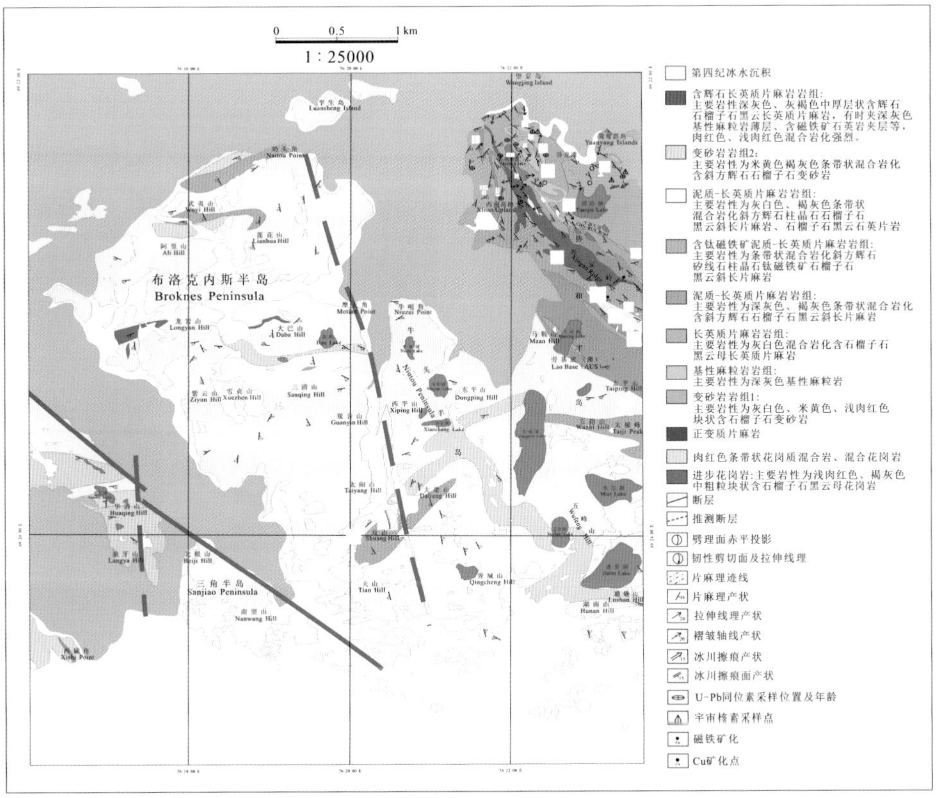

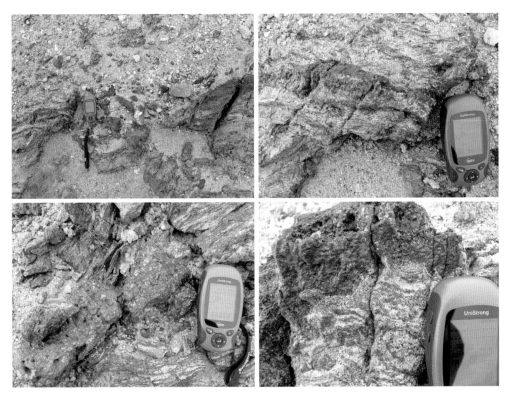

0 0.5 1 km
1∶25000
布洛克内斯半岛
Broknes Peninsula
三角半岛
Sanjiao Peninsula
第四纪冰水沉积
含辉石长英质片麻岩岩组：
主要岩性深灰色、灰褐色中厚层状含辉石石榴子石黑云长英质片麻岩，有时夹深灰色基性麻粒岩薄层、含磁铁矿石英岩夹层等，肉红色、浅肉红色混合岩化强烈。
变砂岩岩组2：
主要岩性为米黄色褐灰色条带状混合岩化含斜方辉石石榴子石变砂岩
泥质-长英质片麻岩岩组：
主要岩性为灰白色、褐灰色条带状混合岩化斜方辉石柱晶石石榴子石黑云斜长片麻岩、石榴子石黑云石英片岩
含钛磁铁矿泥质-长英质片麻岩岩组：
主要岩性为条带状混合岩化斜方辉石矽线石柱晶石钛磁铁矿石榴子石黑云斜长片麻岩
泥质-长英质片麻岩岩组：
主要岩性为深灰色、褐灰色条带状混合岩化含斜方辉石石榴子石黑云斜长片麻岩
长英质片麻岩岩组：
主要岩性为灰白色混合岩化含石榴子石黑云母长英质片麻岩
基性麻粒岩岩组：
主要岩性为深灰色基性麻粒岩
变砂岩岩组1：
主要岩性为灰白色、米黄色、浅肉红色块状含石榴子石变砂岩
正变质片麻岩
肉红色条带状花岗质混合岩、混合花岗岩
进步花岗岩：主要岩性为浅肉红色、褐灰色中粗粒块状含石榴子石黑云母花岗岩
断层
推测断层
劈理面赤平投影
韧性剪切面及拉伸线理
片麻理迹线
片麻理产状
拉伸线理产状
褶皱轴线产状
冰川擦痕产状
冰川擦痕面产状
U-Pb同位素采样位置及年龄
宇宙核素采样点
磁铁矿化
Cu矿化点

图5-88 拉斯曼丘陵东部地质图及铁矿化的层位（灰色单元）

UniStrong

图5-89 拉斯曼丘陵米洛半岛铁矿化层位的野外产状

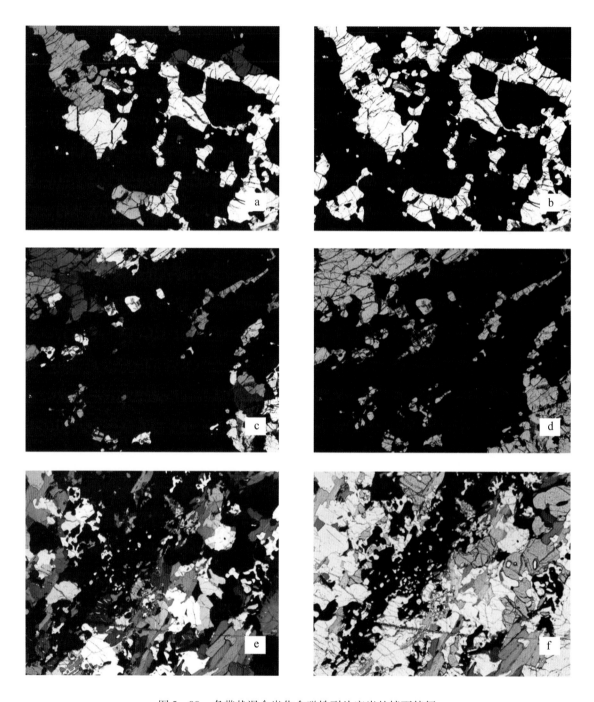

图 5 - 90　条带状混合岩化含磁铁副片麻岩的镜下特征

（a、b）样品 LSM501 - 1（西南高地）；（c、d）样品 LASM502 - 1（西南高地）；

（e、f）样品 LSM302 - 1（五岳半岛）；不透明矿物为磁铁矿

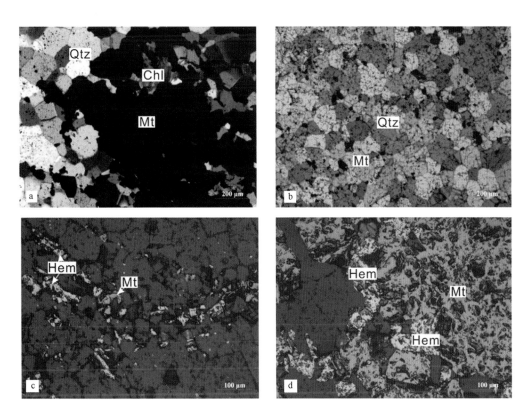

图 5 – 91　西福尔丘陵条带状石英磁铁矿矿石（样品 VF1 – 35）中矿物结构特征

Chl—绿泥石；Hem—赤铁矿；Mt—磁铁矿；Qtz—石英

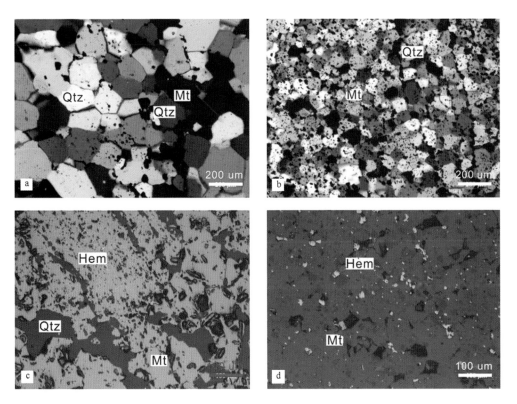

图 5 – 92　西福尔丘陵条带状石英磁铁矿矿石（样品 VF1 – 36）中矿物结构特征

Hem—赤铁矿；Mt—磁铁矿；Qtz—石英

样品 VF1-37 中金属矿物主要为磁铁矿（图 5-93）。磁铁矿常常与透闪石以脉状集合体与石英形成明显的层状构造。脉石矿物主要为石英，其次为透闪石及很少量绿泥石。

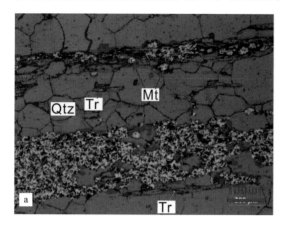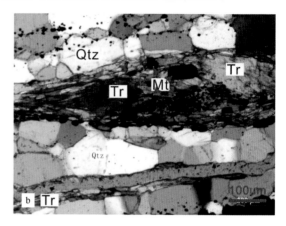

图 5-93 西福尔丘陵条带状石英磁铁矿矿石（样品 VF1-37）中矿物结构特征

Mt—磁铁矿；Qtz—石英；Tr—透闪石

样品 VF1-38 中金属矿物以主要为磁铁矿，偶见赤铁矿（图 5-94 和图 5-95）。磁铁矿常常与透闪石及绿泥石以脉状集合体与石英呈层状构造产出。脉石矿物主要为石英，其次为透闪石及绿泥石。

有时可见条带状石英-磁铁矿矿石标本中构造置换非常清楚，紧闭褶皱轴面劈理强烈置换由石英-磁铁矿条带状构造所代表的早期面理（图 5-96）。

3）拉斯曼丘陵和西福尔丘陵的富铁矿石

第 29 次南极考察在拉斯曼丘陵俄罗斯大坡一带采集到一块致密块状铁矿石转石（样品 LSM404-1，图 5-97），重量约 2 kg。矿物主要由磁铁矿及交代其形成的赤铁矿组成，含量合计大于 95%。硅酸盐矿物主要为绿泥石，含量小于 5%。赤铁矿 70%~80%，磁铁矿 20%~25%。

第 31 次南极考察在西福尔丘陵又发现一块致密状铜-铁矿石转石（样品 VH04-5，图 5-98），表面可见铜蓝，大小约 20 cm×15 cm×10 cm，重约 4 kg。由于尚未磨制出切片，所以具体矿物组成和铁矿物的含量未知。

4）铁矿的资源潜力分析

前已述及，拉斯曼丘陵地区的铁矿化主要发育在变泥质岩层位，在西南高地、俄罗斯大坡一带形成走向北西向的褶皱核部，其矿化可能与褶皱变形加厚有关。矿石矿物主要是磁铁矿，其常常呈自形条带状集合体与石英、夕线石等一起富集成带，但极不均匀，常在局部形成富铁矿石结核。从宏观上看，由于铁矿化具有较好的层位性，有一定的规模。主要含磁铁矿片麻岩的 Fe_2O_3 含量一般为 15%~25%，但部分样品的含量达到了 40%~50%。考虑到铁矿石以磁铁矿为主，利于分选，所以该铁矿化层位具有经济价值。

另一方面，在西福尔丘陵东南侧冰碛物中发现了多块条带状石英磁铁矿矿石的砖石，类似于 BIF 型（Banded Iron Formation）铁矿石。如果这些条带状磁铁石英岩的时代和来源与推测的古太古代冰下陆块相同，那么该冰下陆块有可能形成与南查尔斯王子山类似的太古宙铁矿床，经济潜力巨大。此外，在拉斯曼丘陵和西福尔丘陵还发现 2 块富铁矿石的转石，其来

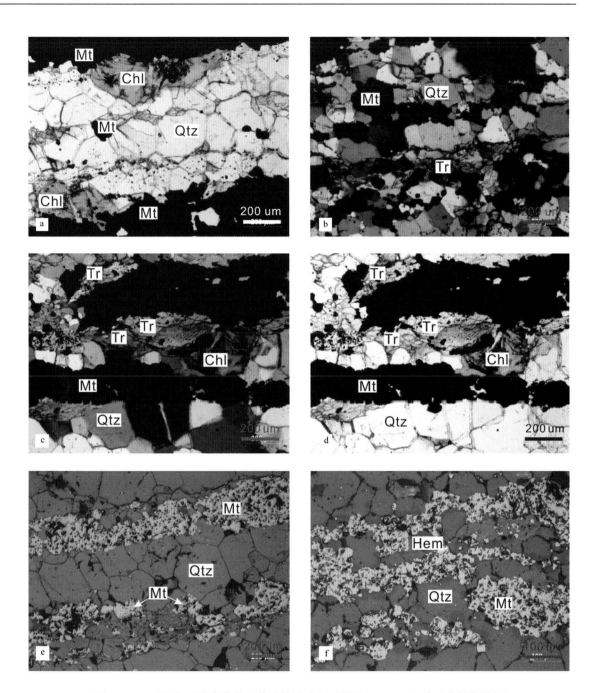

图 5 - 94　西福尔丘陵条带状石英磁铁矿矿石（样品 VF1 - 38）中矿物结构特征

源无疑是上覆冰盖之下，也可能具有潜在的经济价值。

5.2.6.5　格罗夫山的铷矿化

本项目通过对比研究手持快速矿物分析仪（NITON XL3t - 500S GOLDD）直接测量岩石样品和岩石粉末，以及实验室化学分析三组测试方法所获得的元素组成结果，以探讨在南极地区利用手持快速矿物分析仪代替传统化探方法的可行性。据此研究格罗夫山地区的元素空间分布规律，研究不同元素在不同地质单元中分布富集特征及组合特征，初步获得各地层单元的可能含矿性，评估格罗夫山地区的化学环境、矿产资源潜力。

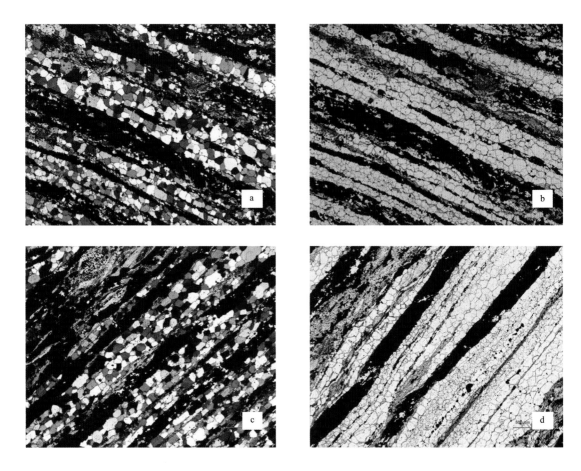

图 5 – 95　西福尔丘陵条带状石英磁铁矿矿石主要矿物及结构特征

（a、b）样品 VF1 – 38；（c、d）样品 VF1 – 31；不透明矿物为磁铁矿

　　手持式矿石分析仪可以准确地分析从镁矿（Mg）到铀矿（U）间的 80 余种自然矿石，具有高效、便携、准确等特点，不受现场条件的限制，尤其适合野外快速分析，已在国内外地质矿产资源行业得到广泛应用。手持式矿石分析仪是一种 XRF 光谱分析技术，X 光管产生的 X 射线打到被测样品时可以激发样品中对应元素原子的内层电子，并出现壳层空穴，此时原子处于不稳定状态，当外层电子从高轨道跃迁到低能轨道来填充轨道空穴时，就会产生特征 X 射线，原子恢复稳态。X 射线探测器将样品元素的 X 射线的特征谱线的光信号转换成易于测量的电信号来得到待测元素的特征信息。目前在地质勘探、矿山测绘、开采、矿石分选、品位鉴定、矿产贸易、金属冶炼以及环境监测等领域有着广泛的应用。

　　目前，项目利用 Niton XL3t 500 矿石分析仪已经完成如下工作。

　　对南极岩矿标本库中的岩石样品进行了测量，共测量岩石样品 213 块，获得岩石元素含量数据 619 条，大部分样品检出 31 种元素包括 Mo、Zr、Sr、U、Rb、Th、Pb、Se、As、Hg、Zn、Cu、Ni、Co、Fe、Mn、Cr、V、Ti、Sc、Ca、K、S、Ba、Cs、Te、Sb、Sn、Cd、Ag、Pb，极少数样品检测出 Nb、Bi。

　　从检测结果看，元素含量除 Rb 外，基本在片麻岩和花岗岩的正常含量水平范围内。

　　检测结果中 561 条数据检出 Rb 元素，平均值为 147 ppm，是地壳克拉克值属正常水平。27 块样品的铷含量较高，超过 300 ppm。14 块样品的铷含量超过工业边界品位（400 ppm）

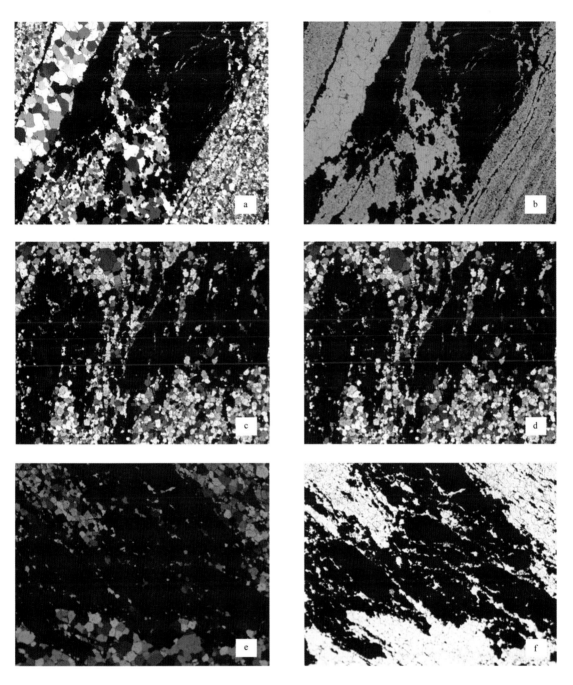

图 5-96 西福尔丘陵条带状石英磁铁矿矿石中发育的构造置换现象

(a、b) 样品 VF1-36;(c、f) 样品 VF1-35。不透明矿物为磁铁矿

(表 5-16)。2 块样品 (S9224-3、S9224) 的铷含量达到工业品位 (1 000 ppm)。从样品岩性类型来看,铷含量较高的样品主要为钾长花岗岩和片麻岩 (图 5-99),尤其是代表哈丁山钾长花岗岩脉的样品 (样品库中描述为片麻岩),其铷含量达到了工业品位。但由于历次格罗夫山考察队对钾长花岗岩脉含矿性关注度不够,野外资料有限,目前对钾长花岗岩脉的含矿性、产状、规模、地质背景不清,有待下一步开展野外考察和室内综合研究。

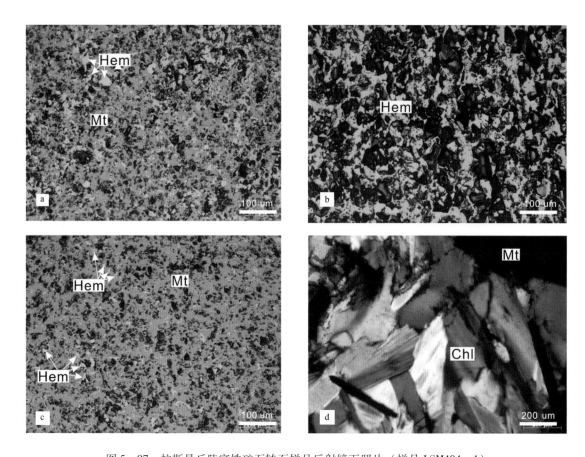

图 5 - 97　拉斯曼丘陵富铁矿石转石样品反射镜下照片（样品 LSM404 - 1）

（a）赤铁矿（Hem）交代磁铁矿（Mt）产出；（b）赤铁矿（Hem）呈集合体产出；（c）磁铁矿（Mt）呈集合体产出，颗粒边缘有时被赤铁矿（Hem）交代；（d）绿泥石（Chl）嵌布于磁铁矿或赤铁矿粒间

图 5 - 98　西福尔丘陵铜 - 铁矿石转石样品（样品 VH04 - 5）

表 5-16　格罗夫山铷检出值超过 300 ppm 的样品信息

样品	Rb(ppm)	岩性	地点	经度(°E)	纬度(°S)	描述
s9224-3	1 477.1	片麻岩	格罗夫山	75.417	72.817	基岩，花岗片麻岩，含石英、长石（钾长石、斜长石）、黑云母、角闪石等矿物，石英含量在 25% 以上的
s9224	1 188.52	片麻岩	格罗夫山	75.417	72.817	基岩，花岗片麻岩，含石英、长石（钾长石、斜长石）、黑云母、角闪石等矿物，石英含量在 25% 以上的
s9224-5	792.57	片麻岩	格罗夫山	75.417	72.817	基岩，花岗片麻岩，含石英、长石（钾长石、斜长石）、黑云母、角闪石等矿物，石英含量在 25% 以上的
s92kw-2	619.9	花岗岩	格罗夫山	75.417	72.817	肉红色，伟晶钾长花岗岩，夹有黑色石英脉
s92	570.17		格罗夫山			
a9814	537	英云闪长片麻岩	格罗夫山	75.417	72.817	黄灰色表面，微糜棱化，片麻理构造，显示一定的流动性构造，可见明显的重结晶的大长石斑晶 2~3 cm，并有明显得的眼球构造，其斑晶为红褐色石榴子石，粒径 4~5 cm，含黑云母粒径为 0.5 cm，体积约占 15%
s92kw-1	535.9	花岗岩	格罗夫山	75.417	72.817	肉红色，伟晶钾长花岗岩，夹有黑色石英脉
395	475.38					
s9224-1	456.89	片麻岩	格罗夫山	75.417°	72.817°	基岩，花岗片麻岩，含石英、长石（钾长石、斜长石）、黑云母、角闪石等矿物，石英含量在 25% 以上的
a9217-2	447	紫苏花岗岩	格罗夫山	74.710	72.796	黄黑色，中粗粒结构，含钾长石，石英，斜长石，黑云母，石榴子石等矿物
s73	422.19					
z008	416.97	片麻岩	格罗夫山	74.15	72.54	灰黑色，中粗粒结构，花岗片麻岩，含长石、黑云母、石英、角闪石以及石榴子石等矿物
a75	412.61					
a9268	406.04	英云闪长片麻岩	格罗夫山	74.710	72.796	灰黑色，粗粒结构，含大量的黑云母，并定向排列，其他主要矿物有：斜长石，石英，暗色矿物体积约占 40%
m10-5	388.2	片麻岩	格罗夫山	74.15	72.54	灰黑色，中细粒结构，条带状花岗片麻岩，含长石、黑云母、石英、角闪石等矿物
z007	375.39	片麻岩	格罗夫山	74.15	72.54	灰黑色，中粒结构，闪长质片麻岩，含长石、黑云母、石英、角闪石等矿物
a92307	374.9					
81	374.25	片麻岩	格罗夫山	74.15	72.54	灰黑色，细粒结构，闪长质片麻岩，含长石、石英、黑云、角闪石等矿物
188	359.49	角闪岩	格罗夫山	74.15	72.54	黑色，粗粒结构，暗色矿物含量高，有大量的大颗粒片状黑云母矿物堆积

样品	Rb(ppm)	岩性	地点	经度(°E)	纬度(°S)	描述
BDL	355.09					
395	354.36	闪长岩	格罗夫山	74.15	72.54	灰黑色，细粒结构，含暗色包括体（颗粒4 mm × 10 mm），并主含石英、长石、云母、角闪石等矿物，暗色矿物含量高
s8989	351.21					
a92321	346.66					
39	344.18					
a92390	338.7					
s7106	328.84	片麻岩	格罗夫山	E76.367	S69.367	钾长花岗片麻岩，浅红色，中粒结构，含钾长石，并含有石英、角闪石、黑云母等矿物
a9233 - 3	305.45	紫苏花岗岩	格罗夫山	75.417	72.817	黄褐色，粗粒结构，含石英、钾长石、斜长石、紫苏辉石、黑云母和石榴子石，暗色矿物体积约占20%

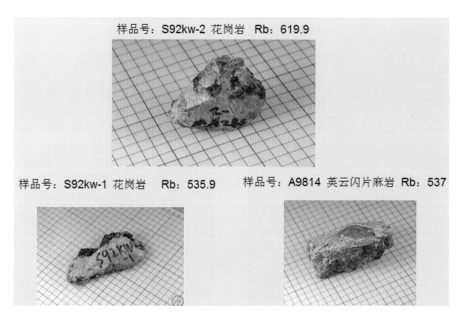

图 5 - 99　部分含铷样品及其铷含量（ppm）

受仪器性能和测试方法限制，目前利用 Niton XL3t 500 矿石分析仪的检测结果仅为样品的单点分析结果，虽然采取了计算算术评价值的方式，仍然只能作为半定量数据加以参考，在此基础上有必要开展实验室化学分析，以测定样品的元素含量，作为评价格罗夫山地区地球化学环境和矿产资源潜力的定量化依据。

5.3 北维多利亚地地区早古生代构造演化及矿产资源潜力分析

5.3.1 特拉诺瓦湾难言岛地质填图及早古生代岩浆作用

5.3.1.1 北维多利亚地难言岛新站选址区域 1:2000 地质填图

维多利亚地新站是我国在南极即将建设的第五个考察站。站区地处西南极罗斯海（Ross Sea）西缘特拉诺瓦海湾（Terra Nova Bay）的难言岛（图 5 - 100），其自然地理环境复杂，出露有基岩、冰碛岩、现代海岸堆积、冰川、湖泊等多种地质地貌单元，同时还发育多种方向的构造形迹。不同的地质地貌单元及其特征对于现代工程建设的影响程度区别明显，所以，我们需要在考察站规划与建设之前首先详细了解站区内各种地质体和地貌单元的物质组成特征和分布范围，以及对建筑物的影响程度。为此，本项目在难言岛新站选址区域开展了 1:2 000 地质填图。

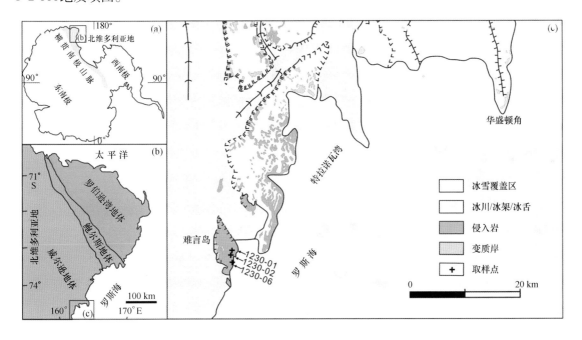

图 5 - 100   北维多利亚地和特拉诺瓦湾地质简图

难言岛位于维多利亚地边缘罗斯海特拉诺瓦湾海湾附近，周围均为南极大陆边缘的冰架或冰川。难言岛西侧为 Nansen 冰架，东侧为宽约 5 km 的冰架，冰架东北部则为 Northern Foothills。整个难言岛呈楔状，其南北最长约 13 km，东西最宽为 5 km。

受工作时间和地面通行条件的影响，本项目在实施过程中重点完成了该岛中部沿海岸线附近拟选站区范围内约 1 km² 的 1:2000 地质填图工作，并对拟选主体建站区附近地区约 3 km² 的面积进行了 1:2.5 万的地质填图工作，从而整体控制了整个建站区内地质情况与出露特征，完成了本项目的基本目标任务。通过地质填图，除了部分地区被表层积雪覆盖外，本次地质填图工作区总体可划分为基岩区、海岸堆积区、冰碛物堆积区和融冰湖泊4种地质地貌单元。

1) 基岩区

本次地质填图工作范围内的基岩出露面积较少，主要出露地区包括北部望鹅岭东侧海岸线附近、东部银河海湾沿线、南部定军山地区和西部青龙山4块主要基岩出露区。基岩出露以岩浆岩为主，但是不同地区的岩性和脉体特征存在差异。

北部望鹅岭地区基岩出露面积约为0.05 km²，基本沿海岸线的地貌陡坎分布。岩石主体以灰色粗粒似斑状花岗岩为主，其主要矿物成分为长石、石英和云母等暗色矿物（图5-101a）。其主要矿物成分为石英（30%~35%）、微斜长石（15%~40%）、条纹长石（5%~10%）、斜长石（20%~40%）和黑云母（5%）等矿物组成（图5-101a）。斑晶由长石组成，粒径以1.5 cm为主，基质由长石、石英和黑云母等其他矿物组成，粒径较小，以0.5-1 mm为主。另外在该花岗岩中还包含有灰黑色深源包体，其岩性以辉石岩或辉绿岩为主，粒细，出露面积以20~500 m²不等，而且往高处深源包体的含量明显增加（图5-101b）。该包体的岩性以闪长岩或辉长岩为主，具有明显辉长辉绿结构，长石和黑云母矿物自形程度较高，石英和辉石等其他矿物为他形（图5-102b）。该类岩石中主要矿物组成为斜长石（40%）、微斜长石（20%）和黑云母（30%），并含有少量辉石（5%）、角闪石（3%）和石英（2%），矿物呈等粒状，粒径以0.5 mm为主。

东部银河海湾沿线基岩区总体出露面积约为0.15 km²，其中部分地区被积雪和浅层松散沙砾石覆盖，可揭露出基岩。岩石主体以灰白色粗粒二长岩为主（图5-101c），块状构造，粗粒结构，矿物粒径以2~5 mm为主，其主要矿物成分为斜长石（26%）、条纹长石（28%）、微斜长石（33%）、黑云母（8%）、石英（4%）（图5-102c和图5-102d），矿物自形程度较高，而且条纹长石和微斜长石较其他矿物粒径大，黑云母和石英等其他矿物往往结晶于长石矿物的间隙中（图5-102d）。在该二长岩中出露有大量晚期灰色花岗岩脉（图5-101d），脉体宽度0.2~20 m不等，脉体延伸方向以北西—南东向和北东—南西两组方向为主，其中北北东方向延伸脉体的宽度较其他方向的脉体要大，而脉体延伸距离在出露区最远可达100 m。该地区的脉体岩性与北部花岗岩一致，其中长石等矿物具有明显定向（图5-101e），其方向与脉体延伸方向一致，反映了脉体岩浆流动的特点。脉体中间与边缘位置的结晶粒度明显不同，边缘部位为等细粒结构，而中部为似斑状结构，斑晶主要由微斜长石组成（图5-102e）。晚期花岗岩脉体的时代需要进一步确认。

定军山地区基岩出露面积约为0.5 km²，表层被冰碛砾石覆盖明显。出露岩石主体为灰白色粗粒二长岩，其岩石特征与沿海岸主体岩性一致。该地区还发育一条近南北向延伸的辉绿玢岩脉（图5-101f），脉宽约5 m，延伸超过300 m，横穿整个定军山基岩地区。该脉体岩性为辉绿玢岩，岩石具有斑状结构、辉绿结构，主要矿物组成为斜长石（50%~70%）、黑云母（25%~35%）和辉石（5%~10%），辉石有绿泥石化、角闪石化。岩石中斑晶主要由斜长石和辉石组成，其斑晶粒径约为0.5 mm，基质主要由长石和黑云母组成，矿物粒径仅约50 μm（图5-101f）。

青龙山地区出露面积较大，在填图区内出露面积约0.4 km²。该区出露岩石以灰绿色粗玄岩为主（图5-101g），表层球形风化明显，呈块状。岩石主要矿物组成为斜长石（55%）、辉石（25%）、金云母（20%）等，具有明显气孔构造和斑状结构（图5-102g和图5-

图 5 - 101　难言岛基岩区岩石野外特征

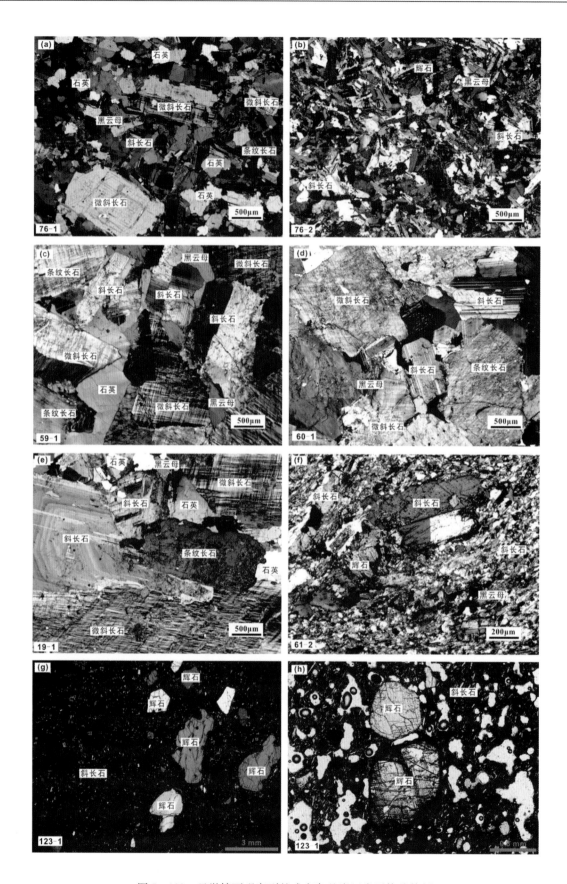

图 5 – 102 显微镜下观察到的难言岛基岩区岩石构造特征

102h），其中云母颗粒较大，颗径多为 1 cm，野外可以直接观察到，而辉石颗粒颗径多为 2 ~ 3 mm，形成了明显斑状结构（图 5 - 102h）。另外，在该地区还发育有多期晚期岩浆脉体（图 5 - 102h）。第一期为近南北向延伸的辉绿岩脉，主要由辉石和长石组成，辉绿结构明显。该脉体与定军山辉绿玢岩近平行，可能为同期构造。第二期脉体为灰色细粒花岗岩脉，脉体走向近东西向。但是目前的野外观察还不能确定上述几种岩浆活动的准确时代，根据与邻区岩石组成的对比，粗玄岩的时代可能为侏罗纪，有待后续进一步确定。

2）海岸堆积区

在填图区东部，沿海岸线堆积有不同砾径的砾石。这种砾石堆积的西部边界为东部隆起高地的西边界，东部边界为基岩露头或海岸线，北部到望鹅岭，南部到定军山东部，总体面积约 0.5 km²。该范围内堆积的砾石有一定的磨圆和分选，而且其延伸方向明显沿现代海岸线，反映了受到海水侵蚀的特征，代表了现代海岸堆积（图 5 - 103a）。通过野外实地考察发现，砾石成分在东西横剖面上的变化较大。剖面西部（东部隆起西坡）砾石以多种岩性的混杂堆积为主，砾石磨圆较差，砾径以 10 ~ 30 cm 为主（图 5 - 103b）；中部（东部隆起顶部）以花岗岩为主，分选较好，磨圆一般，砾石多以小于 10 cm 砾石为主（图 5 - 103c）；而在东部（东部隆起东坡）沿海岸线地区，砾石多为花岗闪长岩和花岗岩，砾石分选和磨圆均较好，而且砾石多以大于 30 cm 为主，尤其在靠近现代海岸线地区，砾石的分选和磨圆均极好，显示了强烈海水侵蚀的特征（图 5 - 103d）。

3）冰碛物堆积区

难言岛大部分地区均被冰碛物堆积覆盖，填图区内除上述基岩区和海岸堆积区之外，均为冰碛物堆积，总体面积大约为 1.8 km²。冰碛物呈尖棱状，无磨圆，无分选（图 5 - 103e）。砾石成分复杂，包括岩性有花岗岩、片麻岩、石英岩、玄武岩等各种岩性。砾石大小混杂，总体以大于 50 cm 的砾石为主。局部低洼处出露有砾径较小的砾石，其大小以小于 10 cm 为主，而且表面盐碱明显，代表了早期干旱 - 半干旱冰湖沉积的底部（图 5 - 103f）。

4）融冰湖泊

在填图区内西部冰碛物堆积区内出露有大量的融冰湖泊，其湖泊的面积 500 ~ 60 000 m² 不等。其中面积较大的湖泊有西南侧的镜月潭和玉渊潭，西侧的日潭和月潭，东部的天佑湖等。湖水表面还有未融化的冰雪层，湖水深度未探测，根据目测推测西南侧的镜月潭和玉渊潭的深度较深，应大于 5 m，日潭和月潭应小于 5 m，而包括天佑湖在内的其他湖泊的水深应在 1 ~ 2 m 范围内，部分未干涸湖泊可见明显湖底。上述未干枯湖泊中心的沉积砾石分选性和磨圆度均较差，反映了明显的融冰湖泊的特征。其中镜月潭的湖水为淡水，水质较好，而且在西南侧雪坝底部存在由山顶向湖泊流动水流；其他湖泊均为咸水。

5.3.1.2 难言岛地表地质特征

1）基岩区断裂构造分析

整个基岩区内断裂构造不明显，仅在海岸线花岗闪长岩中发现有一条近南北向的断层存在。断层面近直立，其走向与岩石中劈理面走向一致，为北北东走向。断面上擦痕线理清晰，显示了右行走滑的特征，总体指示了北东—南西向挤压的特征（图 5 - 104a）。但是该期活动

图 5 - 103　难言岛地区砾石分布特征

仅在花岗闪长岩内出露，表明其活动时代较早。

　　整个基岩区岩石均经历了强烈的劈理化改造，劈理面整理呈北北东—南南西走向，同时还存在一组北西走向与之共轭的劈理面，但是前者劈理化强度明显强于后者。但是不同基岩出露区受岩性差异的影响，其劈理化强度和劈理面密度也存在一定差异。其中北部望鹅岭地区花岗岩中北北东走向劈理面间隔以 30 cm 为主，而北西走向劈理面间隔则达到 1 ~ 2 m。在拟选站区东侧沿海岸线基岩区内，北北东走向劈理化非常明显，其劈理面间隔以 5 ~ 10 cm 为主，局部达到了 5 ~ 10 mm，并形成高低不平的起伏地形（图 5 - 104b）。上述岩石劈理化与早期构造活动相关，现今地表裂缝仅局限于地表浅层，与物理风化作用相关。

　　2）海岸带沉积特征分析

　　海岸带沉积物分布具有明显沿海岸线带状分布的特征，沉积砾石在东西剖面上的砾石特征与组成差异明显。在西部以混杂堆积为主，砾石磨圆和分选较差，而且表面发育大量裂纹，裂纹宽度、深度和延伸长度不均一（图 5 - 104c）。在裂纹内部充填有较大的砾石，并呈现一定的隆起，反映了冻丘的特征。通过冰雷达等地球物理探测表明，该套沉积物下部含有冰、水、砾、砂的混合物，具有冻土的特征，不适合大型建筑物的工程建设。在东部则以花岗岩和花岗闪长岩砾石为主，靠近海岸处砾石砾径较大，该砾石层覆盖厚度较薄，一般以小于0.5 m 为主，下伏即为花岗闪长岩和花岗岩的基岩（图 5 - 104d）。

在海岸带沉积分布范围内，在基岩区与砾石覆盖的交接部位，存在部分砾石砾径较小的覆盖区，可以作为建站区的最佳选择。通过野外实地考察，圈定了 4 块最佳区域。

3）冰碛物沉积特征分析

整个难言岛内大部分面积均被冰碛物所覆盖，冰碛物分布受后期沉积影响，可以划分为冰湖堆积（图 5 - 103f，图 5 - 104e）和巨砾冰碛物堆积（图 5 - 103e）。冰碛物沉积区内砾石砾径较大，没有磨圆。整个冰碛物覆盖区内均发育有裂纹，而且冰碛物厚度较大。

图 5 - 104　难言岛地区构造活动特征

4）冰川运动特征分析

由于难言岛整个地区均被冰碛物所覆盖，表明该岛经历过非常强烈的冰川运动和搬运过程，但是现今地表特征很难判断早期冰川运动的特征。本次调查在难言岛南部基岩区花岗闪长岩中发现了冰川擦痕。冰川擦痕线理倾伏向为南东向，倾伏角约 30°，表明该地区曾经历了由北西往南东方向运动的冰川作用，该运动方向与现在难言岛西部冰川流动的方向并不相同（图5-104f）。

5.3.1.3 难言岛侵入岩锆石 U-Pb 年代学及地质意义

如前所述，南极罗斯造山运动是由早古生代洋壳沿冈瓦纳大陆古太平洋边缘俯冲导致（Bradshaw，Laird，1983；Kleinschmidt，Tessensohn，1987；Borg，De Paolo，1991；Goodge，1997），主要发生在横贯南极山脉地区，造成地壳的隆升、岩石的褶皱变质以及岩浆的广泛侵入（Stump，1995；Giacomini et al.，2007）。在北维多利亚地罗斯运动主要导致了有关的变形和变质作用以及局部的岩浆侵入（陈廷愚等，2008）。罗斯造山带中的侵入岩对于限定罗斯造山运动的历史乃至冈瓦纳大陆的聚合与演化具有重要意义。

中国第29次（2012—2013年）南极科学考察队首次登上南极北维多利亚地难言岛，采集了典型岩石样品。我们以采集到的侵入岩样品为研究重点，在岩石学研究的基础上采用 LA-ICP-MS 分析技术对代表性样品中的锆石进行了系统的 U-Th-Pb 同位素分析，限定了其结晶成岩年龄。同时，结合该区域已有的研究资料，简要讨论了该期岩浆活动可能的形成背景及对限定罗斯造山运动的意义。

1）样品岩石学特征

我们研究的难言岛侵入岩样品包括 1230-01、1230-02 和 1230-06（见图5-105c）。样品 1230-1 为浅色中粗粒石英二长岩，主要含有斜长石（约30%）、钾长石（约50%）、黑云母（约8%）、角闪石（约5%）、石英（约6%）以及磷灰石、不透明氧化物等副矿物（图5-105a 和图5-105b）。黑云母具有明显的深褐色-褐色多色性，常呈短片状，少数为不规则长片状，可达5 mm。斜长石多为自形或半自形，多在2~3 mm 之间。钾长石自型程度较低，粒径在5 mm 左右者居多，但也可见自型长柱状微斜长石，长径最大可达7 mm。石英常呈填隙状分布于其他矿物颗粒之间。可见少量褐绿色角闪石，个别颗粒具有清晰解理。黑云母及角闪石等暗色矿物没有明显定向。

样品 1230-2 也为浅色中粗粒石英二长岩，主要含有斜长石（约28%）、钾长石（约45%）、黑云母（约10%）、角闪石（约5%）、石英（约10%）以及磷灰石等副矿物（图5-105c、d）。整体特征与样品1230-1类似，但石英含量略高。样品为块状构造并可见较好的二长结构。黑云母及角闪石等暗色矿物均匀分布，矿物排列没有优选方位。

样品 1230-6 为浅灰色细粒石英二长闪长岩，主要含有斜长石（约40%）、钾长石（约20%）、黑云母（约15%）、角闪石（约10%）、石英（约13%）等（图5-105e、f）。矿物粒度较小。黑云母呈不规则短片状或较窄的长片状，长径在0.5~1 mm 之间，具有深褐-浅褐色多色性。角闪石形状不规则，具有绿色-浅绿色多色性，干涉色多为二级蓝绿。斜长石具有较好的晶形，多为1~1.5 mm 之间的长柱状。钾长石多不规则，具有微弱蚀变。暗色矿物均匀分布，没有明显定向。

2）锆石年代学分析

（1）分析方法

按常规重力和磁选方法进行锆石分选，并用环氧树脂将锆石制成样品靶，抛光至锆石颗粒保留2/3部分。然后根据透射光以及阴极发光（CL）等图像特征选择确定合适的锆石颗粒

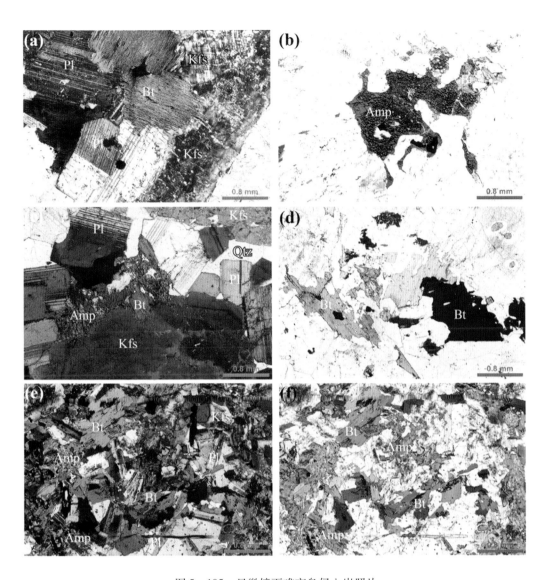

图 5 - 105 显微镜下难言岛侵入岩照片

(a, b) 石英二长岩 (1230 - 01); (c, d) 石英二长岩 (1230 - 02); (e, f) 石英二长闪长岩 (1230 - 06)。

主要矿物缩写: Bt—黑云母, Pl—斜长石, Kfs—斜长石, Amp—角闪石, Qtz—石英

及部位进行同位素分析。LA - ICP - MS 锆石 U - Pb 同位素分析在西北大学大陆动力学国家重点实验室完成。激光剥蚀系统为配备有 193nmArF - excimer 激光器的 Geolas200M,分析所用激光剥蚀孔径 30 μm,剥蚀深度 20 ~ 40 μm。数据采用 GLITTER (ver4. 0) 程序处理,并以标准锆石 91500 为外标进行年龄校正。样品普通铅校正参考 Ansersen (2002)。采用 ISOPLOT 2. 49 程序绘制 U - Pb 谐和图以及计算锆石年龄加权平均值,同位素比值及年龄的误差均为 1σ,年龄加权平均值对应 95% 的置信度。

(2) 分析结果

石英二长岩样品 1230 - 01 中的锆石粒径在 100 ~ 250 μm 之间,一般为自形半自形。CL 图像显示多数颗粒表面均匀干净,没有明显环带 (图 5 - 106a ~ e)。锆石 Th/U 较高 (>0. 4) (表 5 - 17),具有岩浆锆石的特征。对样品 1230 - 01 中的锆石进行 LA - ICP - MS U - Pb分析,27 个分析点落在谐和线上 (图 5 - 107a),其加权平均^{206}Pb/^{238}U 年龄为 (482. 4 ±

4.2）Ma，MSWD＝1.3（图 5 – 109b）。该年龄应代表了石英二长岩的结晶成岩年龄。

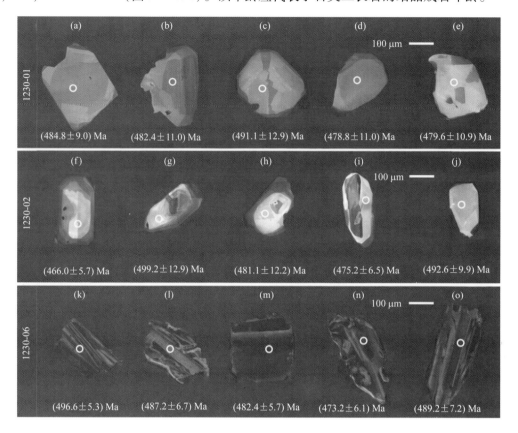

图 5 – 106 锆石阴极发光图像

（a～e）石英二长岩（1230 – 01）；（f～j）石英二长岩（1230 – 02）；（k～o）石英二长闪长岩（1230 – 06）

石英二长岩样品 1230 – 02 中的锆石粒径在 50～200 μm 之间，一般为半自形或自形。CL 图像显示有些锆石比较均匀，而有些锆石具有略微发暗的边缘（图 5 – 106f～j）。锆石 Th/U 在 0.25～1.13 之间。分析显示不同部位的年龄结果并没有显著差异（表 5 – 17），不同锆石部位阴极发光亮度的差异可能是锆石结晶过程中成分受到扰动造成。除个别点外分析结果都落在谐和线上（图 5 – 107c），53 个分析结果的加权平均^{206}Pb/^{238}U 年龄为（484.3 ± 2.5）Ma，MSWD＝2.0（5 – 107d），应反映了该石英二长岩的结晶年龄。

石英二长闪长岩样品 1230 – 06 中的锆石粒径在 100～200 μm 之间，多为短板状或长板状，表面具有不规则分区。颗粒边缘也常不规则（图 5 – 106k～o）。Th/U 在 0.11～0.83 之间变化（表 5 – 19）。30 个 LA – ICP – MS U – Pb 分析点都在谐和线上（图 5 – 107e），其加权平均^{206}Pb/^{238}U 年龄为（484.0 ± 3.0）Ma，MSWD＝2.1（图 5 – 107f）。该年龄应代表了石英二长闪长岩的结晶成岩年龄。

3）地质意义

北维多利亚地难言岛的主要侵入岩为石英二长岩及石英二长闪长岩，而非花岗岩。LA – ICP – MS 锆石 U – Pb 定年分析结果显示难言岛石英二长岩与石英二长闪长岩具有一致的结晶成岩年龄，3 个样品的加权平均^{206}Pb/^{238}U 年龄为分别为（482.4 ± 4.2）Ma（样品 1230 – 01），（484.3 ± 2.5）Ma（样品 1230 – 02）和（484.0 ± 3.0）Ma（样品 1230 – 06），其岩浆侵位时

表 5 – 17　难言岛样品 1230 – 01 LA – ICP – MS 锆石 U – Pb 分析结果

样品号	Pb (ppm)	U (ppm)	Th (ppm)	Th/U	同位素比值			年龄（Ma）		
					207Pb/206Pb ±σ	207Pb/235U ±σ	206Pb/238U ±σ	206Pb/238U ±σ	207Pb/235U ±σ	207Pb/206Pb ±σ
1230 – 01 – 01	390	6873	3373	0.49	0.058 7 ± 0.005 0	0.614 6 ± 0.051 4	0.078 7 ± 0.002 0	488 ± 12	486 ± 32	554 ± 182
1230 – 01 – 03	459	8296	4104	0.49	0.055 8 ± 0.004 8	0.615 4 ± 0.055 2	0.078 1 ± 0.001 5	485 ± 9	487 ± 35	456 ± 189
1230 – 01 – 04	405	7390	3515	0.48	0.059 4 ± 0.005 6	0.610 5 ± 0.056 0	0.076 1 ± 0.001 9	473 ± 11	484 ± 35	589 ± 206
1230 – 01 – 05	546	8984	5877	0.65	0.058 8 ± 0.005 3	0.621 1 ± 0.055 4	0.076 3 ± 0.001 6	474 ± 9	491 ± 35	561 ± 198
1230 – 01 – 06	469	8043	4488	0.56	0.056 7 ± 0.004 9	0.610 4 ± 0.052 0	0.079 2 ± 0.001 9	492 ± 12	484 ± 33	480 ± 191
1230 – 01 – 07	456	7944	3871	0.49	0.064 1 ± 0.005 7	0.679 3 ± 0.060 4	0.077 7 ± 0.001 8	482 ± 11	526 ± 37	746 ± 189
1230 – 01 – 08	377	6329	3340	0.53	0.066 9 ± 0.006 8	0.696 2 ± 0.065 3	0.079 2 ± 0.002 2	491 ± 13	536 ± 39	835 ± 211
1230 – 01 – 09	506	9 455	4 208	0.45	0.058 0 ± 0.005 3	0.613 5 ± 0.054 4	0.077 1 ± 0.001 8	479 ± 11	486 ± 34	528 ± 199
1230 – 01 – 11	684	11 257	7 469	0.66	0.061 1 ± 0.003 7	0.645 4 ± 0.042 0	0.077 2 ± 0.001 8	480 ± 11	506 ± 26	643 ± 131
1230 – 01 – 12	289	5 473	2 264	0.41	0.060 5 ± 0.006 1	0.628 4 ± 0.062 5	0.076 3 ± 0.001 7	474 ± 10	495 ± 39	620 ± 223
1230 – 01 – 13	479	8 456	4 622	0.55	0.055 9 ± 0.005 0	0.590 8 ± 0.053 9	0.077 2 ± 0.001 8	479 ± 10	471 ± 34	456 ± 200
1230 – 01 – 14	654	10 823	7 404	0.68	0.056 4 ± 0.004 5	0.590 7 ± 0.044 6	0.077 7 ± 0.001 4	483 ± 8	471 ± 28	478 ± 178
1230 – 01 – 15	351	6 769	2 970	0.44	0.062 0 ± 0.006 8	0.630 9 ± 0.046 5	0.074 7 ± 0.002 2	464 ± 13	497 ± 41	672 ± 236
1230 – 01 – 16	468	9 841	6 234	0.63	0.059 6 ± 0.004 6	0.635 1 ± 0.046 4	0.078 9 ± 0.001 6	490 ± 9	499 ± 29	587 ± 168
1230 – 01 – 17	450	7 667	4 268	0.56	0.066 3 ± 0.005 9	0.718 4 ± 0.064 3	0.080 2 ± 0.001 7	497 ± 10	550 ± 38	817 ± 186
1230 – 01 – 18	382	6 584	3 283	0.50	0.060 4 ± 0.006 1	0.631 7 ± 0.057 5	0.078 8 ± 0.001 7	489 ± 10	497 ± 36	620 ± 223
1230 – 01 – 19	1 101	18 396	12 350	0.67	0.059 5 ± 0.003 4	0.605 1 ± 0.033 6	0.075 3 ± 0.002 2	468 ± 13	480 ± 21	583 ± 122
1230 – 01 – 20	830	14 302	9 616	0.67	0.057 2 ± 0.003 7	0.572 5 ± 0.037 1	0.073 3 ± 0.001 3	456 ± 8	460 ± 24	498 ± 144
1230 – 01 – 21	372	6 747	3 203	0.47	0.063 6 ± 0.005 8	0.661 5 ± 0.059 3	0.078 3 ± 0.002 0	486 ± 12	516 ± 36	728 ± 193
1230 – 01 – 22	1 897	37 517	16 330	0.44	0.054 2 ± 0.002 8	0.571 2 ± 0.030 6	0.076 4 ± 0.001 3	475 ± 8	459 ± 20	389 ± 121
1230 – 01 – 23	435	7 790	4 149	0.53	0.063 0 ± 0.005 5	0.657 6 ± 0.053 3	0.077 7 ± 0.001 6	482 ± 9	513 ± 33	709 ± 181

续表

样品号	Pb (ppm)	U (ppm)	Th (ppm)	Th/U	同位素比值			年龄（Ma）		
					$^{207}Pb/^{206}Pb \pm \sigma$	$^{207}Pb/^{235}U \pm \sigma$	$^{206}Pb/^{238}U \pm \sigma$	$^{206}Pb/^{238}U \pm \sigma$	$^{207}Pb/^{235}U \pm \sigma$	$^{207}Pb/^{206}Pb \pm \sigma$
1230-01-24	2 715	41 290	37 054	0.90	0.053 4 ± 0.002 1	0.572 6 ± 0.022 4	0.078 0 ± 0.001 0	484 ± 6	460 ± 14	346 ± 91
1230-01-25	532	9 106	5 670	0.62	0.064 0 ± 0.004 3	0.687 5 ± 0.047 3	0.078 5 ± 0.001 9	487 ± 11	531 ± 28	743 ± 143
1230-01-27	2 435	35 785	36 158	1.01	0.057 3 ± 0.002 5	0.611 5 ± 0.025 9	0.077 5 ± 0.001 0	481 ± 6	485 ± 16	502 ± 94
1230-01-28	379	6 572	3 200	0.49	0.065 7 ± 0.007 4	0.714 2 ± 0.069 8	0.083 6 ± 0.002 0	518 ± 12	547 ± 41	794 ± 239
1230-01-29	4 251	78 728	38 388	0.49	0.054 4 ± 0.001 9	0.588 6 ± 0.020 5	0.078 4 ± 0.000 9	486 ± 6	470 ± 13	387 ± 80
1230-01-30	798	13 383	8 799	0.66	0.057 7 ± 0.004 3	0.619 8 ± 0.042 6	0.079 5 ± 0.001 4	493 ± 8	490 ± 27	520 ± 161
1230-02-01	941	16 346	9 439	0.58	0.056 0 ± 0.003 2	0.632 8 ± 0.038 4	0.081 4 ± 0.001 7	505 ± 10	498 ± 24	450 ± 126
1230-02-02	2 638	50 305	19 715	0.39	0.057 1 ± 0.002 2	0.621 7 ± 0.024 2	0.078 6 ± 0.001 0	487 ± 6	491 ± 15	494 ± 83
1230-02-03	3 349	63 217	27 241	0.43	0.056 8 ± 0.002 1	0.616 8 ± 0.023 4	0.078 8 ± 0.001 3	489 ± 8	488 ± 15	483 ± 47
1230-02-04	3790	77 441	20 058	0.26	0.053 9 ± 0.001 9	0.587 7 ± 0.020 1	0.078 6 ± 0.000 8	488 ± 5	469 ± 13	369 ± 84
1230-02-05	2 176	34 505	25 552	0.74	0.055 4 ± 0.002 5	0.590 3 ± 0.025 5	0.077 7 ± 0.001 1	482 ± 7	471 ± 16	428 ± 102
1230-02-06	3 555	57 368	39 141	0.68	0.057 5 ± 0.002 2	0.624 3 ± 0.024 0	0.078 6 ± 0.001 0	488 ± 6	493 ± 15	509 ± 87
1230-02-07C	5 099	70 856	80 197	1.13	0.057 0 ± 0.002 5	0.590 8 ± 0.025 5	0.075 0 ± 0.001 0	466 ± 6	471 ± 16	500 ± 96
1230-02-08C	983	16 648	10 685	0.64	0.056 9 ± 0.003 8	0.584 3 ± 0.038 3	0.075 4 ± 0.001 4	468 ± 8	467 ± 25	487 ± 150
1230-02-09C	2 610	43 433	34 775	0.80	0.057 5 ± 0.002 7	0.615 1 ± 0.033 2	0.077 4 ± 0.001 6	480 ± 10	487 ± 21	509 ± 71
1230-02-10C	1 385	22 616	15 675	0.69	0.058 2 ± 0.003 7	0.612 9 ± 0.034 9	0.077 5 ± 0.001 1	481 ± 7	485 ± 22	539 ± 141
1230-02-11	319	5 417	2 579	0.48	0.060 9 ± 0.006 6	0.659 1 ± 0.072 0	0.079 9 ± 0.001 8	496 ± 11	514 ± 44	635 ± 235
1230-02-12	3 390	71 003	18 691	0.26	0.055 9 ± 0.002 1	0.582 4 ± 0.021 9	0.075 2 ± 0.000 8	467 ± 5	466 ± 14	450 ± 85
1230-02-13	3 071	60 030	16 271	0.27	0.056 8 ± 0.002 4	0.628 2 ± 0.026 2	0.080 0 ± 0.000 9	496 ± 6	495 ± 16	483 ± 94

表 5 - 18　难言岛样品 1230 - 02 LA - ICP - MS 锆石 U - Pb 分析结果

样品号	Pb (ppm)	U (ppm)	Th (ppm)	Th/U	同位素比值			年龄(Ma)		
					$^{207}Pb/^{206}Pb \pm \sigma$	$^{207}Pb/^{235}U \pm \sigma$	$^{206}Pb/^{238}U \pm \sigma$	$^{206}Pb/^{238}U \pm \sigma$	$^{207}Pb/^{235}U \pm \sigma$	$^{207}Pb/^{206}Pb \pm \sigma$
1230 - 02 - 14	3 023	53 270	25 820	0.48	0.060 6 ±0.002 3	0.660 0 ±0.025 2	0.078 6 ±0.001 0	488 ±6	515 ±15	633 ±81
1230 - 02 - 15	3 672	72 824	21 259	0.29	0.055 8 ±0.002 0	0.599 1 ±0.021 5	0.077 7 ±0.000 9	482 ±5	477 ±14	456 ±80
1230 - 02 - 16	2 204	35 935	24 118	0.67	0.061 5 ±0.002 7	0.653 3 ±0.029 2	0.077 1 ±0.001 1	479 ±6	511 ±18	655 ±90
1230 - 02 - 17C	336	5 781	2 791	0.48	0.063 2 ±0.006 3	0.675 5 ±0.068 2	0.079 9 ±0.002 2	496 ±13	524 ±41	715 ±218
1230 - 02 - 18	2 779	45 371	26 634	0.59	0.059 0 ±0.002 7	0.656 4 ±0.029 8	0.081 0 ±0.001 1	502 ±7	512 ±18	569 ±100
1230 - 02 - 19	7 180	108 463	88 512	0.82	0.057 7 ±0.002 2	0.622 9 ±0.025 0	0.078 0 ±0.001 1	484 ±6	492 ±16	517 ±83
1230 - 02 - 20	5 284	90 137	49 279	0.55	0.056 3 ±0.002 0	0.618 4 ±0.022 5	0.079 6 ±0.000 8	494 ±5	489 ±14	465 ±80
1230 - 02 - 21	2 275	40 535	19 636	0.48	0.059 0 ±0.002 5	0.641 3 ±0.026 2	0.079 5 ±0.001 1	493 ±6	503 ±16	569 ±93
1230 - 02 - 22	3 830	65 426	37 140	0.57	0.059 2 ±0.002 2	0.629 5 ±0.023 1	0.077 3 ±0.000 8	480 ±5	496 ±14	576 ±80
1230 - 02 - 23	4 170	81 285	27 512	0.34	0.056 0 ±0.002 0	0.603 5 ±0.023 0	0.078 2 ±0.000 8	485 ±5	479 ±15	450 ±81
1230 - 02 - 24	3 200	58 963	26 749	0.45	0.057 9 ±0.002 3	0.619 1 ±0.025 1	0.077 7 ±0.000 9	482 ±5	489 ±16	524 ±87
1230 - 02 - 25	347	6 085	2 776	0.46	0.066 9 ±0.007 6	0.720 2 ±0.074 7	0.080 5 ±0.002 2	499 ±13	551 ±44	835 ±232
1230 - 02 - 26	3 379	61 200	27 383	0.45	0.055 7 ±0.002 4	0.603 9 ±0.025 9	0.078 7 ±0.001 0	488 ±6	480 ±16	443 ±129
1230 - 02 - 27	3 564	60 315	34 547	0.57	0.058 2 ±0.002 2	0.636 4 ±0.022 5	0.079 5 ±0.000 9	493 ±5	500 ±14	600 ±81
1230 - 02 - 28C	901	15 580	8 474	0.54	0.057 8 ±0.003 9	0.611 6 ±0.042 2	0.077 5 ±0.001 4	481 ±8	485 ±27	520 ±150
1230 - 02 - 29C	521	8 511	5 974	0.70	0.057 6 ±0.005 1	0.594 7 ±0.051 1	0.077 5 ±0.002 0	481 ±12	474 ±33	517 ±194
1230 - 02 - 30	1 460	24 519	14 532	0.59	0.057 7 ±0.003 7	0.616 6 ±0.037 5	0.077 8 ±0.001 3	483 ±8	488 ±24	517 ±139
1230 - 02 - 31C	1 107	16 818	14 276	0.85	0.059 3 ±0.004 1	0.631 7 ±0.043 4	0.077 3 ±0.001 5	480 ±9	497 ±27	589 ±152
1230 - 02 - 32C	636	11 122	7 318	0.66	0.056 1 ±0.004 4	0.613 6 ±0.055 5	0.077 1 ±0.001 6	479 ±10	486 ±35	457 ±174
1230 - 02 - 33C	2 659	39 271	37 278	0.95	0.056 2 ±0.002 5	0.600 1 ±0.026 1	0.077 2 ±0.001 1	479 ±6	477 ±17	457 ±94
1230 - 02 - 34	2 034	35 658	22 011	0.62	0.056 3 ±0.002 5	0.611 9 ±0.028 1	0.077 9 ±0.001 0	484 ±6	485 ±18	465 ±100

续表

样品号	Pb (ppm)	U (ppm)	Th (ppm)	Th/U	同位素比值			年龄（Ma）		
					207Pb/206Pb±σ	207Pb/235U±σ	206Pb/238U±σ	206Pb/238U±σ	207Pb/235U±σ	207Pb/206Pb±σ
1230-02-35C	2 479	45 352	20 278	0.45	0.056 8±0.002 4	0.634 9±0.027 1	0.080 6±0.000 9	499±6	499±17	483±96
1230-02-36C	1 059	16 671	13 072	0.78	0.059 4±0.004 2	0.643 4±0.042 6	0.079 4±0.001 4	492±8	504±26	583±154
1230-02-37	3 296	53 307	42 337	0.79	0.059 5±0.003 0	0.626 8±0.029 3	0.076 7±0.001 0	476±6	494±18	587±108
1230-02-38	2 896	59 125	16 744	0.28	0.058 6±0.002 3	0.633 2±0.025 5	0.077 5±0.000 9	481±5	498±16	554±79
1230-02-39C	706	11 707	7 831	0.67	0.060 7±0.004 6	0.651 1±0.048 9	0.078 8±0.001 7	489±10	509±30	632±164
1230-02-40C	482	7 748	5 292	0.68	0.060 0±0.005 3	0.624 3±0.049 0	0.078 7±0.001 9	488±11	493±31	611±158
1230-02-41C	645	11 307	5 600	0.50	0.059 3±0.005 4	0.633 5±0.055 0	0.077 8±0.001 5	483±9	498±34	589±198
1230-02-42C	1 479	23 171	14 738	0.64	0.056 4±0.003 1	0.616 2±0.033 6	0.079 5±0.001 4	493±8	487±21	478±120
1230-02-43C	618	10 234	7 065	0.69	0.063 6±0.004 5	0.610 1±0.043 4	0.071 0±0.001 6	442±9	484±27	728±150
1230-02-44C	4 432	70 177	54 733	0.78	0.057 3±0.003 0	0.600 8±0.030 6	0.076 0±0.001 2	472±7	478±19	502±115
1230-02-45	3 103	59 554	19 570	0.33	0.057 3±0.002 4	0.620 6±0.025 8	0.078 5±0.000 9	487±6	490±16	502±93
1230-02-46	2 920	58 197	14 736	0.25	0.056 8±0.001 9	0.625 4±0.020 7	0.079 7±0.000 8	494±5	493±13	483±74
1230-02-47	3 028	64 401	16 867	0.26	0.053 1±0.002 1	0.562 7±0.021 7	0.076 8±0.000 9	477±6	453±14	345±89
1230-02-48	5 502	93 571	58 649	0.63	0.056 4±0.001 8	0.611 8±0.020 4	0.078 5±0.001 0	487±6	485±13	478±103
1230-02-49	5 771	96 769	66 897	0.69	0.055 9±0.002 0	0.598 8±0.021 3	0.077 7±0.000 9	482±6	476±14	456±78
1230-02-50	3 602	71 134	27 800	0.39	0.054 3±0.001 5	0.583 3±0.021 4	0.077 2±0.001 0	479±6	467±14	467±80
1230-02-51C	9 611	145 360	125 501	0.86	0.054 8±0.001 5	0.581 4±0.015 3	0.077 7±0.000 8	482±5	465±10	383±61
1230-02-52C	700	10 973	8 658	0.79	0.059 7±0.005 2	0.622 9±0.049 6	0.079 4±0.001 7	493±10	492±31	591±189
1230-02-53C	3 250	50 148	41 432	0.83	0.056 7±0.002 3	0.597 5±0.024 8	0.076 5±0.001 1	475±6	476±16	480±87
1230-06-01	11 407	183 901	113 654	0.62	0.056 3±0.001 8	0.615 0±0.019 7	0.079 2±0.001 1	491±7	487±12	465±105
1230-06-02	9 337	166 446	66 403	0.40	0.057 3±0.001 6	0.634 7±0.017 8	0.080 1±0.000 9	497±5	499±11	506±61

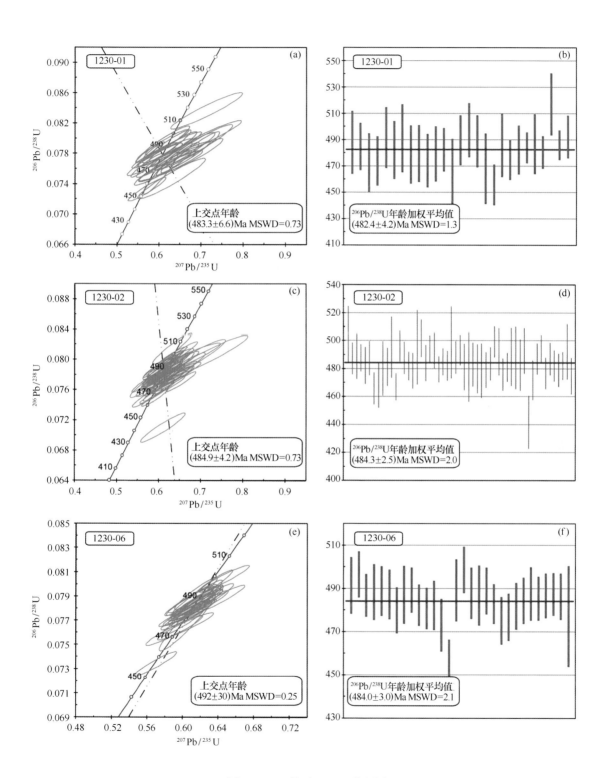

图 5 – 107 锆石 U – Pb 谐和图

表 5 – 19　难言岛样品 1230 – 06 LA – ICP – MS 锆石 U – Pb 分析结果

样品号	Pb (ppm)	U (ppm)	Th (ppm)	Th/U	同位素比值			年龄（Ma）		
					$^{207}Pb/^{206}Pb \pm \sigma$	$^{207}Pb/^{235}U \pm \sigma$	$^{206}Pb/^{238}U \pm \sigma$	$^{206}Pb/^{238}U \pm \sigma$	$^{207}Pb/^{235}U \pm \sigma$	$^{207}Pb/^{206}Pb \pm \sigma$
1230 – 06 – 03	5 977	119 917	29 002	0.24	0.057 9 ± 0.001 8	0.627 3 ± 0.019 8	0.078 4 ± 0.000 8	487 ± 5	494 ± 12	528 ± 70
1230 – 06 – 04	4 573	80 158	40 798	0.51	0.058 1 ± 0.002 4	0.626 4 ± 0.025 3	0.078 7 ± 0.001 1	488 ± 6	494 ± 16	532 ± 91
1230 – 06 – 05	5 686	124 921	14 975	0.12	0.056 2 ± 0.002 1	0.611 2 ± 0.022 1	0.078 8 ± 0.001 0	489 ± 6	484 ± 14	461 ± 77
1230 – 06 – 06	4 565	93 939	18 171	0.19	0.056 0 ± 0.002 1	0.607 1 ± 0.022 2	0.078 5 ± 0.001 0	487 ± 6	482 ± 14	450 ± 83
1230 – 06 – 07	5 440	111 176	26 747	0.24	0.056 4 ± 0.002 1	0.603 7 ± 0.022 9	0.077 3 ± 0.000 9	480 ± 5	480 ± 15	478 ± 83
1230 – 06 – 08	7 379	149 018	37 327	0.25	0.056 9 ± 0.001 9	0.617 5 ± 0.020 7	0.078 5 ± 0.001 1	487 ± 7	488 ± 13	487 ± 77
1230 – 06 – 09	8 557	168 638	46 100	0.27	0.056 9 ± 0.001 8	0.621 5 ± 0.019 4	0.078 9 ± 0.000 9	489 ± 5	491 ± 12	487 ± 69
1230 – 06 – 10	10 681	160 912	122 956	0.76	0.056 5 ± 0.001 9	0.607 6 ± 0.019 5	0.077 7 ± 0.000 8	482 ± 5	482 ± 12	472 ± 74
1230 – 06 – 11	10 085	223 273	23 874	0.11	0.055 9 ± 0.002 0	0.599 6 ± 0.021 6	0.077 5 ± 0.000 8	481 ± 5	477 ± 14	450 ± 81
1230 – 06 – 12	10 982	162 157	133 234	0.82	0.056 5 ± 0.002 3	0.607 1 ± 0.023 1	0.077 7 ± 0.001 0	482 ± 6	482 ± 15	472 ± 89
1230 – 06 – 13	4 175	70 315	44 309	0.63	0.056 2 ± 0.002 5	0.590 6 ± 0.026 2	0.076 2 ± 0.001 0	473 ± 6	471 ± 17	457 ± 106
1230 – 06 – 14	8 436	176 464	47 600	0.27	0.056 0 ± 0.002 0	0.569 5 ± 0.019 7	0.073 4 ± 0.000 8	457 ± 5	458 ± 13	454 ± 80
1230 – 06 – 15	11 539	170 762	141 662	0.83	0.056 4 ± 0.002 0	0.616 2 ± 0.023 3	0.078 8 ± 0.001 2	489 ± 7	487 ± 15	478 ± 81
1230 – 06 – 16	6 823	109 010	72 556	0.67	0.058 0 ± 0.002 1	0.646 6 ± 0.023 2	0.080 4 ± 0.000 9	499 ± 5	506 ± 14	528 ± 75
1230 – 06 – 17	7 016	154 427	22 992	0.15	0.055 8 ± 0.002 0	0.609 0 ± 0.022 2	0.078 6 ± 0.001 0	488 ± 6	483 ± 14	456 ± 80
1230 – 06 – 18	18 117	425 919	26 250	0.06	0.056 5 ± 0.001 8	0.615 5 ± 0.020 5	0.078 5 ± 0.001 2	487 ± 7	487 ± 13	472 ± 38
1230 – 06 – 19	8 723	173 112	47 000	0.27	0.059 0 ± 0.002 1	0.642 9 ± 0.022 0	0.078 8 ± 0.000 9	489 ± 5	504 ± 14	565 ± 77
1230 – 06 – 20	9 044	162 347	75 875	0.47	0.056 9 ± 0.001 8	0.614 4 ± 0.019 5	0.077 8 ± 0.000 8	483 ± 5	486 ± 12	500 ± 75
1230 – 06 – 21	3 317	62 649	23 323	0.37	0.057 0 ± 0.002 5	0.603 2 ± 0.025 9	0.076 5 ± 0.000 9	475 ± 6	479 ± 16	500 ± 96
1230 – 06 – 22	4 060	67 494	41 427	0.61	0.056 5 ± 0.002 0	0.599 0 ± 0.020 2	0.076 8 ± 0.000 9	477 ± 6	477 ± 13	472 ± 78
1230 – 06 – 23	11 747	201 514	113 318	0.56	0.056 7 ± 0.001 9	0.610 7 ± 0.021 0	0.077 6 ± 0.000 9	482 ± 5	484 ± 13	480 ± 72
1230 – 06 – 24	5 582	116 101	16 374	0.14	0.056 6 ± 0.002 1	0.612 1 ± 0.022 7	0.078 1 ± 0.000 9	485 ± 5	485 ± 14	480 ± 86
1230 – 06 – 25	4 657	79 659	38 351	0.48	0.056 8 ± 0.002 1	0.617 0 ± 0.023 6	0.078 6 ± 0.001 0	488 ± 6	488 ± 15	483 ± 85
1230 – 06 – 26	15 823	265 638	135 946	0.51	0.056 3 ± 0.001 7	0.610 0 ± 0.018 9	0.078 2 ± 0.000 9	485 ± 5	484 ± 12	465 ± 69
1230 – 06 – 27	5 891	111 368	39 523	0.35	0.057 1 ± 0.001 9	0.619 5 ± 0.020 8	0.078 4 ± 0.000 9	487 ± 5	490 ± 13	498 ± 74
1230 – 06 – 28	7 582	155 266	33 658	0.22	0.057 1 ± 0.001 7	0.621 8 ± 0.019 3	0.078 5 ± 0.000 8	487 ± 5	491 ± 12	494 ± 67
1230 – 06 – 29	9 195	139 087	112 539	0.81	0.056 5 ± 0.002 0	0.612 6 ± 0.021 1	0.078 4 ± 0.000 9	486 ± 5	485 ± 13	472 ± 76
1230 – 06 – 30	20 366	377 748	204 833	0.54	0.056 9 ± 0.002 0	0.605 3 ± 0.025 8	0.076 9 ± 0.001 9	477 ± 12	481 ± 16	487 ± 80

代为早奥陶世早期。岩相学观察显示石英二长岩及石英二长闪长岩没有发生片理化，暗色矿物都没有明显定向，形成石英二长岩及石英二长闪长岩的岩浆应于造山晚期阶段或后造山阶段侵位并在伸展背景下结晶成岩。难言岛西北深冻行动岭（Deep Freeze Range）地区发育的高钾钙碱性花岗岩以及基性岩脉也未发生片理化并具有接近的年龄（489~481 Ma）（Bomparola et al.，2007）。这些结果表明在北维多利亚地罗斯造山运动应主要发生在寒武纪并在早奥陶世早期之前趋于结束。

5.3.2 北维多利亚地地区的矿产资源及潜力分析

5.3.2.1 北维多利亚地矿产资源概述

北维多利亚地处于横贯南极山脉太平洋末端，地理范围南从戴维冰川（David Glacier），北至彭内尔海岸（Pennell Coast）和奥茨海岸（Oates Coast），东部为罗斯海（Ross Sea），西部为东南极冰盖（Faure，Mensing，2010）。

北维多利亚地的成矿背景也归属于南极大陆横贯南极山脉金属矿化区，已发现多处矿化现象（Wright，Willianms，1974；表5-20，图5-108），如在科珀湾（Copper Cove）的中古生代深成岩中或及其附近发现了少量的铜；在奥茨海岸的勒夫贝克山（Lev Berg Mountains）的前寒武纪千枚岩中的石英钠长岩脉中发现了少量的黄铁矿、黄铜矿和毒砂；在特拉诺瓦湾（Terra Nova Bay）发现了微量的锡石。此外还有铀矿化（Zeller et al.，1986）和金矿化（Crispini et al.，2011）。因此有必要对北维多利亚地的资源形势开展调研。鉴于资料的收集程度，本节主要对北维多利亚地的铀和金进行详细介绍。

表 5-20 北维多利亚地潜在的矿产资源

产地	潜在矿种	备注
多恩冰川（Dorn glacier）	Au	Crispini et al.，2011
北维多利亚地（North Victoria Land）	Fe，Ti，Cr，Cu	陈廷愚等，2008
多克里山（Mount Dockery）	U，Th	Zeller et al.，1986
鲍威尔山（Mount Bower）	U，Th	Zeller et al.，1986
科珀湾（Copper Cove）	Cu	Wright & Williams，1974
特拉诺瓦湾（Terra Nova Bay）	Sn	Wright & Williams，1974

5.3.2.2 北维多利亚地典型矿化点特征

1）多恩金矿化（Dorn Gold deposit）

（1）区域地质概况

多恩金矿化点位于鲍尔斯地台（Browers Terrane）的西部（图5-109），岩石地层主要由中寒武—早奥陶纪的低级变质岩和变质火山岩组成，它分别以断层与威尔逊地台（Wilson Terrane）和罗伯逊湾地台（Robertson Bay Terrane）接触（Crispini et al.，2011）。鲍尔斯地台主要由斯莱哲斯群（Sledgers Group）、马里纳群（Mariner Group）和闰年群（Leap Year Group）组成。

鲍尔斯地台的构造建造主要与罗斯造山带密切有关（Capponi et al.，1999），主要表现为紧闭、垂直、NNW 倾向褶皱，并且控制了斯莱哲斯群的格拉斯哥组（Glasgow Formation）和

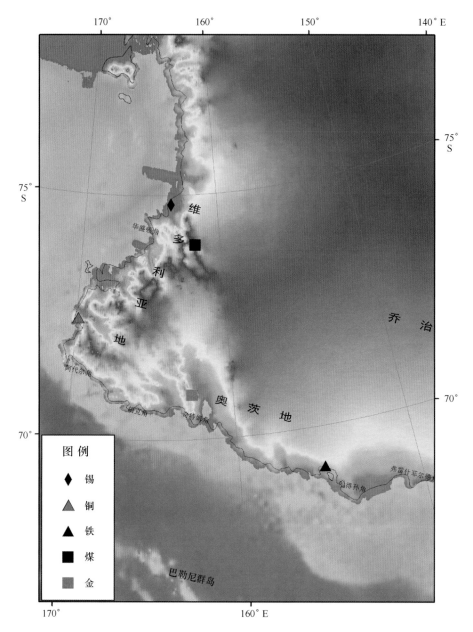

图 5-108 北维多利亚地矿化点分布

数据来自 Wright，Willianms，1974；Zeller et al.，1986；Crispini et al.，2011

莫勒组（Molar Formation）两组的接触。褶皱与低级绿片岩相变质作用同时发生（Weaver et al.，1984）。该褶皱与陡倾弥散型轴面劈理相关，是区域的主要线理，并且在莫勒组内尤为发育。褶皱枢纽已经弯曲，倾向西北和东南。

该期褶皱叠加了脆性构造，该脆性构造由一重要的反转或扭压断层系统组成，时代为古生代（Jordan et al.，1984）。该断层系统内的断层走向发生了改变，在南部，主要体现在WNW 走向断层；而在北部，走滑断层为南北走向并且同时代俯冲断层显示东西剪切（Crispini et al.，2011）。热液循环导致变形区发生大范围的绿帘石-绿纤石蚀变。

（2）矿化体的形态、产状及规模

含金脉体出现在变质玄武岩中，并被宽约300 m的热液蚀变区围绕（图5-110）。围岩

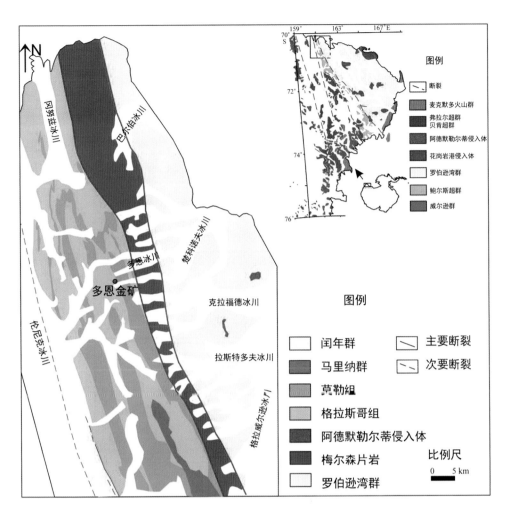

图 5 - 109 多恩金矿化区地质图

北维多利亚地底图改自 Antonini et al.，1999；多恩区域地质图改自 Crispini et al.，2011

中出现大量的脉网，大多集中在宽约 4~5 m 的有限区域内。

多恩矿化点受控于剪切域－断层系统，该系统从脆韧性到脆性域不断地发展演化，构成了高应变区域。其特征为不同类型的断层岩、含硫化物石英脉网络、岩筒状小脉体以及广泛的碎裂作用，所有这些构造叠加了区域罗斯有关的褶皱和线理。

尽管整个脉体网络结构非常复杂，但是 1 m 宽的石英脉（最大宽度可达 2 m，Crispini et al.，2007）是主要的矿化元素载体（图 5 - 111）。主脉和邻近脉体的几何关系表明它们在复合剪切场内可能经历了调整。金在主脉体中以毫米级颗粒出现（图 5 - 112）。

多恩金矿特点是其主脉被不同类型的小型脉和脉体岩钟（Stockworks）环绕。金在石英脉中以可见的形式出现，并伴随银、毒砂和斜方砷铁矿。金含量平均在 4 ppm。主脉是一复合脉，由石英和少量的铁质碳酸盐。它大约 2 m 宽和 250 m 长，并具有弯曲的几何形态并有少量分出去的脉体。它走向 2°~20°，倾角在东 25°~55°之间变化。主脉的结构随宽度和长度发生变化。从围岩至内，主要有 4 种结构：①具有规则形状的拉长斑驳状石英晶体；②部分重结晶且具有蜂巢结构石英；③不完整石英，局部具有碎裂结构；④在中心，空洞内有自形的梳子状晶体。毫米级金颗粒已在前两种石英类型中发现。脉体底部围岩具有 S－C 组构，

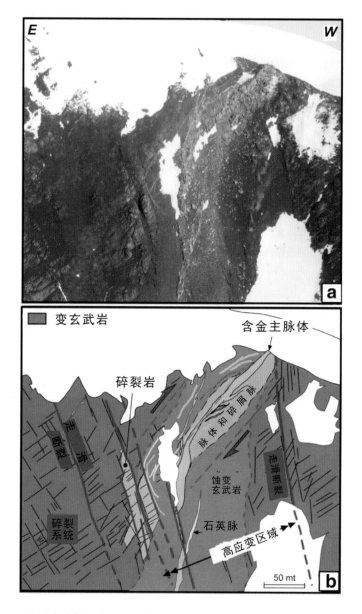

图 5 – 110　多恩金矿化和主要含金脉岩系统及主要走滑断层（Crispini et al.，2011）

黄铁矿丰富且具有压力影。

　　脉体上盘是一光滑面，此面被石英和铁质碳酸盐覆盖，另见碎裂结构，这表明脉体形成于后期变形期间。接近主脉，网络中的其他脉体是毫米到分米厚，且也是复合脉体或者单一脉体。接近主脉的复合石英－碳酸盐脉体是拉伸和剪切型脉体，具有复合无序或有序结构。有序结构脉体具有复合矿物，在邻近围岩处有碳酸盐，而邻近中心则出现石英。石英碳酸盐脉的侧部具有毫米级到厘米级蚀变晕和黄铁矿/毒砂边。金只是在主脉中发现，而在较小的石英脉中鲜有发现。

　　除可见金颗粒的脉体系统，还发育未可见金颗粒的脉体系统，其具有条带状或者角砾状构造，其尺度不同，最大宽度为 10 cm。该脉体主要由石英和少量的碳酸盐和电气石组成，其中电气石以聚合体形式或者玫瑰花形式填充物充填于开阔空间。脉体具有包裹体条带或者

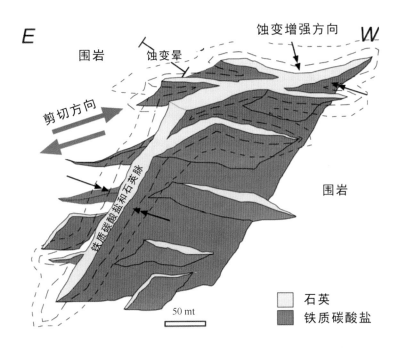

图 5 - 111　含矿脉体的三维结构（Crispini et al.，2011）

图 5 - 112　石英脉中的毫米级自然金（Crispini et al.，2011）

围岩碎块，表明在生长过程中受到了碎裂和封闭过程。尽管金颗粒不可见，但该脉体类型及其围岩条带具有较高的金品位。

　　一组绿泥石小细脉常常出现在蚀变很轻，达低绿片岩相的变质玄武岩中。它们切割变质线理，但是没有见到与其他类型脉体的互切关系证据。但这种脉常常显示新生铁质碳酸盐、石英、白云母和微量磷灰石再生的证据。

　　上述脉体网络提供了重要的地质信息。条带状和角砾状脉体以及具有拉伸构造的脉体反映了间歇式破裂和浮动的流体压力事件的间歇式生长，而开阔空间内的保存体如电气石玫瑰体表明破裂速度要快于晶体生长速率。

（3）蚀变区

多恩含金脉体被不同的热液蚀变区围绕，这些蚀变区在水平方向上被两个近垂直断裂区限制。蚀变岩石呈红褐色，越接近主脉，蚀变程度增加。单个小脉体也被蚀变晕所环绕，这不是构造替换所致。

围岩部分或者全部转换成富 Fe – Mg 碳酸盐岩石，它们不同程度地置换了原始玄武岩的矿物和结构。目前已识别出 4 个蚀变区：相对新鲜绿片岩相变质玄武岩、绿泥石、白云母 – 碳酸盐和白云母 – 硫化物。

母岩主要由细粒绿色变质玄武岩和少量薄层变质沉积岩组成，具有低绿片岩相变质组合。变质玄武岩局部高度破裂和被绿泥石和方解石脉切割。

外围绿泥石蚀变区具有部分蚀变、块状变质玄武岩和离主脉 50 ~ 100 m 特征。岩石具有绿色到褐色色彩，原始玄武质结构仍可见。出现小到中等量的绿泥石 – 石英和方解石脉，脉体厚约毫米级到厘米级。

白云母 – 碳酸盐区，它离主脉约 10 ~ 30 cm，具有块状或碎裂结构的蚀变变质玄武岩。岩石具有蚀变斑，绿色变质玄武岩逐渐被褐色/淡红色岩石所替代。玄武质结构不常见。见有扩散型脉，主要由石英、铁质碳酸盐和硫化物组成，脉体厚约毫米级到厘米级。

白云母 – 硫化物区是具有块状和线理构造的完全发生交代的玄武岩组成。岩石具有碳酸盐、白云母和硫化物及极少量硅石特征，原始玄武质结构夜景完全被替代。岩石因含有 Fe – Mg 碳酸盐和 Fe – Mg 氧化物而具有淡红色，并被单体 50 cm 宽的汇聚型脉体切割，脉体主要由石英、白云石、硫化物、白云母和金组成。

（4）成矿条件

多恩金矿形成于脆韧性变形期间，区域上剪切断层体系可代表鲍尔斯山区域扭压体系的一分支。该构造体系的不断演化引起了复杂的热液蚀变形式和脉体的大规模变形。露头剪切部位部分受地层边界、区域线理方位、剪切域的活化以及金沉积后控制。含金脉体主要在热液蚀变岩石，这些岩石具有铁白云石、白云母、绿泥石、黄铁矿和毒砂矿物组合特征，其中毒砂来自低绿片岩相玄武岩和少量砂岩原岩。

层状脉体表明张裂 – 封闭事件的重复出现，并伴随着脆韧性剪切域内从表层到亚表层流体压力的变化。这种周期性流体压力变化也体现在水力碎裂岩和角砾状脉体上。这种过程已受热液蚀变和脉体中硅石的沉淀影响。硅石控制了围岩中的渗透性和孔隙。

蚀变区域的规模表明流体并不局限于含矿构造通道内，也涉及与围岩的大规模相互作用。与金矿化有关的流体沿主要断裂区流动，但是目前关于圈闭流体的机理和脉体的形成过程仍不清楚。

多恩含金剪切系统的高度动态特征对于确定流体系统的封闭位置有着重要的意义。多恩金矿化受一主要的剪切断层系统控制，该系统具有通过渐变从脆韧性演化到脆性特征。断裂间的几何形态关系的变化表明蚀变的高应力区可能充当捕获者。

上述结果支持多恩金矿化形成于构造活动大陆边缘背景下。绿泥石地热温度测量结果表明温度在 290 ~ 320℃，这明显在造山带范围金矿床形成温度内（1 ~ 3 kb 和 180 ~ 350℃；Beirlein et al.，2005）。

2）北维多利亚地铀矿化

（1）区域地质概况

北维多利亚地由3个不同的构造域组成：威尔逊地台、鲍尔斯地台罗伯逊湾地台（Federico et al.，2009）。晚古生代以来地层主要有比肯超群沉，其与下伏结晶基底不整合。在北维多利亚地，晚寒武纪和早奥陶纪花岗岩广泛出露在鲍尔斯群的西部。构造后期即泥盆纪到早石炭纪阿德莫勒尔蒂侵入体（Admiralty Intrusives）侵入了罗伯逊湾群和鲍威尔群。根据Zeller等（1990）资料显示，1976年美国开始了对南极铀资源的系统调查和评估，历时10年，利用直升机调查了南极218 000 km²的表面，其中就包括北维克多利亚地。

（2）异常特征及分布

区域上有3个重要的铀异常（图5-113）。首先是在鲍威尔山（Mount Bower）；其次是在临近的莱肯丘陵（Lichen Hills）和尾山（Caudal Hills）；最后一个异常在多克里山（Mount Dockery）。从区域上看，铀含量从东北到西南增加（图5-113）。

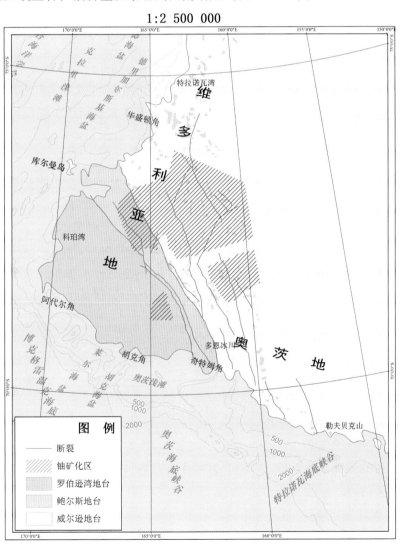

图5-113 北维多利亚地铀分布图（Zeller et al.，1986）

（3）成因过程

鲍威尔山铀异常与前贝肯（Beacon）侵蚀面有关，该面发育在富铀的花岗岩港侵入岩（Granite Harbor Intrusives）上。在尾山和莱肯丘陵，这些异常与库克里（Kukri）侵蚀面有关，该表面已被冰川作用暴露，但是缺乏被冰川侵蚀调整的证据，其放射性极其高，且变化幅度较大，显示出局部铀和钍的富集。很多铀的富集常与老的黏土区有关，但是钍的富集与黑云母豆荚有关，这与变晶花岗岩有关，在其之上形成了侵蚀面。多克里山异常与脉体的原生矿化有关，这些脉体与阿德莫勒尔蒂侵入体有关。

5.3.2.3 北维多利亚地多金属矿化控制因素与矿化规律

1）北维多利亚地多金属矿化控制

矿床的形成与分布是多方面有利成矿地质条件的综合反映，是在对区域地质环境和典型矿化点分析的基础上，对矿床成因要素的高度概括和总结。由于北维多利亚地气候条件恶劣，考察程度较低。根据前人有关工作，该地区矿化控制因素主要有以下几种。

（1）地层因素

综合分析所有收集资料，不难发现北维多利亚地的多金属矿化与区域地层有一定的关系，比如金矿化主要见于格拉斯哥组的变玄武岩中，而铜矿化出现在奥茨海岸的勒夫贝克山的前寒武纪千枚岩中的石英钠长岩中。另外，不整合接触面也是重要的成矿控制因素，比如库克里侵蚀面富集铀等。

（2）岩浆作用

北维多利亚地发育广泛的岩浆作用，这些岩浆作用与不同的多金属矿化关系密切，比如在库珀湾的中古生代深成岩中或附近发现了少量的铜，铀矿化也与区域上花岗岩侵入体有关。

（3）构造作用

构造运动是驱使地壳物质包括成矿物质运动的主导因素，它也是含矿流体的运动的通道和堆积空间，因此也是控矿诸因素中的主导因素之一。比如多恩金矿化就与主要剪切域－断层系统有关，该断层和剪切域具有明显的反转剪切，该作用明显叠加了右旋滑动，这明显与古生代反转和扭压断层系统有关。

2）北维多利亚地矿化规律

矿床的形成和分布是多方面的有利成矿地质条件所决定的，是在对区域地质环境和典型矿化点分析的基础上，对矿床成因要素的高度概括和总结。北维多利亚地由于冰雪覆盖，考察程度较低，仅从如下方面开展分析。

（1）矿化点空间分布规律

根据对已有矿化点的统计分析，并结合区域构造背景，我们在北维多利亚地划分出如下矿化区带（图5-114）。

（2）矿化点时间分布规律

目前因多种因素所限，北维多利亚地矿化点的矿化时代资料很少。煤主要形成于中生代三叠纪和侏罗纪（Rose，McElroy，1987）；铜矿化主要集中在古生代时期（Wright，Willianms，1974），而金则推测形成于志留纪（Crispini et al.，2011）。可见，关于北维多利亚地矿化时代的研究急需开展深入工作。

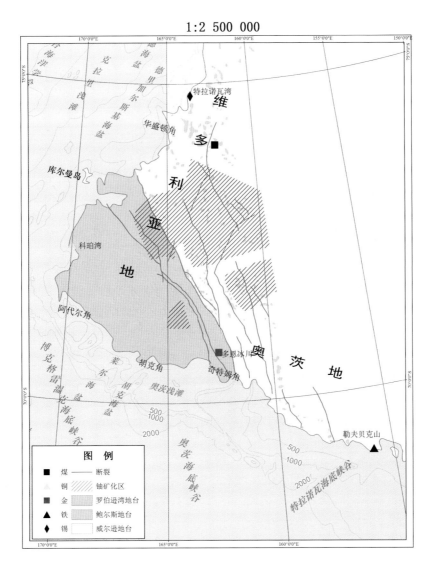

1:2 500 000

图 5-114　北维多利亚地矿化区带分布地质图

5.3.2.4　北维多利亚地多金属矿产资源潜力分析

综上所述，在北维多利亚地发现了多个矿化点，那么本地区的资源前景如何？本项目运用对比的方法即从北维多利亚地在冈瓦纳大陆体系中的位置，找出相邻古陆并分析其资源状况，据此初步评估北维多利亚地的资源潜力。

在古生代时期，澳大利亚东南部分与北维克多利亚地相邻（Boger，2011），而且罗斯造山带与澳大利亚德拉梅里（Delamerian）造山带相连（Flöttmann et al.，1993）。东南澳大利亚的阿德莱德（Adelaide）褶皱俯冲带和格兰尔德（Glenelg）区与北维克多利亚地的威尔逊地台临近，而鲍威尔地台则与澳大利亚西维克多利亚地相连，如格兰皮恩—斯泰夫利（Grampians - Stavely）和斯托尔地区（Stawell zone）（Crispini et al.，2011）。

在东南澳大利亚已发现多种大型矿产资源，如金、铀等，金在阿德莱德地区具有中等程度潜势，但在东南澳大利亚维克多利亚地区则具有更高趋势，而铀则主要在阿德莱德地区具有较大潜势。另外，在与鲍威尔地台相邻的西维克多利亚的斯托尔区拥有斯托尔金矿场，这与多恩金矿化一致，这也证明鲍威尔地台金具有较大的潜势。因此可以推测在威尔逊地台铀的潜势较高，而金则在鲍威尔地台和罗伯特逊湾地台发现的概率较大。据此我们可以在北维多利亚地划分出几个潜在的矿化区（图5－115）：多恩金矿化区、鲍威尔山铀矿化区和奥茨海岸多金属矿化区。

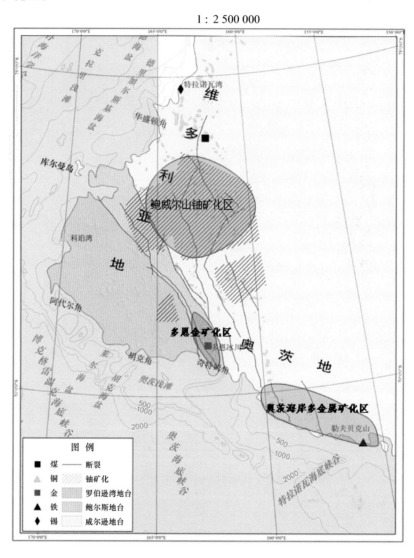

图5－115　北维多利亚地矿化分区

5.3.2.5　小结

①北维克多利亚地是南极大陆重要的矿化区域，这里有沉积型铀矿化和造山带型金矿化。

②区域地层、构造和岩浆活动是北维克多利亚地的主要控制因素。

③根据矿化点出露特征，划分出奥茨多金属矿化区、鲍威尔铀矿化区和多恩金矿化区。

④目前矿化时间序列不明朗，但从容矿岩石年龄看，主要集中在古生代和中生代，需要进一步开展深入工作。

⑤现有资料极大地制约了对北维克多利亚地资源量的评估，仅从与其在冈瓦纳相邻的澳大利亚区域看，在北维克多利亚地的金和铀，尤其金的资源潜力值得关注。

5.4　南极半岛—南设得兰群岛地区中新生代构造演化及矿产资源潜力分析

5.4.1　南极半岛—南设得兰群岛地区中新生代岛弧岩浆作用与增生过程

5.4.1.1　引言

在大地构造上，一般将南极大陆划分为东南极地盾、西南极活动带和夹持于其间的横贯南极山脉 3 个地质单元。西南极的陆地部分可进一步区分出玛丽伯德地（Marie Byrd Land）、埃尔斯沃斯山脉（Ellsworth – Whitmore Mountains）、瑟斯顿岛（Thurston Island）和南极半岛（Antarctic Peninsula）4 个地块（Dalziel，Elliot，1982；Storey et al.，1988），这些块体记录了西南极显生宙的增生造山历史。南极半岛地区是一个中新生代活动带，主要由石炭—三叠纪浅变质弧前盆地沉积岩或增生杂岩、中生代变质杂岩以及侏罗—古近纪碎屑岩和火山岩构成，中侏罗—古近纪大规模的火山喷发还伴有大量的基性 - 酸性岩浆侵入，从而形成与南美巴塔哥尼亚安第斯山脉相连的中 - 新生代构造岩浆带。

本项目组在中国第 29 次南极考察过程中，借助于美国地质学会成立 125 周年组织的南极半岛北端—斯科舍弧综合科学考察，对我国地质学家从未涉足的福克兰群岛（即马尔维纳斯群岛）、南乔治亚岛（South Georgia Island）、象岛（Elephant Island）、吉布斯岛（Gibbs Island）以及南极半岛的众多岛屿进行了初步考察，获得了大量珍贵样品。为了对南极半岛开展系统的岩石地球化学研究，我们广泛地收集了南极半岛火成岩及相关研究资料。本节详细总结和评述了南极半岛地区岩浆岩（包括火山岩和侵入岩）的分布、时代、岩石成因、构造环境及构造演化历史，并通过与南美南部巴塔哥尼亚（Patagonia）的地质历史对比来探索二者之间的构造联系，为在南极半岛寻找与安第斯山脉类似的多金属矿产提供重要信息。

5.4.1.2　区域地质背景

基于东帕默地（Eastern Palmer Land）韧性剪切带的发现，Vaughan，Storey（2000）将南极半岛地区划分出 3 个构造域，即东部构造域、中部构造域和西部构造域（图 5 – 116），三者在晚侏罗—早白垩世碰撞造山事件中汇聚在一起。

1）东部构造域

东部构造域（地体）位于南极半岛东侧，从帕默地（Palmer Land）向北连续延伸至格雷厄姆地（Graham Land），地理位置上邻近冈瓦纳古陆的核心，具有准原地的性质（Kellogg，Rowley，1989）。东部构造域出露最广泛也是最古老的地层是晚石炭—晚三叠世特里尼蒂半岛群（Trinity Peninsula Group）的浊积岩（Smellie，Millar，1995），其产出环境类似于增生楔，经历了晚三叠—早侏罗世变形作用的改造（Storey，Garrett，1985）。其他中生代沉积岩系，包括早侏罗世博特尼湾群（Botany Bay Group）陆源泥岩/砂岩序列，不整合在特里尼蒂半岛

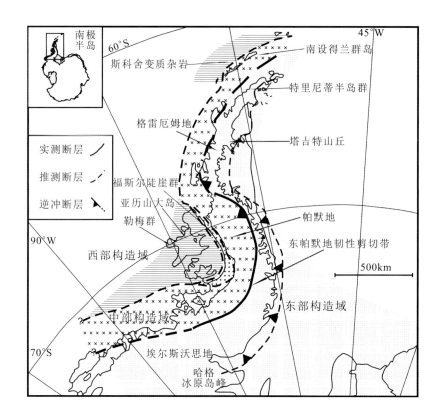

图 5 - 116　南极半岛大地构造分区简图

修改自 Vaughan，Storey，2000

群之上（Farquharson，1982，1984）。上覆于早中侏罗世陆相沉积岩之上的侏罗纪南极半岛火山群（Antarctic Peninsula Volcanic Group）分布广泛（Thomson，Pankhurst，1983；Riley，Leat，1999），而中晚侏罗世的花岗质深成岩体切穿了南极半岛火山群的火山岩系和博特尼湾群的沉积岩系（Pankhurst et al.，2000）。

2）中部构造域

中部构造域与东部构造域以东帕默地韧性剪切带为界，其主体由中生代以及一些可能更老的火山岩和侵入岩构成。该构造域中出露的最古老变质沉积岩为角闪岩相云英片岩和石榴黑云斜长片麻岩（Wendt et al.，2008），它们是早侏罗世或更老俯冲杂岩的一部分（Meneilly et al.，2006）。最老的岩浆岩是晚三叠世含钾长石巨晶的花岗岩类和层状花岗质片麻岩，中侏罗世辉长岩 - 花岗岩套侵入于片麻岩中（Wever et al.，1994；Scarrow et al.，1996；Vaughan，Storey，2000）。火山岩主要包括晚侏罗世前变形的安山质凝灰岩、熔岩以及未变质的侏罗纪和更年轻的南极半岛火山群钙碱性凝灰岩和熔岩（Thomson，Pankhurst，1983；Davies，1984）。在东帕默地，晚侏罗 - 早白垩世埃达克质岩石侵入到三叠纪和侏罗纪的片麻岩和岩浆岩中（Vaughan et al.，1997，1999；Vareham et al.，1997）。该构造域经历了晚侏罗—早白垩世挤压和晚白垩世伸展两期变形事件的影响（Vaughan et al.，1997，1999）。

3）西部构造域

西部构造域主要包括南极半岛南部的亚历山大岛（Alexander Island）和北部的南设得兰群岛（South Shetland Islands），其中亚历山大岛以一个新生代裂谷带——乔治六世海峡

（George VI Sound）与中部构造域分隔（Bell，King，1998）。亚历山大岛的中生代地壳主要由弧前岩石组成，可划分为 4 个地质单元（McCarron，Millar，1997）。①勒梅群（LeMay Group），为一套从古生代到白垩纪沉积的变质变形俯冲—增生杂岩，构成了亚历山大岛的基底，古近纪火山岩上覆在这套俯冲－增生杂岩之上（McCarron，Later，1998）；②福斯尔陡崖群（Fossil Bluff Group），为中侏罗－早白垩世弧前盆地沉积形成的浅海相－近地表河流相砂岩和砾岩（Macdonald，Butterworth，1990）；③弧前出露的晚白垩世－古近纪火山岩和花岗岩类（McCarron，Later，1998）；④少量新近纪（≤7 Ma）碱性火山岩露头，形成于俯冲作用停止之后（Hole et al.，1991）。南设得兰群岛的斯科舍变质杂岩（Scotia Metamorphic Complex）为一套深位俯冲－增生杂岩，其变质条件达蓝片岩－角闪岩相（Trouw et al.，1997）。

5.4.1.3 古生代岩浆岩

1）古生代岩浆岩的分布及时代

表 5 – 21 汇总了前人在南极半岛和南设得兰群岛获得的锆石 U – Pb 和全岩 ^{40}Ar/^{39}Ar 年龄数据，早期发表的大量全岩 Rb – Sr 等时线年龄数据因大部准确度较差而舍去。南极半岛古生代岩石主要出露在南帕默地和埃尔斯沃思地东部（图 5 – 120a，b）。Millar 等（2002）曾在北东帕默地维尤角（View Piont）特里尼蒂半岛群的一个鹅卵石中获得锆石 U – Pb 上交点年龄为（3 161 ±13）Ma，这是在西南极所获得的最老年龄，但该年龄的出现并不代表太古宙古老基底的存在。早古生代的岩浆岩主要包括出露于东格雷厄姆地伊登冰川（Eden Glacier）和约尔格半岛（Joerg Peninsula）的奥陶纪闪长质片麻岩（487 ±3）Ma 和（485 ±3）Ma 和花岗岩（476 ±18）Ma 以及北西帕默地艾辛格山（Mount Eissenger）的志留纪灰色片麻岩（435 ± 8）Ma 和条带状正片麻岩岩基（422 ±18）Ma，类似年龄的火山岩和花岗岩碎屑也有所报道（Millar et al.，2002；Bradshaw et al.，2012；Riley et al.，2012a）。塔吉特山丘（Target Hill）变质杂岩通常被认为是南极半岛的古老基底杂岩，泥盆、石炭和二叠纪的原岩和变质年龄已由锆石 U – Pb 定年方法很好地限定，其中泥盆纪侵入岩的原岩结晶年龄大约在 400 ~ 370 Ma 之间，石炭纪淡色花岗岩的侵位年龄为（327 ±9）Ma（Millar et al.，2002；Riley et al.，2012a）。二叠纪岩浆岩遍布于帕默地和格雷厄姆地，时代约为 280 ~ 255 Ma，岩性则包括闪长质片麻岩、花岗闪长岩、花岗岩、混合岩和淡色体等（Millar et al.，2002；Riley et al.，2012a）。

表 5 – 21　南极半岛锆石 U – Pb 和全岩 Ar/Ar 年龄数据收集一览表

样品	位置	岩石类型	年龄（Ma）	定年方法	参考文献
DJ. 2055.1b	珀维斯角	熔岩	0.132 ±0.019	氩－氩	Smellie et al.（2006）
DJ. 2055.4	布朗陡崖	玄武岩	1.22 ±0.39	氩－氩	Smellie et al.（2006）
DJ. 436.1	七扶垛	玄武岩	1.69 ±0.03	氩－氩	Smellie et al.（2006）
DJ. 1718.1	詹姆斯·罗斯岛布兰迪湾	玄武岩	3.95 ±0.05	氩－氩	Jansson et al.（2005）
DJ. 1722.6	詹姆斯·罗斯岛布兰迪湾	玄武岩	4.35 ±0.39	氩－氩	Jansson et al.（2005）
DJ. 1729.8	詹姆斯·罗斯岛布兰迪湾	玄武岩	4.71 ±0.06	氩－氩	Jansson et al.（2005）
DJ. 1726.11	詹姆斯·罗斯岛布兰迪湾	玄武岩	4.78 ±0.07	氩－氩	Jansson et al.（2005）
DJ. 1714.5	詹姆斯·罗斯岛布兰迪湾	玄武岩	5.04 ±0.04	氩－氩	Jansson et al.（2005）

样品	位置	岩石类型	年龄（Ma）	定年方法	参考文献
DJ. 1721. 7	詹姆斯·罗斯岛布兰迪湾	玄武岩	5. 14 ± 0. 38	氩 – 氩	Jansson et al. （2005）
DJ. 1725. 5A	詹姆斯·罗斯岛布兰迪湾	玄武岩	5. 64 ± 0. 25	氩 – 氩	Jansson et al. （2005）
DJ. 1721. 11	詹姆斯·罗斯岛布兰迪湾	玄武岩	5. 89 ± 0. 09	氩 – 氩	Jansson et al. （2005）
DJ. 1721. 5	詹姆斯·罗斯岛布兰迪湾	玄武岩	5. 91 ± 0. 08	氩 – 氩	Jansson et al. （2005）
DJ. 1722. 1	詹姆斯·罗斯岛布兰迪湾	玄武岩	6. 16 ± 0. 08	氩 – 氩	Jansson et al. （2005）
	南极半岛岩基		35、24、12、9	钾 – 氩和铷 – 锶（经锆石 U – Pb 检验）	Leat et al. （1995）Veevers & Saeed （2013）
P. 232. 1	乔治王岛波特岛	火山岩	44	氩 – 氩	Haase et al. （2012）
05121804	乔治王岛	安山岩	44. 20 ± 0. 75	氩 – 氩	Wang Fei et al. （2009）
05121903	乔治王岛的韦弗半岛	铁镁质岩脉	43. 89 ± 1. 54	氩 – 氩	Wang Fei et al. （2009）
05121908	乔治王岛的韦弗半岛	铁镁质岩脉	44. 65 ± 0. 85	氩 – 氩	Wang Fei et al. （2009）
05122401	乔治王岛	闪长岩	44. 04 ± 1. 36	氩 – 氩	Wang Fei et al. （2009）
05122402	乔治王岛	玄武岩	45. 77 ± 1. 68	氩 – 氩	Wang Fei et al. （2009）
05122408	乔治王岛的韦弗半岛	铁镁质岩脉	44. 63 ± 1. 13	氩 – 氩	Wang Fei et al. （2009）
05122602	乔治王岛的巴顿半岛	花岗闪长岩	44. 46 ± 0. 27	氩 – 氩	Wang Fei et al. （2009）
05122605	乔治王岛	青盘岩	44. 78 ± 0. 55	氩 – 氩	Wang Fei et al. （2009）
J6. 335. 1	阿德莱德角的布维耶山	英云闪长岩	47. 3 ± 0. 4	锆石 U – Pb	Riley et al. （2012）
P696. 2	乔治王岛的波特半岛	火山岩	47. 60 ± 0. 22	氩 – 氩	Haase et al. （2012）
P. 608. 5b	乔治王岛的菲尔德岛	火山岩	55. 21 ± 0. 49	氩 – 氩	Haase et al. （2012）
KG. 4329. 17	亚历山大岛北部鲁昂山	石英二长岩	56 ± 3	锆石 U – Pb	McCarron & Millar （1997）
P. 1166. 1	乔治王岛的菲尔德岛	火山岩	56. 1 ± 0. 3	氩 – 氩	Haase et al. （2012）
P. 1208. 1	纳尔逊岛	火山岩	55. 80 ± 1	氩 – 氩	Haase et al. （2012）
	南极半岛岩基		62 – 55、52 – 40	钾 – 氩和铷 – 锶（经锆石 U – Pb 检验）	Leat et al. （1995）Veevers & Saeed （2013）
P. 480. 2	罗伯茨岛的科珀曼半岛	火山岩	66. 30 ± 0. 23	氩 – 氩	Haase et al. （2012）
J8. 20. 1s	阿德莱德岛	流纹质熔结凝灰岩	67. 6 ± 0. 7	锆石 U – Pb	Riley et al. ，（2012）
AP90 – 8E	雷斯舒岛	辉长岩	73. 6 ± 0. 4	锆石 U – Pb	Tangeman et al. （1996）
AP90 – 11K	玛利亚山	花岗闪长岩	84. 5 ± 0. 9	锆石 U – Pb	Tangeman et al. （1996）
AP90 – 11K	蒂克森角	石英闪长岩	84. 8 ± 0. 5	锆石 U – Pb	Tangeman et al. （1996）
AP90 – 11H	蒂克森角	石英闪长岩	85. 2 ± 0. 7	锆石 U – Pb	Tangeman et al. （1996）

样品	位置	岩石类型	年龄（Ma）	定年方法	参考文献
	东帕默地最北端	辉长岩	102.8 ± 3.3	氩 – 氩	Vaughan et al.（2012b）
R.8005.4	英吉利海岸哈里山	石英二长岩	105.2 ± 1.1	离子探针锆石 U – Pb	Flowerdew et al.（2005）
AP90 – 11A	穆特角	石英闪长岩	105.7 ± 0.7	锆石 U – Pb	Tangeman et al.（1996）
R.7613.1	豪伯格山比恩群峰	细花岗岩脉	106.9 ± 1.1	离子探针锆石 U – Pb	Vaughan et al.（2002）
R.5869.4	弗莱明冰川	硅质熔岩	107 ± 1.7	锆石 U – Pb	Leat et al.（2009）
J8.403.1	阿德莱德角	流纹质熔结凝灰岩	113.9 ± 1.2	离子探针锆石 U – Pb	Riley et al.（2012）
AP90 – 13E	班克罗夫特湾	花岗岩	114.7 + 2.1/ – 9.5	锆石 U – Pb	Tangeman et al.（1996）
AP90 – 13I	夏洛特湾南东端	花岗闪长岩	115.6 + 1.0/ – 1.4	锆石 U – Pb	Tangeman et al.（1996）
AP90 – 6B	斯托宁顿岛的阿尼莫米特山丘	英云闪长岩	116.9 ± 0.6	锆石 U – Pb	Tangeman et al.（1996）
AP90 – 11F	拉斯穆森岛	花岗岩	117 ± 0.8	锆石 U – Pb	Tangeman et al.（1996）
VF12	利文斯顿岛	闪长岩	137.7 ± 1.4	离子探针锆石 U – Pb	Herve et al.（2006）
J6.347.1	阿德莱德角的巴特里斯	结晶凝灰岩	149.5 ± 1.6	离子探针锆石 U – Pb	Riley et al.（2012）
R.505.4	摩纳哥角	次花岗岩	156.0 ± 1.1	离子探针锆石 U – Pb	Pankhurst et al.（2000）
R.601.9	弗洛拉山	熔结凝灰岩	162.2 ± 1.1	离子探针锆石 U – Pb	Pankhurst et al.（2000）
R.312.2	比尔达峰	次花岗岩	164.2 ± 1.6	离子探针锆石 U – Pb	Pankhurst et al.（2000）
BR.060.1	罗克莫雷尔角	次花岗岩	164.3 ± 1.7	离子探针锆石 U – Pb	Pankhurst et al.（2000）
R.4552.9	诺德希尔山	淡色片麻岩	166 ± 3	离子探针锆石 U – Pb	Flowerdew et al.（2006）
R.631.1	坎普山	熔结凝灰岩	166.9 ± 1.6	离子探针锆石 U – Pb	Pankhurst et al.（2000）
R.1309.4	坎普山	火山砾凝灰岩	167 ± 1.1	锆石 U – Pb	Hunter et al.（2005）
R.6632.10	斯塔布冰川	熔结凝灰岩	168.3 ± 2.2	离子探针锆石 U – Pb	Pankhurst et al.（2000）
R.6906.3	梅普尔冰川	次火山岩	168.5 ± 1.7	离子探针锆石 U – Pb	Pankhurst et al.，（2000）

样品	位置	岩石类型	年龄（Ma）	定年方法	参考文献
D. 9125. 5	坎普山	砾石中的碎屑	168. 9 ± 1. 3	离子探针锆石 U – Pb	Hunter et al.（2005）
R. 6908. 7	梅普尔冰川	熔结凝灰岩	170. 0 ± 1. 4	离子探针锆石 U – Pb	Pankhurst et al.（2000）
R. 6614. 6	佩科德冰川	熔结凝灰岩	171. 0 ± 1. 1	离子探针锆石 U – Pb	Pankhurst et al.（2000）
R. 6619. 14	拉谢尔冰川	熔结凝灰岩	172. 6 ± 1. 8	离子探针锆石 U – Pb	Pankhurst et al.（2000）
H9. 545. 1	伊登冰川	花岗闪长岩	173 ± 3	离子探针锆石 U – Pb	Riley et al.（2012a）
H9. 546. 1	伊登冰川	花岗闪长岩	177 ± 3	离子探针锆石 U – Pb	Riley et al.（2012a）
	亨利冰原岛峰	硅质熔结凝灰岩	177. 5 ± 2. 2	离子探针锆石 U – Pb	Hunter et al.（2006b）
R. 5414. 7	贝尔托角南岸线	正片麻岩	183 ± 2. 1	锆石 U – Pb	Leat et al.（2009）
	斯韦尔角	硅质熔结凝灰岩	183. 4 ± 1. 4	离子探针锆石 U – Pb	Hunter et al.（2006b）
R. 4197. 2	托特冰原岛峰	熔结凝灰岩	183. 9 ± 1. 7	离子探针锆石 U – Pb	Pankhurst et al.（2000）
R. 4182. 10	布伦内克冰原岛峰	熔结凝灰岩	184. 2 ± 2. 5	离子探针锆石 U – Pb	Pankhurst et al.（2000）
R. 8137C	埃弗里高原	花岗闪长岩	184 ± 3	离子探针锆石 U – Pb	Riley et al.（2012a）
H9. 520. 1	伊登冰川	石英二长岩	185 ± 3	离子探针锆石 U – Pb	Riley et al.（2012a）
H9. 520. 2	伊登冰川	英云闪长岩	185 ± 3	离子探针锆石 U – Pb	Riley et al.（2012a）
R. 414. 1	科尔半岛	花岗闪长岩	199 ± 8	离子探针锆石 U – Pb	Riley et al.（2012a）
	艾辛格山	片麻岩	202	离子探针锆石 U – Pb	Millar et al.（2002）
	猎户座山地	浅色体	206	溶液法锆石U – Pb	Millar et al.（2002）
R. 6160. 1	霍斯舒岛	碎裂片麻岩	206 ± 4	离子探针锆石 U – Pb	Millar et al.（2002）
H9. 89. 1	科尔半岛毗邻的凯西山	花岗岩	209 ± 9	离子探针锆石 U – Pb	Riley et al.（2012a）
K7. 526. 2	约尔格半岛的斯塔布斯山口	花岗质浅色体	224 ± 4	离子探针锆石 U – Pb	Riley et al.（2012a）

续表

样品	位置	岩石类型	年龄（Ma）	定年方法	参考文献
	艾辛格山	正片麻岩	225 ± 20	溶液法锆石 U - Pb	Millar et al. （2002）
	艾辛格山	片麻岩	227	离子探针锆石 U - Pb	Millar et al. （2002）；
R. 5278.8	坎贝尔山脊	正片麻岩	227 ± 1	溶液法锆石 U - Pb	Millar et al. （2002）
	飞马座山北部的马卡布山	正片麻岩	228 ± 6	溶液法锆石 U - Pb	Millar et al. （2002）
R. 5278.8	坎贝尔山脊	正片麻岩	230	离子探针锆石 U - Pb	Millar et al. （2002）
	天狼星陡崖	花岗质片麻岩	232、234	溶液法锆石 U - Pb	Millar et al. （2002）
	飞马座山东部落师门冰原岛峰	花岗岩	233	溶液法锆石 U - Pb	Millar et al. （2002）
K7.563.3	约尔格半岛的斯塔布斯山口	花岗岩	236 ± 2	离子探针锆石 U - Pb	Riley et al. （2012a）
K7.526.2	约尔格半岛的斯塔布斯山口	花岗质浅色体	239 ± 8	离子探针锆石 U - Pb	Riley et al. （2012a）
H9.538.1	巴斯琴峰	浅色体	255 ± 5	离子探针锆石 U - Pb	Riley et al. （2012a）
R.8187.1	巴斯琴峰	花岗闪长岩	256 ± 3	离子探针锆石 U - Pb	Riley et al. （2012a）
H9.41.2	阿迪湾	片麻岩	257 ± 3	离子探针锆石 U - Pb	Riley et al. （2012a）
	猎户座山地	正片麻岩	258 ± 2	溶液法锆石 U - Pb	Millar et al. （2002）
R.349.2	阿迪湾	混合岩	258 ± 3	离子探针锆石 U - Pb	Millar et al. （2002） Flowerdew et al. （2006b）
H8.99.1B	伊登冰川西部	片麻岩	258 ± 5	离子探针锆石 U - Pb	Riley et al. （2012a）
H9.67.1	阿迪湾	花岗岩	259 ± 3	离子探针锆石 U - Pb	Riley et al. （2012a）
	夏丽蒂山	花岗岩	259 ± 5	离子探针锆石 U - Pb	Millar et al. （2002）
	夏丽蒂山	花岗岩	267 ± 3	溶液法锆石 U - Pb	Millar et al. （2002）
R.6160.1	霍斯舒岛	碎裂片麻岩	270、860	离子探针锆石 U - Pb	Millar et al. （2002）

样品	位置	岩石类型	年龄（Ma）	定年方法	参考文献
H9.504.1	伊登冰川北部	闪长片麻岩	272±2	离子探针锆石 U–Pb	Riley et al.（2012a）
H9.41.2	阿迪湾	片麻岩	275±3	离子探针锆石 U–Pb	Riley et al.（2012a）
H9.41.3	阿迪湾	浅色体	276±3	离子探针锆石 U–Pb	Riley et al.（2012a）
H8.100.1B	伊登冰川东部	闪长片麻岩	280	离子探针锆石 U–Pb	Riley et al.（2012a）
R.4007.7	塔吉特山丘	片麻岩	327±9	离子探针锆石 U–Pb	Millar et al.（2002）
DJ.1336.9	维尤角	花岗岩碎屑	373±5	锆石 U–Pb	Bradshaw et al.（2012）
	维尤角	花岗质鹅卵石	384	锆石 U–Pb	Loske & Millar（1991）
R.55511.1	塔吉特山丘	正片麻岩	399±9	离子探针锆石 U–Pb	Millar et al.（2002）
	艾辛格山	正片麻岩	422±18	离子探针锆石 U–Pb	Millar et al.（2002）
AP90-8B	霍斯舒岛	花岗质碎屑	431±12	锆石 U–Pb	Tangeman et al.（1996）
	艾辛格山	片麻岩	435±8	离子探针锆石 U–Pb	Millar et al.（2002）
R.751.52	维尤角	花岗质碎屑	463±5	离子探针锆石 U–Pb	Millar et al.（2002）
DJ.1336.3	维尤角	花岗质碎屑	466±3	锆石 U–Pb	Bradshaw et al.（2012）
K7.563.3	约尔格半岛的斯塔布斯山口	花岗岩	476±18	离子探针锆石 U–Pb	Riley et al.（2012a）
H8.100.1B	伊登冰川东部	闪长片麻岩	485±3	离子探针锆石 U–Pb	Riley et al.（2012a）
H8.99.1B	伊登冰川西部	闪长片麻岩	487±3	离子探针锆石 U–Pb	Riley et al.（2012a）
DJ.1412.4	维尤角	火山岩碎屑	487±4	锆石 U–Pb	Bradshaw et al.（2012）
R.349.2	阿迪湾	混合岩	520±8	离子探针锆石 U–Pb	Millar et al.（2002）
H9.67.1	阿迪湾	花岗岩	545±6	离子探针锆石 U–Pb	Riley et al.（2012a）
R.751.54	维尤角	花岗岩碎屑	3161±13	离子探针锆石 U–Pb	Millar et al.（2002）

2）古生代岩浆岩形成的构造环境

尽管南极半岛总体上是一个中新生代活动带，但从奥陶纪到二叠纪正片麻岩和各种花岗岩类岩石的存在说明该活动带发育在古老地壳基底之上，因其裂解演化而成。特里尼蒂半岛群的沉积岩中含有大量的古生代碎屑锆石年龄，表明其来自于西冈瓦纳古陆裂解之前的物源区。虽然在古生代岩浆岩中尚无地球化学资料可以利用，但由于这些早期的侵入体一般多伴有变质事件的发生（Millar et al，2002；Wendt et al，2008；Riley et al，2012），所以可能是冈瓦纳大陆边缘增生造山作用的结果。

5.4.1.4 中生代岩浆岩

1）中生代岩浆岩的分布及时代

中生代岩浆侵入和火山作用在南极半岛非常普遍（图5-117c），所形成的火山岩和深成侵入体在地表的出露比例近似相等。南极半岛的火山岩被统称为南极半岛火山岩群（Thomson，Pankhurst，1983），主要由钙碱性系列的基性-酸性熔岩、火山碎屑岩和熔结凝灰岩等组成，时代从侏罗纪一直延续到新生代（190~10 Ma），其中侏罗纪地层主要包括早侏罗世的波斯特山组（Mount Poster Formation）、布伦内克组（Brennecke Formation）和中侏罗世的梅普尔组（Mapple Formation），而侏罗纪之前主要以岩浆侵入活动为主。

约尔格半岛铁镁质正片麻岩中花岗质淡色伟晶岩的锆石核部和边部U-Pb加权平均年龄分别为（239±8）Ma和（224±4）Ma，后者反映了伟晶岩的形成时代。该地面理化黑云母花岗岩的锆石边部U-Pb年龄为（236±2）Ma，也代表其侵位时间（Rilery et al.，2012a）。在帕默地西北部坎贝尔山脊（Campbell Ridge）和艾辛格山等几处片麻岩中获得的锆石U-Pb年龄也主要集中在225~233 Ma和202 Ma，反映该区中晚三叠世有两期明显的岩浆和高级变质作用（Millar et al.，2002）。在帕默地西北部的猎户座山地（Orion Massif），灰色片麻岩（258±2）Ma穿插有淡色脉体（206 Ma），表明片麻岩基岩在晚古生代结晶形成，并在三叠纪经历了熔融（Millar et al.，2002）。

科尔半岛（Cole Peninsula）和伊登冰川等地中酸性侵入体中的锆石记录了早侏罗世（184 Ma）的岩浆结晶时代（Riley et al.，2012a），且在梅普尔冰川（Mapple Glacier）有中侏罗世（168±1.7）Ma花岗岩体侵入到梅普尔组熔结凝灰岩中（Pankhurst et al.，2000），说明南极半岛在中生代存在多期岩浆作用。Pankhurst等（2000）和Hunter等（2006a）对南极半岛出露的火山岩进行了锆石U-Pb年龄研究，发现南部的帕默地地区火山作用时代集中在早侏罗世，而北部的格雷厄姆地区火山作用集中在中侏罗世，反映出侏罗纪火山活动在南极半岛上有从南向北迁移的趋势。

白垩纪侵入和火山作用主要集中在帕默地西岸和南设得兰群岛一带。在帕默地南部，在超过100 km×800 km面积范围内广泛分布有早白垩世的拉西特海岸侵入岩套（Lassiter Coaster Intrusive Suite）（Vennum，Rowley，1986），该岩套的岩性从辉长岩变化到花岗岩，并以花岗闪长岩占主导地位，变质程度可达角闪岩相（Vaughan et al.，2012b）。在南极半岛南部的豪伯格山（Hauberg Mountains），发育在拉西特海岸侵入岩套内的细小花岗岩脉锆石U-Pb年龄为（107±1）Ma，反映帕默地事件应发生在白垩世中期，而非晚侏罗-早白垩世。

2）中生代岩浆岩的地球化学

早侏罗世波斯特山组火山岩以流纹岩为主，可以分成高Ti（$TiO_2 > 0.7\%$、$SiO_2 = 70\%$~74%）和低Ti（$TiO_2 < 0.4\%$、$SiO_2 > 76\%$）两组，且高Ti组常出露于破火山口内部，而低Ti组出露在破火山口外部（Riley et al.，2001）。研究表明，高Ti流纹岩微量元素的变化是

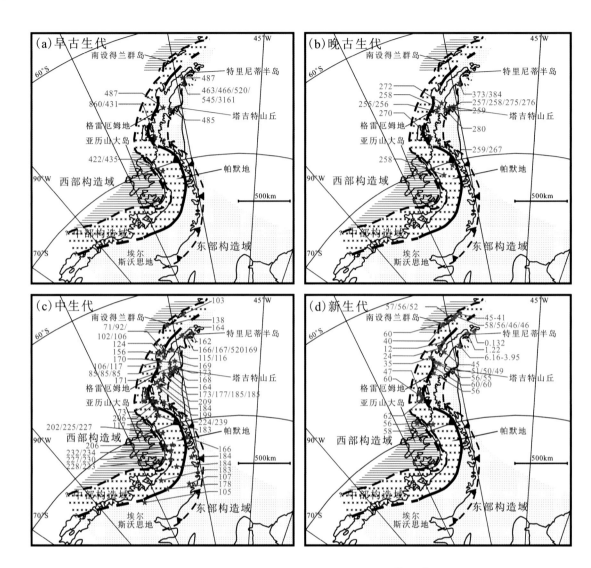

图 5 – 117　南极半岛不同时代岩浆岩锆石 U – Pb 和全岩^{39}Ar/^{40}Ar 年龄分布

a—早古生代岩浆岩；b—晚古生代岩浆岩；c—中生代岩浆岩；d—新生代岩浆岩

数据来源于 Loske，Miller，1991；Leat et al.，1995，2009；Tangeman，Musksa，1996；McCarron，Millar，1997；Pankhurst et al.，2000；Millar et al.，2002；Vaughan et al.，2002，2012b；Flowerdew et al.，2005，2006；Hunter et al.，2005，2006；Kristjánsson et al.，2005；Hervé et al.，2006；Smellie et al.，2006；Wang et al.，2009；Bradshaw et al.，2012；Haase et al.，2012；Riley et al.，2012a，2012b；Veevers，Saeed，2013

斜长石分馏的结果，而低 Ti 流纹岩相对于高 Ti 组具有高 Sr、低 Eu/Eu ∗ 值的特点，表明低 Ti 流纹岩与斜长石的分馏无关。岩石的稀土元素（REE）变化不大，但高 Ti 流纹岩呈现出轻稀土（LREE）富集、中等程度的负 Eu 异常以及平坦的重稀土（HREE），而低 Ti 流纹岩 LREE 富集程度变化较大，且负 Eu 异常明显（Riley et al.，2001）。岩石的^{87}Sr/^{86}Sr 比值变化较大，为 0.710 6 ~ 0.720 6，ε_{Nd}值在 −2.4 ~ −7.8 之间，其中高 Ti 组的^{87}Sr/^{86}Sr 比值为 0.718 0 ~ 0.720 6，ε_{Nd}在 −6.9 ~ −7.8 之间，而低 Ti 组的^{87}Sr/^{86}Sr 比值为 0.7106 ~ 0.7156，ε_{Nd}在 −2.4 ~ −4.9 之间。东帕默地附近的布伦内克组流纹质和英安质火山岩与其具有相似的^{87}Sr/^{86}Sr 比值（0.707 8 ~ 0.715 7）和 ε_{Nd}（−4.3 ~ −7.7）值（Riley et al.，2001）。

　　中侏罗世梅普尔组火山岩同样可以分成高 Ti 和低 Ti 两组，其中高 Ti 组（TiO_2 = 0.68% ~

1.00%）以中等含量的 SiO_2（62%~67%）为特征，低 Ti 组（$TiO_2 = 0.02% ~ 0.56%$）以英安岩和流纹岩为主（$SiO_2 = 64% ~ 77%$）（Riley et al.，2001）。火山岩中微量元素的变化是以斜长石为主的分离结晶作用所引起。低 Ti 组稀土元素均匀，都呈现出轻稀土富集和显著的负 Eu 异常，且都是下凹式的中稀土到重稀土的配分模式。高 Ti 组的稀土配分模式更加平缓，伴有少量的负 Eu 异常及不明显的轻稀土富集（Riley et al.，2001）。安山－流纹岩的 $^{87}Sr/^{86}Sr$ 比值可分为 3 个亚组：高 $^{87}Sr/^{86}Sr$ 亚组的 $^{87}Sr/^{86}Sr = 0.707\ 0 ~ 0.707\ 4$，$\varepsilon_{Nd} = -3.4 ~ -3.6$，其 SiO_2 在 70%~76% 之间；中 $^{87}Sr/^{86}Sr$ 亚组的 $^{87}Sr/^{86}Sr = 0.706\ 5 ~ 0.706\ 7$，$\varepsilon_{Nd} = -2.4 ~ -3.4$，且包括低 Ti 和高 Ti 两组组分；低 $^{87}Sr/^{86}Sr$ 亚组的 $^{87}Sr/^{86}Sr = 0.706\ 2 ~ 0.706\ 5$，$\varepsilon_{Nd} = -2.2 ~ -2.8$（Riley et al.，2001）。

Leat 等（1995）收集了出露在南极半岛上的 71 个早白垩世侵入岩体的地球化学分析数据，并将其分成如下 3 组：①SiO_2 为 55%~78% 的系列，其岩性主要为石英闪长岩、英云闪长岩、花岗闪长岩和花岗岩。该系列中 SiO_2 含量小于 58% 的样品与其他样品相比具有明显的高 P 或高 Ti 的特征。MgO 的含量一般小于 5%，且随着 MgO 的递减，FeO 并未富集，形成了钙碱性分离趋势。②铁镁质硅饱和系列（$SiO_2 = 48% ~ 59%$），由脉体和花岗闪长岩中的包体组成，具有较高的全碱、Na/K 和 Sr 值以及低的 Ca、Th 值。③SiO_2 含量小于 45% 的镁铁质堆积体，其低 P、Si 特征表明该堆积体的成因与第二组的镁铁质岩石有关。镁铁质硅饱和系列与中酸性岩系相比，具有较高的 ε_{Nd} 值和相似的初始 $^{87}Sr/^{86}Sr$ 比值，中酸性岩石的 $^{87}Sr/^{86}Sr$ 比值并没有随 SiO_2 的增加而增加，推测硅质上地壳岩石的同化作用在岩石成因上并未起主要作用。然而，在相似的 $^{87}Sr/^{86}Sr$ 比值下，镁铁质系列的 ε_{Nd} 值明显高于硅质中性系列。同时，南极半岛早白垩世的岩基与白垩纪的 MORB 亏损地幔相比，Sr 同位素比值明显具有高放射性，而 Nd 同位素明显具有低放射性。

3）中生代岩浆岩形成的构造环境

南极半岛中生代岩浆岩为以中酸性为主的基性－中性－酸性序列，富集大离子亲石元素（Rb、Ba、Th、K），相对亏损高场强元素（Nb、Ta、Ti），这些特征与形成于俯冲带之上的岛弧岩浆岩的地球化学特征相类似（McCulloch，Gamble，1991）。早侏罗世波斯特山组火山岩 Sr、Nd 同位素比值清晰表明在其形成过程中有明显的壳源组分的加入。我们对 Riley 等（2001）所测得的中生代安山质－流纹质火山岩的地球化学数据进行了投影（图 5-118），其中在 Nb－Y 图解中，绝大多数火山岩样品落在岛弧－同碰撞带区；在 Rb－Y＋Nb 图解中，绝大多数样品都投在岛弧区。显然，这些岩石均形成于岛弧环境，所有样品的投点非常集中，反映出微量元素的初始富集没有被后期的蚀变和变质作用所改造。总之，南极半岛中生代岩浆弧的形成与古太平洋洋底板块沿着南极半岛西缘海沟向东的俯冲作用有关。

5.4.1.5 新生代岩浆岩

1）新生代岩浆岩的分布及时代

南极半岛出露的新生代岩浆岩主要是古近纪火山岩和侵入岩，其主要分布在南极半岛西部的离岸岛屿、南设得兰群岛和亚历山大岛（图 5-120d）。此外，在詹姆斯·罗斯岛（James Ross Island）、布拉班特岛（Brabant Island）和迪塞普申岛（Deception Island）还产出有新近纪晚期火山岩。

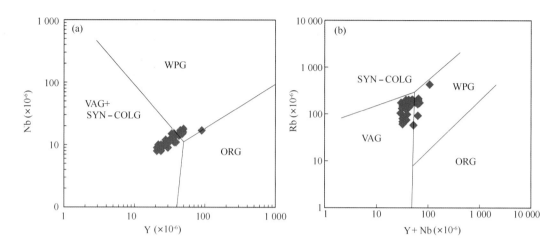

图 5 – 118　南极半岛中生代中酸性火山岩的 Nb – Y（a）和 Rb – Y + Nb（b）构造环境判别图解

VAG – 岛弧区；SYN – COLG – 同碰撞带；WPG – 板内区；ORG – 洋脊区。底图据 Pearce 等（1984）；

数据来源于 Riley 等（2001）

在南设得兰群岛出露的古近纪火山岩以乔治王岛（King George Island）的菲尔德斯半岛（Fildes Peninsula）为代表，其成分以玄武质、玄武安山质和安山质为主，另有少量的英安质亚碱性岩石组合。前人的研究表明，纳尔逊岛（Nelson Island）东部火山岩年龄为（66 ± 23）Ma 和（56 ± 1）Ma，波特半岛（Potter Peninsula）法尔兹组（Fildes Formation）火山岩年龄为（47.6 ± 0.2）Ma（Haase，2012）。在乔治王岛的巴顿半岛（Barton peninsula）和韦弗半岛（Weaver peninsula）地区，玄武质、安山质熔岩和花岗岩类深成体在 45～44 Ma 短期时间内喷发和侵入，但该期岩浆活动是只发生在巴顿半岛和韦弗半岛上，还是在南极半岛上普遍存在，尚有待于进一步证实（Wang et al.，2009）。我们对南极半岛西部布思岛（Booth Island）和古迪耶岛（Goudier Island）的闪长岩、花岗闪长岩和辉绿玢岩脉进行了 LA – MC – ICP – MS 锆石 U – Pb 定年，获得的主要年龄集中在 60～55 Ma 之间（未发表资料），说明南极半岛在古近纪早期也经历了一次重要的岩浆侵入活动。

亚历山大岛出露的岩性以中生代增生杂岩组成的变质沉积岩系和局部枕状熔岩及相关燧石为主，在古太平洋板块沿南极半岛俯冲作用停止之后，亚历山大岛出露有新生代的碧玄岩、碱玄岩和碱性橄榄玄武岩组合。在亚历山大岛北部地区，古近纪花岗岩侵入到增生杂岩中，时代为（56 ± 3）Ma（McCarron，Millar，1997）。

在南极半岛东部出露的新生代火山侵入岩体统称为詹姆斯·罗斯岛火山群（James Ross Island Volcanic Group）（Nelson，1975），由大量的熔岩深成体和成分类似的拉斑玄武岩、碱性玄武岩、夏威夷岩及少量的碧玄岩、橄榄粗安岩等组成（Smellie，1999）。詹姆斯·罗斯岛是詹姆斯·罗斯岛火山群出露最大的露头，主要岩性是碎屑角砾、枕状熔岩和近地面的熔岩流等。根据玄武岩的 ^{40}Ar/^{39}Ar 年龄，已确定出布兰迪湾（Brandy Bay）地区绝大多数玄武岩的形成时间在 3.95～6.16 Ma 之间（Jansson et al.，2005）。邓迪岛（Dundee Island）珀维斯角（Cape Purvis）和七扶垛（Seven Buttresses）火山岩年龄在（1.69 ± 0.03）Ma 到（0.132 ± 0.019）Ma 之间，证实了詹姆斯·罗斯岛火山岩群的活动一直持续到新近纪晚期（Smellie et al.，2006）。

2）新生代岩浆岩的地球化学

乔治王岛的菲尔德斯半岛古近纪玄武岩类的 SiO_2 含量一般为 48%～55%，具有富 Al_2O_3、高 CaO，低 MgO、FeO 和 TiO_2 的特征，其硅碱指数在 0.79～2.65 之间，且绝大多数样品小于 1.8（金庆民等，1992；李兆鼐等，1992）。与南设得兰群岛玄武岩相比，菲尔德斯半岛玄武安山岩硅和碱质平均值略低，FeO、MgO 含量相近，但 Al_2O_3 和 CaO 则明显偏高。巴顿半岛和韦弗半岛上的玄武岩和玄武质岩石 SiO_2 含量在 45%～51% 之间，Al_2O_3 和 TiO_2 含量分别在 16.6%～18.5% 和 0.6%～0.8% 之间，Na_2O 和 K_2O 含量一般分别少于 4.0% 和 1.5%，且都具有高度富 FeO、中度富 MgO 的特征（Wang et al.，2009）。玄武岩和玄武质岩石均具有轻稀土富集、重稀土亏损的特征，并普遍发育弱的负 Eu 异常，其中高铝玄武岩的弱负 Eu 异常反映了岩浆经历了一定程度的斜长石分离结晶（邢光福，2003）。乔治王岛古近纪火山岩的 $^{87}Sr/^{86}Sr$ 比值为 0.703 2～0.703 9，ε_{Nd} 为 2.8～7.3（主要集中在 5.0～7.0）（Smellie et al.，1984；郑祥身等，1988；李兆鼐等，1992；Keller et al.，1992；邢光福等，1997；邢光福，2003；Wang et al.，2009）。

乔治王岛的巴顿半岛和韦弗半岛上的花岗岩闪长岩和闪长岩侵入岩样品的 SiO_2 含量分别为 62% 和 51%，Al_2O_3 含量分别为 16.4% 和 19.0%，TiO_2 含量分别为 0.5% 和 0.7%，Na_2O 含量分别为 3.9% 和 5.0%，K_2O 含量分别为 2.7% 和 1.1%。这些样品都具有 SiO_2 含量随 MgO 含量的增加而减少，而 FeO 和 Al_2O_3 含量随 MgO 含量的增加而增加的趋势。它们具有与玄武岩和玄武质岩石同样的稀土富集规律，但富集程度更强，其中花岗闪长岩具有明显的负 Eu 异常（Wang et al.，2009）。花岗闪长岩和闪长岩的 $^{87}Sr/^{86}Sr$ 比值和 ε_{Nd} 值与玄武岩、玄武质安山岩一致，分别为 0.703 3～0.703 9 和 5.4～7.3，反映出该岛上的火山岩和侵入岩具有相同的地幔来源（Wang et al.，2009）。

亚历山大岛玄武岩以高 MgO 含量（8.5%～11.2%）为特征，MgO 在碱玄岩和橄榄玄武岩中的含量为 6.5%～8.5%。有关亚历山大岛火山岩中的不相容微量元素，其富集规律有：橄榄玄武岩＜碱性玄武岩＜碱玄岩＜碧玄岩，且碱性橄榄玄武岩和碱玄岩比碧玄岩具有更高的 Zr/Nb 和 Sr/Nb 比值（陈廷愚等，2008）。玄武岩的 $^{87}Sr/^{86}Sr$ 和 $^{143}Nd/^{144}Nd$ 比值分别限制在 0.702 8～0.703 4 和 0.512 9～0.513 0 范围内。碱性玄武岩和碧玄岩几乎具有相同的 Sr、Nd 同位素组分（$^{87}Sr/^{86}Sr$=0.703 0，$^{143}Nd/^{144}Nd$=0.513 0），橄榄玄武岩与其他玄武岩相比具有更强的放射性 Sr（$^{87}Sr/^{86}Sr$=0.703 4）和更弱的放射性 Nd（$^{143}Nd/^{144}Nd$=0.512 9）（陈廷愚等，2008）。中性至硅质的岩石具有较低的 $^{87}Sr/^{86}Sr$ 比值（Pankhurst，1982），且接近于软流圈值，由此推测它们包含有大量的来源于玄武质岩浆的组分（Hole et al.，1991）。

詹姆斯·罗斯岛火山岩群岩石的 Na_2O 和 K_2O 含量一般分别少于 4.0% 和 1.5%，其 K_2O/Na_2O 值比南设得兰群岛火山岩高，且在低 SiO_2 含量情况下，火山岩群的 K_2O 含量类似于来自布兰斯菲尔德海峡（Bransfield Strait）碱性玄武岩的含量（Kosler et al.，2009）。詹姆斯·罗斯岛火山岩群玄武岩富集不相容元素，其微量元素配分曲线明显与 N－MORB 和 E－MORB 的配分曲线不同，而与 OIB 组分类似（显著的 Rb、Ba、Th 和 P 亏损），但熔岩的重稀土配分模式与 OIB 组分能明显地区分出来（Kosler et al.，2009）。詹姆斯·罗斯岛火山群大部分的玄武岩中的 Sr、Nd 和 Pb 同位素组分基本相同，即 ε_{Sr} 值在 -19～-21 之间，ε_{Nd} 值在 4.4～5.2 之间。大部分岩石的 Sr 和 Nd 同位素组分与南极半岛的碱性火山岩相一致，或者跨越了南极半岛碱性火山岩的同位素组分（Hole et al.，1993）与南设得兰群岛和布兰斯菲尔德海峡东部碱性火山岩同位素组分的边界。Pb 同位素组分与南设得兰群岛和布兰斯菲尔德海峡的火山岩相比，具有更强的放射性（Kosler et al.，2009）。

3）新生代岩浆岩形成的构造环境

南极半岛新生代古近纪岩浆岩为以中基性为主的基性 – 中性 – 酸性连续序列，与中生代岩浆岩相比，同样富集大离子亲石元素，相对亏损高场强元素，具有岛弧岩浆岩的地球化学特征。然而，南极半岛古近纪岩浆岩的$^{87}Sr/^{86}Sr$ 比值较低，ε_{Nd} 均为正值，说明其原始岩浆来源于地幔的部分熔融，且后期经历了分异过程。我们对李兆鼐等（1992）和 Wang 等（2009）所测得的古近纪玄武质岩石的地球化学数据进行分析投图（图 5 – 119），在 La – Y – Nb 图解中主要落在钙碱性玄武岩及其与火山弧玄武岩的重叠区域，进一步说明其形成于岛弧环境。新近纪晚期在詹姆斯·罗斯岛、布拉班特岛和迪塞普申岛形成的火山岩主要形成于菲尼克斯（Phoenix）板块沿南极半岛西缘俯冲的同期及俯冲停止后的弧后伸展背景之中（Smellie，1999；Skilling，2002），与布兰斯菲尔德海峡和热尔拉什海峡（Gerlache Strait）的打开及帕默地从亚历山大岛彻底地分离相伴（Storey，Garrett，1985）。

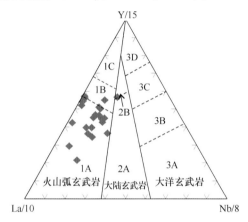

图 5 – 119　南极半岛新生代古近纪玄武质岩石的 La – Y – Nb 构造环境判别图解

1A—钙碱性玄武岩；1C—火山弧玄武岩；1B—1A 和 1C 的重叠区域；2A—大陆玄武岩；

2B—弧后盆地玄武岩；3A—大陆裂谷碱性玄武岩；3B—C—E 型洋中脊玄武岩；3D—N 型洋中

脊玄武岩。底图据 Cabanis，Lecolle（1989）；数据来源于李兆鼐等（1992）和 Wang 等（2009）

5.4.1.6　南极半岛中新生代演化历史

1）各构造域合并前的演化史（侏罗纪，图 5 – 120a）

如前所述，南极半岛可以划分为东部、中部和西部 3 个构造域。东部构造域为冈瓦纳古陆的准原地地体，中部和西部构造域可能为外来地体。岩浆侵入作用伴随着火山作用在侏罗纪广泛发生，并且火山作用主要发生在南极半岛的东部构造域。由此推测，古太平洋持续俯冲到东部构造域之下，导致了侏罗纪的连续火山作用。与此同时，西/中部构造域与东部构造域之间被古太平洋所分隔，并在东部构造域的西部因增生作用形成了一套增生杂岩。西部构造域是古太平洋俯冲在中部构造域之下形成的增生杂岩体（Vaughan et al.，2000）。

2）各构造域初始合并及构造剥蚀（早白垩世，图 5 – 120b）

在早白垩世，西/中部构造域与东部构造域初始合并，但在中部构造域与东部构造域接触部位，未能找到古太平洋俯冲在东部构造域之下所形成的增生杂岩，推测在西/中部构造域与东部构造域合并之后发生了软碰撞事件（Vaughan et al.，2000），使得所产生的增生杂岩全部消耗殆尽。东部构造域在此阶段经历了构造剥蚀，使得在东部构造域东部形成了拉森（Larsen）盆地和拉塔迪（Latady）盆地。

3）帕默地事件（白垩世中期，图 5 – 120c ~ d）

南极半岛西/中部构造域与东部构造域在中白垩世发生硬碰撞（Vaughan et al.，2000），碰撞挤压导致中部构造域与东部构造域的缝合带（东帕默地剪切带）发生两期构造事件，即帕默地造山事件。帕默地造山事件第一阶段发生在约 107 Ma，构造形迹为纯剪切缩短到左行剪切挤压，在南极半岛广泛发育，但在帕默地南部表现最为明显（Vaughan et al.，2012a）。第二阶段发生在约 103 Ma，构造形迹为纯剪切缩短到右行剪切挤压，主要沿东帕默地剪切带发育。拉西特海岸侵入岩套的岩浆侵位事件可能在第一阶段达到高峰，而第二阶段可能是岩浆作用的平息时期（Vaughan et al.，2012a）。

4）乔治六世海峡的形成（晚白垩世—早新生代，约 50 Ma 以前，图 5 – 120e）

南极 – 菲尼克斯板块扩张脊随时间从南极半岛西岸南部向北部迁移，导致大部分的菲尼克斯板块俯冲在南极半岛陆缘西岸之下（Later et al.，1991，2002；Yegorva et al，2011）。在约 50 Ma 以前，南极—菲尼克斯扩张脊首先到达亚历山大岛海沟部位，并与海沟发生碰撞，导致洋脊扩张和菲尼克斯板块俯冲全部停止。西部构造域与中部构造域接触部位因俯冲挤压应力的消失，产生应力松弛，并沿着两构造接触部位发生伸展垮塌，形成了地堑式的乔治六世海峡，西部构造域与中部构造域分离。

5）布兰斯菲尔德海峡的打开（约 4 Ma，图 5 – 120f）

在布兰斯菲尔德海峡打开之前，南极半岛北部的南设得兰群岛在 50 ~ 40 Ma 期间发生拆沉事件。拆沉作用之前，俯冲作用的驱动力和地幔楔浮力相平衡，岩浆作用与板块俯冲有关。随后，菲尼克斯板块的俯冲加厚了南设得兰群岛下部的岩石圈地幔，且逐渐增强的应力足以使厚层岩石发生拆沉，导致了软流圈上涌，并阻挡了俯冲作用的继续，从而使得菲尼克斯板块回卷（roll back），会聚速率突然降低。上涌软流圈地幔所带的热量触发了安山质 – 英安质熔岩的形成（Wang et al.，2009）。

拆沉作用在 40 ~ 30 Ma 结束，软流圈地幔上涌减弱，导致菲尼克斯板块继续向海沟处俯冲，使得南极—菲尼克斯扩张脊逐步靠近海沟。在菲尼克洋脊扩张停止之后，由于俯冲伴随的回撤和南设得兰群岛海沟后退引发了区域性的拉张。在 4 Ma 左右，随着板块俯冲和洋脊扩张作用的全部停止，已俯冲在南极半岛之下的板块继续下沉，由于缺失扩张脊的推动力，使得下沉板块产生回卷，最终导致布兰斯菲尔德海峡弧后盆地的打开，形成最深达 2 000 m 的不对称地堑式构造边缘盆地（Barker，1982；Larter，Barker，1991；Willan et al.，1994，1999）。

5.4.1.7 与南美巴塔哥尼亚对比

1）巴塔哥尼亚地质演化简况

巴塔哥尼亚安第斯位于现今南美最南端的活动大陆边缘。巴塔哥尼亚岩基是一套独立的

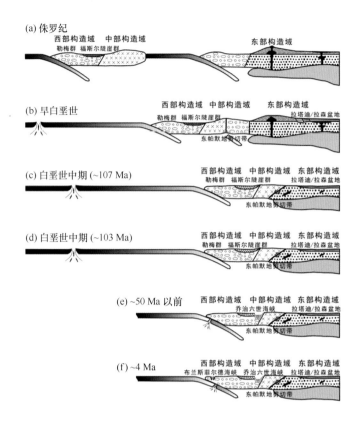

图 5 - 120　南极半岛中新生代构造演化模型

据 Vaughan et al. ，2000 修编

钙碱性深成杂岩，主要出露在南安第斯的智利和阿根廷，是中新生代环太平洋最大的岩基之一。深成岩体以准铝质岩石为主，过铝质岩石所占比例很小。巴塔哥尼亚南部的 Deseado 地块记录了早寒武世到晚古生代的冈瓦纳裂解作用（Pankhurst et al. ，2003，2006）。两个主要构造事件影响了巴塔哥尼亚，分别为南大西洋的打开事件和安第斯俯冲事件（Zaffarana et al. ，2014）。沿着巴塔哥尼亚西缘向东的俯冲作用始于晚古生代，随时间发生迁移和方向的改变，在晚侏罗世到达了现今位置（Mpodozis，Ramos，2008；Breitsprecher，Thorkelson，2009；Somoza，Ghidella，2012）。白垩纪冈瓦纳的裂解作用导致南大西洋打开，并在巴塔哥尼亚南部产生伸展作用和大量流纹岩质火山作用（Pankhurst et al. ，1998，2000）。随后，巴塔哥尼亚东部边缘以沉降和沉积为主，形成了南国盆地（Austral/Magallanes Basin）。巴塔哥尼亚安第斯新生代的构造演化以南极板块—纳兹卡（Nazca）板块扩张中心与秘鲁—智利海沟碰撞形成的智利边缘三联点为特征。在约 14 ~ 15 Ma，智利山脉在纳兹卡和南极板块之间适度扩张，南极板块 - 纳兹板块扩张中心与秘鲁—智利海沟碰撞形成了智利边缘三联点。而后，随着进一步的俯冲碰撞，该三联点向北迁移（Cande，Leslie，1986；Zaffarana et al. ，2014）。

2）地质时代对比

Fanning 等（2011）对智利巴塔哥尼亚的 Duque de York 杂岩、南设得兰群岛的迈尔斯陡崖组（Miers Bluff Formation）和南极半岛的特里尼蒂半岛群浊积砂岩中的碎屑锆石进行了 U - Pb 定年，所测的年龄数据峰期都在 290 Ma 前后，表明它们都来源于一个类似的物源区。对南极半岛和巴塔哥尼亚熔结凝灰岩的锆石 U - Pb 年代学研究表明，南极半岛熔结凝灰岩的形成年龄主要集中在 184～162 Ma，而巴塔哥尼亚熔结凝灰岩的年龄范围为 188～153 Ma（Pankhurst et al.，2000）。这些年龄表明，南极半岛和南美南部火山活动跨越了整个侏罗纪，且可分成三期：第一期为 188～178 Ma，发生在巴塔哥尼亚东北部和南极半岛南部与板内有关的火山作用（Pankhurst et al.，2000），该期的硅质火山岩省发育在冈瓦纳裂解早期阶段（Riley et al.，2001）；第二期为 172～162 Ma，火山作用发生在巴塔哥尼亚南部和南极半岛北部（Pankhurst et al.，2000），且中侏罗世南极半岛梅普尔组硅质火山岩和南美 Chon Aike Formation 的硅质火山岩都可能是由于"格林威尔期"含有铁镁质下地壳的深熔作用所形成（Riley et al.，2001）；第三期为 157～153 Ma，该期火山作用事件发育在整个巴塔哥尼亚地区和南极半岛基岩部位。总之，火山作用事件在巴塔哥尼亚由东向西迁移，而在南极半岛上由南向北迁移（Pankhurst et al.，2000；Riley et al.，2001）（表 5-22）。

表 5-22 南极半岛与南美巴塔哥尼亚的地质联系

	南极半岛	南美巴塔哥尼亚	地质联系
火山作用时代	熔结凝灰岩锆石 U-Pb 年龄主要集中在 184～162 Ma	熔结凝灰岩 U-Pb 年龄主要集中在 188～153 Ma	火山作用时代大致相同，且在南极半岛由南向北迁移，而在巴塔哥尼亚由东向西迁移
物源特征	南设得兰群岛的迈尔斯陡崖组合南极半岛的特里尼蒂半岛群浊积砂岩碎屑锆石 U-Pb 年龄峰值在 290 Ma 左右，其 ε_{Hf} 值在 -5.2～+2.6	智利巴塔哥尼亚的 Duque de York 杂岩锆石 U-Pb 年龄峰值在 290 Ma 左右，其 ε_{Hf} 值在 -14～+3.2	两地具有大致相同的碎屑锆石年龄，且 Lu-Hf 同位素 ε_{Hf} 值集中在 -6～+1 之间，具有相似的初始物源
地球化学特征	侏罗-白垩纪早期以流纹岩为主的硅质火山岩省具有钙碱性特征，形成于岛弧环境中	侏罗-白垩纪早期以流纹岩为主的硅质火山岩省具有钙碱性分异及贫铁特征，东部高 Zr 和 Nb，西部为与岛弧有关的亚碱性岩	两地区发育一个统一的侏罗-白垩纪早期硅质火山岩省
构造行迹特征	亚历山大岛中侏罗-早白垩世的俯冲杂岩、南极半岛北部早白垩世断层和象岛白垩纪俯冲杂岩中都保存有左行挤压构造行迹	智利南部 Liquine-Ofqui 断层带中的早白垩世及更老的花岗岩中保存有左行剪切挤压构造行迹	两地区至少在白垩纪处于同一挤压变形构造体制中

3）地球化学对比

Fanning 等（2011）对巴塔哥尼亚西部和南极半岛地区增生楔中的二叠纪碎屑变质沉积物也进行了 Lu-Hf 同位素物源分析，结果表明 ε_{Hf} 值大部分都在 -15～+4 之间，且超过 85% 样品的 ε_{Hf} 值在 -6～+1 之间，指示这些变质沉积岩的物源来源于二叠纪岩浆岩，且负 ε_{Hf} 值反映出其更可能来自于成熟的地壳物源。由于南极半岛和巴塔哥尼亚南部的地理位置从二叠纪到侏罗纪非常接近，从而进一步证实两地区二叠纪变质沉积物来自于统一的碎屑物源。巴塔哥尼亚和南极半岛发育一个统一的侏罗-白垩纪早期（约 188～140 Ma）以流纹岩为主的硅质大火山岩省，其地球化学具有钙碱性分异及贫铁的特征，且东部高 Zr 和 Nb，西部则显示与岛弧有关的亚碱性，其岩石成因模型是玄武质岩浆底侵导致的不成熟下地壳的部分熔融（Pankhurst et al.，1998）。

4）构造联系

南极半岛和巴塔哥尼亚造山带都位于南美板块、斯科舍板块和南极板块三者的接触部位。

亚历山大岛俯冲杂岩中保存有中侏罗－早白垩世的左行剪切挤压构造形迹（Doubleday，Storey，1998），南极半岛北部早白垩世断层也表现为 NW－SE 的古应力轴及左行剪切挤压变形（Vaughan，Storey，1997；Whitham，Storey，1989），象岛白垩纪俯冲杂岩中同样保存了左行剪切挤压构造形迹的证据（Trouw et al.，2000）。与此相对应，智利南部 Liquine－Ofqui 断层带中的早白垩世及更老的花岗岩同样保留了左行剪切挤压构造形迹（Cembrano et al.，2000；Vaughan et al.，2012a）。这说明，这两个地区至少在白垩纪处于同一挤压变形构造体制之下。

总之，尽管巴塔哥尼亚和南极半岛目前被德雷克海峡和斯科舍海所分割，但两地区侏罗纪火山作用时间大致相同（Pankhurst et al.，2000）。前侏罗世的浊积岩又来自于同一个类似的物源区（Pankhurst et al.，2000；Fanning et al.，2011），表明巴塔哥尼亚和南极半岛在白垩纪及以前可能是连续的。晚白垩世以来，南极半岛和南美安第斯南部开始向西南运移，且南安第斯向西迁移速率比南极半岛快。大约从 45 Ma 开始，南极半岛向南运移，而南美南部向北运移，两者发生相对离散运动，即形成了现有的斯科舍海。现今，南美板块和南极板块间的离散方向变为东西向（Dickson Cunningham，1993；Eagles，Jokat，2014），从而形成了现在的南极半岛和巴塔哥尼亚的地理对应关系（图 5－121）。

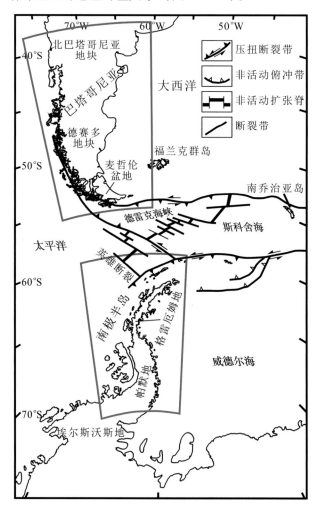

图 5－121　南极半岛与南美巴塔哥尼亚的构造连接

据 Pankhurst et al.，1998；Wang et al.，2009 年修编

5.4.1.8 小结

①南极半岛可以分成准原地的东部冈瓦纳构造域、外来的中部岩浆弧构造域和西部增生杂岩构造域，3个构造域在白垩世中期通过碰撞汇聚在一起。

②中新生代岛弧岩浆作用在南极半岛有随时间从东南向西北逐渐迁移的规律，在南设得兰群岛则随时间从西南向东北逐渐迁移，这与大洋板块的俯冲和后撤有关。

③南极半岛和南美巴塔哥尼亚在二叠纪具有共同的沉积物源，且两地区侏罗—白垩纪火山作用的时代和地球化学性质大致相同，推测二者至少在白垩纪及以前是相连的。

5.4.2 南极半岛—南设得兰群岛地区的矿产资源及潜力分析

5.4.2.1 西南极矿产资源概述

横贯南极山脉把南极大陆分为东南极和西南极两大不同构造域，东南极是由火成岩和变质岩构成的前寒武地盾，局部被未变形的地层覆盖。而西南极则是由年轻的、局部高度变形和变质地层及后期侵入岩组成。西南极属于安第斯金属矿化省（Craddock，1989）。在该矿化省内，已发现了铁、铜、金、银、钼、锰、锡、铬、镍、钴、铂和铀等金属矿化（图5-122），主要分布在南极半岛及其离岸岛屿上，数量约57个，约占南极大陆发现矿化点总数的1/3（表5-23）（陈廷愚等，2008）。

在埃尔沃思山（Ellsworth Mountains），只有极少具有经济价值的矿产出露，如在埃尔沃思山的森第纳尔岭（Sentinel Range）北部的极星组（Polarstar Formation）出露少型的煤露头，很多的硫化物矿物和它们的风化产物出现在赫里蒂奇岭（Heritage Range）南部区域。本区优质的煤和岩石的低级别变质表明这些地层不可能含有石油（Webers et al.，1992）。而在玛丽·伯德地，目前的矿化形势不明朗，据Zeller等（1990）资料，发现位于该地贝雷冰原岛峰（Bailey Nunataks）和埃斯科斯山脉（Ickes Mountains）的贝尔勒陡崖（Billey Bluff）花岗岩体中有两处重要异常，显示出潜在的铀资源区。由于已发现矿化点主要位于南极半岛，本节将主要针对南极半岛及离岸岛屿的矿化情况开展调研，为我国南极资源评估做好相关资料准备。

表5-23 西南极潜在矿产资源一览表

产地	潜在矿种	备注
阿德莱德岛（Adelaide Island）	Fe，Mo	Rowley & Pride，1982
亚历山大岛（Alexander Island）	FeS	Rowley & Pride，1982
阿根廷岛（Argentine Island）	Fe	Rowley & Pride，1982
阿斯普兰岛和吉布斯岛（Aspland and Gibbs Island）	Cr，Ni，Co	Rowley & Pride，1982
巴特比山（Batterbee Mountains）	Cu	陈廷愚等，2008
比斯科岛（Biscoe Island）	FeS	Rowley & Pride，1982
布莱克海岸（Black Coast）	Fe	陈廷愚等，2008
鲍曼海岸（Bowman Coast）	Cu	陈廷愚等，2008
布拉班特岛（Brabant Island）	FeS	Rowley & Pride，1982
布兰斯菲尔德海峡区（Bransfield Strait area）	Cu，Pb，Zn	Rowley et al.，1991
中拉斯特海岸（Central Lassiter Coast）	Cu，Pb，Mo	Rowley & Pride，1982
中海王星号岭（Central Neptune Range）	P	Wright & Williams，1974

产地	潜在矿种	备注
当科海岸中部和南部（Central – Southern Danco Coast）	FeS, Zn	Rowley & Pride, 1982
夏洛特湾（Charlotte Bay）	U, Th, Ag, Au, Pb, Zn, Cu	陈廷愚等, 2008
科珀冰原岛峰群（Copper Nunataks）	Cu	陈廷愚等, 2008
科珀峰（Copper Peak）	Cu	Wright & Williams, 1974
科珀曼湾（Copperminc Cove）	FeS	Rowley & Pride, 1982
克罗内申岛（Coronation Island）	Pb, Zn, Ag	Rowley & Pride, 1982
杜斯湾 – 拉尔森入口（Duse Bay – Larsen Inlet）	Cu	Rowley & Pride, 1982
埃尔森半岛（Eielson Peninsula）	Cu, Mo, Fe, Au, Ag	Rowley & Pride, 1982
伊特尼蒂岭（Eternity Range）	Au, Ag	Wright & Williams, 1974
福里斯特尔岭（Forrestal Range）	Fe, Ti, Co	Wright & Williams, 1974
格林尼治岛（Greenwich Island）	Cu	陈廷愚等, 2008
因特科伦斯岛（Intercurrence Island）	Cu	陈廷愚等, 2008
南极公报群峰（Journal Peaks）	Cu	陈廷愚等, 2008
乔治王岛（King George Island）	FeS	Rowley & Pride, 1982
拉西特海岸（Lassiter Coast）	Cu, Au, Ag, Zn, Pb	陈廷愚等, 2008
勒美尔海峡 – 热尔拉什海峡（LeMaire Channel – Gerlache Strait area）	Cu, Mo	Rowley & Pride, 1982
利文斯顿岛（Livingston Island）	Cu, Pb, Zn	Rowley & Pride, 1982
洛岛（Low Island）	FeS	Rowley et al. , 1991
玛格瑞特湾群岛（Marquerite Bay Islands）	Au, Ag, Mo	Rowley & Pride, 1982
玛格瑞特湾附近（Marquerite Bay Vicinity）	Fe, Cu	Rowley & Pride, 1982
梅里克山（Merrick Mountains）	Cu	Rowley & Vennum, 1988
和平站附近（Mirnyy Station Vicinity）	Mo	Wright & Williams, 1974
蒙塔古岛（Montagu Island）	Cu	Rowley et al. , 1991
里斯山（Mount Reece）	Cu	陈廷愚等, 2008
特利尼蒂半岛（ne Trinity Peninsula）	Cu	Rowley & Pride, 1982
北帕默尔地（North Palmer Land）	Cu	陈廷愚等, 2008
北当科海岸（Northern Danco Coast）	FeS	Rowley & Pride, 1982
北格雷厄姆地（Northern Graham Coast）	Cu	Rowley & Pride, 1982
奥斯卡二世海岸（Oscar II Coast）	Cu, Fe	Rowley & Pride, 1982
天堂湾（Paradis Harbour）	Cu, Zn, Pb	陈廷愚等, 2008
罗斯柴尔岛（Rothschild Island）	Cu	陈廷愚等, 2008
西格妮岛（Signy Island）	Cu	陈廷愚等, 2008
斯凯 – 海冰原岛峰群（Sky – Hi Nunataks）	Cu, Pb, Zn, Fe	Rowley & Pride, 1982
南乔治亚岛（South Georgia Island）	Cu, Fe	陈廷愚等, 2008
南奥克尼岛（South Orkney Island）	Cu, Fe	陈廷愚等, 2008
南桑威奇岛（South Sandwich Islands）	Cu, Au, Ag, Fe	陈廷愚等, 2008
斯托宁岛（Stonington Island）	Au, Ag, Mo, Mg	Wright & Williams, 1974
特拉弗马岛（Terra Firma Island）	Cu, Fe	Rowley & Pride, 1982
韦尔奇山（Welch Mountains）	Ag, Au	陈廷愚等, 2008
威廉明娜湾（Wilhelmina Bay）	Au, Ag, Pb, Zn, Cu	陈廷愚等, 2008
威尔金斯海岸（Wilkins Coast）	Cu	陈廷愚等, 2008

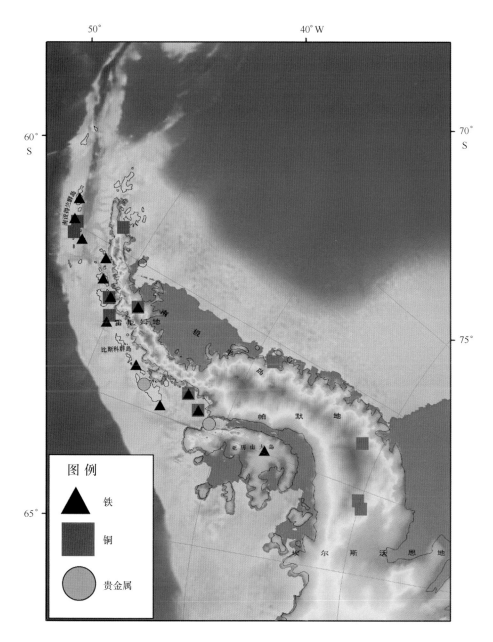

图 5 – 122　西南极矿产资源分布

5.4.2.2　南极半岛—南设得兰群岛典型矿化点特征

在大地构造位置上，南极半岛位于南极板块的北部边缘，属于安第斯造山带的南延部分，在岗瓦纳大陆裂解前，它属于岗瓦纳大陆太平洋边缘的一部分。南极半岛东北部非常复杂，是地球动力学活跃的地方，当前正缓慢发生着板块的俯冲，这种俯冲作用从中生代至晚新生代一直持续着。Vaughan，Strorey（2000）将南极半岛划分为东部、中部和西部 3 个构造域。东部域主要由准原地冈瓦纳边缘组成，中部域由岩浆岛弧台地组成，这可能与东部异源，西部域或者是中部域的俯冲增生体或者是另外一个外来地壳体。中部域和西部域的增生可能发生在帕默地（Palmer Land）事件期间的 107 Ma 和 103 Ma 年间（Vaughan et al.，2002），这与拉西特海岸侵入岩套（Lassiter Coast Intrusive Suite）岩浆作用一致。目前各区的接触部位出露较少，东部域和中部域沿东帕默地剪切区并置（Vaughan，Storey，2000）。在东埃尔沃思地，Vaughan，Storey（2000）推测在靠近英吉利海岸（English Coast），东帕默地剪切区走向为 ENE—WSW。复杂的地质演化过程引起了广泛的金属元素富集矿化，如斯凯海冰原岛峰群（Sky – Hi Nunataks）的矿化等，下面将分述之。

1）斯凯海冰原岛峰群矿化点

斯凯海冰原岛峰群位于奥利弗海岸（Orville Coast）（图 5 – 123），为一冰原岛峰群，大约 15 km 长，西自多普勒冰原岛峰（Doppler Nunatak），东至艾诺蒂冰原岛峰（Arnoldy Nunatak），包括门第山（Mount Mende），兰若若地山（Mount Lanzerotti），卡勒勒山（Mount Carrara）和卡希尔山（Mount Cahill）。

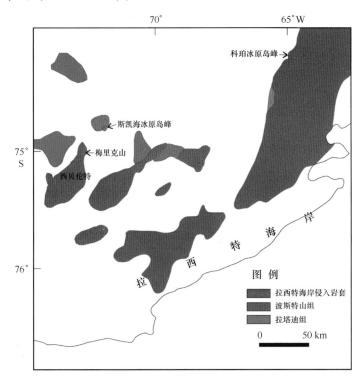

图 5 – 123　南极半岛拉西特海岸地区地质

修改自 Vennum，Rowley，1986

（1）区域地质概况

该区域由波斯特山组（Mount Poster Formation）发生褶皱的火山岩组成，侵入岩在其内部就位（见图 5 – 123）。舌状交错砂岩和粉砂岩（局部包含海洋化石）位于冰原岛峰西南部分几个小型露头的下面。在本区，波斯特山组主要岩石类型是抗风化、厚层、黑绿色、块状流纹英安岩。在很多地方该类岩石含有较多的巨型长石和 β – 石英斑晶。该类岩石在东埃尔斯沃思地和奥利弗海岸广泛分布，看起来似一次或多次流动火山灰凝灰岩席。斯凯海冰原岛峰群的岩层呈层状，且走向为西北或西北西（Rowley et al.，1988）。

（2）斯凯海冰原岛峰群矿化特征

①矿化体的形态、产状及规模。

斯特海铜矿化在 1977—1978 年间由 Carrara 和 Kellogg 发现，主要出露在斯凯海冰原岛峰群的东南部，大约 1.5 km 长，大约 15 m 高的狭窄且部分被雪覆盖的山脊。

含矿的石英脉，通常宽度少于 1 m，且沿脊自由散布。脉体通常走向东北北（图 5 - 124），表明受蚀变岩石影响不明显。在出现石英脉的绢英 - 泥质区域，石英脉晚于绢英 - 泥质区域的剪切作用。相对于蚀变，其年龄并不能确定。少量的硅化岩石局部出现在或者临近剪切的绢英 - 泥质区域。山脊之上为侵入岩，也即斯特海岩筒，其属于拉西特海岸侵入岩套，年代学研究表明其形成于 120 ~ 123 Ma，并未见到它和老火山岩的侵入接触关系（Vennum，Laudon，1988）。

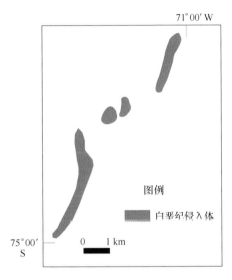

图 5 - 124 斯特海矿化区地质

修改自 Rowley et al.，1988

②围岩蚀变。

山脊大部是由受热液影响蚀变成青盘岩相的岩石构成，这些岩石被剪切区域切割且发生绢云 - 泥质岩化，且出现铁、铜硫化物和氧化物的矿化作用。这些受剪切影响的绢云 - 泥质区宽约 15 m，但通常少于 3 m，且沿山脊间隔约 10 ~ 20 m 分布；走向大多为东北北，垂直于褶皱岩石的区域走向（西北西方向）且与侵入岩和发生褶皱的侏罗纪岩石的拉伸节理平行。这些区域含有稀散到局部丰富的断层面，断层面通常少于 1 cm 宽，岩石多沿着这些面发生运动或者被切割。但大多数地方，这些受到剪切的绢英 - 泥质化岩石并未剥离成层或者并未显露断层证据。两次蚀变事件军发生在遭受剪切的绢英 - 泥质化区域，较老事件是钾化作用，可能与青盘岩化岩石的年龄一致；而年轻事件属于绢云 - 泥质蚀变作用，该作用比较普遍，其局部使得准钾热液的黑云母发生绿泥石化和绢云母化。

原生硫化物矿物发生氧化，使得岩石局部具有黄色和橙色次生铁矿物和绿色次生铜矿物。从手标本看，黄色和橙色染色可能为褐铁矿或赤铁矿，而绿色染色可能为孔雀石。X 射线研究证实黄色和橙色矿物是铁硫酸盐、黄钾铁钒族矿物以及少量或没有石膏，而绿色矿物为铜硫酸盐和铜的氯化物，表明它们是在较干气候环境下形成的复合矿物（Vennum，1980；Vennum，Nishi，1981）。

斯特海岩筒出露最好的部分位于狭窄山脊的北部。岩石为稳定均一的淡—中灰色的中等粒径（1 ~ 5 mm）半自形花岗闪长岩。它含有半自形斜长石；近等量的钾长石、石英、角闪石；少量的黑云母和铁－钛氧化物和微量的榍石、磷灰石和锆石。石英和钾长石晶体为嵌晶结构。很多斜长石晶体具有生长环带。青盘岩化岩石中的绿泥石通常未蚀变，但其置换了黑云母。在一些岩石中，白钛石置换了分散的角闪石。花岗闪长岩含有细粒的闪长岩包裹体（长约5 cm），而宽度小于5 cm的稀散细晶岩岩墙遍布其中。这些岩石被垂直的且走向为西北剪切节理切割以及被近垂直的且东北北的拉伸节理切割，后者表面有绿帘石和绿泥石。

两条淡－中绿色灰色英安岩斑岩岩墙切割了侵入岩体。一条在山脊的东北末端，大约0.5 cm宽，走向为东北北；另外一处位于山脊的西南末端，但其厚度和走向未定，两者均为带有斑岩型成矿作用的斑岩侵入代表。岩墙由在斜长石、钾长石、石英、角闪石和铁－钛氧化物非晶质的稀散至中等丰富的角闪石和斜长石斑晶，少量的β－石英和铁－钛氧化物组成。两岩墙局部风化和矿化。

显微研究表明，剪切绢云－泥质区的大多岩石为绢云蚀变相。换言之，岩石已经基本完全绢云母化。角闪石和黑云母已经转变成绢云母和次等量的绿泥石和黄铁矿，石英是唯一保留下来的原生矿物，并且局部在蚀变期间继续生长。大多原生Fe－Ti氧化物矿物蚀变成黄铁矿且沿节理出现在绢云－泥质区及临近区域。很多泥质蚀变岩石出现在绢云－泥质区域的边缘。在泥质化的岩石中，斜长石通常转变成蒙托石和高岭石；钾长石部分转变成绢云母；角闪石和黑云母部分转变成绿泥石和次等量的榍石；铁－钛氧化物部分转化成黄铁矿和辉铜矿。

显微研究同时表明斑岩蚀变岩石含有少量与泥质蚀变岩石类似的蚀变产物。榍石和绿泥石是这些蚀变相中的常见矿物。而在很多斑岩矿床中的最高温度蚀变相的钾化作用则在斯特海冰原岛峰发育程度很低。

③矿化特征。

黄铁矿在该山脊的整个侵入岩中弥散分布，同时也出现在石英脉中。在很多地方磁铁矿和黄铜矿也表现类似。尽管斯特海冰原岛峰岩筒中出现原生和次生金属矿物，但平均金属含量偏低。半定量光谱分析结果表明，无论这些样品是来自遭受剪切绢英－泥质区域（30 ppm～530 ppm Cu，15 ppm～700 ppm Zn，7 ppm～30 ppm Pb，1 ppm～10 ppm Mo，0.1 ppm～1 ppm Ag）、硅化区域和石英脉（150 ppm～800 ppm Cu，15 ppm～110 ppm Zn，7 ppm～80 ppm Pb，1 ppm～30 ppm Mo，0.1 ppm～4 ppm Ag）、新鲜至青盘岩化蚀变花岗闪长岩或镁铁质岩墙（50 ppm～300 ppm Cu，1 ppm～5 ppm Mo，15 ppm～50 ppm Co）或新鲜至青盘岩蚀变斑岩岩墙（20 ppm～90 ppm Cu，50 ppm～60 ppm Zn，7 ppm～16 ppm Pb），表明只有铜少量过剩，在一些地方是锌、铅、钼和银。依据该山脊露头的分析，该山脊的金属平均含量可能并不超过200 ppm（Cu）和50 ppm（Zn）。

较高的金属含量出现在热液石英脉的周围，这些石英脉切过斯特海冰原岛峰区域其他部分的火成围岩。这些脉体在接近或者Sky－Hi岩筒西北部比较丰富。在C57露头（Mount Carrara）丰富的宽度达3 m的、走向东北北的剪切绢云－泥质区域和局部叠加东北北石英脉，包含黄铁矿和磁铁矿。来自剪切区域的一块样品含有中等含量的Mo（110 ppm）和Ag（7 ppm）和低含量的Pb（170 ppm）和Cu（50 ppm）。然而，来自临近区域的其他样品含有中等含量的Zn（260 ppm）和Ag（40 ppm）和低含量的Pb（1 900 ppm）和Cu（440 ppm）。在露头L55（Mount Carrara），走向东北北局部角砾化的石英脉和矿化的剪切绢云－泥质区域宽度可达7 m含有黄铁矿、次生的铁矿物和次生铜矿物。其中一个这样的区域，岩石含有中等含量的Cu（3 000 ppm）、Zn（1 500 ppm）、Pb（150 ppm）和Ag（5 ppm），矿物为磁铁矿、辉铜矿？和次生铜矿物。该露头的另一剪切绢云 - 泥质区含有次生铜矿物的一石英脉中发现 Mo（10 ppm）和 Pb（30 ppm）的值明显很低。

在露头 V173 以西，约 1 m 宽西北西走向的剪切绢云 - 泥质区含有次生铜矿物。临近的一石英脉转石样品含有磁铁矿、黄铁矿、黄铜矿和次生铜矿物。岩石中含有中等含量的 Cu（2 600 ppm）、Pb（500 ppm）和 Ag（24 ppm），低含量的 Zn（70 ppm）。来自冰原岛峰其他地方一斑状流纹安山岩基岩样品含有黄铁矿立方体，然而它很缺乏碱金属和贵金属。其他两个剪切区域，一走向东和走向北，宽度可达 7m，但是没有明显的金属矿物。再往西北（By52），走向东的在斑岩流纹安山岩的铜染石英脉有中等含量的 Cu（7 000 ppm）、Zn（700 ppm）、Pb（200 ppm）和 Ag（10 ppm）。该露头其他石英脉走向东北北没有分析，但是有明显的金属矿物。斯特海冰原岛峰岩筒的北部，在 Ke185 和 Ro497 露头，斑岩流纹安山岩中的石英脉体贫乏。在 Ke186，一局部硅化剪切绢云 - 泥质区域，大约 0.5 m 宽、走向西北北，含有铁氧化物和硫化物等氧化作用产物。

斯特海冰原岛峰岩筒属于拉西特海岸侵入岩套单元，年代学研究表明其形成于 120 ~ 123 Ma（Vennum，Laudon，1988），这也可能代表了其成矿年龄。

2）梅里克山（Merrick Mountains）矿化点

1935 年，Lincoln Ellsworth 和 Herbert Kenyon 首次飞越南极大陆时发现了梅里克山。1965—1966 年首次对梅里克山地区绘图，并在 1977—1978 年考察期间进行了详细的测绘，并发现了蚀变和铜的成矿作用。

（1）区域地质概况

该区最古老的暴露岩石为中—上侏罗碎屑海洋沉积拉塔迪组（Latady Formation），该组主要由黑色到灰色板岩、粉砂岩，其次为含有丰富火山碎屑的砂岩和少量的棱角状的煤、砾岩和灰岩组成。大多数碎屑在近岸环境下沉积，该组厚度难以确定，但看起来有几百米。硅质钙碱性流动火山凝灰岩、安山岩 - 英安质熔岩流和少量大气沉积的凝灰岩与拉塔地组交错或者部分覆盖在其上。这套火山岩均与中—上侏罗波斯特山组有关。

本区内拉塔地组和波斯特山组均已发生褶皱，轴倾向为西北西—东北东，与南极半岛大致平行。下白垩纪岩筒和伴随的镁铁质至中性岩墙侵入这些岩石中。该地层和其中的火成岩构成了早白垩纪的拉西特海岸侵入岩套。火成岩种类从辉长岩到花岗岩。岩筒侵位到西北西走向的拉塔地组发生褶皱的沉积岩中（图 5 - 125）。接触变质晕从侵入接触部位向外延伸 1 ~ 2 km。一中新世（？）玻质碎屑碧玄岩（碱性玄武岩）熔岩流位于本区西南部分一小的冰原岛峰之下（Rowley et al.，1988）。

Vennum，Laudon（1988）命名位于本区中部的侵入岩露头为梅里克山岩筒。该侵入体为复合组成，外围是呈半圆形的较老黑色镁铁质石英闪长岩，以及后期侵入的灰色、同心状石英闪长岩 - 花岗闪长岩，该部分中大部分硅质岩分布在核心部位。两期岩体结构上均是半自形颗粒，且具有镁铁质包裹体。年轻岩体或较老岩体被细晶和伟晶岩墙侵入。黑色镁铁质岩墙在两期侵入作用的末期发生侵位，多为西北走向。近 10 m 宽、走向北向的褐色流纹英安岩斑岩岩墙在年轻侵入体镁铁质岩墙后期侵位。斑岩岩墙包含有少量到中等丰度 β - 石英斑晶和在硅质基质中近等量的斜长石和 K 长石。梅里克山岩筒中节理无定向，自由分布。

在马西森山（Mount Matheson）的顶部和南部侧翼，较老的镁铁质侵入体由于受到很多

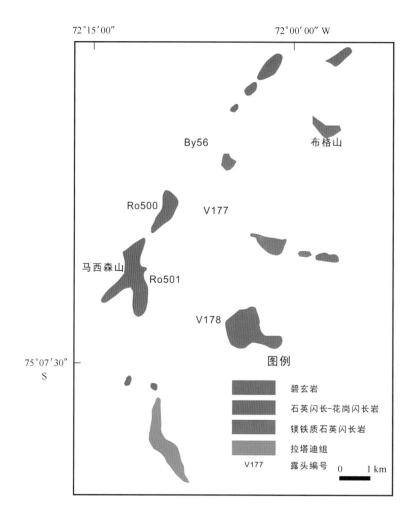

图 5 – 125　梅里克山矿化区地质（修改自 Rowley et al. ，1988）

（局部每隔 10 cm）自由分布的黑色或者灰色少量移位的剪切面所碎裂。剪切看起来要先于年轻侵入体。没有发现金属矿物与剪切面有关。

（2）梅里克山矿化特征

①矿化体的形态、产状及规模。

磁铁矿、黄铁矿和黄铜矿以及次生铁和铜矿物以浸染状分散在梅里克岩筒两期侵入体中，或广泛分散在石英脉中。石英脉的围岩明显没有发生蚀变。

②围岩蚀变。

宽达 20 m 的已被剪切的绢英 – 泥质区在梅里克岩筒的西部和南部岩石中分散分布。在马西森的顶部和北翼也较丰富（每隔 20 m 或较少岩石露头），但其他地方较少出露。含矿且蚀变岩石在马西森区比较丰富。剪切区域看起来明显晚于所有侵入岩和所有岩墙，区域走向为北向至东北向，平行于拉伸节理，主要由绢英蚀变岩组成。在硅化区域，细粒到粗粒结晶石英交代侵入岩非常明显。

在马西森南翼，钾化作用导致细粒、褐色和淡褐色热液蚀变黑云母，局部和金红石相伴，置换了碎裂的较老镁铁质侵入岩和一些岩墙中的角闪石。青盘岩化（可能在年代上与钾化作用有关）影响了梅里克山岩筒的大部分区域。在一些缺乏绢英 – 泥质化剪切区的地方，较老的镁铁质石英闪长岩发生泥质化蚀变和绢英化蚀变。类似地，尽管临近的侵入岩为青盘岩化相，流纹英安岩斑岩岩墙可能整个蚀变成泥质，或绢英相。

③矿化特征。

光谱分析结果表明马西森南翼剪切绢英化－泥质区域含有少量的铜和铅（50 ppm ~ 70 ppm Cu，10 ppm ~ 50 ppm Pb）；在 By56 和 V178 露头中的含有黄铜矿的石英脉中和在 V177 露头中含有次生铜矿物的石英脉中含有中－高含量 Cu、Pb、Ag、Zn、Bi 和 Co（500 ppm ~ 10 000 ppm Cu，200 ppm ~ 300 ppm Pb，2 ppm ~ 50 ppm Ag，15 ppm ~ 700 ppm Zn，10 ppm ~ 700 ppm Bi，1 ppm ~ 100 ppm Co）。低－中等含量的铜、锌、钴和铬出现在 By500 和 Ro501 露头的老镁铁质体的新鲜至青盘岩化蚀变岩石中（2 ppm ~ 1 500 ppm Cu，15 ppm ~ 500 ppm Zn，20 ppm ~ 70 ppm Co，3 ppm ~ 70 ppm Cr）。少量的铜或钼出现在 By56、Ro500、V177 和 V178 露头包含细晶岩的年轻侵入岩体的新鲜至青盘岩化蚀变岩石中（7 ppm ~ 150 ppm Cu 和 1 ppm ~ 30 ppm Mo）。值得怀疑的是是否岩筒中的金属的平均品位值超过 100 ppm Cu。与剪切域相关的分散的、局部性的斑岩型铜矿化和钼矿化是火山活动的晚期阶段产物。

Halpern（1967）测试了梅里克山岩套两期侵入体的较老部分，得到 Rb－Sr 同位素年龄为 107 Ma。

3）科珀冰原岛峰群（Copper Nunataks）矿化点

（1）区域地质概况

据 Rowley 等（1977）资料，拉西特海岸位于南极半岛南部的末端，该区主要由高度褶皱的沉积岩拉塔地组和中—晚侏罗纪火成岩组成（图 5 - 126）。这些岩石由很多钙碱性岩筒和岩基组成，且岩基类型从辉长岩变化到花岗岩。

（2）科珀冰原岛峰群矿化特征

①矿化体的形态、产状及规模。

科珀冰原岛峰群是由 5 个较小的孤立岩石峰组成（见图 5 - 126），这些岩石高出周围冰雪 200 m，长度在 0.5 ~ 2 km 之间，研究程度很低。

②围岩蚀变。

热液蚀变已经在近垂直西北西断层域产生褐色至中褐色蚀变膜，大多成矿矿物邻近这些蚀变剪切域。除了科珀冰原岛峰群的东北部冰原岛峰，蚀变域和随后的成矿矿物相当分散。这里几乎所有的岩石均至少部分蚀变，高度蚀变区宽度可达 20 m，间隔着约 10 m 的轻微蚀变岩。尽管沿大多数断层位移较小，但是蚀变是强烈的，在离断层域约 5 m 处达到绢云母和黏土级，并且深入斑岩化蚀变岩石约几米。

绢云母岩几乎由细粒－中粒绢云母和围绕残留未剪切石英晶体的黏土组成。在黏土化岩石中，斜长石呈部分或全部转化成绢云母和黏土，钾斜长石只轻微蚀变，大多黑云母蚀变成绿泥石，角闪石蚀变呈绿泥石或纤闪石。石英在绢云岩和泥质岩中具有一定的增生。在青盘岩中，斜长石和绢云母、黏土和少量绿帘石及方解石共存，黑云母部分蚀变呈绿泥石和少量的绿帘石及白钛石。具有镶嵌结构的灰色细粒石英集合体体积可达几立方米，已经进入几个蚀变剪切带的内部。

花岗闪长岩被很多西北倾向的岩墙侵入。大多为伟晶岩和细晶花岗岩，其中一个为黑色斑岩型英安岩，该岩石后期发生蚀变。这些岩石的剪切作用产生一空间紧密交错的糜棱岩化

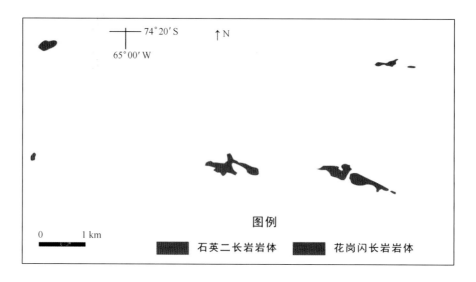

图 5-126　科珀冰原岛峰群地质简图

据 Rowley et al.，1977

片岩破裂区域网络，碎裂区有几厘米厚。沿碎裂面的整体运动很少。微弱的热液蚀变促生了绿泥石和绢云母。

③矿化特征。

黄铁矿和少量的磁铁矿在脉体和邻近的剪切区比较弥散，且相对于未剪切岩石，Fe、Mg、Mn、Cr、Co、Cu、Mo、Ni、Pb 和 V 稍微富集，而 Ba、Sr、Y、Yb、和 Zr 则相对亏损。Cu 和 Mo 在任何样品中均未分别超过 150 ppm 和 50 ppm，两者平均值正好低于这些值。

它们在剪切和热液蚀变期间或之后形成，依次伴随花岗闪长斑岩岩墙侵入，并影响了区域内所有岩石。通过半定量分析，部分热液蚀变岩石中 Cu、Pb、Mo 和 Ni、Ag 和 Bi 已被带进来，而 Ba 和 Mg、Sr、Y 和 Zr 已淋失。Cu 和 Mo 分别不超过 150 ppm 和 50 ppm，两者的平均值均低于该值。

④矿化作用与矿化年龄。

科珀冰原岛峰群暴露岩石记录了两期侵入事件，每期均发生岩墙侵入、剪切、蚀变和矿化。但是最重要的成矿作用却与最近的侵入事件有关。在此期间形成了拉西特海岸铜矿。第一次主期火成期开始于细粒—中粒淡灰色均匀花岗闪长岩深成岩体的侵位。花岗闪长岩可能是邻近西瑞尔岭（Rare Range）岩基的一部分。这里岩基无序侵入发生褶皱的中和上侏罗纪含有化石的黑色页岩，在变质晕内粉砂岩转变成角闪岩角页岩相岩石（Plummer，1974）。根据对花岗闪长岩中黑云母的年代学研究显示为中白垩纪年龄（105±2）Ma（Rowley et al.，1975）。

科珀冰原岛峰群第二次主期火成岩作用期开始于中—粗粒石英二长岩侵入体的侵入，根据对岩石中的黑云母的研究表明其年龄为（95±2）Ma（Rowley et al.，1975）。侵入体接触具有突变和无序特征。侵入体边缘已冷却，主要由细粒石英闪长岩-花岗闪长岩组成，因花岗闪长岩具有丰富的黑云母和角闪岩平行晶体，岩石显示模糊的流动线理。从接触带向里，细粒岩石逐渐转变成斑岩型和半自形粒状石英二长岩，依次把粉红色半自形粒状石英二长岩转变成花岗岩，该类岩石含有 2% 的角闪岩和黑云母。通过对本域侵入体不同岩石类型的分析显示主要氧化物和微量元素与向内增加的硅含量密切相关，表明一岩浆分异的起因。具有不同的姿态半花岗岩脉和细晶花岗岩岩墙在石英二长岩火成活动晚期被侵入。

本区域最年轻的岩石是 5~20 m 宽的近垂直岩墙，该岩墙切过淡灰中粒花岗闪长斑岩，该斑岩在侵入体中呈西北走向。在一些地方，该岩墙的大部分被后期蚀变呈绢云母、绿泥石、绿帘石和纤闪石。该岩墙可能是晚期石英二长岩镁铁质分异过程〔黑云母年龄为 (96±2) Ma〕中形成。

黄铜矿和黄铁矿已在蚀变期间或之后被带入，大多进入较老花岗闪长岩的剪切和破裂部分。硫化物形成晶体或者近球形晶体聚合体直径介于 1~20 cm 之间。一些聚合体被亮黄色氧化物晕所环绕，这些晕位于未氧化硫化物矿物的边缘下部，超过 10 cm 或更多。较少见的是薄层石英脉，这些石英脉宽不超过 10 cm，局部含有块状磁铁矿、黄铜矿、黄铁矿和辉钼矿；少量的斑铜矿和辉铜矿和其他矿物在其他位置部分出现，另外，绿帘石集合体也常见。很多成矿物质出现在青盘岩化蚀变岩中。硫化物脉和结块与世界上其他具有商业价值的弥散性青盘岩化铜矿相比显得非常局部和分散。唯一知道的次生矿物是相对少量的赤铁矿、褐铁矿、孔雀石和蓝铜矿。在这些寒冷的荒漠，表生矿物不常见，不是铜矿的指示指标。半定量分析部分样品显示石英脉和硫化物团块以及脉体的元素相类似。与新鲜岩石相比，矿化岩石和石英脉大部分样品中的 Fe、Cu、Pb、Mo、Ag、Ni、Bi、Zn 和 W 以及 Co 显示增加。Ba、Sr、Zr、Mg、Mn、Ti、Sc 和 Y 在所有岩石中均亏损，而 Be、Cr、La、Yb 和 V 看起来在大多数岩石中有不同程度的降低。最高金属含量出现在石英脉中，一些这种脉局部含量超过 10% Fe、3% Cu、0.7% Pb、0.15% Mo，700 ppm Zn、700 ppm Bi、500 ppm W 和 300 ppm Ag。东北冰原岛峰硫化物非常丰富，该区这些岩石的平均微量元素含量平均不超过 200 ppm Cu、100 ppm Pb 和 50 ppm Mo，这正好位于开采品位之下。黑色和灰色剪切碎裂含有黄铁矿。

4）利文斯顿岛（Livingston Island）矿化点

（1）区域地质特征

利文斯顿岛是南设德兰群岛中的第二大岛。在白垩纪和早第三纪，该岛位于巴塔哥尼亚的西南，而与南美分离可能在始新世之后（Kraus et al.，2008）。该区最古老的岩石为迈尔斯陡崖组（Miers Bluff Formation），主要出现在该岛的哈德半岛（Hurd Peninsula），其是一套由杂砂岩、页岩、长石砂岩、粉砂岩和少量砾岩组成的浊积岩性单元，厚达 3 000 m（Gonzalez - Casado et al.，1999）（图 5 - 127）。而在费尔斯湾（False Bay）的西北边缘，有一套火山碎屑角砾组成的不均一岩石单元，它位于迈尔斯陡崖组之上。在该岛的西端，还出露一套岩层，叫做拜尔斯半岛组（Byers Peninsula Formation）（Hathway，1997）。在哈德半岛可见一些小型的花岗岩岩枝。英云闪长岩的年龄为晚白垩纪。上述这些岩石均被可能侏罗纪—白垩纪年代的基性岩墙所侵入（Willan，1994），并且它们均被第四纪沉积所覆盖。

迈尔斯陡崖组可出露数米到十几米的规模，并且走向为 NE—SW，倾角平均为 N40°W（Gonzalez - Casado et al.，1999）。在哈德半岛，主要构造为近水平褶皱，所以在很多地方岩层发生反转。褶皱层被两期断层切割：一是 NW—SE 方向，且具有倾斜正滑动，并且最近仍在活动；另外一组 NE—SW，具有明显的倾斜运动（Gonzalez - Casado et al.，1999）。

（2）利文斯顿岛矿化特征

①矿化体的形态、产状及规模。

Caminos 等（1973）在约翰逊码头（Johnsons Dock）南部的哈德半岛发现包含黄铜矿、

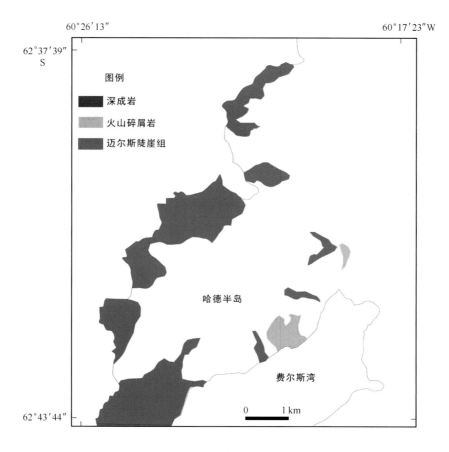

图 5 - 127   哈德半岛地质

修改自 Hathway，1997

铜蓝、方铅矿、黄铁矿和闪锌矿以及次级含铜碳酸盐和铁氧化物的石英和方解石脉。成矿作用只局限于迈尔斯陡崖组发生褶皱的沉积岩中的断裂处。del Valle 等（1974）通过进一步分析，也甄别出黝铜矿、砷黝铜矿、辉铜矿、斑铜矿、青铅矿、块铜钒、白铅矿和碳酸钡矿。Willan（1994）勘察了此区域，发现含有闪锌矿、方铅矿、黄铜矿和黄铁矿的脉和角砾脉体沿走向可追溯达 3 000 m。在约翰逊码头北部的英云闪长岩地质体勘察过程中，发现在脉和角砾脉体中出现热液蚀变和成矿作用。成矿构造中含有肉眼可见的方铅矿、黄铜矿、黄铁矿和闪锌矿。脉体和围岩中铜、铅、锌、金和银高度异常。一些样品中的铜、铅和锌的总含量超过 1%，且部分围岩样品中的金含量达 570 ppb。

②成矿作用及成矿温度。

Caminos 等（1973）和 del Valle 等（1974）认为哈德半岛上的蚀变作用和成矿作用与费尔斯湾东部巴纳德角（Barnard Point）的英云闪长岩侵入有关，但在约翰逊湾的英云闪长岩非常新鲜，并且在哈德半岛，成矿作用强度却从南到北增强，而这又与英云闪长岩周边硫化物矿脉的出现非常耦合，表明另外一次成矿作用的出现。基于海岸处来自冰期的花岗闪长岩角砾被辉钼矿细脉切割，并且孔雀石也对这些角砾进行了染色的认识，经对费尔斯湾东北部的调查，该区的角砾可能来自冰川慈善冰川（Charity Glacier）的东北部，岩石组成从花岗闪长岩到石英二长岩。另外，半花岗岩和细晶花岗岩也在岸边发现，这使得相信它们是一侵入杂岩的端元组分。携带石英、黄铁矿、黄铜矿、辉钼矿和闪锌矿的这些细脉在角砾中发现。

这些矿化岩石并不是普遍矿化，也没有显示重要的蚀变，并且由于这些细脉很细小，并不能单独取样。铜明显是岩石中最为异常元素，钼元素的出现但是不规则具有潜在重要性。矿化作用可能是在斑岩型铜钼体系中产生，但是其明显偏离火成—热液活动中心。样品石英中的液体和蒸汽流体包裹体产生了265～270℃的均一温度，这就意味着流体在成矿时相当的低。侵入岩套中石英和 k - 长石脉也可能是在同一火成—热液体系中生成，产生了矿化岩石中的细脉，但是微量元素含量非常低。

③花岗闪长岩转石孔雀石化的发现。

我们在中国第29次南极考察过程中，随美国地质学会组织的国际考察队也在哈德半岛的迈尔斯陡崖登陆，主要考察了迈尔斯陡崖组的沉积岩建造。沿岸堆积有大量的中粗粒闪长岩和花岗闪长岩转石，其中在一块约15 cm × 15 cm × 20 cm 大小的花岗闪长岩转石上发育明显的孔雀石化（图5 – 128），可能暗示该区铜矿化的普遍性，具有较好的成矿潜力。

图5 – 128　哈德半岛花岗闪长岩转石的孔雀石化

5）布拉班特岛（Brabant Island）矿化点

布拉班特岛是一山脉岛，位于南极半岛的西海岸，岛上基本上被冰雪覆盖，很少有露头出露。山脊呈南北向，峰高大于2 200 m。从早第三纪，随着阿卢克（Aluk）脊向西俯冲，沿半岛往北，岩浆作用逐渐停止。在布拉班特岛俯冲大约在 4 Ma 前停止，这种过程是在阿卢克脊俯冲前发生（Ringe，1991）。

布拉班特岛处在由英雄断裂（Hero Faults）和安德卫普断裂（Anvers Faults）所限定的布拉班特地块内（Hawkes，1981）。在该岛西部沿岸出现大量上新生代钙碱性火山岩，这可能与俯冲有关。在布拉班特岛的岩石主要为不同侵入岩，如云英闪长岩、石英闪长岩和有关的斑岩。也发育一些沉积地层，但是它们被侵入作用所硬化、倾斜和破碎（Anderson，1965）。几个玄武质岩墙切割了火成岩和沉积岩。在布拉班特岛发育着岩浆型铁矿化作用（Pride et al., 1990）。

（1）布拉班特岛地质背景

据 Ring（1991）报道，布拉班特岛地质主要特征是白垩纪至最近的火山碎屑沉积（图5-129）。但是由于条件限制，对其研究程度仍很低。白垩纪或者更老的紫色凝灰岩和砾岩出现在布拉班特岛的南部巴尔克山（Mount Bulcke）区。该凝灰岩为细粒，常常胶结，并且部分为熔灰岩性质。团块在以玄武质碎屑棱角中变化很大，局部表明活化过程发生。粗粒砾石团块在巴尔克山覆盖或者与紫色凝灰岩互层，但在岛的其他地方没有发现。团块碎屑磨圆非常好，粒径偶尔大于 40 cm，主要由粗粒花岗岩、花岗闪长岩和闪长岩组成，局部出现了片岩。巴尔克山南部剖面主要由近水平层状熔岩和凝灰岩组成，但是因目前难以取样，其年龄推测可能比较新。

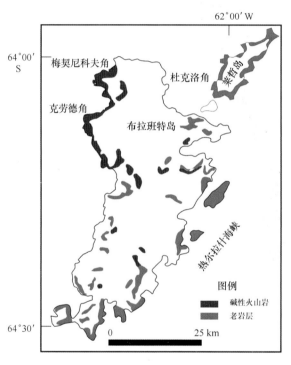

图 5-129　布拉班特岛地质

修改自 Ringe，1991

在巴尔克山东部和巴尔斯湾（Buls Bay）南部，一灰绿色火山团块覆盖在紫色凝灰岩和团块上。尽管棱角到次棱角玄武岩或中等火山碎屑占据主导地位，但很多外来碎屑不时出现。在这个区域，有很多玄武质交错岩墙。这些岩墙至少有三期，展现了包括绿帘石化作用和硅化作用在内的普遍蚀变。大多沿着 NNE—SSW 方向，与热尔拉什海峡（Gerlache Straits）和布兰斯菲尔德海峡（Bransfield Straits）海峡的方向一致，显示出明显的扩张作用，一样品的 K-Ar 年龄显示为（52±2）Ma，表明为早第三纪扩张作用，同时也表明团块的形成年龄更早。

位于团块之上的是厚浅黄色沉积，岩性从团块充填到凝灰状层。交错层理比较普遍。该单元出现在巴尔斯湾地区的北部，在岛的中部很好发育。在砂质基质中碎屑主要由玄武质碎屑，有时为气孔和玻璃质碎屑。该单元代表了剥蚀和沉积时期，并且在此时期内至少在本区有零星的火山活动。从西部沿岸高山脊上的 1 000 m 高陡峭海崖下部，可见浅黄色团块覆盖位于近水平的熔岩和凝灰岩之下。此地很新鲜的安山岩样品的全岩 K-Ar 年龄为（3.07±0.1）Ma，大约是在西向俯冲作用停止后 1 Ma，这可能代表该熔岩堆是在中晚第三纪时期的持续俯冲。

该岛的北部被最近两期火山作用主导。帕拉拉（Palagonitize）熔岩和凝灰岩最初的喷发期（下部熔岩单元）显示是在浅海或者冰下就位。该单元可在杜克洛角（Duclaux Point）和北部海岸以及梅契尼科夫角（Metchnikoff Point）见到。下部单元之后为地表玄武质熔岩（上单元），该单元很少或者不与火山碎屑物质有关。这些熔岩流通常 3~5 m 厚，近水平，在北部沿岸形成岩石帽，这也在南部如拜尔斯湾出现。一上部熔岩流单元样品的全岩 K - Ar 年龄小于 100 000 a。

（2）布拉班特岛矿化特征

①矿化体的形态、产状及规模。

据 Ringe（1991）报道，下部单元熔岩流极其新鲜，在组成上通常为气孔和玄武质。它们通常为细粒、斑岩型玄武岩，该玄武岩通常见镁橄榄石和斜长石斑晶镶嵌在富拉玄武岩条带基质和橄榄石、自形磁铁矿和普通斜辉石斑晶中。不透明氧化物（主要为磁铁矿）出现在基质中或者以稍大自形晶体出现，并且它们通常是在橄榄石斑晶中以包裹体形式出现。具有较强分区的斜长石和橄榄石大斑晶的斑岩型玄武岩也可见。沸石相并不是在所有气孔熔岩中出现。

上部熔岩单元流与下部相比通常具有粗粒结构，而且也极其新鲜，通常为气孔和斑岩结构。橄榄石和斜长石斑晶在该单元均出现，但是重要的晶体相为辉绿 - 半辉绿粉红钛辉石（斑晶可达 6 mm 长）。磁铁矿晶体也很普遍，它不但在橄榄石晶体中呈自形包裹体，也可在基质中以较小的非自形晶体出现。基质主要由富拉玄武岩条带、橄榄石、斜辉石和不透明晶体，并且磁铁矿具有赤铁矿边生成，很少有证据显示气孔由沸石二次充填。

②矿化特征及矿化机制。

据 Alarcón 等（1976）曾报道了在该岛北部发现了富铁的熔岩流，Hawkes（1981）认为这是磁铁矿熔岩流，这类似于智利北部。磁铁矿出现在所有最年轻的熔岩流中，但是并未达到地球化学意义上的富集。然而在梅契尼科夫角东部 2 km 的熔岩流则具有明显的磁铁矿和假象赤铁矿，且呈红色。这些岩石中橄榄石非常低，且有证据表明是橄榄石的蚀变导致磁铁矿的增加，而不是真正意义上与在智利发现磁铁矿熔岩流类似。

③成矿年龄。

该岛的北部被最近两期火山作用主导。帕拉拉熔岩和凝灰岩最初的喷发期（下部熔岩单元）显示是在浅海或者冰下就位。该单元可在杜克洛角和北部海岸以及梅契尼科夫角见到。下部单元之后为地表玄武质熔岩（上单元），该单元很少或者不与火山碎屑物质有关。这些熔岩流通常 3~5 m 厚，近水平，在北部沿岸形成岩石帽，这也在南部如拜尔斯湾出现。一上部熔岩流单元样品的全岩 K - Ar 年龄小于 100 000 a。

侵入岩形成海岬、离岸岛屿或者岩礁。尽管通常为闪长岩，但是它们在组成上具有一定变化。在梅契尼科夫角的闪长岩侵入体样品与上覆的凝灰岩具有侵蚀接触关系，并且 K - Ar 年龄为（11.9 ±0.5）Ma，一角闪石 K - Ar 年龄为（8.9 ±0.4）Ma，这属于南极半岛最年轻侵入岩范围内（Ringe，1991），因此布拉班特岛矿化年龄在 11.9~0.1 Ma 之间。

5.4.2.3 南极半岛—南设得兰群岛多金属矿化控制因素与矿化规律

1）南极半岛—南设得兰群岛多金属矿化控制

矿床的形成与分布是多方面有利成矿地质条件的综合反映，是在对区域地质环境和典型矿化点分析的基础上，对矿床成因要素的高度概括和总结。由于南极大部分南极地区被冰雪所盖，考察程度较低。根据前人有关工作，南极半岛—南设得兰群岛矿化控制因素主要有如下几个方面。

（1）地层因素

南极半岛区域地层层序对该区域矿化具有较为显著的影响，矿化见于一定的地层层位中，具有提供矿化物质来源和容矿空间的作用，本区这样的地层有：

特里尼提半岛群（Trinity Peninsula Group）：该群主要由砂岩、泥岩、粉砂岩及含砾砂岩组成，是一套遭受变形和发生低级变质的浊流沉积岩系。广泛分布在格雷汉姆地、南设得兰群岛和南奥克尼群岛。比较典型的矿化点有威廉明娜湾（Wilhelmina Bay）。

迈尔斯陡崖组：主要分布在利文斯顿岛，是一由砂岩、泥岩、粉砂岩及含砾砂岩组成的浊流沉积体系，沉积体系具有较好的鲍玛序列韵律层，属于晚三叠纪地层。与特里尼提半岛群类似。

（2）岩浆作用

南极半岛是一重要的岩浆岛弧，普遍发育安第斯侵入岩，岩浆时代由老至新。矿化主要发生在岩体内，比如在乔治王岛（King George），凯勒（Keller）闪长岩体中铜含量平均达144 ppm，显示出岩浆岩体是重要的成矿物质来源。

（3）构造作用

构造运动是驱使地壳物质包括成矿物质运动的主导因素，它也是含矿流体的运动的通道和堆积空间，因此也是控矿诸因素中的主导因素之一。

由于冰雪的覆盖，区域构造研究程度较低，不易从区域角度评估断裂构造对成矿作用的影响。从地区来看，在乔治王岛，成矿作用受控于东北和西北走向断层和节理。

另外，侵入体接触带构造也是一种重要的成矿构造类型，这些部位通常是含矿岩浆或热液运移和富集的有利地带，它是包括侵入体边缘相、接触面和围岩热变质带等在内的复杂构造系统。比如在东北格雷汉姆地（Graham Land），该处矿化点位特里尼提半岛群和安第斯石英闪长岩及闪长岩侵入体接触部位。这类矿化类型在区域上占据较大比例。

（4）剥蚀深度控制

矿床形成后的发展主要由两方面因素控制：一是矿床本身所经历的物理状态和化学性质的变化；另一方面是矿床所在空间位置的变化。具体地说，就是其埋藏深度的变化，尤其是演化到现今的埋藏深度情况，对人类是否开发利用具有重要的影响。

在南极半岛广泛出露的弥散型铜、钼和有关金属成矿，但是它们多遭受深度剥蚀或者了解甚浅，造成无经济回收价值。例如，利文斯顿岛的费尔斯湾区域可能是深度剥蚀的铜钼斑岩型矿床。

2）南极半岛—南设得兰群岛矿化规律

矿床的形成和分布是多方面的有利成矿地质条件所决定的，是在对区域地质环境和典型矿化点分析的基础上，对矿床成因要素的高度概括和总结。南极地区由于冰雪所盖，考察程度较低，仅从如下方面开展分析。

（1）矿化点空间分布规律

根据对已有矿化点的统计分析，并结合区域构造背景，我们在南极半岛区域划分出了南设得兰群岛（South Shetland Islands）矿化区、昂韦尔岛（Anvers）矿化区、阿德莱德－玛格丽特湾（Adelaide – Marguerite bay）矿化区和布莱克—拉西特—奥威尔（Black – Lassiter – Oriville）矿化区（图 5 – 130），这些矿化区多与区域大型韧性剪切带和断裂带有关。

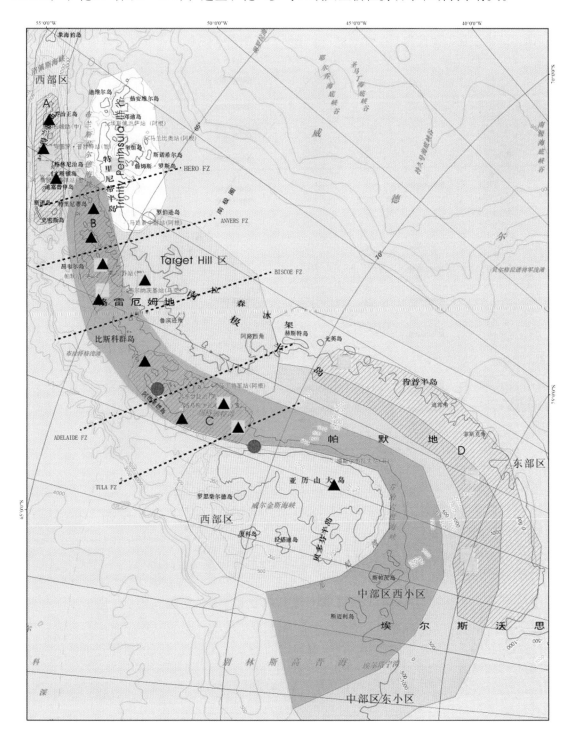

图 5 – 130　西南极南极半岛—南设得兰群岛矿化集区示意图（矿化点数据见表 5 – 23）

▲铁矿化，●贵金属矿化，■铜矿化；A—南设得兰群岛矿化区；

B—昂威尔矿化区；C—阿德莱德—马格里特湾矿化区；D—布莱克—拉西特—奥威尔矿化区

（2）矿化点时间分布规律

受目前多种因素所限，西南极的矿化点的成矿时代资料比较少，而报道最多的是其赋矿岩石的年代。据统计，发现赋矿岩石最小年龄为昂威尔岛三叠纪岩基，Rb-Sr 全岩和 K-Ar 年龄为 34～20 Ma；最古老赋矿岩石为格雷汉姆东北的侵入体，其年龄为 392～358 Ma，但多数岩体年龄集中在中生代和新生代（图 5-131），其中白垩纪和古近系可能是集中矿化期。

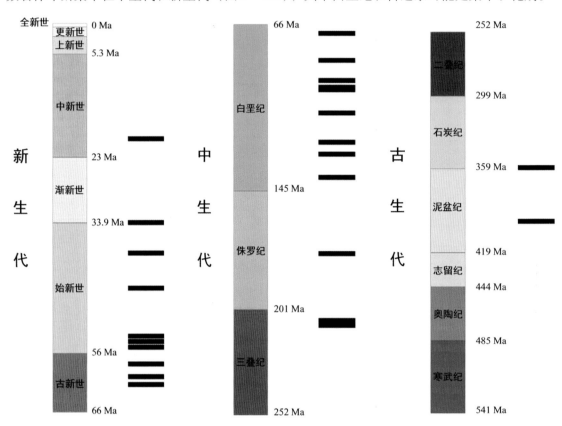

图 5-131 南极半岛—南设得兰群岛区域矿化年代

数据来自 Halpern，1967；Rowley et al.，1975；Vennum，Laudon，1988；Ringe，1991

5.4.2.4 南极半岛—南设得兰群岛多金属矿产资源潜力分析

综上所述，在南极尤其是西南极发现了众多矿化点，那么在南极尤其是南极半岛是否有可能存在可开发矿床呢？也即存在大矿，甚至超大型矿床呢？本项目运用对比的方法即从南极半岛在冈瓦纳大陆体系中的位置，找出相邻古陆并分析其资源状况，据此初步评估南极半岛的潜在资源概况。

南极半岛是一重要的岩浆岛弧，在东部区域发现的塔吉特山丘（Target Hill）花岗岩年龄（390～320 Ma）与北巴塔哥尼亚（Patagonia）地台的类似（Vaughan，Storey，2000），显示出它们明显相连。而西部和中部区域与东部区域则在约 107 Ma 碰撞缝合（Boger，2011）。

鉴于南极半岛和其相邻岛屿明显是南美安第斯造山带的延续。根据已有资料看（De Wit et al.，1999），沿安第斯造山带铜等多金属矿产广泛分布，尤其是在中部地区，这使得南极半岛区域成为最为主要的勘查前景区。

由于南极半岛大部分被冰雪覆盖，调查程度很低。并且目前对于矿化点的情况资料掌握得很少，显然不利于全面开展资源评估。通过对安第斯造山带成矿作用研究，发现具有如下特征：①大多数智利矿床与晚中生代和早第三纪侵入活动有关；②成矿作用主要出现在侵入体岩枝的顶部或邻近部位。并且仅在智利安第斯造山带部分就发现了 400 多个经济铜矿床。假如按南极半岛面积与智利面积相当计算，在南极半岛也应该至少发育 400 余个矿床点或者更多，目前已报道的矿化点近 40 余个，那么仍有 360 余个矿化点等待发现。由于冰雪覆盖，发现地几率很低，按照 1% 的成功率计算，那么可发现铜矿化点约为 3.6 个。据 Pride 等（1990）研究显示在南极半岛帕默尔站东部和昂威尔岛东南、热尔拉什海峡海峡的巴哈亚福瑞（Bahia Frei）北部沿岸、福尔斯湾（False Bay）的东北和利文斯顿岛约翰逊码头的北部为最具潜在意义资源地。

5.4.2.5　小结

①西南极，尤其是南极半岛是南极大陆重要的矿化区域。

②南极半岛发育多种成因类型的矿化系列，如热岩浆型铁矿（如布拉班特岛）和斑岩型铜矿化（如科珀铜矿化等），显示出南极半岛区域控矿因素的复杂性。

③区域地层、构造和岩浆活动是南极半岛矿化的主要控制因素，同时后期表现过程如冰川剥蚀等也是重要的控制因素。

④根据地质构造特征，划分出东部矿化带、中部矿化带和西部矿化带。

⑤目前矿化时间序列不明朗，但从容矿岩石年龄看，主要集中在中生代和新生代。

⑥现有资料不能充分满足对南极半岛及其附属岛屿的资源评估，需要进一步深入开展工作。

第6章 考察的主要经验与建议

6.1 考察取得的重要成果和亮点总结

6.1.1 南极大陆及相邻海域高精度三维地壳和岩石圈结构的获取

6.1.1.1 现状与问题

长期以来，由于南极洲自然条件极为恶劣，野外实施地球物理观测的难度较大，所以除整个大陆0.3%有基岩出露的地方外，人们对其余被冰雪覆盖下的南极内陆的深部结构知之甚少，从而造成人们对南极大陆形成过程有关的很多问题多处于推测的状态。利用天然地震观测可以探明地壳和地幔的深部结构，进而为深入了解大陆的形成与演化的动力学过程提供重要信息。第四个国际极地年之前，国际上对南极地区的地震学观测数据仍然较少，不足以对南极大陆进行大陆尺度的详细研究。自2007年开始，以美国为主的地震学家们在南极开展了大规模的、基本覆盖整个南极大陆的天然地震野外观测工作。中方的野外观测是东南极GAMSEIS（甘布尔采夫南极山脉地震试验）项目的一部分。在这个国际联合工作中，大家在数据分析方面进行了分工，中方负责的室内分析工作可获得覆盖南极板块的三维地壳和岩石圈结构。因此，本专题获得的南极大陆三维地壳和岩石圈结构模型等成果是国际极地年南极地震探测的代表性新成果之一。

6.1.1.2 重要进展

专题成功提取了国际极地年期间沿中山站－昆仑站布设的7台低温宽频天然地震仪的观测数据，并由国际合作获得了南极大陆其他地区天然地震观测数据，对这些海量的数据进行了分析和计算。我们开发了适合极地层析成像研究的空间精度分析技术，使用这种单级面波层析成像方法首次获得了具有代表性的、覆盖整个南极板块的、具有1°侧向分辨率的三维地壳和岩石圈剪切波速结构图，据此得出整个南极洲板块的莫霍面形态图；利用三维波速结构计算了南极板块三维地壳和岩石圈的温度结构，据此获得南极板块的岩石圈厚度图。同时，利用推断出的地壳厚度，估算出了南极洲岩石圈地幔和地壳密度的平均比值。结果表明，南极洲平均地壳密度远高于大陆地壳的平均值，或者说岩石圈地幔的平均密度如此之低，以至于与太古宙岩石圈的低密度范围相当，从而暗示南极洲许多地区的岩石圈地幔应该是古老的太古宙地幔。

地壳厚度是反映一个地区地壳性质和大地构造环境的最基本参数。由中山站至昆仑站之间天然地震台站数据的反演结果表明,随着纬度的升高,地壳厚度由大陆边缘的中山站下的约 38 km 逐渐增加至 CHNB 台下的约 58 km,随后又于 CHNA 台站下方减薄至约 47 km,然后快速增大到南极地形最高点昆仑站(Dome A)下的约 61 km。而对整个南极大陆与海域的反演结果显示,较厚的地壳带主要出现在东南极山脉(EAMOR)的中心,从甘布尔采夫冰下山脉延伸到毛德王后地,这些地区之前没有关于地壳厚度的可靠信息。南极洲最厚的地壳(约61 km)就在这个带内,即前述的 Dome A 地区的下部。在东南极下部 200 km 深处仍能发现很高的波速,特别是从 Dome A 到 Dome C 之间的地区,表明大陆岩石圈的下延已超过 200 km。东南极山脉之下较厚的地壳和岩石圈与现今的造山带非常相似,可能暗示沿着东南极山脉发生了造山运动。我们据此推测,东南极山脉可能代表泛非造山运动(550~500 Ma)期间印度—南极与澳大利亚—南极两个联合大陆之间的碰撞缝合带。

6.1.1.3 贡献和意义

地震学方法作为一种最好的探测地球深部结构的地球物理手段在南极深部结构研究中占据着不可或缺的位置。通过对天然地震观测的深入研究,可以探明南极大陆地壳和地幔的深部结构,进而深入了解南极大陆的板块构造学和深部地球动力学信息。数年前,国外(如美国、澳大利亚等)在南极已经开展了大规模的地震观测工作。中国地震局虽然在中山站和长城站安装了两套地震观测设备,但我国在南极的地震观测一直没有获得突破,没有得到任何有用的观测数据。本项研究利用我们自己观测的以及与国外合作获取的数据实现了对南极大陆深部结构的全方位研究。首先,我们获得的三维地壳和岩石圈结构模型等成果是国际极地年南极地震探测代表性的新成果之一,是开展南极大陆形成过程研究的最重要基础资料,这些资料有益于其他科学家对南极大陆的研究中进行合理的研判。其次,我们从南极板块地壳和岩石圈三维结构中得到了一些新的认识,如东南极山脉较高的地表地形和巨厚的地壳说明它可能是由板块俯冲碰撞形成的,碰撞时间可能为冈瓦纳超大陆的最终形成时间;东南极山脉之下的岩石圈较薄,而靠近西南极一侧却较厚,暗示后者可能是俯冲碰撞中的被俯冲一侧。这些认识加深了人们对南极大陆形成与演化的理解。

6.1.2 东南极古太古代冰下陆块的发现及格罗夫山冰下高地性质的确定

6.1.2.1 现状与问题

南极大陆是地球上最为广阔的冰雪世界,其面积约 $1\,400 \times 10^4$ km²,但仅有 0.3% 的基岩裸露。而人类对南极地质演化的认识仅来自于 0.3% 的裸露基岩的地质研究,这远不足以了解南极大陆构造格架和地质演化的历史。因此,了解冰下地质,开展南极内陆地球物理调查成为近 10 年,特别是国际极地年及其后最重要的科学考察活动。冰下地质的主要工作是开展冰碛物的调查和研究。南极大陆冰盖大规模的冰川运动,导致了冰川对南极大陆基岩强烈的刨蚀,并产生冰碛物的远距离搬运。这一过程造成大量的冰下基岩被剥蚀下来,以冰碛物的形式搬运并堆积到冰川与海岸交界的前缘,形成冰碛物堆积。分析这些冰碛物中的砾石成分和可能的来源,可以追溯冰碛物的源区成分及其成因,这是一个直接获取南极大陆冰下地质信息的有效途径。我国在国际极地年期间就开展了冰下地质研究,是国际上最早开展南极冰下地质研究的国家之一，并在对东南极西福尔丘陵、格罗夫山和温德米尔群岛冰碛物的研究中获得了初步成果（Zhao et al.，2007；Liu et al.，2009b；刘健等，2011；Zhang et al.，2012）。然而，由于这些地区冰碛物的数量巨大，类型繁多，对其进行研究是一个系统的工程。本专题执行期间，我们主要对取自于西福尔丘陵和格罗夫山的代表性冰碛石开展了同位素年代学研究，以确定其来源及冰下地质演化。

6.1.2.2　重要进展

东南极西福尔丘陵东南侧分布着长约 20 km 的带状冰碛物，这些冰碛物成分复杂，其中含有少量与该地区高级片麻岩的基岩显著不同的沉积岩和浅变质千枚岩砾石，根据冰川流动方向可以推测它们来自于西福尔丘陵东南侧冰盖之下的基岩。我们在野外对砾石的成分进行了统计，按照其所占总数的百分比编制出不同观测点砾石成分含量的变化图。在实验室中，对具有代表性的沉积岩和浅变质千枚岩砾石进行了锆石 LA - ICP - MS U - Pb 年龄测试，其中浅变质千枚岩砾石（共 6 个样品）中锆石的 U - Pb 上交点年龄主要集中在约 3.5 ~ 3.3 Ga，下交点年龄或为约 950 Ma，或为约 500 Ma，而沉积岩砾石（共 4 个样品）中碎屑锆石 U - Pb 年龄主要集中在约 2.5 Ga。为了获得西福尔丘陵附近是否存在最老或最年轻的地质体，我们也对冰碛物中松散砂（共 2 个样品）进行了取样和碎屑锆石 U - Pb 年龄分析，其锆石 Pb - Pb/U - Pb 表面年龄峰值主要集中在约 3.5 ~ 3.3 Ga、约 2.5 ~ 2.4 Ga、约 900 ~ 800 Ma 和约 600 ~ 500 Ma 之间，说明来自西福尔丘陵东南侧冰盖之下的松散砂代表更广泛的物源区信息。

沉积岩砾石中的碎屑锆石年龄非常单一，且与西福尔丘陵的主体时代（约 2.52 ~ 2.45 Ga；Clark et al.，2012）完全一致，说明后者为其提供了主要物源，而且沉积区可能与物源区很近，另一方面也说明西福尔陆块的范围可能远比目前所出露的广阔。松散沙中约 900 ~ 800 Ma 和约 600 ~ 500 Ma 两组碎屑锆石的出现说明类似于普里兹湾—北查尔斯王子山地区出露的雷纳杂岩可能在冰下延伸到了西福尔丘陵的东南部，这可能支持西福尔陆块来自于印度克拉通的假设。从冰碛物浅变质千枚岩和松散砂样品中获得了大量的约 3.5 ~ 3.3 Ga 的原生锆石年龄，这是本项研究的最重要进展。对普里兹湾—查尔斯王子山地区古太古代基岩露头的报道只有两处：其一是南查尔斯王子山地区的鲁克地体，其英云闪长质 - 奥长花岗质 - 花岗质正片麻岩的形成年龄为 3.39 ~ 3.19 Ga（Boger et al.，2006；Mikhalsky et al.，2006，2010）；其二是据西福尔丘陵东南约 15 km 的赖于尔群岛，其英云闪长质正片麻岩的原岩年龄为 3.47 ~ 3.27 Ga（Kinny et al.，1993；Harley et al.，1998）。然而，西福尔丘陵冰碛物中的浅变质千枚岩无论是从岩性，还是从变质级上都与这两个地区有明显的差异，所以我们推测在西福尔丘陵东南侧冰盖之下可能存在一个独特的古太古宙陆块。

格罗夫山地区的冰碛石也多种多样，包括变质岩类、侵入岩类和稀少的火山岩、沉积岩，其中绝大部分与基岩露头的岩性相似，属于近原地堆积。我们野外工作的主要目的是收集不同于基岩的样品，发现了一定数量的泥质和镁铁质高压麻粒岩、石榴二辉麻粒岩以及各种含石榴石副片麻岩等特征岩石，这为格罗夫山冰下高地的地质演化提供了重要信息。变质沉积岩冰碛石（共 10 个样品）中碎屑锆石的 U - Pb 定年表明，这些冰碛石普遍经历了泛非期（550 ~ 500 Ma）变质作用，但并没有明显的格林维尔期变质事件的记录。因此，它们的构造演化特点与格罗夫山地区的基岩一致，都只经历了泛非期单相变质 - 构造旋回，从而验证了冰碛石的近原地堆积成因。8 个样品的碎屑锆石中普遍含有中元古代（约 1 400 ~ 1 100 Ma）

主要峰值和古元古代（约 2 100～1 900 Ma）次要峰值，说明类似于兰伯特地体以及以雷纳杂岩为基底的普里兹造山带可能是这些变质沉积岩的重要物源区。另 2 个样品中，其中 1 个样品含有（3 244 ±17）Ma 和（2 832 ±25）Ma 两个 U－Pb 上交点定年，类似于鲁克地体或赖于尔群岛；另 1 个样品 U－Pb 上交点年龄为（2 582 ±27）Ma，与西福尔陆块具有可比性。虽然格罗夫山变质沉积岩冰碛石的碎屑锆石年龄谱峰在其以东和以北的基岩露头上都可找到对应的年龄数据，但格林维尔期变质事件的缺乏可能暗示其真实物源来自于未受格林维尔期变质事件影响的南查尔斯王子山及其相邻的区域。

6.1.2.3　贡献和意义

太古宙时间跨越从约 4.0 Ga 到 2.5 Ga，占据了地球历史的三分之一。然而，保存的太古宙岩石的体积和地质记录与元古宙和显生宙相比却少得很多。认识早期太古宙的地质过程一直是国际地学界探索的课题（Polat，Santosh，2013）。从冥古宙到古太古代的地质记录更少，主要集中在西澳大利亚、加拿大魁北克、西格陵兰、南非、东南极和我国华北北部。南查尔斯王子山莫森陡崖是明确提出存在 3.52 Ga 原岩的地区（Boger et al.，2008），但是数据结果说明实际是继承的岩浆锆石年龄（Corvino et al.，2008）。所以，我们在浅变质千枚岩（原岩可能是火山凝灰岩）获得的（3 530 ±11）Ma 实际上是目前在南极大陆获得的最老的岩石形成年龄。从目前的资料看，这套外观未变质/浅变质岩石的年龄与西澳大利亚 Pilbara 克拉通 Warrawoona 群基本相同（Van Kranendonk et al.，2007；Smithies et al.，2009），可能暗示了西福尔丘陵及其东南相邻区域与西澳大利亚地块有某种起源关系，这些无疑对于查明东南极冰下地质构造格架具有重要意义。

格罗夫山距我国中山站以南约 400 km，在大地构造位置上属于普里兹造山带向南极内陆的延伸部分，其基底地体由约 920～910 Ma 期间侵入的镁铁质－长英质火成岩和少量中元古代的沉积岩构成，这些岩石仅在泛非期（约 570～500 Ma）经历了单相变质－构造旋回，因此是一个典型的泛非期变质地体（Liu et al.，2007b；刘晓春等，2013）。由于格罗夫山的年龄图谱与雷纳杂岩有明显的区别，所以一方面目前尚不清楚格罗夫山到底是雷纳杂岩的一部分，还是一个单独的地质体；另一方面，从冰下地形看，格罗夫山是一个面积为 200 km × 300 km 的冰下高地（Lythe et al.，2001），基岩冰原岛峰仅出露在冰下高地的西部，而不同类型的冰川漂砾可能代表了冰下高地的主体岩性。那么，是否整个冰下高地与基岩露头具有相同的地质演化？我们在格罗夫山冰碛石中获得的单相变质研究结果基本上对这个问题作出了肯定的回答，并且对冰下高地的构造属性进行了探索，为普里兹造山带的结构和延展方向的确定提供了新的制约。尚需指出，格罗夫山是我国地质学家独自系统考察和研究的地区，有关研究进展可以体现我国对南极地学研究的重要贡献。

6.1.3　东南极雷纳造山带中新元古代（格林维尔期）构造演化模型的建立

6.1.3.1.　现状与问题

自从我国地质学家在原属于东冈瓦纳内部的环东南极格林维尔活动带中识别出泛非期

（约 550～500 Ma）高级构造热事件之后（Zhao et al.，1991，1992；赵越等，1993），国际地学界做了大量的跟踪研究工作，大多承认这一地区的泛非事件是导致冈瓦纳古陆最终拼合的一次极为重要的造山事件，而格林维尔期（约 1 000～900 Ma）构造热事件仅表现为局部残留（Fitzsimons，2003；Harley，2003；Zhao et al.，2003）。本专题组的主要成员在此之后的近 20 年内也将主要研究精力放在了这一年轻地质事件上，确定了普里兹造山带的基本构造框架，并刻画了泛非期造山作用的精细过程（如 Zhao et al.，1995，1997，2003；刘小汉等，2002；Liu et al.，2002，2003，2006，2007a，b，2009a，b；胡健民等，2008）。然而，随着研究工作的不断深入，人们又发现格林维尔期高级变质事件至少在埃默里冰架东缘和普里兹湾地区可能是广泛存在的（Kelsey et al.，2007；Liu et al.，2007a，2009a；Wang et al.，2008；Grew et al.，2012），而泛非事件也并不像以前想象的那样占有支配地位。那么，格林维尔期高级变质事件在普里兹湾—北查尔斯王子山地区到底属于什么性质？其变质之前处于何种构造环境？中新元古代经历了怎样的构造演化过程？为了回答这些问题，我们对埃默里冰架东缘—西南普里兹湾地区的雷纳变质杂岩进行了同位素年代学和地球化学研究，同时对西福尔丘陵的变质基性岩墙群进行了变质岩石学和同位素年代学研究。

6.1.3.2　重要进展

本专题对取自于埃默里冰架东缘—西南普里兹湾地区（包括拉斯曼丘陵）10 余件长英质正片麻岩样品进行了锆石离子探针（SHRIMP）定年。结合我们（Liu et al.，2007a，2009a）和他人（Wang et al.，2008；Grew et al.，2012）前期获得的锆石 SHRIMP U - Pb 年龄数据，确定该区长英质正片麻岩和镁铁质麻粒岩的原岩形成年龄范围为 1 380～1 020 Ma，表明这一地区早期岩浆作用的周期长达 360 Ma。区域上，1 210～1 120 Ma 的主体岩浆幕主要发育在普里兹湾沿岸、麦卡斯克尔丘陵及其相邻区域，1 380～1 330 Ma 的较老岩浆幕只见于蒙罗克尔山和曼宁冰原岛峰群的拉夫冰原岛峰，而 1 080～1 020 Ma 的年轻岩浆幕虽然覆盖了整个雷纳杂岩，但集中出现在赖因博尔特丘陵和曼宁冰原岛峰群。随后，这些岩石经历了约 1 000～970 Ma 和约 940～900 Ma 两幕高级变质作用，赖因博尔特紫苏花岗岩在大于 955 Ma 侵入于格林维尔期高级变质杂岩之中。副片麻岩中变质成因碎屑锆石的年龄为约 930 Ma，说明其沉积发生在格林威尔期造山作用之后。除蒙罗克尔山和赖因博尔特丘陵外（样品中未见新生锆石生长），其他地区绝大部分岩石又遭受到约 535 Ma 的高级变质重结晶。詹宁斯紫苏花岗岩和普里兹湾沿岸花岗岩的侵位年龄集中在约 500 Ma，反映了泛非期造山事件晚 - 后造山岩浆作用。

对取自于埃默里冰架东缘—西南普里兹湾地区 60 件镁铁质麻粒岩和长英质正片麻岩进行了地球化学研究。结果表明，北部的姐妹岛和蒙罗克尔山镁铁质麻粒岩的原岩成分类似于富 Nb 的岛弧玄武岩，而南部的麦卡斯克尔—米斯蒂凯利丘陵、赖因博尔特丘陵和曼宁冰原岛峰群的镁铁质麻粒岩则显示典型的岛弧玄武岩的特征。Nd 同位素地球化学给出前者的初始 Nd 比值 $[\varepsilon_{Nd}(T)]$ 范围为 +4.1～-0.4，后者多数为 -3.2～-4.7。所有地区的长英质正片麻岩均具有大陆火山弧花岗岩的特点，其中五分之一的样品属于高 Sr/Y 花岗岩类型。长英质正片麻岩的 $\varepsilon_{Nd}(T)$ 值为 -2.4～-7.6，Nd 亏损地幔模式年龄（T_{DM}）为 2.2～1.9 Ga，说明古元古代是地壳形成的重要一幕。高 Sr/Y 正片麻岩具有较高的 K_2O/Na_2O 比值（均 >1）、正的 Eu 异常、明显的重稀土（HREE）亏损以及负的 $\varepsilon_{Nd}(T)$ 值，表明其起源于大陆岛弧下地壳含石榴石富 K 镁铁质源区的部分熔融。同位素年代学研究已揭示这些岩石的形成时代为 1 380～1 020 Ma，说明雷纳大陆岛弧在晚中元古代的岩浆增生持续了 360 Ma，从而确定其为一个长寿命（long‑lived）的大陆岛弧。

东南极西福尔陆块是一个独特的太古宙/古元古代（约 2.52～2.45 Ga）克拉通陆块，其最重要特征之一是在元古宙（约 2.47～1.24 Ga）发育一系列基性岩墙群，已有研究表明这些基性岩脉曾遭受到中级变质作用（Kuehner，Green，1991），但变质时代未知。我们对西福尔陆块西南端穆勒半岛变质基性岩脉的研究表明其普遍经历了麻粒岩化，麻粒岩化以斑点状或裂隙状含石榴石矿物组合（含石榴石域）产于无石榴石基质（无石榴石域）中为特征。无石榴石域一般保存原始的辉绿结构，主要由板状斜长石、粒间单斜辉石和 Fe‑Ti 氧化物构成，而含石榴石域的矿物共生组合为石榴石 + 单斜辉石 + 斜方辉石 + 角闪石 + 黑云母 + 斜长石 + 钾长石 + 石英 + Fe‑Ti 氧化物。化学成分和结构关系表明，在含石榴石域的中心部位，这些变质矿物已达到局部平衡。通过热力学计算，估算出麻粒岩相变质作用的峰期 P‑T 条件为 800～870℃、9.1～9.7 kb，与肯普地内皮尔杂岩被改造的东南边缘的变质条件相当（Halpin et al.，2007）。SHRIMP 锆石 U‑Pb 定年揭示 NW—SE 向和近 N—S 向基性岩脉的侵位时代分别为（1 764 ±25）Ma 和（1 232 ±12）Ma，而变质作用时代集中在（957 ±7）Ma 至（938 ±9）Ma 之间，变质锆石域麻粒岩相矿物包裹体的产出支持麻粒岩化发生在格林维尔期。因此，与太古宙内皮尔杂岩的东南边缘相似，西福尔陆块的西南边缘在格林维尔期也卷入到了雷纳造山作用过程，并在造山过程中被埋藏到雷纳造山带之下约 30～35 km。

由于在印度东高止构造带已发现了 1.33 Ga 的蛇绿混杂岩（Dharma Rao et al.，2011），所以我们推测雷纳大陆岛弧独立于印度克拉通之外，而非前人所认为的印度克拉通活动大陆边缘。费希尔岛弧形成时代与雷纳大陆岛弧相似，但其初始的 Nd 同位素性质表明其为一个大洋岛弧。费希尔大洋岛弧南侧以克莱门斯为代表的几个岛屿，其原岩形成时代均小于 1 080 Ma，暗示了一个年轻岛弧的存在。所以，我们推测，在晚中元古代印度克拉通和东南极陆块之间可能存在 3 个性质不同的岛弧。我们的研究和已有资料证明格林维尔期构造热事件包括 1 000～970 Ma 和 960～900 Ma 两阶段变质作用。发育于北查尔斯王子山和莫森海岸的雷纳杂岩 1 000～970 Ma 变质作用只记录了中低压麻粒岩相变质条件，并具有近等压冷却的 P‑T 演化轨迹；而发育在肯普地的内皮尔杂岩和西福尔陆块 960～900 Ma 变质作用达到了较高的 P‑T 条件，随后伴有近等温降压或降压冷却的演化轨迹。据此我们提出了雷纳造山带的两阶段碰撞构造模型，即雷纳、费舍尔和克莱门斯三个岛弧首先在 1 000～970 Ma 与东南极陆块（兰伯特地体或包含兰伯特地体的鲁克克拉通）发生弧陆碰撞，而后在 960～900 Ma 随着大洋的关闭印度克拉通与东南极新增生大陆边缘发生陆陆碰撞。

6.1.3.3 贡献和意义

基于东南极普里兹湾—北查尔斯王子山的雷纳杂岩和东印度东高止构造带的高度可比性，多数学者认为二者构成了同一条格林维尔期造山带，我们称雷纳造山带，它代表印度克拉通（包含东南极的内皮尔杂岩和西福尔陆块）与东南极陆块之间的一个碰撞造山带。然而，如前所述，人们对大陆碰撞之前的构造环境以及大洋俯冲/增生的过程还知之甚少，对碰撞的过程也鲜有论述。本项研究的主要贡献表现在：①在雷纳杂岩中首次识别出大于 1 150 Ma 的岛弧成因岩石（共 7 个样品），特别是大于 1 300 Ma 岩石的发现（共 3 个样品）为长寿命（约

360 Ma）的雷纳大陆岛弧的确定提供了可靠的年代学约束；②在西福尔陆块西南部基性岩脉
中发现了不均匀麻粒岩化，首次在兰伯特裂谷以东获得格林维尔期变质作用的精确时代和
P－T条件，证明西福尔陆块也卷入到了雷纳造山作用过程；③重建了中新元古代印度克拉通
与东南极陆块之间从增生到碰撞的构造演化过程，提出格林维尔期造山作用由弧陆碰撞演化
到陆陆碰撞的两阶段碰撞构造模型。南极大陆曾遭受到格林维尔期构造热事件的强烈影响，
但在不同的部位其时代和变质样式均有所差别，本项研究深化了对南极大陆格林维尔期构造
热事件的认识。格林维尔期造山作用常与罗迪尼亚超大陆的汇聚相联系，所以本项研究为印
度克拉通和东南极陆块所建立的汇聚模型也是罗迪尼亚超大陆演化的组成部分之一。

6.1.4 南极半岛—南设得兰群岛中新生代大洋俯冲/增生过程的调查研究

6.1.4.1 现状与问题

我国对西南极的现场地质考察始于1985年长城站建站之时，并连续组织了三次野外考
察。但限于当时的保障条件，这一时期的地质考察主要集中在站区附件的菲尔德斯半岛，基
本上建立了菲尔德斯半岛新生代火山－沉积岩系的地层格架（郑祥身等，1991；金庆民等，
1992；李兆鼐等，1992）。到20世纪90年代，借助于"海洋四号"科考船和中韩合作将地质
考察的范围扩展到乔治王岛的其他地区以及格林尼治岛、半月岛、利文斯顿岛和迪塞普申岛，
并随后开展了多学科综合研究，取得了一系列的成果（如 Zheng et al，1996，2003；邢光福，
2003）。但总体而言，我国对西南极的地质考察始终未脱离南设得兰群岛的核心部位（乔治
王岛—利文斯顿岛），这种地域的限制严重地制约了我们对西南极中新生代造山带整体构造
演化的理解和认知。特别是近10年来，除个别成果外（如 Wang et al.，2009），我国对西南
极的地质考察和研究基本上处于停滞状态。本专题执行期间，我们借助于中美和中智合作，
不仅成功登陆了南设得兰群岛东北端的象岛、吉布斯岛和西南端的史密斯岛，而且第一次将
考察范围延伸到南设得兰群岛之外的南极半岛和南乔治亚岛，获得了大量的珍贵样品。现阶
段我们只对象岛的低温高压俯冲/增生杂岩和南极半岛的岛弧岩浆岩开展了研究，获得了初步
的数据和结果。

6.1.4.2 重要进展

在象岛发育的一套以蓝片岩为特征的低温高压俯冲/增生杂岩是南极半岛西部增生杂岩构
造域中斯科舍弧变质杂岩的一部分，美洲（主要是美国和巴西两国）学者在20世纪70—90
年代对其开展了详细的调查和研究，但有关这套高压变质杂岩的变质时代问题尚未最终解决。
有鉴于此，我们对其开展的第一步研究工作聚焦在同位素年代学方面。我们在象岛最高温的
变质带——绿帘角闪岩相带的含石榴石变质沉积岩中成功地分离出锆石、金红石和榍石。重
要的发现是，锆石发育明显的核—边结构，核部为岩浆成因，边部为变质成因。由于边部较
小，我们使用15 μm束斑对其进行了 SIMS U－Pb 分析。在4个样品中获得核部的加权平均年
龄为（109±1）Ma；边部年龄分为2组，加权平均值分别为（110±2）Ma 和（103±2）Ma。
金红石的 U 含量普遍偏低，我们选择 U 大于0.1 ppm 的两个样品进行了尝试性测定，获得
的^{207}Pb 校正年龄分别为（110±7）Ma 和（109±15）Ma。榍石的测试工作已经完成，但尚

未使用标样进行标定。据此分析，变质沉积岩中岩浆成因的锆石核部主要来源于南极半岛早白垩世的岩浆弧，而变质年龄与其相似，表明来自于俯冲带上盘岩浆弧的物质在弧前沉积后立即转入到了俯冲带中。关于这种快速转变的机理正在探索之中。

我们对取自于南极半岛格雷厄姆地的代表性火山岩、侵入岩和有关脉体进行了系统的锆石 LS－MC－ICP－MS U－Pb 定年。获得屈韦维尔岛安山质火山角砾岩、安山质角砾熔岩、闪长玢岩脉中的闪长岩捕掳体和闪长玢岩脉的成岩年龄分别为（102±1）Ma、（103±1）Ma、（92±1）Ma 和（86±1）Ma；获得阿尔茨托夫斯基半岛黑云母二长花岗岩、布思岛花岗闪长岩、闪长岩、古迪耶岛闪长岩、辉绿玢岩脉和屈韦维尔岛花岗斑岩的侵位年龄分别为（122±1）Ma、（60±1）Ma、（60±1）Ma、（56.2±0.4）Ma、（54.8±0.4）Ma 和（45.4±0.1）Ma。由此可见，在格雷厄姆地的岩浆作用具有明显的多期次特征，从早白垩世、晚白垩世、古新世一直延续到始新世，火山作用主要集中在早白垩世，而侵入作用则以古新世为主。地球化学研究表明，中新生代侵入岩均显示出 Rb、Th、U 等大离子亲石元素的富集和 Nb、Ta 等高场强元素的亏损，在微量元素构造环境判别图解上，所有样品均落入到典型的岛弧区域，说明它们均形成于岛弧环境。所以，南设得兰群岛低温高压变质杂岩和南极半岛岛弧岩浆岩同是太平洋板块向东南俯冲的产物。

6.1.4.3 贡献和意义

西南极的主体由不同时代的显生宙地质体构成，是地质演化历史与东南极地盾完全不同的一个构造单元。对东南极的研究主要涉及罗迪尼亚和冈瓦纳超大陆的拼合过程与机制，而对西南极的研究，不仅涉及冈瓦纳古陆边缘的增生造山作用，同时触及到冈瓦纳超大陆的裂解以及南美洲与南极大陆的分离过程。所以，在我们对东南极已做长期研究的基础上，将研究领域扩展到西南极，这将有利于我们全方位地了解冈瓦纳超大陆的形成与演化历史。本项研究以南极半岛北部—南设得兰群岛地区高压变质岩和岛弧岩浆岩作为主要对象，目标是揭示南极大陆边缘在中新生代的俯冲和增生过程，这不仅可以探索大洋俯冲/增生的过程和机制，而且对与其连接的南美大陆安第斯造山带的研究也有借鉴意义。我们的初步研究精确地限定了象岛高压变质作用发生的时代，发现了从岛弧剥蚀、沉积快速转变到俯冲的地质现象，并首次在南极半岛获得年代学和地球化学数据，为进一步地深入研究打下了良好的基础。尚需指出，南极半岛—南设得兰群岛是英国、美国和南美等国家传统的研究领地，如果我们能在这一地区作出高水平的研究成果，可以提高我国在南极科学研究中的地位，在国际上产生重要的影响。

6.1.5　中山站临近区域矿产资源考察的实现及西南极成矿规律的总结

6.1.5.1　现状与问题

南极大陆和周边海域蕴藏着丰富的矿产资源，目前已经发现的矿种就有 220 种之多，包括煤、石油、天然气、铁、铜、铝、铅、锌、锰、镍、钴、铬、锡、锑、钼、钛、金、银、铂、石墨、金刚以及具有重要战略价值的钛、钍和铀等，其中尤以铁、煤和石油天然气蕴藏量巨大。但由于冰雪覆盖或岛屿的分散，野外考察非常困难，所以对所有矿产的调查基本上都处于初步调研阶段，并未进行详细的普查和勘探。而且，由于《南极条约》的签订，矿产资源勘查早已被冻结。从资料上看，以矿产资源为目标的大规模地质调查主要是在20世纪90年代之前完成的（Wright，Williams，1974；Rowley，Pride，1982；陈廷愚等，2008），自1991年南极环境保护条约（50年内禁止采矿活动）在马德里签署之后，调查工作逐渐减少，特别是21世纪以来对矿产的报道已不多见。我国自从开展南极考察之后，矿产资源调研一直是一项重要的工作内容，但由于受到后勤保障条件的制约，调研均以资料收集和战略研究为主，并没有实现对有关矿产的实际考察。本专题的总体工作思路是将矿产资源的实地考察与资料分析总结相结合，以达到了解和掌握我国科考站区附近矿产资源潜力的目的。

6.1.5.2　重要进展

实现了对北查尔斯王子山二叠—三叠纪埃默里群含煤沉积盆地的地质考察，基本查明了含煤沉积盆地的分布范围、沉积序列和物质来源，对重要煤层进行了系统测量和取样。北查尔斯王子山含煤沉积盆地围绕比弗湖分布，出露面积达30 km×50 km，总厚度超过3 000 m，其从下而上可划分出3个非海相地层单元，即二叠纪拉多克砾岩、贝恩梅达特煤层和三叠纪弗拉格斯通岩滩组。已有资料表明，贝恩梅达特煤层大概包含100多条煤层，其单层厚度大多在0.2~1.5 m，个别煤层可达到3~8 m，总厚度达到80 m，并可连续延伸几千米。野外实际观察表明，煤层厚度从0.1~11 m不等，通常南部（下部）煤层多但较薄，多为1~2 m，北部（上部）煤层少但较厚，多以3~4 m为主。由于在南查尔斯王子山已发现了二叠纪冰川漂砾，我们在埃默里冰架东缘的调查中也发现了来源于上游的类似沉积岩转石，所以推测二叠—三叠纪沉积盆地的分布范围远比目前出露的广阔。类似的二叠—三叠纪含煤沉积盆地在南极大陆周边的其他陆块如印度、澳大利亚和非洲都有相当规模的煤矿。据此分析，至少在兰伯特地堑范围内的冰盖之下可能赋存了较大规模的煤系地层，因而具有较好的煤炭资源前景。因此，对北查尔斯王子山二叠—三叠纪含煤沉积盆地的调查和研究可以为评估我国中山站附近的煤炭资源潜力提供有价值的信息。

拉斯曼丘陵地区的铁矿化作为矿化点在很久以前就被国外学者标列在矿产表中（见陈廷愚等，2008），但从未做深入细致的调查工作。我们的野外调查发现，拉斯曼丘陵的铁矿化具有较好的层位性，所以作为一个填图单位表示在1:2.5万拉斯曼丘陵地质图中。研究表明，铁矿化层位在西南高地、俄罗斯大坡一带形成走向北西向的褶皱核部，其矿化可能与褶皱变形加厚有关。矿石矿物主要是磁铁矿，其常常呈自形条带状集合体与石英、夕线石等一起富集成带，但极不均匀，常在局部形成富铁矿石结核。从宏观上看，铁矿化层位有一定的规模。化学分析结果显示，主要含磁铁矿片麻岩的 Fe_2O_3 含量一般为15%~25%，但部分样品的含量达到了40%~50%。考虑到铁矿石以磁铁矿为主，利于分选，所以该铁矿化层位具有经济价值。另一方面，在西福尔丘陵东南侧冰碛物中发现了多块条带状石英磁铁矿矿石的砖石，类似于BIF型（Banded Iron Formation）铁矿石。如果这些条带状磁铁石英岩的时代和来源与推测的古太古代冰下陆块相同，那么该冰下陆块有可能形成与南查尔斯王子山类似的太古宙铁矿床，经济潜力巨大。此外，在拉斯曼丘陵和西福尔丘陵还发现两块富铁矿石的转石，其来源无疑是上覆冰盖之下，也可能具有潜在的经济价值。

利用手持式快速矿物分析仪对南极岩矿标本库中取自于格罗夫山的213件岩石样品进行了元素含量测量，获得岩石元素含量数据619条。其中561条数据检出铷（Rb）元素，平均值为 147 ppm，是地壳克拉克值正常水平；27 件样品的铷含量较高，超过 300 ppm；14 件样品的铷含量超过工业边界品位（400 ppm），其中两件样品的铷含量达到工业品位（1 000 ppm）。从样品岩性类型来看，铷含量较高的样品主要为钾长花岗岩和片麻岩，尤其是代表哈丁山片麻状钾长花岗岩脉的样品，其铷含量达到了工业品位。钾长花岗岩脉在格罗夫山，特别是在哈丁山、戴维冰原岛峰群和盖尔陡崖北段广泛产出，如果这些岩脉均具有较好的含矿性，那么格罗夫山将具有较好的铷矿找矿前景。

对南极半岛—南设得兰群岛地区的金属矿产资料进行了系统的收集、分析和总结，编制出 1∶500 万南极半岛—南设得兰群岛地质矿产分布图，并划分出 4 个矿化集中区。分析了南极半岛区域成矿系列和成矿控制因素：在南极半岛发育有铜、铁和贵金属等成矿系列，并且区域发育的地层如特里尼蒂半岛群等提供了重要的容矿空间和成矿物质，中—新生代岩浆岩体提供了重要的成矿物质，构造作用则为成矿物质提供了运移通道和堆积空间，而区域剥蚀深度则成为区域成矿保存重要的破坏营力；分析了南极半岛矿化的时空变化规律：发现矿化点主要分布在构造接触部分，如南极半岛构造西区和中区结合部位，这里复杂的地质作用，为成矿提供了丰富的成矿物质和动力，据此划分了南极半岛东部矿化带，中部矿化带和东部矿化带，由于成矿时代研究薄弱，从容矿岩石年龄推测矿化年龄多集中在中生代和新生代。然而，尽管南极半岛的区域大地构造和成矿背景可以与邻近矿产资源丰富的安第斯造山带相对比，但现有资料还不能充分满足对南极半岛及其附属岛屿的资源评估，需要进一步开展深入的调查和研究工作。

6.1.5.3 贡献和意义

我国矿产资源具有种类齐全，总量丰富，但具有贫矿多、中小型矿床多、伴生矿床多、富矿少、大型超大型矿床少等特点（赵洋等，2011）。进入 21 世纪，随着我国工业化进程的加快，对矿产资源的需求远远超过了预期，日益成为制约我国经济发展的瓶颈。为了保证中国经济快速、健康和可持续发展，一个重要的战略步骤就是寻找未来的潜在矿产储备地（许智迅，陈华超，2009）。南极大陆面积超过 $1 400 \times 10^4$ km²，矿产资源丰富，尽管当前矿产资源勘查已被冻结，但未来仍有可能被开发利用。实际上，尽管有《南极条约》的约束，一些南极条约国着眼于本国的长远利益，在高举科学研究和环境保护的大旗下，也还在心照不宣地开展一些与南极领土主权和资源有关的调查，特别是以南极的矿产资源和油气资源为主要目标的调查活动一直没有停止。所以，对南极大陆和周边海域矿产资源潜力的调查与评价应是我国南极考察和研究的一项长期的重要任务。本专题的实施已经有了一个良好的开端：①实现了对某些矿种如北查尔斯王子山煤系地层和拉斯曼丘陵含铁层位的考察；②发现了新的矿化现象或类型，如格罗夫山的铷矿化、普里兹湾地区的铁矿化转石和利文斯顿岛的铜矿化转石等；③分析了南极半岛—南设得兰群岛地区多金属矿化点的时空分布规律和矿产资源潜力。了解和掌握南极大陆，特别是我国站区附近的矿产资源状况，将使我国在未来对南极的开发利用上争取主动，造福于子孙后代。

6.2　考察的主要成功经验

　　南极大陆地质与矿产资源考察不同于其他长期观测类专题，在同一地区或区域多次获得同类地质样品并无太大意义，因此需要不断扩大考察区域，并获得新的样品。然而，受我国后勤保障能力的制约，使用我们自己的考察船、雪地车和直升机能够到达的区域非常有限。在 20 世纪 80—90 年代，由于没有国内直升机的支援，我国的地质考察仅局限在长城站附近以乔治王岛为中心的南设得兰群岛和中山站附件以拉斯曼丘陵为中心的普里兹湾，仅在后期借助于雪地车深入到南极内陆格罗夫山。进入到 21 世纪后，随着直升机的广泛使用，我国对东南极的地质考察区域逐渐扩大到整个普里兹湾沿岸和埃默里冰架东缘，但总体而言，地质考察的范围仍很狭窄，从而影响了我们调查和研究的视野。

　　本专题执行期间，我们在第 29 次南极考察过程中首先借助于美国地质学会成立 125 周年组织的，以"南极洲和斯科舍弧：大地构造、气候和生命"为主题的国际联合考察，考察我国过去从未涉足的南极半岛、南乔治亚岛和南设得兰群岛中的象岛；在第 31 次南极考察过程中借助于中智合作又进一步考察了南极半岛和南设得兰群岛中的史密斯岛，借助于中澳合作考察了北查尔斯王子山、布朗山、西福尔丘陵和温德米尔群岛。通过三次国际合作不仅大大地扩展了我们在南极大陆的地质研究区域，获得大量珍贵的样品，同时也扩大了中国南极考察的国际影响。但在天然地震观测方面，由于我国在南极布设的地震台站有限，大量的地震观测数据也主要来自于国际数据共享。

　　所以，本专题的顺利实施和圆满完成，一方面来自于我国极地考察的后勤支持，另一方面更为重要的是借助了国际合作这一平台。实际上，南极科学研究是国与国之间开展广泛合作的一个成功典范。由于受本国南极科学考察站地域的限制，科学考察和研究都离不开国际合作。因此，通过国际合作来实现我们的研究目标是我国未来地质考察值得倡导的方式。通过这种合作也可以使我们开阔视野，提高项目的研究水平。

6.3　考察中存在的主要问题及原因分析

　　本专题执行过程中遇到的主要问题表现在以下三个方面。

　　一是南极野外考察的飞机支援受到天气条件的制约，这给考察的时间和地点带来很大的不确定性，所以有些设计的考察点无法达到，或者考察的时间大大缩短。例如，在第 29 次南极考察队，我们曾计划到普里兹湾与埃默里冰架交汇处的哈姆峰考察，但由于天气原因最终未能实现；在第 31 次南极考察队，我们原计划在北查尔斯王子山地区的考察时间为 20 天，由于天气突变在进行到 12 天即被接回到考察站。这样常常造成野外设计工作量与实际完成工作量之间的差别。因此，对地质考察而言，不能单凭原设计的工作量来衡量任务的完成情况，有时甚至只要到达了要考察的区域，就是成功的一半。

　　二是地质研究的一般流程是：野外取样，获得样品后首先磨制成岩石薄片进行观察和鉴定，选择样品送有关实验室进行测试分析。但问题是，当前我国地质调查和研究工作非常繁荣，各实验室，特别是国内顶尖的实验室的测试分析任务都非常饱满，一般从送样到开始测试的时间都需半年以上，有时甚至需要 1~2 年，如我们在第 29 次南极考察时获得的南极半岛样品的 Sr – Nd 同位素分析于 2013 年 6 月送到实验室，至今仍未完成测试。所以，从获得样品到完成测试，再转变成研究成果一般需要 2~3 年才能完成。在这种情况下，当年完成的南极考察的成果很难体现在当年的研究进展之中。本报告完成的主要成果实际上大部分是以前历次南极考察样品测试和研究的结果，而新的考察样品的研究成果只能体现在以后的研究项目中。

三是本专题的经费资助总额度为 677 万元，且分散在 4 家（若算上东海分局则为 5 家）。由于国际合作的需要，租用美国考察船（第 29 次队）、智利考察船（第 31 次队）和澳大利亚航空网（第 31 次队）的总费用约达 170 万元，购买天然地震台站和显微镜的设备费用 65 万元，所以真正用于样品测试和研究的费用明显不足，很多费用只能由其他项目的经费垫支。费用的分散使用又往往造成不必要的重复和浪费，降低了工作效率，影响了成果水平。因此，我们一方面希望对本专题或本领域能够予以持续资助，同时建议今后尽可能增加经费额度并集中使用，以利于出成果、出人才，也有利于我国南极考察事业的全方面均衡发展。

6.4 对未来科学考察的建议

2015 年 4 月，南极研究科学委员会（SCAR）召集 22 个国家 75 名科学家和政策制定者为南极洲和南大洋科学聚焦未来 20 年的研究方向。第一届南极洲和南大洋科学地平线扫描曙光初现，其聚焦产生 6 个优先研究方向及 80 个紧迫科学问题。6 个优先研究方向是：①定义南极大气圈和南大洋的全球影响力；②了解何地、如何和为何冰盖失去质量；③揭示南极的历史；④了解南极生命进化和幸存；⑤观测空间和宇宙；⑥识别和减轻人类的影响。在南极地质地球物理学聚焦的光环中闪亮的是南极内陆甘布尔采夫冰下山脉和兰伯特裂谷。中国科学家在此之前已经部署，明确了这两项考察计划在未来几年中的最优先科学地位和目标，并正在与国际同行讨论合作和实施。按照这一规划，极地专项在"十三五"期间的地学考察与研究应重点集中在以下 4 个方面。

（1）南极内陆甘布尔采夫冰下山脉冰芯 – 岩芯基岩钻探与取样

南极大陆是地球最为广阔的冰雪世界。面积约 $1\ 400 \times 10^4\ km^2$ 有 99.7% 的区域被冰雪覆盖。只有了解了南极冰下地质，才能真正了解南极大陆的地质构造。利用各种技术、方法和手段开展南极冰下地质调查将成为国际南极考察和研究的一项重点工作，其中冰下岩芯取样是最直接、最有效的方法。甘布尔采夫冰下山脉是南极大陆最高的山脉，也是地壳厚度最厚的地区，其构造性质长期争论不休。我们的目标是通过国内外调研和钻探现场考察，确定钻透长冰芯下的基岩岩石的技术和装备，研发钻透冰层和岩芯钻探与岩芯获取技术，实施甘布尔采夫冰下山脉的岩芯钻探，获取南极内陆基岩样品和冰岩界面物理信息和生物样品，揭示东南极地盾核心部位的地质构成和构造演化，特别是回答普里兹造山带向内陆如何延伸这一长期争论的课题，同时也为评估南极大陆的矿产资源潜力提供关键的依据。

（2）东南极兰伯特裂谷天然地震观测及地壳和岩石圈结构

由于南极大陆多数地区被冰雪覆盖，需要借助于地球物理学方法来查明冰盖下的地貌、地壳和岩石圈结构，进而了解冰下的矿产资源状况。作为一种最好的探测地球深部结构的地球物理手段，地震学方法在南极深部结构研究中占据着不可缺少的位置。通过对天然地震观测的深入研究，可以探明南极大陆地壳和地幔的深部结构，进而可以深入了解南极大陆的板块构造学、深部地球动力学以及矿产资源方面的信息，实现对南极大陆资源和环境状况的初步评估。东南极兰伯特裂谷是地球上最大的陆内裂谷之一，其形成与冈瓦纳超大陆的裂解密切相关，因而具有重要的研究价值。我们未来拟在格罗夫山和查尔斯王子山之间布设低温宽频地震台站并进行天然地震观测，获取横跨兰伯特冰川高精度的地壳和岩石圈三维结构，为兰伯特裂谷的成因提供地球物理制约，并对冰下基岩的资源状况进行初步评估。

（3）东南极查尔斯王子山脉地质与矿产资源考察与综合研究

查尔斯王子山脉出露了东南极最连续的结晶基底，从兰伯特冰川一直延伸到埃默里冰架，长约600 km。该区岩石记录了多期构造热事件，时代从太古宙一直延续到寒武纪。因此，这一地区可能是揭示东南极大陆乃至冈瓦纳超大陆地质演化的一个理想地区。不仅如此，南查尔斯王子山的铁矿藏也为世人所瞩目。结合国家南极专项的开展，我们下一步的调查和研究工作将包括：①北查尔斯王子山地区的进一步考察和研究，选择地势低平且积雪不严重的埃尔瑟台地作为重点解剖地区，通过详细的调查甄别该区格林维尔和泛非两期构造热事件的性质，并通过与埃默里冰架东缘的对比来进一步揭示雷纳和普里兹造山带的多期演化过程及其在超大陆重建中的意义。②南查尔斯王子山地区地质考察与研究，借助泰山站的建立，使用雪地车或直升机实现对保存多个复杂地质构造单元的南查尔斯王子山的现场考察，追溯南极大陆的早期地壳演化历史。③南查尔斯王子山太古宙含铁建造现场考察及航空地球物理和遥感探测，已有资料表明，南查尔斯王子山的条带状磁铁矿层（或碧玉岩）厚度约70 m，矿石平均含铁品位为32%，最富可达58%，整个岩系厚度达400 m，被认为是世界最大铁矿，但其产出背景、成因以及真实的储量均需做进一步的调查和研究。通过这些研究的实施，可力争将普里兹湾—查尔斯王子山地区建成南极大陆地质研究的经典地区之一，以使我国的南极地质科学研究达到世界先进行列。

（4）南设得兰群岛1:25万地质填图及南极半岛—斯科舍弧构造演化

西南极是英国、美国和南美国家的传统研究领地，我国对这一地区的地质研究非常薄弱，并因保障条件所限，研究工作主要集中在长城站附近的乔治王岛，而研究内容也仅限于新生代火山岩。国外对西南极地质研究的重点是南极半岛，不仅开展了多学科综合研究，而且针对不同的区域开展了一系列中、大比例尺的地质填图。但到目前为止，在南设得兰群岛还缺少一张中比例尺的地质图。所以，利用长城站基地和国际合作在南设得兰群岛开展1:25万地质填图应是我国地质学家的一项重要任务。同时，我们通过国际合作已初步考察了南极半岛—斯科舍弧—南美半岛之间的主要岛屿，综合研究工作也需持续开展。这项研究将包括：①南极半岛—斯科舍弧中新生代高压和低—中级变质杂岩研究，揭示斯科舍杂岩的变质演化及中新生代大洋俯冲-增生的历史。②南极半岛—斯科舍弧中新生代火山岩和侵入岩研究，获得岩石的形成年代和地球化学属性，恢复中新生代岛弧岩浆作用过程。③南极半岛—斯科舍弧—南美半岛晚古生代—中生代沉积岩研究，确定不同地区沉积岩的物质来源和形成环境（弧前盆地、弧后盆地还是边缘盆地），探讨南极半岛与南美大陆的分离过程。通过地质填图和综合研究工作，不仅可以探索中新生代板块作用的机理及南极－南美大陆的分离过程，也将奠定我国对西南极地质研究的基础。

通过以上这些调查与研究工作，一方面可以提高我国南极地质科学研究的水平，在国际上产生重要的影响；另一方面增强我国在国际南极事务中的话语权和影响力，为我国在未来和平利用南极创造有利的条件，造福于子孙后代。

参考文献

陈廷愚，李光岑，谢良珍，等. 1995. 南极洲地质图（1:5000000）（附说明书）. 北京：地质出版社.

陈廷愚，沈炎彬，赵越，等. 2008. 南极洲地质发展与冈瓦纳古陆演化. 北京：商务印书馆：1 - 372.

陈廷愚. 1986. 南极横断山脉地质特征及其大地构造性质. 地质论评，32（3）：300 - 310.

冯梅，安美建，安春雷，等. 2014. 南极中山站 - 昆仑站间地壳厚度分布. 极地研究，26（2）：320 - 330.

冯梅，安美建. 2013. 反演模型分辨率的估算方法. CT 理论与应用研究，22（4）：587 - 604.

郭培清. 2007. 南极的资源与资源政治. 海洋世界，（3）：68 - 73.

贺义兴，马瑞，姚杰. 2001. 河北平山阜平群夕线石钾长石浅粒岩深熔作用的微区矿物学标志. 地质论评，47（1）：82 - 87.

胡健民，刘晓春，赵越，等. 2008. 南极普里兹带性质及构造变形过程. 地球学报，29（3）：343 - 354.

胡世玲，郑祥身，鄂莫岚，等. 1995. 西南极乔治王岛北海岸火山岩的$^{40}Ar/^{39}Ar$ 和 K - Ar 年龄测定. 南极研究，7（4）：19 - 31.

金庆民，匡福祥，阮宏宏，等. 1992. 南极菲尔德斯半岛火山作用及岩浆演化. 南京：江苏科学技术出版社：1 - 101.

李淼，刘晓春，赵越. 2007. 东南极普里兹湾地区花岗岩类的锆石 U - Pb 年龄、地球化学特征及其构造意义. 岩石学报，23（5）：1055 - 1066.

李淼，刘晓春，赵越. 2010. 东南极新元古代晚期瀛早古生代（泛非期）花岗岩类研究综述. 极地研究，22（4）：348 - 374.

李兆鼐，郑祥身，刘小汉，等. 1992. 西南极乔治王岛菲尔德斯半岛火山岩. 北京：科学出版社：1 - 227.

刘健，赵越，刘晓春，等. 2011. 东南极埃默里冰架东缘赖因博尔特丘陵构造变形过程及其构造意义. 极地研究，23（4）：299 - 309.

刘健，赵越，刘晓春，等. 2011. 来自东南极西福尔丘陵附近冰碛物中沉积岩砾石的碎屑锆石 LA - ICP - MS U - Pb 年龄及其意义. 地质学报，85（10）：1585 - 1612.

刘树文，梁海华，华永刚. 1999. 太行山含夕线石石英球花岗岩的地质学、地球化学和岩石成因. 地质科学，34（3）：390 - 396.

刘小汉. 1998. 东南极拉斯曼丘陵构造 - 变质事件. 中国南极考察科学研究成果与进展. 北京：海洋出版社：176 - 184.

刘小汉，赵越，刘晓春，等. 2002. 东南极格罗夫山地质特征——冈瓦纳最终缝合带的新证据. 中国科学（D辑），地球科学，32（6）：457 - 468.

刘晓春，赵越，胡健民，等. 2013. 东南极格罗夫山：普里兹造山带中一个典型的泛非期变质地体. 极地研究，25（1）：7 - 24.

刘晓春，赵越，刘小汉，等. 2007. 东南极普里兹带高级变质作用演化. 地学前缘，4（1）：56 - 63.

刘晓春. 2009. 东南极普里兹带多期变质作用及其对罗迪尼亚和冈瓦纳超大陆重建的启示. 岩石学报，25（8）：1808 - 1818.

刘正宏，徐仲元，王可勇. 2007. 大青山高级变质岩中复晶石英条带成因的显微构造和流体包裹体证据. 中国科学（D辑），地球科学，37（4）：488 - 494.

卢良兆，董永胜，周喜文. 2000. 内蒙古兴和 – 卓资地区早前寒武纪孔兹岩系岩石中流体包裹体的特征和成因. 岩石学报，16（2）：281 – 287.

卢良兆，徐学纯，刘福来. 1996. 中国北方早前寒武纪孔兹岩系. 长春：长春出版社：1 – 275.

庞震. 2008. 固体化学. 北京：化学工业出版社：1 – 145.

任留东，耿元生，王彦斌，等. 2007. 关于东南极拉斯曼丘陵夕线片麻岩类原岩恢复问题的讨论. 地学前缘，14（1）：75 – 84.

任留东，刘小汉. 1994. 硅硼镁铝矿 – 柱晶石 – 电气石组合在南极的发现. 南极研究，6（1）：1 – 7.

任留东，王彦斌，陈廷愚，等. 2001. 长英质片麻岩中堇青石的一种可能的形成机制——以南极拉斯曼丘陵高级区为例. 岩石矿物学杂志，20（1）：29 – 35.

任留东，王彦斌，刘晓春，等. 2008. 南极拉斯曼丘陵长英质片麻岩中夕线石的出溶现象. 岩石矿物学杂志，27（6）：524 – 528.

任留东，熊明，Grew E D，等. 2004. 南极拉斯曼丘陵变质岩中氟磷镁石新多型（wagnerite – Ma5bc）的岩石学意义. 自然科学进展，14（10）：1128 – 1134.

任留东，赵越. 1992. 硅硼镁铝矿在南极的首次发现及其地质意义. 地学探索，（7）：1 – 6.

任留东，赵越. 2004. Prismatine 含义的变化及其在南极中山站区的产出. 岩石学报，20（3）：759 – 763.

任留东. 1997. 南极拉斯曼丘陵及邻区高级区变质地质特征. 北京：中国地质科学院研究生博士论文：1 – 69.

桑隆康. 1993. 变质岩岩石化学定量分类与原岩恢复. 矿物学岩石学论丛，（8）：65 – 74.

仝来喜，刘小汉，徐平，等. 1996. 东南极拉斯曼丘陵含假蓝宝石紫苏辉石石英岩的发现及其地质意义. 科学通报，4（13）：1205 – 1208.

万渝生，黄增芳，杨崇辉，等. 2003. 河北平山湾子群夕线石石英集合体的地质地球化学特征及成因. 中国地质，30（2）：151 – 158.

王仁民，贺高品，陈珍珍. 1987. 变质岩原岩图解判别法. 北京：地质出版社.

王彦斌. 2002. 南极拉斯曼丘陵及邻区高级片麻岩的地球化学、同位素年代学研究. 北京：中国地质科学院博士研究生毕业论文：1 – 76.

位梦华. 1986. 奇异的大陆——南极洲. 北京：地质出版社：1 – 175.

邢光福，沈渭洲，王德滋，等. 1997. 南极乔治王岛中 – 新生代岩浆岩 Sr – Nd – Pb 同位素组成及源区特征. 岩石学报，13（4）：473 – 487.

邢光福. 2003. 南极南设得兰群岛中 – 新生代岛弧火山 – 侵入杂岩. 北京：地质出版社：1 – 148.

许智迅，陈华超. 2009. 缓解我国矿产资源瓶颈约束对策研究. 地质与勘探，45（1）：82 – 86.

袁洪林，吴福元，高山，等. 2003. 东北地区新生代侵入体的锆石激光探针 U – Pb 年龄测定与稀土元素成分分析. 科学通报，48（14）：1511 – 1520.

张青松. 1985. 南极东部维斯特福尔丘陵的冰缘地貌//中国科学院地理研究所. 南极维斯特福尔德丘陵区晚第四纪地质和地貌研究. 北京：科学出版社：18 – 26.

赵洋，鞠美庭，沈镭. 2011. 我国矿产资源安全现状及对策. 资源与产业，13（6）：79 – 83.

赵越，宋彪，张宗清，等. 1993. 东南极拉斯曼丘陵及其邻区的泛非热事件. 中国科学（B），23（9）：1000 – 1008.

郑祥身，鄂莫岚. 1991. 西南极乔治王岛长城站地区第三纪火山岩地质、岩石学特征及岩浆的生成演化. 南极研究，3（2）：10 – 108.

郑祥身，刘小汉，杨瑞英. 1988. 西南极长城站地区第三系火山岩岩石学特征. 岩石学报，1：34 – 47.

郑祥身，桑海清，裴冀，等. 1998. 西南极利文斯顿岛百耳斯半岛火山岩的同位素年龄. 极地研究，10（1）：1 – 10.

周喜文. 2001. 变泥质岩石中夕线石的成因. 长春科技大学学报, 31 (4): 416.

Acosta – Vigil A, Pereira M D, Shaw D M, et al. 2001. Contrasting behaviour of boron during crustal anatexis. Lithos, 56: 15 – 31.

Ahmad R, Wilson C J L. 1982. Microstructural relationships of sillimanite and fibrolite at Broken Hill, Australia. Lithos, 15: 49 – 58.

Alarcón B, Ambros J, Olcay C, et al. 1976. Geológia del Estrecho de Gerlache entre los parallelos 64°y 65°lat. Sur, Antártida Chilena. Ser. Cient. Inst. Antárt. Chil, 4: 7 – 51.

Aleksashin N D, Laiba A A. 1993. Stratigraphy and lithofacial features of Permian sedimentary sequence of the Beaver Lake western coast (the Prince Charles Mountains, East Antarctica). The Antarctic, Russiant Committee on Antarctic Research Report, 31: 43 – 51 (in Russian).

An M, Assumpção M S. 2004. Multi – Objective Inversion of Surface Waves and Receiver Functions by Competent Genetic Algorithm Applied to the Crustal Structure of the Paraná Basin, SE Brazil. Geophysical Research Letters, 31: L05615.

An M, Shi Y. 2006. Lithospheric thickness of the Chinese continent. Physics of the Earth and Planetary Interiors, 159: 257 – 266.

An M, Shi Y. 2007. 3D crustal and upper – mantle temperature of the Chinese continent. Science in China Series D: Earth Sciences, 50: 1441 – 1451.

An M, Wiens D A, Zhao Y, et al. 2015. S – velocity model and inferred Moho topography beneath the Antarctic Plate from Rayleigh waves. Journal Geophysical Research, 120 (1): 359 – 383. doi: 10. 1002/2014JB011332.

An M. 2012. A simple method for determining the spatial resolution of a general inverse problem. Geophysical Journal International, 191: 849 – 864.

Andersen T. 2002. Correction of common lead in U – Pb analyses that do not report [204]Pb. Chemical Geology, 192: 59 – 79.

Anderson G M, Pascal M L, Rao J. 1988. Aluminum speciation in metamorphic fluids. In: Helgeson H C. (ed), Chemical Transport in Metasomatic Processes. Boston, Reidel: 297 – 321.

Anderson J J. 1965. Bedrock geology of Antarctica: A summary of Exploration, In: Hadley J B. (ed), Geology and Paleontology of the Antarctic. Garamod/Pridemark Press, Inc. Baltimore, Maryland, 1831 – 1962.

Andronikov A V, Egorov L S. 1993. Mesozoic alkaline – ultrabasic magmatism of Jetty Peninsula. Gondwana, 8: 547 – 557.

Andronikov A V, Foley S F, Belyatsky B V. 1998. Sm – Nd and Rb – Sr isotopic systematics of the East Antarctic Manning Massif alkaline trachybasalts and the development of the mantle beneath the Lambert – Amery rift. Mineralogy and Petrology, 63: 243 – 261.

Andronikov A V, Foley S F. 2001. Trace element and Nd – Sr isotopic composition of ultramafic lamprophyres from the East Antarctic Beaver Lake area. Chemical Geology, 175: 291 – 305.

Antonini P, Piccirillo E M, Petrini R, et al. 1999. Enriched Mantle – Dupal signature in the genesis of the Jurassic Ferrar tholeiites from Prince Albert Mountains (Victoria Land, Antarctica). Contributions to Mineralogy and Petrology, 136: 1 – 19.

Antonini P, Piccirillo E M, Petrini R, et al. 1999. Enriched mantle – Dupal signature in the genesis of the Jurassic Ferrar tholeiites from Prince Albert Mountains (Victoria Land, Antarctica). Contributions to Mineralogy and Petrology, 136: 1 – 19.

Armienti P, Ghezzo C, Innocenti F, et al. 1990. Isotope geochemistry of granitoidSsuites from Granite Harbour Intrusives of the Wilson Terrane, North Victoria Land, Antarctica. European Journal of Mineralogy, 2: 103 – 123.

Arne D C. 1994. Phanerozoic exhumation history of northerPrince Charles Mountains (East Antarctica). Antarctic Science, 6: 69 – 84.

Artemieva I M, Mooney W D. 2001. Thermal thickness and evolution of Precambrian lithosphere: A global study. Journal of Geophysical Research, 106 (B8): 16387 – 16414.

Artemieva I M, Mooney W D. 2002. On the relations between cratonic lithosphere thickness, plate motions, and basal drag. Tectonophysics, 358: 211 – 231.

Atherton M P. 1965. The chemical significance of isograds. In: Pitcher W S, Flinn G W (eds.), Controls of Metamorphism. New York: John Wiley, Sons: 169 – 202.

Backus G, Gilbert J F. 1968. The resolving power of gross earth data. Geophysical Journal of the Royal Astronomical Society, 16: 169 – 205.

Baker P F. 1982. The Cenozoic subduction history of the Pacific margin of the Antarctic Peninsula: ridge crest – trench interactions. Journal of the Geological Society, 139: 78 – 801.

Baranov A, Morelli A. 2013. The Moho depth map of the Antarctica region. Tectonophysics, 609: 299 – 313.

Barker P F, Dalziel I W D, Storey B C, 1991. Tectonic development of the Scotia Arc region. In: Tingey R J (eds), Geology of Antarctica. Oxford Monographs on Geology, Geophysics. Oxford : Oxford University Press: 215 – 248.

Barmin M P, Ritzwoller M H, Levshin A L. 2001. A fast and reliable method for surface wave tomography. Pure and Applied Geophysics, 158: 1351 – 1375.

Barton J M, Klemd R, Allsopp H L, et al. 1987. The geology and geochronology of the Annandagstoppane granite, Western Dronning Maud Land, Antarctica. Contributions to Mineralogy and Petrology, 97: 488 – 496.

Bayer B, Geissler W H, Eckstaller A, et al. 2009. Seismic imaging of the crust beneath Dronning Maud Land, East Antarctica. Geophysical Journal International, 178: 860 – 876.

Beirlein F P, Foster D A, Gray D R, et al. 2005. Timing of orogenic gold mineralisation in northeastern Tasmania: implications for the tectonic and metallogenic evolution of Palaeozoic SE Australia. Mineralium Deposita, 39, 890 – 903.

Beliatsky B V, Laiba A A, Mikhalsky E V, 1994. U – Pb zircon age of the metavolcanic rocks of Fisher Massif (Prince Charles Mountains, East Antarctica). Antarctic Science, 6: 355 – 358.

Bell A C, King E C. 1998. New seismic data support Cenozoic rifting in George VI Sound, Antarctic Peninsula. Geophysical Journal International, 134: 889 – 902.

Belyatski B V, Anotonov A V, Rodionov N V, et al. 2008. Age and composition of carbonatite kimberlite dykes in the Prince Charles Mountains, East Antarctica. 9th International Kimberlite Conference Extended Abstracts. 9IKC – A – 00272 (Frankfurt).

Bhatia M R. 1985. Rare earth element geochemistry of Australian Paleozoic grawackes and mudrocks: provenance and tectonic control. Sedimentary Geology, 45: 97 – 113.

Black L P, Harley S L, Sun S S, et al. 1987. The Rayner Complex of East Antarctica: complex isotopic systematic within a Proterozoic mobile belt. Journal of Metamorphic Geology, 5: 1 – 26.

Black L P, Harley S L, Sun S S, et al. 1987. The Rayner Complex of East Antarctica: complex isotopic systematics within a Proterozoic mobile belt. Journal of Metamorphic Geology, 5: 1 – 26.

Black L P, Kinny P D, Sheraton J W, et al. 1991a. Rapid production and evolution of late Archaean felsic crust in the Vestfold Block of East Antarctica. Precambrian Research, 50: 283 – 310.

Black L P, Kinny P D, Sheraton J W. 1991b. The difficulties of dating Mafic dykes: an Antarctic example. Contributions to Mineralogy and Petrology, 109: 183 – 194.

Black L P, Sheraton J W. 1990. The influence of Precambrian source components on the U – Pb zircon age of a Palaeozoic granite from Northern Victoria Land, Antarctica. Precambrian Research, 48: 275 – 293.

Black L P, Sheraton J W, Tingey R J, et al. 1992. New U – Pb zircon ages from the Denman Glacier area, East Antarctica, and their significance for Gondwana reconstruction. Antarctic Science, 4: 447 – 460.

Black L P, Williams I S, Compston W, 1986. Four zircon ages from one rocks: the history of a 3930Ma granulite from Mount Sones, Enderby Land, Antarctica. Contributions to Mineralogy and Petrology, 94: 427 – 437.

Boger D D, White R W. 2003. The metamorphic evolution of metapelitic granulites from Radok Lake, northern Prince Charles Mountains, east Antarctica: evidence for an anticlockwise P – T path. Journal of Metamorphic Geology, 21: 285 – 298.

Boger S D, Carson C J, Fanning C M, et al. 2002. Pan – African intraplate deformation in the northern Prince Charles Mountains, East Antarctica. Earth and Planetary Science Letters, 195: 195 – 210.

Boger S D, Carson C J, Wilson C J L, et al. 2000. Neoproterozoic deformation in the northern Prince Charles Mountains, East Antarctica: evidence for a single protracted orogenic event. Precambrian Research, 104: 1 – 24.

Boger S D, Carson C J, Wilson C J L, et al. 2000. Neoproterozoic deformation in the northern Prince Charles Mountains, East Antarctica: evidence for a single protracted orogenic event. Precambrian Research, 104: 1 – 24.

Boger S D, Maas R, Fanning C M. 2008. Isotopic and geochemical constraints on the age and origin of granitoids from the central Mawson Escarpment, southern Prince Charles Mountains, East Antarctica. Contributions to Mineralogy and Petrology, 155: 379 – 400.

Boger S D, Miller J M. 2004. Terminal suturing of Gondwana and the onset of the Ross – Delamerian Orogeny: the cause and effect of an Early Cambrian reconfiguration of plate motions. Earth and Planetary Science Letters, 219: 35 – 48.

Boger S D, Wilson C J L, Fanning C M. 2001. Early Paleozoic tectonism within the East Antarctic craton: the final suture between east and west Gondwana? Geology, 29: 463 – 466.

Boger S D, Wilson C J L, Fanning C M. 2006. An Archaean province in the southern Prince Charles Mountains, East Antarctica: U – Pb zircon evidence for c. 2170 Ma granite plutonism and c. 2780 partial melting and orogenesis. Precambrian Research, 145: 207 – 228.

Boger S D, Wilson C J L, Fanning C M. 2001. Early Paleozoic tectonism within the East Antarctic craton: the final suture between east and west Gondwana? Geology, 29: 463 – 466.

Boger S D, Wilson C J L. 2003. Brittle faulting in the Prince Charles Mountains, East Antarctica: cretaceous transtensional tectonics related to the break – up of Gondwana. Tectonophysics, 367: 173 – 186.

Boger S D, Wilson C J L. 2005. Early Cambrian crustal shortening and a clockwise P – T – t path from the southern Prince Charles Mountains, East Antarctica: implications for the formation of Gondwana. Journal of Metamorphic Geology, 23: 603 – 623.

Boger S D. 2011. Antarctica – before and after Gondwana. Gondwana Research, 19: 335 – 371.

Bomparola R M, Ghezzo C, Belousova E, et al. 2007. Resetting of the U – Pb zircon system in Cambro – Ordovician intrusives of the Deep Freeze Range, northern Victoria Land, Antarctica. Journal of Petrology, 48: 327 – 364.

Borg S C, De Paolo D J. 1991. A tectonic model of the Antarctic Gondwana margin with implication for southeastern Australia: isotopic and geochemical evidence. Tectonophysics, 196: 339 – 358.

Borg S G, DePaolo D J, Smith B M. 1990. Isotopic structure and tectonics of the central Transantarctic Mountains. Journal of Geophysical Research, 95: 6647 – 6669.

Bose S, Dunkley D J, Dasgupta S, et al. 2011. India – Antarctica – Australia – Laurentia connection in the Paleoproterozoic – Mesoproterozoic revisited: evidence from the Eastern Ghats Belt, India. Geological Society of America Bulletin, 123: 2031 – 2049.

Bradshaw J D, Laird M G. 1983. The pre Beacon geology of northern Victoria Land: a review. In: Olive R H, James P R, Jago J B, (eds), Antarctic Earth Science. Canberra: Australian Academy of Sciences: 98 – 101.

Bradshaw J D, Vaughan A P M, Millar I L, et al. 2012. Permo – Carboniferous conglomerates in the Trinity Peninsula Group at View Point, Antarctic Peninsula: sedimentology, geochronology and isotope evidence for provenance and tectonic setting in Gondwana. Geological Magazine, 149: 1 – 19.

Breitsprecher K, Thorkelson D J. 2009. Neogene kinematic history of Nazca – Antarctic – Phoenix slab windows beneath Patagonia and the Antarctic Peninsula. Tectonophysics, 464: 10 – 20.

Brown M. 2006. Duality of thermal regimes is the distinctive characteristic of plate tectonics since the Neoarchean. Geology, 34: 961 – 964.

Buggisch W, Kleinschmidt G. 1989. Recovery and recrystallization of quartz an "crystallinity" of illite in the Bowers and Robertson Bay Terranes (northern Victoria Land). In: Thompson M R A, Crame J A, Thomson J W, (eds), Geological evolution of Antarctica. Cambridge: 155 – 160.

Cabanis B, Lecolle M. 1989. Le diagramme La/10 – Y/15 – Nb/8: un outil pour la discrimination des séries volcaniques et la mise en évidence des processus de mélange 682 et/ou de contamination crustale. Comptes – rendus des séances de l'Académie des sciences, Série II, 309: 2023 – 2029.

Caminos R, Marchese H G, Massabie A C, et al. 1973. Geología del sector noroccidental de la Península Hurd, Isla Livingston, Shetland de Sur, Antártida Argentina. Contribución del Instituto Antártico Argentino, 162: 1 – 32.

Cande S C, Leslie R B. 1986. Late Cenozoic tectonics of the southern Chile trench. Journal of Geophysical Research, 91: 471 – 496.

Cantrill D, Drinnan A, Webb J. 1995. Late Triassic plant fossils from the Prince Charles Moutaina, East Antarctica. Antarctic Science, 7: 51 – 62.

Capponi G, Crispini L, Meccheri M. 1999. Structural history and tectonic evolution of the boundary between the Wilson and Bowers terranes, Lanterman Range, northern Victoria Land, Antarctica. Tectonophysics, 312: 249 – 266.

Carson C J, Boger S D, Fanning C M, et al. 2000. SHRIMP U – Pb geochronology from Mount Kirkby, northern Prince Charles Mountains, East Antarctica. Antarctic Science, 12: 429 – 442.

Carson C J, Dirks P G H M, Hand M, et al. 1995. Compressional and extensional tectonics in low – medium pressure granulites from the Larsemann Hills, East Antarctica. Geological Magazine, 132: 151 – 170.

Carson C J, Fanning C M, Wilson C J L. 1996. Timing of the Progress Granite, Larsemann Hills: evidence for Early Palaeozoic orogenesis within the East Antarctica Shield and implications for Gondwana assembly. Australian Journal of Earth Sciences, 43: 539 – 553.

Carson C J, Grew E S, Boger S D, et al. 2007. Age of boron – and phosphorus – rich paragneisses and associated orthogneisses, Larsemann Hills: new constraints from SHRIMP U – Pb zircon geochronology. In: Cooper A K, Raymond C R, (eds), A KeystonEin a Changing World – Online Proceedings of the 10th ISAES. USGS Open – File Report 2007 – 1047, Extended Abstract, 003: 4.

Carson C J, Powell P, Wilson C J L, et al. 1997. Partial melting during tectonic exhumation of a granulite terrane: an example from the Larsemann Hills, East Antarctica. Journal of Metamorphic Geology, 15: 105 – 126.

Cembrano J, Schermer E, Lavenu A, et al. 2000. Contrasting nature of deformation along an intra – arc shear zone, the LiquineOfqui fault zone, southern Chilean Andes. Tectonophysics, 319: 129 – 149.

Chinner G A. 1966. The significance of the aluminum silicates in metamorphism. Earth Science Reviews, 2: 111 – 126.

Clark C, Kinny P D, Harley S L. 2012. Sedimentary provenance and age of metamorphism of the Vestfold Hills, East Antarctica: evidence for a piece of Chinese Antarctica? Precambrian Research, 196 – 197: 23 – 45.

Clarke G L, Powell R, Guiraud M. 1989. Low – pressure granulite facies metapelitic assemblages and corona textures from Mac. Robertson Land, East Antarctica: the importance of Fe_2O_3 and TiO_2 in accounting for spinel – bearing assemblages. Journal of Metamorphic Geology, 7: 323 – 335.

Collerson K D, Sheraton J W. 1986a. Bedrock geology and crustal evolution of the Vestfold Hills. In: Pickard J. (ed), The Antarctic Oasis: Terrestrial Environments and History of the Vestfold Hills. London: Academic Press: 21 – 62.

Collerson K D, Sheraton J W. 1986b. Age and geochemical characteristics of a mafic dyke swarm in the Archaean Vestfold Block, Antarctica: inferences about Proterozoic dyke emplacement in Gondwana. Journal of Petrology, 27: 853 – 886.

Collins A S, Pisarevsky S A. 2005. Amalgamating eastern Gondwana: the evolution of the Circum – Indian Orogens. Earth Science Reviews, 71: 229 – 270.

Collins A S. 2003. Structure and age of the northern Leeuwin Complex, Western Australia: constraints from field mapping and U – Pb isotopic analysis. Australian Journal of Earth Sciences, 50: 585 – 599.

Collins L G, Davis T E. 1992. Origin of high – grade biotite – sillimanite – garnet – cordierite gneisses by hydrothermal differentiation, Colorado. In: Augustithis S S. (ed), High grade Metamorphics, Theophrastus Publications, Athens: 297 – 339.

Collins L G. 1997. Replacement of primary plagioclase by secondary K – feldspar and myrmekite, ISSN 1526 – 5757, no. 2, electronic Internet publication, http: //www. csun. edu/ ~ vcgeo005/revised2. htm

Corvino A F, Boger S D, Henjes – Kunst F, et al. 2008. Superimposed tectonic events at 2450 Ma, 2100 Ma, 900 Ma and 500 Ma in the North Mawson Escarpment, Antarctic Prince Charles Mountains. Precambrian Research, 167: 281 – 302.

Corvino A F, Boger S D, Wilson C J L, et al. 2005. Geology and SHRIMP U – Pb zircon chronology of the Clemence Massif, central Prince Charles Mountains, East Antarctica. Terra Antartica, 12: 55 – 68.

Corvino A F, Henjes – Kunst F. 2007. A record of 2. 5 and 1. 1 billion year old crust in the Lawrence Hills, Antarctic Southern Prince Charles Mountains. Terra Antartica, 14: 13 – 30.

Corvino A F, Wilson C J L, Boger S D, 2011. The structural and tectonic evolution of a Rodinian continental fragment in the Mawson Escarpment, Prince Charles Mountains, Antarctica. Precambrian Research, 184: 70 – 92.

Craddock C, 1989. Geologic map of the circum – Pacific region, Antarctic sheet (scale 1: 10, 000, 000). Houston: Circum – Pacific Council for Energy and Mineral Resources.

Crispini L, Capponi G, Federico L, et al. 2007. Gold bearing veining linked to transcrustal fault zones in the Transantarctic Mountains (northern Victoria Land, Antarctica). Related publications from ANDRILL Affiliates. Paper 20. http: //digitalcommons. unl. edu/andrllaffiliates/20.

Crispini L, Federico L, Capponi G, et al. 2011. The Dorn gold deposit in northern Victoria Land, Antarctica: Structure, hydrothermal alteration, and implications for the Gondwana Pacific Margin. Gondwana Research, 19: 128 – 140.

Cullers R J. 1995. The controls on the major – and trace – element evolution of shales, siltstones and sandstones of Ordovician to Tertiary age in the Wet Mountains region, Colorado, U. S. A. Chemical Geology, 123: 107 – 131.

Da silva L C, Mcnaughton N J, Armstrong R, et al. 2005. The Neoproterozoic Mantiqueira Province and its African connections: a zircon – based U – Pb geochronologic subdivision for the Brasiliano/Pan – African systems of orogens. Precambrian Research, 136: 203 – 240.

Dalziel I W D, Elliot D H. 1982. West Antarctica: Problem child of Gondwanaland. Tectonics, 1: 3 – 19.

Dalziel I W D. 1972. K/Ar dating of rocks from Elephant Island, South Scotia Ridge. Bulletin of the Geological Society of America, 83: 1887 – 1894.

Dalziel I W D. 1976. Structural studies in the Scotia arc: "basement" rocks of the South Shetland Islands (R/V Hero cruisE76 – 1). Antarctic Journal of the United States, 11: 75 – 77.

Dalziel I W D. 1982. The early (pre – middle Jurassic) history of the Scotia Arc Region: a review and progress report. In: Craddock C (ed), Antarctic Geoscience. Madison: The University of Wisconsin Press: 111 – 126.

Dalziel I W D. 1984. Tectonic evolution of a forearc terrane, southern Scotia Ridge, Antarctica. Geological Society of America, Special Papers, 200: 1 – 32.

De Wit M J, Thiart C, Doucoure M, et al. 1999. Scent of a supercontinent: Gondwana's ores as chemical tracers – tin, tungsten and the Neoproterozoic Laurentia – Gondwana connection. Journal of African Earth Science, 28: 35 – 51.

Del Valle R, Morelli J, Rinaldi C, 1974. Manifestación cupro – plumbífera "Don Bernabe" Isla Livingston, Islas Shetland de Sur, Antártida Argentina. Contribución del Instituto Antártico Argentino, 175: 35.

Dharma Rao C V, Santosh M, Wu Y B. 2011. Mesoproterozoic ophiolitic mélange from the SE periphery of the Indian plate: U – Pb zircon ages and tectonic implications. Gondwana Research, 19: 384 – 401.

Di Vincenzo G, Palmeri R, Talarico F, et al. 1997. Petrology and geochronology of eclogites from the Lantarman Range, Antarctica. Journal of Petrology, 38: 1391 – 1417.

Di Vincenzo G, Palmeri R. 2001. An $^{40}Ar/^{39}Ar$ investigation of high – pressure metamorphism and the retrogressive history of Mafic eclogites from the Lantarman Range (Antarctica): evidence against a simple temperature control on argon transport in amphibole. Contributions to Mineralogy and Petrology, 141: 15 – 35.

Dibner A F. 1976. Late Permian palynofloras from sedimentary rocks from the Beaver Lake area, Esat Antarctica. The Antarctic, Soviet Committee on Antarctic Research, Report, 15: 41 – 52 (in Russian).

Dickson Cunningham W, 1993. Strike – slip faults in the southernmost Andes and the development of the Patagonian Orocline. Tectonics, 12: 169 – 186.

Dirks P H G M, Carson C J, Wilson C J L. 1993. The deformation history of the Larsemann Hills, Prydz Bay: The importance of the Pan – African (500 Ma) in East Antarctica. Antarctic Science, 5: 179 – 193.

Dirks P H G M, Hoek J D, Wilson C J L, et al. 1994. The Proterozoic deformation of the Vestfold Hills Block, East Antarctica: implications for the tectonic development of adjacent granulite belts. Precambrian Research, 65: 277 – 295.

Dirks P H G M, Wilson C J L. 1995. Crustal evolution of the East Antarctic mobile belt in Prydz Bay: continental collision at 500 Ma. Precambrian Research, 75: 189 – 207.

Dobmeier C J, Raith M M. 2003. Crustal architecture and evolution of the Eastern Ghats Belt and adjacent regions of India. In: Yoshida M, Windley B, Dasgupta S (eds), Proterozoic East Gondwana: Supercontinent Assembly and Breakup. London: Special Publication: Geological Society, 206: 145 – 168.

Doubleday P A, Storey B C. 1998. Deformation history of a Mesozoic forearc basin sequence on Alexander Island, Antarctic Peninsula. Journal of South American Earth Sciences, 11: 1 – 21.

Dunkley D J, Clarke G L, White R W. 2002. Structural and metamorphic evolution of the mid – late Proterozoic Rayner Complex, Cape Bruce, East Antarctica. In: Gamble J A, Skinner D N B, Henrys S. (eds), Antarctica at the Close of a Millennium. The Royal Society of New Zealand, 35: 31 – 42.

Eagles G, Jokat W. 2014. Tectonic reconstructions for paleobathymetry in Drake Passage. Tectonophysics, 611: 28 – 50.

Egorov L S, Yu Mel'nik A, Uykhanov A V. 1993. The first Antarctic occurrence of a dike kimberlite containing syngenetic calcite carbonatite schlieren. Doklady Rossiyskoy Akademii Nauk, 328: 230 – 233.

Eills D J. 1983. The Napier and Rayner Complexes of Enderby Land, Antarctica – contrasting styles of metamorphism and tectonism. In: Oliver R L, James P R, Jago J B. (eds) Antarctic Earth Science. Canberra: Australian Academy of Science: 20 – 24.

England P C, Thompson A B. 1984. Pressure – temperature – time paths of regional metamorphism, Part I: Heat transfer during the evolution of regions of thickened continental crust. Journal of Petrology, 25: 894 – 928.

Fanning C M, Herve F, Pankhurst R J, et al. 2011. Lu – Hf isotope evidence for the provenance of Permian detritus in accretionary complexes of western Patagonia and the northern Antarctic Peninsula region. Journal of South American Earth Sciences, 32: 485 – 496.

Fanning C M, Moore D H, Bennett V C, et al. 1999. The 'Mawson Continent': the East Antarctic shield and Gawler Craton, Australia. Wellington: Programme, Abstracts of the 8th International Symposium Antarctic Earth Sciences: 103.

Farquharson G W. 1982. Late Mesozoic sedimentation in the northern Antarctic Peninsula and its relationship to the southern Andes. Journal of the Geological Society, 139: 721 – 727.

Farquharson G W. 1984. Late Mesozoic, non – marine conglomeratic sequences of northern Antarctic Peninsula (The Botany Bay Group). British Antarctic Survey Bulletin, 65: 1 – 32.

Faure G, Mensing T. 2010. The Transantarctic Mountains: Rocks, Ice, Meteorites And Water. New York: Springer: 99 – 144.

Federico L, Crispini L, Capponi G, et al. 2009. The Cambrian Ross Orogeny in northern Victoria Land (Antarctica) and New Zealand: A Synthesis. Gondwana, 15: 188 – 196.

Feng M, An M. 2010. Lithospheric structure of the Chinese mainland determined from joint inversion of regional and teleseismic Rayleigh – wave group velocities. Journal of Geophysical Research, 115: B06317.

Fichtner A, Trampert J. 2011. Resolution analysis in full waveform inversion. Geophysical Journal International, 187: 1604 – 1624.

Fielding C R, Webb J A. 1995. Sedimentology of the Permian Radok Conglomerate in the Beaver Lake area of MacRobertson Land, East Antarctica. Geological Magazine, 132: 51 – 63.

Fielding C R, Webb J A. 1996. Facies and cyclicity of the Late Permian Bainmedart Coal Measures in the Northern Prince Charles Mountains, MacRobertson Land, Antarctica. Sedimentology, 43: 295 – 322.

Finotello M, Nyblade A, Julia J, et al. 2011. Crustal Vp – Vs ratios and thickness for Ross Island and the Transantarctic Mountain front, Antarctica. Geophysical Journal International, 185: 85 – 92.

Fitzsimons I C W, Harley S L. 1991. Geological relationships in high – grade gneisses of the Brattstrand Bluffs coastline, Prydz Bay, East Antarctica. Australian Journal of Earth Sciences, 38: 497 – 519.

Fitzsimons I C W, Harley S L. 1992. Mineral reaction textures in high grade gneisses, evidence for contrasting pressure – temperature paths in the Proterozoic complex of east Antarctica. In: Yoshida Y, Kaminuma K, Shiraishi K. (eds), Recent Progress in Antarctic Earth Science. Tokyo: Terra Scientific Publishing Company: 103 – 111.

Fitzsimons I C W, Harley S L. 1994. Garnet coronas in scapolite – wollastonite calc – silicates from East Antarctica: the application and limitation of activity corrected grids. Journal of Metamorphic Geology, 12: 761 – 777.

Fitzsimons I C W, Hulscher B. 2005. Out of Africa: detrital zircon provenance of central Madagascar and Neoproterozoic terrane transfer across the Mozambique Ocean. Terra Nova, 17: 224 – 235.

Fitzsimons I C W, Kinny P D, Harley S L. 1997. Two stages of zircon and monazite growth in anatectic leucogneiss: SHRIMP constraints on the duration and intensity of Pan – African metamorphism in Prydz Bay, East Antarctica. Terra Nova, 9: 47 – 51.

Fitzsimons I C W, Thost D E. 1992. Geological relationships in high – grade basement gneiss of the northern Prince

Charles Mountains, East Antarctica. Australian Journal of Earth Sciences, 39: 173 – 193.

Fitzsimons I C W. 2000. Grenville – age basement provinces in East Antarctica: evidence for three separate collisional orogens. Geology, 28: 879 – 882.

Fitzsimons I C W. 2003. Proterozoic basement provinces of southern and southwestern Australia, and their correlation with Antarctica. In: Yoshida M, Windley B, Dasgupta S (eds), Proterozoic East Gondwana: Supercontinent Assembly and Breakup. Geological Society, London, Special Publication, 206: 93 – 130.

Fitzsimons I C W. 1996. Metapelitic migmatites from Brattstrand Bluffs, East Antarctica – metamorphism, melting and exhumation of the mid crust. Journal of Petrology, 37: 395 – 414.

Fitzsimons I C W. 1997. The Brattstrand Paragneiss and the Søstrene Orthogneiss: a review of Pan – African metamorphism and Grenvillian relics in southern Prydz Bay. In: Ricci C A. (ed) The Antarctic Region: Geological Evolution and Processes. Siena: Terra Antarctic Publications: 121 – 130.

Fitzsimons I C W. 2000a. A review of tectonic events in the East Antarctic Shield and their implications for Gondwana and earlier supercontinents. Journal of African Earth Sciences, 31: 3 – 23.

Fitzsimons I C W. 2000b. Grenville – age basement provinces in East Antarctica: evidence for three separate collisional orogens. Geology, 28: 879 – 882.

Fitzsimons I C W. 2003. Proterozoic basement provinces of southern and southwestern Australia, and their correlation with Antarctica. In: Yoshida M, Windley B, Dasgupta S. (eds), Proterozoic East Gondwana: Supercontinent Assembly and Breakup. London: Special Publication: Geological Society, 206: 93 – 130.

Flowerdew M J, Millar I L, Vaughan A P M, et al. 2005. Age and tectonic significance of the Lassiter Coast Intrusive Suite, Eastern Ellsworth Land, Antarctic Peninsula. Antarctic Science, 17: 443 – 452.

Flowerdew M J, Tyrrell S D, Boger S D, et al. 2013. Pb isotopic domains from the Indian Ocean sector of Antarctica: implications for past Antarctica – India connections. In: Harley S. L, Fitzsimons I. C. W, Zhao Y. (eds), Antarctica and Supercontinent Evolution. London: Special Publication: Geological Society, 283: 59 – 72.

Flöttmann T, Gibson G. M, Kleinschmidt G, 1993. Structural continuity of the Ross and Delamerian orogens of Antarctica and Australia along the margin of the paleo – Pacific. Geology, 21: 319 – 322.

Foley S F, Andronikov A V, Melzer S. 2002. Petrology of ultramafic lamprophyres from the Beaver Lake area of Eastern Antarctica and their relation to the breakup of Gondwanaland. Mineralogy and Petrology, 74: 361 – 384.

Fretwell P, Pritchard H D, Vaughan D G, et al. 2013. Bedmap2: improved ice bed, surface and thickness datasets for Antarctica. The Cryosphere, 7: 375 – 393.

Frost B R, Chacko T. 1989. The granulite uncertainty principle: limitations on thermobarometry in granulites. Journal of Geology, 435 – 450.

Gao S, Liu X, Yuan H, et al. 2002. Determination of forty two major and trace elements in USGS and NIST SRM glasses by laser ablation – inductively coupled plasma – mass spectrometry. Geostandards Newsletter, 26: 181 – 196.

Gebauer D, Schertl H P, Brix M, et al. 1997. 35 Ma old ultrahigh – pressure metamorphism and evidence for very rapid exhumation in the Dora Maira Massif, western Alps. Lithos, 41 (1): 5 – 24.

Gehrels George, Valencia Victor, Pullen Alex. 2006. Detrital zircon geochronology by laser – ablation multicollector ICPMS at the Arizona Laserchron Center. Paleontological Society Papers, 12: 67.

Ghiribelli B, Prezzotti M. – L, Palmeri R. 2002. Coesite in eclogites of the Lantarman Range (Antarctica): evidence from textural and Raman studies. European Journal of Mineralogy, 14: 355 – 360.

Giacomini F, Tiepolo M, Dallai L, et al. 2007. On the onset and evolution of the Ross – orogeny magmatism in North Victoria Land – Antarctica. Chemical Geology, 240: 103 – 128.

Gongurov N A, Laiba A A, Beliatsky B V. 2007. Major Magmatic events in Mt Meredith, Prince Charles Mountains: First evidence for early Palaeozoic syntectonic granites. In: Cooper A K, Raymond C R, (eds), A Keystone in a Changing World – Online Proceedings of the 10th ISAES. USGS Open File Report 2007 – 1047, Short Research Paper 100: 4p.

Gonzalez – Casado J M, Lopez – Martinez J, Duran J J. 1999. Active tectonics and morphostructure at the northern margin of central Bransfield Basin, Hurd Peninsula, Livingston Island (South Shetland Islands). Antarctic Science, 11: 323 – 331.

Goodge J W, Fanning C M. 2002. Precambrian crustal history of the Nimrod Group, central Transantarctic Mountains. Royal Society of New Zraland Bulletin, 35: 43 – 50.

Goodge J W, Myrow P, Williams I S, et al. 2002. Age and provenance of the Beardmore Group, Antarctica: constraints on Rodinia supercontinent break – up. Journal of Geology, 110: 393 – 406.

Goodge J W. 1997. Latest Neoproterozoic basin inversion of the Beardmore Group, central Transantarctic Mountains, Antarctica. Tectonics, 16: 682 – 701.

Gregory L C, Meert J G, Bingen B, et al. 2009. Paleomagnetism and geochronology of the Malani Igneous Suite, Northwest India: implications for the configuration of Rodinia and the assembly of Gondwana. Precambrian Research, 170, 13 – 26. Precambrian Research, 89: 175 – 205.

Grew E S, Armbruster T, Medenbach O, et al. 2007. Chopinite, $[(Mg, Fe)_3](PO_4)_2$, a new mineral isostructural with sarcopside, from a fluorapatite segregation in granulite – facies paragneiss, Larsemann Hills, Prydz Bay, East Antarctica. European Journal of Mineralogy, 19: 229 – 245.

Grew E S, Carson C J, Christy A G, et al. 2012. New constraints from U – Pb, Lu – Hf and Sm – Nd isotopic data on the timing of sedimentation and felsic magmatism in the Larsemann Hills, Prydz Bay, East Antarctica. Precambrian Research, 206 – 207: 87 – 108.

Grew E S, Carson C J, Christy A G, et al. 2013. Boron – and phosphate – rich rocks in the Larsemann Hills, Prydz Bay, East Antarctica: tectonic implications. In: Harley S L, Fitzsimons I C W, Zhao Y. (eds), Antarctica and Supercontinent Evolution. London: Special Publication: Geological Society, 283: 73 – 94.

Grew E S, Christy A G, Carson C J. 2006. A boron – enriched province in granulite – facies rocks, Larsemann Hills, Prydz Bay, Antarctica. Geochimica et Cosmochimica Acta, 70: A217.

Grew E S, Cooper M A, Hawthorne F C. 1996. Prismatine: revalidation for boron – rich compositions in the kornerupine group. Mineralogical Magazine, 60: 483 – 491.

Grew E S, Kleinschmidt G, Schubert W, 1984. Contrasting metamorphic belts in North Victoria Land, Antarctica. Geologisches Jahrbuch, B60: 253 – 263.

Grew E S, Manton W I, James P R. 1988. U – Pb data on granulite facies rocks from Fold Island, Kemp Coast, East Antarctica. Precambrian Research, 42: 63 – 75.

Grew E S, Manton W I. 1981. Geochronologic studies in East Antarctica: ages of rocks at Reinbolt Hills and Molodezhnaya Station. Antarctic Journal of the United States, 16: 5 – 7.

Grew E S. 2002. Beryllium in metamorphic environments (emphasis on aluminous compositions). In: Grew E S. (ed), Beryllium: Mineralogy, Petrology, and Geochemistry. Reviews in Mineralogy and Geochemistry, Mineralogical Society of America, Washington D C: 50: 487 – 549.

Grunow A M, Dalziel I W D, Harrison T M, et al. 1992. Structural geology and geochronology of subduction complexes along the Margin of Gondwanaland: new data from the Antarctic Peninsula and southernmost Andes. Bulletin of the Geological Society of America, 104: 1497 – 1514.

Haase K M, Beier C, Fretzdorff S, et al. 2012. Magmatic evolution of the South Shetland Islands, Antarctica, and implications for continental crust formation. Contributions to Mineralogy and Petrology, 163: 1103 – 1119.

Halpern M. 1967. Rubidium – strontium isotopic age measurements of plutonic igneous rocks in eastern Ellsworth land and northern Antarctic Peninsula. Journal of Geophysical Research, 72: 5133 – 5142.

Halpin J A, Clarke G L, White R W, et al. 2007a. Contrasting P – T – t Paths for Neoproterozoic metamorphism in MacRobertson and Kemp Lands, East Antarctica. Journal of Metamorphic Geology, 25: 683 – 701.

Halpin J A, Crawford A J, Direen N G, et al. 2008. Naturaliste Plateau, offshore Western Australia: a submarine window into Gondwana assembly and breakup. Geology, 36: 807 – 810.

Halpin J A, Daczko N R, Milan L A, et al. 2012. Decoding near – concordant U – Pb zircon ages spanning several hundred million years: recrystallization, metamictisation or diffusion? Contributions to Mineralogy and Petrology, 163: 67 – 85.

Halpin J A, Gerakiteys C L, Clarke G L, et al. 2005. In – situ U – Pb geochronology and Hf isotope analyses of the Rayner Complex, east Antarctica. Contributions to Mineralogy and Petrology, 148: 689 – 706.

Halpin J A, White R W, Clarke G L, et al. 2007. The Proterozoic P – T – t evolution of the Kemp Land coast, East Antarctica: constraints from Si – saturated and Si – undersaturated metapelites. Journal of Petrology, 48: 1321 – 1349.

Hand M, Scrimgeour I, Powell R, et al. 1994. Metapelitic granulites from Jetty Peninsula, east Antarctica: formation during a single event or by polymetamorphism? Journal of Metamorphic Geology, 12: 557 – 573.

Hansen S E, Julia J, Nyblade A A, et al. 2009. Using S wave receiver functions to estimate crustal structure beneath ice sheets: An application to the Transantarctic Mountains and East Antarctic craton. Geochemistry, Geophysics, Geosystems, 10: Q08014.

Hansen S E, Nyblade A A, Heeszel D S, et al. 2010. Crustal structure of the Gamburtsev Mountains, East Antarctica, from S – wave receiver functions and Rayleigh wave phase velocities. Earth and Planetary Science Letters, 300: 395 – 401.

Hargrove U S, Hanson R E, Martin M W, et al. 2003. Tectonic evolution of the Zambezi orogenic belt: geochronological, structural, and petrological constraints from northern Zimbabwe. Precambrian Research, 123: 159 – 186.

Harley S L, 2003. Archaean – Cambrian crustal development of East Antarctica: metamorphic characteristics and tectonic implications. In: Yoshida M, Windley B, Dasgupta S (eds), Proterozoic East Gondwana: Supercontinent Assembly and Breakup. Geological Society, London, Special Publication, 206: 203 – 230.

Harley S L, Christy A G. 1995. Titanium – bearing saphirine in a partially melted aluminous granulite xenolith, Vestfold Hills, Antarctica: geological and mineralogical implications. European Journal of Mineralogy, 7: 637 – 653.

Harley S L, Fitzsimons I C W, Zhao Y. 2013. Antarctica and supercontinent evolution: historical perspectives, recent advances and unresolved issues. In: Harley S L, Fitzsimons I C W, Zhao Y. (eds), Antarctica and Supercontinent Evolution. London: Special Publication: Geological Society, 283: 1 – 34.

Harley S L, Fitzsimons I C W. 1991. Pressure – temperature evolution of metapelitic granulites in a polymetamorphic terrane: the Rauer Group, East Antarctica. Journal of Metamorphic Geology, 9: 231 – 243.

Harley S L, Kelly N M. 2007. The impact of zircon – garnet REE distribution data on the interpretation of zircon U – Pb ages in complex high – grade terrains: an example from the Rauer Islands, East Antarctica. Chemical Geology, 241: 62 – 87.

Harley S L, Snap E I, Black L P. 1998. The early evolution of a layered metaigneous complex in the Rauer Group, East Antarctica: evidence for a distinct Archaean terrane. Precambrian Research, 89: 175 – 205.

Harley S L. 1987. Precambrian geological relationships in high – grade gneisses of the Rauer Island, East Antarctica. Australian Journal of Earth Sciences, 34: 175 – 207.

Harley S L. 1989. The origins of granulites: a metamorphic perspective. Geological Magazine, 126: 215 – 247.

Harley S L. 1993. Sapphirine granulites from the Vestfold Hills, East Antarctica: geochemical and metamorphic evolution. Antarctic Science, 5: 389 – 402.

Harley S L. 1998. Ultrahigh temperature granulite metamorphism (1, 050℃, 12kbar) and decompression in garnet (Mg70) – orthopyroxene – sillimanite gneisses from the Rauer Group, East Antarctica. Journal of Metamorphic Geology, 16: 541 – 562.

Harley S L. 2003. Archaean – Cambrian crustal development of East Antarctica: metamorphic characteristics and tectonic implications. In: Yoshida M, Windley B, Dasgupta S. (eds), Proterozoic East Gondwana: Supercontinent Assembly and Breakup. London: Special Publication: Geological Society, 206: 203 – 230.

Harris L B. 1995. Correlation between the Albany, Fraser and Darling Mobile Belts of Western Australia and Mirnyy to Windmill Islands in the east Antarctic Shield: implications for Proterozoic Gondwanaland reconstructions. In: Santosh M (eds), India and Antarctica during the Precambrian. Memoir of the Geological Society of India, Geological Society of India, Bangalore, 34: 47 – 71.

Harrowfield M, Holdgate G, Wilson C, et al. 2005. Tectonic significance of the Lambert Graben, East Antarctica: reconstructing the Gondwanan rift. Geology, 33: 197 – 200.

Hathway B. 1997. Nonmarine sedimentation in an early cretaceous extensional continental – margin arc, Byers Peninsula, Livingston Island, South Shetland Islands. Journal of Sedimentary Research, 67: 686 – 697.

Hawkes D D. 1981. Tectonic segmentation of the northern Antarctic Peninsula. Geology, 9: 220 – 224.

Hensen B J, Zhou B. 1997. East Gondwana amalgamation by Pan – African collision? Evidence from Prydz Bay, East Antarctica. In: Ricci C A (eds), The Antarctic Region: Geological Evolution and Processes. Terra Antarctic Publications, Siena: 115 – 119.

Hensen B J, Zhou B. 1995. A Pan – African granulite facies metamorphic episode in Prydz Bay, Antarctica: evidence from Sm – Nd garnet dating. Australian Journal of Earth Sciences, 42: 249 – 258.

Hensen B J, Zhou B. 1997. East Gondwana amalgamation by Pan – African collision? Evidence from Prydz Bay, East Antarctica. In: Ricci C A (ed), The Antarctic Region: Geological Evolution and Processes. Siena: Terra Antarctic Publications: 115 – 119.

Herve F, Faundez V, Brix M, et al. 2006. Jurassic sedimentation of the Miers Bluff Formation, Livingston Island, Antarctica: evidence from SHRIMP U – Pb ages of detrital and plutonic zircons. Antarctic Science, 18: 229 – 238.

Hervé F, Godoy E, Davidson J. 1983. Blueschist relic clinopyroxenes of Smith Island (South Shetland Islands): their composition, origin and some tectonic implications. In: Oliver R L, James P R, Jago J B (eds), Antarctic Earth Science. Canberra and Cambridge: Australian Academy of Science and Cambridge University Press: 363 – 366.

Hervé F, Loske W, Miller H, et al. 1991. Chronology of provenance, deposition and metamorphism of deformed fore – arc sequences, southern Scotia arc. In: Thomson M R A, Crame J A, Thomson J W (Eds), Geological Evolution of Antarctica. Cambridge – New York: Cambridge University Press: 429 – 435.

Hervé F, Miller H, Loske W, et al. 1990. New Rb – Sr age data on the Scotia Metamorphic Complex of Clarence Island, West Antarctica. Zentralblatt für Geologieund Paläontologie, Teil I (1/2): 119 – 126.

Hoffman P F. 1991. Did the breakout of Laurentia turn Gondwanaland inside out? Science, 252: 1409 – 1412.

Holdaway M J. 1971. Stability of andalusite and aluminum silicate phase diagram. American Journal of Science, 271: 97 – 131.

Holdgate G R, McLoughlin S, Drinnan A N, et al. 2005. Inorganic chemistry, petrography and palaeobotanyof Permian coals in the Prince Charles Mountains, East Antarctica. International Journal of Coal Geology, 63:

156 – 177.

Hole M J, Kempton P D, Millar I L. 1993. Trace element and isotope characteristics of small degree melts of the asthenosphere: evidence from the alkalic basalts of the Antarctic Peninsula. Chemical Geology, 109: 51 – 68.

Hole M J, Rogers G, Saunders A D, et al. 1991. The relationship between alkalic volcanism and slab window formation. Geology, 19: 657 – 660.

Hoskin P W O, Schaltegger U. 2003. The composition of zircon and igneous and metamorphic petrogenesis. In: Hanchar, J. M., Hoskin, P. W. O. (Eds.), Zircon. Reviews in Mineralogy and Geochemistry. Mineralogical Society of America, 53 (1): 27 – 62.

Hu J M, Ren M H, Zhao, Y, et al. 2015. Source region analyses of the morainal detritus from the Grove Mountains: Evidence from the subglacial geology of the Ediacaran – Cambrian Prydz Belt of East Antarctica. Gondwana Research: http: //dx. doi. org/10. 1016/j. gr. . 04. 010

Hunter M A, Cantrill D J, Flowerdew M J, et al. 2005. Mid – Jurassic age for the Botany Bay Group: implications for Weddell Sea Basin creation and southern hemisphere biostratigraphy. Journal of the Geological Society, 162: 745 – 748.

Hunter M A, Cantrill D J. 2006. A new stratigraphy for the Latady Basin, Antarctic Peninsula: Part 2, Latady Group and basin evolution. Geological Magazine, 143: 797 – 819.

Hunter M A, Riley T R, Cantrill D J, et al. 2006. A new stratigraphy for the Latady Basin, Antarctic Peninsula: Part 1, Ellsworth Land Volcanic Group. Geological Magazine, 143: 777 – 796.

Jacobs J, Bauer W, Fanning C M. 2003. Late Neoproterozoic/Early Palaeozoic events in central Dronning Maud Land and significance for the southern extension of the East African Orogen into East Antarctica. Precambrian Research, 126: 27 – 53.

Jacobs J, Fanning C M, Henjes – Kunst F, et al. 1998. Continuation of the Mozambique Belt into East Antarctica: Grenville – age metamorphism and polyphase Pan – African high – grade events in central Dronning Maud Land. Journal of Geology, 106: 385 – 406.

Jacobs J, Klemd R, Fanning C M, et al. 2003b. Extensional collapse of the late Neoproterozoic – early Palaeozoic East African – Antarctic Orogen in central Dronning Maud Land, East Antarctica. In: Yoshida M, Windley B F, Dasgupta S (Eds.), Proterozoic East Gondwana: Supercontinent Assembly and Breakup: Geological Society, London, Special Publications, 206: 271 – 287.

Jansson L K, Gudmundsson M T, Smellie J L, et al. 2005. Palaeomagnetic, 40Ar/39Ar, and stratigraphical correlation of Miocene – Pliocene basalts in the Brandy Bay area, James RossIsland, Antarctica. Antarctic Science, 17: 409 – 417.

Jaupart C, Mareschal J C. 1999. The thermal structure and thickness of continental roots. Lithos, 48: 93 – 114.

Jelsma H, Barnett W, Richards S, et al. 2009. Tectonic setting of kimberlites. Lithos, 112: 155 – 165.

Johannes W, Holtz F. 1996. Petrogenesis and experimental petrology of granitic rocks. Berlin, Springer, 1 – 335.

Johnson S P, Rivers T, Waele B D. 2005. A review of the Mesoproterozoic to early Palaeozoic magmatic and tectono-thermal history of south – central Africa: implications for Rodinia and Gondwana. Journal of Geological Society London, 162: 433 – 450.

Jordan H, Findlay R, Mortimer G, et al. 1984. Geology of the northern Bowers Mountains, North Victoria Land, Antarctica. Geologisches Jahrbuch, B60: 57 – 81.

Jung S, Hoernes S, Mezger K. 2000. Geochronology and petrology of migmatites from the Proterozoic Damara Belt – importance of episodic fluid – present disequilibrium melting and consequence for granite petrology. Lithos, 51: 153 – 179.

Kamenev E N, Andronikov A V, Mikhalsky E V., et al. 1993. Soviet geological Maps of the Prince Charles

Mountains. Australian Journal of Earth Sciences, 40: 501 – 517.

Kawakami T, Ikeda T. 2003. Boron in metapelites controlled by the breakdown of tourmaline and retrograde formation of borosilicates in the Yanai area, Ryoke metamorphic belt, SW Japan. Contribution to Mineralogy and Petrology, 145: 131 – 150.

Keller R A, Fisk M R, White W M, et al. 1992. Isotopic and trace element constraints on mixing and melting models of marginal basin volcanism, Bransfield Strait, Antarctica. Earth and Planetary Science Letters, 111: 287 – 303.

Kellogg K S, Rowley P D. 1989. Structural geology and tectonic of the Orville Coast region, southern Antarctic Peninsula, Antarctica. United States Geological Survey, Professional Paper: 1498.

Kelly N M, Clarke G L, Carson C J, et al. 2000. Thrusting in the lower crust: evidence from the Oygarden Islands, Kemp Land, East Antarctica. Geological Magazine, 137: 219 – 234.

Kelly N M, Clarke G L, Fanning C M. 2002. A two – stage evolution of the Neoproterozoic Rayner Structural Episode: new U – Pb sensitive high resolution ion microprobe constraints from the Oygarden Group, Kemp Land, East Antarctica. Precambrian Research, 111: 307 – 330.

Kelly N M, Clarke G L, Fanning C M. 2004. Archaean crust in the Rayner Complex of East Antarctica: Oygarden Group of islands, Kemp Land. Transactions of the Royal Society of Edinburgh: Earth Sciences, 95: 491 – 510.

Kelly N M, Harley S L. 2005. An integrated microtextural and chemical approach to zircon geochronology: refining the Archaean history of the Napier Complex, east Antarctica. Contributions to Mineralogy and Petrology, 149: 57 – 84.

Kelly N M, Harley S L. 2004. Orthopyroxene – corundum in Mg – Al – rich granulites from the Oygarden Islands, East Antarctica. Journal of Petrology, 45: 1481 – 1512.

Kelsey D E, Hand M, Clark C, et al. 2007. On the application of in situ monazite chemical geochronology to constraining P – T – t histories in high – temperature (>850℃) polymetamorphic granulites from Prydz Bay, East Antarctica. Journal of Geological Society London, 164: 667 – 683.

Kelsey D E, Powell R, Wilson C J L, et al. 2003a. (Th + U) – Pb monazite ages from Al – Mg – rich metapelites, Rauer Group, East Antarctica. Contributions to Mineralogy and Petrology, 146: 326 – 340.

Kelsey D E, Wade B P, Collins A S, et al. 2008. Discovery of a Neoproterozoic basin in the Prydz belt in East Antarctica and its implications for Gondwana assembly and ultrahigh temperaturEmetamorphism. Precambrian Research, 161: 355 – 388.

Kelsey D E, White R W, Powell R, et al. 2003b. New constraints on metamorphism in the Rauer Group, Prydz Bay, east Antarctica. Journal of Metamorphic Geology, 21: 739 – 759.

Kemp E M. 1973. Permian flora from the Beaver Lake area, Prince Charles Mountains, Antarctica. I. Palynological examination of samples. Australia: Bulletin of the Bureau of Mineral Resources, Geology and Geophysics, 126: 7 – 12.

Kent R. 1991. Lithospheric uplift in eastern Godwana: evidence for a long – livedmantle plume system? Geology, 19: 19 – 23.

Kerrick D M. 1990. The Al_2SiO_5 polymorphs. In: Ribbe P H (ed), Reviews in Mineralogy. Mineralogical Society of America, 22: 311 – 352.

Kinny P D, Black L P, Sheraton J W. 1993. Zircon ages and the distribution of Archean and Proterozoic rocks in the Rauer Islands. Antarctic Science, 5: 193 – 206.

Kinny P D, Black L P, Sheraton J W. 1997. Zircon U – Pb ages and geochemistry of igneous and metamorphic rocks in the northern Prince Charles Mountains, Antarctica. AGSO Journal of Australian Geology, Geophysics, 16: 637 – 654.

Kinny P D, Black L P, Sheraton J W. 1993. Zircon ages and the distribution of Archean and Proterozoic rocks in the Rauer Islands. Antarctic Science, 5: 193 – 206.

Kinny P D. 1998. Monazite U – Pb ages from east Antarctic granulites: comparisons with zircon U – Pb and garnet Sm – Nd ages. Geological Society of Australia, Abstracts, 49: 250.

Kleinschmidt G, Tessensohn F. 1987. Early Palaeozoic westward directed subduction at the Pacific Margin of Antarctica. In: McKenzie G D. (ed), Gondwana Six: Structure, Tectonics, and Geophysics. American Geophysics Union, Geophysics Monography, 40: 89 – 105.

Kosler J, Magna T, Mlcoch B, et al. 2009. Combined Sr, Nd, Pb and Li isotope geochemistry of alkaline lavas from northern James Ross Island (Antarctic Peninsula) and implications for back – arc magma formation. Chemical Geology, 258: 207 – 218.

Krajewski K P, Gonzhurov N A, Laiba A A, et al. 2010. Early diagenetic siderite in the Panorama Point Beds (Radok Conglomerate, Early to Middle Permian), Prince Charles Mountains, East Antarctica. Polish Polar Research, 31: 169 – 194.

Kraus S, Miller H., Dimov D, et al. 2008. Structural geology of the Mesozoic Miers Bluff Formation and crosscutting Paleogene dikes (Livingston Island, South Shetland Islands, Antarctica) – Insights into the geodynamic history of the northern Antarctic Peninsula. Journal of South American Earth Sciences, 26: 498 – 512.

Kraus S, Poblete F, Arriagada C. 2010. Dike systems and their volcanic host rocks on King George Island, Antarctica: implications on the geodynamic history based on a multisciplinary approach. Tectonophysics, 495: 269 – 297.

Kretz R. 1983. Symbols for rock – forming minerals. American Mineralogist, 68: 277 – 279.

Kriegsman L M, Hensen B J. 1998. Back reaction between restite and melt: implications for geothermobarometry and pressure – temperature paths. Geology, 26: 1111 – 1114.

Kröner A, Cordani U. 2003. African, southern Indian and South American cratons were not part of the Rodinia supercontinent: evidence from field relationships and geochronology. Tectonophysics, 375: 325 – 352.

Kuehner S M, Green D H. 1991. Uplift history of the East Antarctic Shield: constraints imposed by high – pressure experimental studies of Proterozoic mafic dykes. In: Thomson M R A, Crame J A, Thomson J W (eds), Geological Evolution of Antarctica. Cambridge: Cambridge University Press: 1 – 6.

Langston C A. 1979. Structure under Mount Rainier, Washington, inferred from teleseismic body waves. Journal of Geophysical Research, 84 (B9): 4749 – 4762.

Lanyon R, Black L P, Seitz H – M. 1993. U – Pb zircon dating of mafic dykes and its application to the Proterozoic geological history of the Vestfold Hills, East Antarctica. Contributions to Mineralogy and Petrology, 115: 184 – 203.

Larter R D, Barker P F. 1991. Effects of ridge crest – trench interaction on Antarctic – Phoenix spreading: Forces on a young subducting plate. Journal of Geophysical research, 96: 19583 – 19607.

Leat P T, Flowerdew M J, Whitehouse M J, et al. 2009. Zircon U – Pb dating of Mesozoic volcanic and tectonic events in north – west Palmer Land and south – west Graham Land, Antarctica. Antarctic Science, 21: 633 – 641.

Leat P T, Scarrow J H, Millar I L. 1995. On the Antarctic Peninsula batholith. Geological Magazine, 132: 399 – 412.

Li Z N, Liu X H. 1991. The geological and geochemical evolution of Cenozoic volcanism in central and southern Fildes Peninsula, King George Island, South Shetland Islands. International Symposium on Antarctic Earth Sciences: 487 – 491.

Li Z X, Bogdanova S V, Collins A S, et al. 2008. Assembly, configuration, and break – up history of Rodinia: a synthesis. Precambrian Research, 160: 179 – 210.

Ligorría J P, Ammon C J. 1999. Iterative deconvolution and receiver – function estimation. Bulletin of the Seismological Society of America, 89: 1395 – 1400.

Lindström S, McLoughlin S. 2007. Synchronous palynof loristic extinction and recovery after the end – Permian event in the Prince Charles Mountains, Antarctica: Implications for palynofloristic turnover across Gondwana. Review of Palaeobotany and Palynology, 145: 89 – 122.

Liu X C, Hu J, Zhao Y, et al. 2009b. Late Neoproterozoic/Cambrian high – pressure Mafic granulites from the Grove Mountains, East Antarctica: P – T – t path, collisional orogeny and implications for assembly of East Gondwana. Precambrian Research, 174: 181 – 199.

Liu X C, Jahn B – M, Yhao Y, et al. 2006. Late Pan – African granitoids from the Grove Mountains, East Antarctica: age, origin and tectonic implications. Precambrian Research, 145: 131 – 154.

Liu X C, Jahn B – M, Zhao Y, et al. 2007b. Geochemistry and geochronology of high – grade rocks from the Grove Mountains, East Antarctica: evidence for an Early Neoproterozoic basement metamorphosed during a single Late Neoproterozoic/Cambrian tectonic cycle. Precambrian Research, 158: 93 – 118.

Liu X C, Jahn B, Zhao Y, et al. 2014. Geochemistry and geochronology of Mesoproterozoic basement rocks from the Eastern Amery Ice Shelf and southwestern Prydz Bay, East Antarctica: Implications for a long – lived magmatic accretion in a continental arc. American Journal of Science, 314 (2): 508 – 547.

Liu X C, Jahn B. – M, Zhao Y, et al. 2007b. Geochemistry and geochronology of high – grade rocks from the Grove Mountains, East Antarctica: evidence for an Early Neoproterozoic basement metamorphosed during a single Late Neoproterozoic/Cambrian tectonic cycle. Precambrian Research, 158: 93 – 118.

Liu X C, Zhao Y, Hu J M. 2013. The c. 1000 – 900Ma and c. 550 – 500Ma tectonothermal events in the Prince Charles Mountains – Prydz Bay region, East Antarctica, and their relations to supercontinent evolution. In: Harley S L, Fitzsimons I C W, Zhao Y (eds), Antarctica and Supercontinent Evolution. London: Special Publication: Geological Society, 283: 95 – 112.

Liu X C, Zhao Y, Liu X H. 2001. The Pan – African granulite facies metamorphism and syn – tectonic magmatism in the Grove Mountains, East Antarctica. United Kingdom, Cambridge: Cambridge Publications: Journal of Conference Abstracts, 6: 379.

Liu X C, Zhao Y, Liu X H. 2002. Geological aspects of the Grove Mountains, East Antarctica. In: Gamble J. A, Skinner D N B, Henrys S (eds), Antarctica at the Close of a Millennium. Royal Society of New Zealand Bulletin, 35: 161 – 166.

Liu X C, Zhao Y, Song B, et al. 2009a. SHRIMP U – Pb zircon geochronology of high – grade rocks and charnockites from the eastern Amery Ice Shelf and southwestern Prydz Bay, East Antarctica: constraints on Late Mesoproterozoic to Cambrian tectonothermal events related to supercontinent assembly. Gondwana Research, 16: 342 – 361.

Liu X C, Zhao Y, Zhao G, et al. 2007. Petrology and geochronology of granulites from the McKaskle Hills, eastern Amery Ice Shelf, Antarctica, and implications for the evolution of the Prydz Belt. Journal of Petrology, 48: 1443 – 1470.

Liu X C, Zhao Y, Zhao G, et al. 2007a. Petrology and geochronology of granulites from the McKaskle Hills, eastern Amery Ice Shelf, Antarctica, and implications for the evolution of the Prydz Belt. Journal of Petrology, 48: 1443 – 1470.

Liu X C, Zhao Z, Zhao Y, et al. 2003. Pyroxene exsolution in mafic granulites from the Grove Mountains, East Antarctica: constraints on the Pan – African metamorphic conditions. European Journal of Mineralogy, 15: 55 – 65.

Ludwig K R. 2003. User's manual for Isoplot 3.00. A geochronological Toolkit for Microsoft Excel. Berkeley Geochronology Center: Special Publication: No. 4a.

Lythe M B, Vaughan D G, the BEDMAP Consortium. 2001. BEDMAP: a new ice thickness and subglacial topographic model of Antarctica. Journal of Geophysical Research, 106: 11335 – 11351.

Macdonald D I M, Butterworth P J. 1990. The stratigraphy, setting and hydrocarbon potential of the Mesozoic sedimentary basins of the Antarctic Peninsula. Antarctica as an Exploration Frontier: American Association of Petroleum Geologists, Studies in Geology, 7: 240 – 244.

Malone S J, Meert J G, Banerjee D M, et al. 2008. Paleomagnetism and detrital zircon geochronology of the Upper Vindhyan sequence, Son Valley and Rajasthan, India: a ca. 1000 Ma closure age for the Purana basins. Precambrian Research, 164: 137 – 159.

Manton W I, Grew E S, Ghofmann J, et al. 1992. Granitic rocks of the Jetty Peninsula, Amery Ice Shelf area, East Antarctica. In: Yoshida Y, Kaminuma K, Shiraishi K (eds), Recent Progress in Antarctic Earth Science. Tokyo: Terra Scientific Publishing Company: 179 – 189.

Maslov D M, Vorobiev D M, Belyatsky B V. 2007. Geological structure and evolution of Shaw Massif, central part of the Prince Charles Mountains (East Antarctica). In: Cooper A K, Raymond C R, et al. (eds), A Keystone in a Changing World – Online Proceedings of the 10th ISAES. USGS Open – File Report 2007 – 1047, Extended Abstract 124: 4p.

McCarron J J, Larter R D. 1998. Late Cretaceous to early Tertiary subduction history of the Antarctic Peninsula. Journal of the Geological Society, 155: 255 – 268.

McCarron J J, Millar I L. 1997. The age and stratigraphy of fore – arc magmatism on Alexander Island, Antarctica. Geological Magazine, 134: 507 – 522.

McKelvey B C, Hambrey M J, Harwood D M, et al. 2001. The Pagodroma Group – a Cenozoic record of the East Antarctic ice sheet in the northern Prince Charles Mountains. Antarctic Science, 13: 455 – 468.

McKelvey B C, Stephenson N C N. 1990. A geological reconnaissance of the Radok Lake area, Amery Oasis, Prince Charles Mountains. Antarctic Science, 2: 53 – 66.

McLellan E L. 1983. Contrasting textures in metamorphic and anatectic migmatites – an example from the Scottish Calenonides. Journal of Metamorphic Geology, 1: 241 – 262.

Mclelland J, Morrison J, Selleck B, et al. 2002. Hydrothermal alteration of late – to post – tectonic Lyon Mountain Granitic Gneiss, Adirondack Mountains, New York: Origin of quartz – sillimanite segregations, quartz – albite lithologies, and associated Kiruna – type low – Ti Fe – oxide deposits. Journal of Metamorphic Geology, 20: 175 – 190.

Mclennan S M, Taylor S R. 1991. Sedimentary rocks and crustal evolution: tectonic setting and secular trends. Journal of Geology, 99: 1 – 21.

McLoughlin S, Drinnan A N. 1997a. Revised stratigraphy of the Permian Bainmedart Coal Measures, northern Prince Charles Mountains, East Antarctica. Geological Magazine, 134: 335 – 353.

McLoughlin S, Drinnan A N. 1997b. Fluvial sedimentology and revised stratigraphy of the Triassic Flagstone Bench Formation, northern Prince Charles Mountains, East Antarctica. Geological Magazine, 134: 781 – 806.

McLoughlin S, Lindström S, Drinnan A N. 1997. Gondwanan floristic and sedimentological trends during the Permian – Triassic transition: new evidence from the Amery Group, northern Prince Charles Mountains, East Antarctica. Antarctic Science, 9: 281 – 298.

Meert J G, Van der Voo R. 1997. The assembly of Gondwana 800 – 550Ma. Journal Geodynamics, 23: 223 – 235.

Meert J G. 2003. A synopsis of events related to the assembly of eastern Gondwana. Tectonophysics, 362: 1 – 40.

Mezger K, Cosca M A. 1999. The thermal history of the Eastern Ghats Belt (India) as revealed by U – Pb and $^{40}Ar/^{39}Ar$

dating of metamorphic and magmatic minerals: implications for the SWEAT correlation. Precambrian Research, 94: 251 – 271.

Mikhalsky E V, Beliatsky B V, Sheraton J W, et al. 2006a. Two distinct Precambrian terranes in the Southern Prince Charles Mountains, East Antarctica: SHRIMP dating and geochemical constraints. Gondwana Research, 9: 291 – 309.

Mikhalsky E V, Beliatsky B V, Sheraton J W, et al. 2006. Two distinct Precambrian terranes in the Southern Prince Charles Mountains, East Antarctica: SHRIMP dating and geochemical constraints. Gondwana Research, 9: 291 – 309.

Mikhalsky E V, Henjes – Kunst F, Beliatsky B V, et al. 2010. New Sm – Nd, Rb – Sr, U – Pb and Hf isotope systematic for the southern Prince Charles Mountains (East Antarctica) and its tectonic implications. Precambrian Research, 182: 101 – 123.

Mikhalsky E V, Laiba A A, Beliatsky B V, et al. 1999. Geology, age and origin of the Mount Willing area (Prince Charles Mountains, East Antarctica). Antarctic Science, 11: 338 – 352.

Mikhalsky E V, Laiba A A, Beliatsky B V. 2006b. Tectonic subdivision of the Prince Charles Mountains: a review of geologic and isotopic data. In: Fütterer D K, Damaske D, Kleinschmidt G, Miller H, Tessensohn F (eds), Antarctica: Contributions to Global Earth Sciences. Berlin Heidelberg New York: Springer – Verlag: 69 – 82.

Mikhalsky E V, Sheraton J W, Beliatsky B V. 2001b. Preliminary U – Pb dating of Grove Mountains rocks: implications for the Proterozoic to Early Palaeozoic tectonic evolution of the Lambert Glacier – Prydz Bay area (East Antarctica). Terra Antartica, 8: 3 – 10.

Mikhalsky E V, Sheraton J W, laiba A A, et al. 1996. Geochemistry and origin of Mesoproterozoic metavolcanics rocks from Fisher Massif, Prince Charles Mountains, East Antarctica. Antarctic Science, 8: 85 – 104.

Mikhalsky E V, Sheraton J W, Laiba A A, et al. 2001. Geology of the Prince Charles Mountains, Antarctica. AGSO – Geoscience Australia Bulletin, 247: 1 – 209.

Millar I L, Pankhurst R J, Fanning C M. 2002. Basement chronology of the Antarctic Peninsula: recurrent Magmatism and anatexis in the Palaeozoic Gondwana Margin. Journal of the Geological Society, 159: 145 – 157.

Mitchell R H. 1986. Kimberlites: Mineralogy, Geochemistry and Petrology (Plenum Press, New York).

Mohorovičić A. 1910. Potres od 8. X. 1909. Godišnje izvješ? e Zagreba čkog meteorološkog opservatorija za godinu 1909, (9/4): 1 – 56.

Mond A. 1972. Permian sediments of the Beaver Lake area, Prince Charles Mountains. In: Adie R J. (ed), Antarctic Geology and Geophysics, Oslo, Universitetsforlaget: 585 – 589.

Montel J M, Weber C, Pichavant M. 1986. Biotite – sillimanite – spinel assemblages in high – grade metamorphic rocks: Occurrences, chemographic analysis and thermobarometric interest. Bulletin de Minéralogie, 109: 555 – 573.

Moran A E, Sisson V B, Leeman W P. 1992. Boron depletion during progressive metamorphism: implications for subduction processes. Earth and Planetary Science Letters, 111: 331 – 349.

Morgan G B, London D. 1989. Experimental reactions of amphibolite with boron – bearing aqueous fluids at 200 Mpa: implications for tourmaline stability and partial melting in mafic rocks. Contribution to Mineralogy and Petrology, 102: 281 – 297.

Motoyoshi Y, Thost S E, Hensen B J. 1991. Reaction textures in calc – silicate granulites from the Bolingen Islands, Prydz Bay, East Antarctica: implications for the retrograde P – T path. Journal of Metamorphic Geology, 9: 293 – 300.

Mpodozis C, Ramos V A. 2008. Tectónica jurásica en Argentina y Chile: extensión, subducción oblicua, rifting, deriva y colisiones? Revista de la Asociación geológica Argentina, 63: 481 – 497.

Musumeci G. 2002. Sillimanite – bearing shear zones in syntectonic leucogranite: fluid – assisted brittle – ductile deformation under amphibolite facies conditions. Journal of Structural Geology, 24: 1491 – 1505.

Nabelek P I. 1997. Quartz – sillimanite leucosomes in high – grade schists, Black Hills, South Dakota, A perspective on the mobility of Al in high grade metamorphic rocks. Geology, 25: 995 – 998.

Nolet G. 2008. A breviary of seismic tomography: imaging the interior of the earth and sun. Cambridge, UK: Cambridge University Press.

Oliver R L, James P R, Collerson K D, et al. 1982. Precambrian geologic relationships in the Vestfold Hills, Antarctica. In: Craddock C (ed), Antarctic Geoscience. Madison: University of Wisconsin Press: 435 – 444.

O'Brien P E, Goodwin I, Forsberg C F, et al. 2007. Late Neogene ice drainage changes in Prydz Bay, East Antarctica and the interaction of Antarctic ice sheet evolution and climate. Palaeogeography, Palaeoclimatology, Palaeoecology, 245: 390 – 410.

O'brien P J, Rötzler J. 2003. High – pressure granulites: formation, recovery of peak conditions and implications for tectonics. Journal of Metamorphic Geology, 21: 3 – 20.

Pail R, Goiginger H, Schuh W D, et al. 2010. Combined satellite gravity field model GOCO01S derived from GOCE and GRACE. Geophysical Research Letters, 37: L20314.

Palmeri R, Ghiribelli B, Ganalli G, et al. 2007. Ultrahigh – pressure metamorphism and exhumation of garnet – bearing ultramafic rocks from the Lanterman Range (northern Victoria Land, Antarctica). Journal of Metamorphic Geology, 25: 225 – 243.

Palmeri R, Ghiribelli B, Talarico F, et al. 2003. Ultra – high – pressure metamorphism in felsic rocks: the garnet – phengite gneisseSand quartzites from the Lantarman Range, Antarctica. European Journal of Mineralogy, 15: 513 – 525.

Pankhurst R J, Leat P T, Sruoga P, et al. 1998. The Chon Aike province of Patagonia and related rocks in West Antarctica: A silicic large igneous province. Journal of Volcanology and Geothermal Research, 81: 113 – 136.

Pankhurst R J, Rapela C W, Fanning C M, et al. 2006. Gondwanide continental collision and the origin of Patagonia. Earth Science Reviews, 76: 235 – 257.

Pankhurst R J, Rapela C W, Loske W P, et al. 2003. Chronological study of the pre – Permian basement rocks of southern Patagonia. Journal of South American Earth Sciences, 16: 27 – 44.

Pankhurst R J, Riley T R, Fanning C M, et al. 2000. Episodic Silicic Volcanism in Patagonia and the Antarctic Peninsula: Chronology of Magmatism Associated with the Break – up of Gondwana. Journal of Petrology, 41: 605 – 625.

Pankhurst R J. 1982. Rb – Sr geochronology of Graham Land, Antarctica. Journal of the Geological Society, 139: 701 – 711.

Passchier C W, Bekendam R F, Hoek J D, et al. 1991. Proterozoic geological evolution of the northern Vestfold Hills, Antarctica. Geological Magazine, 128: 307 – 318.

Patiño Douce A E, Harris N. 1998. Experimental constraints on Himalayan. Anatexis. Journal of Petrology, 39: 689 – 710.

Pattison D R M. 1992. Stability of andalusite and sillimanite and the Al_2SiO_5 triple point: constraints from the Ballachulish aureole, Scotland. Journal of Geology, 100: 423 – 446.

Paul D K, Barman T R, Mcnaughton N J, et al. 1990. Archean – Proterozoic evolution of Indian charnockites: isotopic and geochemical evidence from granulites of the Eastern Ghats Belt. Journal of Geology, 98: 253 – 263.

Paul E, Stüwee P, Teasdale J, et al. 1995. Structural and metamorphic geology of the Windmill Islands, east Antarctica: field evidence for repeated tectonothermal activity. Australian Journal of Earth Sciences, 42: 453 – 469.

Paulsson O, Austrheim H. 2003. A geochronological and geochemical study of rocks from Gjesvikfjella, Dronning Maud Land, Antarctica—implications for Mesoproterozoic correlations and assembly of Gondwana. Precambrian Research, 125: 113 – 138.

Pearce J A, Harris N B W, Tindle A G. 1984. Trace element discrimination diagrams for the interpretation of granitic rocks. Journal of Petrology, 25: 956 – 983.

Phillips G, Kelsey D E, Corvino A F, et al. 2009. Continental reworking during overprinting orogenic events, southern Prince Charles Mountains, East Antarctica. Journal of Petrology, 50: 2017 – 2041.

Phillips G, Laeufer A I.. 2009. Brittle deformation relating to the Carboniferous – Cretaceous evolution of the Lambert Graben, East Antarctica: a precursor for Cenozoic relief development in an intraplate and glaciated region. Tectonophysics, 471: 216 – 224.

Phillips G, White R W, Wilson C J L. 2007b. On the role of deformation and fluid during rejuvenation of a polymetamorphic terrane: inferences on the geodynamic evolution of the Ruker Province, East Antarctica. Journal of Metamorphic Geology, 25: 855 – 871.

Phillips G, Wilson C J L, Campbell I H, et al. 2006. U – Th – Pb detrital zircon geochronology from the southern Prince Charles Mountains, East Antarctica—defining the Archaean to Neoproterozoic Ruker Province. Precambrian Research, 148: 292 – 306.

Phillips G, Wilson C J L, Phillips D, et al. 2007a. Thermochronological (40Ar/39Ar) evidence of Early Palaeozoic basin inversion within the southern Prince Charles Mountains, East Antarctica: implications for East Gondwana. Journal of Geological Society London, 164: 771 – 784.

Pichavant M, Kontak D J, Valencia H J, et al. 1988. The Miocene – Pliocene Macusani Volcanics, SE Peru I Mineralogy and magmatic evolution of a two – mica aluminosilicate – bearing ignimbrite suite. Contribution to Mineralogy and Petrology, 100: 300 – 324.

Pisarevsky S A, Wingate T D, Powell C M A, et al. 2003. Models of Rodinia assembly and fragmentation. In: Yoshida M, Windley B, Dasgupta S (eds), Proterozoic East Gondwana: Supercontinent Assembly and Breakup. Geological Society of London: Special Publications: 206, 35 – 55.

Plummer C C. 1974. Contact metamorphism of the LAtady Formation, southern Lassiter Coast, Antarctic Peninsula. Antarctic Journal of the United States, 9: 82 – 88.

Polat A, Santosh M. 2013. Geological processes in the Early Earth. Gondwana Research, 23: 391 – 393.

Post N J, Hensen B J, Kinny P D. 1997. Two metamorphic episodes during a 1340 – 1180 convergent tectonic event in the Windmill Islands, East Antarctica. In: Ricci C A (ed), The Antarctic Region: Geological Evolution and Processes. Proceedings of the 7th International Symposium on Antarctic Earth Sciences: 157 – 161.

Powell C M, Roots S R, Veevers J J. 1988. Pre – breakup continental extension in East Gondwanaland and the early opening of the eastern Indian Ocean. Tectonophysics, 155: 261 – 283.

Powell C Mc A, Pisarevsky S A. 2002. Late Neoproterozoic assembly of East Gondwana. Geology, 30: 3 – 6.

Pride D E, Cox C A, Moody S V, et al. 1990. Investigation of mineralization in the south Shetland Islands, Gerlache Strait, and Anvers Island, northern Antarctic Peninsula. Mineral Resources Potential of Antarctica, Antarctic Research Series, 51: 69 – 94.

Priestley K, Debayle E. 2003. Seismic evidence for a moderately thick lithosphere beneath the Siberian Platform. Geophysical Research Letters, 30: 1118.

Ravich G M, Gor YO G, Dibner A F, et al. 1977. Stratigrafiya verkhnepaleozoiskikh uglenocnykh otlozheiny vostochnoy Antarktidy (rayon ozera Biver). Antarktika, 16: 62 – 75.

Ravich G M. 1974. The cross – section of Permian coal – bearing strata in the Beaver Lake area (Prince Charles Mountains, East Antarctica). The Antarctic, Soviet Committee on Antarctic Research Report, 13: 19 – 35 (in Russian).

Ren L D, Grew E S, Xiong M, et al. 2003. Wagnerite – Ma5bc, a new polytype of Mg_2 (PO_4) (F, OH), from granulite – facies paragneiss, Larsemann Hills, Prydz Bay, East Antarctica. Canadian Mineralogist, 41: 393 – 411.

Ren L, Zhao Y, Liu X H, et al. 1992. Re – examination of the metamorphic evolution of the Larsemann Hills, East Antarctica. In: Yoshida Y, Kaminuma K, Shiraishi K (eds), Recent Progress in Antarctic Earth Science. Tokyo: Terra Scientific Publishing Company: 145 – 153.

Ricci C A, Talarico F, Palmeri R, et al. 1996. Eclogite at the Antarctic Paleo – Pacific active Margin of Gondwana (Lanterman Range, northern Victoria Land, Antarctica). Antarctic Science, 8: 277 – 280.

Ricci C A, Talarico F, Palmeri R. 1997. Tectonothermal evolution of the Antarctic Paleo – Pacific active Margin of Gondwana: A northern Victoria Land perspective. In: Ricci C A (ed), The Antarctic Region: Geological Evolution and Processes. Terra Antarctic Publication, Siena: 213 – 218.

Rickers K, Mezger K, Raith M M. 2001. Evolution of the continental crust in the Proterozoic Eastern Ghats Belt, India and new constraints for Rodinia reconstruction: implications from Sm – Nd, Rb – Sr and Pb – Pb isotopes. Precambrian Research, 112: 183 – 212.

Riley T R, Flowerdew M J, Haselwimmer C E. 2011. Geological Map of Eastern Graham Land, Antarctic Peninsula (1: 625 000 scale). BASGEOMAP 2 Series, sheet 1, British Antarctic Survey, Cambridge, UK.

Riley T R, Flowerdew M J, Whitehouse M J. 2012. U – Pb ion – microprobe zircon geochronology from the basement inliers of eastern Graham Land, Antarctic Peninsula. Journal of the Geological Society, 169: 381 – 393.

Riley T R, Flowerdew M J, Whitehouse M J. 2012b. Chrono – and lithostratigraphy of a Mesozoic – Tertiary fore – to intra – arc basin: Adelaide Island, Antarctic Peninsula. Geological Magazine, 149: 768 – 782.

Riley T R, Leat P T, Pankhurst R J, et al. 2001. Origins of large volume rhyolitic volcanism in the Antarctic Peninsula and Patagonia by crustal melting. Journal of Petrology, 42: 1043 – 1065.

Riley T R, Leat P T. 1999. Large volume silicic volcanism along the proto – Pacific margin of Gondwana: lithological and stratigraphical investigations from the Antarctic Peninsula. Geological Magazine, 136: 1 – 16.

Ring U, Kröner A, Buchwaldt R, et al. 2002. Shear – zone patterns and eclogite – facies metamorphism in the Mozambique belt of northern Malawi, east – central Africa: implications for the assembly of Gondwana. Precambrian Research, 116: 19 – 56.

Ringe M J. 1991. Volcanism on Brabant Island, Antarctica. In: Thomson M R A, Crame J A, Thomson J W (eds), Geological Evolution of Antarctica. London: Cambridge University Press: 515 – 520.

Ritsema J, van Heijst H J, Woodhouse J H. 2004. Global transition zone tomography. Journal of Geophysical Research, 109: B02302.

Rivano S, Cortés R. 1976. Note on the presence of the lawsonite – sodic amphibole association on Smith Island, South Shetland Islands, Antarctica. Earth and Planetary Science Letters, 29: 34 – 36.

Romer T, Mezger K, Schmädicke E. 2009. Pan – African eclogite facies metamorphism of ultramafic rocks in the Shackleton Range, Antarctica. Journal of Metamorphic Geology, 27: 335 – 347.

Rose G, McElroy C T. 1987. Coal Potential of Antarctica. Department of Resources and Energy, Resource Rept, 2: 1 – 19.

Rowell A J, Rees M N, Duebendorfer E M, et al. 1993. An active Neoproterozoic Margin: evidence from the Skelton Glacier area, Transantarctic Mountains. Journal of the Geological Society of London, 150: 677 – 682.

Rowley P D, Farrar E, Carrara P E, et al. 1988. Porphyry – type Copper Deposits and Potassium – Argon Ages of Plutonic Rocks of the Orville Coast and Eastern Ellsworth Land, Antarctica. In: Rowley P D, Vennum W R. (eds), Studies of the Geology and Mineral Resources of the Southern Antarctic Peninsula and Eastern Ellsworth

Land, Antarctica. Washington: United States Government Printing Office: 35 – 49.

Rowley P D, Pride D E. 1982. Metallic mineral resources of the Antarctic Peninsula. In: Craddock C (ed), Antarctic Geoscience: International Union of Geosciences, Series B, No. 4: 859 – 870.

Rowley P D, Pride D E. 1982. Metallic mineral resources of the Antarctic Peninsula. In: Craddock C (ed), Antarctic Geoscience: International Union of Geosciences, Series B, No. 4: 859 – 870.

Rowley P D, Williams P L, Schmidt D L, et al. 1975. Copper mineralization along the Lassiter Coast of the Antarctic Peninsula. Economic Geology, 70: 982 – 987.

Rowley P D, Williams P L, Schmidt D L. 1977. Geology of an Upper Cretaceous Copper Deposit in the Andean Province, Lassiter Coast, Antarctic Peninsula. Geological Survey Professional Paper, 984: 1 – 35.

Rubatto D. 2002. Zircon trace element geochemistry: partitioning with garnet and the link between U – Pb ages and metamorphism. Chemical Geology, 184 (1): 123 – 138.

Santosh M, Morimoto T, Tsutsumi Y. 2006. Geochronology of the khondalite belt of Trivandrum Block, southern India: electron probe ages and implications for Gondwana tectonics. Gondwana Research, 9: 261 – 278.

Saunders A D, Tarney J T, Weaver S D. 1980. Transverse geochemical variations across the Antarctic Peninsula: implications for the genesis of calc – alkaline Magmas. Earth and Planetary Science Letters, 46: 344 – 360.

Scarrow J H, Pankhurst R J, Leat P T, et al. 1996. Genesis and evolution of Antarctic Peninsula granitoids: a case study from Mount Charity, NE Palmer Land. Antarctic Science, 8: 193 – 206.

Schmitt R Da S, Trouw R A J, Van Schmus W R, et al. 2004. Late amalgamation in the central part of West Gondwana: new geochronological data and the characterization of a Cambrian collisional orogeny in the Ribeira Belt (SE Brazil). Precambrian Research, 133: 29 – 61.

Scotese C R, Boucot A J, McKerrow W S. 1999. Gondwanan palaeogeography and palaeoclimatology. Journal of African Earth Sciences, 28: 99 – 114.

Scrimgeour I, Close D. 1999. Regional high – pressure metamorphism during intracratonic deformation: the Petermann Orogeny, central Australia. Journal of Metamorphic Geology, 17: 557 – 572.

Scrimgeour I, Hand M. 1997. A metamorphic perspective on the Pan African overprint in the Amery area of Mac. Robertson Land, East Antarctica. Antarctic Science, 9: 313 – 335.

Seitz H – M. 1994. Estimation of emplacement pressure for 2350Ma high – Mg tholeiite dykes, Vestfold Hills, Antarctica. European Journal of Mineralogy, 6: 195 – 204.

Shaw R K, Arima M, Kagami H, et al. 1997. Proterozoic events in the Eastern Ghats Granulite Belt, Indian: evidence from Rb – Sr, Sm – Nd systematics, and SHRIMP dating. Journal of Geology, 105: 645 – 656.

Sheraton J W, Black L P, McCulloch M T, et al. 1990. Age and origin of a compositionally varied Mafic dyke swarm in the Bunger Hills, East Antarctica. Chemical Geology, 85: 215 – 246.

Sheraton J W, Black L P, Mcculloch M T. 1984. Regional geochemical and isotopic characteristics of high – grade metamorphic of the Prydz Bay area: the extent of Proterozoic reworking of Archaean continental crust in East Antarctica. Precambrian Research, 26: 169 – 198.

Sheraton J W, Tindle A G, Tingey R J. 1996. Geochemistry, origin, and tectonic setting of granitic rocks of the Prince Charles Mountains, Antarctica. AGSO Journal of Australian Geology, Geophysics, 16: 345 – 370.

Sheraton J W, Tingey R J, Black L P, et al. 1987. Geology of Enderby Land and western Kemp Land, Antarctica. BMR Bulletin, 223: 1 – 51.

Shiraishi K, Fanning C M, Armstrong R, et al. 1999. New evidence for polymetamorphic events in the Sør Rondane Mountains, East Antarctica. Wellington: Programme, Abstracts of the 8th international Symposium of Antarctica Earth Sciences: 280.

Simmat R, Raith M M. 2008. U – Th – Pb monazite geochronometry of the Eastern Ghats Belt, India: timing and spatial disposition of poly – metamorphism. Precambrian Research, 162: 16 – 39.

Simons F J, van der Hilst R D. 2002. Age – dependent seismic thickness and mechanical strength of the Australian lithosphere. Geophysical Research Letters, 29: 1529.

Sims J P, Dirks P H G M, Carson C J, et al. 1994. The structural evolution of the Rauer Group, East Antarctica: Mafic dykes as passive Markers in a composite Proterozoic terrain. Antarctic Science, 6: 379 – 394.

Sircombe K N, Freeman M J. 1999. Provenance of detrital zircons on the Western Australia coastline – Implications for the geologic history of the Perth basin and denudation of the Yilgarn craton. Geology, 27: 879 – 882.

Smellie J L, Clarkson P D. 1975. Evidence for pre – Jurassic subduction in western Antarctica. Nature, 258: 701 – 702.

Smellie J L, Mcintosh W C, Esser R, et al. 2006. The Cape Purvis volcano, Dundee Island (northern Antarctic Peninsula): late Pleistocene age, eruptive processes and implications for a glacial palaeoenvironment. Antarctic Science, 18: 399 – 408.

Smellie J L, Millar I L. 1995. New K – Ar isotope ages of schists from Nordenskjold Coast, Antarctic Peninsula: oldest part of the Trinity Peninsula? Antarctic Science, 7: 191 – 196.

Smellie J L, Pankhurst R J, Thomson M R A, et al. 1984. The geology of the South Shetland Islands. IV: Stratigraphy, geochemistry and evolution. British Antarctic Survey Scientific Reports, 87: 1 – 83.

Smellie J L. 1999. Lithostratigraphy of Miocene – Recent, alkaline volcanic fields in the Antarctic Peninsula and eastern Ellsworth Land. Antarctic Science, 11: 362 – 378.

Smithies R, Champion D, Van Kranendonk M. 2009. Formation of Paleoarchean continental crust through infracrustal melting of enriched basalt. Earth and Planetary Science Letters, 281: 298 – 306.

Snape I S, Black L P, Harley S L. 1997. Refinement of the timing of Magmatism and high – grade deformation in the Vestfold Hills, East Antarctica, from new SHRIMP U – Pb zircon geochronology. In: Ricci C A (ed), The Antarctic Region: Geological Evolution and Processes. Terra Antarctic Publication, Siena: 139 – 148.

Snape I S, Harley S L. 1996. Magmatic history and the high – grade geological evolution of the Vestfold Hills, East Antarctica. Terra Antartica, 3: 23 – 38.

Snape I S, Seitz H. – M, Harley S L, et al. 2001. Geology of the northern Vestfold Hills, East Antarctica (1: 30 000 scale Map). Canberra: Australian Geological Survey Organisation.

Somoza R, Ghidella M E. 2012. Late Cretaceous to recent plate motions in western South America revisited. Earth and Planetary Science Letters, 331 – 332: 152 – 163.

Stein H J, Hannah J L, Zimmerman A, et al. 2004. A 2.5 Ga porphyry Cu – Mo – Au deposit at Malanjkhand, central India: implications for Late Archean continental assembly. Precambrian Research, 134: 189 – 226.

Stephenson N C N, Cook N D J. 1997. Metamorphic evolution of calc – silicate granulites near Battye Glacier, northern Prince Charles Mountains, east Antarctica. Journal of Metamorphic Geology, 15: 361 – 378.

Stephenson N C N. 2000. Geochemistry of granulite – facies granitic rocks from Battye Glacier, northern Prince Charles Mountains, East Antarctica. Australian Journal of Earth Sciences, 47: 83 – 94.

Stern R J. 1994. Arc assembly and continental collision in the Neoproterozoic East African Orogen: implications for the consolidation of Gondwanaland. Annual Review of Earth and Planetary Sciences, 22: 319 – 351.

Storey B C, Dalziel I W D, Garrett S W, et al. 1988. West Antarctica in Gondwanaland: Crustal blocks reconstruction and breakup processes. Tectonophysics, 155: 381 – 390.

Storey B C, Garrett S W. 1985. Crustal growth of the Antarctic Peninsula by accretion, magmatism and extension. Geological Magazine, 122: 5 – 14.

Stump E, Gootee B, Talarico F. 2006. Tectonic model for development of the Byrd Glacier discontinuity and surrounding regions of the Transantarctic Mountains during the Neoproterozoic – early Paleozoic. In: Fütterer D K, Damaske D, Kleinschmidt G, Miller H, Tessensohn F (eds), Antarctica: Contributions to Global Earth Sciences. Springer – Verlag, Berlin Heidelberg New York: 181 – 190.

Stump E. 1995. The Ross Orogen of the Transantarctic Mountains. Cambridge: Cambridge University Press: 1 – 284.

Stüwe K, Oliver R. 1989. Geological history of Adélie Land and King George V Land, Antarctica: evidence for a polycyclic metamorphic evolution. Precambrian Research, 43: 317 – 334.

Stüwe K, Powell R. 1989. Metamorphic evolution of the Bunger Hills, East Antarctica: evidence for substantial post – metamorphic peak compression with minimal cooling in a Proterozoic orogenic event. Journal of Metamorphic Geology, 7: 449 – 464.

Talarico F, Franceschelli M, Lombardo B, et al. 1992. Metamorphic facies of the Ross Orogeny in the southern Wilson Terrane of northern Victoria Land, Antarctica. In: Yoshida Y, Kaminuma K, Shiraishi K (eds), Recent Progress in Antarctic Earth Science. Tokyo: Terrapub: 211 – 218.

Tangeman J, Mukasa S B. 1996. Zircon U – Pb geochronology of plutonic rocks from the Antarctic Peninsula: Confirmation of the presence of unexposed Paleozoic crust. Tectonics, 15: 1309 – 1324.

Tanner P W G. 1982. West Antarctica and the southern Andes. Journal of the Geological Society, 139: 667 – 669.

Temminghoff M, Kruetzmann N, Danninger M, et al. 2007. Minerals Under Ice; How far do we go to utilize Antarctic resources.

Tewari R C, Veevers J J. 1993. Gondwana basins of India occupy themiddle of a 7500 kmsector of radial valleys and lobes in central – eastern Gondwanaland. In: Findlay R H, et al. (Eds), Gondwana Eight: Proceedings of the Eighth Gondwana Symposium A. A. Balkema, Rotterdam, 507 – 512.

Thompson A B. 1983. Fluid – absent metamorphism. Journal of Geological Society of London, 40: 533 – 547.

Thomson M R A, Pankhurst R J. 1983. Age of post – Gondwanian calc – alkaline volcanism in the Antarctic Peninsula region. Canberra: Antarctic Earth Science, Australian Academy of Science: 289 – 294.

Thost D E, Hensen B J, Motoyoshi Y. 1991. Two – stage decompression in garnet – bearing mafic granulites from Søstrene Island, Prydz Bay, East Antarctica. Journal of Metamorphic Geology, 9: 245 – 256.

Thost D E, Hensen B J. 1992. Gneisses of the Porthos and Athos Ranges, northern Prince Charles Mountains, East Antarctica: constraints on the prograde and retrograde P – T path. In: Yoshida Y, Kaminuma K, Shiraishi K. (eds), Recent Progress in Antarctic Earth Science. Tokyo: Terra Scientific Publishing Company: 93 – 102.

Tingey R J. 1981. Geological investigations in Antarctica 1968 – 1969: The Prydz Bay – Amery Ice Shelf – Prince Charles Mountains area. Australia: Bureau of Mineral Resources: record 1981/34.

Tingey R J. 1982. The geologic evolution of the Prince Charles Mountains – an Antarctic Archean cratonic block. In: CRADDOCK, C. (ed) Antarctic Geoscience. Madison: University of Wisconsin Press: 455 – 464.

Tingey R J. 1991. The regional geology of Archaean and Proterozoic rocks in Antarctica. In: Tingey R J (ed), The Geology of Antarctica. Oxford: Oxford University Press: 1 – 73.

Tohver E, Agrella – Filho M S D, Trindade R I F. 2006. Paleomagnetic record of Africa and South America for the 1200 – 500 Ma interval, and evaluation of Rodinia and Gondwana assemblies. Precambrian Research, 147: 193 – 222.

Tonarini S, Rocchi S. 1994. Geochronology of Cambro – Ordovician intrusive in northern Victoria Land: a review. Terra Antartica, 1: 46 – 50.

Tong L X, Wilson C J L, Liu X H. 2002. A high – grade event of ~1100Ma preserved within the ~500Ma mobile belt of the Larsemann Hills, East Antarctica: further evidence from $^{40}Ar – ^{39}Ar$ dating. Terra Antartica, 9: 73 – 86.

Tong L, Liu X H. 1997. The prograde metamorphism of the Larsemann Hills, East Antarctica: evidence for an anti-clockwise P – T path. In: RICCI C A (ed) The Antarctic Region: Geological Evolution and Processes. Siena: Terra Antarctica Publication: 105 – 114.

Tong L, Wilson C J L. 2006. Tectonothermal evolution of the ultrahigh temperature metapelites in the Rauer Group, east Antarctica. Precambrian Research, 149: 1 – 20.

Torsvik T H, Carter L M, Ashwal L D, et al. 2001. Rodinia refined or obscured: palaeomagnetism of the Malani igneous suite (NW India). Precambrian Research, 108: 319 – 333.

Trouw R A J, Pankhurst R J, Kawashita K. 1990. New radiometric age data from Elephant Island, South Shetland Islands. Zentralblatt für Geologieund Paläontologie, Teil I 1990 (1/2): 105 – 118.

Trouw R A J, Passchier C W, SimõeSL SA, et al. 1997. Mesozoic tectonic evolution of the South Orkney Microcontinent, Scotia Arc, Antarctica. Geological Magazine, 134: 383 – 401.

Trouw R A J, Passchier C W, Valeriano C M, et al. 2000. Deformational evolution of a Cretaceous subduction complex: Elephant Island, South Shetland Islands, Antarctica. Tectonophysics, 319: 93 – 110.

Trouw R A J, Ribeiro A, Paciullo F V P. 1991. Structural and metamorphic evolution of the Elephant Island group and Smith Island, South Shetland Islands. In: Thomson M R A, Crame J A, Thomson J W (Eds), Geological Evolution of Antarctica. Cambridge – New York: Cambridge University Press: 423 – 428.

Trouw R A J, SimõeSL S A, Valladare S C. 1998. Metamorphic evolution of a subduction complex, South Shetland Islands, Antarctica. Journal of Metamorphic Geology, 16: 475 – 490.

Tyrrell G W. 1945. Report on rocks from West Antarctica and the Scotia Arc. Discovery Reports, 23: 37 – 102.

van der Lee S. 2001. Deep Below North America. Science, 294: 1297 – 1298.

Van Kranendonk M J, Smithies R H, Hickman A H, et al. 2007. Paleoarchean Development of a Continental Nucleus: the East Pilbara Terrane of the Pilbara Craton, Western Australia. In: Van Kranendonk M J, Smithies R H, Bennett V C (eds), Earth's Oldest Rocks. Developments in Precambrian Geology, vol. 15. Elsevier, Amsterdam: 307 – 338.

Vaughan A P M, Eagles G, Flowerdew M J. 2012a. Evidence for a two – phase Palmer Land event from crosscutting structural relationships and emplacement timing of the Lassiter Coast Intrusive Suite, Antarctic Peninsula: Implications for mid – Cretaceous Southern Ocean plate configuration. Tectonics, 31: 1 – 19.

Vaughan A P M, Leat P T, Dean A A, et al. 2012b. Crustal thickening along the West Antarctic Gondwana margin during mid – Cretaceous deformation of the Triassic intra – oceanic Dyer Arc. Lithos, 142 – 143: 130 – 147.

Vaughan A P M, Millar I L, Thistlewood L. 1999. The Auriga Nunataks shear zone: Mesozoic transfer faulting and arc deformation in NW Palmer Land, Antarctic Peninsula. Tectonics, 18: 911 – 928.

Vaughan A P M, Pankhurst R J, Fanning C M. 2002. A mid – Cretaceous age for the Palmer Land event, Antarctic Peninsula: implications for terrane accretion timing and Gondwana palaeolatitudes. Journal of the Geological Society, 159: 113 – 116.

Vaughan A P M, Storey B C. 2000. The eastern Palmer Land shear zone: a new terrane accretion model for the Mesozoic development of the Antarctic Peninsula. Journal of the Geological Society, 157: 1243 – 1256.

Vaughan A P M, Storey B C. 1997. "Mesozoic geodynamic evolution of the Antarctic Peninsula." The Antarctic region: geological evolution and processes. Siena: Terra Antarctica Publication: 373 – 382.

Vaughan A P M, Storey B C. 2000. The eastern Palmer Land shear zone: a new terrane accretion model for the Mesozoic development of the Antarctic Peninsula. Journal of the Geological Society, 157: 1243 – 1256.

Veevers J J, Saeed A, O'Brien P E. 2008a. Provenance of the Gamburtsev Subglacial Mountains from U – Pb and Hf analysis of detrital zircons in Cretaceous to Quaternary sediments in Prydz Bay and beneath the Amery Ice

Shelf. Sedimentary Geology, 211: 12 – 32.

Veevers J J, Saeed A, Pearson N, et al. 2008b. Zircons and clay from morainal Permian siltstone at Mt Rymill (73° S, 66°E), Prince Charles Mountains, Antarctica, reflect the ancestral Gamburtsev Subglacial Mountains – Vostok Subglacial Highlands complex. Gondwana Research, 14: 343 – 354.

Veevers J J, Saeed A. 2008. Gamburtsev Subglacial Mountains provenance of Permian – Triassic sandstones in the Prince Charles Mountains and offshore Prydz Bay: Integrated U – Pb and T_DM ages and host – rock affinity from detrital zircons. Gondwana Research, 14: 316 – 342.

Veevers J J, Saeed A. 2011. Age and composition of Antarctic bedrock reflected by detrital zircons, erratics, and recycled microfossils in the Prydz Bay – Wilkes Land – Ross Sea – Marie Byrd Land sector (70° – 240°E). Gondwana Research, 20 (4): 710 – 738.

Veevers J J, Saeed A. 2013. Age and composition of Antarctic sub – glacial bedrock reflected by detrital zircons, erratics, and recycled microfossils in the Ellsworth Land – Antarctic Peninsula – Weddell Sea – Dronning Maud Land sector (240°E – 0° – 015°E). Gondwana Research, 23: 296 – 332.

Veevers J J, Tewari R C, Mishra H K. 1996. Aspects of Late Triassic to Early Cretaceous disruption of the Gondwana coal – bearing fan of eastcentral Gondwanaland, in: Guha P K S, et al, (eds), Gondwana 9: Proceedings of the Ninth International Gondwana Symposium: Rotterdam, Netherlands, A. A. Balkema: 637 – 646.

Vennum W R, Laudon T S. 1988. Igneous Petrology of the Merrick Mountains, Eastern Ellsworth Land, Antarctica. In: Rowley P D, Vennum W R (eds), Studies of the Geology and Mineral Resources of the Southern Antarctic Peninsula and Eastern Ellsworth Land, Antarctica. Washington: United States Government Printing Office: 21 – 34.

Vennum W R, Nishi J M. 1981. New Anatarctic mineral occurrences. Antarctic Journal of the United States, 16: 14 – 15.

Vennum W R, Rowley P D. 1986. Reconnaissance geochemistry of the Lassiter Coast intrusive suite, southern Antarctic Peninsula. Geological Society of America Bulletin, 97: 1521 – 1533.

Vennum W R. 1980. Evaporite encrustations and sulphide oxidation products from the southern Antarctive Peninsula: New Zealand Journal of Geology and Geophysics, 23: 499 – 505.

Vernon R H, Flood R H, D'Arcy W F. 1987. Sillimanite and andalusite produced by base – cation leaching and contact metamorphism of felsic igneous rocks. Journal of Metamorphic Geology, 5: 439 – 450.

Vernon R H. 1979. Formation of late sillimanite by hydrogen metasomatism (base – leaching) in some high – grade gneisses. Lithos, 12: 143 – 152.

Vilzeuf D, Holloway J R. 1988. Experimental determination of the fluid – absent melting relations in the pelitic system. Contribution to Mineralogy and Petrology, 98: 257 – 276.

von Frese R R B, Potts L V, Wells S B, et al. 2009. GRACE gravity evidence for an impact basin in Wilkes Land, Antarctica. Geochemistry, Geophysics, Geosystems, 10: Q02014.

Wang F, Zheng X S, Lee J I K, et al. 2009. An 40Ar/39Ar geochronology on a mid – Eocene igneous event on the Barton and Weaver peninsulas: Implications for the dynamic setting of the Antarctic Peninsula. Geochemistry Geophysics Geosystems, 10: 1 – 29.

Wang Q, Wyman D A, Zhao Z H, et al. 2007b. Petrogenesis of Carboniferous adakites and Nb – enriched arc basalts in the Alataw area, northern Tianshan Range (western China): implications for Phanerozoic crustal growth in the Central Asia orogenic belt. Chemical Geology, 236: 42 – 64.

Wang Y B, Liu D Y, Chung S – L, et al. 2008. SHRIMP zircon age constraints from the Larsemann Hills region, Prydz Bay, for a late Mesoproterozoic to early Neoproterozoic tectono – thermal event in East Antarctica. American Journal of Science, 308: 573 – 617.

Wang Y B, Liu D Y, Ren L D, et al. 2003. Advances in SHRIMP geochronology and their constrains on understanding the tectonic evolution of Larsemann Hills, East Antarctica. Terra Nostra: 334 – 335.

Wang Y B, Tong L X, Liu D Y. 2007. Zircon U – Pb ages from an ultra – high temperature metapelite, Rauer Group, east Antarctica: implications for overprints by Grenvillian and Pan – African events. In: Cooper A K, Raymond C R, et al. (eds), A Keystone in a Changing World – Online Proceedings of the 10th ISAES. USGS Open – File Report 2007 – 1047, Short Research Paper 023: 4p.

Waters D J, Whales C J. 1984. Dehydration melting and the granulite transition in metapelites from southern Namaqualand. Contribution to Mineralogy and Petrology, 88: 269 – 275.

Weaver L, McLoughlin S, Drinnan A N. 1997. Fossil woods from the Upper Permian Bainmedart Coal Measures, northern Prince Charles Mountains, East Antarctica. AGSO Journal of Australian Geology and Geophysics, 16: 655 – 676.

Weaver S D, Bradshaw J D, Laird M G. 1984. Geochemistry of Cambrian volcanic of the Bowers supergroup and implications for the Early Palaeozoic tectonic evolution of northern Victoria Land, Antarctica. Earth and Planetary Science Letters, 68: 128 – 140.

Webb J A, Fielding C R. 1993. Revised stratigraphical nomenclature for the Permo – Triassic Flagstone Bench Formation, northern Prince Charles Mountains, East Antarctica. Antarctic Science, 5: 409 – 410.

Wendt A S, Vaughan A P M, Tate A. 2008. Metamorphic rocks in the Antarctic Peninsula region. Geological Magazine, 145: 655 – 676.

Wever H E, Millar I L, Pankhurst R J. 1994. Geochronology and radiogenic isotope geology of Mesozoic rocks from eastern Palmer Land, Antarctic Peninsula: crustal anatexis in arc – related granitoid genesis. Journal of South American Earth Sciences, 7: 69 – 84.

White M E. 1962. Permian plant remains from Mount Rymill, Antarctica. Report on 1961 plant fossil collections. Australia: Bureau of Mineral Resources, Geology and Geophysics, Record 114: 1 – 14 (unpublished).

Whitehead J M, Harwood D M, McMinn A. 2003. Ice – distal Upper Miocene marine strata from inland Antarctica. Sedimentology, 50: 531 – 552.

Whitham A G, Storey B C. 1989. Late Jurassic – Early Cretaceous strike – slip deformation in the Nordenskjold Formation of Graham Land. Antarctic Science, 1: 269 – 278.

Wickham S M. 1987. Crustal anatexis and granite petrogenesis during low pressure regional metamorphism: the Trois Seigneurs Massif, Pyrenees, France. Journal of Petrology, 28: 127 – 169.

Willan R C R, Kelley S P. 1999. Mafic dike swarms in the South Shetland Islands volcanic arc: Unravelling multiepisodic magmatism related to subduction and continental rifting. Journal of Geophysical Research, 104: 23051 – 23068.

Willan R, MacDonald D, Drewry D. 1990. The Mineral Resource Potential of Antarctica: Geological Realities, The Future of Antarctica: Exploitation Versus Preservation. UK: Manchester University Press: 25 – 43.

Willian R C R. 1994. Structural setting and timing of hydrothermal veins and breccias on Hurd Peninsula, South Shetland Islands: a possible volcanic – related epithermal system in deformed turbidites. Geological Magazine, 131: 465 – 483.

Wilson C J L, Quinn C, Tong L, et al. 2007. Early Palaeozoic intracratonic shears and post – tectonic cooling in the Rauer Group, Prydz Bay, East Antarctica constrained by 40Ar/39Ar thermochronology. Antarctic Science, 19: 339 – 353.

Wilson C J L. 1997. Shear zone development and dyke emplacement in the Bunger Hills, East Antarctica. In: Ricci C A (ed), The Antarctic Region: Geological Evolution and Processes. Proceedings of the 7th International Symposium on Antarctic Earth Sciences: 149 – 156.

Wilson T J, Grunow A M, Hanson R E. 1997. Gondwana assembly: the view from southern Africa and East Gondwana. Journal of Geodynamics, 23: 263 – 286.

Winberry J P, Anandakrishnan S. 2004. Crustal structure of the West Antarctic rift system and Marie Byrd Land hotspot. Geology, 32: 977 – 980.

Wintsch R P, Andrews M S. 1988. Deformation induced growth of sillimanite:" stress" minerals revisted. Journal of Geology, 96: 143 – 161.

Wright N A, Williams P L. 1974. Mineral resources of Antarctica. United States Geological Survey, Circular, 705: 1 – 29.

Yardley B W D. 1978. Genesis of the Skagit Gneiss migmatites, Washington, and the distinction between possible mechanisms of migmatization. Geological Society of America Bulletin, 89: 941 – 951.

Yaxley G M, Kamenetsky V S, Geofftey T N, et al. 2013. The discovery of kimberlites in Antarctica extends the vast Gondwanan Cretaceous province. Nature Communications, 4: 2921 doi: 10. 1038/ncomms3921.

Yegorova T, Bakhmutov V, Janik T, et al. 2011. Joint geophysical and petrological models for the lithosphere structure of the Antarctic Peninsula continental margin. Geophysical Journal International, 184: 90 – 110.

Yoshida M, Jacobs J, Santosh M, et al. 2003. Role of Pan – African events in the Circum – East Antarctic Orogen of East Gondwana: a critical overview. In: Yoshida M, Windley B, Dasgupta S (eds), Proterozoic East Gondwana: Supercontinent Assembly and Breakup. Geological Society, London: Special Publication: 206: 57 – 75.

Yoshida M. 1995. Cambrian orogenic belt in East Antarctica and Sri Lanka: implications for Gondwana assembly: a discussion. Journal of Geology, 103: 467 – 468.

Yoshida M. 2007. Geochronological data evaluation: implications for the Proterozoic tectonics of East Antarctica. Gondwana Research, 12: 228 – 241.

Yoshida M. 1995b. Assembly of East Gondwanaland during the Mesoproterozoic and its rejuvenation during the Pan – African period. In: Yoshida M, Santosh M (eds), India and Antarctica during the Precambrian. Geological Society of India Memoir, 34: 22 – 45.

Yoshida M. 2007. Geochronological data evaluation: implications for the Proterozoic tectonics of East Antarctica. Gondwana Research, 12: 228 – 241.

Young D N, Black L P. 1991. U – Pb zircon dating of Proterozoic igneous charnockites from the Mawson Coast, East Antarctica. Antarctic Science, 3: 205 – 216.

Young D N, Zhao J – X, ElliSD J, et al. 1997. Geochemical and Sr – Nd isotopic Mapping of source provinces for the Mawson charnockites, East Antarctica: implications for Proterozoic tectonics and Gondwana reconstruction. Precambrian Research, 86: 1 – 19.

Yu L J, Liu X H, Zhao Y, et al. 2001. Preliminary report on metamorphic and geochemical study of rock from the Grove Mountains, East Antarctica. Abstract Vol. of EUGXI, LS08: 377 – 378.

Zaffarana C, Tommasi A, Vauchez A, et al. 2014. Microstructures and seimic properties of south Patagonian mantle xenoliths (Gobernador Gregores and Pali Ake). Tectophysics, 621: 175 – 197.

Zeller E J, Dreschhoff G A M, Kropp W R. 1986. Evaluation of the Uranium resource potential of northern Victoria land. In: Stump E (ed), Geological Investigations in Northern Victoria Land, Amercan Geophysical Union, Washington D C: 383 – 391.

Zeller E J, Dreschhoff G A M, Thoste V. 1990. Uranium Resource Evalution in Antarctica. In: Splettstoesser J F, Dreschhoff G A M (eds), Mineral Resources Potential of Antarctica. Antarcticc Research Searies 51. Amercan Geophysical Union, Washington D C: 95 – 116.

Zhang L, Tong L, Liu X H, et al. 1996. Conventional U – Pb age of the high – grade metamorphic rocks in the Larsemann Hills, East Antarctica. In: Pang Z, Zhang J, Sun J (eds), Advances in Solid Earth Sciences. Beijing: Science Press: 27 – 35.

Zhang S H, Zhao Y, Liu X C, et al. 2012. U – Pb geochronology and geochemisty of the bedrocks and moraine sediments from the Windmill Islands: implications for Proterozoic evolution of East Antarctica. Precambrian Research, 206 – 207: 52 – 71.

Zhao J – X, Ellis D E, Kilpatrick J A, et al. 1997a. Geochemical and Sr – Nd isotopic study of charnockites and related rocks in the northern Prince Charles Mountains, East Antarctica: implications for charnockite petrogenesis and Proterozoic crustal evolution. Precambrian Research, 81: 37 – 66.

Zhao Y, Liu X C, Fanning C M, et al. 2000. The Grove Mountains, a segment of a Pan – African orogenic belt in East Antarctica. Rio de Janeiro, Brazil: Abstract Volume of 31th International Geological Congress.

Zhao Y, Liu X H, Liu X C, et al. 2003. Pan – African events in Prydz Bay, East Antarctica and its inference on East Gondwana tectonics. In: Yoshida M, Windley B, Dasgupta S (eds), Proterozoic East Gondwana: Supercontinent Assembly and Breakup. Geological Society, London: Special Publication, 206: 231 – 245.

Zhao Y, Liu X H, Song B, et al. 1995. Constraints on the stratigraphic age of metasedimentary rocks from the Larsemann Hills, East Antarctica: possible implication for Neoproterozoic tectonics. Precambrian Research, 75: 175 – 188.

Zhao Y, liu X H, Wang S, et al. 1997b. Syn – and post – tectonic cooling and exhumation in the Larsemann Hills, East Antarctica. Episodes, 20: 122 – 127.

Zhao Y, Song B, Wang Y, et al. 1991. Geochronological study of the metamorphic and igneous rocks of the Larsemann Hills, East Antarctica. Proceedings of the 6th ISAES (abstract), Tokyo. Japan: National Institute for Polar Research: 662 – 663.

Zhao Y, Song B, Wang Y, et al. 1991. Geochronological study of the metamorphic and igneous rocks of the Larsemann Hills, East Antarctica. Proceedings of the 6th ISAES (Abstract), National Institute for Polar Research, Tokyo, Japan, 662 – 663.

Zhao Y, Song B, Wang Y, et al. 1992. Geochronology of the late granite in the Larsemann Hills, East Antarctica. In: Yoshida Y, Kaminuma K, Shiraishi K. (eds), Recent Progress in Antarctic Earth Science. Tokyo: Terra Scientific Publishing Company: 155 – 161.

Zhao Y, Zhang S H, Liu X C, et al. 2007. Sub – glacial geology of Antarctica: a preliminary investigation and results in the Grove Mountains and the Vestfold Hills, East Antarctica and its tectonic implication. In: Cooper A K, Raymond C R et al. (eds), A Keystone in a Changing World – Online Proceedings of the 10th ISAES. USGS Open – File Report 2007 – 1047, Extended Abstract, 196: 4p.

Zheng X S, Kamenov B, Sang H, et al. 2003. New radiometric dating of the dykes from the Hurd Peninsula, Livingston Island, South Shetland Islands. Journal of South American Earth Sciences, 15: 925 – 934.

Zheng X S, Sàbat F, Smellie J L. 1996. Mesozoic – Cenozoic volcanism on Livingston Island, South Shetland Islands, Antarctica: geochemical evidences for multiple magma generation processes. Korean Journal of Polar Research, 7: 35 – 45.

Ziegler A M, Hulver M L, Rowley D B. 1997. Permian world topography and climate. In: Martini I P, et al. (eds), Late Glacial and Postglacial Environmental Changes: Quaternary, Car – boniferous – Permian, and Proterozoic. Oxford: Oxford University Press: 111 – 146.

Ziemann M A, Förster H – J, Harlov D E, et al. 2005. Origin of fluorapatite – monazite assemblages in a metamorphosed, sillimanite – bearing pegmatoid, Reinbolt Hills, East Antarctica. European Journal of Mineralogy, 17:

567 – 579.

Zulbati F, Harley S L. 2007. Late Archaean granulite facies metamorphism in the Vestfold Hills, East Antarctica. Lithos, 93: 39 – 67.

附件

附件1　主要仪器设备一览表

序号	仪器设备	所在单位	用途
1	低温甚宽频 CMG - 3T 天然地震仪	中国地质科学院地质力学研究所	观测地震波速，获取地壳和岩石圈结构
2	离子探针 SHRIMP II 分析仪	北京离子探针中心	使用锆石 U - Pb 测年方法获得地质事件的年龄
3	离子探针 CAMECA - SIMS 分析仪	中国科学院地质与地球物理研究所	使用锆石/金红石/榍石 U - Pb 测年方法获得地质事件的年龄
4	激光烧失电感耦合等离子体质谱仪（LA - ICP - MS）	中国地质大学（武汉）	使用锆石 U - Pb 测年方法获得地质事件的年龄
5	激光烧失多接收器电感耦合等离子体质谱仪（LA - MC - ICP - MS）	天津地质矿产研究所	使用锆石 U - Pb 测年方法获得地质事件的年龄
6	MM - 1200B 质谱仪	中国地质科学院地质研究所	使用角闪石/云母 Ar - Ar 测年方法获得地质事件的年龄
7	RIX2100 XRF 分析仪	国家地质实验测试中心	获得全岩主量元素分析数据，用于确定岩石成因和构造环境
8	电感耦合等离子体质谱仪质谱仪（ICP - MS）	国家地质实验测试中心	获得全岩微量元素和稀土元素分析数据，用于确定岩石成因和构造环境
9	MAT - 262 固体同位素质谱仪	中国地质科学院地质研究所	获得全岩 Sr - Nd 同位素分析数据，用于确定岩石成因和构造环境
10	JEOL JXA - 8230 型波谱电子探针分析仪	中国地质科学院矿产资源研究所	获得变质矿物的化学成分，用于计算岩石形成的 P - T 条件
11	JEOL JXA - 8100 型波谱电子探针分析仪	北京大学	获得变质矿物的化学成分，用于计算岩石形成的 P - T 条件

附件2 承担单位及主要人员一览表

序号	姓名	年龄	职称	专业	单位	任务分工
1	刘晓春	53	研究员	岩石学	地质力学研究所	专题、课题1负责，野外考察、岩石学
2	赵越	60	研究员	大地构造	地质力学研究所	专题、课题1负责，野外考察、大地构造
3	胡健民	56	研究员	构造地质	地质力学研究所	野外考察、地质编图
4	张拴宏	41	研究员	年代学	地质力学研究所	野外考察、地球化学
5	徐刚	49	研究员	遥感地质	地质力学研究所	遥感地质、地质编图
6	刘建民	51	研究员	矿床地质	地质力学研究所	野外考察、矿床地质
7	安美建	46	研究员	地球物理	地质力学研究所	天然地震观测与数据处理
8	冯梅	38	副研究员	地球物理	地质力学研究所	天然地震观测与数据处理
9	曲玮	53	高工	岩矿鉴定	地质力学研究所	岩矿鉴定、显微构造
10	刘健	45	副研究员	沉积构造	地质力学研究所	野外考察、沉积学、矿产
11	李淼	42	副研究员	地球化学	地质力学研究所	地球化学、矿产
12	陈虹	33	助研究员	构造地质	地质力学研究所	野外考察、地质编图
13	韦利杰	41	助研究员	古生物学	地质力学研究所	孢粉化石研究
14	杜星星	30	助研究员	岩石学	地质力学研究所	岩石学、地球化学
15	王伟	33	博士后	岩石学	地质力学研究所	野外考察、变质岩石学
16	王伟	29	博士生	岩石学	地质力学研究所	野外考察、变质岩石学
17	郑光高	28	博士生	岩石学	地质力学研究所	岩石学、地球化学
18	刘小汉	67	研究员	构造地质	青藏高原研究所	课题2负责，构造地质
19	仝来喜	50	研究员	岩石学	广州地化所	变质岩石学
20	赵俊猛	57	研究员	地球物理	青藏高原研究所	野外考察、天然地震观测
21	刘宏兵	51	研究员	地球物理	青藏高原研究所	野外考察、天然地震观测
22	李广伟	33	博士后	沉积学	青藏高原研究所	大地构造、古沉积过程
23	黄费新	41	副研究员	地质年代	冶金地质研究院	宇宙成因核素测年、矿产资源
24	裴顺平	40	副研究员	地球物理	青藏高原研究所	天然地震观测与数据处理
25	陈晶	57	教授	矿物学	北京大学	矿物学
26	琚宜太	45	副研究员	岩石学	冶金地质研究院	岩石学
27	张鑫刚	29	硕士生	岩石学	青藏高原研究所	变质岩石学
28	崔迎春	39	副研究员	构造地质	第一海洋研究所	课题3负责，野外考察、矿产

续表

序号	姓名	年龄	职称	专业	单位	任务分工
29	刘晨光	39	副研究员	地球物理	第一海洋研究所	课题3副负责，矿产
30	鄢全树	38	副研究员	地球物理	第一海洋研究所	岩石学、地球化学
31	韩国忠	59	教高	地球物理	第一海洋研究所	海洋地球物理、矿产
32	马 龙	28	硕士生	地球物理	第一海洋研究所	海洋地球物理、矿产
33	王百顺	53	教高	海洋地质	东海分局	课题4负责，基岩地质
34	王西蒙	60	教高	海洋地质	东海分局	基岩地质、沉积学
35	吴 巍	52	高工	地球物理	东海分局	基岩地质、沉积学
36	陆 琦	34	工程师	地质工程	东海分局	基岩地质、沉积学
37	张 杰	33	工程师	海洋地质	东海分局	沉积地球化学
38	任留东	50	研究员	岩石学	地科院地质研究所	课题5负责，岩石学、矿产
39	王彦斌	49	研究员	地球化学	地科院地质研究所	同位素年代学、地球化学
40	刘 平	59	高工	电子学	地科院地质研究所	地质编图
41	李素萍	32	博士后	岩石学	地科院地质研究所	岩石学

附件 3 考察工作量一览表

科目	总工作量	课题1 工作量	课题2 工作量	课题3 工作量	课题4 工作量	课题5 工作量
重要地质露头观测点	约160个	约100个	约40个	约20个		
偏光显微镜	1台套	1台套				
低温天然地震仪配件购置	4台套	4台套				
低温天然地震仪布设	11台	1台	10台			
岩石薄片磨制与观察	1 670片	700片	450片	200片		320片
主量元素分析	350件	40件	230件	50件		30件
微量元素分析	300件	40件	180件	50件		30件
稀土元素分析	284件	40件	164件	50件		30件
Sr-Nd同位素分析	75件	30件		40件		5件
Lu-Hf同位素分析	200点					200点
硼同位素分析	10件					10件
Ar-Ar地质测年	8件		5件	3件		
锆石/金红石/榍石U-Pb定年	92件	48件	20件	6件		18件
电子探针分析	2 066点	1 200点		300点		566点
扫描电镜分析	25小时			25小时		
岩矿地球化学测试	300件		300件			
有机气体分析	10件			10件		
沉积环境分析	100件		100件			
微体古生物（孢粉）分析	130件		130件			
宇宙核素暴露定年	12件	7件	5件			
无污染碎样	165件	40件	100件			25件
单矿物挑纯	80件	50件				30件
计算机数据/图像处理	3 150小时	1 350小时	750小时	850小时	100小时	100小时
租用科考船	20天	20天				
租用固定翼/直升机	70小时	35小时	15小时	20小时		
拉斯曼丘陵地质图	1幅	0.5幅	0.5幅			
维多利亚地新站区地质图	1幅	1幅				
西南极矿产分布图	1幅			1幅		
北维多利亚地矿产分布图	1幅			1幅		
考察与研究（技术）报告	16份	4份	5份	4份	1份	2份
学术论文	13篇	7篇	4篇	1篇		1篇
成果集成报告	1份	0.5份	0.2份	0.2份		0.1份

附件4 考察要素图件一览表

序号	图件	比例尺	编制单位
1	南极拉斯曼丘陵地质图	1:2.5 万	中国地质科学院地质力学研究所
2	维多利亚地新站区地质图	1:2000	中国地质科学院地质力学研究所
3	西南极矿产资源分布图	1:500 万	国家海洋局第一海洋研究所
4	北维多利亚地矿产资源分布图	1:100 万	国家海洋局第一海洋研究所

附件5 发表论文一览表

［1］Zhang Shuanhong, Zhao Yue, Liu Xiaochun, Liu Yongsheng, Hou Kejun, Li Chaofeng, Ye Hao, 2012. U – Pb geochronology and geochemistry of the bedrocks and moraine sediments from the Windmill Islands: implications for Proterozoic evolution of East Antarctica. *Precambrian Research*, 206 – 207: 52 – 71.

［2］An Meijian, 2012. A simple method for determining the spatial resolution of a general inverse problem. *Geophysical Journal International*, 191: 52 – 71.

［3］Liu Xiaochun, Zhao Yue, Hu Jianmin, 2013. The c. 1000 – 900 Ma and c. 550 – 500 Ma tectonothermal events in the Prince Charles Mountains – Prydz Bay region, East Antarctica, and their relations to supercontinent evolution. *Geological Society*, *London*, *Special Publications*, 383: 95 – 112.

［4］Liu Xiaochun, Jahn B – m, Zhao Yue, Liu Jian and Ren Liudong, 2014. Geochemistry and geochronology of Mesoproterozoic basement rocks from the eastern Amery Ice Shelf and southwestern Prydz Bay, East Antarctica: implications for a long – lived magmatic accretion in a continental arc. *American Journal of Science*, 314: 508 – 547.

［5］Liu Xiaochun, Wang Wei – （RZ）, Zhao Yue, Liu Jian and Song Biao, 2014. Early Neoproterozoic granulite facies metamorphism of mafic dykes from the Vestfold Block, east Antarctica. *Journal of Metamorphic Geology*, 32: 1041 – 1062.

［6］An Meijian, Douglas Wiens, An Chunlei, Shi Guitao, Zhao Yue and Li Yuansheng, 2015. Antarctic ice velocities from GPS locations logged by seismic stations. *Antarctic Science*, 27: 210 – 222.

［7］Hu Jainmin, Ren Minghua, Zhao Yue, Liu Xiaochun and Chen Hong, 2015. Source region analyses of the morainal detritus from the Grove Mountains: evidence from the subglacial geology of the Ediacaran – Cambrian Prydz Belt of East Antarctica. *Gondwana Research*, doi: 10. 1016/j. gr. 2015. 04. 010.

［8］Wang Wei, Liu Xiaochun, Zhao Yue, Zheng Guanggao, Chen Longyao. U – Pb zircon ages and Hf isotopic compositions of metasedimentary rocks from the Grove Subglacial Highlands, East Antarctica: constraints on the provenance of protoliths and timing of sedimentation and metamorphism. *Precambrian Research*（in press）.

［9］刘晓春, 赵越, 胡健民, 刘小汉, 曲玮. 2013. 东南极格罗夫山: 普里兹造山带中一个典型的泛非期变质地体. 极地研究. 25（1）: 7 – 24.

［10］冯梅, 安美建, 安春雷, 史贵涛, 赵越, 李院生, Douglas Wiens. 2014. 南极中山站—昆仑站间地壳厚度分布. 极地研究. 26（2）: 177 – 185.

［11］王伟, 胡健民, 陈虹, 于根旺, 赵越, 刘晓春. 2014. 南极北维多利亚地难言岛侵

入岩 LA – ICP – MS 锆石 U – Pb 年龄及其地质意义 . 地质通报 . 33（12）：13 – 21.

［12］郑光高，刘晓春，赵越 . 2016. 南极半岛中新生代构造岩浆演化及与南美巴塔哥尼亚对比 . 矿物岩石地球化学通报 . 34（6）.（出版中）.

［13］高亮，赵越，杨振宇，刘建民，刘晓春，张拴宏 . 2016. 西南极乔治王岛白垩纪末—中新世火山 – 沉积地层研究新进展 . 矿物岩石地球化学通报 . 34（6）.（出版中）.

［14］王伟，刘晓春，赵越，郑光高，陈龙耀 . 东南极格罗夫山地区碎石带中高压麻粒岩及正片麻岩的锆石年代学研究 . 极地研究 .（出版中）.

［15］任留东，李崇，王彦斌，刘平 . 关于拉斯曼丘陵泛非期高级变质作用时代的新限定 . 极地研究 .（出版中）.

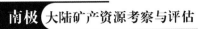

附件6　考察样品一览表

序号	队次	考察地区	样品数量
1	第29次南极考察队	东南极拉斯曼丘陵、西福尔丘陵	276件
2	第29次南极考察队	南极半岛—斯科舍弧—福克兰群岛	114件
3	第30次南极考察队	东南极格罗夫山	177件
4	第30次南极考察队	北维多利亚地难言岛	51件
5	第31次南极考察队	东南极北查尔斯王子山、布朗山、西福尔丘陵、温德米尔群岛	405件
6	第31次南极考察队	南极半岛—南设得兰群岛	82件

致　谢

　　本专题在立项和研究过程中，始终得到极地专项领导小组、专项办公室和专家组成员的大力支持，特别是极地办曲探宙主任、秦为稼书记、吴军副主任、王勇处长、陈丹红处长、金波副处长以及杨扬、房丽君等在工作中给予了指导和帮助；技术层面则得到国家海洋局东海分局潘增弟研究员、中国地质科学院地质研究所李廷栋院士、陈廷愚研究员的悉心指教，使项目顺利完成。专题的承担单位中国地质科学院地质力学研究所、中国科学院青藏高原研究所、国家海洋局第一海洋研究所和中国地质科学院地质研究所的主管和部门领导在项目立项和管理上给予了关心和支持。

　　南极现场地质与矿产资源考察得到国家海洋局极地考察办公室和中国极地研究中心的鼎力支持，同时也得到美国地质学会、智利极地研究所和澳大利亚南极局的大力协助，野外工作得到第 29 次、第 30 次和第 31 次南极考察队领导和队友的支持和帮助，其中有些队友还直接参与了野外考察。

　　在实验测试分析方面，同位素定年由北京离子探针中心、中国科学院地质与地球物理研究所离子探针中心、中国地质大学（武汉）地质过程与矿产资源国家重点实验室和天津地质矿产研究所同位素实验室完成，元素地球化学分析由国家地质测试中心和中国科学院地质与地球物理研究所岩石圈构造演化国家重点实验室完成，Sr－Nd 同位素分析由中国地质科学院地质研究所同位素实验室完成，矿物的电子探针分析由中国地质科学院矿产资源研究所电子探针实验室和北京大学电子探针实验室完成，在此一并表示感谢。

　　同时，感谢台湾大学江博明教授，他指导了本项目的地球化学研究；北京离子探针分析中心的刘敦一研究员、宋彪研究员、中国科学院地质与地球物理研究所李秋立研究员、凌潇潇博士、中国地质大学（武汉）刘勇胜教授、胡兆初教授以及天津地质矿产研究所李怀坤研究员、耿建珍博士具体指导了锆石样品的 U－Pb 同位素分析；中国地质科学院矿产资源研究所陈振宇博士、陈晓丹博士和北京大学李小利博士指导了矿物的电子探针分析。在此特别致谢。

　　由于笔者的学识所限，文中难免有不妥之处，敬请专家和读者批评指正。